Arbeit in der digitalisierten Welt

Wilhelm Bauer · Susanne Mütze-Niewöhner ·
Sascha Stowasser · Claus Zanker · Nadine Müller
(Hrsg.)

Arbeit in der digitalisierten Welt

Praxisbeispiele und Gestaltungslösungen aus dem BMBF-Förderschwerpunkt

Hrsg.
Wilhelm Bauer
Fraunhofer-Institut für Arbeitswirtschaft und Organisation IAO
Stuttgart, Deutschland

Susanne Mütze-Niewöhner
Institut für Arbeitswissenschaft
RWTH Aachen University
Aachen, Deutschland

Sascha Stowasser
ifaa - Institut für angewandte Arbeitswissenschaft
Düsseldorf, Deutschland

Claus Zanker
INPUT Consulting gGmbH
Stuttgart, Deutschland

Nadine Müller
Innovation und Gute Arbeit, ver.di - Vereinte Dienstleistungsgewerkschaft
Berlin, Deutschland

ISBN 978-3-662-62214-8 ISBN 978-3-662-62215-5 (eBook)
https://doi.org/10.1007/978-3-662-62215-5

Die Deutsche Nationalbibliothek verzeichnet diese Publikation in der Deutschen Nationalbibliografie; detaillierte bibliografische Daten sind im Internet über http://dnb.d-nb.de abrufbar.

Lektorat: Alexander Grün
Springer Vieweg ist ein Imprint der eingetragenen Gesellschaft Springer-Verlag GmbH, DE und ist ein Teil von Springer Nature.
Die Anschrift der Gesellschaft ist: Heidelberger Platz 3, 14197 Berlin, Germany

Grußwort

Die Digitalisierung beeinflusst heutzutage nahezu jede Form der Erwerbsarbeit. Der Einsatz digitaler Technik ermöglicht die Flexibilisierung und Vernetzung der Arbeit und hat damit Auswirkungen auf die Arbeitsorganisation, die Arbeitsbedingungen, auf Geschäftsmodelle, die Produktivität und die Wertschöpfung. Die Fragen nach den Konsequenzen für Erwerbstätige und Unternehmen sind Gegenstand vielfältiger Forschungstätigkeiten. Hierauf aufbauend gilt es, die digitale Transformation auch als soziale Innovation zu gestalten. Dabei sind unter Einbeziehung aller Akteure ganzheitliche Konzepte zu entwickeln, zu erproben und zu evaluieren. Das Ziel ist, dass die Menschen in unserer Gesellschaft unter guten Bedingungen arbeiten und leben können.

Das Bundesministerium für Bildung und Forschung (BMBF) hat sich zum Ziel gesetzt, den Herausforderungen des digitalen Wandels proaktiv zu begegnen. Aus Bundesmitteln und aus Mitteln des Europäischen Sozialfonds (ESF) der Europäischen Union wurde der Förderschwerpunkt „Arbeit in der digitalisierten Welt" gefördert. In 29 Forschungs- und Entwicklungsvorhaben wurden die technischen Veränderungen, deren Auswirkungen in der Arbeitswelt und erforderliche Handlungsbedarfe analysiert und auf deren Basis entsprechende Lösungsansätze entwickelt und erprobt.

Das Verbundprojekt TransWork begleitet und vernetzt den Förderschwerpunkt und unterstützt den Transfer der Ergebnisse in Wirtschaft und Wissenschaft. Eines der hierbei entstandenen Produkte ist der vorliegende Abschlussband „Arbeit in der digitalisierten Welt – Praxisbeispiele und Gestaltungslösungen aus dem BMBF-Förderschwerpunkt", der Beiträge aus allen zum Förderschwerpunkt zählenden Verbundprojekten enthält. Um Forschung und Vernetzung gleichermaßen zu unterstützen, wurden die geförderten Projekte in fünf Schwerpunktgruppen zu übergreifenden Themen strukturiert:

- Assistenzsysteme und Kompetenzentwicklung
- Projekt- und Teamarbeit in der digitalisierten Arbeitswelt
- Produktivitätsmanagement
- Gestaltung vernetzt-flexibler Arbeit
- Arbeitsgestaltung im digitalen Veränderungsprozess

Der Transfer und die Verbreitung von Ergebnissen in die (Fach-)Öffentlichkeit erfolgten unter anderem über gemeinsame Publikationen:

- Broschüre mit Übersicht der Projekte im Förderschwerpunkt (OpenAccess [1])
- Broschüre mit Zwischenergebnissen der Projekte im Förderschwerpunkt (OpenAccess [2])
- Buch zum Thema Projekt- und Teamarbeit in der digitalisierten Arbeitswelt (OpenAccess [3])
- Buch zum Thema Produktivitätsmanagement 4.0 (OpenAccess [4])
- Buch zum Thema Gestaltung vernetzt-flexibler Arbeit (OpenAccess [5])

Im Zusammenwirken von Wissenschaft und Wirtschaft wurden geeignete Konzepte umgesetzt, um die positiven Aspekte einer digitalisierten Arbeitswelt für Unternehmen und Beschäftigte zu erschließen. Gefördert wurden vor allem Lösungsansätze, die die wirkungsvolle Beteiligung von Unternehmen, ihrer Beschäftigten und Interessenvertretungen vorsehen. Damit leistet das Programm einen wichtigen Beitrag, den Wirtschaftsstandort Deutschland im globalen Wettbewerb nachhaltig zu stärken und zugleich zukunftsfähige und sozialverträgliche Arbeitsplätze sowie humane Arbeitsbedingungen zu schaffen. Dies verbessert die Arbeits- und Lebensverhältnisse der Menschen in unserer Gesellschaft.

Der Förderschwerpunkt „Arbeit in der digitalisierten Welt" ist Teil des Forschungs- und Entwicklungsprogramms „Zukunft der Arbeit" (2014–2020). Der Fokus liegt auf sozialen, innovativen Lösungsansätzen für die Arbeitswelt, von denen sowohl Beschäftigte als auch Unternehmen profitieren. Das Programm ist eine Säule des Dachprogramms „Innovationen für die Produktion, Dienstleistung und Arbeit von morgen", die den Erhalt und Ausbau von Arbeitsplätzen in Deutschland sowie gute Arbeitsbedingungen in den Mittelpunkt rückt.

Die Herausgebenden
Prof. Wilhelm Bauer
Prof. Susanne Mütze-Niewöhner
Prof. Sascha Stowasser
Claus Zanker
Dr. Nadine Müller

Projektträger Karlsruhe (PTKA)
Dr. Paul Armbruster
Produktion, Dienstleistung und Arbeit
Karlsruher Institut für Technologie (KIT)

Literatur

1. TransWork (Hrsg) (2018) Arbeit in der digitalisierten Welt – Übersicht über den BMBF-Förderschwerpunkt. Fraunhofer-Institut für Arbeitswirtschaft und Organisation IAO. http://publica.fraunhofer.de/dokumente/N-497344.html. Zugegriffen: 10. August 2020
2. Bauer W, Stowasser S, Mütze-Niewöhner S, Zanker C, Brandl KH (Hrsg) (2019) Arbeit in der digitalisierten Welt – Stand der Forschung und Anwendung im BMBF-Förderschwerpunkt. Fraunhofer-Institut für Arbeitswirtschaft und Organisation IAO. http://publica.fraunhofer.de/dokumente/N-548964.html. Zugegriffen: 23. August 2019
3. Mütze-Niewöhner S, Hacker W, Hardwig T, Kauffeld S, Latniak E, Nicklich M, Pietrzyk U (Hrsg) (2021) Projekt- und Teamarbeit in der digitalisierten Arbeitswelt – Herausforderungen, Strategien und Empfehlungen. Springer Vieweg, Berlin
4. Jeske T, Lennings F (Hrsg) (2020) Produktivitätsmanagement 4.0 Praxiserprobte Vorgehensweisen zur Nutzung der Digitalisierung in der Industrie. Springer Vieweg, Berlin
5. Daum M, Wedel M, Zinke-Wehlmann C, Ulbrich H (Hrsg) (2020) Gestaltung vernetzt-flexibler Arbeit – Beiträge aus Theorie und Praxis für die digitale Arbeitswelt. Springer Vieweg, Berlin

Förderhinweis

Das Verbundprojekt TransWork FKZ 02L15A160 ff wird mit Mitteln des Bundesministeriums für Bildung und Forschung (BMBF) im Rahmen des Programms „Zukunft der Arbeit“ als Teil des Dachprogramms „Innovationen für die Produktion, Dienstleistung und Arbeit von morgen“ gefördert und vom Projektträger Karlsruhe (PTKA) betreut.

Die Forschungs- und Entwicklungsprojekte werden im Rahmen des Programms „Zukunft der Arbeit“ (AKTIV-kommunal FKZ 02L15A100 ff, APRODI FKZ 02L15A040 ff, ArdiAS FKZ 02L15A030 ff, CollaboTeam FKZ 02L15A060 ff, diGAP FKZ 02L15A300 ff, DigiRAB FKZ 02L15A170 ff, DigiTraIn 4.0 FKZ 02L15A180 ff, EdA FKZ 02L15A050 ff, FachWerk FKZ 02L15A190 ff, GADIAM FKZ 02L15A200 ff, GamOR FKZ 02L15A210 ff, Hierda FKZ 02L15A220 ff, ICU FKZ 02L15A230 ff, InAsPro FKZ 02L15A240 ff, IntAKom FKZ 02L15A020 ff, IviPep FKZ 02L15A120 ff, KAMiiSo FKZ 02L15A250 ff, KODIMA FKZ 02L15A310 ff, KOLEG FKZ 02L15A010 ff, MONTEXAS4.0 FKZ 02L15A260 ff, Pro-DigiLog FKZ 02L15A130 ff, SANDRA FKZ 02L15A270 ff, SB:Digital FKZ 02L15A070 ff, SiTra 4.0 FKZ 02L15A000 ff, SOdA FKZ 02L15A090 ff, StahlAssist FKZ 02L15A140 ff, SynDiQuAss FKZ 02L15A280 ff, TeamWork 4.0 FKZ 02L15A110 ff, vLead FKZ 02L15A080 ff) vom Bundesministerium für Bildung und Forschung (BMBF) und dem Europäischen Sozialfonds (ESF) gefördert und vom Projektträger Karlsruhe (PTKA) betreut.

Die Verantwortung für den Inhalt dieser Veröffentlichung liegt bei den Autorinnen und Autoren der einzelnen Beiträge.

GEFÖRDERT VOM

Zusammen.
Zukunft.
Gestalten.

Inhaltsverzeichnis

Teil V Arbeitsgestaltung im digitalen Veränderungsprozess

TransWork – Transformation der Arbeit durch Digitalisierung

1

Kathrin Schnalzer, Susanne Mütze-Niewöhner, Tim Jeske, Mario Daum, Matthias Lindner, Maike Link, Benedikt Andrew Latos, Olaf Eisele, Claus Zanker, Karin Hamann, Markus Harlacher, Frank Lennings und Bernd Dworschak

Aufgabe des Verbundprojekts „TransWork – Transformation der Arbeit durch Digitalisierung" (Förderkennzeichen 02L15A160 ff.) war es, den Förderschwerpunkt „Arbeit in der digitalisierten Welt" durch themengeleitete Schwerpunktgruppen, gemeinsame Austausch- und Transferformate sowie Publikationen zu begleiten und zu vernetzen (siehe Einführung; [1, 26]). Neben der Begleitforschung adressierten die fünf TransWork-Partner im Rahmen eigenständiger Forschung die zentralen Forschungsfelder „Kompetenzentwicklung", „Komplexität", „Produktivitätsmanagement" und „Regulierung", um die Auswirkungen von Digitalisierung zu analysieren und zu bewerten sowie Beispiele für die Gestaltung von „guter Arbeit" zu entwickeln und über zielgruppenspezifische Transfermaterialien und -formate zu verbreiten.

Im Folgenden werden die Forschungsergebnisse der TransWork-Projektpartner anwendungsorientiert dargestellt. Dabei werden Lösungsansätze, Handlungsempfehlungen und unterstützende Faktoren für Normsetzungsakteure und Anwendungsunternehmen aufgezeigt, die dafür genutzt werden können, den Herausforderungen durch Digitalisierung und Automatisierung innerhalb der Arbeitswelt zu begegnen.

K. Schnalzer (✉) · M. Link · K. Hamann · B. Dworschak
Fraunhofer-Institut für Arbeitswirtschaft und Organisation IAO, Stuttgart, Deutschland

S. Mütze-Niewöhner · B. A. Latos · M. Harlacher
Institut für Arbeitswissenschaft der RWTH Aachen University, Aachen, Deutschland

T. Jeske · O. Eisele · F. Lennings
ifaa – Institut für angewandte Arbeitswissenschaft, Düsseldorf, Deutschland

M. Daum · C. Zanker
INPUT Consulting gGmbH, Stuttgart, Deutschland

M. Lindner
ver.di, Berlin, Deutschland

W. Bauer et al. (Hrsg.), *Arbeit in der digitalisierten Welt*,
https://doi.org/10.1007/978-3-662-62215-5_1

Im Rahmen des TransWork-Projekts sind verschiedene Publikationen entstanden. Einzusehen sind diese unter anderem über die Webseite www.transwork.de. Dort sind außerdem Dokumentationen verschiedener Veranstaltungen sowie erarbeitete Materialien aus dem Förderschwerpunkt eingestellt.

1.1 Analyse und Gestaltung zukünftiger Kompetenzen

Ergebnisüberblick des Fraunhofer-Instituts für Arbeitswirtschaft und Organisation IAO

Fraunhofer IAO untersuchte, wie sich Tätigkeiten und deren Qualifikationsanforderungen im Rahmen der Transformation von Arbeit durch Digitalisierung wandeln und welche Strategien zur Kompetenzentwicklung für Unternehmen von Nutzen sind. Dafür wurde zunächst eine Analyse bestehender Entwicklungsperspektiven digitaler Arbeit vorgenommen. Basierend auf den Szenarien sich wandelnder Aufgaben- und Organisationsgestaltung, wurden Qualifikations- und Kompetenzanforderungen identifiziert [9].

Um diese Anforderungen mit den Belegschaften in Unternehmen zu erfüllen, ist eine neue Gestaltung bestehender Lernorganisationen einhergehend mit der Digitalisierung betrieblicher Bildungsarbeit notwendig. Neben der Neuausrichtung von Bildungsprozessen und Lerninhalten sind dabei zunehmend Extended Reality-Lernräume in die Bildungsarbeit miteinzubeziehen.

Einsatz digitaler Assistenzsysteme als Lern- und Arbeitsmittel
Eine zunehmend bedeutsame Rolle für das digitalisierte Arbeiten und Lernen spielen digitale Assistenzsysteme [21]. Sie können in diesem Zusammenhang sowohl Lern- als auch Arbeitsmittel sein. Für eine lern- und kompetenzförderliche Gestaltung von digitalen Assistenzsystemen analysierte Fraunhofer IAO die Vorgehensweisen bei der Entwicklung und Einführung digitaler Assistenzsysteme in ausgewählten Projekten des Förderschwerpunkts und erarbeitete zentrale Gestaltungskriterien für die Entwicklung und Einführung entsprechender Technologien. Im Rahmen einer qualitativen Studie über zwölf Projekte des Förderschwerpunkts hinweg wurden verschiedene Aspekte untersucht. Zunächst einmal galt es, die allgemeinen Merkmale, wie die Art des Assistenzsystems, die Einbindung in bestehende Systeme sowie Grad und Zielsetzung der Unterstützung zu beschreiben (siehe auch [21]). Dabei wurde neben der Anwendungsbranche auch das Anwendungsgebiet erhoben. Weiterhin wurden die Vorgehensweise, die Herausforderungen und Chancen im Projekt sowie die daraus resultierenden Veränderungen der Arbeit durch die Entwicklung und Einführung von Assistenzsystemen in den einzelnen Unternehmen untersucht.

In der Analyse der Projekte im Förderschwerpunkt zeigte sich, dass Assistenzsysteme im Wesentlichen zur Wissensvermittlung und Motivationssteigerung, zur zeitlichen und räumlichen Flexibilisierung des Lernens sowie zur Kontrolle von Lernfortschritten genutzt werden. Lernformate wie Wissensquiz, Bibliotheken zum Suchen und Nachschlagen von Informationen oder kurze Schulungsvideos, wie bspw. Pflichtunterweisungen zu Gefahrensituationen und -stoffen, können Mitarbeitende zur Weiterbildung nutzen. Allen Lernangeboten gemeinsam sind kurze Lernkontrollen und Dokumentationen der bisherigen Lernerfolge durch Tests, Selbsteinschätzungen oder Zertifikate. In den betrachteten Projekten wurden die Assistenzsysteme vorrangig als Hilfsmittel im laufenden Arbeitsprozess eingesetzt, mit denen Informationen nachgeschlagen oder neue Vorgehensweisen gelernt werden können. Der Einsatz der Assistenzsysteme als Unterstützung im Anlernprozess von neuen Mitarbeitenden ist hierbei möglich, als Einsatzszenario aber nicht vorrangig im Fokus der untersuchten Projekte.

Der wesentlich höhere Anteil der Verbundprojekte im Förderschwerpunkt entwickelte Anwendungen, die als Arbeitsmittel im laufenden Prozess eingesetzt werden. Ziele der hierbei eingeführten Assistenzsysteme sind beispielsweise Arbeitsanweisungen mit Abbildungen konkreter Arbeitsschritte und -aufgaben, hinterlegte Checklisten, die Dokumentation von Wissen und Prozessen zur Qualitätskontrolle und -sicherung oder auch die Datenverarbeitung in Echtzeit sowie Kommunikation unter Mitarbeitenden oder mit Expertinnen und Experten.

Entwicklungs- und Einführungsprozess digitaler Assistenzsysteme nutzerfreundlich und erfolgreich gestalten

Unabhängig davon, ob Assistenzsysteme als Lern- oder Arbeitsmittel eingesetzt werden; im Rahmen der Untersuchungen hat sich gezeigt, dass es bestimmte Voraussetzungen und Kriterien benötigt, um eine nutzerfreundliche und erfolgreiche Anwendung zu entwickeln. Über alle Befragungen hinweg sind eine einfache Bedienbarkeit wie auch eine individuelle Gestaltbarkeit der Anwendung elementar. Weiterhin kann eine hohe Akzeptanz der Mitarbeitenden nur dann erreicht werden, wenn die Anwendung technisch ausgereift und nahtlos in die Arbeitsorganisation integriert ist. Wenn die Mitarbeitenden keine Zeit oder Ressourcen für die Einführung und Pflege des neuen Assistenzsystems erhalten, werden die Anwendungen nicht oder nur kaum genutzt. Ein weiteres wichtiges Kriterium zur Gestaltung eines Assistenzsystems ist die Prüfung des Einsatzes auf seine Wirtschaftlichkeit und die Implementationsfähigkeit in bestehende Systeme. Elementar ist außerdem die rechtlich-regulative Begleitung der Entwicklung und Einführung durch geschulte Mitarbeitende, beispielsweise den Betriebsrat. Neben rechtlich bindenden Regelungen, die im Unternehmen umgesetzt werden müssen (bspw. DSGVO), erhöhte eine Einführungsbegleitung entlang der betrieblichen und gesetzlichen Richtlinien die Akzeptanz der Mitarbeitenden.

In den Untersuchungen zeigten sich über den Einführungsprozess hinweg klare Erfolgsfaktoren. Dazu gehörten zu Beginn einer Einführung das Festlegen klarer Verantwortlichkeiten, die Durchführung einer Anforderungs- und Bedarfsanalyse sowie eine verbindliche Vereinbarung von Meilensteinen gemeinsam mit den Mitarbeitenden. Ein enger Austausch zwischen Projektbeteiligten im Unternehmen und eine wissenschaftliche Begleitung, erwiesen sich als hilfreich für eine zügige und nachhaltige Einführung sowie eine hohe Akzeptanz bezüglich der Nutzung der neuen Systeme. Weitere Erfolgskriterien waren ein interner Austausch insbesondere zu rechtlich-regulativen

Rahmenbedingungen sowie der frühe und transparente Einbezug von Mitarbeitenden und Führungskräften in den gesamten Einführungsprozess. Dazu gehörten auch gemeinsame Evaluationsphasen und die Umsetzung von Erkenntnissen unter anderem in eine Anpassung organisationaler Prozesse. Durch kleinteilige Zyklen und regelmäßige Rücksprachen mit allen Projektbeteiligten kann so ein effektiver und Mitarbeitenden-zentrierter Gestaltungsprozess durchgeführt werden [4, 10, 25].

Künstliche Intelligenz und Extended Reality als Trendthemen auch im Bereich Lernen

Zukünftig gilt es vermehrt, aktuelle Trendthemen, wie den Einsatz Künstlicher Intelligenz, mit in die Gestaltung von Lern- und Arbeitsorganisationen einzubeziehen [20]. Ebenfalls noch am Anfang der Forschung steht der systematische Einbezug von virtuellen Räumen in die betriebliche Aus- und Weiterbildung. Durch die Corona-Krise werden die Forschungsbedarfe zum Einsatz und zur Gestaltung von virtuellen Kommunikations- und Kooperationsformaten verstärkt deutlich.

1.2 Exploration von Komplexität in teambasierten Arbeitsorganisationsformen

Ergebnisüberblick des Instituts für Arbeitswissenschaft (IAW) der RWTH Aachen University

Mit dem Phänomen „Komplexität" befassen sich diverse Disziplinen aus unterschiedlichen Motiven und Perspektiven [19]. Im Kontext von Arbeit interessieren insbesondere Fragen, die sich auf die Messung und Bewertung von Komplexität sowie die Ableitung von Empfehlungen für die Arbeitsgestaltung beziehen. Das IAW widmete sich im Rahmen eines TransWork-Teilvorhabens (FKZ: 02L15A162) der Exploration dieser Forschungsfragen für den Gegenstandsbereich teambasierter Arbeitsorganisationsformen. Die durchgeführten Untersuchungen konzentrierten sich auf zwei Anwendungsfelder: (1) Projektarbeit und (2) Gruppenarbeit in Produktionssystemen.

Forschungsergebnisse bestätigen Anstieg wahrgenommener Komplexität

Ausgangspunkt bildete eine explorative Interviewstudie mit 23 Expert*innen aus Wissenschaft und Wirtschaft. Die Ergebnisse bestätigen einen Anstieg der wahrgenommenen Komplexität in Produktion und Dienstleistung, beispielsweise infolge zunehmender Kundenintegration, Produktindividualisierung und Variantenvielfalt. Als Komplexitätstreiber wurden auch ablauf- und aufbauorganisatorische Faktoren genannt, wie z. B. die verstärkte Nutzung digitaler Kommunikationsmedien, die steigende Zahl von Medienbrüchen und Schnittstellen sowie die Einführung von kleinen, vernetzten, agilen Teams [17]. Zu den am häufigsten genannten Maßnahmen zur Komplexitätsbeherrschung in digitalisierten Arbeitssystemen zählten fachliche und überfachliche

Qualifizierungsmaßnahmen, die Partizipation der Beschäftigten an Entwicklungs- und Entscheidungsprozessen sowie der Einsatz von Algorithmen zur automatisierten Datenanalyse [12]. Die Studie offenbart nicht zuletzt die Vielschichtigkeit der Thematik selbst: So können aktuelle Veränderungen der Arbeitswelt einerseits Komplexität verursachen, gleichzeitig aber auch zu ihrer Beherrschung beitragen (siehe [15]).

Komplexitätsindikatoren für das Anwendungsfeld „Projektarbeit“

Für das Anwendungsfeld „Projektarbeit“ lieferte eine systematische Literaturanalyse zahlreiche weitere Komplexitätsindikatoren, die im Rahmen einer Online-Befragung von 50 Praktiker*innen mit mindestens zweijähriger Projektmanagementerfahrung hinsichtlich ihrer Relevanz bewertet wurden. Hier ergaben sich interessante Unterschiede zwischen den drei Ansätzen des klassischen, hybriden und agilen Projektmanagements (siehe [11]). Eine detailliertere Darstellung der Ergebnisse dieser Studie ist Gegenstand eines Beitrags zur Springer-Buchpublikation der TransWork-Schwerpunktgruppe „Projekt- und Teamarbeit in der digitalisierten Arbeitswelt“, die vom IAW der RWTH Aachen projektbegleitend koordiniert wurde.

Studie schließt Forschungslücke im Anwendungsfeld „Gruppenarbeit in Produktionssystemen“

Parallel wurden auch für das Anwendungsfeld „Gruppenarbeit in Produktionssystemen“ systematische Literaturanalysen durchgeführt, die u. a. in der Offenlegung eines zentralen Forschungsdefizits mündeten: So existiert bislang kein empirisch evaluiertes Modell zur Erklärung der Auswirkungen von Komplexität und digitalen Unterstützungssystemen auf die Leistung von Produktionsgruppen. Mit dem Ziel, hier Abhilfe zu schaffen, wurde auf der Basis der Vorstudien ein (hypothetisches) Gruppenperformancemodell hergeleitet und mithilfe einer schriftlichen Befragung von Beschäftigten und Führungskräften (n = 455) aus produzierenden Unternehmen empirisch untersucht. Die statistische Analyse lieferte u. a. folgende Ergebnisse: Während sich die Aufgabenkomplexität (z. B. anspruchsvolle Aufgaben, Autonomie) vermittelt über die Qualität der Zusammenarbeit positiv auf die Gruppenperformance auswirkt, führt die Komplexität des Gruppendesigns (z. B. Heterogenität der Leistungsfähigkeit der Gruppenmitglieder, Dynamik in der Teamzusammensetzung) zu negativen Effekten. Die vermuteten Zusammenhänge zwischen der Umsetzungsqualität digitaler Unterstützungssysteme und der Gruppenleistung konnten hingegen nicht bestätigt werden.

Komplexitätsmaß zur Unterstützung von Montagesystemplanungen

Darüber hinaus wurde ein Komplexitätsmaß für Montageteams entwickelt, das mit Hilfe von Simulationsstudien erfolgreich evaluiert werden konnte (siehe [18]). Das Maß kann beispielsweise in der Grobplanungsphase von Montagesystemen angewendet werden, um alternative Organisationskonzepte anhand des für das Montageteam resultierenden Komplexitätsniveaus zu vergleichen. Im Rahmen der Personaleinsatzplanung kann es zur Umsetzung von Strategien genutzt werden, die auf eine Anpassung des Komplexitätsniveaus an die individuellen Fähigkeiten und Bereitschaften der Teammitglieder gerichtet sind [16].

Insgesamt bekräftigen die durchgeführten Studien, dass komplexe Arbeitsinhalte und -bedingungen aus arbeitswissenschaftlicher Sicht nicht als grundsätzlich positiv oder negativ eingestuft werden können [16]. Komplexe Aufgaben können einerseits mit einer gewünschten Vielfalt, mit motivierenden Handlungs- und Entscheidungsspielräumen, mit Lern- und Entwicklungsmöglichkeiten verbunden sein, andererseits aber auch zu Überforderungen, Fehlbeanspruchungen und Fehlentscheidungen führen, z. B. infolge mangelnder Transparenz, unzureichender Qualifikation respektive einer fehlenden Passung zwischen Anforderungen/Belastungen und individuellen Voraussetzungen. Vor diesem Hintergrund ist von der Formulierung allgemeingültiger Empfehlungen zur Reduzierung oder Anhebung des Komplexitätsgrades Abstand zu nehmen. Gestaltungsempfehlungen sind vielmehr auf der Grundlage arbeitswissenschaftlich fundierter Analysen der objektiv vorhandenen sowie subjektiv erlebten Arbeitssituationen abzuleiten. Bei der Festlegung respektive Überprüfung des Gültigkeitsanspruchs sind kontextspezifische Bedingungen, resultierend etwa aus Gesellschaft, Branche, Organisation oder Arbeitssystem, zu berücksichtigen.

Teambasierte Arbeitsorganisationsformen und ergonomisch gestaltete kognitive oder physische Assistenzsysteme bieten durchaus Potenziale, hohe Komplexitätsgrade in Arbeitssystemen beherrschbar zu machen respektive zu bewältigen [23]. Diese Potenziale gilt es im Rahmen menschenzentrierter, partizipativer Prozesse zur Gestaltung von kooperativer Arbeit – sowohl innerhalb als auch über die Grenzen von Unternehmen hinaus in zunehmend virtuellen und vernetzten Systemen – auszuschöpfen. Ein im Vorhaben entworfenes Leitbild für die Arbeitsgestaltung im Kontext von Digitalisierung und Industrie 4.0 findet sich in [23].

1.3 Produktivitätsstrategien und -management in vernetzten Arbeitssystemen

Ergebnisüberblick des ifaa – Institut für angewandte Arbeitswissenschaft

Die vielfältigen Potenziale der Digitalisierung lassen sich für die Gestaltung und Steigerung der Produktivität nutzen. Dadurch kann die Wettbewerbsfähigkeit von Unternehmen erhalten und ausgebaut werden, sodass Arbeitsplätze, Wertschöpfung und Wohlstand in Deutschland gesichert werden. Damit sind in der deutschen Wirtschaft Erwartungen an einen Produktivitätszuwachs von durchschnittlich bis zu 38 % im Jahr 2027 verbunden [13].

Digitalisierungsmaßnahmen für das Produktivitätsmanagement in Einklang mit Unternehmensstrategie gezielt auswählen und gestalten

Zur Nutzung der Digitalisierung für das Produktivitätsmanagement sind konkrete Digitalisierungsmaßnahmen erforderlich. Sie können dazu dienen, zunächst Erfahrungen mit bestimmten Technologien zu sammeln (bspw. fahrerlose Transportsysteme, Mensch-Roboter Kollaboration oder Robotic Process Automation), aktuelle Engpässe zu beseitigen (bspw. durch gezielte digitale Unterstützung bzw. Assistenzsysteme) oder die Produktivität strategisch weiterzuentwickeln (bspw. Schaffung von Grundlagen bzw. Voraussetzungen für weiterführende Maßnahmen wie Verbesserung der Verfügbarkeit von Daten). Alle diese Maßnahmen sollten im Einklang mit der Unternehmensstrategie stehen und so einen Beitrag zur zielgerichteten Entwicklung eines Unternehmens leisten.

Damit Digitalisierungsmaßnahmen zur Verbesserung der Produktivität führen, sollten diese ein effizientes Informationsmanagement in Betrieben unterstützen. Hierzu ist es wichtig, die Handhabung von Informationen bzw. Daten systematisch und vollständig zu betrachten. Sie umfasst einen fünfstufigen Prozess [27], der mit der Erfassung von Informationen beginnt. Darauf folgen die Weiterleitung und Aufbereitung der Informationen. Schließlich werden Informationen bereitgestellt und durch Menschen oder technische Systeme genutzt. Für jede dieser Stufen stehen zahlreiche verschiedene Technologien zur Verfügung, die bedarfsgerecht ausgewählt, angepasst und eingesetzt werden können.

Zur Beeinflussung der Produktivität im Sinne der Unternehmensstrategie sind Digitalisierungsmaßnahmen gezielt auszuwählen und zu gestalten. Dabei können grundsätzlich vier Herangehensweisen zur Steigerung der Produktivität unterschieden werden: Einerseits kann das Ergebnis eines Unternehmensprozesses (bspw. die Herstellung von Produkten oder die Erbringung von Dienstleistungen) nach (1) Menge bzw. Umfang und (2) Qualität erhöht werden. Andererseits können die Anforderungen an die für den Prozess erforderlichen Ressourcen nach (3) Menge und (4) Qualität angepasst werden.

Zur Strukturierung konkreter Digitalisierungsmaßnahmen aus der betrieblichen Praxis wurde ein Ordnungs- und Gestaltungsrahmen entwickelt. Darin werden Praxisbeispiele nach der Stufe der Datenhandhabung und der Herangehensweise zur Steigerung der Produktivität eingeordnet. Zusätzlich werden typische Unternehmensbereiche unterschieden, denen die Beispiele zugeordnet werden. Auf diese Weise ist eine Beispielsammlung entstanden, aus der anhand konkreter Bedarfe ähnliche Beispiele ausgewählt und zur Orientierung bei der Entwicklung eigener Lösungen genutzt werden können.

Ergänzend dazu wurden Strategien und Vorgehensweisen des Produktivitätsmanagements in zwei bundesweiten Befragungen erhoben [13, 28]. Darin wurden sowohl grundlegende Handlungsweisen als auch die Nutzung der Digitalisierung, sowie die jeweiligen Auswirkungen auf die Arbeitsgestaltung, die Beschäftigten und die Produktivität erfragt. So entstand ein Überblick der Nutzung von Kennzahlen und weiterer Hilfsmittel. Zudem wurden die positive Wirkung des Produktivitätsmanagements und Verbesserungspotenziale ebenso deutlich wie konkrete Unterstützungsbedarfe.

Ganzheitliche Vorgehensweise für das Produktivitätsmanagement entwickelt
Die Ergebnisse wurden in einer ganzheitlichen Vorgehensweise für das Produktivitätsmanagement 4.0 zusammengefasst [6]. Dabei werden fünf Schritte unterschieden. Zunächst (1) wird im Rahmen einer *Analyse der Ausgangssituation* Transparenz geschaffen. Dies betrifft das Geschäftsmodell ebenso wie Unternehmensprozesse und -strukturen. Anschließend (2) erfolgen *Potenzialbewertung und Zieldefinition.* Sie dienen dazu, die spezifischen Produktivitätspotenziale aller Unternehmensprozesse festzustellen, zu bewerten und zu priorisieren. So lassen sich konkrete Ziele für einzelne Prozesse spezifizieren. Zum Erreichen dieser Ziele erfolgt (3) die *Planung von Maßnahmen.* Sie umfasst die Sammlung von Verbesserungsansätzen, deren Auswahl nach dem Kosten-Nutzen-Prinzip sowie die Planung ihrer Umsetzung. Wichtige Aspekte bei der (4) *Umsetzung von Maßnahmen* sind die Anpassung vorhandener oder die Etablierung neuer Standards und Vorgehensweisen sowie deren Stabilisierung im betrieblichen Alltag. Die anschließende (5) *Erfolgskontrolle und -sicherstellung* dient dazu, Ergebnisse zu messen, zu bewerten und neue Handlungsbedarfe festzustellen. Sie ist gleichzeitig Ausgangspunkt dafür, das gesamte beschriebene Vorgehen im Sinne eines Regelkreises wieder und wieder zu durchlaufen und so für eine kontinuierliche Verbesserung in kleinen Schritten zu sorgen. Die Ergebnisse werden in Form eines Buchs [6] und einer Praxisbroschüre [7] bereitgestellt.

1.4 Entwicklung von Gestaltungs- und Regulierungslösungen vernetzter Arbeitsformen

Ergebnisüberblick der INPUT Consulting gemeinnützige Gesellschaft für Innovationstransfer, Post & Telekommunikation mbH

Die digitale Transformation der Arbeitswelt fordert die Gestaltung und Regulierung der Arbeitswelt stets aufs Neue heraus. Mit den unterschiedlichsten Trends und Facetten des digitalen Wandels werden bestehende Spannungsfelder verstärkt und neue initiiert. Drei dieser Spannungsfelder werden im Folgenden beleuchtet.

Spannungsfeld Flexibilität und Gesundheit
Der Einzug digitaler Arbeitsmittel und Arbeitsgegenstände eröffnet neue Potenziale der Flexibilisierung von Arbeit, darunter auch in Arbeitsbereichen und Branchen, die bislang weniger flexibel die Arbeit organisieren konnten [2]. Insgesamt sind es allerdings vor allem typische Büroberufe, in denen die Nutzung digital-mobiler Arbeitsmittel stark zunimmt. Die Flexibilität von Arbeitsort und Arbeitszeit eröffnet einerseits Chancen und andererseits Risiken für Beschäftigte und Unternehmen. Diese Veränderungen ergeben Herausforderungen für das deutsche Arbeitsrecht, gerade weil Arbeitgeberverbände sowie Gewerkschaften teils gegenläufige Forderungen infolge der Digitalisierung an den Gesetzgeber formuliert haben. Bei zeitflexibler Arbeit stehen vor allem die Höchst-

grenzen bei täglicher Arbeitszeit und Ruhezeit sowie die Unterbrechung von Ruhezeiten und die ständige Erreichbarkeit im Fokus. Hinsichtlich ortsflexibler Arbeit geht es um einen Rechtsanspruch auf mobiles Arbeiten, die Anwendung der Vorschriften der Arbeitsstättenverordnung sowie die Anforderungen an den Arbeitsschutz bei mobiler Arbeit.

Letztlich wurde durch die interdisziplinäre Herangehensweise und die erfolgten Analysen deutlich, dass das Arbeitszeitgesetz ausreichend Flexibilisierungsspielräume für die Anforderungen der Unternehmen bietet. Allerdings ergibt sich durch die gestiegene Orts- und Zeitflexibilität ein Bedarf nach effektiverem Arbeitsschutz, der jedoch zum größten Teil nur auf betrieblicher Ebene wirksam umgesetzt und kontrolliert werden könnte. Mit Blick auf die Forderung nach einem Recht auf Nichterreichbarkeit könnte dies bereits über eine ergänzende Klarstellung im Gesetz umgesetzt werden.

Insgesamt kann im Zuge der digitalen Transformation ein Mehr an selbstbestimmten Arbeiten ermöglicht werden. Ein Rechtsanspruch auf mobiles Arbeiten, etwa eine gesetzliche Grundlage analog zum Teilzeit- und Befristungsgesetz, könnte eine höhere Ortssouveränität für Beschäftigte schaffen. Letztlich hat jedoch die konkrete Ausgestaltung über einen Tarifvertrag oder eine betriebliche Vereinbarung zu erfolgen. Der zwischen ver.di und der Deutschen Telekom im Juni 2016 abgeschlossene Tarifvertrag zu „Mobile Working" kann hier als Beispiel gelten [29].

Spannungsfeld Beschäftigungseffekte und Qualifizierung

Zu Beginn der öffentlichen Digitalisierungs-Debatte fand auch die Frage nach der Substitution von Arbeit durch Technologie große Beachtung. Während anfangs noch zunehmend über den Wegfall von Arbeitsplätzen berichtet und diskutiert wurde, ist zwischenzeitlich die Erkenntnis gereift, dass sich vielmehr die Berufsbilder verändern, bestimmte Tätigkeiten wegfallen und andere hinzukommen [3, 5].

Ohne Frage sind viele Berufe, bezogen auf Tätigkeiten und Arbeitsaufgaben, nachhaltig von der Digitalisierung beeinflusst. Verschiebungen der Berufsprofile sind derzeit identifizierbar und werden sich in Zukunft fortsetzen [30]. Prozessunterstützende bzw. IT-gestützte Tätigkeiten erhalten zunehmend einen höheren Stellenwert. Routineaufgaben fallen im Zeitverlauf weg und die Komplexität der Tätigkeiten wird ansteigen. Insgesamt zeigt sich, dass das Konzept des lebenslangen Lernens im Zuge der digitalen Transformation Realität wird bzw. werden sollte.

Mit dem Qualifizierungschancengesetz hat der Gesetzgeber einen Rahmen geschaffen, Weiterbildungen finanziell zu unterstützen. Allerdings gilt auch hier, dass der zentrale Ansatzpunkt die betriebliche oder auch tarifliche Ebene ist. Sozialpartner können einen entsprechenden Qualifizierungstarifvertrag abschließen, der Beschäftigten ermöglicht, adäquate Weiterbildungsangebote anzunehmen, um sich für das geänderte Berufsfeld auszurüsten. Als Beispiel kann hier der 2017 abgeschlossene Qualifizierungstarifvertrag für die Versicherungsbranche genannt werden, der den Beschäftigten einen Anspruch auf eine regelmäßige Feststellung der Qualifizierungsbedarfe und daraus abgeleitete Maßnahmen gibt.

Spannungsfeld Datenschutz und Persönlichkeitsrechte
Die Digitalisierung ist zudem mit einem enormen Umfang der Verarbeitung von Beschäftigtendaten verbunden. Die damit verbundene Analyse dieser Daten reicht sowohl in die Privatsphäre der Beschäftigten als auch in deren Arbeits- und Leistungsverhalten. Verbreitet wird beim Beschäftigtendatenschutz der Schutz der Privatsphäre als zentrales Schutzgut betrachtet. Völlig richtig ist daran, dass auch im Beschäftigungsverhältnis private Daten eines besonderen Schutzes bedürfen. Insbesondere Gesundheitsdaten sind in Gefahr, z. B. weil Arbeitsschutz gerade im ständig relevanter werdenden Bereich psychischer Gefährdungen an eine Vielzahl sensibler persönlicher Daten anknüpft.

Bei der Formulierung von sinnvollen Regelungsinitiativen sind neben der gesetzlichen auch die tarifliche und die betriebliche Regulierungsebene in den Blick zu nehmen. Dabei muss Datenschutz bereits im Technikrecht [8] ansetzen und verankert werden, d. h. bei der Konzeption und Ausgestaltung der Technologie.

Insbesondere die kollektivrechtliche Gestaltung des Beschäftigtendatenschutzes sollte weitestgehend konkretisiert werden. Pauschale oder allgemeine Formulierungen sowie nicht abschließende oder vollständige Angaben sind grundsätzlich zu vermeiden, da diese nicht konform mit der Europäischen Datenschutzgrundverordnung sind.

1.5 Arbeitsgestaltung im digitalen Veränderungsprozess

Ergebnisüberblick der Vereinte Dienstleistungsgewerkschaft ver.di

Im Teilprojekt „Integration und Transfer von Gestaltungsansätzen für betriebliche Normsetzungsakteure“ verfolgte ver.di das Ziel, die Auswirkungen der fortschreitenden Digitalisierung auf die Arbeitsbedingungen der Beschäftigten zu analysieren und daraus Handlungsempfehlungen für diese zu entwickeln. Dabei wurden die Betroffenen beteiligungsorientiert eingebunden. Die Entwicklung von Handlungsempfehlungen erfolgte durch die Beobachtung und Analyse der Auswirkungen digitaler Technik auf die Arbeitsbedingungen. Dies geschah im Projektverlauf im Methodenmix aus Workshops, Einzelinterviews und Literaturanalysen.

Aus den Erfahrungen in den Projekten der TransWork-Schwerpunktgruppe „Arbeitsgestaltung im digitalen Veränderungsprozess“ zeichnet sich für ver.di folgender Handlungsbedarf ab:

Kompetenzen und Qualifikationen sollten stets aktuell gehalten werden
Durch Digitalisierung geraten bestimmte Arbeitsplätze unter Druck. Nicht nur bei diesen besteht die Notwendigkeit, Qualifizierungs- und Weiterbildungsbedarfe frühzeitig zu erkennen und die betroffenen Beschäftigten auf die neu entstehenden Arbeitsplätze vorzubereiten. Kompetenzmanagement wird zu einem zentralen Handlungsfeld in der Digitalisierung.

Die Digitalisierung erhöht die Anzahl möglicher Lernformate. Für die Gestaltung digitalen Lernens ist es notwendig, bewährte didaktische Ansätze mit neuen technologischen Möglichkeiten zu kombinieren und diese zielgruppengerecht in den Arbeitsprozess zu integrieren. Im Projektverlauf hat ver.di weiterhin in einzelnen Branchen und Unternehmen Qualifizierungstarifverträge verhandelt und abgeschlossen, die den Beschäftigten auch innerhalb ihrer Arbeitszeit Zeiträume für individuelle Qualifizierung schaffen. Dabei sind Erkenntnisse aus dem TransWork-Projekt eingeflossen.

Geförderte Bildungsteilzeit

Der betrieblichen Qualifizierung und Weiterbildung kommt durch die voranschreitende Digitalisierung eine noch höhere Bedeutung zu. Es liegt im Interesse der Arbeitgeber in den Zeiten von Fachkräftemangel und demografischem Wandel, die bestehenden Belegschaften zu halten und diese auf dem Weg in neue Beschäftigungsfelder zu begleiten. Beschäftigte brauchen zukunftssichere Arbeitsplätze. Daher liegt es nahe, Zeitanteile innerhalb der regulären Arbeitszeit zu schaffen, die für Weiterbildung genutzt werden können. Weitere Formate wie geförderte Bildungsteilzeit, Qualifizierungsguthaben oder Bildungsauszeiten sind bereits in betriebliche Vereinbarungen eingeflossen und helfen den digitalen Transformationsprozess konstruktiv zu gestalten.

Neue Regeln für Mobilität und Orts- sowie Zeitsouveränität

Flexible und mobile Organisationsformen und agile Arbeit verändern das bisherige Verständnis von Hierarchie, Führung und Corporate Culture. Diese bedingen für alle betrieblichen Akteursgruppen Anpassungsnotwendigkeiten. Insbesondere Führungskräfte, aber auch Interessensvertretungen benötigen neue Instrumente, um entstehende Regulierungslücken kooperativ zu schließen. Auch hier kommt der Beteiligung der Beschäftigten eine herausgehobene Rolle zu.

Die Grenzen zwischen Arbeits- und Privatleben drohen durch die zeitliche und räumliche Flexibilisierung von Arbeit zu verschwimmen. Für Beschäftigte kann dies Entgrenzung und permanente Verfügbarkeit, also eine Zunahme von Belastung, mit sich bringen. Insbesondere das Führungsprinzip der indirekten Steuerung durch Zielvereinbarungen birgt die Gefahr der interessierten Selbstgefährdung auf Seiten der Beschäftigten. Von „Interessierter Selbstgefährdung" ist die Rede, sobald Beschäftigte freiwillig über ihre Belastungsgrenzen hinausgehen und ihre Gesundheit gefährden, um Arbeitsziele zu erreichen. Dieser kann mit neuen Regeln für Erreichbarkeit und Selbstmanagement begegnet werden. Grundsätzlich sollten Beschäftigte die Gestaltungsspielräume, die sich eröffnen, im Sinne einer besseren Work-Life-Balance nutzen können. Belastungen, die aus der digitalen Vernetzung resultieren – etwa die permanente Erreichbarkeit –, sollten minimiert werden.

Deshalb gilt es, die Verbindlichkeit von Gefährdungsbeurteilung und eine Humanisierungsoffensive für digitale Arbeit zu forcieren. Das bestehende Instrument der betrieblichen Gefährdungsbeurteilung stellt einen wirksamen Weg für die Analyse potenzieller Belastungen (im Sinne von Fehlbeanspruchungen) dar und muss die veränderten Rahmenbedingungen und Technologien berücksichtigen. Insbesondere

Interessenvertretungen brauchen in diesem Prozess fachkundige Unterstützung. Der Zugang hierzu sollte aus gewerkschaftlicher Sicht vereinfacht werden.

Beschäftigte brauchen einen starken und zeitgemäßen Beschäftigtendatenschutz
Als weiteres beachtenswertes Themenfeld wurde der Beschäftigtendatenschutz identifiziert. Mit jeder digitalen Technik können Daten gesammelt werden, was die Gefahr des Missbrauchs, insbesondere personenbezogener Daten, mit sich bringt. Hierbei stehen vor allem Fragen der Leistungs- und Verhaltenskontrolle im Vordergrund.

Mehr Mitbestimmung und Demokratie in der digitalen Arbeitswelt
Gute digitale Arbeit heißt neben einem angemessenen Einkommen für die Beschäftigten zudem ausreichende Ressourcen und adäquate Leistungsanforderungen. Auch bei der Digitalisierung geht es darum: Wer profitiert von den neuen Arbeitsformen und Technologien? Es geht um Interessen, um Macht und um Gestaltungsmöglichkeiten. Denn die Technik selbst will gar nichts, auch KI-Systeme nicht. Technik verfolgt noch keine Ziele. Keine intrinsische Motivation. Diese wird erst durch den Menschen, der die Technik entwickelt, programmiert und einsetzt, bestimmt.

Es ist der Mensch, der die Maschine und die Technik zu seinen Zwecken nutzt oder eben missbraucht. Den Missbrauch gilt es zu erkennen und einem solchen durch Regulierungen vorzubeugen. Insbesondere mit der Verbreitung von Künstlicher Intelligenz steigt die Erwartung nach transparenten Algorithmen und nachvollziehbaren Daten. Die Würde des Menschen ist unantastbar und nicht die Handlungsmöglichkeiten derjenigen, die sie zur Gewinnsteigerung einsetzen. Daher braucht es auch eine Erweiterung der Mitbestimmungsgesetze, um den technologischen Wandel demokratisch auch in den Unternehmen mitgestalten zu können [14, 22, 24].

Projektpartner und Aufgaben

- **Fraunhofer-Institut für Arbeitswirtschaft und Organisation IAO**
  Analyse und Gestaltung zukünftiger Kompetenzen
- **Institut für Arbeitswissenschaft (IAW) der RWTH Aachen University, Abteilung Arbeitsorganisation**
  Exploration und Durchdringung der Komplexitätsanforderungen in vernetzten Systemen
- **ifaa – Institut für angewandte Arbeitswissenschaft e. V.**
  Gestaltung von Produktivitätsstrategien in vernetzten Arbeitssystemen
- **INPUT Consulting gemeinnützige Gesellschaft für Innovationstransfer, Post & Telekommunikation mbH**
  Entwicklung von Gestaltungs- und Regulierungslösungen vernetzter Arbeitsformen
- **ver.di – Vereinte Dienstleistungsgewerkschaft, Bundesverwaltung**
  Integration und Transfer von Gestaltungsansätzen für betriebliche Normsetzungsakteure

Literatur

1. Bauer W, Stowasser S, Mütze-Niewöhner S, Zanker C, Brandl K-H (Hrsg) (2019) Arbeit in der digitalisierten Welt. Stand der Forschung und Anwendung im BMBF-Förderschwerpunkt. Fraunhofer IAO, Stuttgart
2. Daum M, Zanker C (2020) Digitale Arbeitswelt – vernetzt, flexibel und gesund? Status quo und Perspektiven der Gestaltung und Regulierung von Orts- und Zeitflexibilität. INPUT Consulting gGmbH, Stuttgart
3. Dengler K, Matthes B (2018) Substituierbarkeitspotenziale von Berufen. Wenige Berufsbilder halten mit der Digitalisierung Schritt. IAB-Kurzbericht 4/2018. Nürnberg, Institut für Arbeitsmarkt- und Berufsforschung
4. Dworschak B, Schnalzer K, Link M, Hamann K (2019) Work, competencies and their development in a digitalized world. In Bauer W, Riedel O, Ganz G, Hamann K (Hrsg) International perspectives and research on the "Future of Work". International scientific symposium held in Stuttgart in July 2019, S 14–23
5. Ehrenberg-Silies Simone KS, Apt W, Bovenschulte M (2017) Wandel von Berufsbildern und Qualifizierungsbedarfen unter dem Einfluss der Digitalisierung. TAB-Horizon-Scanning Nr. 2. Berlin, Büro für Technikfolgen-Abschätzung beim Deutschen Bundestag (TAB)
6. Eisele O, Jeske T, Lennings F (2021) Produktivitätsmanagement. In Jeske T, Lennings F (Hrsg) Produktivitätsmanagement 4.0 – Praxiserprobte Vorgehensweisen zur Nutzung der Digitalisierung in der Industrie. Springer Vieweg, Berlin. https://doi.org/10.1007/978-3-662-61584-3
7. Eisele O, Ottersböck N, Jeske T, Lennings F (in Vorbereitung) Produktivitätsmanagement 4.0 für die Praxis, ifaa-Broschüre
8. Ensthaler J, Gesmann-Nuissl D, Müller S 2012 Technikrecht. Rechtliche Grundlagen des Technologiemanagements. Springer , Berlin, Heidelberg
9. Ganz W, Dworschak B, Schnalzer K (2019) Competence and competences development in a digitalized world of work. In: Nunes IL (Hrsg) Advances in human factors and systems interaction. AHFE 2018, Bd 781. Advances in intelligent systems and computing. Springer, Cham, S 312–320
10. Hamann K, Link M, Dworschak B, Schnalzer K (2019) Auswirkungen der Digitalisierung auf Arbeit und Kompetenzentwicklung. In: Bauer W, Stowasser S, Mütze-Niewöhner S, Zanker C, Brandl K-H (Hrsg) Arbeit in der digitalisierten Welt. Stand der Forschung und Anwendung im BMBF-Förderschwerpunkt, S 10–15. https://www.transwork.de/wp-content/uploads/2019/07/transwork-broschuere-2.pdf. Zugegriffen: 30. April 2020
11. Harlacher M, Glawe L, Nitsch V, Mütze-Niewöhner S (2020) Agil, klassisch, hybrid: Unterschiede in der Bedeutung von Komplexitätstreibern in Abhängigkeit des Managementansatzes. In: Gesellschaft für Arbeitswissenschaft e.V. (Hrsg) Digitale Arbeit, digitaler Wandel, digitaler Mensch? 66. Kongress der Gesellschaft für Arbeitswissenschaft. GfA-Press, Dortmund, S 1–6
12. Harlacher M, Latos BA, Heller T, Przybysz PM, Mütze-Niewöhner S (2018) Exploration von Maßnahmen zur Beherrschung von Komplexität in digitalisierten Arbeitssystemen. In: Gesellschaft für Arbeitswissenschaft e.V. (Hrsg) ARBEIT(S).WISSEN.SCHAF(F)T Grundlage für Management & Kompetenzentwicklung. 64. Kongress der Gesellschaft für Arbeitswissenschaft. GfA-Press, Dortmund, S 1–6
13. Jeske T, Würfels M, Frost M, Lennings F, ifaa – Institut für angewandte Arbeitswissenschaft (Hrsg) (2020) ifaa-Studie: Produktivitätsstrategien im Wandel – Digitalisierung in der deutschen Wirtschaft. ifaa, Düsseldorf. www.arbeitswissenschaft.net/Studie_Digitalisierung_2019. Zugegriffen: 5. Sep 2020

14. Laßmann S, Müller N, Skrabs S, Wille C (2020) Agiles Arbeiten-Empfehlungen für die tarif- und betriebspolitische Gestaltung; ver.di – Vereinte Dienstleistungsgewerkschaft Bereich Innovation und Gute Arbeit und Tarifpolitische Grundsatzabteilung
15. Latos BA, Harlacher M, Burgert F, Nitsch V, Przybysz P, Mütze-Niewöhner S (2018) Complexity drivers in digitalized work systems: implications for cooperative forms of work. Adv Sci Technol Eng Syst J 3(5):171–185. https://doi.org/10.25046/aj030522
16. Latos BA, Harlacher M, Nitsch V, Mütze-Niewöhner S (2019) Messung der Komplexität von Arbeitsprozessen für Montageteams. Arbeit in der digitalisierten Welt. Stand der Forschung und Anwendung im BMBF-Förderschwerpunkt. Fraunhofer, Stuttgart, S 16–20
17. Latos BA, Harlacher M, Przybysz PM, Mütze-Niewöhner S (2017) Transformation of working environments through digitalization: Exploration and systematization of complexity drivers. In: IEEE (Hrsg) 2017 IEEE International Conference on Industrial Engineering & Engineering Management. IEEE, Piscataway, NJ, S 1084–1088
18. Latos BA, Kalantar P, Burgert F, Arend M, Nitsch V, Przybysz PM, Mütze-Niewöhner S (2018) Development, Implementation and Evaluation of a Complexity Measure for the Work of Assembly Teams in One-Piece-Flow Assembly Systems Employing Simulation Studies. In: EUROSIS (Hrsg) 32nd annual European Simulation and Modelling Conference EUROSIS ESM®'2018. EUROSIS, Ostende, Belgien, S 88–94
19. Latos BA, Harlacher M, El-Mahgary M, Götzelmann D, Przybysz PM, Mütze-Niewöhner S, Schlick CM (2017) Komplexität in Arbeitssystemen: Analyse und Ordnung von Beschreibungsansätzen aus unterschiedlichen Disziplinen. In Gesellschaft für Arbeitswissenschaft (Hrsg) 63. Frühjahrskongress: Soziotechnische Gestaltung des digitalen Wandels – kreativ, innovativ, sinnhaft. GfA-Press, Dortmund, S 1–7
20. Link M, Dukino C, Ganz W, Hamann K, Schnalzer K (2020) The Use of AI-Based Assistance Systems in the Service Sector: opportunities, challenges and applications. In: Nunes I (Hrsg) Advances in Human Factors and Systems Interaction. AHFE 2020. Advances in Intelligent Systems and Computing, vol 1207. Springer, Cham. https://doi.org/10.1007/978-3-030-51369-6_2
21. Link M, Hamann K (2019) Einsatz digitaler Assistenzsysteme in der Produktion. Gestaltung der Mensch-Maschine Interaktion. Zeitschrift für wirtschaftlichen Fabrikbetrieb ZWF 114:683–687. https://doi.org/10.3139/104.112161
22. Müller N, Skrabs S, Lindner M (2019) Praxis gestalten; Mobile Arbeit – Empfehlungen für die tarif- und betriebspolitische Gestaltung ver.di – Vereinte Dienstleistungsgewerkschaft Bereich Innovation und Gute Arbeit und Tarifpolitische Grundsatzabteilung
23. Mütze-Niewöhner S, Nitsch V (2020) Arbeitswelt 4.0. In: Frenz W (Hrsg) Handbuch Industrie 4.0: Recht, Technik und Gesellschaft. Springer, Berlin, Heidelberg, S 1187–1217
24. Schmidt A, Behruzi D (2019) Arbeitsintensität — Perspektiven, Einschätzungen, Positionen aus gewerkschaftlicher Sicht; ver.di – Vereinte Dienstleistungsgewerkschaft Bereich Innovation und Gute Arbeit
25. Schnalzer K, Dworschak B (2018) Digitalisierung und die Auswirkungen auf die Arbeitswelt. In: Verbundprojekt Trans Work (Hrsg) Arbeit in der digitalisierten Welt. Übersicht über den BMBF-Förderschwerpunkt, S 4–7. https://www.transwork.de/wp-content/uploads/2019/07/wp-transwork-broschuere-1.pdf. Zugegriffen: 30. April 2020
26. Verbundprojekt TransWork (2018): Arbeit in der digitalisierten Welt. Übersicht über den BMBF-Förderschwerpunkt. Stuttgart: Fraunhofer IAO
27. Weber MA, Jeske T, Lennings F (2017) Ansätze zur Gestaltung von Produktivitätsstrategien in vernetzten Arbeitssystemen. In: Gesellschaft für Arbeitswissenschaft (Hrsg) Soziotechnische Gestaltung des digitalen Wandels – kreativ, innovativ, sinnhaft. 63. Kongress der Gesellschaft für Arbeitswissenschaft. GfA-Press, Dortmund, Beitrag C.3.19

28. Weber MA, Jeske T, Lennings F, ifaa – Institut für angewandte Arbeitswissenschaft (Hrsg) (2017) ifaa-Studie: Produktivitätsmanagement im Wandel – Digitalisierung in der Metall- und Elektroindustrie. ifaa. www.arbeitswissenschaft.net/Studie_Digitalisierung_2017. Zugegriffen: 5. Sep 2019
29. Zanker C (2017) Mobile Arbeit – Anforderungen und tarifliche Gestaltung. Das Beispiel Deutsche Telekom. WSI-Mitteilungen 6(2017):456–459
30. Zinke G (2019) Berufsbildung 4.0 – Fachkräftequalifikationen und Kompetenzen für die digitalisierte Arbeit von morgen: Branchen- und Berufescreening. Vergleichende Gesamtstudie. Bonn, Bundesinstitut für Berufsbildung

Teil I

Assistenzsysteme und Kompetenzentwicklung

2 Arbeits- und prozessorientierte Digitalisierung

Vorgehensweisen, Praxiserfahrungen und Erkenntnisse

Gabriele Held, Beate Schlink, Jörg Bahlow, Wolfgang Kötter, Sebastian Roth, Alexander Bendel, Erich Latniak, Frank Lennings und Sebastian Terstegen

2.1 Unser Ziel: Digitalisierungspotenziale nutzen – Arbeitsaufgaben optimal unterstützen

In der praktischen betrieblichen Umsetzung gelingt es häufig nur unter großer Anstrengung, IT-Einführungsprozesse mit den arbeitsprozessbezogenen Bedarfen der Nutzenden in Einklang zu bringen. Oft entstehen „bereichsoptimale" Lösungen, die durch arbeitsgestalterische Kompromisse in vor- und nachgelagerten Prozessschritten erkauft werden müssen. Zudem bleibt oft eine Steuerungskomplexität von den Beschäftigten zu bewältigen, die dabei gegebenenfalls auch „am System vorbei" arbeiten müssen [5]. Dadurch entsteht ein erheblicher, systembegleitender Regelungs- und Kommunikationsbedarf, der zu Reibungsverlusten und Konflikten führen kann. Es kommt zu Medienbrüchen, Zusatzaufwand, Informationsverlusten und unnötigen Konflikten. Unternehmen und Beschäftigte erleben oft, dass der erwartete Nutzen digitaler Lösungen nicht eintritt, weil technische Lösungen uneinheitlich umgesetzt beziehungsweise gehandhabt werden und im laufenden Betrieb viele Änderungen

G. Held · B. Schlink (✉)
Fachbereich Fachkräftesicherung, RKW Rationalisierungs- und Innovationszentrum der Deutschen Wirtschaft e. V. Kompetenzzentrum, Eschborn, Deutschland

J. Bahlow · W. Kötter · S. Roth
GITTA Gesellschaft für interdisziplinäre Technikforschung Technologieberatung Arbeitsgestaltung mbH, Berlin, Deutschland

A. Bendel · E. Latniak
Institut Arbeit und Qualifikation Universität Duisburg-Essen, Duisburg, Deutschland

F. Lennings · S. Terstegen
ifaa – Institut für angewandte Arbeitswissenschaft e. V., Fachbereich Unternehmensexzellenz, Düsseldorf, Deutschland

W. Bauer et al. (Hrsg.), *Arbeit in der digitalisierten Welt*,
https://doi.org/10.1007/978-3-662-62215-5_2

gleichzeitig und wenig abgestimmt stattfinden. Zudem leiden die betrieblichen Digitalisierungsprozesse immer wieder unter knapper Kapazität beim Einsatz fachlicher und technischer Spezialisten.

Im Forschungs- und Entwicklungsprojekt „APRODI – Arbeits- und prozessorientierte Digitalisierung in Industrieunternehmen" nahmen wir dies zum Anlass, neue Wege der Gestaltung von betrieblichen Informationsräumen und IT-unterstützten Arbeitssystemen zu erproben. Dabei sollten die jeweilige Ausgangssituation und Kultur des Unternehmens, vorhandene und bewährte technische Systeme und die Voraussetzungen, Möglichkeiten und Interessen der Mitarbeitenden gleichermaßen berücksichtigt werden. Die Grundsätze der Ganzheitlichkeit, der Integration und vor allem der Partizipation galten als wichtige Erfolgsfaktoren. An soziotechnischen Konzepten orientierte Vorgehensweisen sollten sicherstellen, dass das Zusammenspiel von Mensch, Technik und Organisation in den Fokus rückt.

Handlungsleitend für unseren Forschungsverbund waren die Fragen:

1. Wie kann ein soziotechnischer Digitalisierungsprozess auf Grundlage der betrieblichen und individuellen Voraussetzungen möglichst optimal für Betrieb und Beschäftigte gestaltet werden? Welche hemmenden und fördernden Faktoren sind dabei zu bearbeiten? Wie lassen sich vorhandene Potenziale erschließen und Risiken möglichst frühzeitig ermitteln und verhindern?
2. Wie können solche betrieblichen soziotechnischen Einführungsprozesse mit geeigneten Instrumenten und Hilfsmitteln unterstützt werden? Welche Qualifizierungs- und Unterstützungsmaßnahmen haben sich bewährt?
3. Wie kann die Beteiligung der Beschäftigten in diesen Prozessen gestaltet werden, um eine möglichst gute arbeitsplatznahe technische und organisatorische Unterstützung der Arbeitsprozesse zu gewährleisten?

Antworten hierzu lieferten die Arbeiten in fünf Unternehmen, in denen verschiedene betriebliche Digitalisierungsprozesse intensiv begleitet, Vorgehensweisen und Methoden entwickelt, angewendet und deren Wirkung evaluiert wurden. Der kontinuierlich verbundintern stattfindende Austausch und begleitende Diskussionen mit Sozialpartnern und in Fachkreisen unterstützten einerseits den Lernprozess der Verbundpartner und ermöglichten es andererseits, erfolgsrelevante und übertragbare Faktoren zu formulieren, um sie für Wissenschaft und Praxis nutzbar zu machen.

2.2 Der soziotechnische Ansatz in Digitalisierungsprozessen

Im APRODI-Projekt knüpften wir an ein soziotechnisches Grundverständnis für die Arbeits- und Systemgestaltung in Digitalisierungsprozessen an, soweit das in den betrieblichen Projekten möglich war. Soziotechnische (ST) Gestaltungsansätze werden zunehmend für aktuelle Digitalisierungsprozesse wiederentdeckt. Nach unserem Verständnis vermitteln ST-Konzepte Orientierungswissen für die betrieblich Handelnden bei der Arbeits- und Organisationsgestaltung in Digitalisierungsprozessen; sie bieten durch Prinzipien, Modelle und Vorgehensweisen eine Art „Landkarte" für unbekanntes Gelände – die zukünftige Organisation der digitalisierten Arbeit – und helfen den Akteuren, diese Organisation zu entwickeln [1]. Dabei bieten ST-Ansätze den Vorteil, dass sie die für die Digitalisierung relevanten Aspekte „Mensch", „Technik" und „Organisation" im Zusammenhang berücksichtigen. Ziel ist eine integrierte Verbesserung dieser drei Aspekte, die durch Beteiligung der Nutzenden im Gestaltungsprozess ermöglicht wird.

Neu an den aktuellen Digitalisierungsprozessen ist, dass sich ein großer Teil der Kommunikation zwischen den an der Produktion oder Dienstleistungserstellung Beteiligten über unterschiedlichste digitale Medien abspielt. Dies ermöglicht neben einer höheren Geschwindigkeit auch die zeitliche und räumliche Entkoppelung von Tätigkeiten, die früher notwendig an einem Ort stattfanden. Dabei sind technische Infrastruktur und Ausrüstung vielfach nicht mehr vom Arbeitsprozess trennbar. Andererseits überschreitet die notwendige Kommunikation häufig die räumlichen und rechtlichen Grenzen des Betriebs; die Informationssysteme sind zunehmend unternehmensweit oder -übergreifend im Einsatz, häufig ineinander verschachtelt und entwickeln sich in unterschiedlichen Geschwindigkeiten weiter.

Wir sprechen deshalb im APRODI-Kontext von zu gestaltenden „Systemen von Arbeits- und Informationssystemen". Damit schließen wir an neuere Ansätze in der ST-Diskussion an, die sich um die Vorstellung eines „eco-systems" [6] drehen. Gemeint ist damit die Unternehmensgrenzen überschreitende Umgebung des Produktionsprozesses mit internen wie externen Kunden, Zulieferern, Dienstleistern und weiteren Kreisen, die die Arbeits- und Informationssysteme nutzen und die in die Gestaltung eingebunden werden sollten. Vor diesem Hintergrund stand in allen betrieblichen Projekten die Frage zur Beantwortung an, wer wann und in welcher Form in die Digitalisierungsprozesse einzubinden und zu beteiligen ist. Hierauf wurden jeweils angepasste Lösungen gefunden.

Zudem gingen wir zu Beginn von APRODI von einem gemeinsamen Prozessverständnis aus, das eine Vorstellung vermittelte, welche Schritte in einem betrieblichen Digitalisierungsprozess durchlaufen werden (Abb. 2.1). Unsere gemeinsame Grundorientierung war es, dass Digitalisierung nicht einem linearen Ablauf fester Schritte folgt, sondern in einem zyklischen Vorgehen mit Reflexions- und Rückkoppelungsschleifen verläuft. Dies versetzt die Beteiligten in die Lage, auf wechselnde betriebliche Bedingungen adäquat reagieren zu können. Auch hier schließen wir an aktuelle Konzepte der angelsächsischen ST-Diskussion an, die von ähnlichen Prozessmodellen ausgehen [9].

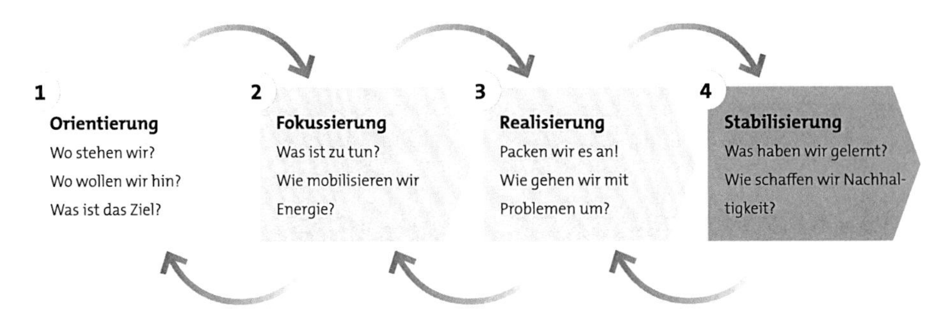

Abb. 2.1 Phasen des Ablaufs in den betrieblichen Teilprojekten, in Anlehnung an [4]

2.3 Erfahrungen aus den APRODI-Betriebsprojekten

In der dreijährigen Projektlaufzeit haben wir uns in fünf APRODI-Unternehmen mit unterschiedlichen Aspekten der Digitalisierung auseinandergesetzt. Wir beschreiben im Folgenden einige für die Veränderungsphasen prägende Vorgehensweisen und Methoden und welche Erfahrungen damit in einzelnen Betriebsprojekten gemacht wurden.

2.3.1 Orientierungsphase: Vorgehen am Beispiel der ZF Friedrichshafen AG, Schweinfurt

Unabhängig von Themen und Inhalten steht jedes betriebliche Digitalisierungsprojekt vor der Herausforderung, von der Vielfalt der Perspektiven und Möglichkeiten zu einem zielgerichteten und koordinierten Digitalisierungsprozess zu gelangen. Am Beispiel der ZF Friedrichshafen AG beschreiben wir ein typisches, vom Betriebspartner als zielführend bewertetes Vorgehen in der Orientierungsphase.

Die ZF Friedrichshafen AG ist ein weltweit führender Technologiekonzern in der Antriebs- und Fahrwerktechnik sowie der aktiven und passiven Sicherheitstechnik mit weltweit ca. 150.000 Beschäftigten. Am Standort Schweinfurt haben die 300 Beschäftigten der zentralen Instandhaltung im Wesentlichen die Aufgabe, die technische Verfügbarkeit der Produktions-Maschinen und -Anlagen sicherzustellen. Rund 270 Beschäftigte sorgen in der zentralen Logistik für die Warenströme von Komponenten, Fertigwaren und Verpackungen sowie deren Lagerung. Im Zuge von Prozesskettenoptimierungen war es in den letzten Jahren auch um die zunehmende Vernetzung und Digitalisierung der Geschäftsprozesse sowie der Kommunikation insgesamt gegangen. Aufgrund wachsender Flexibilitätsanforderungen und der daraus resultierenden Erhöhung der Reaktionsgeschwindigkeit nahm der Kommunikationsaufwand zwischen allen Prozess-Partnern ständig zu; viele Ressourcen in den beteiligten

Fachbereichen wurden dadurch gebunden. Vor diesem Hintergrund wollte die ZF Friedrichshafen AG in diesen Fachbereichen Medienbrüche reduzieren und die prozessübergreifende Kommunikation und Zusammenarbeit intern/extern durch erweiterte Kompetenz und Nutzung digitaler Medien verbessern. Immer wieder wurde auch die selbstentwickelte Software, die für die Lagerverwaltung mit genutzt wird, diskutiert. Das Access-basierte digitale Assistenzsystem „Instandhaltungsplanungssystem IPS" sollte aufgrund der umfassenden Akzeptanz bei den Nutzern weiterentwickelt werden.

Ein Promotoren-Workshop zu Beginn des APRODI-Projekts diente dazu, die Sichtweisen und Zielvorstellungen der wichtigsten ZF-internen Projektbeteiligten und Projekt-„Treiber" (Promotoren) mit den Sichtweisen und Vorschlägen der externen APRODI-Forschungspartner abzugleichen und auf dieser Grundlage die Orientierungsphase zu planen: Das Gesamtziel bestand darin, die Ersatzteilbelieferung der Instandhaltung mit Logistik und Einkauf zu unterstützen. Das oberste Ziel war vor diesem Hintergrund relativ einfach zu benennen, aber umso schwieriger umzusetzen: Das richtige Teil, zur richtigen Zeit, am richtigen Ort und nach Möglichkeit noch bei optimalen, das heißt niedrigen Beständen. Die Zielklärung mit der Geschäftsleitung brachte eine hohe Übereinstimmung im Hinblick auf diese Herausforderungen zu erzielen. Es war klar, dass nicht nur die durch das APRODI-Projekt mögliche externe Unterstützung aktiv genutzt, sondern auch die nötigen internen Ressourcen für das Projekt mobilisiert werden mussten.

Ein Workshop mit Führungskräften aus den oberen Managementebenen stellte die inhaltliche und thematische Ausrichtung des Projekts auf den Prüfstand. Nach der Standortbestimmung im Führungskreis erfolgte ein „Visionscoaching" zur Einordnung der Projektziele in eine längerfristige Perspektive zur Entwicklung des Standorts. Im Anschluss an eine Meilenstein-Planung erfolgte die Bildung des Projektteams zur operativen Durchführung des Projekts sowie eines Steuerkreises, der in regelmäßigen Abständen – insbesondere zu Projektmeilensteinen – Berichte entgegennehmen und strategische Projektentscheidungen treffen sollte.

Zur Analyse der Ausgangssituation wurden vor allem Beobachtungsinterviews mit den Instandhaltungsfachkräften einer Schicht, mehrere aufeinanderfolgende Expertenworkshops mit Führungskräften, Selbstaufschreibungen des Instandhaltungspersonals und Betriebsrundgänge genutzt.

Die Auswertungen dieser Aktivitäten durch das APRODI-Projektteam zeigten viele – zu einem erheblichen Teil prozessbezogene, untereinander vernetzte und nur indirekt digitalisierungsrelevante – „Baustellen" auf. Verbesserungs- und Umsetzungsvorschläge wurden gemeinsam erarbeitet und Vorlagen mit Hintergrunddaten, Aufwands- und Nutzenbetrachtungen und Entscheidungsoptionen für den Steuerkreis in einer Projektteam-Klausur erstellt. In einem anschließenden Fokusentscheid konnte der Steuerkreis aufgrund der Vorlagen konkrete Maßnahmen genehmigen und die wesentlichen Handlungsfelder bestimmen: Ersatzteilfestlegung, Ersatzteilbeschaffung sowie Ersatzteilhandling (Lagerung und Andienung). Außerdem wurde die Erarbeitung einer Ersatzteilmanagementstrategie beschlossen. Dieser Schritt stellte den ersten Meilenstein im betrieblichen APRODI-Teilprojekt dar – und zwar nicht nur im Hinblick auf die Zielklärung und Maßnahmenplanung, sondern auch auf die Einbeziehung aller Stakeholder, die Etablierung einer funktionsfähigen Projektstruktur und die Akzeptanz der APRODI-Aktivitäten bei den Führungskräften.

2.3.2 Fokussierungsphase: Soziotechnisches Lastenheft – Nutzeranforderungen aufnehmen (Agfa-Gevaert HealthCare GmbH)

Die Agfa-Gevaert HealthCare GmbH stellt im Werk Peißenberg mit circa 300 Beschäftigten hochmoderne Digitizer und Printer sowie Direktradiologie-Systeme für Röntgenbilder her. Die vielstufige Montage dieser komplexen Medizingeräte, die Teilevielfalt sowie regulatorische Anforderungen machen genaueste Beschreibungen der Arbeitsabläufe notwendig. Bisher waren alle Informationen, die ein Werker für die Gerätemontage braucht, in einem Aktenordner abgelegt: Montageschritte, Stücklisten, Drehmomenttabellen und so weiter. Sie stellten eine hilfreiche Informationsquelle bei Anlernvorgängen dar, boten aber aufgrund der umständlichen Handhabung zwar eine normkonforme jedoch keine so effiziente Unterstützung im Montagealltag.

Agfa hatte deshalb das Ziel, ein digitales Assistenzsystem zur Unterstützung der Beschäftigten in der Montage zu erarbeiten. Das APRODI-Betriebsteam wählte bei der Anforderungsermittlung zur Entwicklung des Systems einen besonderen Weg.

Während bisherige Konzepte zur Anforderungsermittlung umfangreiche Kriterien „guter" Software („Requirements Specifications") und vor allem eine vollständige Anforderungsliste vor Beginn der Softwareentwicklung erforderten, entschieden sich die Verantwortlichen im Projekt für ein anderes, ganzheitliches und partizipatives Vorgehen. Denn es wurde bereits im Vorfeld das Risiko gesehen, dass Softwareentwickler technikgetrieben und an Vollständigkeit orientiert an die Anforderungsermittlung herangehen würden. Stattdessen wollte man sich nicht ausschließlich auf Expertenwissen verlassen, sondern die Bedürfnisse und Bedarfe der Werker vor Ort einbeziehen, die anschließend mit dem Assistenzsystem arbeiten sollten. Anforderungen, die sich bei der Testung des Systems vor Ort ergeben oder ändern, sollten ebenso im Entwicklungsprozess berücksichtigt werden.

Für die Umsetzung wurden in einer Orientierungsphase vier halbtägige Beobachtungsinterviews mit den Werkern vor Ort durchgeführt. Neben der Dokumentation der Arbeitstätigkeit, der Abläufe, Aufgaben und Bedingungen am Arbeitsplatz wurden die Stärken und Schwächen der derzeitigen Unterstützungslösung sowie Potenziale und Risiken eines digitalen Assistenzsystems bei den Beschäftigten erfragt. Aus den Ergebnissen hat das APRODI-Betriebsteam in der Fokussierungsphase Anforderungen abgeleitet und in einem soziotechnischen Lastenheft dokumentiert. Soziotechnische Lastenhefte bauen auf den Grundgedanken des soziotechnischen Systems auf [8] (siehe auch Abschn. 2.2). Sie beinhalten neben den technischen Voraussetzungen, Zielsetzungen und Rahmenbedingungen, die bei der Entwicklung des angestrebten Assistenzsystems zu berücksichtigen sind, auch Anforderungen, die sich aus dem sozialen Teilsystem ergeben und zum Beispiel die sozialen Vorbedingungen und Auswirkungen der Systementwicklung in den Blick nehmen. Vorerfahrungen, Expertenwissen, Anforderungen und Wünsche der zukünftigen Systemnutzer wurden mit aufgenommen. Dabei ist ein Anforderungskatalog entstanden, der regulatorische, aufgabenbezogene, organisationsbezogene und technikbezogene Aspekte umfasst. Ein Beispiel dafür ist die Verknüpfung von Berechtigungsabfragen (Ist der aktuelle Nutzer aufgrund seines Trainingsstatus berechtigt, die Baugruppe aus der Montageanweisung zu montieren?) mit einer Qualifikationsmatrix (Wer kann was? Wie muss wann qualifiziert werden?) und zentralen Nutzerkennungen (= Login-Daten). Im Lastenheft wurden die Anforderungen an die zentralen Eigenschaften des einzusetzenden Assistenzsystems definiert. Zum Beispiel wurde – neben der situations- und qualifikationsangemessenen Führung des Werkers durch den Montageablauf – die Möglichkeit der Rückmeldung nicht montagegerecht geplanter Arbeitsschritte an die Konstruktionsabteilung sowie die individuelle Dokumentation von Unregelmäßigkeiten berücksichtigt.

Das soziotechnische Lastenheft erwies sich als eine solide Grundlage zur Auswahl von IT-Dienstleistern, die sich mit der vom APRODI-Betriebsteam gewünschten Vorgehensweise identifizieren können. Letztlich wurden vier aussichtsreiche Anbieter zu einer Präsentation ihrer Umsetzungslösung nach Peißenberg eingeladen. Zum Zeitpunkt der Berichterstattung befand sich Agfa in der Beauftragung eines IT-Dienstleisters zur Entwicklung des Montage-Assistenzsystems.

2.3.3 Fokussierungsphase: Das Digitalisierungs-Reifegradmodell als individuelles Analysewerkzeug für die Bewertung und Steuerung betrieblicher Digitalisierungsprozesse gestalten (Continental Teves)

Im Frankfurter Werk der Continental Teves AG & Co. oHG werden elektronische Bremssysteme hergestellt. Der Automatisierungsgrad in der Produktion beträgt für die meisten Produkte 99 %. Ein Ziel des Unternehmens im Rahmen des APRODI-Projekts ist, den Einsatz der Digitalisierung im Werk zu erweitern, um die prozessübergreifende Kommunikation und Zusammenarbeit durch Systemgestaltung und Kompetenzentwicklung weiter zu verbessern. Das Managementteam erarbeitete eine Vision „Werk Frankfurt 2025", die verschiedene Handlungsfelder zur weiteren Verbesserung und störungsfreien Aufrechterhaltung des bereits jetzt weitgehend automatisierten Materialflusses umfasst. Kompetenzmanagement und Beteiligung der Mitarbeiter sind darin ebenso bedeutsam wie Digitalisierungsmaßnahmen.

Zur Konkretisierung von Maßnahmen in diesen Handlungsfeldern sowie zur Verbesserung der Information und Beteiligung der Mitarbeiter sollte ein unternehmensspezifisches Reifegradmodell dienen. Dieses wurde im Rahmen eines Workshops erarbeitet, an dem sowohl die Mitglieder des Managementteams als auch zukünftige Führungskräfte teilnahmen. Die Modellentwicklung umfasste die Arbeitsschritte: 1. Erfolgsfaktoren „guter“ Digitalisierung sammeln und strukturieren, 2. Bewertungskriterien zu den Erfolgsfaktoren ableiten, 3. Bewertungsfragen formulieren, 4. geeignete Skalierung entwickeln und 5. Modell erproben.

Für die Umsetzung der ersten vier Schritte benötigte das Team knapp anderthalb Tage. Das resultierende Modell umfasst die Bewertungskriterien Change Management, Kommunikation und Information, Führung und Zusammenarbeit, Kompetenzen, Kultur und Mindset, Technologie Hardware, Technologie Software sowie Gestaltungsspielräume, Räume und Ressourcen. Diese Kriterien haben alle Teilnehmer im ersten Schritt gemeinsam erarbeitet. Im zweiten Schritt konkretisierten die Teilnehmer die Kriterien und operationalisierten sie für eine Bewertung. Dazu formulierten sie vertiefende Bewertungsfragen bzw. Aussagen beispielsweise zum Kriterium „Kompetenzen, Kultur und Mindset“: „Die zukünftig notwendigen Kompetenzen für die Digitalisierung sind bekannt.“ oder „Ein Soll-Ist-Vergleich ist erfolgt.“ Den Aussagen können die Bewertungen „nicht erkennbar“ (0), „teilweise“ (1), „überwiegend“ (2) und „in vollem Umfang“ (3) zugeordnet werden. Der Reifegrad eines Kriteriums entspricht der Summe der Punkte aller abgegebenen Aussagen im Verhältnis zur maximal möglichen Punktzahl.

Das Reifegradmodell wurde von 40 Personen aus allen Bereichen des Werkes erprobt, um Gestaltungsfelder mit hohem Handlungsbedarf zu identifizieren. Der Personenkreis war zudem hierarchieübergreifend zusammengesetzt. Die Ergebnisse wurden im Managementteam vorgestellt und diskutiert, mögliche Handlungsfelder und Maßnahmen gesammelt und erörtert und abschließend für die Umsetzung festgelegt. Diese umfassten u. a. die Themen Kompetenzmanagement sowie den wirtschaftlichen und beteiligungsorientierten Einsatz von Human Machine Interfaces (HMI) in Produktion, Logistik und Instandhaltung.

Ein betriebsspezifisches Reifegradmodell kann mit geringem Aufwand erstellt werden und sowohl die Orientierungs- und Fokussierungs- als auch die Umsetzungs- und Stabilisierungsphase unterstützen. Es ist geeignet, unternehmensspezifische strategische Aspekte zu konkretisieren und den Ist-Zustand hierzu beteiligungsorientiert zu erfassen. Dies kann die Motivation der Beteiligten, deren Identifikation mit dem Projekt sowie die Akzeptanz für abgeleitete Maßnahmen erhöhen. Über die hier beschriebene erste Anwendung hinaus bietet ein unternehmensspezifisches Reifegradmodell noch weitere Anwendungsmöglichkeiten, beispielsweise den Kreis der Antwortenden gezielt zu erweitern, um Ergebnisse hierarchie- und bereichsspezifisch auszuwerten und entsprechende Maßnahmen abzuleiten. Darüber hinaus können Befragungen in regelmäßigen Abständen wiederholt werden, um die Wirkung umgesetzter Maßnahmen zu kontrollieren. Sind erwartete und vereinbarte Ziele erreicht, können schrittweise neue Handlungsschwerpunkte und Maßnahmen in den Blick genommen werden. Dies ermöglicht einen effektiven und effizienten Ressourceneinsatz in Digitalisierungsprojekten.

2.3.4 Realisierungsphase: Software-Entwicklung mit den Nutzern bei DuBay

Die DuBay Polymer GmbH ist ein Joint Venture der Konzerne LANXESS und DuPont de Nemours. Das Unternehmen produziert in Hamm-Uentrop pro Jahr bis zu 80.000 t PBT-Polymere (Polybutylenterephthalat). DuBay Polymer verfolgte von Anfang an ein weitreichendes Teamkonzept, nach dem alle gut 100 Mitarbeiter auch am Management und der Organisation des Unternehmens mitwirken. DuBay hat entsprechend eine Organisationsstruktur geschaffen, bei der jeder Mitarbeiter sowohl einen funktionalen als auch einen administrativen Aufgabenbereich übernimmt. So überwacht etwa ein Schichtwerker die Anlage am Leitstand; ebenso kümmert er sich um die Planung eines Projekts, organisiert die Urlaubsplanung oder sorgt bei Krankheitsausfällen für Vertretung.

Diese Organisationsstruktur erfordert vielfältige Kommunikationsprozesse, um alle notwendigen Abstimmungen zu gewährleisten. Zu deren Unterstützung wurde im Rahmen des APRODI-Projekts eine digitale Kommunikations- und Informationsplattform aufgebaut mit dem Ziel, einerseits Funktionen mehrerer genutzter Softwareprogramme zu bündeln und andererseits erkannte Schwachstellen (wie etwa redundante Datenhaltung, Unübersichtlichkeit) zu beheben. So sollen Zusatzaufwände, Unterbrechungen bei der Arbeit etc. reduziert werden. Zudem sollte das System individuell an und durch die Nutzer angepasst werden können. Insgesamt versprach sich das Management durch diesen Schritt eine Förderung der Beteiligung im Unternehmen, zum Beispiel über die Einrichtung von Foren, in denen spezifisches Erfahrungswissen nutzbar gemacht werden kann.

Die Aufgabe bestand darin, die Kommunikationsplattform im Sinne der Nutzeranforderungen zu gestalten. Hierfür wurde bei DuBay ein Vorgehensmodell nach Winby und Mohrman (2018) genutzt, das für die digitale soziotechnische Systemgestaltung entwickelt wurde. Das Modell lässt sich in vier Phasen unterteilen: Analysephase, Designphase, Test- und Lernphase sowie Skalierungsphase. In der Analysephase wurden Teambesprechungen begleitet, Beobachtungsinterviews durchgeführt und im Rahmen von Workshops mit den Beschäftigten und dem Management die Kommunikationsprozesse untersucht („Mapping"). Aus gemeinsam entwickelten Alternativen („Varianzanalyse") konnten konkrete Anforderungen für das zu gestaltende IT-System abgeleitet werden. Zur Umsetzung dieser Anforderungen wurde eine anpassbare Standard-Software ausgewählt, die bereits für das Dokumentenmanagement eingesetzt wurde, aber darüber hinaus auch die kollaborativen Funktionalitäten bereitstellt.

Die in den Workshops erarbeiteten Systemanforderungen wurden von den internen IT-Experten in Prototypen umgesetzt, die mithilfe soziotechnischer Heuristiken [3] bewertet und angepasst wurden. Bei den Heuristiken handelt es sich um acht Beurteilungskriterien oder ‚Daumenregeln', mit deren Hilfe sich Verbesserungspotenziale von Arbeitssystemen identifizieren lassen. Mit ihrem Einsatz wurde bereits in der Designphase eine ganzheitliche und nutzerzentrierte Perspektive in der Gestaltung berücksichtigt. Funktionsfähige Prototypen kommen im Rahmen einer Test- und Lernphase bereits in ausgewählten

Pilotbereichen zum Einsatz. Erfahrungen und Berichte von Anwenderinnen und Anwendern fließen in die weitere Entwicklung der Plattform ein und führen bei Bedarf zu Anpassungen.

Sowohl das eingesetzte Vorgehensmodell als auch die verwendeten Kriterien haben sich bisher als adäquate soziotechnische Gestaltungsinstrumente erwiesen und hilfreiche Orientierung im Digitalisierungsprozess geboten. Planung und Umsetzung des eingeführten Informations- und Kommunikationssystems erfolgten partizipativ und ganzheitlich mit Blick auf die jeweiligen Arbeitsprozesse. Adressatengerecht angepasst sind beide Instrumente besonders geeignet, um von betrieblichen Akteuren effektiv eingesetzt zu werden und zu einer ganzheitlichen und gesundheitsförderlicheren Systemgestaltung beizutragen.

2.3.5 Realisierungsphase: Azubis bauen digitale Kompetenzen im Shopfloor Management auf (John Deere)

Die John Deere GmbH & Co. KG beschäftigt rund 6.400 Mitarbeiter an sieben Standorten in der Bundesrepublik Deutschland. Mit rund 2.800 Beschäftigten ist das John Deere Werk Mannheim seit mehr als 42 Jahren Deutschlands größter Hersteller und Exporteur landwirtschaftlicher Traktoren. Zwei Drittel der in Deutschland produzierten Traktoren stammten aus Mannheimer Fertigung. Das Produktionsprogramm für den weltweiten Markt umfasst 21 verschiedene Grundmodelle von 90 PS bis 250 PS in unterschiedlichen Versionen und zahlreichen Ausstattungsvarianten.

Im APRODI-Projekt verfolgt das John Deere Werk Mannheim unter anderem die Weiterentwicklung eines digitalen Shopfloor Managements und die Weiterentwicklung der im Unternehmen seit 1992 erfolgreich etablierten Gruppenarbeit. Alle Montagegruppen arbeiten relativ selbstorganisiert, sind durch Ziele gesteuert und managen ihren Bandabschnitt von der Personalplanung bis zum KVP selbst. Zum Management der Gruppenarbeit gehört das jeden Morgen stattfindende und etwa 15 min dauernde Shopfloor-Meeting.

Während der Projektlaufzeit hatte ein interdisziplinäres Team von Mitarbeiterinnen und Mitarbeitern aus verschiedenen Unternehmensbereichen ein digitales Shopfloor Management-System entwickelt, das sukzessive eingeführt wurde. Aktuelle Produktionsdaten und Kennzahlen wurden größtenteils nicht mehr manuell, sondern automatisch in einer Datenbank erfasst. Das morgendliche Shopfloor-Meeting fand vor einem touchfähigen Großbildschirm statt, an dem der Gruppensprecher einfache Daten-Visualisierungen der für die Produktion und Montage relevanten Kennzahlen präsentierte sowie mit den Mitarbeitenden die Produktionsvorschau besprach und den KVP erörterte.

Im John Deere Werk Mannheim wurde erkannt, dass die Erfolgsbausteine des Shopfloor Managements Transparenz sowie Regeln, Standards, Verhaltensweisen und Methoden erfordern. Für die erfolgreiche Einführung und Anwendung eines digitalen Shopfloor Management-Systems ist es zudem erforderlich, digitale Kompetenzen im

Unternehmen zu entwickeln, d. h. im Wesentlichen Lernkompetenz und Veränderungskompetenz zu vermitteln. Die Mitarbeitenden müssen bereit sein, sich neue Fähigkeiten anzueignen, und ein Bewusstsein entwickeln, dass sich Arbeitsweisen ändern. Zudem sollten die Auszubildenden auf die Shopfloor Management-Prozesse in der „Fabrik" vorbereitet werden. Aus diesen Gründen hat das APRODI-Team im Zuge der Realisierungsphase ein Lernprojekt in der werkseigenen Ausbildungswerkstatt initiiert. Ziel des Lernprojekts war, den Auszubildenden des Werks frühzeitig das für die Gruppenarbeit essenzielle Shopfloor Management sowie den Umgang mit der digitalen Variante des Systems zu vermitteln. Mittels des vom ifaa – Institut für angewandte Arbeitswissenschaft entwickelten Handlungsleitfadens „Shopfloor-Management" [2] wurde ein Workshop-Konzept angewendet, in dem ausgewählte Auszubildende aus sämtlichen Ausbildungsberufen des Werks die Arbeitsprinzipien und das Rollenverständnis des Shopfloor Managements kennenlernten, aber auch direkt die wesentlichen Erfolgsbausteine, wie u. a. visuelles Management, Kennzahlen, Regelkommunikation, systematische Problemlösung, für ihr eigenes Shopfloor Management-System erarbeiten konnten.

Ziel ist es, für jeden Ausbildungsberuf ein auf den Arbeitsprinzipien des Shopfloor Managements basierendes Arbeitssystem zu etablieren. Zukünftige Probleme sollen in den operativen Prozessen und Aufgaben der Ausbildungswerkstatt zielorientiert in einem Team, bestehend aus Auszubildenden und Ausbildungsleitern, behoben werden. In Shopfloor-Meeting ähnlichen Gruppenbesprechungen sollen wöchentlich die Prozesse bezüglich unterschiedlicher Kriterien wie z. B. Sicherheit, Ordnung, Effizienz diskutiert, Probleme aufgedeckt und Handlungspläne festgelegt werden.

2.3.6 Für Nachhaltigkeit im operativen Geschäft sorgen: Die Stabilisierungsphase am Beispiel der ZF Friedrichshafen AG, Schweinfurt

Die Stabilisierungsphase markiert idealerweise den Übergang vom Projekt ins laufende „operative Geschäft", für das eine besondere Projektorganisation nicht mehr erforderlich ist. Nötig oder zumindest wünschenswert ist es jetzt, einen Projektabschluss zu gestalten, der Zeit und Raum für Ergebnispräsentation, Abnahme, Auswertung, Reflexion und schließlich „Übergabe" an die operativ Verantwortlichen ermöglicht. In der betrieblichen Wirklichkeit häufen sich gerade im letzten Drittel des Veränderungsprozesses Problemkonstellationen, die auch schon in der Realisierungsphase auftauchen können, und die es zu lösen gilt:

- Managemententscheidungen für notwendige Neu- und Umplanungen verzögern sich.
- Teilprojekte agieren ohne die eigentlich wünschenswerte Abstimmung.
- Der Austausch der Projektakteure und Zwischenbilanzen kommen zu kurz.
- Tragende Personen scheiden aus oder wechseln in eine neue Position bzw. Rolle.

Hinzu treten nicht selten weitere Herausforderungen:

- Ziele rauf, Ressourcen runter! Wie geht man unter diesem operativen Druck mit den noch offenen Punkten und „losen Enden“ aus dem Betriebsprojekt um?
- Wie gelingt es, einen guten Projektabschluss zu finden, dabei genügend Raum für „Lessons learned“ zu schaffen, die Aufmerksamkeit des Managements zu erhalten und Ressourcen für die Weiterführung im Alltag zu bekommen?

Bei ZF Friedrichshafen in Schweinfurt wurden im Hinblick auf diese Herausforderungen der Verstetigung und Stabilisierung folgende Ansätze verfolgt: Das APRODI-Betriebsprojekt stand von Beginn an unter hohem Erwartungsdruck und es erfreute sich nach der erfolgreichen Etablierung der Projektstrukturen in der Orientierungsphase auch einer hohen Managementaufmerksamkeit. Vor diesem Hintergrund ergab sich nicht erst in der Stabilisierungs- sondern bereits in der Realisierungsphase die Herausforderung, Teilprojekte untereinander zu vernetzen, die Berichterstattung zu verstetigen sowie Zeit und Raum für Steuerkreistreffen als Ort der nötigen Managemententscheidungen zu schaffen.

Über die Vernetzung durch das technische Assistenzsystem (Instandhaltungsplanungssystem) hinaus führten sogenannte Vernetzungsforen die Menschen, aber auch die von ihnen im betrieblichen Alltag erzeugten Ergebnisse und Lösungen stärker zusammen. Zur Verstetigung und damit zur Stabilisierung des Projektvorgehens haben (meist in Verbindung mit den Vernetzungsforen) Meilenstein-Meetings im Projektteam und anschließende Steuerkreis-Treffen beigetragen. So konnte das Projektteam seine Vorschläge direkt im Hinblick auf die anschließende Vorstellung im Steuerkreis ausarbeiten, und der Steuerkreis konnte anschließend gut informierte Entscheidungen treffen. Eine Projektteamklausur, wie sie schon zur Vorbereitung des Fokusentscheids erfolgreich war, lieferte zu schon vorhandenen Aufgaben und Aktivitäten des Ersatzteilmanagements weitere strategische Initiativen.

2.4 Erkenntnisse und Botschaften

Die **Ansätze für zu begleitende Digitalisierungsprozesse** stellten sich im APRODI-Projekt sehr vielfältig dar. Sie umfassten die Neuentwicklung komplexer technischer Lösungen, die Optimierung und Integration bereits bestehender Systeme bis hin zur strategischen Zielerarbeitung und der Konzeption von Prozessen zum Kompetenzaufbau. Vorgehensweisen und Methodeneinsatz waren deshalb an den jeweils vorfindlichen Entwicklungsständen der Unternehmen(sbereiche) auszurichten und an deren spezifische Bedarfe anzupassen. Entstanden ist dadurch eine variantenreiche Toolbox, die es den Nutzenden aber gleichfalls ermöglicht, die Instrumente auszuwählen, die sich an ihren individuellen Belangen orientieren.

Der **ganzheitliche Blick** auf das Unternehmen – auf Technik, Organisation und Mensch – und damit auch auf die ihm innewohnende Kultur galt als wichtiger ARPODI-Grundsatz. Gerade in Konzernstrukturen kam es auch darauf an, möglichst früh die **internen Regeln** und damit beispielsweise die Grenzen der Entscheidungsfreiheit zu kennen und richtig einschätzen zu können. Das zugrunde liegende Prozessverständnis mit Reflexion und rollierender Planung hat sich bewährt, um auf wechselnde betriebliche Bedarfe und Bedingungen eingehen zu können.

Eine wichtige Erfahrung bestand zudem darin, dass technologiefokussierte digitale Innovationen nur dann einen Mehrwert bringen können, wenn die sie umgebende **Prozesslandschaft** gut strukturiert ist. Das bedeutet, dass bestehende Prozesse häufig erst auf „Vordermann" gebracht werden müssen, bevor die technische Lösung eingesetzt wird. Auch gilt es, bestehende gute Praxis in den Betrieben zu entwickeln und weiterzuführen. Eine soziotechnische Orientierung kann dabei hilfreich sein, um die organisatorische Praxis zu bearbeiten. Dies haben die APRODI-Betriebspartner individuell bewältigt. In der praktischen Projektarbeit ergab sich daraus die große Herausforderung, einerseits möglichst alle betroffenen Prozesse im Auge zu behalten, alle Schlüsselpersonen einzubeziehen und andererseits die Aufgaben bearbeitbar zu gestalten und den laufenden Betrieb nicht zu gefährden. Dabei sind Regularien und Standards (der IT-Nutzung) und Kapazitätsfragen (insbesondere bei IT und Knowhow-Trägern) zu klären.

Schließlich ist der erweiterte Blick auf Arbeitsaufgaben, Abläufe und die **Anforderungen aus Beschäftigtensicht** ein zentraler erfolgskritischer Faktor, wenn es um die Gestaltung technischer Systeme geht. In APRODI erwies sich daher das Heranziehen soziotechnischer Ansätze und Kriterien zur nutzergerechten Gestaltung als unabdingbar.

2.5 Offene Forschungsfragen

Während der Entwicklungsarbeiten tauchte immer wieder die Frage nach dem Stellenwert einer Strategie auf: Braucht es eine Digitalisierungsstrategie? Oder eher eine Unternehmens-/Standort-Strategie mit Digitalisierungsaspekten? Bei der Bearbeitung dieser Frage wurde in den fünf Betriebsbeispielen auf unterschiedliche Vorgehensweisen zurückgegriffen. Während sich beispielsweise Continental Teves zunächst intensiv der strategischen Ausrichtung des Werks widmete, waren die Entwicklungsschritte in den anderen Unternehmen stärker von der praktischen Umsetzung und der Lösung eines Problems getrieben. Auf die Frage, wie viel und welche Strategie es braucht konnte in APRODI keine eindeutige Antwort gegeben werden, sie bleibt daher als offene Forschungsfrage bestehen.

Während der partizipative Ansatz zur Beteiligung von Beschäftigten und Führungskräften in allen Betrieben zu einem erfolgreichen Entwickeln und Umsetzen von Maßnahmen geführt hat, stand der Mitbestimmungsprozess aus verschiedenen

Gründen nicht im Vordergrund der APRODI-Betriebsprojekte. Dabei sind gerade bei Digitalisierungsprojekten, die sich häufig in einem Experimentierraum bewegen, Fragen der Zusammenarbeit zwischen Betriebsrat und Arbeitgebervertreter sowie der jeweiligen Erwartungshaltung von elementarer Bedeutung für den Erfolg. Digitalisierungsprojekte folgen jedoch einer neuen Dynamik, auf die traditionelle Mitbestimmungsstrukturen nur schwer eine Antwort finden können. Hier lohnt es, im sozialpartnerschaftlichen Dialog künftig verstärkt zu forschen.

2.6 Produkte und Angebote

Die Erkenntnisse aus dem Projekt, empfehlenswerte Vorgehensweisen und Instrumente zur Gestaltung von betrieblichen Digitalisierungsprozessen stehen in einer interaktiven Toolbox für andere Unternehmen zur Verfügung. Diese eröffnet multimedial Zugang zu den eingesetzten Werkzeugen. O-Töne und Beispiele veranschaulichen die Ansätze und Erfahrungen und bieten so auch kleineren Unternehmen Zugang zu arbeits- und prozessorientierter Digitalisierung.

Daneben bietet die Praxisbroschüre „Arbeits- und prozessorientiert digitalisieren" [7] eine umfassende Übersicht über Vorgehen, Erfahrungen und Methoden, die in den betrieblichen Fallbeispielen während der verschiedenen Phasen eingesetzt wurden. Praktiker – innerhalb oder außerhalb eines Betriebs – finden mit der Broschüre Rüstzeug für strukturierte und zielführende Digitalisierungsprozesse.

Download unter www.aprodi-projekt.de

Projektpartner und Aufgaben

- **Agfa-Gevaert HealthCare GmbH**
  Entwicklung digitaler Assistenzsysteme zur mitarbeiterorientierten Unterstützung komplexer Montageprozesse
- **Continental Teves AG & Co. oHG**
  Digitalisierung begreifbar machen
- **DuBay Polymer GmbH**
  Optimierung einer Beteiligungskultur im Schichtbetrieb einer High Performance Arbeitskultur
- **John Deere GmbH & Co. KG, Werk Mannheim**
  Digitales Shopfloor-Management bei Gruppenarbeit
- **ZF Friedrichshafen AG, Standort Schweinfurt**
  Unterstützung komplexer Instandhaltungsaufgaben
- **GITTA Gesellschaft für interdisziplinäre Technikforschung Technologieberatung Arbeitsgestaltung mbH**
  Entwicklung eines partizipativen Vorgehens zur kompetenzorientierten Gestaltung von Arbeitsorganisation, IT-Infrastruktur und Personaleinsatz

- **ifaa – Institut für angewandte Arbeitswissenschaft e. V.**
  Instrumentierung und transferfähige Aufbereitung des APRODI-Vorgehens
- **Universität Duisburg-Essen, Institut Arbeit und Qualifikation (IAQ)**
  Konzepte beteiligungsorientierter soziotechnischer Gestaltung in Digitalisierungsprozessen produzierender Unternehmen
- **Rationalisierungs- und Innovationszentrum der Deutschen Wirtschaft e. V. Kompetenzzentrum**
  Optimierung und Bewertung interner und externer Austauschprozesse zur Sicherung von Relevanz, Konsensfähigkeit und Anwendbarkeit der Entwicklungsergebnisse

Literatur

1. Bendel A, Latniak E (2020, i.V.) „soziotechnisch – agil – lean": Konzepte und Vorgehensweisen für Arbeits- und Organisationsgestaltung in Digitalisierungsprozessen. zur Veröffentlichung angenommen in der Zeitschrift „Gruppe.Interaktion.Organisation"
2. Conrad R, Eisele O, Lennings F, ifaa (Hrsg) (2019) Shopfloor-Management – Potenziale mit einfachen Mitteln erschließen: Erfolgreiche Einführung und Nutzung auch in kleinen und mittelständischen Unternehmen. Springer, Berlin, Heidelberg
3. Herrmann T, Nierhoff J (2019) Heuristik 4.0. Heuristiken zur Evaluation digitalisierter Arbeit bei Industrie-4.0 und KI-basierten Systemen aus soziotechnischer Perspektive. FGW-Studie. Hg. v. Hartmut Hirsch-Kreinsen und Anemarie Karačić. Düsseldorf (Digitalisierung von Arbeit, 16)
4. Lange K, Longmuß J (2015) 6.3 Das PaGIMO-Veränderungsmodell. Zink K, Kötter W, Longmuß J, Thul M (Hrsg) Veränderungsprozesse erfolgreich gestalten. 2., aktualisierte und erw. Aufl. Berlin: Springer Vieweg (VDI-Buch):169–173
5. Latniak E (2013) Leitideen der Rationalisierung und der demografische Wandel – Konzepte und Herausforderungen. In: Hentrich J, Latniak E (Hrsg) (2013) Rationalisierungsstrategien im demografischen Wandel: Handlungsfelder, Leitbilder und Lernprozesse. Springer Gabler, Wiesbaden, S 27–57
6. Pasmore W, Winby S, Mohrman S, Vanasse R (2018) Reflections: sociotechnical systems design and organization change. J Change Manag 1–19. https://doi.org/10.1080/14697017.2018.1553761
7. RKW Kompetenzzentrum (Hrsg) (2020) Arbeits- und prozessorientiert digitalisieren. Praxisbroschüre. RKW Kompetenzzentrum, Eschborn. Download unter: https://www.aprodi-projekt.de/ergebnisse/arbeits-und-prozessorientiert-digitalisieren/
8. Ulich E (2005) Arbeitspsychologie. 6., überarb. u. erw. Aufl. Zürich: vdf Hochschulverlag
9. Winby S, Mohrman S (2018) Digital sociotechnical system design. J Appl Behav Sci 54(4):399–423. https://doi.org/10.1177/0021886318781581

BY

Gesundes mobiles Arbeiten mit digitalen Assistenzsystemen im technischen Service (ArdiAS)

3

Rüdiger Mecke, Simon Adler, Daniel Jachmann, Maria Weigel, Steffen Eichholz, Sonja Schmicker, Eric Mewes, Irina Böckelmann, Annemarie Minow und Annette Bergmüller

3.1 Einordnung digitaler Assistenzsysteme

Mobile Endgeräte, wie Smartphones, Tablets und Smartwatches, werden bei Tätigkeiten im industriellen Umfeld zunehmend als digitale Assistenzsysteme eingesetzt. Treiber sind hierbei auch die breite Verwendung im privaten Umfeld sowie die hohe Innovationsrate im Consumer-Markt. Kognitionsunterstützende digitale AS dienen vor allem der anwendungsgerechten, echtzeitnahen Bereitstellung von Informationen, die die Beschäftigten bei Entscheidungen unterstützen oder automatisiert Entscheidungen treffen [1]. Es bestehen wesentliche Unterschiede, je nachdem, ob AS bzw. Bildschirmgeräte ortsgebundenen oder ortsveränderlich verwendet werden (s. Abb. 3.1).

Recherchen zu den rechtlichen Grundlagen der Arbeitsgestaltung für das mobile (ortsveränderliche) Arbeiten mit digitalen AS ergaben, dass es kaum bzw. nicht unmittelbar übertragbare Handlungsempfehlungen gibt. Die aktuelle Arbeitsstättenverordnung (ArbStättV) beschreibt sehr allgemeine Anforderungen an tragbare Bildschirmgeräte für die ortsveränderliche Verwendung an Arbeitsplätzen. Die DGUV Information [2] ent-

R. Mecke (✉) · S. Adler · D. Jachmann
Fraunhofer-Institut für Fabrikbetrieb und -automatisierung IFF, Magdeburg, Deutschland

M. Weigel
Dr. Weigel Anlagenbau GmbH, Magdeburg, Deutschland

S. Eichholz
Terrawatt Planungsgesellschaft mbH, Leipzig, Deutschland

S. Schmicker · E. Mewes
Mensch-Technik-Organisation-Planung – METOP GmbH, Magdeburg, Deutschland

I. Böckelmann · A. Minow · A. Bergmüller
Otto-von-Guericke-Universität Magdeburg, Bereich Arbeitsmedizin, Magdeburg, Deutschland

W. Bauer et al. (Hrsg.), *Arbeit in der digitalisierten Welt*,
https://doi.org/10.1007/978-3-662-62215-5_3

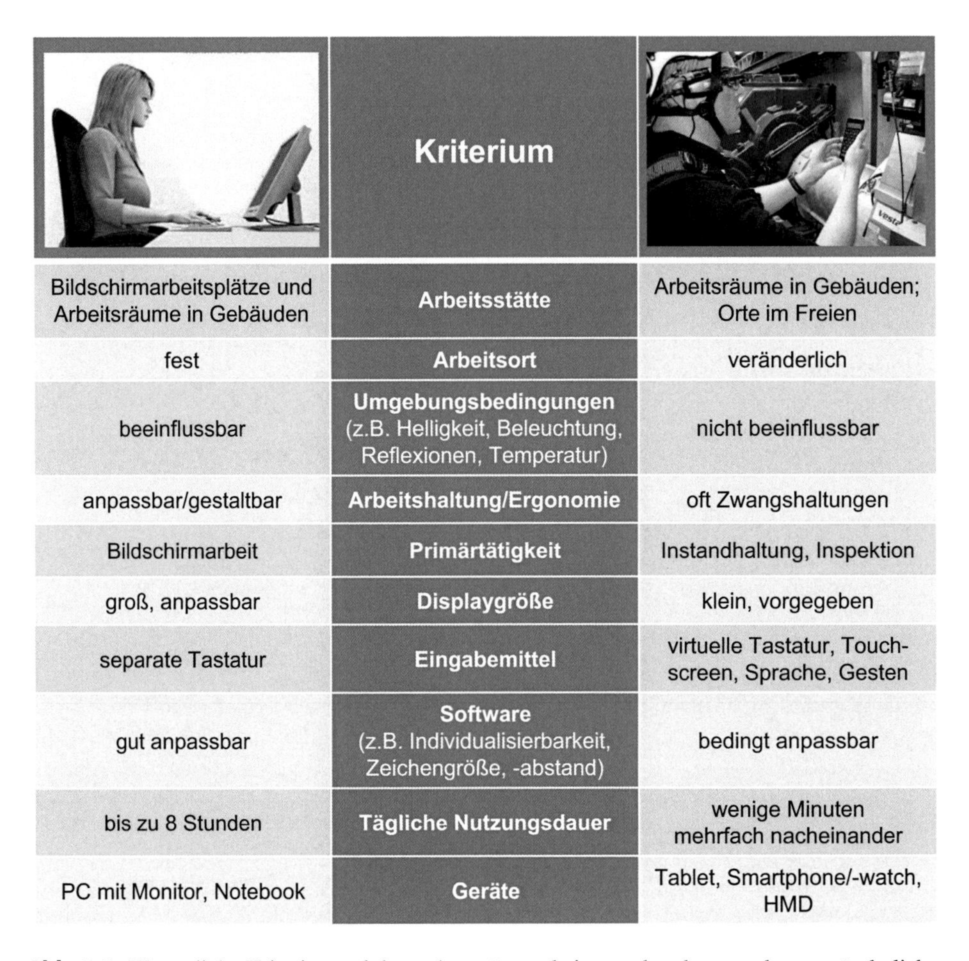

	Kriterium	
Bildschirmarbeitsplätze und Arbeitsräume in Gebäuden	Arbeitsstätte	Arbeitsräume in Gebäuden; Orte im Freien
fest	Arbeitsort	veränderlich
beeinflussbar	Umgebungsbedingungen (z.B. Helligkeit, Beleuchtung, Reflexionen, Temperatur)	nicht beeinflussbar
anpassbar/gestaltbar	Arbeitshaltung/Ergonomie	oft Zwangshaltungen
Bildschirmarbeit	Primärtätigkeit	Instandhaltung, Inspektion
groß, anpassbar	Displaygröße	klein, vorgegeben
separate Tastatur	Eingabemittel	virtuelle Tastatur, Touchscreen, Sprache, Gesten
gut anpassbar	Software (z.B. Individualisierbarkeit, Zeichengröße, -abstand)	bedingt anpassbar
bis zu 8 Stunden	Tägliche Nutzungsdauer	wenige Minuten mehrfach nacheinander
PC mit Monitor, Notebook	Geräte	Tablet, Smartphone/-watch, HMD

Abb. 3.1 Wesentliche Kriterien und deren Ausprägung bei ortsgebundener und ortsveränderlicher Verwendung von Bildschirmgeräten im Vergleich

hält konkretisierende Gestaltungsempfehlungen technischer Art insbesondere für das Arbeiten mit Notebooks. Aktuell intensiv genutzte mobile Endgeräte, wie z. B. Tablets und Smartphones, werden darin nur kurz behandelt. Endgeräte für den Einsatz an veränderlichen Arbeitsorten, wie Smartwatches und Datenbrillen, sind dort nicht enthalten. Im Vorhaben wurde ein Leitfaden erarbeitet, der auf die nutzerzentrierte ergonomische Gestaltung und schädigungslose Nutzung mobiler Assistenzsysteme im technischen Service Bezug nimmt.

3.2 Anwendungsszenarien

Im Fokus von ArdiAS standen zwei konkrete Anwendungsszenarien (s. Abb. 3.2), anhand derer die menschzentrierte Gestaltung sowie die gesundheitsförderliche und effiziente Verwendung mobiler Assistenzsysteme untersucht wurden.

Beide Szenarien sind gekennzeichnet durch häufig wechselnde Arbeitsorte und kaum beinflussbare Umgebungsbedingungen. Im Vergleich zu anderen Arbeitssystemen wechselt im mobilen Service die physische Umgebung inklusive potenzieller Gefahrenstellen ständig. Dies verlangt den Mitarbeitern besondere Aufmerksamkeit und Anpassungsfähigkeit ab. An Instandhaltungsarbeitsplätzen halten sich außerhalb der Wartungszyklen nur selten Personen auf. Hieraus folgt, dass bei der Planung solcher Anlagen kaum Wert auf die Ergonomie im Wartungseinsatz gelegt wird. Dies äußert sich z. B. in Zwangspositionen und widrigen Umgebungsbedingungen. Zudem ist an vielen Einsatzorten keine moderne IT-Infrastruktur (mobiles Internet, WIFI) vorhanden.

3.2.1 Wartung von Industrieanlagen

Der Unternehmensfokus der Dr. Weigel Anlagenbau GmbH liegt auf der Konzeption, Planung, Realisierung und servicemäßigen Betreuung von Druckluft-, Kühlwasser- und Sonderanlagen. Dazu gehören u. a. die regelmäßige Inspektion und Wartung dieser

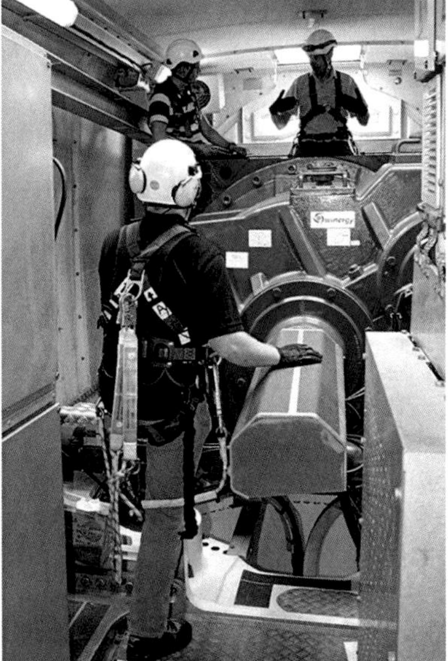

Abb. 3.2 Wartung einer Industrieanlage/Kompressorenstation (links) und Inspektion einer Windenergieanlage (rechts)

Anlagen (s. Abb. 3.2, links), wofür die Servicekräfte täglich zu den verschiedensten Kunden reisen. Einen typischen Arbeitstag beginnen die Servicemonteure mit dem Abholen der Arbeitsscheine (in Papierform) sowie der notwendigen Ausrüstungen und Ersatzteile in der Firma. Dem Arbeitsschein entnimmt der Monteur den Kunden, den zu kontaktierenden Ansprechpartner vor Ort und die Art der durchzuführenden Arbeit. Die Ersatzteile werden im Regelfall vorkommissioniert vom Anlagenhersteller bezogen. Vor der Abfahrt sind diese von der jeweiligen Servicekraft auf Vollständigkeit zu prüfen sowie ggf. zu vervollständigen. Jeder Monteur führt zudem ein Laptop mit, auf dem er u. a. Datenblätter zu Bauteilen, Schaltpläne und Informationen zu Steuerungen der Anlagen abrufen kann. Beim Kunden angelangt, wird die Anlage zunächst abgeschaltet und Details zur Anlagenhistorie (u. a. Betriebsstunden seit der letzten Wartung, besondere Vorkommnisse) erfasst. Je nach Umfang führen ein oder zwei Monteure anschließend die entsprechenden Wartungsarbeiten durch. Nach der Überprüfung erfolgt ein Testlauf der Anlage in Anwesenheit des Kunden. Die durchgeführten Arbeiten, An-/Abreisezeitpunkt, wichtige Anlagenwerte und Bemerkungen werden auf dem Arbeitsschein erfasst und vom Kunden quittiert. Wieder auf dem heimischen Firmengelände angelangt, übergibt der Monteur den Arbeitsschein. Die Auftragsdaten werden dann von der Serviceabteilung in das firmeninterne Auftragsverwaltungs- und Organisationssystem übernommen.

Es bestand der Bedarf nach einem digitalen AS, das sowohl die Servicetätigkeit beim Kunden als auch die interne Auftragsverwaltung und Anlagendokumentation der Firma unterstützt. Eine besondere Anforderung war es, die Expertise der Monteure bei der Systemgestaltung einfließen zu lassen.

Während des Montageprozesses kommen die Monteure ständig in Kontakt mit verschiedensten Schmiermitteln. Der Lärmpegel während der Montage unterscheidet sich je nach kundenabhängiger Arbeitsumgebung teilweise stark. Bei Kompressorenstationen liegt meist ein hoher Lärmpegel vor, sodass die Mitarbeiter in der Regel Gehörschutz tragen. Die klimatischen Bedingungen (Temperatur, Luftfeuchtigkeit) in den Werkhallen variieren stark. Dadurch ergaben sich an das digitale Assistenzsystem entsprechende technische Anforderungen, die zusammen mit den benötigten Funktionalitäten zu Projektbeginn spezifiziert wurden.

3.2.2 Inspektion von Windenergieanlagen

Die TERRAWATT Planungsgesellschaft mbH erbringt als Ingenieurdienstleister Inspektionen und Untersuchungen an Windenergieanlagen (WEA) und angeschlossenen elektrotechnischen Einrichtungen. Bei der Inspektion werden WEA im Halbjahresrhythmus auf ihre Funktionstüchtigkeit und mögliche Mängel untersucht (s. Abb. 3.2, rechts).

Vor Beginn der eigentlichen Inspektion sind einige Vorbereitungen notwendig. Zunächst sind die zu untersuchenden Anlagen auszuwählen. Hierbei wird neben der

Einhaltung des Inspektionszyklus‘ und dem Vorliegen günstiger Wetterbedingungen (u. a. Wind, Temperatur) auch besonders auf lokale Nähe der Anlagen zueinander geachtet. Zudem wird ein Termin für die Netzabschaltung mit dem Kunden (Betreiber der WEA) abgestimmt. Dann erfolgte eine Überprüfung des Anlagenbetriebs der zurückliegenden Wochen per Ferndiagnose. Ziel ist die Identifikation möglicher Fehler und anderer Auffälligkeiten im laufenden Anlagebetrieb. Zudem werden vergangene Wartungsprotokolle eingesehen, um dann während der Inspektion zu kontrollieren, ob früher identifizierten Mängel beseitigt wurden [3].

Am Tag der Inspektion werden die auszufüllenden Prüfprotokolle (Papier) sowie die nötige Ausrüstung zusammengetragen. Dazu gehören u. a. witterungsgerechte Kleidung, Universalwerkzeuge, Schutzhelm mit Helmlampe und Arbeitshandschuhe. Aufgrund der Arbeitshöhe und verschiedenen Arbeitsstellen mit Sturzgefahr sind die Inspekteure mit einer Fallschutzausrüstung ausgestattet. Diese besteht aus einem Klettergeschirr mit Sicherheitshaken und einem anlagenspezifischen Fallschutzläufer. Weiterhin wird ein Fotoapparat zur Dokumentation von Mängeln benötigt.

Der Ablauf der Inspektion ist gemäß Inspektionsprotokoll in verschiedene Abschnitte der WEA unterteilt. So werden im Außenbereich u. a. Schilder, Zuwegung und Fundament überprüft. Im Turmfuß werden technische Funktionalitäten, wie z. B. die Schaltanlage, das Anlagenlogbuch und der Steuerungsrechner der WEA, untersucht. Andere Abschnitte sind das Aufstiegssystem (Leiter, Aufzug), der Turm, der Azimutbereich zwischen Turm und Maschinenhaus, das Maschinenhaus sowie das Maschinenhausdach. Während der Inspektion, teilen sich beide Inspekteure die Prüfschritte untereinander auf. Hierbei führt einer der Inspekteure das Protokoll, der andere teilt diesem im Nachhinein seine Prüfergebnisse mit. In der Praxis tragen die Inspekteure, auch aufgrund der beengten Bedingungen innerhalb der WEA, ihre Ergebnisse meist nach der Überprüfung eines Abschnittes zusammen [3, 4].

Die meisten Prüfvorgänge bestehen aus einer Sichtprüfung und der Vergabe der Mängelklassifikation (in Ordnung: i.O.; nicht in Ordnung: n.i.O.). Zudem werden Informationen zu auftretenden Mängeln notiert und bei Bedarf Fotos relevanter Prüfstelle aufgenommen. Weiterhin werden Betriebs- und Sensordaten der Anlage ausgelesen und notiert. An bestimmten Stellen erfolgt neben der optischen Prüfung auch eine akustische Prüfung. So werden die Schraubverbindungen im Turm mit einem Klopftest überprüft und auch beim An- und Ablauf des Generators achten die Inspekteure auf Irregularitäten im Klang der Maschinen [3].

Während der Inspektion müssen sich die Inspekteure oftmals in ungünstige Zwangspositionen begeben. Zudem ist aufgrund der Schutzausrüstung die Bewegungsfreiheit teilweise eingeschränkt. Es kommt häufig zum Kontakt mit verschiedenen Schmierstoffen. Die beiden Inspekteure kommunizieren meist verbal miteinander. Bei einigen Arbeitsschritten agieren die Mitarbeiter außerhalb des beiderseitigen Sichtbereichs. Die Umgebungsbedingungen in den Windenergieanlagen variieren stark. So bestehen z. B. Lichtverhältnisse von absoluter Dunkelheit bis Tageslicht mit direkter Sonneneinstrahlung. Temperaturen liegen im Bereich von -10 °C bis+40 °C. Es kann nicht davon ausgegangen werden, dass bei allen Anlagen eine mobile Internetverbindung besteht. Im Inneren der WEA treten zudem elektromagnetische Abschirmungen sowie Interferenzen auf [3].

Ein digitales Assistenzsystem soll insbesondere die Dokumentation und Qualitätssicherung der Inspektion sowie die Kollaboration der beiden Prüfer unterstützen. Insbesondere die direkte Integration der Fotoerfassung hat Potenzial, den Aufwand bei der Dokumentationserstellung wesentlich zu reduzieren.

3.3 Entwicklung und Einsatz mobiler Assistenzsysteme

3.3.1 Partizipative interdisziplinäre Zusammenarbeit

Bei der nutzerzentrierten Entwicklung von Assistenztechnologien ist es essentiell, die Anwender sowie alle involvierten Fachdisziplinen von Beginn an einzubeziehen. Die Zusammenarbeit von Technologieentwicklern, Arbeitswissenschaftlern und Arbeitsmedizinern birgt hierbei im Sinne einer ganzheitlichen Betrachtung der Ebenen Mensch-Technik-Organisation große Potentiale und Herausforderungen, die im Rahmen des Verbundprojektes ArdiAS adressiert wurden (s. Abb. 3.3).

Im Anwendungsfokus stehen zwei konkrete industrielle Praxisszenarien zur Wartung und Inspektion von technischen Anlagen (s. Abschn. 3.4). Für beide Anwendungen erfolgte zunächst die Analyse der Arbeitsprozesse und Anforderungen [3] sowie auf dieser Basis die Spezifikation des Assistenzsystems. Dazu haben die Forschungspartner aus dem Bereich der Arbeitswissenschaft vor Ort bei den involvierten Unternehmen Prozessanalysen und Befragungen durchgeführt. Dabei wurden sowohl die hohen Anforderungen an die Qualität der Wartungs- und Inspektionstätigkeiten als auch der Bedarf nach digitalen Unterstützungssystemen deutlich. Es zeigte sich, dass partizipative Ansätze unter Einbeziehung der Anwender, wie beispielsweise moderierte Workshops, sehr hilfreich und zielführend sind. Parallel dazu wurden von der IT-Entwicklung (IFF) Recherchen zu aktuellen mobilen Endgeräten (Smartphones, Tablets, Datenbrillen) durchgeführt, um daraus geeignete Geräte für die jeweilige Anwendung auszuwählen. Auch hierbei war es sehr zielführend, den Anwendern neueste Trends aus der Geräteentwicklung vorzustellen und frühzeitig die Eignung für den Praxiseinsatz abzuschätzen.

Eine weitere zentrale Fragestellung im arbeitsmedizinischem Kontext bestand darin, objektive physiologische Indikatoren für die Arbeitsbeanspruchung der Beschäftigten bei der kombinativen Arbeit zu ermitteln. Es fanden hierfür Laborstudien [5–7] statt, um die Kenngrößen der kognitiven Beanspruchung zu ermitteln. Dabei wurden für die Erfassung der objektiven Beanspruchung das Elektrokardiogramm (EKG) und daraus abgeleitete Kenngrößen (Herzratenvariabilität, HRV) sowie das Elektroenzephalogramm (EEG) genutzt. Die subjektive Beanspruchung wurde anhand standardisierter Verfahren

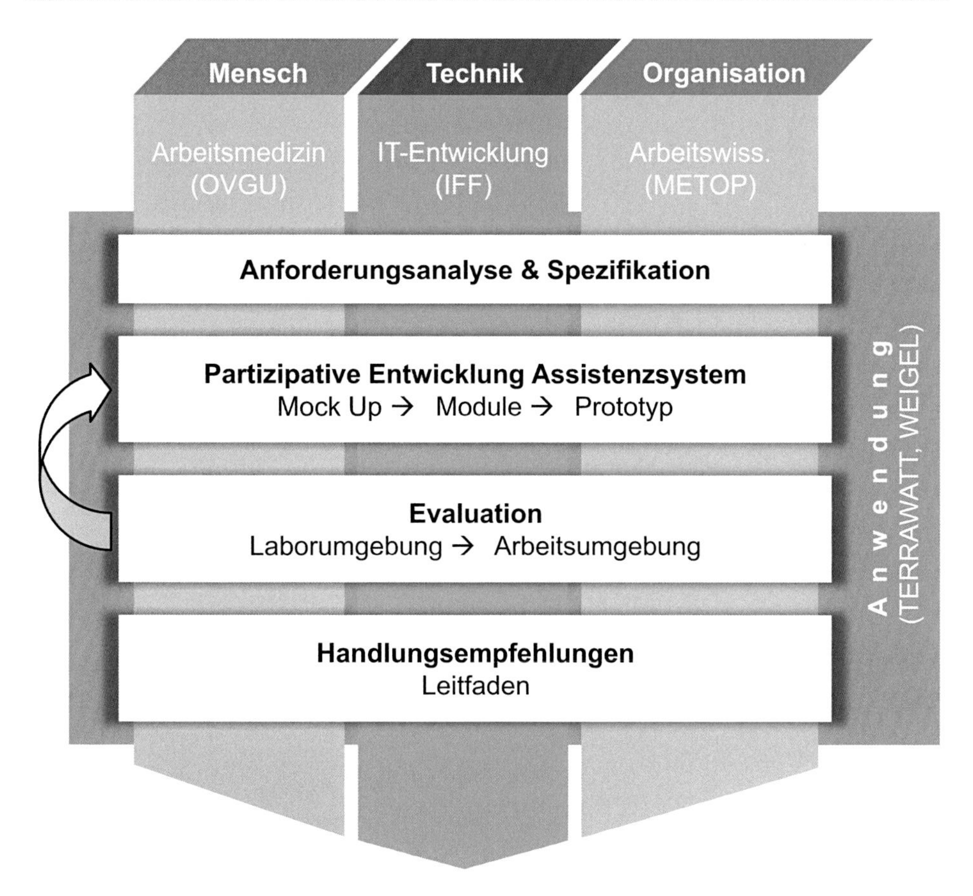

Abb. 3.3 Interdisziplinarität bei der partizipativen Entwicklung und Evaluation digitaler Assistenzsysteme

abgefragt. In einer weiteren Laborstudie [8, 9] erfolgte die Analyse der Auswirkungen unterschiedlicher Bildschirmtypografien auf die visuelle Beanspruchung, die kognitive Leistungsfähigkeit und die subjektive Beanspruchung. Die Erkenntnisse aus diesen Studien fanden bei den arbeitswissenschaftlichen Untersuchungen sowie der Evaluation der Prototypen der mobilen AS unter Labor- und realen Arbeitsbedingungen Berücksichtigung.

Die technische Entwicklung des Assistenzsystems beinhaltete insbesondere die softwareseitige Implementierung der spezifizierten Funktionalitäten sowohl für die mobilen Endgeräte als auch für die dahinterliegende Serverinfrastruktur. Die Implementierungen erfolgten hierbei modulweise jeweils ausgehend von entsprechenden Mock Ups (s. Abb. 3.3). Bei diesen handelt es ich um Demonstrationsmodelle, mit denen wesentliche Programm- und Bedienfunktionalitäten den involvierten Partnern auf einfache

Art präsentiert werden. Potentielle Anwender können somit frühzeitig in die Systementwicklung einbezogen werden und konkrete Wünsche und Ideen aus Praxissicht einbringen. Der Prototyp des Assistenzsystems wurde aus einzelnen anwendungsspezifischen Modulen erstellt und enthielt eine exemplarische Anbindung an die bei den Anwendungspartnern bestehende IT-Infrastruktur. Nur so kann das System später auch anhand von betrieblichen Praxisszenarien evaluiert werden. Während der technischen Entwicklung werden in der Regel mehrere Iterationsschleifen sowohl auf Modul- als auch Prototypenebene durchlaufen.

Das Ziel der Evaluation (s. Abb. 3.3) ist es, die Prototypen in konkreten Anwendungsumgebungen zu testen. Die Untersuchungen fanden dabei zunächst in einer Laborumgebung statt [4, 10], in der vereinfachte Inspektionsaufgaben von anwendungsfernen Probanden durchgeführt und analysiert wurden (Abb. 3.4, links). Dies dient zur Einschätzung der prinzipiellen Eignung und liefert Feedback für die Systemoptimierung (s. Abb. 3.3, Feedbackschleife zur Systementwicklung). Dann wurden Serviceexperten aus den Anwendungsunternehmen einbezogen, die den neuen Technologien besonders aufgeschlossen gegenüberstanden. In dieser Phase war die Unterstützung technologieaffiner Promotoren besonders wichtig. Mit den optimierten Prototypen erfolgten dann Tests in der realen Arbeitsumgebung (s. Abb. 3.4, rechts) durch die Serviceexperten der Unternehmen.

3.3.2 Struktur und Funktionalitäten des Assistenzsystems

Die Systemarchitektur des Assistenzsystems besteht aus verschiedenen Modulen. Ausgewählte Kernmodule und deren Zusammenwirken sind im nachfolgenden Schema veranschaulicht (s. Abb. 3.5). Auf einem stationären Server läuft ein webbasiertes

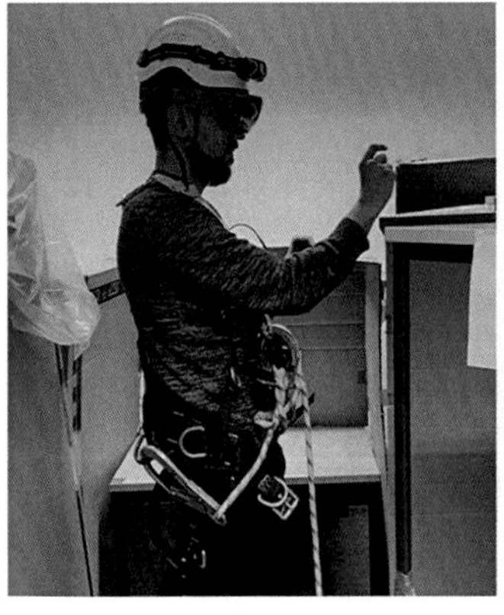

Abb. 3.4 Evaluation von Protoypen der mobilen AS in Laborumgebung (links) und realer Arbeitsumgebung (rechts)

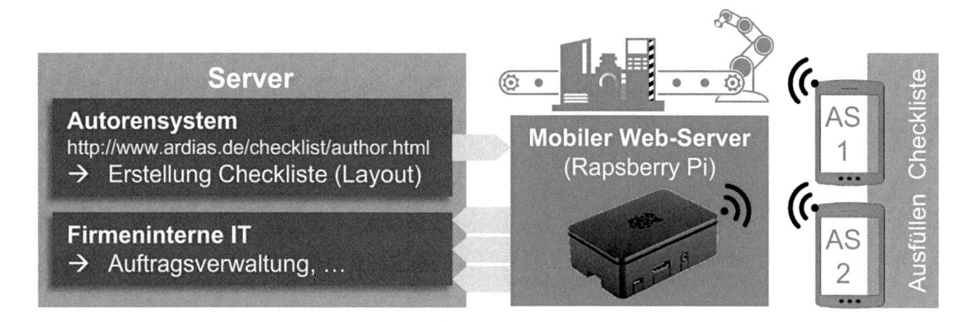

Abb. 3.5 Systemarchitektur des Assistenzsystems (vereinfachte Darstellung)

Autorensystem, mit dem die Anwender selbstständig kunden- und anlagenspezifische Checklisten erstellen können. Diese enthalten leere Prüfprotokolle sowie weitere Informationen zur durchzuführenden Tätigkeit und werden auf einen mobilen Web-Server (Raspberry Pi) geladen. Dieser Server wird in der Arbeitsumgebung mitgeführt und stellt per WLAN eine Anbindung für mobile Endgeräte (AS1, AS2) zur Verfügung. Beim zeitgleichen Zugriff von mehreren Endgeräten werden bei Web-Anwendungen üblicherweise die einzelnen Verbindungen isoliert behandelt. Im vorliegenden System wurde diese Isolation aufgehoben, damit mehrere Nutzer kollaborativ an einem gemeinsamen Prüfprotokoll arbeiten können. Es wird sichergestellt, dass die Eingaben eines Nutzers innerhalb weniger Sekunden an alle weiteren Endgeräte weitergeleitet und dort visualisiert werden. Bei Abbruch der WLAN-Verbindung zum mobilen Web-Server kann das Prüfprotokoll auch ohne Netzwerkverbindung auf den Endgeräten bearbeitet werden. Die erfolgten Eingaben werden dann lokal auf den Endgeräten zwischengespeichert und nach erneutem Verbindungsaufbau synchronisiert. Das Protokoll wird nach Abschluss der Tätigkeit in einer Datenbank auf dem mobilen Web-Server gespeichert und kann von dort aus in den gängigen Dateiformaten in die firmeninterne IT-Infrastruktur übertragen werden.

Im Kontext der Datensicherheit ist hervorzuheben, dass für die Nutzung des Systems keine Verbindung zum Internet erforderlich ist, sondern der Raspberry Pi per Kabel ausgelesen werden kann. Die softwaretechnischen Umsetzungen basieren auf etablierten Web-Technologien (Angular, Nodejs). Damit liegt eine hohe Einsatzflexibilität bezüglich verschiedener mobiler Endgeräte (Betriebssysteme Android, iOS, Windows) vor.

Beim Abarbeiten der Checkliste auf dem mobilen AS (s. Abb. 3.6) erfolgt die Navigation über ein Inhaltsverzeichnis der einzelnen Prüfschritte, das über eine Schaltfläche ein- und ausgeblendet wird (a). Man kann einzelne Schritte der Checkliste auch über Navigationspfeile auswählen (b). Zu jedem Prüfschritt können das Prüfergebnis als Mängelklassifikation eingegeben (c) sowie Fotos angefügt (d) werden. In den Fotos lassen sich Markierungen einzeichnen. Es ist möglich, zusätzliche Informationen als Kommentare in Freitextform (e) und gegebenenfalls als Schlüssel-Wert-Paare zu erfassen. In den Prüfschritten können optional Arbeitsinstruktionen und beschreibende Bilder angezeigt werden, die zuvor mit dem Autorensystem erstellt wurden. Nach Abarbeitung aller Schritte wird die Checkliste vom Mitarbeiter als abgearbeitet markiert und steht dann als Dokument zur Verfügung, das z. B. in ein PDM-System transferiert werden kann.

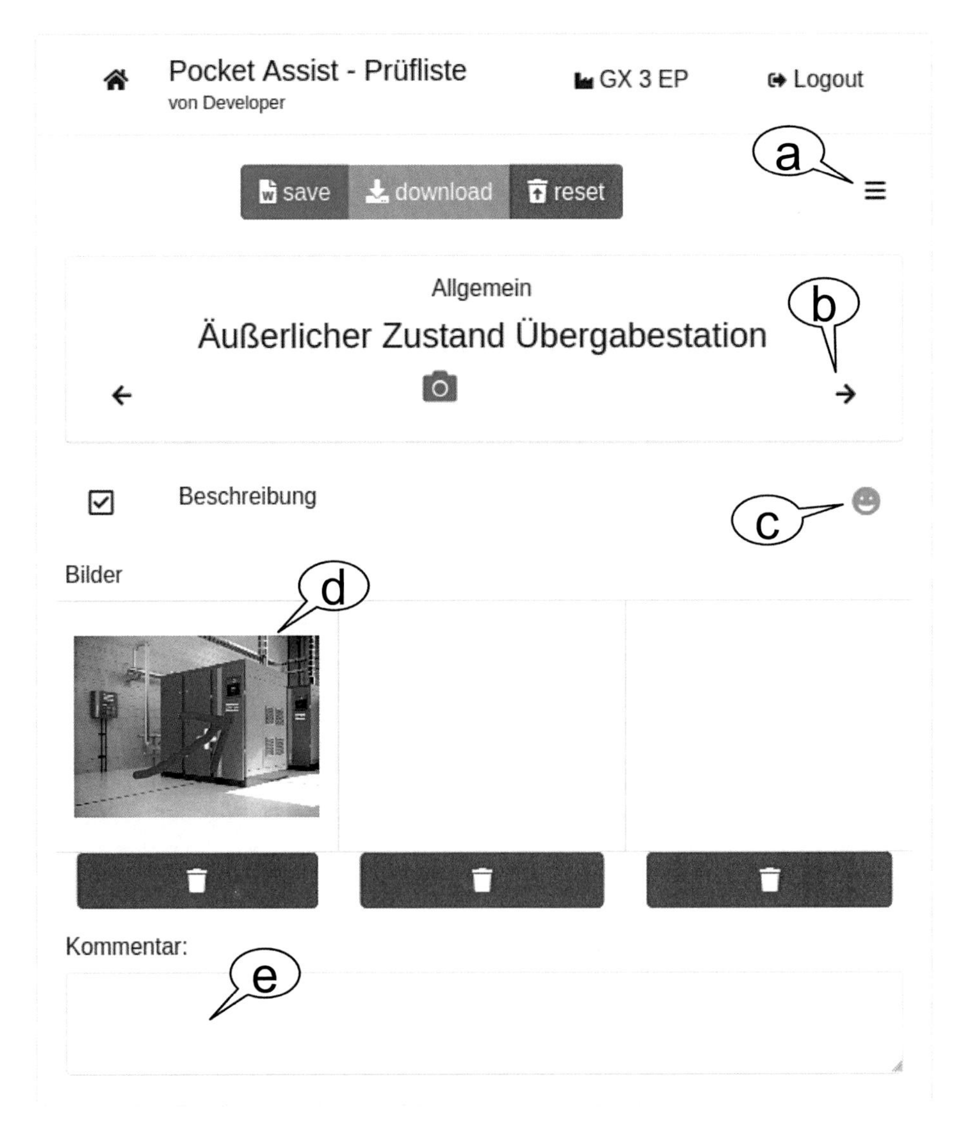

Abb. 3.6 Funktionalitäten des Assistenzsystems am Beispiel eines Prüfschrittes in einer Checkliste

Neben diesen Kernfunktionalitäten des Systems wurden weitere Unterstützungsfunktionen realisiert, die für die praxisnahe Evaluation und perspektivische Integration in die Workflows der Anwendungspartner erforderlich sind. Hierzu gehören die Verwaltung von Auftragsdaten, Maschinen- und Anlagentypen, Prüflistenvorlagen und Benutzern. Außerdem wurden Backup- und Aktualisierungsfunktionen umgesetzt. Die Navigation in der Anwendung wurde für mobile Geräte sowie Desktop-PCs optimiert.

3.3.3 Arbeitswissenschaftliche Untersuchungen und Evaluierung

Je nach Arbeitsinhalt und -umgebung bestehen verschiedene Anforderungen, welche sich sowohl auf die Auswahl des Endgeräts als auch die Interaktionsgestaltung zwischen Mensch und Maschine auswirken. Zur Systematisierung wurde eine Expertenbefragung mit internationaler Beteiligung zu den Vor- und Nachteilen der ausgewählten Endgeräte durchgeführt [11, 12]. Die Ergebnisse der Befragung sind hier in vereinfachter und gekürzter Form zusammengefasst dargestellt (Tab. 3.1).

Um eine menschgerechte Beanspruchung der Beschäftigten zu ermöglichen, sollten dargestellte Informationen im Assistenzsystem sowohl an die jeweiligen Arbeitsinhalte, als auch an den individuellen Kenntnisstand des Nutzers angepasst sein. Auf diese Weise lässt sich sicherstellen, dass die Arbeitspersonen zur richtigen Zeit mit den richtigen Informationen versorgt werden. Gerade bei der Ersteinführung sind optimierte Umfänge und Darstellungen der Informationen für die Akzeptanz der Assistenzsysteme von besonderer Bedeutung. Besonders bei Mitarbeitern mit wenig Berufserfahrung sind während der fortlaufenden Ausübung der Tätigkeit die Bildung neuer Kompetenzen zu erwarten. Dadurch können sich auch die jeweiligen Anforderungen an das Assistenzsystem verändern. Beispielsweise kann eine genaue Aufschlüsselung der Arbeitsschritte zu Beginn der Tätigkeit Unsicherheiten beim Beschäftigten entgegenwirken. Nachdem dieser mit dem Arbeitsablauf vertraut ist, sollte sich der Unterstützungsgrad reduzieren lassen. Generell ist bei der Konzeption darauf zu achten, dass durch das System die Kompetenzbildung gefördert und die Gefahr des Kompetenzverlusts minimiert werden.

Digitale Assistenzsysteme ermöglichen vollkommen neue Formen der Arbeitsorganisation, welche den Mitarbeitern entsprechende Kompetenzen abverlangen. Zu bedenken sind hierbei auch eine mögliche Überforderung durch zusätzliche oder veränderte Arbeitsinhalte und Arbeitsunterbrechungen durch ständige Erreichbarkeit.

3.3.4 Arbeitsmedizinische Beanspruchungsuntersuchungen

Die beanspruchungsoptimale Gestaltung digitaler Assistenzsysteme erfordert möglichst objektive Indikatoren zur Beurteilung der Arbeitsbeanspruchung der Beschäftigten. Beim technischen Service liegen vor allem kombinatorischen Tätigkeiten mit visuellen und kognitiven Anforderungen vor. Durch die Partner aus dem Bereich der Arbeits-

Tab. 3.1 Expertenbewertung zur Eignung von Endgeräten in Abhängigkeit ausgewählter Kriterien; reduzierte Darstellung nach [11] (Legende: + + sehr gut, + gut, o kein Vorteil, – schlecht, – – sehr schlecht); Quelle: METOP GmbH

Kriterium	Smartphones	Tablets	Smartwatches	Binocular Smart Glasses	Monocular Smart Glasses
Transportaufwand	+	–	+ +	–	–
Kamerafunktion	+ +	+	– –	–	–
Vibrationsfunktion	+	–	+ +	– –	– –
Tonausgabe	+	–	– –	+	+
Einschränkungsfreiheit der Umgebungswahrnehmung des Nutzers	+	+	+ +	o	o
Bedienfreundlichkeit	+ +	+ +	+	–	–
Freiheit von Mehrbelastung durch Nutzung	+	+	+ +	–	–
Nutzung mit Handschuhen	–	–	–	+	+
Nutzung mit Schutzhelm	+	+	+	–	–
Ausgabe Wörter/Ziffern/Piktogramme	+	+	+	+	+
Ausgabe Sätze/Bilder/Clips	+	+	–	+	+
Ausgabe Fließtext/komplexe Bilder/Videos	+	+ +	–	+	+
Darstellung von Augmented Reality	+	+	– –	+ +	+
Nutzung mit Schutzhelm	+	+	+	–	–

medizin wurde die Herzfrequenzvariabilität (HRV), die aus dem Elektrokardiogramm (EKG) abgeleitet wird, als Beanspruchungsindikator untersucht. Aus den RR-Intervallen (Abstand zwischen zwei R-Zacken) des EKG kann neben der Herzschlagfrequenz auch deren Variabilität berechnet werden, die eine Quantifizierung des individuellen Beanspruchungszustandes im Verlauf des Arbeitsprozesses erlaubt. Mit Hilfe verschiedener Parameter der HRV ist es möglich, das Zusammenspiel von Sympathikus und Parasympathikus bei der Regulation und Steuerung des Herz-Kreislauf-Systems, u. a. bei unterschiedlichen Belastungssituationen im Arbeitsprozess, differenziert zu beschreiben (s. Abb. 3.7). Im oberen Teil der Abbildung findet sich der Herzschlag pro Minute (grün: Mittelwert, rot/blau: obere/untere Hüllkurve). Im unteren Teil sind HRV-Spektren für 2.5-minütige Zeitintervalle dargestellt. Die Farbe gibt einen Hinweis zur Intensität der Variabilität; blau und rot als intensive Farben bedeuten eine hohe Variabilität bei dem entsprechenden Frequenzspektrum. Die Aktivität des Sympathikus, die in den Belastungsphasen größer ist, findet man im Bereich bis 0,15 Hz, also nahe der Zeitachse. Sympathikus und Parasympathikus sind Teil des vegetativen Nervensystems. Diese Nerven werden funktionell als Gegenspieler betrachtet. Die HRV ist ein Parameter der allgemeinen Aktivierung und der sympatho-vagalen Balance des Organismus'. Über die Ausprägung des Niveaus der Regulationsmechanismen können die funktionalen Reserven des Herz-Kreislauf-Systems und die Anpassungsmöglichkeiten des Gesamtorganismus beurteilt werden. Hierbei gilt vereinfacht: je gleichmäßiger/ungleichmäßiger die Herzschlagfrequenz ist, desto höher/geringer ist die Beanspruchung.

Als weitere Beanspruchungsindikatoren wurden die Spektralleistungsparameter aus dem Elektroenzephalogramm (EEG) eingesetzt, die Aufschlüsse über die Gehirnaktivität unter kognitiver Belastung geben. Die Zusammenhänge zwischen diesen objektiven physiologischen Beanspruchungsindikatoren sowie die Assoziationen mit der subjektiven Beanspruchung und objektiven Leistung bei kognitiven Aufgaben wurden analysiert. Sowohl bei den Auslenkungen der HRV-Parameter als auch bei den Änderungen in den spektralen EEG-Parametern wurden Anpassungsreaktionen an die standardisierten psychometrischen Tests beobachtet. Hinsichtlich der Beanspruchungskorrelate auf der Herz-Gehirn-Achse sind einige spezifische HRV-Parameter (LF nu, HF nu, pNN50) geeignet, unter bestimmten Kriterien Rückschlüsse auf die per EEG-ermittelte mentale Beanspruchung zuzulassen.

Aus den Ergebnissen dieser Untersuchungen werden folgende Empfehlungen für die Arbeitsgestaltung gegeben, welche zu einer Optimierung der Belastung Arbeitender führen und die Arbeitsbedingungen verbessern:

Eine gute Einführung der Nutzer in die Anwendung digitaler AS ist aus physiologischer Sicht nötig. Die Untersuchungen zeigten, dass bei der erstmaligen Nutzung von neuen Assistenzsystemen die Beanspruchung zu Beginn erhöht ist. Dieser Effekt verschwindet jedoch, wenn die Personen die Systeme wiederholt nutzen (sog. Phänomen der Habituation). Das repräsentiert zudem auch die schnelle Anpassungsfähigkeit an diese neuen Arbeitsmittel. Eine wesentliche Limitierung bisheriger Studienergebnisse, auch unserer, ist der kurzfristige Einsatz digitaler AS. Um valide Aussagen über die lang-

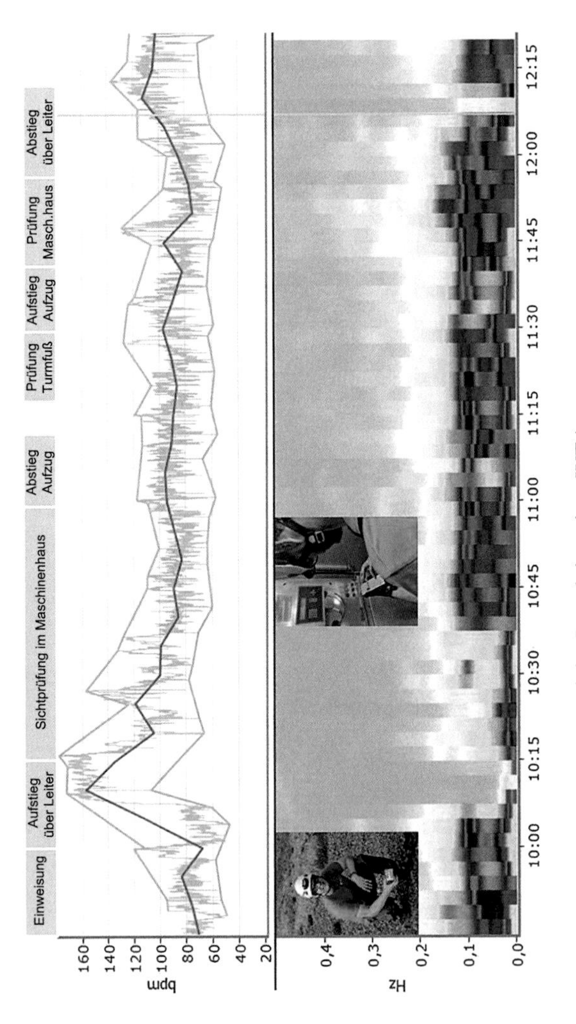

Abb. 3.7 Spektrogramm aus der HRV-Analyse während der Inspektion einer WEA

fristigen Beanspruchungsfolgen treffen zu können, sind weitere Untersuchungen nötig, die eine längere Einsatzdauer (z. B. ein gesamter Arbeitstag) und einen längeren Zeitraum (z. B. mehrere Wochen) umfassen. Auswirkungen digitaler AS auf den Nutzer müssen zudem stets mehrdimensional beurteilt werden. Nicht nur die physiologischen Beanspruchungen und die objektive kognitive Leistungsfähigkeit, sondern auch das subjektive Beanspruchungsempfinden, die Nutzerakzeptanz und Aspekte der Gebrauchstauglichkeit müssen Eingang in die gesundheitliche Beurteilung finden.

3.4 Hinweis auf Transfermaterialien

Im Rahmen des Vorhabens wurde ein Leitfaden zur nutzerzentrierten Entwicklung und Nutzung digitaler Assistenzsysteme im technischen Service erarbeitet [13]. Ziel dieses Leitfadens ist die Bereitstellung von Informationen und Hinweisen, um einen beanspruchungsoptimalen Einsatz digitaler AS zu gewährleisten. Im Fokus steht dabei die Verwendung solcher Systeme im technischen Service, der besonders von häufig wechselnden Einsatzorten und flexiblen Arbeitsbedingungen geprägt ist. Damit sollen die Chancen der Digitalisierung besser genutzt und Risiken verringert werden. Neben den potenziellen Anwendern und Arbeitgebern adressiert der Leitfaden insbesondere auch Entwickler von mobilen Endgeräten und Applikationen in Hinblick auf Hard- und Software-Ergonomie.

3.5 Fazit und Ausblick

Im Verbundprojekt ArdiAS wurden digitale Assistenzsysteme unter Berücksichtigung der Erkenntnisse der involvierten Fachdisziplinen IT-Entwicklung, Arbeitswissenschaft und Arbeitsmedizin prototypisch implementiert und untersucht. Es erfolge die Integration dieser Demonstratoren in zwei konkrete Anwendungsszenarien im technischen Service sowie deren Evaluation. Hinsichtlich Nutzbarkeit der Systeme und Belastungssituation der Beschäftigten sowie bezüglich wirtschaftlicher Aspekte (z. B. Qualitäts- und Zeitgewinn) wurden positive Effekte nachgewiesen.

Die partizipative Entwicklung und Einführung der AS hat sich als hilfreiches Mittel für die menschgerechte Entwicklung herausgestellt. Dabei ist eine möglichst frühe Einbindung der Mitarbeiter förderlich für die Akzeptanz. In Zukunft sind besonders Langzeitstudien mit dauerhafter Verwendung der Systeme und ihre Einwirkung auf die Arbeitswelten der Zukunft interessant.

Die Ergebnisse der arbeitsmedizinischen Untersuchungen legen nahe, dass es – zumindest im kurzfristigen Einsatz und nach einer kurzen Adaptionszeit – keine erhöhte objektiv physiologische Beanspruchung bei der Tätigkeit mit digitalen AS im Vergleich zu herkömmlichen Arbeitsweisen gibt. Eine gute Einführung in neue AS ist essenziell für einen gesundheitsgerechten Einsatz digitaler AS.

Es ist perspektivisch zu untersuchen, inwieweit die Ergebnisse auch auf andere Anwendungsbereiche und Vorgehensmodelle übertragbar sind. Das partizipative Vorgehen bei der Technologieentwicklung birgt sowohl Herausforderungen als auch hohe Innovationspotenziale, die zukünftig weiterbefördert werden müssen.

Zum Projektende liegt ein Praxisleitfaden zur nutzerzentrierten Entwicklung und Nutzung digitaler Assistenzsysteme im technischen Service vor.

Projektpartner und Aufgaben

- **Fraunhofer-Institut für Fabrikbetrieb und –automatisierung IFF**
  Nutzerzentrierte Entwicklung mobiler Assistenzsysteme für technische Dienstleistungen
- **Otto-von-Guericke-Universität Magdeburg, Bereich Arbeitsmedizin**
  Arbeitsmedizinische und psychophysiologische Untersuchungen nutzerbezogener Aspekte
- **Mensch-Technik-Organisation-Planung METOP GmbH**
  Arbeitswissenschaftliche Untersuchungen und partizipative Gestaltungskonzepte
- **Dr. Weigel Anlagenbau GmbH**
  Anwendung digitaler Assistenzmethoden bei der Instandhaltung von Industrieanlagen
- **Terrawatt Planungsgesellschaft mbH**
  Anwendung digitaler Assistenzmethoden bei der Inspektion von Windenergieanlagen

Literatur

1. Apt W, Schubert M, Wischmann S (2018) Digitale Assistenzsysteme – Perspektiven und Herausforderungen für den Einsatz in Industrie und Dienstleistungen. Institut für Innovation und Technik (iit) in der VDI/VDE Innovation+Technik GmbH, Berlin
2. DGUV (2012) Belastungen und Gefährdungen mobiler IKT-gestützter Arbeit im Außendienst moderner Servicetechnik, Handlungshilfe für die betriebliche Praxis – Gestaltung der Arbeit. https://www.uv-bund-bahn.de/fileadmin/Dokumente/Mediathek/211-036.pdf. Zugegriffen: 27. Febr 2020
3. Mewes E, Schmicker S, Waßmann S, Mecke R, Böckelmann I (2018) Entwicklung und Durchführung einer Anforderungsanalyse zur Identifikation von nutzergunterstützenden Anwendungspotenzialen digitaler Assistenzsysteme in mobilen Servicetätigkeiten. In Dokumentation des 64. Arbeitswissenschaftlichen Kongresses, Beitrag B.1.3; Dortmund
4. Mewes E, Waßmann S, Adler S, Minow A, Schmicker S (2019) Entwicklung eines Laboraufbaus zur Erprobung eines digitalen Assistenzsystems für den Einsatz in der mobilen Instandhaltung; In: Arbeit interdisziplinär – Dokumentation des 65. Arbeitswissenschaftlichen Kongresses, Beitrag D.1.5, Frankfurt

5. Dorn A, Minow A, Darius S, Böckelmann I (2019) Auswirkungen von Aufmerksamkeitstests unterschiedlicher kognitiver Anforderungen auf die Auslenkung der HRV-Parameter . Zentralblatt für Arbeitsmedizin Arbeitsschutz und Ergonomie 70:99–108. https://doi.org/10.1007/s40664-019-00374-6
6. Schapkin S, Raggatz J, Hillmert M, Böckelmann I (2020) EEG correlates of cognitive load in a multiple choice reaction task. Acta Neurobiol Exp 80:76–89
7. Hillmert M, Bergmüller A, Minow A, Raggatz J, Böckelmann I (2020) Psychophysiologische Beanspruchungskorrelate während kognitiver Belastung: Eine Laborstudie mittels EEG und EKG. Zentralblatt für xArbeitsmedizin, Arbeitsschutz und Ergonomie 70:149–163. https://doi.org/10.1007/s40664-020-00384-9
8. Bergmüller A, Minow A, Adler S, Böckelmann I (2020) Eine Laborstudie zur subjektiven und objektiven visuellen Beanspruchung bei verschieden dargestellten Aufmerksamkeitstests am Smartphone. Abstract 60. Jahrestagung der Deutschen Gesellschaft für Arbeitsmedizin und Umweltmedizin e.V. (DGAUM), 11. – 14. März 2020 in München
9. Minow A, Bergmüller A, Adler S, Böckelmann I (2020) Auswirkungen der Bildschirmtypografie eines Smartphones auf die subjektive Beanspruchung und Leistung bei mobiler Arbeit. Abstract 60. Jahrestagung der Deutschen Gesellschaft für Arbeitsmedizin und Umweltmedizin e.V. (DGAUM), 11. – 14. März 2020 in München
10. Mewes E, Waßmann S, Minow A, Adler S, Schmicker S (2019) Laborversuch zur Validierung der Nutzerfreundlichkeit eines digitalen Assistenzsystems für den Einsatz in der mobilen Instandhaltung
11. Tagungsband 14. Magdeburger Maschinenbau-Tage, Magdeburg, S 320–329. https://opendata.uni-halle.de//handle/1981185920/13829. Zugegriffen: 27. Febr 2020
12. Mewes E, Schwarz F, Wassmann S, Adler S, Schmicker S (2020). Methodik zur Unterstützung der Hardwareauswahl digitaler Assistenzsysteme für mobile, industrielle Servicetätigkeiten. In *Tagungsband der 22. IFF Wissenschaftstage.* Fraunhofer Verlag, Stuttgart
13. Mewes E, Bergmüller A, Minow A, Waßmann S, Weigel M, Eichholz S, Adler S, Böckelmann I, Schmicker S, Mecke R (2020) Digitale Assistenzsysteme zur mobilen Verwendung im technischen Service in der Instandhaltung – Ein Leitfaden für die Gestaltung und Nutzung. Otto von Guericke University Library, Magdeburg. http://dx.doi.org/10.25673/32943

BY

4 Entwicklung eines digitalen Lehr- und Lernarrangements für das deutsche Handwerk

Patrick Spieth, Christoph Klos, Tobias Röth, Ludger Schmidt, Johannes Funk, Anna Klingauf, Steffi Robak, Moritz Knaut, Maria Klimpel, Lena Heidemann, Friedrich Schüttler und Heiko Gringel

4.1 Digitalisierung des Handwerks: Notwendigkeit einer bedarfsgerechten Qualifizierung

Um auf die zunehmende Verbreitung von Informations- und Kommunikationstechnologien in vielen Bereichen vorzubereiten und somit einer digitalen Spaltung entgegenzuwirken adressiert das Projekt FachWerk das Ziel, die Digitalisierung und Kompetenzentwicklung im Handwerk, als eine Branche, die bisher noch wenig an dem Megatrend partizipiert, voranzubringen. Hierfür entwickelte FachWerk ein multimediales Lehr- und Lernarrangement, das zur Fachkräftequalifizierung dient und auf die zukünftigen Herausforderungen beim Umgang mit IuK-Technologien vorbereiten soll. Letztlich kann so sichergestellt werden, dass das Handwerk als eine traditionsreiche und manuell geprägte Branche von den Vorteilen der Digitalisierung profitiert und auch

P. Spieth · C. Klos · T. Röth (✉)
Universität Kassel, Institut für Betriebswirtschaftslehre/Fachgebiet Technologie- und Innovationsmanagement sowie Entrepreneurship, Kassel, Deutschland

L. Schmidt · J. Funk · A. Klingauf
Universität Kassel, Institut für Arbeitswissenschaft und Prozessmanagement/Fachgebiet Mensch-Maschine-Systemtechnik, Kassel, Deutschland

S. Robak · M. Knaut · M. Klimpel · L. Heidemann
Leibniz Universität Hannover, Institut für Berufspädagogik und Erwachsenenbildung/Professur für Bildung im Erwachsenenalter, Hannover, Deutschland

F. Schüttler
Berufsförderungswerk des Handwerks gGmbH, Korbach, Deutschland

H. Gringel
Gringel Bau + Plan GmbH, Schwalmstadt, Deutschland

W. Bauer et al. (Hrsg.), *Arbeit in der digitalisierten Welt*,
https://doi.org/10.1007/978-3-662-62215-5_4

zukünftig erfolgreich in der Wirtschaft mitwirken kann. Um das Projektziel zu erreichen, wurden sieben Arbeitspakete definiert: (Abb. 4.1)

Im Rahmen des ersten Arbeitspakets (AP) wurde der Ist- sowie der Soll-Stand des Einsatzes von IuK-Technologien definiert und somit eine technologische Vorausschau erstellt. Hierzu führte das Fg TIME Experteninterviews sowie mehrere Workshops durch. Durch die Bereitstellung von Alternativ- und Zukunftsszenarien konnte außerdem eine strategische Vorausschau auf den Einsatz digitaler Technologien gegeben werden. Unterstützend analysierte das Fg MMS die Gebrauchstauglichkeit der IuK-Technologien für das Handwerk. Parallel zu AP 1 wurde im Rahmen des zweiten APs eine Bedarfs- und Anforderungsanalyse aus Belegschaftssicht durchgeführt. Hierzu sammelte das BFH gemeinsam mit der Agentur für Arbeit über fast zwei Jahre Stellenanzeigen, um regionale Arbeitsplatzanforderungen darzustellen. Die Stichprobe mit einem Umfang von 352 Anzeigen wurde anschließend vom IfBE analysiert. Zusätzlich führte das IfBE eine Dokumentenanalyse sowie Leitfadeninterviews durch. Im Rahmen des dritten APs konnten fünf Erfolgsfaktoren identifiziert werden, welche die wichtigsten Ansatzpunkte zur digitalen Transformation festlegen. Hierfür analysierten die Praxispartner gemeinsam

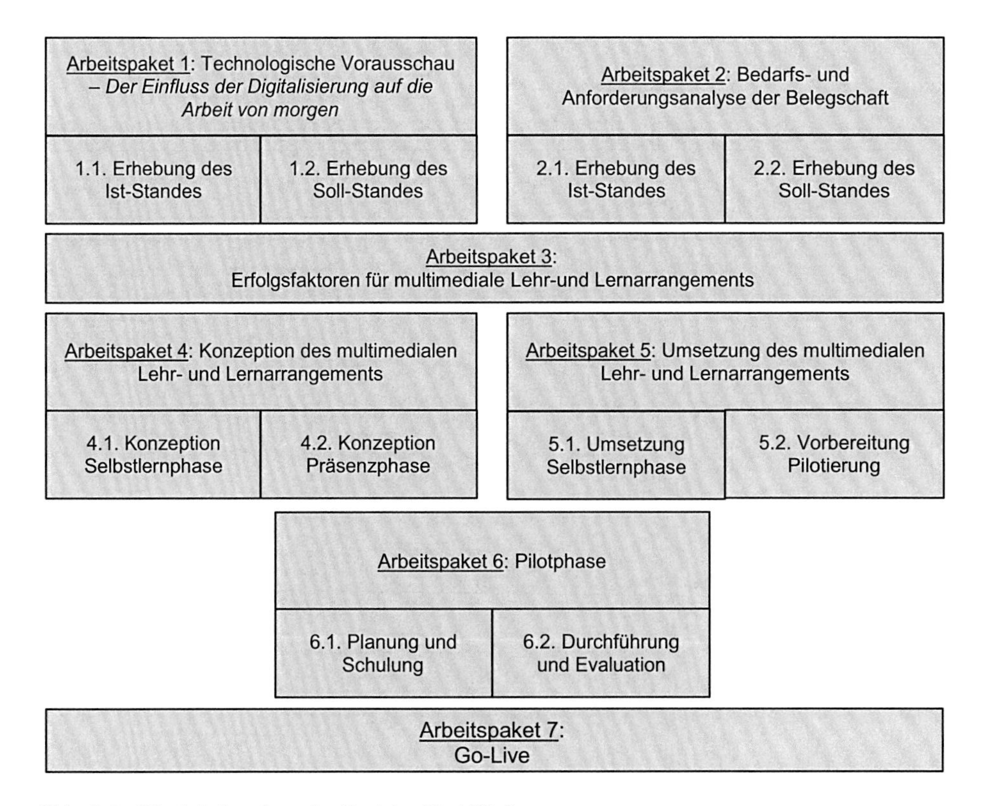

Abb. 4.1 Die Arbeitspakete des Projekts FachWerk

mit dem Fg TIME die neuen Notwendigkeiten, identifizierten potenzielle Einsatzgebiete und nutzten die zuvor gewonnenen Workshop-Daten Interviews.

AP 4 diente zur Konzeption des multimedialen Lehr- und Lernarrangements. Hierfür entwickelte das IfBE in einem nachfrage-/bedarfsorientierten Prozess und unter Einbeziehung der Ergebnisse der AP 2 und 3 ein didaktisches Konzept. Basierend auf diesem Konzept und unter Einbeziehung der entwickelten Tätigkeitsprofile konnten didaktische Prinzipien identifiziert werden, die aus pädagogischer Sicht wesentliche Kriterien für die Gestaltung und Umsetzung darstellen. Darauf basierend entwickelte das BFH erste Schulungsinhalte und verknüpfte thematisch passende Inhalte zu übergreifenden Lerneinheiten. Im Rahmen des fünften APs wurde die multimediale Lehr- und Lernplattform umgesetzt. Das sechste AP umfasste mehrere vom BFH durchgeführte Schulungen, die zur Pilotierung des multimedialen Lehr- und Lernarrangements dienten. Abschließend hat sich das siebte AP mit der regionalen und überregionalen Vernetzung sowie mit der abschließenden Evaluation durch das BFH befasst.

4.1.1 Das Handwerk durch die Integration moderner Technologien digital transformieren

Das Fg TIME definierte in einem ersten Schritt verschiedene Mega- und Technologietrends, die aktuell und zukünftig einen Einfluss auf die Handwerksbranche ausüben [15]. Megatrends bestimmen in diesem Zusammenhang Aspekte, die einen umfassenden Wandel für Gesellschaft und Wirtschaft mit sich bringen. Technologietrends hingegen gestalten den technologischen Wandel und bestimmen somit die Digitalisierung der Handwerksbranche [16]. Die identifizierten Megatrends umfassten Klimawandel und ökologische Nachhaltigkeit, Digitalisierung und New Work sowie Individualisierung und Globalisierung. So gewinnt beispielsweise die Fokussierung auf nachhaltiges Konsumverhalten und der Umbruch der Arbeitswelt für Unternehmen an Bedeutung. Technologietrends umfassten mobile Endgeräte und 3D-Druck, Einsatz neuer Medien, Cloud-Computing, Virtual Reality und das Internet der Dinge. Durch den Einsatz dieser Technologien können beispielsweise Erreichbarkeit und Flexibilität verbessert werden, neue Marktpotenziale ausgeschöpft und Planungs- und Entscheidungsprozesse beschleunigt werden [2]. Außerdem besteht die Möglichkeit, interaktive Wirklichkeiten zu gestalten und somit die Wahrnehmungserlebnisse von Handwerkerinnen und Handwerkern sowie Kunden zu verbessern. Auch Prozesse und Prozessteuerungen können durch die Vernetzung von Objekten optimiert und bedarfsgerechter gestaltet werden [10].

Neben den Mega- und Technologietrends hat das Fg TIME durch mehr als 80 Experteninterviews fünf Erfolgsfaktoren identifiziert, die die neuen und zukünftigen Anforderungen der Handwerksbranche durch die Implementierung digitaler Technologien umfassen:

1. Relevanz der (hierarchie-) übergreifenden digitalen internen Kommunikation und Dokumentation. Digitale Technologien müssen genutzt werden, um Kommunikation flexibler und schneller zu gestalten.
2. Unterstützungsfunktion für nicht-digitalisierbare manuelle Arbeiten. Dies umfasst den Einsatz von Augmented-Reality Systemen und mobilen Anwendungen.
3. Ausschöpfung des Digitalisierungspotenzials für den Kundenkontakt. So können beispielsweise digitale Technologien neue Vertriebs- und Vernetzungsmöglichkeiten schaffen oder Produktpräsentationen und –dokumentationen verbessern.
4. Gewährleistung der Datensicherheit. Dabei spielen vor allem rechtliche Anforderungen und Vorgaben eine entscheidende Rolle sowie auch die Erfüllung der Stakeholdererwartungen.
5. Relevanz der bedarfsgerechten Gestaltung von internen und externen Schnittstellen. Die Adaptierfähigkeit und Kompatibilität von Systemen durch den Einsatz digitaler Technologien nimmt hierbei eine entscheidende Rolle ein.

Neben den identifizierten Mega- und Technologietrends sowie den definierten Erfolgsfaktoren konnte das Fg TIME über die gesamte Projektlaufzeit hinweg eine 2-jährige Studie durchführen, welche als Basis für die Entwicklung einer Messskala diente. Dabei kann die Messskala genutzt werden, um Aussagen über den technologischen Frame eines Individuums zu treffen, welcher die erste kognitive Reaktion beschreibt, die ein Mensch beim Kontakt mit digitalen Technologien erfährt [5]. Durch den Einsatz der Messskala im Handwerk kann beurteilt werden, wie Mitarbeitende auf die Implementierung neuer digitaler Technologien reagieren. Somit besteht die Möglichkeit, bedarfsgerechte Aus- und Weiterbildungen zu gestalten und beispielsweise die multimediale Lehr- und Lernplattform zu nutzen, um Mitarbeitende mit weniger positiven Reaktion auf digitale Technologien entsprechend zu schulen. Die Unterteilung der Messskala ermöglicht es, eine detaillierte Analyse des Meinungsbildes basierend auf (1) persönlicher Einstellung, (2) persönlicher Anwendung, (3) organisationalem Einfluss, (4) industriellem Einfluss und (5) Einfluss des Vorgesetzten durchzuführen. Um darauf basierend Aussagen über den technologischen Frame eines Individuums treffen zu können, wird eine Skala von 1 (trifft überhaupt nicht zu) bis 7 (trifft voll und ganz zu) verwendet. Im Folgenden wird die Skala zur Bewertung des technologischen Frames präsentiert: (Tab. 4.1)

Tab. 4.1 Messskala zur Bewertung des technologischen Frames (eigene Darstellung)

#	Item	1	2	3	4	5	6	7
1A	Meine Einstellung gegenüber digitalen Technologien ist positiv							
1B	Ich habe hohe Erwartungen an digitale Technologien							
1C	Digitale Technologien sind ein wichtiger Teil meines Lebens							
1D	Ich versuche regelmäßig Informationen über digitale Technologien zu erhalten							
2A	Digitale Technologien können die Koordination meiner Arbeitsaufgaben erleichtern							
2B	Digitale Technologien machen meine Arbeit flexibler							
2C	Digitale Technologien verringern die Möglichkeit von Fehlern bei der Arbeit							
2D	Digitale Technologien erhöhen die Effektivität meiner Arbeitsschritte							
3A	Meine Kollegen erinnern mich daran, digitale Technologien im Arbeitsalltag zu nutzen							
3B	Meine Kollegen empfehlen mir regelmäßig digitale Technologien							
3C	Meine Kollegen erwarten dein Einsatz digitaler Technologien im Job							
3D	Meine Kollegen helfen mir digitale Technologien im Job zu nutzen							
4A	Unsere Konkurrenten erwarten die Nutzung digitaler Technologien							
4B	Unsere Konkurrenten nutzen digitale Technologien erfolgreich							
4C	Unsere Kunden erwarten die Nutzung digitaler Technologien							
4D	Unsere Zulieferer erwarten die Nutzung digitaler Technologien							
5A	Mein Vorgesetzter ist bereit, digitale Technologien in das Unternehmen zu integrieren							
5B	Mein Vorgesetzter erwartet von mir den Einsatz digitaler Technologien							
5C	Mein Vorgesetzter spricht regelmäßig über digitale Technologien							
5D	Mein Vorgesetzter ist ein Experte im Umgang mit digitalen Technologien							

4.1.2 3D-360°-Lerneinheit in der praktischen Ausbildung von Handwerkern

In die Lernumgebung wurden verschiedene Werkzeuge für innovative Lernformen integriert, die vom Fachgebiet Mensch-Maschine-Systemtechnik der Universität Kassel als Unterstützung für die Lehrenden bereitgestellt wurden. Hierzu wurden Gamification- und Learning-Analytics-Plug-Ins ergänzt und eigene Werkzeuge zur Erstellung und Nutzung von Virtual-Reality-(VR)- und Augmented-Reality-(AR)-Inhalten entwickelt. Dabei wurde die Verknüpfung von digitalen Inhalten, beispielsweise auf der Lernplattform, mit Objekten und Orten in der realen Umgebung ermöglicht. Hierzu wurde u. A. die Software QR-Code-Helper als Werkzeug entwickelt. Außerdem wurden 3D-360°-Videos als leichter Einstieg in die Erstellung von VR-Inhalten untersucht und vorgestellt. Im Gegensatz zu aufwendig computergenerierten virtuellen Umgebungen können 3D-360°-Videos mit einer speziellen Kamera in der realen Umgebung verhältnismäßig einfach aufgezeichnet werden.

In einer Studie wurde untersucht, inwieweit 3D-360°-Videos als Lernmaterial geeignet sind. Hierzu wurden aktuell in der Ausbildung verwendete Lernvideos als Ausgangslage verwendet, die aus dem Forschungsprojekt FAINLAB stammten, in dem ein multimediales Lernangebot für die Ausbildung in der Bauwirtschaft erstellt wurde [10]. Als Untersuchungsgegenstand der Studie wurde das Modul „Herstellen eines Küchenfliesenspiegels" als Arbeitsaufgabe ausgewählt. Dieser Arbeitsvorgang wurde in vier aufeinander aufbauende Schritte unterteilt. Dann wurde ein 3D-360°-Video mit einem Auszubildenden, der sich in einem fortgeschrittenen Lehrjahr befand und geübt im Anfertigen eines Fliesenspiegels war, in einer Halle der Lehrbaustelle des Berufsförderungswerks des Handwerks aufgezeichnet [2]. Vier Arbeitsplätze wurden dabei mit je 90° Versatz so um die 3D-360°-Kamera angeordnet, dass in jeder Blickrichtung jeweils ein Arbeitsschritt zu sehen ist. Der Auszubildende führte die vier Schritte direkt nacheinander an den jeweils dafür vorbereiteten Arbeitsplätzen durch. Mit der zusammenhängenden Aufzeichnung können Nutzer*innen dem Akteur beim Ausführen der Arbeitsaufgabe leicht folgen, sodass sie auf einfache und natürliche Art durch das 3D-360°-Video geführt werden. Anschließend wurden Banner zur Markierung der einzelnen Schritte und Schaltflächen als Interaktionsmöglichkeit ergänzt, die beim Ansehen auf einem Smartphone-basierten Head-Mounted Display durch Kopfbewegungen angesteuert werden können. Wenn die Nutzer*innen eine Markierung in der Mitte des Sichtfeldes auf eine Schaltfläche ausrichten, löst nach 2,5 s die Funktion der Schaltfläche aus, was auch als Blicksteuerung bezeichnet wird. Die Verwendung dieser Eingabemethode wurde gewählt, da keine zusätzliche Hardware benötigt wird. Über ein Videomenü zentral unterhalb der Nutzer*innen können übliche Aktionen wie das Starten oder Pausieren des Videos gesteuert werden. Durch die gewählte Platzierung befindet sich das Menü während der Betrachtung der Arbeitsschritte außerhalb des Sichtfelds der Nutzer*innen und ist trotzdem jederzeit leicht erreichbar.

Abb. 4.2 Zwei Nutzer der 3D-360°-Lerneinheit zum Anfertigen eines Fliesenspiegels mit einem smartphone-basiertem Head-Mounted Display (links) und Auszubildende bei der praktischen Umsetzung des zuvor Gelernten in der Halle der Lehrbaustelle (rechts)

Die erstellte Anwendung wurde in einer Studie mit Auszubildenden zum Tief- bzw. Hochbaufacharbeiter im ersten Lehrjahr (n = 20) mit der konventionellen Lerneinheit verglichen [7]. Abb. 4.2 zeigt je zwei Teilnehmer der Studie beim Lernen mit der 3D-360°-Anwendung sowie bei der praktischen Umsetzung des Gelernten. Es konnten keine signifikanten Unterschiede beim Lernerfolg festgestellt werden; beide Gruppen erreichten beim praktischen Fliesenlegen hohe durchschnittliche Werte im obersten Viertel der Skala. Es konnte außerdem gezeigt werden, dass die Motivation in der Gruppe mit 3D-360°-Video signifikant höher war als in der Gruppe mit der konventionellen Lerneinheit. Auch die subjektive Meinung der Lernenden zu der genutzten Technologie war in der 3D-360°-Gruppe signifikant besser. Somit ergibt sich für Ausbildungsbetriebe die Chance, ihre Attraktivität mit dem Einsatz von 3D-360°-Lernmethoden zu steigern, ohne dabei den Lernerfolg zu gefährden. Die erstellte Anwendung kann helfen, die nötige Lernmotivation zu gewährleisten und so zur Lösung einer wichtigen Herausforderung der Lehre beitragen [13].

Die für die Studie erstellte Anwendung gewann im AVRiL-Wettbewerbs 2019 für „Gelungene VR/AR-Lernszenarien" der Fachgruppen Bildungstechnologien und VR/AR der Gesellschaft für Informatik (GI) in Zusammenarbeit mit dem Stifterverband eine Sonderauszeichnung in der Kategorie „Interaktive 360°-Videos". Hierbei wurde die Nutzung einfacher Techniken, mit denen sich schnell neue Inhalte aufbauen lassen, als Vorteil der Anwendung gelobt. Weiterhin wurde die Studie als „Projekt des Monats" im Dezember 2019 auf der Webseite des GI-Arbeitskreises "VR/AR-Learning" vorgestellt [1]. Die Studie und deren Ergebnisse wurden zusätzlich auf der LEARNTEC 2020 in der VR/AR-Area präsentiert.

4.1.3 Bedarfsanalyse aus Fachkräftesicht sowie Konzeption und Erprobung des Lernarrangements

Die Universität Hannover hat eine umfassende Bedarfs- und Anforderungsanalyse aus Fachkräftesicht durchgeführt sowie das didaktische Konzept entwickelt. Aus der multimethodischen, komplexen Bedarfs- und Anforderungsanalyse aus Fachkräftesicht konnten zwei detaillierte Tätigkeitsprofile der vorab definierten Zielgruppe der Mitarbeitenden der Praxispartner (Bau+Elektro) abgeleitet werden. Durch schrittweise Zusammenführung und Abstraktion erlauben die Profile eine Rekonstruktion aller Tätigkeiten auf selbst niedrigster Abstraktionsebene und zeigen so das konkrete Potenzial für den Einsatz digitaler Technologien auf jeder Tätigkeitsebene. Außerdem ist Verallgemeinerung durch abstrahierende Zusammenfassung auf höherer Ebene möglich. Die Tätigkeitsprofile stellen die Basis zur Identifikation von Anforderungen und Bedarfen dar. Die Tätigkeitsprofile orientieren sich an vier Kompetenzbereichen (Fach-, Sozial-, Selbst- und Medienkompetenz), denen die Tätigkeitsbereiche zugeordnet sind. Die tabellarisch vorliegenden Tätigkeitsprofile sind basierend auf einem mehrstufigen Reflexionsprozess zur Validierung der detaillierten Tätigkeitsstrukturen und prognostischer Darstellungen entstanden. In diesem Rahmen erfolgte außerdem auch eine Priorisierung der prognostizierten Veränderungen der Tätigkeiten nach Relevanz durch die Unternehmen (Kriterien: praktische Relevanz/zeitnahe Umsetzbarkeit i. d. nächsten 5 Jahren). Die Zusammenführung der Mitarbeitenden- und Unternehmenssicht verdeutlicht zentrale Anknüpfungspunkte für den Umgang mit IuK-Technologien im

Tab. 4.2 Bedürfnisse und Bedarfe im Kontext der Nutzung von IuK-Technologien im Handwerk (eigene Darstellung)

Subjektive Bedürfnisse/Bedarfe	Objektive Bedarfe
Digitalisierung vor- und nachgelagerter Röutinetätigkeiten – Dokumentation – Messung – Datenauslese	Digitalisiertes Dokumentenmanagement – Verwendung digitaler Dokumente – Erstellung/Bearbeitung digitaler Dokumente
Beschaffung relevanter Informationen – Normen – Bedienungsanleitungen	Nutzung zentraler Speicherorte für digitale Dokumente – Server/Cloud – Offline Speicherung auf Endgeräten
Digitalisierung der Arbeitsorganisation – Zeiterfassung – Planungsunterlagen – Kollegiale Absprachen	Digitalisierung der Arbeitsorganisation – Online Dispositionsplan – Liefer- und Bestellscheine – Zeiterfassung
→ Zeitersparnis → Reduktion des Papierkonsums	→ Dezentrale zugriffe auf relevante Dokumente → Simplifizierte Dokumentenablage

Handwerk, aus denen sich ein digitales Entwicklungspotenzial und die Notwendigkeit einer entsprechenden Qualifizierung ergeben (Tab. 4.2.)

Die didaktische Konzeption des multimedialen Lehr- und Lernarrangements fokussiert die Kompetenzentwicklung zur Bewältigung von Anforderungen der Digitalisierung von Arbeit im Handwerk. Inhaltlich konnten basierend auf den identifizierten Bedarfen und erstellten Szenarien zusammenfassend und abstrahierend vier zentrale Themenfelder als wichtigste Schulungsinhalte bestimmt werden: 1. Server-/Cloudlösungen, 2. Digitales Dokumentenmanagement, 3. Mediennutzung/Medienkritik, 4. Datenschutzrecht/Datensicherheit. Zudem wurden fünf übergeordnete didaktische Prinzipien herausgearbeitet, die aus pädagogischer Sicht wesentliche Kriterien für die Gestaltung und Umsetzung des multimedialen Lehr- und Lernarrangements zur Qualifizierung für eine zukünftige Nutzung digitaler Technologien im Handwerk darstellen: 1. Handlungsorientierung, 2. Beziehungsorientierung, 3. Tätigkeitsbezogene Zielgruppenorientierung, 4. Selbstlernorientierung, 5. Praxisorientierung. Abgeleitet wurden konkrete Handlungsempfehlungen, welche den aktuellen Diskurs fundiert erweitern und konkretisieren.

4.1.4 Bedarfsgerechte Qualifizierung im Handwerk: Entwicklung und Erprobung des digitalen Lehr-Lernarrangements

Basierend auf den geleisteten Tätigkeiten wurden durch das Berufsförderungswerk des Handwerks Schulungsinhalte in Form von Lernzielen vordefiniert und anschließend erstellt. Die Festlegung der Inhalte erfolgte unter kontinuierlichem Austausch mit der Geschäftsführung des Projektbetriebs aus der Baubranche. Parallel dazu wurden die entwickelten Schulungsinhalte kontinuierlich mit dem didaktischen Konzept, welches im Rahmen des Projekts erstellt wurde, abgeglichen. Abschließend wurden die Schulungsunterlagen final erarbeitet. Um konkrete Rahmenbedingungen zu schaffen, einigten sich alle Projektteilnehmenden im Vorhinein darauf, zwei Schulungen mit unterschiedlichen Themen durchzuführen. Jede Schulung sollte insgesamt 18 Unterrichtseinheiten (UE) umfassen, die sich wie folgt aufteilen: 8 UE Präsenzunterricht, 6 UE Selbstlernphase über die zu entwickelnde Lernplattform als web-based Training und 4 UE im betrieblichen Kontext. Um trotz der durchzuführenden Schulungen keinen Zeitdruck im Arbeitsalltag zu verursachen, einigte man sich konkret auf folgenden Zeitplan für jede einzelne Schulung: (Abb. 4.3)

<table>
<tr><td colspan="4">Präsenzphase 1
Kick-Off Veranstaltung
(Woche 1)</td><td colspan="4">Selbstlernphase 1
(Woche 1-3)</td><td colspan="4">Präsenzphase 2
(Woche 4)</td></tr>
<tr><td colspan="3">Selbstlernphase 2
(Woche 4-7)</td><td colspan="3">Online-
Präsenztreffen 1
(Woche 7)</td><td colspan="3">Praxis-Transfer-
Phase
(Woche 7-11)</td><td colspan="3">Online-
Präsenztreffen 2
(Woche 12)</td></tr>
</table>

Abb. 4.3 Zeitplan zur Durchführung der Schulungen im Rahmen des Projekts

Außerdem wurden die konkreten Inhalte der geplanten Schulungen endgültig festgelegt. Dabei wurde für Schulung 1 die thematische Auseinandersetzung mit Mediennutzung und Medienkritik sowie Datenschutzrecht und Datensicherheit festgelegt. Als Inhalte für die zweite Schulung wurden die Themen Server-/Cloudlösungen und digitales Dokumentenmanagement vorgesehen. Parallel wurden die technischen Voraussetzungen und verschiedenen Optionen der Lernplattform festgelegt und in ihrer Relevanz bewertet. Somit wurde sichergestellt, dass alle technischen Möglichkeiten zur Steigerung der Lernmotivation und des Lernerfolgs für die Schulungsteilnehmenden durch die Autoren ausgeschöpft werden können. Alle erstellten Schulungsinhalte wurden zunächst mit Teilnehmenden an diversen Weiterbildungsmaßnahmen beim Berufsförderungswerk des Handwerks getestet.

4.2 Die Digitalisierung stellt das Handwerk vor Herausforderungen

Viele Handwerkerinnen und Handwerker empfinden den digitalen Transformationsprozess als komplex und zeitaufwendig. Insbesondere System- und Medienbrüche verhindern oft die digitale Transformation einzelne Prozessschritte in KMUs [16]. Aus Sicht des Projekts FachWerk ergeben sich folgende Herausforderungen für das deutsche Handwerk in der digitalen Zukunft:

- Die einfache Integration digitaler Technologien reicht in den meisten Fällen nicht aus um einen tatsächlichen Mehrwert zu generieren [7]. Aus diesem Grund sollten digitale Geschäftsmodellinnovationen entwickelt werden, welche es auch kleinen Handwerksbetrieben ermöglichen, auf Plattformen und in Ecosystemen zu agieren [16]. Insbesondere die Verknüpfung zwischen den KMUs des Handwerks und der fertigenden Industrie sollte im Mittelpunkt der zukünftigen Branchenentwicklung stehen.
- Während nur die Hälfte der gering qualifizierten Beschäftigten beruflich IKT nutzt, sind es unter den Hochqualifizierten fast alle. Die Beschäftigten erfahren durch die digitale Transformation einerseits körperliche Erleichterung, andererseits sehen aber auch etwa 80 % der Mitarbeitenden die Notwendigkeit sich weiterzuentwickeln und die eigenen Kompetenzen zu erhöhen [2]. Aus diesem Grund besteht eine Angebotslücke an innovativen und digitalen Schulungsformaten, welche die Mitarbeitenden im Handwerk bei der Kompetenzentwicklung unterstützen und so die digitale Transformation vorantreiben [8].
- Leider mangelt es an Studien, welche die Beschäftigten selbst und ihre individuelle Sicht und Wahrnehmung in den Vordergrund stellen [13]. Der Zentralverband des deutschen Handwerks hat hierzu treffend festgestellt: „Je kleiner der Handwerksbetrieb, desto größer der Bedarf für Sensibilisierungs- und Beratungsmaßnahmen rund um das Thema IT-Sicherheit und desto größer die Wahrscheinlichkeit, durch IT-Sicherheitslücken wirtschaftliche Schäden zu erleiden.“ [18]. Im Projekt FachWerk

haben wir ähnliche Erfahrungen mit Mitarbeitenden der Handwerksbranche gemacht und empfehlen das Thema Daten- und IT-Sicherheit weiter in den Fokus der digitalen Transformation des Handwerks zu stellen [3].

4.3 Weiterführende Literatur

Eine ausführliche Zusammenfassung zu unseren Workshops können Sie der ersten Fach-Werk-Broschüre entnehmen (kostenfreier Download-Link):
https://www.upress.uni-kassel.de/katalog/abstract.php?978-3-7376-0560-1

Die Zusammenfassung der Projektarbeiten entnehmen Sie bitte der zweiten FachWerk-Broschüre (kostenfreier Download-Link):
https://kobra.uni-kassel.de/handle/123456789/11468

Projektpartner und Aufgaben

- **Fachgebiet Technologie- und Innovationsmanagement sowie Entrepreneurship der Universität Kassel [Fg TIME]**
  Vorausschau und Bedarfsanalyse zur Entwicklung der Plattform
  Analysen im Innovations- und Technologiebereich zur Entwicklung des Lernarrangements
- **Fachgebiet Mensch-Maschine-Systemtechnik der Universität Kassel [Fg MMS]**
  Teilvorhaben: Vorausschau und Bedarfsanalyse zur Entwicklung einer Lernplattform sowie deren Evaluation:
  Analysen von Systemen, die das Zusammenwirken von Menschen mit Technik optimieren
- **Institut für Berufspädagogik und Erwachsenenbildung der Universität Hannover [IfBE]**
  Teilvorhaben: Bedarfsanalyse aus Fachkräftesicht, Konzeption und Erprobung des Lernarrangements
  Thematisierung von zentralen Fragen der Aus- und Weiterbildung sowie der Erwachsenenbildung
- **Berufsförderungswerk des Handwerks gGmbH [BFH]**
  Teilvorhaben: Bedarfsgerechte Qualifizierung im Handwerk Entwicklung und Erprobung des Lehr-Lernarrangements:
  Inhaltserarbeitung der Plattform und Durchführung von Lehrgängen sowie Sicherstellung der Verwertbarkeit
- **Gringel Bau + Plan GmbH**
  Teilvorhaben: Digitalisierung im Bauhandwerk Erprobung und Evaluation sowie Fachkräftequalifizierung
  Praxispartner, der die Sicherstellung der Praktikabilität sowie die bedarfsorientierte Ausrichtung der Projektinhalte kontinuierlich sicherstellt

- **Agentur für Arbeit Korbach (assoziiert)**
  Unterstützungsfunktion über die gesamte Projektlaufzeit zur verbesserten Qualifikation von erwerbslosen Fachkräften
- **Handwerkskammer Kassel (assoziiert)**
  Teilnahme und Durchführung von Workshops, um den Praxisbezug sicherzustellen

Literatur

1. Arbeitskreis der GI-Fachgruppen Bildungstechnologien & VR/AR: Einsatz einer 3D-360°-Lerneinheit in der praktischen Ausbildung von Handwerkern. https://www.uni-potsdam.de/vrarl/index.php/2019/12/02/einsatz-einer-3d-360-lerneinheit-in-der-praktischen-ausbildung-von-handwerkern/. Zugegriffen: 19. Febr 2020
2. BMAS (2016) Monitor: Digitalisierung am Arbeitsplatz. https://www.bmas.de/SharedDocs/Downloads/DE/PDF-Publikationen/a875-monitor-digitalisierung-am-arbeitsplatz.pdf?__blob=publicationFile&v=2 Zugegriffen: 24. Febr 2020
3. BSI & ZDH (2019) BSI und ZDH stellen IT-Grundschutzprofil für Handwerksbetriebe vor. https://www.bsi.bund.de/DE/Presse/Pressemitteilungen/Presse2019/GS-Profil-Handwerk_280319.html Zugegriffen: 24. Febr 2020
4. Colbert A, Yee N, George G (2016) The digital workforce and the workplace of the future. Acad Manag J 59:731–739. https://doi.org/10.5465/amj.2016.4003
5. Cornelissen JP, Werner MD (2014) Putting framing in perspective: a review of framing and frame analysis across the management and organizational literature. Acad Manage Ann 8:181–235
6. Funk J, Klingauf A, Lüüs L Schmidt 2019 Umsetzung einer 3D-360°-Lerneinheit in der praktischen Ausbildung von Handwerkern: Einsatzmöglichkeiten von interaktiven immersiven Medien S Schulz Hrsg ProceedinA, gs of DELFI workshops (Berlin 2019) Gesellschaft für Informatik Bonn 161 172
7. Helfat CE, Raubitschek RS (2018) Dynamic and integrative capabilities for profiting from innovation in digital platform-based ecosystems. Res Policy 47:1–9. https://doi.org/10.1016/j.respol.2018.01.019
8. Hemerling J, Kilmann J, Danoesastro M, Stutts L, Ahern C (2018) It's not a digital transformation without a digital culture. Boston Consulting Group. https://www.bcg.com/publications/2018/not-digital-transformation-without-digital-culture.aspx Zugegriffen 24. Febr 2020
9. Klingauf A, Funk J, Lüüs A, Schmidt L (2019) Wirkung von interaktiven 3D-360°-Lernvideos in der praktischen Ausbildung von Handwerkern. In: Pinkwart N, Konert J (Hrsg) DELFI 2019: 17. Fachtagung Bildungstechnologien (Berlin 2019). Lecture Notes in Informatics (LNI) – Proceedings Bd. P-297. Gesellschaft für Informatik, Bonn, pp 145–156
10. Klos C, Spieth P (2019) Measuring the effects of technology framing: development of a multiple item scale. Acad Manag Proc 2019:13607. https://doi.org/10.5465/AMBPP.2019.229
11. Matt C, Hess T, Benlian A (2015) Digital transformation strategies. Bus Inf Syst Eng 57:339343. https://doi.org/10.1007/s12599-015-0401-5
12. Meyser J (2009) FAINLAB: Ein Projekt zur Förderung des multimedialen Lernens in der Ausbildung der Bauwirtschaft. Die berufsbildende Schule 61:115–121

13. PwC (2018) Workforce of the future: the competing forces shaping 2030, pp 1–42
14. Riedl A, Schelten A (2013) Grundbegriffe der Pädagogik und Didaktik beruflicher Bildung. Steiner, Stuttgart
15. Rohrbeck R, Battistella C, Huizingh E (2015) Corporate foresight: An emerging field with a rich tradition. Technol Forecast Soc Chang 101:19. https://doi.org/10.1016/j.techfore.2015.11.002
16. Teece DJ (2018) Profiting from innovation in the digital economy: enabling technologies, standards, and licensing models in the wireless world. Res Policy 47:1367–1387. https://doi.org/10.1016/j.respol.2017.01.015
17. Welzbacher C, Pirk W, Ostheimer A, Bartelt K, Bille J, Klemmt M (2015) Digitalisierung der Wertschöpfungs-und Marktprozesse – Herausforderungen und Chancen für das Handwerk. Verein zur Förderung des Heinz-Piest-Instituts für Handwerkstechnik
18. ZDH (2020) 20 „IT-Sicherheitsbotschafter im Handwerk" erhalten ihre Urkunden. https://www.zdh.de/fachbereiche/zentralbereich/sicher-im-internet/it-sicherheitsbotschafter-im-handwerk. Zugegriffen: 24. Febr 2020

5 Auswirkungen der Digitalisierung auf die Arbeit im Dienstleistungssektor am Beispiel der Steuerberatung

Ergebnisse des Verbundprojekts KODIMA

Virginia Moukouli, Friedemann W. Nerdinger, Philipp K. Görs, Arne Koevel, Anne Traum, Marco Zimmer und Halina Ziehmer

5.1 Projektziele

Übergreifendes Ziel des Projektes KODIMA ist die Untersuchung und Gestaltung von Arbeitsprozessen im Rahmen von digitalisierter Arbeit am Beispiel von Steuerberatungsunternehmen.

Bezugnehmend auf Erfahrungen in Produktionsunternehmen wird angenommen, dass die mit der Digitalisierung von Arbeitsprozessen verbundenen Veränderungen wie Standardisierungen einerseits und „Anreicherungen" [2] andererseits nur eingeschränkt positive Auswirkungen auf Bearbeitungsgeschwindigkeit und Fehlerverringerung haben können, nicht selten aber auch negative Folgen für Arbeitszufriedenheit und Motivation nach sich ziehen. Dies könnte auf eine nicht ausreichende Entwicklung der Kompetenzen der Beschäftigten für die neuen Anforderungen zurückzuführen sein oder eine Folge fehlender Anpassungen von überkommenen Organisations- und Führungsstrukturen an die neuen digitalen Gegebenheiten sein. Es könnte auch darauf hinweisen, dass die neuen digitalisierten Arbeitsprozesse keine förderliche Arbeit darstellen und Beschäftigte in ihrer Leistungsfähigkeit und/oder Arbeitszufriedenheit einschränken. Daraus resultieren u. a. folgende Leitfragen:

V. Moukouli (✉)
HR Excellence Group GmbH, Braunschweig, Deutschland

F. W. Nerdinger · P. K. Görs · A. Koevel · A. Traum
Universität Rostock, Seniorprofessur Wirtschafts- und Organisationspsychologie, Rostock, Deutschland

M. Zimmer · H. Ziehmer
FOM Hochschule für Oekonomie & Management, ipo - Institut für Personal- und Organisationsforschung, Hamburg, Deutschland

W. Bauer et al. (Hrsg.), *Arbeit in der digitalisierten Welt*,
https://doi.org/10.1007/978-3-662-62215-5_5

- Wie haben sich Arbeitsbedingungen in Steuerkanzleien durch die Digitalisierung der Arbeit verändert?
- Wie verändern sich Organisations-, Führungs- und Steuerungsstrukturen und -prozesse?
- Welche Gemeinsamkeiten gibt es bei der Digitalisierung der Arbeitsprozesse zwischen Steuerberatungsbranche und anderen Branchen?

5.2 Präsentation der Forschungsergebnisse

5.2.1 Auswirkungen der Digitalisierung auf die Arbeit: Potenzielle Übertragbarkeit auf andere Dienstleistungsbranchen

Die Auswirkungen digitalisierter Arbeitsprozesse werden in den Analysen auf das arbeitende Individuum fokussiert. Unter Digitalisierung wird im vorliegenden Kontext die „Einführung bzw. verstärkte Nutzung von Informations- und Kommunikationstechnologien (IKT) durch (arbeitende) Individuen, Organisationen, Wirtschaftszweige und Gesellschaften mit den charakteristischen Folgen der Beschleunigung, zunehmenden Abstraktheit, Flexibilisierung und Individualisierung von Prozessen und Ergebnissen" verstanden [21, S. 4]. Im Gegensatz zu herkömmlichen Definitionen (vgl. [21], S. 2–3) bietet diese Betrachtung der Digitalisierung den entscheidenden Vorteil, dass sie sich nicht auf technische Aspekte der Umwandlung von analogen in digitale Daten beschränkt, sondern vielmehr die Prozesshaftigkeit der Digitalisierung einbezieht und die Perspektive der arbeitenden Individuen explizit berücksichtigt. Die Fokussierung der Folgen der Digitalisierung für das arbeitende Individuum wird der entscheidenden Rolle der Mitarbeiterinnen und Mitarbeiter für den Erfolg von Dienstleistungsbranchen gerecht [15].

Um die Auswirkungen der Digitalisierung auf das arbeitende Individuum empirisch zu erfassen, wurden Studien am Beispiel von Steuerberatungskanzleien durchgeführt [10, 12, 13, 21]. Eine auf Grundlage erster Beobachtungen im Feld [13] entwickelte quantitative Befragung von Mitarbeiterinnen und Mitarbeitern der Steuerberatungsbranche zu den subjektiven Wirkungen der Digitalisierung auf Arbeit legt nahe, dass [12]:

- die Arbeitszufriedenheit, das Work Engagement und das Wohlbefindender der Mitarbeiterinnen und Mitarbeiter bei zunehmendem Digitalisierungsgrad des Arbeitsplatzes steigen,
- stärker digitalisierte Arbeitsaufgaben durch die Ausführenden als vielseitiger wahrgenommen werden,

- der empfundene Handlungsspielraum mit dem Grad der Digitalisierung wächst,
- digitalisierungsbedingte Verbesserungen der organisationalen Rahmenbedingungen bei den Mitarbeiterinnen und Mitarbeitern dazu führen, dass diese sich stärker einbezogen fühlen und betriebliche Leistungen (bspw. Fortbildungen) stärker nachfragen,
- quantitative Arbeitsbelastungen zunehmen,
- Arbeitsunterbrechungen aufgrund von Störungen zunehmen (zugleich aber ressourcenbedingte Arbeitsunterbrechungen abnehmen).

Die hier vorliegende Explorationsstudie untersucht, inwiefern sich die Befunde von der bisher betrachteten Branche der Steuerberatungsunternehmen auf andere wissensintensive Dienstleistungsbranchen [7] übertragen lassen. Zentrale Fragestellungen der Untersuchung lauten daher:

- Wie wirkt sich die Digitalisierung auf wissensintensive Dienstleistungsbranchen aus?
- Welche Auswirkungen hat die Digitalisierung (aus Sicht der befragten Führungskräfte) auf die Arbeit in der Branche?
- Wie wirkt sich die Digitalisierung (aus Sicht der befragten Führungskräfte) auf die Tätigkeiten und die Arbeit der Angestellten ihrer Branche aus?

Zu diesem Zweck wurden Experteninterviews [11] mit Führungskräften aus fünf verschiedenen wissensintensiven Dienstleistungsbranchen geführt und qualitativ-inhaltsanalytisch ausgewertet [14].

5.2.1.1 Methodik

Zur Exploration der Auswirkungen der Digitalisierung auf weitere wissensintensive Dienstleistungsbranchen wurde eine qualitative Experten-Interviewstudie konzipiert [11]. Auf Grundlage der bisherigen Ergebnisse aus dem KODIMA-Projekt [10, 12, 13], wurde ein dreiteiliger Leitfaden konzipiert der als Grundlage der Gespräche diente. Insgesamt wurden fünf Interviews mit sechs Gesprächspartnern durchgeführt (ein Interview wurde mit zwei Experten der Branche geführt). Für die vorliegende Studie wurden Personen als Experten definiert, die Führungspositionen innehaben und diese seit mindestens fünf Jahren ausüben. Es wurden Experten aus folgenden Branchen befragt:

- Finanzdienstleistung (Vertriebsleiter)
- Personalverwaltung (ehem. Personaldezernent)
- Tourismusbranche (Abteilungsleiter Digitales Management)

- Arbeitsagentur (Vorsitzender der Geschäftsführung)
- Krankenkasse (Personal-und Organisationsentwickler)

5.2.1.2 Ergebnisse der Experten-Interviews

Die Interviews mit Experten verschiedener wissensintensiver Dienstleistungsbranchen brachten zum Teil sehr unterschiedliche Erkenntnisse hervor.

Digitalisierungsbegriff

So changiert das Digitalisierungsverständnis der Befragten zwischen der Ansicht, dass Digitalisierung ein Prozess der Umwandlung analoger in digitale Daten sowie die digitale Begleitung analoger Prozesse sei und der Überzeugung, dass die Digitalisierung eine „Revolution“ sei, welche (nicht nur) die Arbeitswelt völlig neu gestalten würde. Für die Befragten stehen im Zusammenhang mit der Digitalisierung verschiedene Aspekte im Mittelpunkt. Einige stellen die globale Vernetzung und das damit verbundene „Knowledge-Sharing“ in den Mittelpunkt ihrer Ausführungen, andere wiederum betonen die mit der Vernetzung verbundenen Anforderungen an „Agilisierung“ und Lernen der Menschen. Generell akzentuieren alle Befragten zunächst eher positive Perspektiven auf die Auswirkungen der Digitalisierung. Sie sprechen von Arbeitserleichterungen, wachsender Unabhängigkeit des Menschen oder Wissenszuwachs. Zwei Befragte sorgen sich im Zusammenhang mit zunehmender Digitalisierung jedoch auch um die Datensicherheit und sehen neue Formen der Überwachungsmöglichkeiten von staatlicher oder unternehmerischer Seite kritisch.

Auswirkungen der Digitalisierung auf die Arbeit

Die Auswirkungen auf die Arbeit in den jeweiligen Branchen beschreiben die Befragten umfassend. Zentral sind in nahezu allen Fällen die deutlichen Veränderungen der unternehmens-internen und -externen Kommunikation durch die Einführung und Etablierung neuer IKT. Aus Sicht der Befragten ändern sich dadurch Formen der Zusammenarbeit, die zunehmend digitalisiert und damit ohne direkten Kontakt zu den Kolleginnen und Kollegen stattfindet. Einige Experten verbinden damit Aspekte der Arbeitserleichterung (bspw. die Finanzdienstleistungsbranche), andere stellen eine Effizienzsteigerung der Arbeit in Zusammenhang mit neuen IKT fest (bspw. die Versicherungsbranche). Nur in der Personalverwaltung scheinen sich die Tätigkeiten durch neue Kommunikations- und Informationskanäle nicht grundlegend geändert zu haben, wenngleich hier die Arbeit am Bildschirm als neue Kerntätigkeit beschrieben wird.

Im Gegensatz zur Finanzbranche, für die die Experten eine deutliche Zunahme der Kollaborationen und Kooperation konstatieren, spricht der Personalverwalter in diesem Zusammenhang von einer Entmenschlichung der Arbeit und einer deutlich sichtbaren Abnahme direkter zwischenmenschlicher Kontakte zwischen den Angestellten. Für die Versicherungsbranche sind neue Formen der Kommunikation insbesondere im Zusammenhang mit dem Erhalt und der Verstärkung des Kundenkontakts herausfordernd.

Drei von fünf Experten sprechen davon, dass sich durch die Einführung neuer IKT die Geschäfts- und Berufsfelder zum Teil gravierend verändert hätten. Im Fokus der Arbeit in ihrer Branche stehe für die Finanzdienstleister, die Arbeitsagenturen und auch die Versicherungsbranche zunehmend die Beratung ihrer Klientinnen und Klienten. Vermeintlich einfachere Tätigkeiten wie Rechnungswesen, Kassentätigkeiten oder Verwaltungsaufgaben werden in diesen Branchen zunehmend standardisiert, automatisiert und teilweise durch KI bearbeitet (bspw. in der Arbeitsagentur und der Versicherungsbranche).

Im Zusammenhang mit der Digitalisierung sehen die Experten für ihre jeweiligen Branchen unterschiedliche Herausforderungen. Während der Tourismusexperte vor Informationsüberflutungen und Unübersichtlichkeit warnt, sehen sowohl der Geschäftsführer einer Arbeitsagentur als auch der Organisationsentwickler der Krankenversicherung veraltete Unternehmensstrukturen, die unzureichend auf den digitalisierungsbedingten Wandel vorbereitet sind, als Hürden an. Drei Experten identifizieren Formen der Unternehmensbindung als größte Herausforderung. Während die Experten der Finanzdienstleistung und der Versicherungsbranche dies insbesondere in Bezug auf ihre Kundinnen konkretisieren, die sich in einer beschleunigten Welt sehr zügig für andere Unternehmen entscheiden könnten, formuliert der ehemalige Personalverwalter diese Sorgen in Bezug auf die Angestellten. Eine auch in KODIMA-Studien identifizierte Befürchtung vor dem Abbau von Arbeitsplätzen [13] kann keiner der befragten Experten bestätigen. Alle Gesprächspartner gehen im Gegenteil davon aus, dass es durch die Digitalisierung zu mehr Beschäftigung in ihrer Branche kommen wird.

Auswirkungen auf die Beschäftigten

Die Auswirkungen der Digitalisierung auf die Beschäftigten beschreiben die Experten sehr ambivalent. Weitestgehende Einigkeit besteht darin, dass digitalisierte Arbeitsprozesse zu Arbeitserleichterungen, Zeitgewinnen und der Möglichkeit, sich auf das jeweilige Kerngeschäft zu fokussieren, führen. Begründet wird dies einerseits mit verkürzten Kommunikationswegen, der Möglichkeit, durch Standardisierung und Automatisierung insbesondere Routineverfahren schneller zu bearbeiten oder einer generell effizienteren Strukturierung von Arbeitsprozessen.

Der KODIMA-Befund, dass durch die Digitalisierung das Work Engagement, die Arbeitszufriedenheit und das Wohlbefinden der Beschäftigten steige [13], kann keiner der Experten bestätigen. Die Experten machen die Auswirkungen digitalisierter Arbeitsprozesse auf ihre Beschäftigten zu einer Frage des Alters und der individuellen, technischen Affinität (Alterseffekte konnten in der quantitativen Studie nicht nachgewiesen werden, technische Affinität wurde nicht erfasst).

Dass stärker digitalisierte Arbeitsaufgaben durch die Ausführenden als vielseitiger wahrgenommen werden [13], können die Experten nicht bestätigen. Der ehemalige Personaldezernent stellt fest, dass die Beschäftigten durch die Digitalisierung vor allem mit Auswirkungen der Digitalisierung auf die Arbeit mit Bildschirmtätigkeiten beschäftigt seien. Der Experte der Versicherungsbranche spricht gar davon, dass Arbeit durch digitalisierte Prozesse unsichtbarer und auch einseitiger werde. Einen wachsenden (empfundenen) Handlungsspielraum der Beschäftigten [13] können lediglich die Experten der Finanzdienstleistung beobachten, der Tourismusexperte spricht im Gegensatz davon, dass die Handlungsspielräume der Tourismusbeschäftigten aus seiner Sicht zukünftig viel mehr minimiert werden sollten, um Fehlentscheidungen und Überforderungen zu vermeiden.

Zur empfundenen besseren Einbindung der Beschäftigten durch digitalisierungsbedingte Verbesserungen der organisationalen Rahmenbedingungen (Hummert et al., [13] kann im Rahmen dieser Studie keine Aussage getroffen werden. Lediglich die Finanzexperten und der Tourismusexperte sprechen von einer besseren Einbindung ihrer (zumeist jüngeren) Beschäftigten, wenn sich diese durch eigene Projektideen in die Unternehmensentwicklung einbringen können. Inwieweit dies zur stärkeren Nachfrage von betrieblichen Leistungen (bspw. Fortbildungen [13]) führt, kann hier nicht überprüft werden. Deutlich wird allerdings, dass die Befragten, trotz der beschriebenen Arbeitserleichterungen, davon sprechen, dass sowohl die quantitativen als auch die qualitativen Arbeitsbelastungen zu nähmen [13]. Dies wird einstimmig insbesondere durch eine generelle Beschleunigung der Arbeitsprozesse begründet.

Aus der Zunahme von Arbeitsbelastungen ergeben sich für die Befragten auch erhöhte Kompetenzanforderungen an ihre Beschäftigten. Diese müssten in einer digitalisierten Arbeitswelt fortwährend neue Prozesse, Technologien und Tools erlernen und darüber hinaus auch in verschiedenen Bereichen kompetenter werden.

Beispielsweise stellen die Experten der Finanzdienstleistung, der Personalverwaltung und der Versicherungsbranche fest, dass sich die Eigenverantwortung und die Entscheidungsnotwendigkeiten ihrer Beschäftigten deutlich erhöht hätten. Zusätzlich sprechen einige Experten davon, dass eine mit der Digitalisierung verbundene Informationsüberflutung und die bereits benannte Zunahme von Arbeitsbelastungen (insbesondere) für die (älteren) Beschäftigten zu zusätzlichen psychischen Belastungen und Stress führen können.

Die Befragten beobachten zudem eine Abnahme von Arbeitsunterbrechungen durch die Digitalisierung. Sie begründen dies unter anderem mit zentralen Anrufverwaltungen oder funktionierender Infrastruktur. Im Gegensatz dazu beschreiben der Experte der Personalverwaltung sowie der Befragte der Tourismusbranche, dass sich kommunikationsbedingte Arbeitsunterbrechungen deutlich erhöht hätten.

Einigkeit besteht zwischen den Befragten hingegen in Bezug auf die Entgrenzung der Arbeit. Alle Experten sprechen von einer deutlich sichtbaren Flexibilisierung der Arbeitsorte und -zeiten ihrer Beschäftigten und teilweise einer Vermischung von Arbeits- und Privatleben.

5.2.2 Organisations- und führungstheoretischen Analysen in der Steuerberatung

5.2.2.1 Methodik

Für die Beantwortung der Forschungsfrage, wie und warum sich Führungs- und Organisationsstrukturen in Zeiten von Digitalisierung verändern, wird die Fallstudienmethodik angewendet. Mithilfe von Fallstudien können explorative, deskriptive und/oder explanative Forschungsfragen in komplexen Forschungsfeldern beantwortet werden [4]. Die Fallstudie beruht im Wesentlichen auf Interviewdaten. Im Zeitraum von 03/18 bis 02/19 wurden insgesamt 38 teilstrukturierte Interviews mit 43 Personen in 13 Steuerberatungskanzleien geführt. Im Vorfeld wurden auf Basis von Literaturrecherchen und explorativen Interviews zwei Leitfäden entwickelt, einer für Führungskräfte und einer für Beschäftigte. Es handelte sich primär um Einzelinterviews. Befragt wurden Steuerberaterinnen und Steuerberater mit Führungsfunktion (Geschäftsführung, Team- oder Abteilungsleitung) sowie Beschäftigte unterschiedlicher Qualifikationen. Untersucht wurden vier Einzelkanzleien, eine Sozietät und acht Steuerberatungsgesellschaften mit mehreren Standorten.

Die Auswertung und inhaltliche Analyse der transkribierten Interviews erfolgte nach Maßgabe der qualitativen Inhaltsanalyse nach Gläser und Laudel [8].

5.2.2.2 Ergebnisse der Analysen

Heterogene Ausprägungen von Digitalisierung

Die Erhebungen in KODIMA verdeutlichen, dass es die Digitalisierung in der Praxis von Steuerberatungsunternehmen nicht gibt. Im Gegensatz zu den auch in der Steuerberatung verwendeten Digitalisierungsindizes die i. d. R. relativ klar definierten Entwicklungspfade unterstellen, zeigt die Empirie relativ heterogene, im Wesentlichen kanzleispezifische, Vorgehensweisen bei der Umsetzung von Digitalisierung. Dies liegt darin begründet, dass Digitalisierung eine Reihe an Optionen bietet (z. B. papierlose Kanzlei, Automatisierung, Assistenzsysteme, künstliche Intelligenz). Welche Option, inwieweit in den Kanzleien genutzt wird, ist abhängig von strategischen Entscheidungen der Führungskräfte, konkreter davon, welche Ziele mit der Einführung und Nutzung von IKT in den Kanzleien erreicht werden sollen.

Heterogene Ausprägungen von Digitalisierung in den untersuchten Kanzleien Digitalisierung bedeutet für die befragten Führungskräfte und Beschäftigten mehrheitlich die schrittweise Abschaffung von Papier aus der Kanzlei. Insofern ist das am häufigsten genannte Ziel von Digitalisierung die papierlose Kanzlei, unabhängig von Struktur oder Größe. Lediglich in den untersuchten Wirtschaftsprüfungsgesellschaften werden Assistenzsysteme genutzt, um bspw. ungewöhnliche Buchungsmuster oder Compliance-Verstöße aufzudecken. In den Steuerberatungsgesellschaften und Einzelkanzleien sind Assistenzsysteme aktuell kein standardmäßiger Bestandteil von Arbeitsabläufen. Eine Handvoll Kanzleien experimentiert bei der Belegerfassung mit OCR-Systemen, die jedoch als fehleranfällig empfunden werden, sodass immer wieder Kontrollschleifen notwendig sind. Ein Kontoauszugsmanager findet in allen Kanzleien Anwendung. Dieser Befund entspricht den Ergebnissen der aktuellen STAX-Erhebung, in der die Nutzung digitaler Kontoauszüge die am häufigsten genutzte digitale Anwendung von Einzelkanzleien (63,3 %) und Steuerberatungsgesellschaften (89 %) darstellt [19, S. 25].

Ein weiteres mit der Digitalisierung verknüpftes Ziel, das häufig in den untersuchten Kanzleien genannt wird, ist die Automatisierung von Prozessen. In diesem Kontext ergeben die Erhebungen, dass die Automatisierung von Prozessen, wie bspw. die automatische Belegverbuchung, längst noch nicht als Standardprozedur in den Kanzleien durchgeführt wird. Wenn Automatisierung stattfindet, dann befindet sich diese einer Art ‚Testphase', d. h. die Prozesse sind nicht routiniert, vielmehr werden Lerndateien angesammelt, vom System generierte Buchungsvorschläge geprüft und die Technologie sukzessive den strukturellen Gegebenheiten der Kanzleien, und vor allem der Mandatsstruktur, angepasst. Dies erzeugt hohe zeitliche und personelle Aufwendungen. Hinzukommt, dass die Voraussetzung für Automatisierung eine große Datenmenge ist, sodass sich Automatisierung als Prozess erst im Mengengeschäft als sinnvoll, i. e. S. produktivitätssteigernd, erweisen kann. Dabei fällt ins Gewicht, dass es sich bei den Kanzleien im Sample mehrheitlich um Einzelkanzleien handelt, deren Mandanten hauptsächlich Privatpersonen, Selbstständige und KMU sind. Diese Klientel liefert nicht annähernd so hohe und strukturierte Datenmengen wie Großunternehmen. Vielmehr erhalten die untersuchten Kanzleien Daten von vielen unterschiedlich strukturierten Mandaten und in unterschiedlichen Formaten. Wenn Massendaten an die Kanzleien übermittelt werden, handelt es sich dabei im Wesentlichen um Online-Händler. Ob und in welchem Ausmaß die o.g. Ziele papierlose Kanzlei und Automatisierung von Prozessen erreicht werden können, hängt davon ab, wie entsprechende IKT durch die Führungskräfte in bestehende Organisationsstrukturen eingeführt werden und inwieweit sich die Beschäftigten diese zu eigen machen.

Flexibilisierung von Arbeit

In der Literatur wird die Option der Flexibilisierung von Arbeitszeit und Arbeitsort als eine herausragende Folge von Digitalisierung beschrieben, die tiefgreifende Auswirkungen auf die Zusammenarbeit hat (z. B. [1, 5]). Außer in zwei der untersuchten 13 Kanzleien wurde eine solche Flexibilisierung nicht beobachtet. Vielmehr ist zeit- und ortsunabhängiges Arbeiten, bzw. Homeoffice, eine Ausnahme, die individuell legitimiert werden muss. Sofern überhaupt gestattet und gewünscht, stellt Homeoffice keine standardmäßige Option dar, von der alle Mitarbeiter/innen gleichberechtigt Gebrauch machen können. In den Kanzleien, in welchen Homeoffice (unterhalb der Ebene der Führungskräfte) als Regel etabliert ist, regulieren ausgeprägte Regeln und Normen die (interne) Kommunikation. Führungskräfte gestehen sich selbst Homeoffice weitaus häufiger zu als ihren Mitarbeiterinnen und Mitarbeitern. Diese Sonderregelung legitimieren die Führungskräfte, indem sie ihr Homeoffice als Ort des Rückzugs beschreiben, an dem sie konzentriert arbeiten können.

Führung

Im Rahmen der Erhebung wurden insgesamt 13 Führungskräfte befragt. Dabei handelte es sich bei den Einzelkanzleien und Steuerberatungsgesellschaften jeweils um Steuerberaterinnen und Steuerberatern. In den drei untersuchten Wirtschaftsprüfungsgesellschaften waren die befragten Führungskräfte als ausgebildete Steuerberater/innen und Wirtschaftsprüfer/innen doppelt qualifiziert. Der Status Führungskraft basiert bei den befragten Personen auf unterschiedlichen Rollen in der Organisation, die sich allerdings zu drei zentralen Typen zusammenfassen lassen: In den Einzelkanzleien sind die Führungskräfte auch Inhaberinnen und Inhaber; in den Steuerberatungsgesellschaften sind sie Teil eines Führungsteams, das sich aus mehreren Teammitgliedern in Form einer Sozietät zusammensetzt; in den Niederlassungen großer, überregional bis international agierender Steuerberatungsgesellschaften sind die befragten Führungskräfte Leitungen der Niederlassung oder Abteilungsleitungen.

Trotz unterschiedlicher organisationaler Einbindung, haben die Führungskräfte in allen untersuchten Kanzleien große Freiräume in der Ausgestaltung ihres Führungshandelns und der Schaffung von Führungsstrukturen. Die befragten Führungskräfte übernehmen im Binnen- und Außenverhältnis der Kanzleien verschiedene Aufgaben, die sich in der Mehrheit der Fälle auf Repräsentations- und Kontrolltätigkeiten sowie die Koordination von Arbeit in der Kanzlei beziehen. Steuerdeklaratorische Tätigkeiten führen die Führungskräfte nur in wenigen Fällen selber aus. Jahresabschlüsse und Bilanzen erstellen sie, wenn überhaupt, nur für mittlere bis große Mandantenunternehmen.

Im Außenverhältnis von Einzelkanzleien und Niederlassungen repräsentieren die Führungskräfte die Kanzlei, d. h. sie sind als ansprechbar für die Mandanten und befassen sich mit der Gewinnung neuer Mandate. Vermehrt treiben sie die Digitalisierung in den Mandantenunternehmen durch die strategische Ausweitung des Geschäftsfelds in Richtung Beratung bei der Digitalisierung von Geschäftsprozessen und Schnittstellenimplementierung sowie das Angebot entsprechender Soft- und Hardware voran.

Im Binnenverhältnis fallen Koordinationstätigkeiten an: Die Verteilung der Mandate bzw. Aufgaben an die Beschäftigten erfolgt in jeder der untersuchten Kanzleien durch die Führungskraft bzw. durch Mitglieder des Führungsteams (Abteilungs- oder Teamleitung), entweder direktiv oder diskursiv. Die Mehrheit der Führungskräfte erklärt, dass sie ihren Beschäftigten ein Mitspracherecht bei der Aufgabenverteilung einräumen, doch ob und inwieweit letztere davon Gebrauch machen, erweist sich als mitarbeiterspezifisch (abhängig von Alter, Erfahrung, Funktion etc.).

Die Beschäftigten in den Kanzleien betreuen i. d. R. einen festen Stamm an Mandanten, wobei Mandate zum Teil entsprechend bestimmter Tätigkeiten (z. B. Finanz- oder Lohnbuchhaltung, Einkommens- oder Gewerbesteuererklärung etc.) zwischen Beschäftigten gemäß ihren jeweiligen Qualifikationen aufgeteilt werden. In fast allen Kanzleien müssen die Beschäftigten eine mandantenbezogene Zeiterfassung führen. Diese dient einerseits der Abrechnung von Leistungen gegenüber den

Mandanten, andererseits wird sie als Planungs- und Leistungskontrollinstrument durch die Führungskräfte benutzt. In den Kanzleien, in denen die Zeiterfassung eingesetzt wird, existieren i. d. R. auch Vorgaben bezüglich des zu erreichenden Anteils produktiver (i. e. S. abrechenbarer) Stunden an der Arbeitszeit. Die Angaben über die Höhe dieses Anteils unterscheiden sich in einigen Kanzleien, je nachdem, ob Führungskräfte oder Beschäftigte befragt werden. Die Höhe der Vorgaben liegt zwischen 60 und 100 %, wobei die Angaben der Beschäftigten über die Leistungserwartungen ihrer Arbeitgeber in der Tendenz höher liegen als die Erwartungen, die von den Führungskräften selbst kommuniziert werden.

Zusätzlich zu gelegentlichen, expliziten Äußerungen der Führungskräfte zum informellen Charakter der Leistungserwartungen kann auch deren unterschiedliche Wahrnehmung als Indiz dafür betrachtet werden, dass diese Erwartungen in einer Reihe von Kanzleien nicht formal kommuniziert werden. Dies bedeutet aber nicht, insbesondere für die Beschäftigten, dass diese Leistungserwartungen weniger wichtig genommen werden. Nach eigenen Aussagen scheut sich ein Großteil der Führungskräfte, die vielfältigen Möglichkeiten, die die IT-gestützte Zeiterfassung und weitere in den Kanzleien eingesetzte Software zur detaillierten Leistungserfassung und Produktivitätskontrolle bieten, umfassend zu nutzen. Als Grund für die Zurückhaltung wird die Gefährdung der Vertrauensbasis mit den Beschäftigten genannt.

Doch vermittelt die Analyse der Interviews in den Kanzleien durchgängig den Eindruck, dass neben den von Führungskräften immer wieder genannten Kriterien von Leistung (fachliche Qualität, Korrektheit und Zuverlässigkeit) der Effizienz in den Arbeitsabläufen von Beschäftigten eine herausragende Rolle beigemessen wird. Beschäftigte, die einen großen Anteil abrechenbarer Stunden nachweisen können, werden besser angesehen. Geradezu spiegelbildlich stehen dem mehrere Berichte von Beschäftigten gegenüber, in denen ein interner Wettbewerb um gute Mandate beschrieben wird. Schließlich rückt diese Fokussierung den erwirtschafteten Umsatz pro Beschäftigtem ins Blickfeld der Führungskraft. Gleichsam verbessert sie die Verhandlungsposition der Beschäftigten bei Entgeltverhandlungen, die sie angesichts fehlender Tarifverträge in der Steuerberatungsbranche führen müssen.

Auf der anderen Seite führt diese Fokussierung auf beiden Seiten zumindest tendenziell zu einer Unterbewertung solcher Tätigkeiten, die nicht abrechenbar sind oder nicht mit unmittelbar positiven Auswirkungen auf die Effizienz der Arbeit einhergehen; dazu gehören ggf. auch Qualifizierungsmaßnahmen, zumindest solche, die nicht als unmittelbar notwendig für die tägliche Aufgabenerledigung angesehen werden. Die weiter oben berichtete Zurückhaltung von Beschäftigten bei der Wahrnehmung IT-bezogener Schulungsangebote kann ggf. aus diesem, in nahezu allen Kanzleien auffindbaren, Anreizsystem erklärt werden.

Weiterhin werden auch die Personalentwicklung, das Vorantreiben der IKT-Nutzung in der Kanzlei sowie die Rolle für IT-bezogene Fragen als typische Aufgaben einer Führungskraft im Binnenverhältnis genannt, allerdings seltener als die oben genannten Koordinationsaufgaben.

Obwohl die Option der Flexibilisierung von Arbeit, i. e. S. ihre Entkopplung von zeitlich und räumlich vorgegebenen Bedingungen, wiederholt hervorgehoben wird und gleichsam als Möglichkeit für Steuerberatungen hervorsticht, durch die Gewährung von Heimarbeit als attraktiverer Arbeitgeber zu erscheinen, zeigen die Fallstudien auf, dass in den meisten Kanzleien die Arbeit im Büro der Standard ist. In der überwiegenden Mehrheit der untersuchten Kanzleien charakterisieren die Führungskräfte ihr Führungshandeln damit, dass es im Kern auf die persönliche Kommunikation in Ko-Präsenz mit den Beschäftigten ausgerichtet ist. Dieses Merkmal impliziert, dass entsprechende Führungskräfte großen Wert auf Ko-Präsenz legen, denn sie bildet die Basis für persönlichen Austausch. Die Klärung inhaltlicher Fragen und formale Abstimmungsprozesse, wie bspw. die fachliche Überprüfung von Steuererklärungen und Jahresabschlüssen, erfolgen im persönlichen Gespräch. In dieses Bild passt auch, dass dieselben Führungskräfte, die persönlichen Austausch forcieren, ihre Arbeit im Homeoffice mit der Möglichkeit des ungestörten Arbeitens an ihrem Ort des Rückzugs charakterisieren. Dieser Rückzug der Führungskraft wird auch seitens der Beschäftigten akzeptiert: Wenn eine Führungskraft nicht anwesend, also nicht in der Kanzlei präsent ist, sondern im Homeoffice, wird sie nur in Ausnahmefällen (telefonisch) kontaktiert.

Beschäftigte, die im Homeoffice arbeiten, fühlen sich hingegen einem größeren Legitimationsdruck ausgesetzt, weil sie ihr Handeln dort nach Regeln und Normen der Kommunikation zu richten haben, welche Führungskräfte auf Basis einer Ko-Präsenz formuliert haben. Hinzukommt, dass Homeoffice in der Mehrzahl der untersuchten Kanzleien keine standardmäßige Option darstellt, vielmehr ist jede Erlaubnis eine Ausnahme und insofern verstehen Beschäftigte sie auch als besonderes Entgegenkommen seitens der Führungskräfte. Heimarbeitsplätze sind i. d. R. technisch auch schlechter ausgestattet als die in der Kanzlei.

Hinsichtlich der Entwicklung von persönlichen und fachlichen Potenzialen der Beschäftigten bleibt zu konstatieren, dass diese von den befragten Führungskräften nur selten thematisiert werden. Wenn Entwicklungsmöglichkeiten gesehen bzw. aktiv gefördert werden, dann sind es solche, die auf klassische Entwicklungen in der Steuerberatung abzielen. Andere Entwicklungspfade, wie bspw. in Richtung IT- oder Organisationsmanagement oder Beratung, werden selten adressiert, was insofern bemerkenswert ist, als dass eine steigende Bedeutung vereinbarer Tätigkeiten mit Auswirkungen auf die Qualifikationsanforderungen sowohl in der Literatur antizipiert als auch von den Führungskräften selbst beschrieben wird.

5.3 Fazit und Ausblick

Die Ergebnisse der Studie zur Übertragbarkeit der arbeitspsychologischen Befunde auf andere Branchen müssen mit Vorsicht betrachtet werden. Zum einen kann –im Vergleich zu den bisherigen KODIMA-Studien –im Rahmen der vorliegenden qualitativen Interviewstudie mit Experten keine Aussage über den faktischen Digitalisierungsgrad der jeweiligen Unternehmen und Branchen getroffen werden und mit den Ergebnissen der jeweiligen Fallstudien in Beziehung gesetzt werden. Zum anderen handelt es sich bei den Beschreibungen der Auswirkungen der Digitalisierung auf die Beschäftigte um Außensichten und teilweise um Vermutungen der Befragten.

Deutlich wird jedoch, dass die auf die Steuerberatungsbranche fokussierten KODIMA-Befunde nicht ohne weiteres auf andere Branchen übertragen werden können, wenngleich bspw. die Zunahme von Arbeitsbelastungen für alle hier vertretenen Branchen angenommen werden kann. Eine quantitative Erfassung der Situation in den untersuchten Branchen mit Instrumenten, die neu zu entwickeln wären, könnte jedoch gewinnbringend sein und Aufschluss über die Tragweite der entwickelten Instrumente geben sowie tiefere Einblicke in die potenzielle Übertragbarkeit der bisherigen Befunde liefern.

Auf Basis der zuvor dargestellten Ergebnisse der organisations- und führungstheoretischen Analysen wurden sechs Handlungsempfehlungen formuliert. Sie sollen den Steuerberatungsgesellschaften Orientierung bei der Umsetzung von Digitalisierung bieten. Folgende Empfehlungen wurden entwickelt:

- Digitalisierung als komplexen Prozess denken (und sich ggf. bewusst beschränken)
- Digitalisierung konsequent denken und handhaben
- Die Perspektive der Beschäftigten berücksichtigen
- Bedarfsorientierte Schulungs- und Unterstützungsangebote schaffen
- Anreizsysteme zur Qualifizierung und Nutzung der Potenziale schaffen
- Klare Regelungen zur Inanspruchnahme von Homeoffice festlegen

Zum Zeitpunkt der Erstellung dieses Beitrags hat das Projekt seine Arbeiten noch nicht abgeschlossen, deshalb stellen die vorgestellten Ergebnisse noch keine endgültige Fassung dar und beziehen sich auf ausgewählte Ergebnisse der arbeitspsychologischen und organisations- und führungstheoretischen Analysen.

Projektpartner und Aufgaben

- **HR Excellence Group GmbH**
  Entwicklung von Kompetenzprofilen von Mitarbeiterinnen und Mitarbeitern für Tätigkeiten in digitalisierten Arbeitsprozessen
- **Universität Rostock**
  Durchführung arbeitspsychologischer Analysen zu den Auswirkungen der Digitalisierung von Arbeit
- **FOM Hochschule für Ökonomie und Management**
  Durchführung organisations- und führungstheoretischer Analysen
- **ECOVIS Europe AG**
  Gestaltung der Entwicklungsmaßnahmen zu Weiterbildung und Changemanagement
- **EVENTUS GmbH**
  Entwicklung und Umsetzung neuer Arbeitsprozesse

Literatur

1. Arnold D, Steffes S, Wolter S (2015) Mobiles und entgrenztes Arbeiten. Forschungsbericht 460. Hg. v. Bundesministerium für Arbeit und Soziales, Institut für Arbeitsmarkt- und Berufsforschung der Bundesagentur für Arbeit (IAB): Nürnberg
2. Baily MN, Gordon RJ (1988) The productivity slowdown, measurement issues, and the explosion of computer power. Brookings Papers Econ Act 2:347–422
3. Boes A (Hrsg) (2014) Dienstleistung in der digitalen Gesellschaft. Beiträge der Dienstleistungstagung des BMBF im Wissenschaftsjahr 2014. Campus, Frankfurt/Mx
4. Borchardt A, Göthlich S (2009) Erkenntnisgewinn durch Fallstudien. In Sönke A (Hrsg) Methodik der empirischen Forschung. 3., überarb. und erw. Aufl. Gabler, Wiesbaden, S 33–48
5. Brenke K (2016) Home Office. Möglichkeiten werden bei weitem nicht ausgeschöpft. DIW Wochenbericht 83(5):95–105
6. Buerschaper C (2012) Organisationen – Kommunikationssystem und Sicherheit. In: Badk P, Hofinger G, Lauche K (Hrsg) Human factors. Psychologie sicheren Handelns in Risikobranchen. Springer, Berlin, S 177–181
7. Fähnrich K-P (1999) Service engineering Ergebnisse einer empirischen Studie zum Stand der Dienstleistungsentwicklung in Deutschland. Fraunhofer IRB Verlag, Stuttgart
8. Gläser J, Laudel G (2010) Experteninterviews und qualitative Inhaltsanalyse, 4. Aufl. VS Verlag für Sozialwissenschaften, Wiesbaden
9. Gloger B, Margetich J (2018) Das Scrum-Prinzip. Agile Organisationen aufbauen und gestalten (2., aktualisierte und, erweiterte. Schäffer-Poeschel Verlag, Stuttgart
10. Görs PK, Hummer H, Traum A, Nerdinger FW (2019) Impact of digitalization on service work in knowledge-intensive business services. An empirical study in tax consultancies. J Serv Manage Res 3(4):209–220
11. Helfferich C (2014) Leitfaden-und Experteninterviews. In: Baur N, Blasius J (Hrsg) Handbuch Methoden der empirischen Sozialforschung. Springer Fachmedien Wiesbaden, Wiesbaden, S 559–574. https://doi.org/10.1007/978-3-531-18939-0_39
12. Hummert H, Traum A, Görs PK, Nerdinger FW (2019) Wirkungen der Digitalisierung von Arbeit auf Mitarbeiter/innen in Dienstleistungsunternehmen. Rostocker Beiträge zur Wirtschafts-und Organisationspsychologie, Nr. 20. Universität Rostock, Seniorprofessur Wirtschafts-und Organisationspsychologie, Rostock
13. Hummert H, Traum A, Müller C, Nerdinger FW (2018) Digitalisierung -Auswirkungen auf das Individuum. Explorative Untersuchungen in Steuerberatungskanzleien. White Paper Series, Nr. 2. Universität Rostock, Seniorprofessur für Wirtschafts-und Organisationspsychologie, Rostock
14. Mayring P, Fenzl T (2019) Qualitative inhaltsanalyse. In: Baur N , Blasius J (Hrsg) Handbuch Methoden der empirischen Sozialforschung, Bd. 3. Springer Fachmedien Wiesbaden, Wiesbaden, S 633–648. https://doi.org/10.1007/978-3-658-21308-4_42
15. Nerdinger FW (2011) Psychologie der Dienstleistung (Wirtschaftspsychologie). Hogrefe, Göttingen
16. Orlikowski WJ (2000) Using technology and constituting structures: a practice lens for studying technology in organizations. Organ Sci 11(4):404–428
17. Parslov JF, Mortensen NH (2015) Interface definitions in literature: a reality check. Concurr Eng 23(3):183–198. https://doi.org/10.1177/1063293X15580136
18. Schewe AF, Hülsheger UR, Maier GW (2014) Metaanalyse – praktische Schritte und Entscheidungen im Umsetzungsprozess. Zeitschrift für Arbeits- und Organisationspsychologie 58:186–205

19. Schröder C, Nielen S (2019) Digitalisierung in der Steuerberatung. Deutsches Steuerrecht 57(37):25–30
20. Tiemann M (2009) Wissensintensive Berufe. Schriftenreihe des Bundesinstituts für Berufsbildung, Bonn Heft, S 114
21. Traum A, Müller C, Hummert H, Nerdinger FW (2017) Digitalisierung. Die Perspektive des arbeitenden Individuums.White Paper Series, Nr. 1. Universität Rostock, Seniorprofessur für Wirtschafts-und Organisationspsychologie, Rostock
22. ver.di (2014) Digitalisierung und Dienstleistungen – Perspektiven guter Arbeit. Gewerkschaftliche Positionen. Berlin
23. Zitzler E (2019) Basiswissen Informatik – Grundideen einfach und anschaulich erklärt. Springer, Berlin Heidelberg, Berlin, Heidelberg. https://doi.org/10.1007/978-3-662-59281-6

6 Gestaltung und Integration erfahrungsbasierter Assistenzsysteme in der Stahlindustrie

Eine Reflexion aus dem Forschungsprojekt StahlAssist

Tina Haase, Michael Dick, Mareike Gerhardt, Wilhelm Termath, Benjamin Nakhosteen, Marie Werkhausen, Wilhelm Wellmann, Kevin Tenbergen, Michael Holtmann, Kok-Zin Tse, Tobias Berens, Georg Kolbe, Sascha Wischniewski, Lisa Mehler und Thomas Kirschbaum

6.1 Assistenzsysteme für die Stahlindustrie – Zielsetzung und Vorgehen

Ziel des Projektes StahlAssist ist die lern- und gesundheitsförderliche Gestaltung von Arbeitssystemen der Stahlindustrie und kooperierender KMU durch den Einsatz technologiebasierter Assistenzsysteme. Es werden Konzepte zur Integration erfahrungsbasierten

T. Haase (✉)
Fraunhofer-Institut für Fabrikbetrieb und -automatisierung IFF, Magdeburg, Deutschland

M. Dick · M. Gerhardt · W. Termath
Otto-von-Guericke-Universität Magdeburg, Magdeburg, Deutschland

B. Nakhosteen · M. Werkhausen
thyssenkrupp Steel Europe AG, Learning & Transformation Concept, Duisburg, Deutschland

W. Wellmann · K. Tenbergen
Wellmann Sicherheitstechnik GmbH, Hamminkeln, Deutschland

M. Holtmann · K.-Z. Tse
Hüttenwerke Krupp Mannesmann GmbH, Duisburg, Deutschland

T. Berens · G. Kolbe
Berufsforschungs- und Beratungsinstitut für interdisziplinäre Technikgestaltung (BIT e. V.), Bochum, Deutschland

S. Wischniewski · L. Mehler
Bundesanstalt für Arbeitsschutz und Arbeitsmedizin (BAuA), Human Factors, Ergonomie, Dortmund, Deutschland

T. Kirschbaum
ISM Ingenieurbüro Kirschbaum, Neukirchen-Vluyn, Deutschland

W. Bauer et al. (Hrsg.), *Arbeit in der digitalisierten Welt*,
https://doi.org/10.1007/978-3-662-62215-5_6

Wissens an Aufgaben der Instandhaltung zwischen unterschiedlichen Fachdisziplinen, Hierarchieebenen sowie Unternehmen unterschiedlicher Größe erprobt. Das in den Betrieben verfügbare interdisziplinäre Erfahrungswissen wird einerseits für die Verbesserung des Arbeits- und Gesundheitsschutzes, andererseits als Impulsgeber für die partizipative Gestaltung des Einsatzes der Assistenzlösung erschlossen.

Im Projekt wurden zunächst in Abstimmung zwischen Technologie- und Anwendungspartnern Tätigkeiten identifiziert, die aufgrund ihrer Charakteristik ein besonderes Potenzial für den Einsatz digitaler Assistenztechnologien aufweisen und die zugleich durch ein hohes Maß an erfahrungsgeleiteten Prozessen gekennzeichnet sind. Das sind z. B. die Steuerung von Produktionsprozessen aus dem Leitstand, die situative Gefährdungsbeurteilung einer Arbeitssituation sowie Vor-Ort-Kenntnisse von einer Installationsmaßnahme, die auch für die spätere Instandhaltung relevant sind.

Die Forschungspartner haben die ausgewählten Arbeitsprozesse begleitet, z. B. die Durchführung einer Gasarbeit bei den Hüttenwerken Krupp Mannesmann, den Prozess eines Walzenwechsels bei thyssenkrupp Steel Europe und die Installation einer Brandmeldeanlage durch die Wellmann Sicherheitstechnik GmbH & Co. KG. Diese Beobachtungen wurden zusammen mit Analysen zur IST-Situation aufbereitet und reflektiert, um daraus Anforderungen an die jeweiligen Assistenzsysteme abzuleiten. Dabei wurde in allen Szenarien ein stark partizipatives Vorgehen gewählt. So wurden beispielsweise die Mitarbeitenden der BeTa-Anlage über mehrere Schichten begleitet und die Arbeitsprozesse dokumentiert. Dieses Vorgehen, und insbesondere das dadurch gewonnene Vertrauen der Mitarbeitenden, war ein Schlüssel für die zukünftige Akzeptanz der entwickelten Lösung.

In allen Anwendungsszenarien wurden prototypische Lösungen entwickelt und im Arbeitsprozess evaluiert. Dabei standen, neben der technischen Machbarkeit, vor allem die Einbindung und der Transfer erfahrungsbasierten Wissens und die organisationale Integration im Fokus der Forschungsarbeiten. Im Folgenden werden die Anwendungsszenarien detailliert vorgestellt.

6.2 Anwendungsszenarien

In der Darstellung der Anwendungsszenarien werden die erarbeiteten Forschungsergebnisse zusammengefasst und es erfolgt eine Reflexion des Gestaltungs- und Einführungsprozesses der Assistenzlösungen in den Anwendungsunternehmen. Die Anwendungsbeispiele arbeiten die Zielsetzung, den Umsetzungsprozess sowie die zentralen Forschungsergebnisse auf.

Dokumentation von Erfahrungswissen im Arbeitsprozess

Die thyssenkrupp Steel Europe AG fungiert im Rahmen des Projektes als Anwendungspartner. Der Stahlproduzent ist der größte Hersteller von Qualitätsflachstahl in Deutschland.

Für das Unternehmen ist im Vorhaben von besonderem Interesse, wie der Umgang mit Erfahrungswissen in der Stahlproduktion unter Nutzung neuer, mobiler Technologien professionalisiert werden kann. Die Ziele des Projektvorhabens liegen im Einzelnen darin, (1) Erfahrungswissen durch die Mitarbeitenden selbst explizierbar, visualisierbar und medial nutzbar zu machen, (2) eine kollaborative, adaptive Content-Erstellung und –Bearbeitung dezentral und mobil vor Ort im Produktionsumfeld zu ermöglichen und (3) um Wissensinhalte und Lösungen in der Problemsituation auffinden und nutzen zu können. Dabei wird insgesamt (4) ein ergonomischer sowie lern- und gesundheitsförderlicher Einsatz von Smart Devices angestrebt, welche (5) skalierbar genutzt werden sollen, sodass Inhalte sowohl auf stationären Geräten als auch auf kleinen Mobilgeräten abgerufen werden können. Des Weiteren wird untersucht, wie sich die Praxistauglichkeit potenziell einsetzbarer Technologien im rauen Umfeld der Stahlproduktion darstellt. Hierbei sind nicht nur technische Aspekte der Robustheit gegenüber Verschmutzungen und Netzwerkstabilität aufgrund starker elektromagnetischer Störungen relevant, sondern insbesondere auch Fragen der Akzeptanz solcher Technologien durch die Belegschaft.

Bei thyssenkrupp Steel Europe sind bereits Instrumente zum Wissensmanagement etabliert. Beispielsweise wird ein sogenannter Wissensspeicher genutzt, in dem redaktionell geprüfte Inhalte zur Dokumentation technischer Prozesse und Arbeitsabläufe gespeichert werden. Es besteht jedoch Optimierungsbedarf für dieses System, da sowohl die stationäre Gebundenheit an einen PC-Arbeitsplatz als auch die aufwendige Content-Erstellung über ein Redaktionsteam zu Nutzungshemmnissen und hohem Ressourceneinsatz führen. Zeitgleich werden die Auswirkungen des demografischen Wandels immer deutlicher, sodass durch Fluktuation von Wissensträgerinnen und Wissensträgern auch ein Verlust von Erfahrung und Wissen droht. Dieser Trend ist bereits seit einigen Jahren zu beobachten [1]. Die Problematik wird noch verstärkt durch den Umstand, dass mit einigen komplexen Vorgängen an den Anlagen nur wenige Mitarbeitende vertraut sind und deren Tätigkeiten nur in wenigen Fällen dokumentiert sind.

Aus diesen Gründen wird im Rahmen des Projektes der Prototyp für eine mobile App entwickelt, mit dem Ziel, den Transfer erfahrungsbasierten Wissens unter Einbezug der genannten Kriterien zu ermöglichen. Dazu erfolgen im ersten Schritt Arbeitsplatzbegehungen mit den Forschungspartnern und die Identifizierung besonders erfahrener Mitarbeitender. Auch die Prämessung zu Erfahrungen mit dem bereits vorhandenen Wissensspeicher in Form eines Workshops dient der Gewinnung von Erkenntnissen und Eindrücken über das Tätigkeitsfeld. Aus der Reflexion und Aufbereitung der Ergebnisse im Konsortium unter Einbezug der nutzenden Personen resultiert schließlich die Konzeptionierung des Entwicklungsszenarios. Parallel zur Erhebung von Erfahrungswissen durch die Forschungspartner wird auch die interne App-Entwicklung angestoßen. Bereits während der Entwicklungsphase werden Feedbackschleifen mit den zukünftigen Anwenderinnen und Anwendern integriert. Während der Pilotierung der App in unterschiedlichen Bereichen des Unternehmens werden regelmäßig Rückmeldungen der Nutzenden eingeholt und deren Gestaltungshinweise iterativ in den Entwicklungsprozess eingebunden. Durch die kontinuierliche Beteiligung am Entwicklungsprozess sowie die

Aufbereitung und Integration des Erfahrungswissens in die Assistenzlösung kann die Akzeptanz der Zielgruppe sichergestellt werden. Weiterhin werden Vorschläge zur Einbettung der App-Nutzung in Arbeitsprozesse und organisationale Strukturen erarbeitet, welche die Bereiche individuell ausgestalten.

Die Ergebnisse, welche durch Evaluationen sowie die Beurteilung von Gefährdungen und Belastungen erhoben werden, verdeutlichen die Gebrauchstauglichkeit, die Erfüllung des angestrebten Nutzens und eine hohe technologische Akzeptanz. Die App leistet auf drei Ebenen einen wichtigen Beitrag: (1) zum Wissensmanagement, (2) zum sicheren Arbeiten sowie (3) zur lernförderlichen Arbeitsgestaltung.

In Bezug auf den Mehrwert der dokumentierten Erfahrungswerte ist das selbstständigere Arbeiten besonders hervorzuheben. Novizen profitieren von dem Wissen der Erfahrenen, können unregelmäßig eintretende (nun dokumentierte) Ereignisse besser nachvollziehen und mit Unterstützung der App seltene Probleme schneller ergründen und beheben. Neben den Wissensnehmern profitieren aber ebenso auch die Wissensgeber von der App. Entscheidend ist bei dieser Nutzergruppe die Erfassung impliziten Wissens, sowie deren Visualisierung und Reflexion. Durch die reflektierte Auseinandersetzung mit den zu dokumentierenden Inhalten wird bei den entsprechenden Personen ein Prozess angestoßen, der als Veredelung von Wissen bezeichnet werden kann.

Mit Fokus auf das Thema Arbeitssicherheit leistet das entwickelte System durch integrierbare Warnhinweise und auswählbare Elemente zur persönlichen Schutzausrüstung einen wichtigen Beitrag. Zudem wird deutlich, dass durch die Verschriftlichung von Handlungen und die damit einhergehende intensive Reflexion Sicherheitslücken und Optimierungsbedarfe sichtbar werden.

Bei der Entwicklung der App erfolgt darüber hinaus eine Berücksichtigung der sieben Dimensionen des Lernförderlichkeitsinventars (LFI). Die Ausgestaltung wird demnach in Anlehnung an die Faktoren Selbstständigkeit, Partizipation, Variabilität, Komplexität, Kommunikation/Kooperation, Feedback und Information vorgenommen [2], wodurch eine lernförderliche Arbeitsgestaltung ermöglicht wird.

Resümierend betrachtet, eröffnet die App eine systematische und frühzeitige Problemlösung im Fehlerfall durch die Nutzung von Erfahrungswissen und den unmittelbaren Zugang zu Informationen. Weiterhin trägt sie zur Gefährdungsminimierung der Mitarbeitenden bei und gewinnt durch ihre mobile Verfügbarkeit an Akzeptanz, da sie sowohl im Leitstand, als auch in der Arbeitssituation genutzt werden kann. Ein letztes wichtiges Ergebnis besteht in der Praxistauglichkeit trotz Herausforderungen im rauen Umfeld der Stahlproduktion. Dem Einflussfaktor der Netzwerkinstabilität wird beispielsweise durch eine Offline-Funktionalität entgegengewirkt. Auf diese Weise entsteht im Projekt der Prototyp für ein anwenderfreundliches Assistenzsystem zum Transfer erfahrungsbasierten Wissens.

Wissenstransfer bei der projektspezifischen Übergabe

Das mittelständische Unternehmen Wellmann Sicherheitstechnik ist in der Konzeption, Entwicklung sowie Installation von Sicherheitssystemen (z. B. Brandmelde- und

Rettungswegetechnik) tätig. Als externer Dienstleister kooperiert die Firma mit den beiden Stahlunternehmen im Verbund. Die Herausforderungen, die im Anwendungsszenario im Fokus stehen und mittels eines Assistenzsystems adressiert werden, umfassen (1) den Aufbau und die Etablierung einer unternehmensspezifischen Wissens- bzw. Übergabekultur unter Berücksichtigung von Erfahrungswissen, (2) die mobile Wissensdokumentation und -vermittlung im Arbeitsprozess sowie zwischen verschiedenen Funktionsgruppen, (3) die verbesserte Vorbereitung von Wartungs- und Störungsdiensteinsätzen, die sicheres Arbeiten fördert und (4) die Anbindung an bestehende (technologische) Schnittstellen sowie die organisationale Integration.

Da es sich bei sicherheitstechnischen Anlagen nicht um Standard-Lösungen handelt, sondern um hoch individualisierte Systeme, ist eine kontinuierliche Wissenssicherung maßgeblich. Bislang existiert zwischen Montage- und Wartungstechnikern kein systematischer Transfer relevanter Wissensbestände nach der Fertigstellung eines Projektes. Dies bildet den Anknüpfungspunkt im Anwendungsszenario. Ziel ist es, einen strukturierten sowie methodisch begleiteten Übergabeprozess zu entwickeln, der sowohl technische und organisatorische Besonderheiten, ortsspezifische Gefährdungen aber auch erfahrungsgeleitetes Wissen berücksichtigt.

Diese Zielsetzung wird in zwei parallel verlaufenden Entwicklungssträngen bearbeitet. Zum einen wird ein Pilotprojekt initiiert. Dazu werden mehrere exemplarische Übergabegespräche mit Technikern der Montage- und Wartungsabteilung zu ausgewählten Projekten geführt. Die Ergebnisse der Gespräche werden aufbereitet und gemeinsam mit Anwendungs- und Forschungspartnern sowie den Technikern reflektiert. Dabei ergaben sich bereits erste thematische Überschneidungen, die in die Entwicklung des Übergabeprozesses einfließen. Gleichzeitig zeigen die Gespräche sowie deren Auswertung, dass der größte Mehrwert im gemeinsamen, kollegialen Austausch liegt, der durch kein Medium gleichsam ersetzt werden kann. Somit wird das sogenannte Wissensforum im Unternehmen etabliert. Es handelt sich um ein regelmäßiges, freiwilliges Austauschformat, bei dem die Techniker ein Zeitfenster (während der Arbeitszeit) zur Verfügung gestellt bekommen. Insbesondere die Reflexion und Synchronisation von Erfahrungswissen und das Finden gemeinsamer Lösungsansätze steht im Fokus. Das Forum zeichnet sich durch einen informellen Charakter und das Zusammentreffen unterschiedlicher Perspektiven aus. Zum anderen wird die Entwicklung einer appbasierten Lösung realisiert. Zu Projektbeginn existiert bei Wellmann bereits ein mobiles Datenmanagementsystem, wobei es sich um eine branchenspezifische Lösung handelt. Daneben werden bereits Tablets für die Montage- sowie Wartungseinsätze genutzt. Eine Herausforderung stellt die Entwicklung einer technologischen Dachstruktur dar, die die bestehenden Systeme und Funktionen integriert, aber auch erweitert, und es ermöglicht, die gesamte Prozesskette zu digitalisieren. Die entstandene Lösung berücksichtigt die Dokumentation expliziter Wissensbestände sowie technischer Daten und eröffnet ebenso die Option, erfahrungsgeleitetes Wissen zu integrieren.

Als Ergebnis wurden zwei Ebenen des Wissensmanagements bei der Wellmann Sicherheitstechnik identifiziert: (1) Die Entwicklung einer Community of Practice sowie

(2) ein technologiegestütztes Daten- und Wissensmanagement. Diese unterscheiden sich hinsichtlich ihrer strategischen Ausrichtung zum Thema Wissenssicherung, wobei die Verschränkung beider Ebenen für die Weiterentwicklung einer systematischen Wissens- und Übergabekultur entscheidend ist.

Das Wissensforum ist angelehnt an die Leitidee des Community of Practice Ansatzes nach Lave und Wenger [3]. Demnach ist eine Community of Practice eine Gruppe von Personen, die sich aufgrund gemeinsam geteilter Expertise informell zusammenschließt. Dabei steht der Austausch über Erfahrungen und Wissen im Fokus [4, 5]. Grundlegend für den Begriff der Community of Practice ist zudem die Perspektive, dass sich die Mitglieder über ihre Tätigkeiten, und wie sie diese ausüben, austauschen und sich daraus ein gemeinsam geteiltes Verständnis entwickelt, das sie verbindet und auszeichnet. Übertragen auf das Wissensforum der Wellmann Sicherheitstechnik, stellt das Format genau diesen Impuls dar und eröffnet die Möglichkeit, die Verständigung über eine gemeinsam geteilte Praxis zu etablieren, zu stärken und kontinuierlich weiterzuentwickeln.

Die App ermöglicht einen systematischen Wissenstransfer zwischen den Funktionsbereichen Montage, Wartung und Projektleitung. Die Montage- und Wartungstechniker nutzen die App, unter anderem, um Sicherheitsunterweisungen mobil durchzuführen sowie anlagenspezifisches Erfahrungswissen zu hinterlegen. Das erfahrungsgeleitete Wissen kann durch die appbasierte Lösung kontinuierlich fortgeschrieben werden. Die Freigabe der Wissensbestände wird durch die Projektleitung geprüft und verantwortet. Gleichzeitig werden durch die Projektleitung die Montage- und Wartungseinsätze konzeptionell vorbereitet und anlagenspezifische Daten in die App eingepflegt.

Die Strukturen eines strategischen Wissensmanagements sowie technologischer Anknüpfungspunkte liegen bei der Wellmann Sicherheitstechnik zu Projektbeginn in einem frühen Reifestadium vor. Über den Projektverlauf hinweg fand eine Ausdifferenzierung von Strukturen sowie eine strategische Ausrichtung zum Thema Wissenssicherung statt. Begleitet wird der Entwicklungsprozess insbesondere durch die methodische Unterstützung sowie Expertise der Forschungspartner.

Prozessdaten mobil vor Ort

Instandhaltungstätigkeiten an gasführenden Anlagen, wie sie auch bei den Hüttenwerken Krupp Mannesmann durchgeführt werden, erfordern eine enge Abstimmung der Mitarbeitenden im Feld und im Leitstand. Dort sind die aktuellen Prozessparameter auf einen Blick sichtbar, werden bewertet und in Handlungsanweisungen für die Mitarbeitenden vor Ort überführt. Die Durchführung dieser Tätigkeiten erfordert also die Kooperation und Kommunikation mehrerer Mitarbeiter. Diese wird aktuell telefonisch realisiert und erfordert von beiden Seiten sehr viel Erfahrung: auf Seiten des Leitstand-Mitarbeiters in der eineindeutigen Übermittlung von Arbeitsanweisungen und auf Seiten des Mitarbeiters im Feld Erfahrungen, die übermittelten Anweisungen in eigenverantwortliches und reflektiertes Handeln zu überführen. Hierbei ist es essenziell, dass der Mitarbeiter nicht nur ausführende Kraft ist, sondern wichtiger Teil des Gesamtsystems, indem er z. B. aktuelle Beobachtungen zurückmeldet und seine Arbeiten hinsichtlich einer situativen Gefährdung bewertet.

Im Verbundvorhaben StahlAssist wird eine Lösung entwickelt und erprobt, die den Mitarbeitenden im Feld in seiner Tätigkeit unterstützt, indem die relevanten Prozessdaten mobil verfügbar gemacht werden. Dafür wird auf der einen Seite untersucht, über welche technische Infrastruktur die Daten bereitgestellt werden können und auf der anderen Seite, wie sich Arbeits- und Kooperationsprozesse durch den Einsatz einer solchen digitalen Assistenzlösung für die Beteiligten verändern.

An die Technologieauswahl und –gestaltung werden sehr konkrete Anforderungen gestellt, die gemeinsam in einem Workshop ermittelt werden. Da die Instandhaltungstätigkeit die Verwendung beider Hände erfordert, wird zunächst vor allem eine Datenbrille als Endgerät fokussiert. Die Rahmenbedingungen im Stahlwerk erfordern das Tragen persönlicher Schutzausrüstung (Helm, Schutzbrille, Gehörschutz, Handschuhe). Diese muss mit der Brille kompatibel sein und dem Träger von PSA und Datenbrille ein ergonomisches Arbeiten ermöglichen. Daher wird neben entsprechenden Adaptern für den Helm auch ein geringes Gewicht bei der Auswahl berücksichtigt.

Aufgrund der Größe des Werksgeländes bei HKM, dem Einsatz unter teilweise rauen Wetterbedingungen und der Charakteristik der Tätigkeit wird ein besonderes Augenmerk auf die Integration in den Arbeitsprozess, inkl. Transport und Ablage bei Nicht-Benutzung, gelegt. Über die direkte Montage der Datenbrille am Helm wird ein sicheres Tragegefühl vermittelt. Wird die Brille nicht benötigt, kann das Display zur Seite geklappt werden. Es ist also nicht erforderlich, die gesamte Brille abzulegen und gesondert zu verstauen. Da der Mitarbeiter so aber ggf. die gesamte Schicht mit der Datenbrille unterwegs ist, muss eine Akkulaufzeit von mind. 8 h möglich sein.

Für die Anzeige von Prozessdaten in der Datenbrille ist die Displaygröße ein weiteres Auswahlkriterium. Zudem sollte die Bedienung auch mit Handschuhen möglich sein. Die Festlegung dieser Kriterien führt in der weiteren Recherche zur Auswahl einer Lösung, die die Anwendung einer Datenbrille mit dem Handy kombiniert. Die Bedienung kann somit nahezu ausschließlich über das Handy erfolgen. Zudem ermöglicht die gewählte Brille die Verwendung über die Anzeige von Daten hinaus für das Anleiten aus der Ferne per Remote Assistenz. So kann der Experte im Leitstand bei Fragen kurzfristig Zugriff auf die Sicht des Mitarbeitenden im Feld erhalten, seine aktuelle Arbeitssituation einsehen, dokumentieren, mit Hinweisen und Markierungen versehen und ihm das Bild wieder in die Brille zurücksenden. Dies kann z. B. sinnvoll sein, wenn zu entscheiden ist, welche Schalter zu betätigen sind. Zudem gibt es eine Audioverbindung zwischen beiden Beteiligten. Hier kann analog zum klassischen Telefonat kommuniziert werden.

Anders als bei der bisherigen Zusammenarbeit ist der Mitarbeitende im Feld sehr viel selbstständiger unterwegs und organisiert seine Tätigkeit eigenverantwortlich. Der Experte im Leitstand kann bei Bedarf kontaktiert werden.

Neben der Auswahl der Hardware ist der Zugriff auf die Live-Daten aus dem Prozessleitsystem erforderlich. Dieses wird derzeit stationär im Leitstand verwendet.

Für den direkten Zugriff auf das Prozessleitsystem ist eine kostenpflichtige OPC-UA-Schnittstelle erforderlich. Dieser Weg wird innerhalb des Vorhabens aus den folgenden Gründen nicht gewählt: (1) im Rahmen der prototypischen Erprobung ist noch nicht abzusehen, ob die Lösung zum gewünschten Erfolg führt, (2) die Anbindung würde ausschließlich für das von HKM genutzte System funktionieren und schränkt damit die Perspektiven für die Verwertung ein.

Deutlich flexibler in der Anwendung und Verwertung ist die Möglichkeit, den Bildschirm des Experten zu teilen und somit die Oberfläche des Prozessleitsystems in der Brille anzuzeigen. Während bei der stationären Anwendung viele Daten parallel in Form eines Dashboards angezeigt werden, ist die Darstellung für die Ansicht in der Brille anzupassen und auf einen Parameter zu reduzieren.

Die Lösung bietet somit zwei grundlegende Funktionalitäten: (1) Anleitung durch den Experten aus der Ferne mittels Remote Assistenz und (2) Verfügbarmachung von Live-Daten aus dem Prozessleitsystem mobil vor Ort. Es ist gelungen, die Lösung so auszuwählen und zu gestalten, dass sie ein gutes Potenzial für die organisationale Integration bietet, da sie trotz der sehr vielfältigen Systemwelt bei HKM nahtlos eingesetzt werden kann und auch über den bisherigen Anwendungsfall hinaus zu verwerten ist.

Mobile situative Gefährdungsbeurteilung

Für HKM als integriertes Hüttenwerk mit Anlagen, die der Störfall-Verordnung unterliegen und bei denen Beschäftigte häufig in Risikobereichen arbeiten, sind effektiver Arbeits- und Gesundheitsschutz ein wesentlicher Bestandteil der Unternehmenskultur und -ziele. Die situative Gefährdungsbeurteilung (SGBU) hat dabei als Maßnahme des präventiven Arbeitsschutzes und zur Reduzierung von Unfällen, insbesondere im Instandhaltungsbereich, einen besonderen Stellenwert.

Im Rahmen des Forschungsvorhabens ist die Entwicklung eines Assistenzsystems, das es den Fachkräften der Instandhaltung ermöglicht, die situative Gefährdungsbeurteilung mobil vor Ort durchzuführen und dieses System gleichsam als Unterweisungsinstrument für alle Beteiligten zu nutzen, in den Fokus gerückt.

Im Unterschied zur „klassischen" Gefährdungsbeurteilung nach Arbeitsschutzgesetz bezieht die situative Gefährdungsbeurteilung tagesaktuelle und ortsspezifische Gefährdungen mit in die Bewertung der Arbeitssituation ein – dazu gehören wechselnde Arbeitsplätze oder sich verändernde Arbeitsbedingungen, z. B. durch bauliche Maßnahmen. Darüber hinaus werden auch explizit Gefährdungen berücksichtigt, die durch Wechselwirkungen zwischen verschiedenen Tätigkeiten entstehen. Diese Gefährdungen sind insbesondere zu berücksichtigen, da aufgrund der Komplexität der Anlagen häufig verschiedenste Gewerke, Kontraktoren und Fachbereiche parallel arbeiten und eine isolierte Einzelbetrachtung der Gefährdungen nicht ausreichend ist.

Während sich also bei der klassischen Gefährdungsbeurteilung eine umfassende Betrachtung durch die systematische Erfassung und Bewertung von Arbeitssystemen ergibt, wird die SGBU insbesondere genutzt, um Gefährdungen und Belastungen an nichtstationären Arbeitsplätzen und bei azyklischen Arbeitstätigkeiten zu erkennen und aktuelle Besonderheiten unmittelbar vor der Ausführung der Arbeitstätigkeit zu erfassen, die die Maßnahmen der klassischen Gefährdungsbeurteilung vervollständigen. Daher beschränken sich die Maßnahmen in der Regel auf den Gestaltungsbereich Organisatorische Maßnahmen und Personenbezogene Maßnahmen. Der Einsatz der SGBU kann daher nur ergänzend zur klassischen Gefährdungsbeurteilung erfolgen.

Bei HKM besteht bereits zu Projektbeginn ein Prozess zur Erstellung der SGBU, der ebenfalls durch ein Softwaretool unterstützt wird. Erste explorative Gespräche mit Führungskräften zeigen Optimierungspotenziale auf und leiten eine systematische und detaillierte Anforderungsanalyse ein: Zunächst werden Workshops mit Anwendern der aktuellen bzw. angestrebten technischen Lösung (Beschäftigte von HKM und aus Fremdfirmen) zur Erfassung des erwarteten Nutzens, der erwarteten Bedienbarkeit, Technikakzeptanz und von Potenzialen im Arbeitsprozess sowie mit Führungskräften von HKM zur Erfassung der Anforderungen aus Unternehmens-/IT-Sicht durchgeführt. Dadurch wird zum einen gewährleistet, die derzeitige Vorgehensweise von HKM zur SGBU und insbesondere deren Inhalte aus Sicht der Arbeitssicherheit zu überprüfen. Zum anderen können durch die Partizipation der Beschäftigten auf deren Bedürfnisse abgestimmte Anforderungen bezüglich der Softwareergonomie, geeigneter Hardware sowie Inhalt und Ablauf der SGBU abgeleitet werden.

Die daraus erarbeiteten Erkenntnisse werden in einem iterativen Prozess in ein Lastenheft übertragen, um die Programmierung einer Software für ein technisches Assistenzsystem zur Durchführung der mobilen SGBU durch einen externen IT-Dienstleister zu veranlassen.

Um innerhalb des Forschungsprojektes eine eigenständige und auf andere Branchen generalisierbare Lösung zu erarbeiten, wird ein interaktives PDF entwickelt. Dabei orientiert sich das Tool am Inhalt und Ablauf der bisherigen SGBU bei HKM, integriert aber zusätzlich Ergebnisse aus dem Lastenheft, indem entsprechende Aspekte ergänzt und geändert wurden. Nach Abwägung verschiedener Hardwareaspekte anhand vorab festgelegter Kriterien wird ein Tablet-PC als technisches Assistenzsystem ausgewählt und das interaktive PDF darauf abgestimmt.

Im Rahmen der Evaluation wird diese technische Lösung schließlich einem Gebrauchstauglichkeitstest unterzogen. Gemeinsam mit Beschäftigten als direkte Anwender und Führungskräften wird das Tool erprobt und beurteilt. Orientiert an den bereits erhobenen Kriterien zur Gebrauchstauglichkeit, werden nun mittels Leitfadeninterview/Gruppendiskussion und teilnehmender Beobachtung der tatsächliche Nutzen, die tatsächliche Bedienbarkeit, die Technikakzeptanz sowie die Veränderungen im Arbeitsprozess durch ein mobiles technisches Assistenzsystem erfasst.

Insgesamt zeigt sich, dass die Durchführung einer mobilen SGBU vor Ort mittels technischem Assistenzsystem insbesondere bei Gefährdungen, die spontan und kurzfristig auftreten, nützlich ist. Dies macht den Vorteil der Mobilität im Vergleich zur SGBU am stationären PC-Arbeitsplatz deutlich. Anzumerken ist, dass alle vorzubereitenden Inhalte der SGBU weitestgehend im Vorfeld fertiggestellt werden sollten, sofern dies möglich ist. Dadurch können sich die Beschäftigten vor Ort sowohl auf die

Dokumentation tagesaktueller Gefährdungen durch Fotos und die Integration tagesaktueller Daten, als auch auf die Information interner Beschäftigter, aber auch externer Beschäftigter aus Fremdfirmen, konzentrieren – also auf sämtliche Inhalte, die besser vor Ort erfasst und beurteilt werden können. Durch die Möglichkeit zur digitalen Unterschrift als digitale Signatur und zur Wirksamkeitskontrolle im Anschluss an die SGBU, ist der gesamte Prozess vor Ort abzuschließen.

Virtuell interaktives Modell einer Brammenstranggießanlage
Die Dokumentation großer Industrieanlagen, wie z. B. einer Brammenstranggießanlage, umfasst diverse Fachbereiche und Gewerke sowie unzählige Dokumente, die in der Regel unsortiert in diversen Ordnern analog oder digital abgelegt sind. Bei Betriebsstörungen, Produktionsausfall und Zwischenfällen ist das Auffinden benötigter Dokumente mit erheblichem Zeitaufwand verbunden, obwohl in diesem Moment Eile geboten ist.

Das virtuell interaktive Modell der Brammenstranggießanlage, erstellt durch das Ingenieurbüro Kirschbaum, kann diesen Anforderungen begegnen. Eine selbsterklärende Menüstruktur ermöglicht das schnelle Auffinden relevanter Informationen direkt über das virtuelle Abbild. Über das Assistenzsystem werden alle relevanten, notwendigen technischen Daten bei Problemen, Betriebsstörungen und Zwischenfällen vor Ort digital zur Verfügung gestellt. Laufwege zum Büro des Betriebsingenieurs, das bis zu 400 m vom Geschehen entfernt liegt, entfallen. Wenn auf alle entscheidungsrelevanten Daten direkt im Arbeitsprozess zugegriffen werden kann, können Störungen schneller behoben und Instandhaltungsmaßnahmen schneller veranlasst werden. Entscheidungen zu Reparaturmaßnahmen können auf einer fundierten Datenbasis getroffen werden.

Für den Aufbau des interaktiven VR-Modells werden bestehende CAD-Daten aufbereitet, in Unity3D importiert, dort um interaktive Elemente, z. B. eine Menüstruktur, ergänzt und für die Nutzung auf mobilen Geräten exportiert. Die Brammenstranggießanlage wird in ihrer Baugruppenstruktur im Menü abgebildet, sodass das Navigieren zur gewünschten Baugruppe sehr schnell möglich ist.

Die entwickelte Lösung besitzt das Potenzial der Anwendung einer Spieleengine für die Integration verschiedener Datenquellen in einem Modell. Die weiteren Arbeiten adressieren vor allem die Anbindung an SAP, sodass die Datendurchgängigkeit der Systeme ermöglicht wird und bei Verwendung des virtuellen Modells auf die aktuellsten Daten zugreift.

6.3 Forschungsdesiderate und nächste Schritte

Neben den gewonnenen Forschungsergebnissen lassen sich ebenso Anschlussfragen skizzieren, die im Projektkontext offengeblieben sind beziehungsweise sich aus diesem heraus entwickelt haben.

In den Anwendungsszenarien werden technologische Lösungen erarbeitet, die die Nutzung von Erfahrungswissen im Arbeitsprozess integrieren. Dabei erweisen sich insbesondere mobile Anwendungen (Smartphone, Tablet, AR-Brille) für die Stahlindustrie und die Beschaffenheit der Arbeitsprozesse und -tätigkeiten als sinnvoll. Es stehen insbesondere Medien wie Bildserien oder Videosequenzen, die sich von stark textbasierten Darstellungen abgrenzen, im Mittelpunkt. Ziel ist es, den situativen Charakter des Erfahrungswissens zu bewahren. Die entwickelten Assistenzlösungen fokussieren sich somit auf Besonderheiten z. B. außerhalb der Routine auftretende Tätigkeiten. In diesem Zusammenhang stellt sich die Frage, inwieweit der Prozess der Lösungs- beziehungsweise Entscheidungsfindung noch stärker kultiviert werden kann. Bislang liegt der Fokus auf der Dokumentation sowie digitalen Aufbereitung einzelner Arbeitsschritte eines komplexen Arbeitsprozesses. Die Dokumentation der Problemlösung gelingt noch relativ problemlos. Die eigentliche Herausforderung liegt darin, zu fragen und zu explizieren, welcher Problemlöseprozess dem vorangegangen ist. Weiterführend rückt somit das Thema in den Mittelpunkt, wie ein subjektiver Erkenntnisprozess in ein kollektives sogar organisationales Lernen übergehen kann. Dies bildet die Voraussetzung dafür, dass organisationale Richtlinien sowie Routinen hinterfragt und ggf. angepasst werden. Diesen Zusammenhang im Rahmen von Forschungsprojekten systematisch zu begleiten und zu erforschen, stellt einen Anknüpfungspunkt für zukünftige Vorhaben dar.

Daneben zeigt sich die Auswahl sowie Gestaltung der Technologie aufgrund der heterogenen Ausgangsbedingungen in den Anwendungsunternehmen als eine Herausforderung. In einem Partnerprojekt (Learn4Assembly, gefördert durch das BMBF) des Fraunhofer-Instituts sowie der OvGU Magdeburg wird aktuell an einer Morphologie für die Technologieauswahl bei der Entwicklung von Assistenzsystemen geforscht. Die Verknüpfung der Forschungsergebnisse aus beiden Projekten stellt eine Strategie für die projektübergreifende Verwertung dar. Daran gebunden ist auch die Frage, aus welchen Gründen sich Organisationen gegenüber der Einführung von neuen Technologien öffnen beziehungsweise verschließen. Für das Projekt StahlAssist haben sich insbesondere Aspekte wie z. B. die Führungskultur und die partizipative Gestaltung des Einführungsprozesses als fördernd oder auch hemmend gezeigt. Dazu sind insbesondere Strategieworkshops, die die gemeinsamen Projektziele und damit ein tragende Vision des Vorhabens definieren und in Meilensteine übersetzen, entscheidend.

6.4 Transfermaterialien

Die Bundesanstalt für Arbeitsschutz und Arbeitsmedizin wird in Zusammenarbeit mit dem Berufsforschungs- und Beratungsinstitut für interdisziplinäre Technikgestaltung ein interaktives Nutzertool veröffentlichen. Die Lösung unterstützt die Vorbereitung und Durchführung einer situativen Gefährdungsbeurteilung (SGBU) und wurde in der Stahlindustrie erprobt sowie evaluiert. Das Tool kann jedoch auch in anderen Branchen zur mobilen Erstellung einer SGBU genutzt werden.

Das vorgestellte Szenario bei tkSE wird neben dem unternehmensinternen Prototyp der App auch eine Forschungsversion für das Projektkonsortium zur Verfügung stellen. Damit können die App und ihre Funktionalitäten auch in anderen Vorhaben genutzt werden. Insbesondere kann daran das Potenzial einer mobilen Assistenzlösung unter dem Fokus der Wissens- und Erfahrungssicherung erlebbar werden und gleichzeitig die Grundlage in anderen Forschungsvorhaben bilden, um die Anforderungen und Erwartungen des Technologieeinsatzes zu diskutieren.

Projektpartner und Aufgaben

- **Fraunhofer-Institut für Fabrikbetrieb und -automatisierung IFF, Magdeburg**
  Technologiebasierte Aufbereitung und Nutzung von Erfahrungswissen und Konsortialführer
- **Otto-von-Guericke-Universität Magdeburg – Institut I, Bildung, Beruf und Medien**
  Identifizierung und Transfer von Erfahrungswissen
- **Berufsforschungs- und Beratungsinstitut für interdisziplinäre Technikgestaltung BIT e. V., Bochum**
  Gestaltungsempfehlungen zum belastungsoptimierten Einsatz von Assistenzsystemen
- **Bundesanstalt für Arbeitsschutz und Arbeitsmedizin – BAuA, Dortmund**
  Konzeptentwicklung zum lernförderlichen Einsatz von Smart Devices und Evaluation
- **thyssenkrupp Steel Europe AG, Duisburg**
  Lösungen für Steuerungs- und Instandhaltungstätigkeiten in der Bandverarbeitung
- **Hüttenwerke Krupp Mannesmann GmbH, Duisburg**
  Mobile Assistenzsysteme für die Durchführung hoch sicherheitsrelevanter Instandhaltungsmaßnahmen
- **ISM Ingenieurbüro Kirschbaum, Neukirchen-Vluyn**
  Planung und Entwicklung von Engineering-Modellen und Integration in die Assistenzlösungen
- **Wellmann Sicherheitstechnik GmbH & Co. KG, Hamminkeln**
  Unternehmensübergreifendes Assistenzsystem für die Gebäudesicherheitstechnik

Literatur

1. Zinnen H (2006) Wissensmanagement und betriebliches Lernen Eine Bestandsaufnahme in Ausbildungsbetrieben mit Tipps für die Praxis. wbv. Bielefeld
2. Hacker W, Skell W (Hrsg) (1993) Lernen in der Arbeit. Bundesinstitut für Berufsbildung, Berlin
3. Lave J, Wenger E (1991) situated learning: legitimate peripheral participation. Cambridge University Press, Cambridge
4. Wenger EC, Snyder WM (2000) Communities of practice: the organizational frontier. Harvard Bus Rev 78:139–145
5. Wenger E, McDermott R, Snyder WM (2002) Cultivating communities of practice: a guide to managing knowledge. Harvard Business School Press, Boston

Digitalisierung und Arbeitsorganisation

7

Wie Assistenzsysteme Gruppenarbeit stärken können (TeamWork 4.0)

Hajo Holst, Joachim Metternich, Martin Schwarz-Kocher, Thomas Ardelt, Hendrik Brunsen, Yannick Kalff, Nadine Kleine, Yalcin Kutlu, Alyssa Meißner, Marvin Müller, Steffen Niehoff, Bettina Seibold und Robert Sinopoli

In den öffentlichen und wissenschaftlichen Diskussionen über die Wettbewerbsfähigkeit der deutschen Industrie und die Zukunft von Produktionsarbeit nimmt die Digitalisierung seit einigen Jahren eine zentrale Rolle ein. Leitbilder wie „Industrie 4.0" oder „Smart Factory" versprechen hoch flexible und effiziente Produktionsprozesse, die Kundenindividualisierung mit den wirtschaftlichen Vorteilen der Massenproduktion verbinden [1]. Unter der Überschrift der „vierten industriellen Revolution" wurde der Weg in die digitale Zukunft zunächst vorwiegend als radikaler Technologiesprung konzipiert, der insbesondere kleinere und mittlere Unternehmen (KMU) vor erhebliche Herausforderungen stellt – und zwar von der Fähigkeit, eine an das Unternehmen angepasste Digitalisierungsstrategie zu formulieren, über die Kompetenzen, neue Technologien bewerten zu können, bis hin zum hohen Investitionsbedarf. Daneben hat sich in der jüngeren Vergangenheit eine zweite Diskussionslinie etabliert, die die Digitalisierung der industriellen Produktion als inkrementellen Veränderungsprozess betrachtet [2].

H. Holst (✉) · H. Brunsen · Y. Kalff · N. Kleine · S. Niehoff · R. Sinopoli
Universität Osnabrück, Institut für Sozialwissenschaften, Osnabrück, Deutschland

J. Metternich · A. Meißner · M. Müller
Technische Universität Darmstadt, Institut für Produktionsmanagement, Technologie und Werkzeugmaschinen, Darmstadt, Deutschland

M. Schwarz-Kocher · Y. Kutlu · B. Seibold
IMU Institut GmbH, Stuttgart, Deutschland

T. Ardelt
Mahr GmbH, Göttingen, Produktion Messsysteme, Göttingen, Deutschland

W. Bauer et al. (Hrsg.), *Arbeit in der digitalisierten Welt*,
https://doi.org/10.1007/978-3-662-62215-5_7

Technologiesprünge im engeren Sinne sind – das zeigt die empirische Realität – selten. Außerhalb von Greenfield-Betrieben vollzieht sich die Digitalisierung in den allermeisten Fällen eher in Form der Einführung neuer Maschinen, Devices, Applikationen oder Assistenzsysteme in bestehende Produktionssysteme und Arbeitsorganisationen.

Nimmt die Digitalisierung die Form einer schrittweisen Weiterentwicklung von Produktionssystemen und Arbeitsorganisationen an, dann gewinnen zwei Aspekte an Bedeutung: erstens die Wechselwirkungen mit anderen Elementen der bestehenden Produktionssysteme und Arbeitsorganisationen und zweitens die Akzeptanz der neuen Technologien in der Belegschaft. (1) Neue Maschinen, Devices, Applikationen oder Assistenzsysteme werden in der Regel eingeführt, um spezifische Herausforderungen auf dem Shopfloor zu adressieren. Dabei kann es jedoch zu unerwarteten Wechselwirkungen mit anderen Elementen der Arbeitsorganisation und des Produktionssystems kommen. Aus diesem Grunde ist es wichtig, die Effekte der neuen Technologien in einer ganzheitlichen Perspektive zu betrachten [3]. (2) Die Akzeptanz digitaler Technologien in der Belegschaft ist eine zentrale Ressource für den Erfolg von Einführungsprozessen. Sind Mitarbeitende skeptisch gegenüber den neuen Maschinen, Devices, Applikationen oder Assistenzsystemen oder sind sogar diffuse Ängste oder konkrete Befürchtungen über negative Auswirkungen des technischen Wandels vorhanden, drohen die erhofften positiven Effekte der Digitalisierung auszubleiben.

An diesen beiden Punkten setzte der F&E-Verbund TeamWork 4.0 an [4]. Am Beispiel von drei Use Cases – einem digitalen Shopfloor Management, einem digitalen Dokumentationssystem und einer KVP-App – beschäftigten sich die Verbundpartner:innen mit den Wechselwirkungen zwischen der Einführung digitaler Assistenzsysteme und der Arbeitsorganisation. Den beteiligten Unternehmen war es wichtig, die Vorteile der Digitalisierung zu nutzen, ohne die Stärken der bestehenden Gruppen- und Teamarbeit zu gefährden. Und mehr noch: Gruppen- und Teamarbeit gelten in der Arbeitsforschung als besonders lernförderliche Arbeitsorganisationen [5]. Im Rahmen von TeamWork 4.0 sollten die verschiedenen Formen der team- und gruppenförmigen Arbeitsorganisation zu einer Digitalisierungsressource entwickelt werden. Das explizite Ziel des Verbundes war, durch eine *beteiligungsorientierte Gestaltung* des Einführungsprozesses und dessen *wissenschaftliche Begleitung* sowohl die Akzeptanz des digitalen Assistenzsystems in der Belegschaft zu steigern als auch die Team- und Gruppenstrukturen in der Arbeitsorganisation weiterzuentwickeln. Wenn auch auf unterschiedliche Art und Weise und mit unterschiedlichem thematischen Fokus – den im Rahmen von TeamWork 4.0 eingeführten Assistenzsystemen wohnt das Potenzial inne, die Kommunikation in und zwischen Teams zu verbessern, durch eine erhöhte Transparenz die Beteiligung der Mitarbeitenden an der Gestaltung und Verbesserung ihrer Arbeit zu erleichtern und damit letztlich auch die Fähigkeit der Gruppen zur Selbstorganisation zu erhöhen.

Ohne an dieser Stelle zu viel vorwegzunehmen: Die Verläufe der Einführungsprozesse in den drei Use Cases zeigen, dass die erhofften positiven Wechselwirkungen zwischen digitalen Assistenzsystemen und der Arbeitsorganisation durchaus eingetroffen sind.

Wenn auch in unterschiedlichem Umfang und mit spezifischer Stoßrichtung: Die Einführung der digitalen Assistenzsysteme – insbesondere des Shopfloor Managements und des Dokumentationssystems – ging jeweils mit einer Stärkung der Gruppen und Teams in der Arbeitsorganisation einher. Zugleich ist aber auch deutlich geworden, dass sich die positiven Wechselwirkungen nicht von allein einstellen. Auch in den Belegschaften der Verbundunternehmen existierten zu Beginn des Vorhabens Befürchtungen über die Entwertung von Produktionsarbeit, zunehmenden Leistungsdruck, den Verlust von Arbeitsplätzen und eine Aushöhlung der Gruppen- und Teamkompetenzen. Durch die beteiligungsorientierte Gestaltung des Einführungsprozesses wurden diese Befürchtungen transparent gemacht und in die Veränderungsprozesse eingespeist. Indem die Mitarbeitenden und ihr praktisches Wissen über Arbeitsinhalte und -prozesse systematisch in die Einführungsprozesse der neuen Technologien – und zum Teil sogar in das Design der Systeme – eingebunden wurden [6], konnten Befürchtungen ausgeräumt oder zumindest relativiert und positive Effekte für Unternehmen und Mitarbeitende realisiert werden.

Der Beitrag gliedert sich wie folgt: Im ersten Schritt wird das Projektkonsortium und die Arbeitsteilung zwischen den Vorhabenspartner:innen vorgestellt. Im zweiten Schritt wird ein Blick auf die Digitalisierungsaktivitäten japanischer Automobilunternehmen geworfen, die im Rahmen eines internationalen Arbeitspaketes besucht wurden. Anschließend werden die drei Use Cases dargestellt und die Einführungsprozesse der Assistenzsysteme beleuchtet. Ausgangspunkt der Use Cases sind jeweils Herausforderungen, die in der deutschen Metall- und Elektroindustrie weit verbreitet sind.

7.1 Aufgabenverteilung im Konsortium

Das Konsortium von Teamwork 4.0 setzt sich aus drei Forschungseinrichtungen (Universität Osnabrück, Technische Universität Darmstadt, IMU Institut Stuttgart) und drei Unternehmen (Mahr GmbH, Homag AG, Voith AG) zusammen. Die Analyseperspektiven und Expertisen der Forschungseinrichtungen ergänzen sich: Die *Universität Osnabrück* (Arbeitsgruppe Prof. Dr. Hajo Holst), zugleich Koordinatorin von TeamWork 4.0, vertritt die sozialwissenschaftliche Arbeitsforschung und hat ihren Schwerpunkt in der Aufbereitung der Beschäftigtenperspektiven, organisationaler Veränderungsprozesse und der Weiterentwicklung der Gruppenarbeit [4]. Die *Technische Universität Darmstadt* (PTW, Arbeitsgruppe Prof. Dr. Joachim Metternich) gehört zu den führenden Maschinenbau-Instituten in Deutschland und hat in TeamWork 4.0 ihren Schwerpunkt in der Analyse der technischen Möglichkeiten sowie der (Weiter)-Entwicklung von digitalen Unterstützungslösungen [7, 8]. Das *IMU Institut Stuttgart* (Arbeitsgruppe Dr. Martin Schwarz-Kocher) verfügt über langjährige Forschungs- und Beratungsexpertise im Bereich der (ganzheitlichen) Produktionssysteme, der Gruppen- und Teamarbeit und beteiligungsorientierter Veränderungsprozesse. Die gemeinsame Expertise und die unterschiedlichen Kompetenzen der drei Forschungseinrichtungen erlauben eine systematische wissenschaftliche Begleitung der Einführung digitaler Assistenzsysteme in die bestehenden, von Lean-Prinzipien geprägten Produktions- und Arbeitssysteme der Unternehmen von TeamWork 4.0 [2, 3].

Die Unternehmen übernehmen als F&E-Partner:innen wichtige Aufgaben innerhalb des Verbundes. Zum einen führen sie jeweils ein digitales Assistenzsystem ein, das eine für industrielle KMU relevante Herausforderung adressiert. Zum anderen bringen die Unternehmen ihre Kompetenz und Erfahrung in der Gestaltung von Gruppen- und Teamarbeit ein. Bei der *Mahr GmbH* wurde von den F&E-Partner:innen gemeinsam ein digitales Dokumentationssystem entwickelt, das die aus der zunehmenden kundenindividuellen Maschinenfertigung erwachsende Komplexität an Spezifikationen, Anleitungen und Dokumenten beherrschbar macht. Angesichts des Trends zur kundenindividuellen Produktion im Maschinenbau und in der gesamten Metall- und Elektroindustrie verfügt ein auf dem Shopfloor gepflegtes digitales Dokumentationssystem über eine hohe Transferfähigkeit. Bei der *Homag AG* wurde im Rahmen von TeamWork 4.0 die Einführung einer KVP-App begleitet, die die Beteiligung am mitarbeitergetragenen kontinuierlichen Verbesserungsprozess erleichtern und die Herausbildung einer Gruppen- und Teamkultur der Prozessverbesserung unterstützen soll. Wie das Dokumentationssystem zielt auch die KVP-App auf die Bearbeitung einer weitverbreiteten Herausforderung: der Unterstützung der KVP-Beteiligung der Mitarbeitenden. Bei der *Voith AG* haben die F&E-Partner:innen ein digitales Shopfloor Management-System konzipiert und eingeführt, welches die Transparenz von Problemlösungen steigert und die Kommunikation zwischen den Teams in der Produktion verbessert.

7.2 Internationaler Vergleich: Gemba-Digitalisierung in Japan

In der internationalen Produktions- und Arbeitsforschung gilt Japan seit den 1990er Jahren als Vorreiterland. Das Toyota Produktionssystem (TPS) stellt bis heute den globalen Benchmark für Produktionssysteme von Industrieunternehmen dar; japanische Konzeptionen von Gruppen- und Teamarbeit gelten sowohl in der Arbeitswissenschaft als auch unter Praktiker:innen der Arbeitsgestaltung als besonders wirtschaftlich [9, 10]. Da zugleich die japanische Gesellschaft für ihre besondere Technikaffinität bekannt ist – sich in der Freizeit einen Roboter zu bauen, gehört zu den gesellschaftlich anerkannten Hobbys –, lag es für die an TeamWork 4.0 beteiligten Forschungseinrichtungen nahe, sich in einer Fallstudie die Wechselwirkungen zwischen der Einführung digitaler Systeme und der Arbeitsorganisation in japanischen Unternehmen anzuschauen. Gemeinsam mit drei japanischen Forschern – Prof. Dr. Katsuki Aoki (Meji Universität Tokio) sowie Prof. Dr. Takefumi Mokudai und Prof. Dr. Martin Schröder (Kyushu Universität) – wurden 2019 elf japanische Industrieunternehmen besucht.

Die Besonderheiten der Digitalisierungsaktivitäten japanischer Unternehmen lassen sich unter dem Begriff der *Gemba-Digitalisierung* zusammenfassen [11]. „Gemba“

ist japanisch und bedeutet „der eigentliche Ort". In der Führungslehre des Lean Managements steht Gemba für den Fokus auf jene Prozesse, in denen die Wertschöpfung erbracht wird. Am bekanntesten ist das Prinzip des Gemba Walks, das Führungskräfte dazu anhält, sich an den Ort der Wertschöpfung zu bewegen und Produktionsprobleme persönlich in Augenschein zu nehmen [12]. Im japanischen Kontext schließt Gemba noch den Respekt für das praktische Wissen der operativen Mitarbeitenden: Gemba beinhaltet die Überzeugung, dass diejenigen, die die Prozesse alltäglich bearbeiten, am besten wissen, wie diese zu verbessern sind – im Unterschied zu einer Kultur, die dem Reflexionswissen von Expert:innen per se einen höheren Wert beimisst. Auch wenn es selbstverständlich Ausnahmen gibt: Die auch den Lean-Prinzipien zugrundeliegende Gemba-Kultur prägt die Digitalisierungsaktivitäten der von uns besuchten japanischen Unternehmen: Sie weisen (1) eine starke Shopfloor-Orientierung auf, sie folgen (2) einem Low-Cost-Ansatz, sie basieren (3) auf hohem Respekt für das praktische Wissen der Produktionsarbeitenden und sie werden (4) von den Unternehmen explizit zur Stärkung der existierenden Gemba-Kultur eingesetzt.

1. Bereits auf den ersten Blick sticht die dominante *Shopfloor-Orientierung der Digitalisierungsaktivitäten* in den von uns besuchten japanischen Unternehmen ins Auge. In keinem der Unternehmen bildet eine zentral formulierte Digitalisierungsstrategie oder eine technische Vision von der „digitalen Fabrik der Zukunft" den Ausgangspunkt der Digitalisierungsaktivitäten. Vielmehr werden die Aktivitäten – die Erprobung und Einführung neuer Technologien – primär auf dem Shopfloor initiiert. Die von uns beobachteten digitalen Lösungen, Applikationen und Assistenzsysteme wurden jeweils als Antworten auf relevante Shopfloor-Probleme eingeführt. Für die japanischen Unternehmen stellt die Digitalisierung keinen technologischen Selbstzweck dar, sondern ein Hilfsmittel um klassische Shopfloor-Probleme wie Produktivitätsdefizite, Fehler und Störungen, Qualitätsmängel oder Qualifikationsengpässe zu beheben. Die ausgeprägte Shopfloor-Orientierung der Digitalisierung zeigt sich auch an den Koalitionen, die die Aktivitäten in den Unternehmen forcieren. Denn auch hier spielte die Shopfloor-Ebene eine zentrale Rolle. Unseren Beobachtungen nach werden die Digitalisierungsaktivitäten nicht, oder zumindest nicht primär, vom oberen Management oder spezifisch eingerichteten Stabstellen vorangetrieben. Stattdessen dominieren zum gegenwärtigen Zeitpunkt Akteure aus dem Shopfloor – von den verantwortlichen Führungskräften bis zu den regulären Produktionsarbeitenden – die Einführungsprozesse.
2. Das Gros der von uns beobachteten Digitalisierungsaktivitäten folgt einem Low-Cost-Ansatz, der nicht auf eine flächendeckende Erneuerung des Maschinenparks setzt, sondern den Weg kleiner pragmatischer technologischer Upgrades geht. Parallel zu dem ebenfalls aus Japan bekannten Ansatz der Low-Cost-Automation *(karakuri)* werden kostengünstige und einfache Digitalisierungslösungen gesucht, die einen Beitrag zur Weiterentwicklung der Produktions- und Arbeitssysteme leisten. Zu den Stärken des Ansatzes gehört die hohe Flexibilität der eingesetzten digitalen Lösungen,

der geringe Investitionsbedarf und geringe technische Komplexität der Systeme. Zwar lassen sich Maschinen der neuesten Generation leichter vernetzen und bieten auch deutlich umfangreichere Datengenerierungsmöglichkeiten, allerdings ist die Erneuerung des Maschinenparks mit sehr hohen Investitionen verbunden, die nicht alle Unternehmen stemmen können. Zugleich setzen die Einrichtung und Instandhaltung dieser Maschinen Qualifikationen voraus, die nicht in jedem Unternehmen vorhanden sind. Der Low-Cost-Ansatz der Gemba-Digitalisierung nutzt hingegen einfache digitale Lösungen, um die bestehenden Systeme ohne größere Investitionen und mit den bestehenden Qualifikationen weiterzuentwickeln.

3. Auch wenn es auf den ersten Blick kontraintuitiv klingt: Auch in den Digitalisierungsaktivitäten der meisten japanischen Unternehmen wird der *Respekt für das praktische Wissen der Produktionsarbeitenden* deutlich. Keines der von uns beobachteten Digitalisierungsprojekte wird von der Vision einer digitalen Fabrik angetrieben, in der Maschinen und Algorithmen die Position der Menschen übernommen haben. Besonders deutlich wird die hohe Wertschätzung des praktischen Wissens am Verhältnis von neuen Technologien und Kaizen-Aktivitäten. IoT-Systeme werden in den Unternehmen eingeführt, um die Datenbasis für mitarbeiter:innengetragene Kaizen-Prozesse zu verbessern (Quantität und Verlässlichkeit der Daten) und den Aufwand der Mitarbeitenden für die Datenerhebung zu verringern (Zeit für Datenerhebung als *Muda* – Verschwendung). Die Entwicklung von Verbesserungsvorschlägen wird dagegen weiterhin als ureigene Aufgabe des Menschen betrachtet. Die neuen Systeme sollen die menschliche Aktivität im Kaizen unterstützen und nicht ersetzen. Ein weiteres Beispiel für den hohen Respekt für das praktische Wissen der Produktionsarbeitenden sind die qualifizierungsunterstützenden IoT-Systeme, die wir in mehreren Unternehmen beobachten konnten. Dort wurden biomechanische Bewegungsanalysen eingesetzt, um Qualifizierungsprozesse im Bereich industriell genutzter handwerklicher Fähigkeiten zu unterstützen. Mit großer Selbstverständlichkeit werden die neuen Systeme in technologisch und qualifikatorisch anspruchsvollen Bereichen so eingesetzt, dass sie langwierige Qualifizierungsprozesse unterstützen, ohne dabei menschliche Arbeit auf die Maschine zu überführen.
4. Ebenso auffällig ist die explizite Zielsetzung der Einführung digitaler Produktionstechnologien: Digitale Devices, Applikationen und Assistenzsysteme werden gezielt gestaltet, um die *bestehende Gemba-Kultur zu unterstützen.* Aus der Perspektive des F&E-Ansatzes von TeamWork 4.0 heißt dies: In den von uns besuchten japanischen Unternehmen werden die Wechselwirkungen zwischen Digitalisierung und Arbeitsorganisation mitgedacht. Die Gemba-Kultur ist so fest in den Unternehmen und ihrer Arbeitsorganisation verankert, dass – so unser Eindruck aus den Betriebsbesichtigungen und Interviews mit Shopfloor-Führungskräften und Management – kaum jemand auf die Idee kommt, digitale Technologien auf eine Art und Weise einzuführen und zu nutzen, dass diese den Erfolgsfaktor Gemba-Kultur gefährden. Dies gilt auch für das beschriebene Beispiel der digitalen Kaizen-Unterstützung. Die neuen

Systeme werden in den meisten Unternehmen mit Bedacht eingeführt, um die Verankerung des Kaizen-Gedankens in der Belegschaft nicht zu unterminieren.

Zusammengefasst steht *Gemba-Digitalisierung* für einen Digitalisierungsansatz, der an in japanischen Unternehmen verbreiteten Managementprinzipien ansetzt und der einen Kontrapunkt zu einer auch in Deutschland verbreiteten Perspektive setzt, die in der Digitalisierung einen revolutionären Technologiesprung sieht und die die Formulierung einer Digitalisierungsstrategie als wichtigste Aufgabe des Managements ansieht. Kennzeichnend für die Digitalisierungsaktivitäten in den meisten der von uns besuchten japanischen Unternehmen ist die ausgeprägte Shopfloor-Orientierung, der Respekt für das praktische Wissen der Produktionsarbeitenden und die Unterstützung der bestehenden Gemba-Kultur. Die in TeamWork 4.0 fokussierten Wechselwirkungen zwischen Digitalisierung und Arbeitsorganisation werden im Ansatz der *Gemba-Digitalisierung* gewissermaßen automatisch mitgedacht.

Drei Hinweise müssen an dieser Stelle jedoch gemacht werden: Erstens folgen nicht alle japanischen Unternehmen dem Pfad der Gemba-Digitalisierung und natürlich finden sich auch in deutschen Unternehmen Beispiele für shopfloor-orientierte Digitalisierungsprojekte. Zweitens finden sich auch in japanischen Unternehmen Beispiele für den Einsatz digitaler Technologien, die menschliche Arbeit vereinfachen oder kontrollieren. Die Gemba-Kultur sorgt nicht automatisch für bessere Arbeitsbedingungen. Sie geht jedoch selbst in Bereichen mit stark verdichteter Montage- und Logistikarbeit mit einem Respekt für das praktische Wissen der Arbeitenden einher. Und drittens ist der Ansatz der Gemba-Digitalisierung alternativen Vorgehensweisen nicht in allen Aspekten überlegen. Die große Stärke des Ansatzes liegt in der Fähigkeit, für bestehende Produktionssysteme und Arbeitsorganiationen maßgeschneiderte digitale Lösungen zu entwickeln, die in den Gruppen und Teams eine hohe Akzeptanz aufweisen. Die Integration der Einzellösungen in ein einheitliches System der IoT-Nutzung stellt für Gemba-Digitalisierung jedoch eine besondere Herausforderung dar. Die Vereinheitlichung und Zusammenführung separat entwickelter Insellösungen geht mit einem hohen organisatorischen Aufwand und erheblichen Kosten für die Unternehmen einher – und bedarf deswegen in der Regel der Unterstützung des oberen Managements.

7.3 Digitale Assistenzsysteme und Arbeitsorganisation: die drei Use Cases von TeamWork 4.0

Während bei der Einführung digitaler Systeme im Rahmen der japanischen *Gemba-Digitalisierung* die Wechselwirkungen mit der Arbeitsorganisation mit großer Selbstverständlichkeit mitbetrachtet werden, spielt diese Perspektive bei der Gestaltung von neuen Technologien und ihrer Einführung in bestehende Produktions- und Arbeitssysteme in deutschen Unternehmen häufig keine große Rolle. Das Ziel der Verbundpartner:innen von TeamWork 4.0 war es, durch die beteiligungsorientierte Gestaltung und Einführung digitaler Assistenzsysteme zugleich die Akzeptanz der Systeme in der Belegschaft zu erhöhen und die bestehende Gruppen- bzw. Teamarbeit zu stärken. Eine wichtige Rolle in diesem Prozess spielte die wissenschaftliche Begleitung der Teilvorhaben durch die drei Forschungseinrichtungen. Die Universität Osnabrück, die TU Darmstadt und das IMU-Institut Stuttgart nutzten ihre Kompetenzen in der sozial- und ingenieurwissenschaftlichen Arbeitsforschung sowie der Analyse und Weiterentwicklung von (ganzheitlichen) Produktionssystemen, um die Unternehmenspartner:innen bei der beteiligungsorientierten Entwicklung und Einführung digitaler Assistenzsysteme zu unterstützen.

7.3.1 Use Case Digitale Dokumentation: ein Assistenzsystem für die Bewältigung von Komplexität in der Einzel- und Kleinstserienfertigung

Zusammen mit der Mahr GmbH in Göttingen wurde ein Use Case für ein *Assistenzsystem zur digitalen Dokumentation* geplant und umgesetzt. Die Mahr GmbH fertigt Messmaschinen, die auch kleinste Längen mit höchster Präzision optisch oder mechanisch messen. Das Produktportfolio ist groß, die Messgeräte werden in Groß-, Klein- und Kleinstserien, stellenweise in Einzelfertigung, produziert. Die Montageumfänge für die einzelnen Maschinentypen und Module variieren zwischen einigen Stunden und mehreren Monaten. Trotz einer bestehenden Gruppenarbeitsvereinbarung und Gruppenentlohnung ist die Montagearbeit weitgehend in Einzelmontageplätzen organisiert. Dabei hat sich bei den Facharbeitenden in der Montage eine maschinentypspezifische Spezialisierung entwickelt. Insbesondere die Typen mit geringer Wiederholrate können nur von wenigen Beschäftigten, teilweise nur von einzelnen Personen durchgeführt werden. Daher sind die Arbeitsabläufe wenig standardisiert und das Erfahrungswissen der individuellen Beschäftigten spielt eine große Rolle.

Aus Unternehmenssicht führt diese Spezialisierungspraxis zu *Shopfloor-Problemen* bei der nivellierten Kapazitätsauslastung, der Liefertreue und der Produktqualität. Der variierende Produktmix kann nur schwer auf den Qualifikationsmix der anwesenden Beschäftigten verteilt werden. So können bei Abwesenheit oder Ausscheiden einzelner Beschäftigter zum Teil selten gefertigte Maschinentypen nicht gebaut werden. Im schlimmsten Fall muss das spezifische Montagewissen neu aufgebaut werden. Die Beschäftigten notieren Ihre Arbeitshinweise auf Dokumentationsausdrucken, was dazu führen kann, dass aktuelle Konstruktionsänderungen nicht erkannt werden. Der Lösungsansatz ist ein digitales Dokumentationssystem, in dem die Facharbeitenden ihr informelles Wissen für alle Beschäftigten zugänglich machen und die aktuellen Montage- und Verpackungsdokumentationen für alle sichtbar enthalten sind.

Um die *Beschäftigtenperspektiven* auf das Dokumentationssystem und die vorhandene Infrastruktur systematisch zu erfassen, wurden im Rahmen der wissenschaftlichen Begleitung mehrere *beteiligungsorientierte* Workshops sowie Einzelinterviews mit Management, Beschäftigten, Gruppensprecher:innen, Meister:innen und

Betriebsrat durchgeführt. Die Ergebnisse wurden in einem „sozialen Pflichtenheft" erfasst und haben zu wesentlichen Veränderungen im geplanten Digitalisierungsprojekt geführt.

Schon im Kickoff des Projektes reklamierten die Montagebeschäftigten und die Meister:innen als Hauptproblem, dass die notwendigen Dokumente in unterschiedlichen technischen Systemen abgelegt seien und es keine einheitlichen Suchmöglichkeiten gebe. Daraufhin wurde die technische Zielstellung angepasst. Es wurde ein Frontend entwickelt, das bestehende Systeme integriert und alle für einen Auftrag relevanten Dokumente zusammenzieht. Beschäftigte der Pilotgruppen erprobten in der Prozesslernfabrik des PTW der TU Darmstadt verschiedene Devices für das Assistenzsystem (analoge Mittel, Tablets und Datenbrillen). Die Tablet-Lösung wurde als das geeignetste Mittel zur Umsetzung ausgewählt.

In den Beteiligungs-Workshops formulierten die Beschäftigten auch *Befürchtungen.* So wurde zu bedenken gegeben, dass die „Preisgabe" des eigenen Erfahrungswissen zur Entwertung der Arbeit führen oder die Standardisierung des Arbeitsprozesses zu einer niedrigeren Eingruppierung oder zu einer Arbeitsverlagerung führen könne. Eine erste Verifizierungsschleife hat gezeigt, dass die formulierten Befürchtungen bisher nicht eingetreten sind.

Die neuen technischen Möglichkeiten des Assistenzsystems haben neben einer Verbesserung der Montagepraxis auch Impulse zur Weiterentwicklung der Gruppenarbeit mit sich gebracht. Hiermit werden die *Wechselwirkungen zwischen Assistenzsystemen und Arbeitsorganisation* fokussiert. In mehreren Workshops wurden Konzepte zur Aktivierung der Selbststeuerungsfähigkeit der Arbeitsgruppen entwickelt, die die Fehlerbehandlungskompetenz der Gruppen stärken und sie als unterste Ebene in den Shopfloor-Management-Prozess integrieren. Außerdem beinhalten sie in den Gruppen ein aktives Rotations-Management und Qualifizierungs-Management. Schließlich ist angedacht den Gruppen Flexibilität bei der Auftragssteuerung zu ermöglichen. Erst wenn das Assistenzsystem in diesem Sinne arbeitsorganisatorisch wirksam geworden ist, können die vom Unternehmen erhofften positiven Prozesseffekte vollständig realisiert werden. Außerdem können durch die Kompetenzerweiterungen der Gruppe, die von den Beschäftigten befürchteten Kompetenzverluste durch höhere Standardisierung und Wissenstransparenz kompensiert werden. Damit zeigt sich exemplarisch, wie durch die aktive Beteiligung von Teams passgenaue Digitalisierungslösungen entwickelt werden und im Gegenzug Digitalisierungsprojekte auch zur Weiterentwicklung der Team- und Gruppenarbeit beitragen können.

7.3.2 Use Case Digitales Shopfloor Management: Ein Assistenzsystem zur transparenten Vermeidung von Verschwendung

Gemeinsam mit Voith Turbo in Crailsheim wurde ein digitales Shopfloor Management-System (SFM) in einem Pilotbereich konzipiert und umgesetzt. Voith fertigt Turbokupplungsgetriebe und hat sowohl Fertigungs- als auch Montagebereiche in Crailsheim.

Bereits seit einigen Jahren ist analoges SFM in der gesamten Produktion und auch in angrenzenden Bereichen, wie z. B. der Logistik, im Einsatz. Die Geschäftsleitung wünschte sich ein digitales System. Im Rahmen der Analysen innerhalb des Projekts wurden Schwachstellen aufgezeigt, die durch die Digitalisierung adressiert werden sollen. So ist beispielsweise die Eskalation von Problemen oder anderen wichtigen Informationen aufwendig; es besteht häufig die Gefahr, dass es keine Rückmeldungen auf eskalierte Themen gibt und das Aufbereiten und Übertragen der Daten ist im analogen SFM zeitaufwendig. Ziel ist die Lösung dieser Probleme, das SFM transparenter und effizienter zu gestalten, Mitarbeitende bei Problemlösungen zu unterstützen, und die Kommunikation innerhalb der Produktionsteams zu verbessern [13].

Um die *Perspektive der Beschäftigten* mit einzubeziehen, wurden in diesem Use Case die Mitarbeitenden durch den Betriebsrat vertreten und die relevanten Beteiligten am SFM sowie die Produktionsleitung mit einbezogen. Die *Beteiligungsorientierung* wurde durch unterschiedliche Formate wie Einzelinterviews und Workshops umgesetzt, in denen die Anforderungen der Beschäftigten systematisch aufgenommen wurden. So hatten die Beteiligten die Möglichkeit, ihre Wünsche für ein digitales System, aber auch ihre Bedenken zu äußern. Ein wichtiger Bestandteil dieser Bedenken war, dass im bisherigen SFM die unterste Ebene der Mitarbeitenden nicht mit einbezogen wird und die täglichen Zusammenkünfte im SFM erst ab der Teamleiter:innen-Ebene anfangen. Daraufhin wurde im Rahmen des Projekts entschieden, im Pilot-Bereich auch die Mitarbeitenden-Ebene mit ins SFM aufzunehmen.

Die *wissenschaftliche Begleitung* umfasste auch die Aufnahme der technischen und organisatorischen Anforderungen, so z. B. welche Nutzergruppen in einem digitalen System angelegt werden müssen, wer Zugang zu welchen Informationen bekommt und wie diese geteilt werden können. Insbesondere die Themen Transparenz und, dass diese nicht zur Kontrolle der Mitarbeitenden genutzt wird, waren Themen, die es zu klären galt.

Nach der Analyse des bestehenden SFM wurden in Workshops mit den Beteiligten die Analysen besprochen und daraus resultierende Anforderungen an ein digitales System abgeleitet. Das PTW der TU Darmstadt hat bereits Erfahrungen mit einem digitalen SFM-System und wendet dieses in der Prozesslernfabrik CiP an. Aus diesem Grund wurde die dort genutzte Software auf die Anforderungen der Beschäftigten von Voith angepasst und eingeführt. Im Pilotbereich der Montagelinie wurden zwei digitale Boards angeschafft. Die Mitarbeitenden haben durch die technische Umsetzung des SFM die Möglichkeit, Themen direkt an die nächsthöhere Ebene zu eskalieren und müssen relevante Daten nicht mehr manuell übertragen, da diese automatisch angezeigt werden.

Die *Befürchtung,* dass die erhöhte Transparenz zu Kontrollzwecken genutzt wird, konnte nicht bestätigt werden. Hierzu wurden die Beteiligten im Nachgang in den Shopfloor-Runden beobachtet, es wurden Fragebögen ausgeteilt und weitere Elemente mit den Teilnehmenden diskutiert. Durch eine durchgehende Nutzer:innenverwaltung und Zugangsberechtigungen wurde auch dafür gesorgt, dass nur berechtigten Personen die für sie relevanten Informationen angezeigt werden. Besonders die Möglichkeit, Problemlösungen und Eskalationen transparent zu verfolgen, trifft bei den Mitarbeitenden auf großen Anklang.

Im Anschluss an die erste Testphase wurde auch die unterste Mitarbeiterebene mit in das digitale SFM eingebunden, was wiederum einen neuen Anstoß für das SFM gibt und die Beschäftigten zufriedenstellt. Die *Arbeitsorganisation* ist durch den Einsatz von Digitalisierung effizienter geworden, da unnötige Arbeitsschritte eliminiert und die Kommunikation verbessert wurde. Voith Turbo hat sich im Anschluss an die Pilotphase dafür entschieden, das digitale System auch auf die anderen Produktionsbereiche des Werks und in drei weiteren Produktionsstandorten auszurollen.

7.3.3 Use Case KVP-App: Ein digitales Assistenzsystem für die Aktivierung des kontinuierlichen Verbesserungsprozesses

Die Forschungspartner:innen begleiteten und unterstützten die Homag AG bei der Einführung einer KVP-App. Homag produziert Einzelmaschinen sowie komplett vernetzte Fertigungsstraßen für Kunden aus der holzbearbeitenden Industrie und dem Handwerk. Die Pilotierung wurde an einem Standort durchgeführt, der neben der Holz- und Möbelindustrie auch die Automobilwirtschaft beliefert. Die KVP-App ist ein digitales Assistenzsystem, das die direkte Partizipation der Mitarbeitenden am Kontinuierlichen Verbesserungsprozessen (KVP) erleichtern soll. Sie bietet ein übersichtliches Interface zum Bearbeitungsstand und zur abschließenden Beurteilung eingebrachter Verbesserungsideen, gibt einen Überblick über die bereits angenommenen und prämierten Vorschläge von anderen Mitarbeitenden und integriert eine Rätselfunktion für einen ‚spielerischen' Umgang mit alltäglichen Problemen in Arbeitsprozessen. Ebenfalls hinterlegt ist ein standardisierter Prozess zur Bearbeitung der eingereichten Vorschläge. Auf diese Weise soll gewährleistet sein, dass die Mitarbeitenden innerhalb einer Woche eine Rückmeldung zu ihren Ideen erhalten. Verbunden mit der Lancierung des Assistenzsystems ist ein Prämienmodell, das positiv bewertete Verbesserungsvorschläge finanziell belohnt.

Die KVP-App adressiert ein *Shopfloor-Problem*, das in der deutschen Metall- und Elektroindustrie weit verbreitet ist, nämlich die vermeintlich geringe Beteiligung der Beschäftigten am mitarbeiter:innengetragenen KVP. Aus Sicht vieler deutscher Unternehmen reichen – insbesondere im Vergleich zu ihren japanischen Kolleg:innen – die Mitarbeitenden über die formellen KVP-Kanäle zu wenige Verbesserungsvorschläge ein. Auch bei Homag AG wird der formale KVP-Kanal kaum zur Einreichung von Verbesserungsvorschlägen genutzt. Seitens des Unternehmens wird vor allem ein Motivationsproblem gesehen, der Betriebsrat weist auf fehlende Anreize für die Mitarbeitenden hin. Für die Produktionsarbeitenden, deren Perspektive im Rahmen der wissenschaftlichen Begleitung in den Einführungsprozess eingespeist wurde, stellte sich das Beteiligungsproblem hingegen anders dar: Zum einen wiesen die Beschäftigten auf technische und organisatorische Hürden hin. Das bestehende KVP-System – eine Intranet-Schnittstelle, in der die Vorschläge an Arbeits-PCs eingegeben werden – wurde als schwer zugänglich und wenig alltagspraktisch beschrieben. Zweitens – und für den Erfolg des Einführungsprozesses wahrscheinlich wichtiger – existiert in dem Unternehmen eine lebendige produktorientierte Alltagskultur der kontinuierlichen Verbesserung, die jenseits der formalen KVP-Kanäle abläuft und den kurzen Dienstweg zur Konstruktion und Arbeitsplanung nutzt. Die Verbesserungskultur speist sich aus dem Selbstverständnis der Facharbeitenden und benötigt keine materiellen Anreize.

Die *Beteiligungsorientierung* spielte eine wichtige Rolle beim Einführungsprozess. Die KVP-App ging auf eine Initiative des Konzernbetriebsrates zurück, der auch zentral bei der Umsetzung in Planung-, Prozess- und Designfragen beteiligt ist. Die *wissenschaftliche Begleitung* im Rahmen von TeamWork 4.0 unterstützte die Beteiligungsorientierung durch eine systematische Aufnahme der Beschäftigtenperspektiven. In Kooperation mit der Unternehmensleitung und dem Betriebsrat wurden die Perspektiven der Beschäftigten entlang aller Bereiche sowohl mit qualitativen als auch mit quantitativen Erhebungsverfahren erfasst und sozialwissenschaftlich ausgewertet. Ziele der Befragungen war die wissenschaftliche Bestandsaufnahme (1) der existierenden Verbesserungskultur, (2) der Perspektiven der Mitarbeitenden auf digitale Tools und (3) ein Mapping des geplanten Bewertungsprozesses für die eingereichten Vorschläge. Die KVP-App – das war allen Beteiligten wichtig – sollte als komplementärer Beteiligungskanal etabliert werden, über den Verbesserungsvorschläge aus Themenfeldern (vorwiegend Prozesse und Arbeitsbedingungen) eingereicht werden können, die in der informellen Verbesserungskultur unterrepräsentiert waren. Dabei ist Sorge dafür zu tragen, dass die existierende produktbezogene Verbesserungskultur intakt bleibt.

Die KVP-App zielt schließlich auch darauf ab, die Gruppen- und Teamkultur hinsichtlich der mitarbeitergetragenen Verbesserung zu unterstützen. Zu den *Wechselwirkungen zwischen Digitalisierung und Arbeitsorganisation* lagen zum Projektende noch keine gesicherten Erkenntnisse vor, da sich der Launch der KVP-App durch die Corona-Pandemie verzögert hat.

7.4 Fazit

Ausgangspunkt des Verbundes TeamWork 4.0 war die Beobachtung, dass sich die Digitalisierung nur in Ausnahmefällen in Form eines Technologiesprungs vollzieht, sondern in der Regel als inkrementeller Veränderungsprozess abläuft, der die bestehenden Produktionssysteme und Arbeitsorganisationen durch die Einführung neuer Maschinen, Devices, Applikationen und Assistenzsysteme punktuell weiterentwickelt. Anhand von drei Use Cases für in der deutschen Metall- und Elektroindustrie weitverbreitete Shopfloor-Herausforderungen haben sich die Verbundpartner mit den *Wechselwirkungen zwischen der Einführung eines digitalen Assistenzsystems und der teamförmigen Arbeitsorganisation* auseinandergesetzt. Auffällig war, dass in den drei Use Cases – digitales Dokumentationssystem, digitales Shopfloor Management und KVP-App – die Akzeptanz des digitalen Assistenzsystems durch den beteiligungsorientierten Einführungsprozess gesteigert wurde und sich teilweise positive Rückwirkungen auf die Arbeitsorganisation eingestellt haben. Offensichtlich kann die systematische Einbeziehung der Perspektiven der Mitarbeitenden zu einem verbesserten Design der Assistenzsysteme und zur Steigerung der Akzeptanz in der Belegschaft führen. Daneben haben sich in den Verbundunternehmen auch positive Rückkopplungen auf die gruppenförmige Arbeitsorganisation eingestellt. Wenn auch auf verschiedene Art und Weise und in unterschiedlochem Ausmaß: Im Gefolge der Einführung der digitalen Assistenzsysteme kam es zu einer gewissen Stärkung der Gruppen und Teams. Die Kommunikation in und zwischen Teams wurde verbessert, die erhöhte Transparenz erleichtert die Beteiligung der Mitarbeitenden an der Gestaltung und Verbesserung ihrer Arbeit und letztlich erhöht sich dadurch auch Fähigkeit der Gruppen zu Selbstorganisation.

Selbstverständlich stellen sich derartige positive Wechselwirkungen zwischen Digitalisierung und Arbeitsorganisation nicht von allein ein. Im Gegenteil: Zum einen muss berücksichtigt werden, dass sich TeamWork 4.0 mit spezifischen digitalen Assistenzsystemen beschäftigt hat. Das digitale Dokumentationssystem, das Shopfloor Management und die KVP-App adressieren spezifische Shopfloor-Herausforderungen, indem sie menschliche Fähigkeiten in der Produktion unterstützen. Keines der drei Systeme wird eingesetzt, um menschliche Produktionsarbeit zu entwerten oder gar zu ersetzen. Es ist davon auszugehen, dass auf Substitution, Entwertung oder Kontrolle menschlicher Arbeit ausgerichtete digitale Systeme negative Wechselwirkungen mit einer gruppen- oder teamförmigen Arbeitsorganisation entfalten können. Zum anderen ist der Erfolg der beteiligungsorientierten Einführungsprozesse auch durch die intensive wissenschaftliche Begleitung im Rahmen der Forschungsförderung des BMBF ermöglicht worden. Nicht jeder Einführungsprozess eines digitalen Assistenzsystems kann mit einem solchen Einsatz wissenschaftlicher Ressourcen begleitet werden. Die Verbundpartner:innen sind jedoch davon überzeugt, dass in der Shopfloor-Orientierung des Digitalisierungsvorhabens, der Beteiligung an der Einführung und der Beachtung möglicher Wechselwirkungen mit anderen Aspekten der Arbeitsorganisation der Schlüssel für den Erfolg der digitalen Weiterentwicklung der Produktions- und Arbeitssysteme liegt. In eine ähnliche Richtung weist auch der in japanischen Unternehmen verbreitete Ansatz der *Gemba-Digitalisierung,* der von der Shopfloor-Orientierung der Digitalisierungsaktivitäten, dem Respekt gegenüber dem praktischen Wissen der Produktionsarbeitenden und der Beachtung der Wechselwirkungen mit der Arbeitsorganisation gekennzeichnet wird.

Projektpartner und Aufgaben

- **Universität Osnabrück – Institut für Sozialwissenschaften, Fachgebiet Wirtschaftssoziologie**
  Typische Herausforderungskonstellationen und latente Kompetenzpotenziale

- **Technische Universität Darmstadt – Institut für Produktionsmanagement, Technologie und Werkzeugmaschinen (PTW)**
  Digitale Mitarbeiterführung und zielorientierte Verbesserungssysteme
- **IMU Institut GmbH**
  Digitalisierungschancen zur Weiterentwicklung von Ganzheitlichen Produktionssystemen
- **Mahr GmbH**
  Facharbeiter/innen gestütztes Dokumentationssystem
- **Voith Turbo GmbH & Co. KG**
  Digitale Problemlösung für die Produktion

Literatur

1. Kagermann H, Lukas W-D, Wahlster W (2011) Industrie 4.0. Mit dem Internet der Dinge auf dem Weg zur 4. industriellen Revolution. VDI Nachrichten 24(13):2
2. Hirsch-Kreinsen H. (2018) Das Konzept des Soziotechnischen Systems – revisited. AIS-Studien 11(2): 11–28. https://doi.org/10.21241/ssoar.64859
3. Kötter W, Schwarz-Kocher M, Zanker C (Hrsg) (2016) Balanced GPS. Ganzheitliche Produktionssysteme mit stabil-flexiblen Standards und konsequenter Mitarbeiterorientierung, Springer Gabler, Fachmedien
4. Holst H, Schwarz-Kocher M, Metternich J et al (2019) Digitale Assistenzsysteme in der industriellen Team- und Gruppenarbeit. Beteiligungsorientierte Entwicklung und Implementation von Assistenzsystemen. In: Arbeit in der digitalisierten Welt. Stand der Forschung und Anwendung im BMBF-Förderschwerpunkt, Stuttgart, S 74–81
5. Lantz A, Hansen N, Antoni C (2015) Participative work design in lean production. A strategy for dissolving the paradox between standardized work and team proactivity by stimulating team learning? J Workplace Learn 27(1):19–33. https://doi.org/10.1108/JWL-03-2014-0026
6. Pfeiffer S, Suphan A (2015) Industrie 4.0 und Erfahrung—das Gestaltungspotenzial der Beschäftigten anerkennen und nutzen. In: Hirsc H, Ittermann P, Niehaus J (Hrsg) Digitalisierung industrieller Arbeit. Die Vision Industrie 4.0 und ihre sozialen Herausforderungen. Edition Sigma, Baden-Baden, S 205–230
7. Hertle C, Hambach J, Meißner A, Rossmann S, Metternich J, Rieger J (2017) Digitales Shopfloor Management. Neue Impulse für die Verbesserung in der Werkstatt. Productivity 22(1):59–61
8. Meissner A, Müller M, Hermann A, Metternich J (2018) Digitalization as a catalyst for lean production. A learning factory approach for digital shop floor management. Procedia Manufacturing 23(1):81–86. https://doi.org/10.1016/j.promfg.2018.03.165
9. Womack JP, Jones DT, Roos D (1990) The machine that changed the World. The Story of Lean Production, Rawson, New York
10. Liker JK (2004) The Toyota Way. 14 management principles from the world's greatest manufacturer. McGraw Hill, New York

11. Holst H, Aoki K, Herrigel G, Jürgens U, Mokudai T, Müller M, Schaede C, Schröder M, Sinopoli R (2020) Gemba-Digitalisierung. Wie japanische Automobilunternehmen IoT-Technologien nutzen. Zeitschrift für wirtschaftlichen Fabrikbetrieb 2020(9): 629-633.
12. Imai M (2012) Gemba Kaizen. A commonsense approach to a continuous improvement strategy, 2. Aufl. McGraw Hill, New York
13. Ardelt T, Tegeler F (2019) Ansätze zur Digitalisierung in der komplexen Montage. Internationales Produktionstechnisches Kolloquium 16:231–237

Teil II

Projekt- und Teamarbeit in der digitalisierten Arbeitswelt

Gestaltung der Arbeit mit Kollaborationsplattformen

8

Ergebnisse aus dem Verbundvorhaben *CollaboTeam*

Thomas Hardwig, Stefan Klötzer, Alfred Mönch, Tobias Reißmann,
Carsten Schulz und Marliese Weißmann

8.1 Betriebliche Entwicklung und Erprobung mit wissenschaftlicher Begleitung

In den Unternehmen verbreiten sich in den letzten Jahren zunehmend Kollaborationsplattformen, auf denen verschiedene Anwendungen für die unternehmensweite Kommunikation und das Wissensmanagement integriert werden, um eine Zusammenarbeit unabhängig von Ort und Zeit zu ermöglichen [1]. Kollaborationsplattformen schaffen einen virtuellen Ort, an dem Mitglieder eines Teams oder eines Projektes zusammenarbeiten. Sie bieten zudem einen unternehmensweiten Zugriff auf Inhalte sowie die selbstgesteuerte Bildung von virtuellen Gruppen („Communities") zu bestimmten Fragen oder Aufgaben. Auch die Zusammenarbeit mit Kunden und anderen Externen kann damit unterstützt werden.

Die hauptsächlichen Kosten und Risiken für die Nutzung solch neuer, digitaler Technologien liegen nicht bei der Anschaffung, sondern bei ihrer Integration in die

T. Hardwig (✉) · S. Klötzer
Georg-August-Universität Göttingen, Kooperationsstelle Hochschulen und Gewerkschaften, Göttingen, Deutschland

A. Mönch
Zeiss Digital Innovation GmbH, Dresden, Deutschland

T. Reißmann
Xenon Automatisierungstechnik GmbH, Dresden, Deutschland

C. Schulz
GIS Gesellschaft für InformationsSysteme AG, Hamburg, Deutschland

M. Weißmann
Soziologisches Forschungsinstitut Göttingen, Göttingen, Deutschland

W. Bauer et al. (Hrsg.), *Arbeit in der digitalisierten Welt*,
https://doi.org/10.1007/978-3-662-62215-5_8

Arbeitsabläufe und Prozesse eines Unternehmens. Zudem ist es Stand des Wissens, dass eine erfolgversprechende Nutzung digitaler Technologien in Unternehmen nur durch eine ganzheitliche, sozio-technischen Systemgestaltung zu erreichen ist [2, 3]. Dennoch überschätzen die Menschen, die in den Unternehmen Entscheidungen treffen, immer noch den unmittelbaren Nutzen einer Bereitstellung neuer, digitaler Technologien. Zugleich unterschätzen sie den Aufwand an Arbeitsgestaltung, der geleistet werden muss, damit die Potenziale der Technologien am Ende realisiert werden können. Dies gilt in besonderer Weise für kollaborative Anwendungen, möglicher Weise, weil deren Funktionalitäten vielfach aus dem privaten Gebrauch (z. B. Whatsapp usw.) vertraut sind. Zwar wird oftmals noch erkannt, dass für ihren erfolgreichen Einsatz im Unternehmen erhebliche Voraussetzungen zu schaffen sind [3], doch dass ihr konsequenter Einsatz durchaus auch disruptive Veränderungen der Kommunikation und Zusammenarbeit im Unternehmen bewirken kann, haben die wenigsten im Blick [4]. Aufgrund einer fehlenden Aufbereitung des vorhandenen Wissens und vorhandener Forschungsdefizite zum Thema Kollaborationsplattformen, erhalten Verantwortliche für die Arbeitsgestaltung bislang zu wenig Unterstützung für die betriebliche Bewältigung der digitalen Transformation ihres Unternehmens.

Vor diesem Hintergrund war das Gesamtziel des Verbundprojekts, gemeinsam wissenschaftlich fundierte Konzepte zur Arbeitsgestaltung sowie zur nachhaltigen Personal- und Organisationsentwicklung für die Nutzung von Kollaborationsplattformen im Rahmen von Team- und Projektarbeit zu erarbeiten und umzusetzen. Die soziotechnischen Gestaltungskonzepte sollten sowohl den Kriterien humanorientierter Arbeit als auch betriebswirtschaftlichen Anforderungen genügen. Sie sollten zudem die Fähigkeit der Betriebe zur Reaktion auf sich wandelnde Kundenanforderungen und Umweltbedingungen fördern, indem die Möglichkeiten, die die Digitalisierung bietet, ausgeschöpft werden und damit die interne und betriebsübergreifende Kooperations- und Innovationsfähigkeit verbessert wird. Um dieses Ziel zu erreichen, haben die Projektpartner gemeinsam drei Arbeitsschritte realisiert.

1. Es erfolgte eine Entwicklung und Erprobung betrieblicher Lösungen zur Arbeitsgestaltung in den drei Partnerunternehmen. Nach einer wissenschaftlichen Bestandsaufnahme wurden in jedem Unternehmen in zwei Pilotphasen Gestaltungsansätze erprobt, ihre Ergebnisse reflektiert und weiterentwickelt. Während in der ersten Pilotphase eher die interne Zusammenarbeit im Mittelpunkt stand, wurde in der zweiten die Zusammenarbeit mit Kunden betrachtet. Zudem wurde in dieser Phase in allen drei Unternehmen das Produkt MS Teams erprobt. Jedes Unternehmen formulierte am Ende des Entwicklungsprozesses eine Roadmap für den weiteren Einsatz von Kollaborationsplattformen.
2. Es wurde ein Gestaltungsmodell für den Einsatz von Kollaborationsplattformen in Unternehmen sowie Empfehlungen für die Arbeit mit Kollaborationsplattformen entwickelt. Deren Grundlagen bilden die Entwicklung von Gestaltungslösungen in den drei Partnerunternehmen, die Ergebnisse aus der Bestandsaufnahme und den Intensiv-

fallstudien (Interviews und Gruppengespräche mit Nutzerinnen und Nutzern sowie mit Verantwortlichen für die Arbeitsgestaltung) der wissenschaftlichen Begleitung, eine Bestandsaufnahme der Nutzungserfahrungen von 101 KMU in Niedersachsen und Sachsen [5, 6] sowie einer Auswertung der wissenschaftlichen Literatur.

3. Parallel zu diesen Aktivitäten erfolgte der Aufbau eines Netzwerkes zum Austausch der gemachten Erfahrungen und Erkenntnisse sowohl über selbst organisierte Fachtagungen, Dialogveranstaltungen und Workshops für Betriebs- und Personalräte, als auch durch die Teilnahme an praxisorientierten Veranstaltungen sowie wissenschaftlichen Tagungen im nationalen und internationalen Rahmen. Zur Unterstützung der Netzwerkaktivitäten wurden die Webseite collaboteam.de mit aktuellen Informationen sowie verschiedene Publikationen erstellt.

8.2 Gestaltung der Arbeit mit Kollaborationsplattformen als Beitrag zur humanverträglichen Digitalisierung der Arbeit

Forschungsergebnisse zu kollaborativen Anwendungen sind nicht leicht zu finden. Der Gegenstand wird von unterschiedlichen Disziplinen unter mindestens zwölf verschiedenen Begriffen behandelt und es liegen erst wenige Forschungsergebnisse vor [7]. Insofern füllt das Projekt CollaboTeam eine Forschungslücke und stellt Wissen bereit, das in der betrieblichen Praxis dringend gebraucht wird.

Wir verwenden den Begriff der kollaborativen Anwendungen, bevorzugen aber inzwischen den Begriff der Kollaborationsplattform aus zwei Gründen: Es wird mit dem Kollaborationsbegriff etwa im Unterschied zur Teamplattform bewusst offengehalten, auf welche sozialen Einheiten (Personen, Gruppe bis hin zur gesamten Organisation) sich die Kollaboration bezieht. Zweitens versinnbildlicht der Begriff Plattform einen Ort, an dem ein Teil der Arbeit erledigt wird und Möglichkeiten der Selbstorganisation, Kommunikation und sozialen Vernetzung bestehen. Damit ist angesprochen, dass in der Regel verschiedene Anwendungen technisch in einer Kollaborationsplattform integriert werden, also ein digitaler Arbeitsplatz mit wenig Schnittstellen geschaffen werden kann. Dabei können die Funktionalitäten für einzelne Nutzergruppen innerhalb eines Unternehmens sehr differenziert angeboten werden.

Die Präsentation wesentlicher Ergebnisse des Verbundvorhabens CollaboTeam konzentriert sich – aufgrund des begrenzten Rahmens dieser Publikation – auf ein Gestaltungskonzept für die Arbeit mit Kollaborationsplattformen. Es wurde in enger Zusammenarbeit mit den Partnerunternehmen entwickelt und soll betrieblichen Akteuren in der Praxis Orientierung zur Einführung und Nutzung von Kollaborationsplattformen geben. Im Weiteren stellen wir das Gestaltungsmodell vor und unterlegen es mit Erfahrungen aus den Partnerunternehmen. Darüber hinaus finden sich Ergebnisse des Projektverbundes CollaboTeam in weiteren Publikationen (siehe www.collaboteam.de).

8.2.1 Ein Gestaltungsmodell für die Arbeit mit Kollaborationsplattformen

Die im Rahmen von CollaboTeam durchgeführten Fallstudien führen vor Augen, dass Kollaborationsplattformen (wie etwa MS Teams von Microsoft) ein hohes Potenzial für die soziale Vernetzung und Zusammenarbeit und Kommunikation in verschiedenen Formen in Unternehmen haben. Da die Plattformen nur dann genutzt werden und ihr Potenzial entfalten können, wenn sich ihre Nutzung nach den arbeitsbezogenen Bedürfnissen der Nutzerinnen und Nutzer richtet und Sinn für die Verrichtung ihrer Arbeit ergibt, ist ihr Einsatz prinzipiell herausfordernd und gestaltungsbedürftig.

Das Gestaltungsmodell soll Verantwortlichen für die Arbeitsgestaltung einen Orientierungsrahmen bieten, wie der Einsatz und die Nutzung von Kollaborationsplattformen in Organisationen menschenorientiert und effektiv gestaltet werden kann. Dabei folgt die Gestaltung dem sozio-technischen Grundprinzip der „joint optimization" [8] also dem Grundgedanken, dass Technologieeinsatz und soziale Organisation in enger Wechselbeziehung zu gestalten sind. Bei dem Gestaltungsmodell handelt es sich um eine aufgrund der Verbunderfahrungen weiterentwickelte Fassung des ersten Entwurfs [9].

Das Modell ist auf der Ebene eines konkreten Arbeitssystems anzuwenden. Doch zunächst ist es auf der ersten Ebene des Modells, der Strategie, sinnvoll, Ziele nicht nur bezüglich eines Arbeitssystems, sondern für ein System aus verschiedenen Arbeitssystemen zu formulieren. Analyse und Gestaltung – die nächsten beiden Ebenen – beziehen sich dann jeweils auf ein Arbeitssystem, wobei das Zusammenspiel der beteiligten sozialen und technischen Systeme (=Arbeitssystem) in den Mittelpunkt gestellt wird. Empfohlen wird den Beteiligten an der Arbeitsgestaltung ein Vorgehen in drei Schritten:

1. *Strategie:* Durch die Formulierung einer Roadmap für die Kollaboration werden Ziele für die Arbeitsgestaltung entwickelt und ein Rahmen für die weitere Arbeit mit Kollaborationsplattformen festgelegt.
2. *Analyse:* Hier wird der Gestaltungsbedarf in einem Arbeitssystem durch Analyse der Passung der Aufgabe, der eingesetzten Technologien und der beteiligten Nutzerinnen und ermittelt.
3. *Gestaltung:* Auf Grundlage der Analyseergebnisse wird der Gestaltungsbedarf abgeleitet und Maßnahmen für sechs Gestaltungsfelder des Modells entwickelt. Die Handlungsfelder haben sich – das wissen wir aufgrund vorliegender sowie eigener Forschungsergebnisse – für die Umsetzung von Gestaltungsmaßnahmen als relevante Stellschrauben für die Optimierung der Arbeit mit Kollaborationsplattformen erwiesen.

Die drei Schritte können zwar sequenziell durchlaufen werden, da sie aber in einem engen Wechselverhältnis stehen, ist zu erwarten, dass es rekursive Schleifen geben wird. Beispielsweise werden Analyseergebnisse dazu führen können, die Strategie zu modifizieren, und erfolgreich realisierte Maßnahmen schlagen sich in zukünftigen Analysen nieder. Im Folgenden werden die einzelnen Modell-Ebenen kurz beschrieben und wesentliche Ergebnisse aus den Partnerunternehmen dazu vorgestellt (Abb. 8.1).

Strategie: Roadmap für die Kollaboration

Der Einsatz von Kollaborationsplattformen in einem Unternehmen erfolgt auf der Grundlage der spezifischen Markt- und Produktionsanforderungen und mit Blick auf spezifische Aufgaben, die von den Beschäftigten erfüllt werden sollen, um den Wettbewerbsanforderungen genügen zu können. Daraus resultieren betriebsindividuell verschiedene Ziele, die durch den Einsatz erreicht werden sollen, wie die folgenden Beispiele aus den Partnerunternehmen zeigen:

XENON ist einer der führenden deutschen Hersteller von Automationsanlagen zur Montage und Prüfung von mechatronischen Bauteilen für die Branchen Automotive, Elektronik und Medizintechnik. Als unabhängiger Systemintegrator liefert XENON modulare High-Tech Fertigungslinien an Kunden weltweit. Innerhalb der XENON Unternehmensgruppe mit Werken in Deutschland, China und Mexiko müssen die verteilten Projektteams täglich gemeinsam an der Entwicklung und dem Bau der Automationsanlagen zusammenarbeiten. Dabei soll das langjährige Know-how des Stammsitzes in Dresden mit den lokalen Teams geteilt werden und eventuelle Probleme

Abb. 8.1 Gestaltungsmodell für die Arbeit mit Kollaborationsplattformen (GMAK)

in den Abläufen schnell innerhalb von einem Tag gelöst werden. Die vielfältigen Kommunikationsmöglichkeiten von Office 365 sollen intensiv genutzt werden, von der cloudbasierten Dateiablage, über Online-Notizbücher bis zur MS Teams Unterhaltung bzw. dem privaten Chat. Kollaboration kann somit quasi in Echtzeit über 3 Kontinente hinweg möglich werden. Für die Digitalisierung der internen Workflows hat sich XENON vorgenommen, eine eigene Applikation zur Prozessautomation zu entwickeln. Über digitale Formulare und ein dazugehöriges Aufgabenmanagement soll immer häufiger auf Papierdurchläufe verzichtet werden. Die Effizienz der Projektarbeit in der Entwicklung und in der Produktion soll damit deutlich gesteigert werden.

Die GIS AG, als einer der führenden Beratungsdienstleister im Umfeld New Work und Digital Workplace, unterstützt ihre Kunden im Rahmen der digitalen Transformation. Die GIS AG beschäftigt sich seit nunmehr zwanzig Jahren mit dem Thema Collaboration und Information Management und konzipiert seit über zehn Jahren gemeinsam mit ihren Kunden Social Intranets und Digital Workplace-Lösungen. Durch eine Verschiebung des Marktes im Umfeld des digitalen Arbeitsplatzes wurde das GIS Angebotsportfolio stärker diesem Markttrend angepasst. Die internen genutzten Werkzeuge sollten nun ebenfalls das neue Portfolio widerspiegeln und damit auch wesentlich ältere IT-Werkzeuge ablösen. Auch wenn schon Social Collaboration Systeme (Kollaborationsplattformen) im Einsatz sind, sollen die neuen Möglichkeiten einen weiteren Schub zur effizienten Projekt- und Teamarbeit ermöglichen. Dies wird vor allem im Hinblick auf die immer stärkere verteilte Projektarbeit im agilen Kontext gesehen.

Die Carl Zeiss Digital Innovation GmbH (ehem. Saxonia Systems AG) entwickelt individuelle Softwarelösungen für ihre Kunden innerhalb der Carl Zeiss AG und zahlreiche Geschäftspartner weiterer Branchen. Dabei verbindet sie State-of-the-Art Technologien, agiles Methoden Know-how und eine ausgeprägte Dienstleistungsmentalität zu neuen digitalen Produkten für ihre Auftraggeber. Die Carl Zeiss Digital Innovation beschäftigt Mitarbeiter deutschlandweit verteilt an sechs Standorten. Diese arbeiten in hochspezialisierten Teams, eigenverantwortlich und standortübergreifend zusammen, um die Herausforderungen ihrer komplexen Softwareentwicklungsprojekte zu meistern. Dazu nutzen die verteilten Teams meist die Konzepte agiler Vorgehensmodelle. Beide Faktoren, die Verfügbarkeit und Einbindung von Spezialwissen, sowie die Verwendung agiler Methoden erfordern ein hohes Maß an Transparenz, einen permanenten Wissens- bzw. Informationsaustausch und kontinuierliche Abstimmungen zwischen den verteilten Mitgliedern dieser Teams. Die Basis dafür schaffen die Prinzipien und Methoden guter Kollaboration, sowie der richtige Einsatz moderner Kollaborationswerkzeuge – gemeinsam bilden sie den digitalen Arbeitsplatz. Die ganzheitliche Einbettung dieses digitalen Arbeitsplatzes in die Unternehmensorganisation ist dabei essenziell für die Arbeit der Teams in ihren Projekten und somit den gesamten Erfolg der Carl Zeiss Digital Innovation. Es ist daher eine Hauptaufgabe des Unternehmens, diesen kontinuierlich weiterzuentwickeln – eigenständig und als Teil größerer Partnernetzwerke.

Analyse: Ermittlung des Gestaltungsbedarfs in Arbeitssystemen
Um Gestaltungsaktivitäten ableiten zu können, wird die Passung zwischen „People", „Technologie" und „Task" anhand der gesetzten Ziele überprüft. Dies ist in zweierlei Hinsicht wichtig, denn der Einsatz der Kollaborationsplattform soll einerseits zur effektiven Aufgaben- / Projektbearbeitung, und andererseits zur Erreichung der strategischen Ziele beitragen. Bei einem schlechten Fit müssen Gestaltungsmaßnahmen getroffen werden, die auf den Feldern der Ebene Gestaltung verortet sind.

- Fit „Task – Technology": Die Aufgabe, der Prozess oder ein Projekt bilden den Ausgangspunkt für die Analyse. Ein Task kann sowohl eine einzelne Arbeitsaufgabe, ein Use-Case bzw. Prozess, der aus mehreren Aufgaben besteht oder ein Projekt als „größte" Betrachtungseinheit sein. Überprüft wird, inwieweit der Einsatz der Technik die Aufgabenerfüllung erschwert oder unterstützt. Wie werden die Verfügbarkeit der Technik sowie die Sicherheit bewertet?
- Fit „Task – People": Durch die technische Unterstützung ergeben sich Änderungen in der Art und Weise der Aufgabenerfüllung. Gibt es einen guten Fit zwischen der Aufgabe und den Menschen? Können die Menschen die Aufgabe problemlos erfüllen?
- Fit „People –Technology": Wie ist die Kompetenz im Umgang mit der Kollaborationsplattform, die Teamkompetenz zur Selbststeuerung und inwieweit wirkt sich die Kultur der Zusammenarbeit oder des Unternehmens förderlich oder hinderlich auf das entstehende Arbeitssystem aus?

Zwei Beispiele aus den Partnerunternehmen skizzieren Erkenntnisse aus der Analyse:

Die GIS AG hat zu Beginn mit der Unterstützung der wissenschaftlichen Begleitung eine initiale Befragung durchgeführt, um zu erkennen, wo sie zu Beginn des Projektes steht und wo besonderes Verbesserungspotenzial vorhanden ist. Durch die mehrjährige Erfahrung mit einer älteren Kollaborationsplattform konnte sich bereits eine Kollaborationskultur entwickeln. Nutzerinnen und Nutzer äußerten keine Befürchtungen offen und transparent zu kommunizieren und die Plattform wurde bereits in der gesamten Belegschaft eingesetzt. Auffallend war ein Nutzungsabfall in den Betriebssupport Einheiten gegenüber den anderen Gruppen. Außerdem wurden zu dem Zeitpunkt noch nicht alle Möglichkeiten (Videotelefonie, Einbindung von Externen, etc.) ausgeschöpft. Mit der bisherigen Eigenentwicklung hat die GIS interne Prozesse sehr spezifisch abgedeckt, Usability und Userinterface sind jedoch inzwischen in die Jahre gekommen. Hier wurde deutlich, dass eine Umstellung auf ein moderneres System, was aber (im ersten Schritt) nicht denselben Integrationsgrad liefert, auf Widerstand stoßen wird. Auf diese Aspekte wurde in den kommenden Piloten besonderes Augenmerk gelegt.

Die Carl Zeiss Digital Innovation hat zur Verbesserung ihrer Kollaborationslösung für agile verteilte Zusammenarbeit für die Analyse des Status quo einerseits eine unternehmensweite Umfrage zum Konzept für verteilte agile Zusammenarbeit, andererseits von diesem Fokus losgelöste Team-Audits durchgeführt. Letztere gaben Aufschluss über die Zusammensetzung des Teams und der Art der Zusammenarbeit („people"). Die unternehmensweite Umfrage zielte konkreter darauf ab, die Bekanntheit des eigenen Konzepts sowie konkrete Schmerz- und Verbesserungspunkte zu analysieren.

Das Ergebnis der Analyse zeigte, dass für durchweg technisch versierte Teammitglieder der Umgang mit den Kollaborationswerkzeugen prinzipiell kein Problem darstellt. Mitunter kommt es allerdings dazu, dass aufgrund ungünstiger einzelner Parameter im Setup die verteilte agile Zusammenarbeit nicht optimal funktioniert. Diese Aussage gilt einerseits für die Ausgestaltung des Raums und der Werkzeuge, andererseits darüber hinaus für die Implementierung der Rollen, Prozesse und der Teamdynamik selbst.

Gestaltung: Handlungsfelder der Arbeitssystemgestaltung
Der während der Analyse identifizierte Handlungsbedarf soll dann in der Gestaltungsphase in praktische Maßnahmen übersetzt und realisiert werden. Die Handlungsfelder werden kurz angesprochen und mit Beispielen aus der betrieblichen Umsetzung illustriert.

Technik/Räume Gestaltung der Technik hinsichtlich Nutzen für die Arbeit der Zielgruppen, Nutzerfreundlichkeit ihrer Bedienung, Ergonomie und Datensicherheit. Sowohl virtuelle Räume als auch physische Räume werden an die Bedürfnisse der NutzerInnen und im Hinblick auf die Anforderungen aus der Aufgabe (z. B. Anforderungen an die Zusammenarbeit zwischen bestimmten Stakeholdern) ausgerichtet.

Technik ist nicht alles – aber ohne sie funktioniert verteilte agile Entwicklung nicht. Ziel für die Carl Zeiss Digital Innovation GmbH ist es also, die technischen Hilfsmittel so zu gestalten, dass sie in jeder Hinsicht *einfach* anzuwenden sind und so zu gestalten, dass sie die Anwenderinnen und Anwender bestmöglich in ihrer Zusammenarbeit unterstützt und nicht beispielsweise durch Medienbrüche oder komplexe Bedienung (zusätzlich) behindert. Bereits im ursprünglichen Konzept wurden Empfehlungen für den optimalen verteilten Teamraum gegeben, doch bei der Umsetzung wurde festgestellt, dass die realen Gegebenheiten oft zu Kompromissen zwingen. Es ist also nötig zu analysieren, welche Setups eine brauchbare Alternative darstellen und welche einen solchen Bruch erzeugen, dass sie das Gesamtkonzept behindern.

Führung/Betreuung Festlegung der Aufgaben von Führungsrollen zur Unterstützung der Zusammenarbeit und neuer Funktionen und Rollen zur Führung der Teams, Projekte oder Abteilungen. Definition von Betreuungsrollen, die für Nutzerschaft ansprechbar sind oder aktiv das Funktionieren und Verbessern der technischen und sozialen Systeme, etwa die Einhaltung der Nutzungsregeln beinhalten.

Das von der Carl Zeiss Digital Innovation GmbH favorisierte Framework Scrum zur verteilten agilen Entwicklung unterstützt nicht nur effektiv in der Identifizierung und Umsetzung kontinuierlichen Verbesserungspotenzials, es bietet auch die prädestinierte Rolle zur begleitenden Führung der Teams: den Scrum Master. Er oder sie coacht das Team auf dem Weg der stetigen kontinuierlichen Verbesserung und lässt diesbezüglich die Grenzen zwischen Team und Organisation verschwimmen: Wie kann die Organisation die optimale Arbeit der Teams unterstützen, die dies ihrerseits durch die erfolgreiche Mitwirkung an der Erreichung der Unternehmensziele danken? Ein Beispiel auf diesen Weg war die Gestaltung von Teamräumen, welche oftmals zu klein für die vielen Teammitglieder und wenig optimiert für verteiltes Arbeiten waren. Durch eine umfangreiche Umbaumaßnahme konnten dadurch einige neue, besser auf die Bedürfnisse der verteilten Teams ausgerichtete Räume entstehen.

Lernen/Entwicklung Weiterentwicklung von individuellen und teambezogenen Kompetenzen zur Nutzung von Kollaborationsplattformen und zur Veränderung der Zusammenarbeit z. B. im Rahmen von Onboarding, E-Learning Maßnahmen, Schulungen, Trainings.

Innerhalb des GIS Projektes wurden zwei Piloten durchgeführt, die unterschiedliche Anforderungen hatten. Zunächst sollte das bestehende E-Mail und das Chat- und Web-Meeting System ersetzt werden (kommunikationsgetriebene Arbeit). Hierbei wurden die Altsysteme abgeschaltet, sodass ein alternatives Zurückgreifen auf alte Werkzeuge nicht möglich war. Da diese Systeme aber nur geringe Auswirkungen auf eine Verhaltensänderung haben (mail wird weiterhin genutzt), wurde die Hürde bei der Nutzung eher beim Umgang mit dem neuen System selbst und der Motivation zum Ausprobieren gesehen. Es wurde bewusst auf klassische Klassenraum-Trainings verzichtet, sondern nur per Web Meeting eine kurze Einführung der wichtigsten Anwendungsfälle und die damit verbundene Umstellung mit dem neuen System erläutert. Ein weiterer wichtiger Baustein im Lernprozess war, mögliche positive Effekte des neuen Systems ebenfalls in kurzen Abständen zu kommunizieren, damit die Nutzer mit einer positiven Einstellung neue Lernerfahrungen anstreben. Parallel wurde ein Online Forum für Fragen und Diskussionen initiiert, welches auch bei anderen vorherigen Projekten schon erfolgreich eingesetzt wurde. Durch die Kombination konnten in kürzester Zeit alle Mitarbeiter erfolgreich umgestellt werden.

Im zweiten Piloten wurde dann die Social Collaboration Plattform ausgewechselt (kollaborative Arbeit), zunächst beschränkt für den Anwendungsfall der Projektarbeit. Dazu wurden wie im ersten Piloten genauso befähigende Maßnahmen durchgeführt. Es wurde aber recht schnell klar, dass obwohl diese Art der Zusammenarbeit bekannt war, doch weitere Regeln und Kommunikation benötigt wurden, um den kollaborativen Prozess weiter zu optimieren. Hierzu wurden Umfragen gestartet, um Fehlstellungen zu erkennen und bei Bedarf weitere Regelwerke zu etablieren oder Informationen zu verteilen. Es wurde aber weiterhin darauf verzichtet tiefergehende Schulung im Klassenraum anzubieten. Vielmehr wurden kurze Schulungen oder „Tipps & Tricks" per Web Session angeboten. Zu Beginn des Projektes wurden nach dem „Floorwalker"-Prinzip eine offene Sprechstunde vom Projektteam angeboten, um neue Anwendungsfälle zu diskutieren. Als Fazit kann die GIS für sich ziehen, dass auch ohne große Trainingsprogramme heute die Werkzeuge flächendeckend im Einsatz sind. Dabei wurde die

Projektarbeit sehr schnell in weitere Anwendungsfälle übertragen, nachdem eine gewisse Medienkompetenz mit dem neuen System aufgebaut werden konnte.

Anpassung/Change Maßnahmen im Rahmen der Einführung und Nutzung oder Weiterentwicklung der Zusammenarbeit mit Kollaborationsplattformen.

Die Besonderheit der Modernisierung bei der GIS ist darin zu sehen, dass die bisherigen Werkzeuge schon längere Zeit im Einsatz waren und über die Jahre sehr auf die Anforderungen der GIS angepasst worden sind. Viele Prozesse wurden durchgängig in diversen Anwendungen integriert abgebildet. Daher wurden einige Prozesse (Angebot und Abrechnung und Vertriebsprozesse) zunächst ausgeklammert, um sich auf die Team- und Projektarbeit zu fokussieren, auch im Wissen, dass hier zunächst noch ein Medienbruch in der Bearbeitung existiert.

Trotz einer besseren Optik und Usability der neuen Werkzeuge, war die unternehmensweite Nutzung von daher kein Selbstläufer. Im zweiten Piloten wurden besonders die Kommunikation und der Dialog mit den Mitarbeitern noch weiter und frühzeitiger verstärkt, um allen Beteiligten auch zu erläutern, dass zunächst noch Zwischenlösungen existieren werden. Innerhalb des Dialogs kam dann der Wunsch aus der Belegschaft auf, zunächst nur mit der Team- und Projektarbeit zu starten und die tiefen, integrierten Prozesse später zu überführen. Dieser Impuls wurde aufgegriffen. Gerade der frühzeitige Dialog und das Mitgestalten der eigentlichen Umstellung, die den eigenen Arbeitsplatz wesentlich beeinflusst, hat bei den Mitarbeitern eine positive Resonanz gegenüber dem Projekt erzeugt.

Kultur Entwicklung einer Kultur für die Kollaboration, die auf gemeinsamen Werten basiert.

Sofort zu Beginn des Verbundvorhabens wurde für XENON klar, dass der Umstieg vom klassischen Email Verkehr auf Social Media basierte Kommunikationsformen große Chancen bietet, wenn sich dabei auch eine neue Kultur der Zusammenarbeit herausbildet. Ungewohnt empfanden einige Kolleginnen und Kollegen am Anfang vor allem die hohe Transparenz der Unterhaltungen in MS Teams, die von allen Teammitgliedern mitgelesen werden können. Die jungen Mitarbeiterinnen und Mitarbeiter haben diesen aus privaten WhatsApp Gruppen bekannten Stil sofort angenommen. Ältere benötigten einige Zeit, um die vollständige Information über alle laufenden Vorgänge im Team schätzen zu lernen. Grundsätzlich ist zu berichten, dass die Einführung der neuen Kommunikationsformen deutlich weniger Probleme gemacht hat, als ursprünglich vermutet. Die Kolleginnen und Kollegen arbeiten damit gern international zusammen und nutzen alle technischen Möglichkeiten von Office 365 intensiv aus. Die neue Arbeitsweise wirkt motivierend, denn gemeinsam im Team schnell voran zu kommen bei den täglichen Aufgaben, das macht Spaß. Bei XENON loben wir über Smileys. Wir geben uns Likes zur Zustimmung. Und wer es besonders gut gemacht hat, bekommt vom Team ein Herzchen geschickt.

Zusammenarbeit/Regeln Festlegungen von Regeln der Zusammenarbeit, für die Nutzung der kollaborativen Anwendungen oder für die Dokumentation und den Austausch von Wissen.

Die modernen Kommunikationsplattformen bieten für die Teammitglieder eine Vielzahl von Nutzungsmöglichkeiten. XENON hat sich dafür entschieden, die Struktur der digitalen Plattformen durch die IT Abteilung relativ streng zu standardisieren und vorzugeben. Die Erfahrung hat gezeigt, dass für eine effiziente Zusammenarbeit gewisse Regeln notwendig sind. Es wurde deshalb ein Kultur-Kodex erarbeitet, der die wesentlichen Punkte der täglichen Kollaboration festlegt. Wie schnell muss ich antworten, wenn ich per „@" angesprochen werde? Wie sieht die Formatierung einer MS Teams Unterhaltung aus? Wie werden wichtige Informationen mit dem Team geteilt? Wie und wo werden Dateien abgelegt? Wie benutzen wir die OneNote Notizbücher, um unsere Erkenntnisse und Festlegungen aufzuschreiben? Diese Kulturregeln wurden im Verbundvorhaben getestet, weiterentwickelt und für alle XENON Teammitglieder weltweit verbindlich eingeführt. Benannte Verantwortliche überwachen die Einhaltung der Kommunikationsregeln und stellen den Teams Vorlagen für die Strukturierung der Office 365 Apps zur Verfügung. Die Kollaboration wird zentral gelenkt, ohne dabei die Kreativität einzuschränken. Die Teams nehmen die Struktur gern an, denn so wird sichergestellt, dass die Projektarbeit effizient Fortschritte erzielt und Entscheidungen sowie deren Historie transparent nachvollziehbar sind. Die Erfahrungen mit der strukturierten digitalen Arbeitsweise sind bei XENON durchweg positiv und haben zum Gelingen der weltweiten Einführung der neuen Kommunikationsplattformen wesentlich beigetragen.

8.2.2 Die Arbeitsgestaltung ist eine Frage von Lernprozessen und der Aushandlung zwischen Akteuren über die Zeit

Die Erfahrungen der Partnerunternehmen dokumentieren einen intensiven individuellen und organisationalen Lernprozess bei der Gestaltung der Arbeit mit Kollaborationsplattformen über die Zeit. Dieser Lernprozess wird von stetigen Aushandlungen zwischen den unterschiedlichsten Beteiligten um die Frage geprägt, wie die Zusammenarbeit weiterentwickelt werden soll, welche Technologien eingesetzt werden und wie eine bestimmte Anwendung genutzt werden sollte. Die damit verbundenen Fragen lassen sich letztlich nur in einer Prozessperspektive beantworten: Sowohl während der Bedarfsbestimmung als auch bei der Umsetzung der Lösungen erfolgt ein ständiges Probieren, Bewerten und Weiterentwickeln.

Daher ist eine erfolgreiche Nutzung kollaborativer Anwendungen von einem ganzheitlichen Ansatz der Arbeitsgestaltung abhängig, der zugleich prozesshaft angelegt wird. Die bisher vorliegenden Erkenntnisse der sozio-technischen Systemgestaltung [2, 10, 11] sowie des MTO-Ansatzes [12] konnten weiterentwickelt und gegenstandsbezogen konkretisiert werden. Auffällig ist heute die Notwendigkeit, auf ständige Veränderungen sehr schnell reagieren zu können. Dabei müssen die Verantwortlichen lernen, die Nutzerinnen und Nutzer angemessen am Entwicklungsprozess zu beteiligen, um deren Bedürfnisse, die durch unterschiedliche Arbeitsanforderungen und Berufsidentitäten geprägt sind, wahrzunehmen und mit den Anforderungen der Organisation und des sich rasch wandelnden Umfelds in Einklang zu bringen. In allen drei Unternehmen haben sich im Prozessverlauf größere Veränderungen gegenüber der ursprünglichen Planung ergeben. Diese Veränderungen sind sowohl durch interne Erfahrungen und Aushandlungsprozesse bedingt, als auch durch externe Impulse – wie etwa der auffallend starke Markterfolg der MS Teams Kollaborationsplattform im Jahr 2019, der alle drei Unternehmen motiviert hat, deren Nutzungsmöglichkeiten zu erproben.

Das frühere Modell von Analyse – Planung – Umsetzung bei der Einführung neuer Software ist in doppelter Hinsicht überholt. Zum einen verschmelzen die früheren drei Phasen und werden zu iterativen Entwicklungsprozessen, die sich in kurzen Zyklen wiederholen. Zum anderen ist es nicht mehr sinnvoll, von Einführung zu sprechen, weil es beim Einsatz von Informations- und Kommunikationslösungen eher um Weiterentwicklungen vorhandener Lösungen geht.

Für die aktive Aneignung von Kollaborationsplattformen ist es entscheidend, dass die Nutzerinnen und Nutzer durch die Nutzung eine substanzielle Unterstützung bei ihrer täglichen Arbeit erfahren und selbst einen Sinn in dem durch die Plattform ermöglichten Austausch mit anderen Beschäftigten sehen. Mehr Autonomie, mehr Transparenz und mehr Partizipation zu erreichen, sind vielfach artikulierte Bedürfnisse der Beschäftigten, die sie zur Nutzung der neuen technischen Werkzeuge motivieren. Entsprechend erweist sich die Kontroll-Thematik als kritischer Punkt für die Nutzung: Gewinnen die Beschäftigten den Eindruck, dass der Einsatz von Kollaborationsplattformen einer erweiterten Management-Kontrolle dienen soll, verlieren die neuen Tools spürbar an Attraktivität. Ein effektiver Einsatz von Kollaborationsplattformen ist jedoch davon abhängig, dass Inhalte und Wissen aktiv geteilt werden, dies setzt eine intrinsische Motivation der Beschäftigten voraus.

Für eine Arbeitsgestaltung von Kollaborationsplattformen reicht ein enger Bezug auf ein Team als Ansatzpunkt nicht mehr aus. Die Arbeitsgestaltung muss stattdessen der Tatsache Rechnung tragen, dass Kollaborationsplattformen i. d. R. für die Zusammenarbeit im gesamten Unternehmen eingesetzt werden, d. h. quer zu bestehenden organisationalen Grenzen wie etwa Bereichen Vernetzung in Arbeitsgruppen ermöglichen können bzw. sollen, die den Wissensaustausch und die Kommunikation fördern. Dies fordert die bestehenden Praktiken und die Unternehmenskultur vielfach heraus.

8.3 Forschungslücken, Ausblick auf möglicherweise fortlaufende Forschungsarbeit

Im Projekt wurde die Zusammenarbeit im Team und Projekt untersucht und neue Betreuungsrollen deutlich gemacht. Doch was bedeutet für Führungskräfte die Arbeit mit Kollaborationsplattformen, die mit den Vernetzungsmöglichkeiten quer zu organisationalen Strukturen, die bestehenden Hierarchien infrage stellt? Insbesondere die Anforderungen an das mittlere Management sind hier interessant zu untersuchen: wie führen, sodass das Team seine Arbeit gut bewältigen kann? Für was ist die Führungskraft zuständig? Was bedeutet es für die Führungskraft, wenn die Kommunikation für alle im Team transparent ist?

Außerdem ist der Blick vermehrt auf die Auswirkungen der verstärkten Zusammenarbeit über Plattformen auf den sozialen Zusammenhalt, die soziale Nähe sowie die Integration der Mitarbeiterinnen und Mitarbeiter im gesamten Betrieb zu untersuchen. Was bedeuten die digitalen Werkzeuge und die räumlich und zeitlich entkoppelte Arbeit für soziale Beziehungen im Betrieb? Verflüssigen sich die Teamstrukturen? Inwieweit werden durch Zusammenarbeit z. B. mit Kunden auch Organisationsgrenzen aufgeweicht und mit welchen Konsequenzen?

Darüber hinaus werfen die Projekterfahrungen die Frage auf, wie die Unternehmen in der digitalen Transformation die Normen einer human-orientierten Arbeitsgestaltung umsetzen können. Die Aufgaben der Arbeitsgestaltung sind vielfältig, komplex und auf viele Köpfe verteilt, d. h. unterschiedliche Teilexpertisen (IT, HR, Arbeitsschutz, Fachverantwortlichkeit) müssen zusammengebracht werden. Viele Aspekte sind in Beteiligungsprozessen mit Beschäftigten oder Betriebs- und Personalräten zu verhandeln. Es ist bislang nicht ausgeleuchtet worden, wie die Unternehmen die notwendige sozio-technische Kompetenz zur human- und prozessorientierten Arbeitsgestaltung aufbauen und die Zusammenarbeit entsprechend den Bedürfnissen der Nutzerinnen und Nutzer organisieren können.

8.4 Hinweis auf Transfermaterialien

Für Menschen, die sich in Ihrem Unternehmen für eine menschenorientierte Gestaltung kollaborativer Arbeit einsetzen oder als Externe an der Arbeitsgestaltung in einem Unternehmen beteiligen, hat das Projekt Materialien erarbeitet, die auf collaboteam.de öffentlich zugänglich sind: 1) „Arbeit mit Kollaborationsplattformen" – eine Broschüre mit Gestaltungsempfehlungen 2) Ein open access Buch mit praxisorientierter Aufarbeitung der Projektergebnisse „Eine neue Qualität der Zusammenarbeit im Unternehmen – Die Arbeit mit Kollaborationsplattformen gestalten".

Projektpartner und Aufgaben

- **Georg-August-Universität, Kooperationsstelle Hochschulen und Gewerkschaften**
  Entwicklung integrierter humaner Konzepte der soziotechnischen Gestaltung verteilten Arbeitens mit kollaborativer Software und von PE/OE Verfahren
- **Soziologisches Forschungsinstitut Göttingen e. V.**
  Entwicklung von Gestaltungsempfehlungen für die humane Nutzung kollaborativer Software in der Team- und Projektarbeit und Bestandsaufnahme der Gestaltungsanforderungen von Kollaboration in KMU
- **Carl Zeiss Digital Innovation GmbH (ehem. Saxonia Systems AG)**
  Entwicklung von Kollaborationslösungen für die räumlich verteilte, agile Softwareentwicklung
- **Xenon Automatisierungstechnik GmbH**
  Erprobung von Social Media Anwendungen zur Workflow-Optimierung im Anlagenbau
- **GIS Gesellschaft für Informationssysteme AG**
  Erprobung von Office 365 Cloud Lösungen für mobile Büroarbeit in der IT Dienstleistung

Literatur

1. Williams SP, Schubert P (2015) Social Business Readiness Studie 2014. CEIR Research Report, 01/2015, Universität Koblenz-Landau
2. Mohr BJ, van Amelsvoort P (Hrsg) (2016) Co-creating humane and innovative organizations. Evolutions in the practice of socio-technical system design, Global STS-D Network, Portland, ME
3. Greeven CS, Williams SP (2017) Enterprise collaboration systems: adressing adoption challenges and the shaping of socialtechnical systems. Int J Inf Syst Proj Manage 5(1):5–23
4. McAfee A (2009) Enterprise 2.0. New collaborative tools for your organization's toughest challenges. Harvard Business Press, Boston, Mass
5. Hardwig T, Klötzer S, Boos M (2020) Software-supported collaboration in small and medium-sized enterprises. Meas Bus Excell 24(1):1–23
6. Paul G (2018) Die Befragung von KMUs zur Kollaborativen Team- und Projektarbeit. www.collaboteam.de
7. Hardwig T, Klötzer S, Boos M (2019) The benefits of software-supported collaboration for small and medium sized enterprises. A literature review of empirical research papers. In: IFKAD (Hrsg) Proceedings. Knowledge ecosystems and growth. 14th International Forum on Knowledge Asset Dynamics. Arts for Business Institute, University of Basilicata, Basilicata, S 1024–1034
8. Ulich E (2011) Arbeitspsychologie, 7., neu überarb. und erw. Aufl. vdf Hochschulverl. an der ETH, Zürich
9. Klötzer S, Hardwig T, Boos M (2017) Gestaltung internetbasierter kollaborativer Team- und Projektarbeit. Gruppe. Interaktion. Organisation. Zeitschrift für Angewandte Organisationspsychologie 31(5):133. https://doi.org/10.1007/s11612-017-0385-3

10. Sydow J (1985) Der soziotechnische Ansatz der Arbeits- und Organisationsgestaltung. Darstellung, Kritik, Weiterentwicklung. Campus Forschung, Band 428. Campus-Verl., Frankfurt a.M.
11. Clegg CW (2000) Sociotechnical principles for system design. Appl Ergon 31(5):463–477. https://doi.org/10.1016/S0003-6870(00)00009-0
12. Strohm O, Ulich E (1997) Unternehmen arbeitspsychologisch bewerten. Ein Mehr-Ebenen-Ansatz unter besonderer Berücksichtigung von Mensch, Technik, Organisation. Zeitschrift für Arbeitswissenschaft 51(1):11–19s

9 Alles agil, alles gut?

Warum Gute Arbeit auch in der agilen Welt kein Automatismus ist

Judith Neumer, Manuel Nicklich, Amelie Tihlarik, Christian Wille und Sabine Pfeiffer

9.1 Vorstellung der Projektpartner

In sieben Teilvorhaben wurde inter- und transdisziplinär agile Projektarbeit erforscht und Modelle und Lösungen für Gute agile Arbeit entwickelt. Die FAU Erlangen-Nürnberg entwickelte Kriterien zum Benchmark und den Selbstcheck Gute agile Projektarbeit. Die Universität Hohenheim untersuchte die Nutzung digitaler Tools und entwickelte einen Online-Check zur Ermittlung passender Toolgruppen. Das ISF München führte Erhebungen zur Rolle von Erfahrungswissen und Anerkennung durch und erarbeitete zusammen mit FAU und ver.di Gestaltungsansätze für Gute agile Arbeit. Bei den Praxispartnern erfolgte die praktische Entwicklung und Implementierung: Die CAS Software AG konzentrierte sich auf die technische Unterstützung verteilter Teams mittels einer Kollaborationsplattform. Improuv konzipierte und erprobte Führungskräftetrainings. Die T-Systems International erarbeitete mit den Partnern ein Konzept zur Skalierung Guter agiler Projektarbeit. Der Transferpartner ver.di erarbeitete Gestaltungsleitlinien für betriebliche Akteure und Interessenvertretungen.

J. Neumer
Institut für Sozialwissenschaftliche Forschung e.V. – ISF München,
München, Deutschland

M. Nicklich (✉) · A. Tihlarik · S. Pfeiffer
Friedrich-Alexander Universität Erlangen-Nürnberg,
Nürnberg, Deutschland

C. Wille
Ver.di, Berlin, Deutschland

W. Bauer et al. (Hrsg.), *Arbeit in der digitalisierten Welt*,
https://doi.org/10.1007/978-3-662-62215-5_9

9.2 Motivation und Vorgehen des Projekts diGAP

Agile Projektarbeit – z. B. Scrum, das bei der Projektforschung im Fokus stand – wird immer populärer, auch außerhalb der Software-Branche. Selbstorganisiertes Arbeiten im Team und das schnellere Aufgreifen von Kundenbedarfen stehen dabei im Mittelpunkt. Obwohl agiles Arbeiten Beschäftigten größere Handlungsspielräume und Partizipationschancen bietet als klassische Projektarbeit, fallen psychische Belastungen sowie Intensivierung und Extensivierung der Arbeit nicht automatisch geringer aus. Insbesondere Zeitdruck, Unterbrechungen, Überstunden und Mehrarbeit stellen eher regelhafte als sporadische Belastungen dar. Hier setzt das Projekt „Gute agile Projektarbeit in der digitalisierten Welt" (diGAP) an. Mit quantitativen Befragungen, qualitativen Beschäftigten-, Führungskräften- und Experteninterviews, Beobachtungen sowie Workshops mit agilen Teams wurde erforscht, wie Gute agile Projektarbeit unter Bedingungen der Digitalisierung ermöglicht und mit praxistauglichen Modellen und Methoden unterstützt werden kann. Auf die Praxisanalyse folgten die partizipative und erfahrungsbasierte Modellentwicklung und -erprobung sowie der Ergebnistransfer und die Modellskalierung.

9.3 Bestandsaufnahme Guter agiler Arbeit

Aus den in der Praxisanalyse erhobenen Daten haben sich Herausforderungen und Gestaltungsanforderungen Guter agiler Projektarbeit ergeben. In Rückspiegelung der empirischen Ergebnisse zur Belastungssituation (z. B. Mehrarbeit) wurden Gestaltungsmaßnahmen mit den Beschäftigten erarbeitet. Neben der Frage von Qualifizierung spielen insbesondere die organisationsinterne und -übergreifende Zusammenarbeit sowie die Selbstorganisation bei verteilten Teams eine zentrale Rolle bei der Realisierung von Guter agiler Projektarbeit.

9.3.1 Qualifizierung für agile Projektarbeit

Unsere Untersuchungen zeigen, dass sowohl die Einführung agiler Methoden als auch die Durchführung von Schulungen nicht automatisch die erfolgreiche Umsetzung Guter agiler Projektarbeit garantiert. Eine unzureichende Qualifizierung und halbherzige Ausgestaltung der Methoden führen zu Belastungen anstatt zur Realisierung der Potenziale für die Beschäftigten. Hinzu tritt die Problematik, dass Führungskräfte durch unzureichendes Verständnis agile Prozesse bisweilen unterminieren. Insbesondere bereits existierende Strukturen und Auslegungen von Hierarchien, Rollen und Prozessen können einer erfolgreichen Implementierung agiler Methoden im Wege stehen. Es lässt sich festhalten: Formale Qualifizierung ist notwendig, aber nicht ausreichend. Die Qualifizierung muss in unterschiedlichen Richtungen stattfinden und unterstützt werden. Es genügt nicht, lediglich die Teams zu qualifizieren. Das Teamumfeld und das Management braucht eine geteilte Vorstellung von Guter agiler Arbeit.

9.3.2 Organisationsinterne und -übergreifende Zusammenarbeit in agilen Projekten

Die Zusammenarbeit agiler Teams untereinander sowie mit nicht-agilen Teams und Bereichen ist ein sensibler Aspekt agiler Projektarbeit. Nicht nur zu Beginn, sondern auch in laufenden Projekten tauchen oft unterschiedliche Vorstellungen von Agilität sowie Erwartungen an die agile Zusammenarbeit auf. Das gilt zumal, wenn Akteure mit unterschiedlichem Agilitätsgrad an einem Projekt beteiligt sind, wobei das ‚Gefälle' z. B. zwischen Team und Kunde liegen kann, oder innerhalb von Teams (etwa bei verteilten Teams), oder als Bruch zwischen Team und Stakeholdern in einer hybrid aufgestellten Organisation sichtbar werden kann.

Oft ist das Verhältnis zu Führungskräften betroffen, gerade bei der Zusammenarbeit agiler Rollen mit konventionellen Führungsrollen. Das Gefüge, in dem die Rollen Scrum Master, Product Owner und Entwicklerteam am Scrum-Prozess beteiligt sind, wird oft dadurch ausgehebelt, dass Teammitglieder nicht nur eine, sondern bis zu drei, teils konträre Rollen im Sprint ausüben müssen. Rollenkonflikte lösen Überlastungen bei den Beschäftigten aus, da sie permanent Kontexte wechseln und zusätzliche Aufgaben übernehmen müssen. Organisationseinheiten innerhalb eines Unternehmens arbeiten in der Regel nach unterschiedlichen Logiken. Schnittstellen zwischen Einheiten markieren tendenziell Bruchstellen in agilen Prozessen. Ein gemeinsames Verständnis von Agilität sowie Praktiken der Übersetzung sind unerlässlich. Ist dies nicht gegeben, kann es zu Konflikten zwischen agil arbeitenden Teams und ihren (oftmals) nicht-agilen Umwelten und zu Belastungen für die Teammitglieder kommen.

Als besonders herausfordernd stellt sich die Zusammenarbeit mit Kunden dar. Was als zentraler Vorteil agilen Arbeitens beschrieben wird – der Kunde erhält frühzeitig Ergebnisse, mit unmittelbarem Nutzen für ihn –, kann bei Fehlannahmen über Agilität zu einer Hürde werden. Werden die Voraussetzungen für die agile Zusammenarbeit nicht nach allen Seiten hin geklärt, gerät leicht die Arbeitsweise der agilen Teams unter Druck. Es kann dazu kommen, dass das agile Team explizit oder unter der Hand auf eine nicht-agile Arbeitsweise umschwenkt. Der Gestaltung der Interaktion mit Kunden muss daher besondere Aufmerksamkeit zuteil werden.

9.3.3 Agile Selbstorganisation bei verteilten Teams

Verteilte agile Projektarbeit geht mit besonderen Anforderungen und Herausforderungen einher. Agile Selbstorganisation bedarf eines mehrdimensionalen Erfahrungswissens:

eines erfahrungsbasierten – nicht nur theoretischen – Wissens darüber, wie agiles Arbeiten in der Praxis funktioniert, und eines Wissens über die Teamkolleg*innen, deren Erfahrungen, fachliche Expertise und Persönlichkeit. Agile Teams müssen eine gemeinsame Sprache entwickeln, nicht nur im Sinne einer Verkehrssprache über alle Standorte hinweg, sondern einer geteilten Interpretation von Begriffen und Aussagen. Außerdem verlangt agile Selbstorganisation laufend eine zeitliche und inhaltliche Synchronisation. Nicht nur eine funktionale Arbeitsteilung und formale Integration der Aufgaben ist gefordert, sondern vor allem das gemeinsame Arbeiten am Arbeitsgegenstand.

Räumliche Verteilung macht den Erwerb und Austausch von Erfahrungswissen, das Entwickeln einer gemeinsamen Sprache und laufende Synchronisation jedoch schwierig. Besonders schwer wiegen zwei Herausforderungen, die nicht direkt sichtbar sind:

Digital vermittelte Kommunikation ist für verteilte Teams unverzichtbar und entsprechende Anwendungen (Videotelefonie, Chat, Mail etc.) werden von den Beschäftigten in der Regel gerne genutzt. Dennoch stellt sie keinen Ersatz für die unmittelbare persönliche Kommunikation dar, sondern kann diese nur ergänzen: Bei ausschließlich digital vermittelter Kommunikation fehlt es an Gelegenheiten, explizite *und* implizite Informationen auszutauschen und auf beiden Ebenen Klärungsprozesse anzustoßen. So bleiben Missverständnisse länger bestehen und potenzieren sich sogar. Eine Folge ist Unzufriedenheit im Team. In digital vermittelter Kommunikation ist es äußerst schwierig, ein Gespür für die anderen Teammitglieder, deren Aussagen und Handlungen zu entwickeln.

Eine zweite Herausforderung ist, über Standorte hinweg eine *Interaktion auf Augenhöhe* zu etablieren. Neben der zweifelsohne wichtigen Frage der Arbeitskulturen und -mentalitäten fallen strukturelle Aspekte auf: Ausschlaggebend ist etwa, wie die agilen Rollen über die Standorte verteilt sind. Insbesondere der Product Owner ist meist am Hauptstandort angesiedelt, was u. a. zur Folge hat, dass am Nebenstandort der Kontakt zum Kunden ‚doppelt vermittelt' ist (über den PO und die Standortgrenze hinweg). Weiter spielt die Aufgabenverteilung zwischen Haupt- und Nebenstandort eine Rolle: wo werden die fachlich interessanten, herausfordernden und prestigeträchtigen Aufgaben hinverteilt? Den Teammitgliedern sind in aller Regel die z. T. deutlich unterschiedlichen Gehaltsstrukturen bewusst. All dies markiert explizite und implizite Macht- und Interessenungleichgewichte zwischen Haupt- und Nebenstandort, welche die Interaktion auf Augenhöhe beeinträchtigen.

Werden diese drei, jeweils über die agile Methodik hinausweisenden Problemfelder – Qualifizierung, organisationsinterne und -übergreifende Zusammenarbeit, Selbstorganisation in verteilten Teams –nicht beachtet, kommt es eher zu widersprüchlichen Arbeitsanforderungen, gesteigerter Arbeitsintensität, höheren sozialen und emotionalen Anforderungen sowie insgesamt zur stärkeren Belastung der Beschäftigten. Im Projekt diGAP wurden konkrete Maßnahmen für Gute agile Projektarbeit entwickelt, die solchen Belastungsdynamiken entgegenwirken. Sie unterstützen agile Projektarbeit generell, bieten aber jeweils auch besondere Hilfestellungen für verteilte agile Arbeit. Sie werden im Folgenden kurz vorgestellt.

9.4 Gestaltungsfelder und Maßnahmen zur Realisierung Guter agiler Projektarbeit

9.4.1 Was ist Gute agile Projektarbeit?

Wenn aus agiler Projektarbeit Gute agile Projektarbeit werden soll, ist eine definitorische Orientierung gefragt. Es kann nicht vorrangig darum gehen, wie ‚gut' agile Prinzipien und Methoden praktisch umgesetzt sind. Vielmehr soll die folgende Definition die Bedingungen beschreiben, unter denen agile Arbeit den Kriterien Guter Arbeit entspricht. Um Belastungen abzubauen und Arbeitshetze zu verringern, müssen die Beschäftigen an der Gestaltung ihrer Arbeit beteiligt werden. Diejenigen, die ihre Arbeit selbstständig planen, einteilen und auf die Arbeitsmenge Einfluss nehmen können, geben zu einem geringeren Anteil an, sich (sehr) häufig in der Arbeit gehetzt zu fühlen (Roth 2017, S. 31). Die agilen Prinzipien der Selbstorganisation und des nachhaltigen Tempos sind wichtige Ansatzpunkte, um das Problem der Arbeitsintensivierung anzugehen. Agile Arbeit zielt ebenso wie das von den Gewerkschaften in die Diskussion gebrachte Konzept»Gute Arbeit« auf eine Stärkung der Selbstorganisation und Selbstbestimmung bei der Arbeit. Beide Ansätze gehen von der Erfahrung der jeweiligen Expert*innen (Entwickler*innen bzw. Erwerbstätige) aus. Die folgende Definition wurde deshalb sowohl aufbauend auf Kriterien und Teilindizes (insbesondere Ressourcen und Belastung) des DGB-Index Gute Arbeit entwickelt als auch mit Blick auf die Ergebnisse der empirischen Erhebungen und Workshops mit Beschäftigten, in denen insbesondere deren Vorstellungen von guten Bedingungen für agile Arbeit eingefangen wurden:

Gute agile Arbeit beschreibt einen dynamischen Arbeitskontext, in dem innerhalb eines (agilen) Ökosystems die iterative Erzeugung eines Mehrwerts über die Selbstorganisation des Teams und unter Integration des Kunden erfolgt, wobei…

- *das Team bei Planung und Einsatz ohne Einmischung von außen über die für die Arbeit notwendigen, vereinbarten (zeitlichen und personellen) Ressourcen verfügen kann,*
- *eine Balance zwischen den verfügbaren Ressourcen und Arbeitsanforderungen eine Extensivierung und Intensivierung der Arbeit verhindert,*
- *methodische Kompetenzen praxis- und zeitnah vermittelt werden und Prozesse so gestaltet sind, dass verschiedene Formen der Qualifizierung möglich sind (z. B. schulisch-formale und erfahrungsbasierte),*
- *die Entwicklung einer fachlichen, kultursensiblen und sozialen Teamkultur als ständige Aufgabe wahrgenommen wird,*
- *Kunden innerhalb methodisch begründeter Grenzen integriert werden,*

- *das Management Verantwortung abgibt und jeweilige Rollen mit genügend Macht ausgestattet sind, sodass sich eine entsprechende organisationale Einbettung und damit Schutz des Teams ergibt,*
- *Governance-Strukturen und die Führungskultur so ausgerichtet sind, dass die vorherig genannten Kriterien auf Dauer gesichert, gefördert und unterstützt werden,*

…sodass eine geringe Belastung der Beschäftigten und ihr hoher Gestaltungsspielraum nachhaltig gesichert sind.

Während der Einstieg der Definition das agile Setting beschreibt und der Konsekutivsatz am Schluss das – insbesondere aus Sicht der Beschäftigten – erwünschte Ergebnis darstellt, beschreibt der mittlere Teil sieben aus der Empirie identifizierte Kriterien, welche zur Erreichung des Ergebnisses erfüllt werden müssen, damit von Guter agiler Arbeit gesprochen werden kann. Unter diesen Umständen können die Potenziale agiler Methoden ausgeschöpft und eine geringe Belastung der Beschäftigten und ihr hoher Gestaltungsspielraum nachhaltig gefördert werden. Umgekehrt ist bei Nicht-Erfüllung der Kriterien davon auszugehen, dass die Potenziale agiler Methoden nicht ausgeschöpft werden.

9.4.2 Selbstcheck Gute agile Projektarbeit im Einsatz

Die Definition Guter agiler Projektarbeit ist die Basis für den Selbstcheck, der sich an Mitglieder agiler Teams und weitere Interessierte richtet. Anhand von 24 Fragen werden alle sieben Kriterien betrachtet: Ressourcen-Verfügung, Balance, methodische Kompetenz, Teamkultur, Kunde, organisationale Einbettung sowie Governance und Führungsstrukturen. Der Selbstcheck ist als Online-Tool frei zugänglich (https://selbstcheck.gute-agile-projektarbeit.de/), die Handhabung ist einfach und schnell, sodass er auch im hektischen Alltag ohne Vorbereitungen durchgeführt werden kann. Es wird die positive wie auch negative Qualität der Arbeitsbedingungen, die zu Belastungen führen können, identifiziert und so eine jeweils individuelle erste Bestandsaufnahme der Güte agiler Projektarbeit erstellt. Die Teilnehmer erhalten einen über alle Antworten gemittelten Gesamtwert, mit dem sie sich auf einer Skala einordnen können, die drei Ausprägungen umfasst:

- Gute agile Projektarbeit ist umgesetzt (Wert 4-3);
- Tendenzen zu Guter agiler Arbeit sind vorhanden, es gibt jedoch auch konkreten Handlungsbedarf (Wert 3-2);
- es kann nicht von Guter agiler Arbeit gesprochen werden, grundsätzliche und umfassende Anpassungen der Arbeitsgestaltung werden empfohlen (Wert 2-1).

Ergänzend werden in einem Spinnennetzdiagramm die Mittelwerte pro Kriterium dargestellt, sodass ersichtlich ist, welche Bereiche eher positiv bzw. negativ abschneiden.

Auf Basis dieser Ergebnisse werden weitere im Projekt diGAP entwickelte Maßnahmen für Gute agile Projektarbeit zur Umsetzung empfohlen. So können Praktiker*innen etwa auf Maßnahmen zur Teamentwicklung, Hospitation und Kundenintegration zurückgreifen. Diese Maßnahmen setzen Entwicklungsprozesse in Gang, die betroffene Beschäftigte und verantwortliche Führungskräfte befähigen sollen, Gute agile Projektarbeit nachhaltig zu gestalten.

9.4.3 Modelle Guter agiler Projektarbeit

Die im Projekt entwickelten Modelle für Gute agile Projektarbeit können hier nur in aller Kürze dargestellt werden. Unter folgendem Link finden sich weitere Erläuterungen: https://gute-agile-projektarbeit.de/massnahmen.

9.4.3.1 Dauerhafte Teamentwicklung zur Stärkung agiler Selbstorganisation

Gutes agiles Arbeiten braucht gelungene Selbstorganisation auf Basis funktionierender Kommunikation und Kooperation. Diese zeichnet sich dadurch aus, dass die arbeitsbezogenen Bedarfe aller Teammitglieder berücksichtigt und Einzelaufgaben funktional und effektiv integriert werden, adäquater formaler und informeller Austausch stattfindet, teamspezifische explizite und implizite Arbeitsnormen und -regeln etabliert werden, auf deren Basis Perspektivenwechsel stattfinden, wechselseitiges Vertrauen entstehen und Verantwortung für die eigene und die Teamaufgabe übernommen werden kann. Tragfähige und funktionale Kommunikation und Kooperation kommen jedoch nicht mit der Implementierung agiler Methoden im Paket, sondern müssen durch dauerhafte Teamentwicklung nachhaltig etabliert werden.

Teamentwicklung unterstützt agile Arbeit, insofern ein Verständigungsprozess über Agilität und die konkreten Anforderungen und Bedarfe im Arbeitsprozess geschaffen wird. Zentrale Themen sind:

- die Anwendung theoretischen Wissens über Agilität in der Arbeitspraxis (z. B. Interpretation von Rollen, Aufgaben, Besprechungsformaten, Artefakten),
- Aspekte, die die agile Methode selbst offen läst (z. B. Herstellung einer gerechten Arbeitsteilung, Umgang mit technischen Schulden),
- der Blick auf den gemeinsamen Arbeitsgegenstand (bzw. das übergreifende Produkt) und
- die Wahrnehmung unterschiedlicher beruflicher Hintergründe, arbeitsinhaltlicher Interessen und individueller Entwicklungsperspektiven.

Zur Teamentwicklung kommt ein agiles Team regelmäßig (mind. 1 × jährlich) zusammen und wendet mindestens zwei themenzentrierte Workshopformate aus dem „Baukasten Teamentwicklung“ an (Abb. 9.1).

Das Team bestimmt über Zusammensetzung der Bausteine und zeitliche Abstände, zu denen der Baukasten zum Einsatz kommt. Es schafft sich damit Gelegenheiten für direkte Interaktion und Austausch zwischen allen Mitgliedern sowie für gemeinsame Reflexion über agiles Arbeiten und stabilisiert so die agile Selbstorganisation. In bestimmten Situationen ist der Einsatz des Baukastens besonders angezeigt (z. B. neue Teammitglieder, veränderte technische/organisationale Rahmenbedingungen, Unzufriedenheit/Konflikte im Team, verteilte Teamstandorte).

„Baukasten Teamentwicklung“

Technics
obligatorischer Baustein
Technisch-fachliche Aspekte und Fragestellungen werden im Team erörtert

Agility
obligatorischer Baustein
Vergegenwärtigung und Diskussion der teamspezifischen agilen Arbeitsweise

Business Operations
optionaler Baustein
Diskussion der betrieblich-strukturellen Einbettung des Teams und neuer Anforderungen

Work Mob
optionaler Baustein
Gemeinsame Arbeit des gesamten Teams für einen definierten Zeitraum vor Ort

Beyond Work
optionaler Baustein
Gemeinsame Zeit jenseits der Arbeit

Abb. 9.1 Baukasten Teamentwicklung

9.4.3.2 Hospitation zur Qualifizierung für Gutes agiles Arbeiten

Gerade das auf Vertrauen, Selbstorganisation und Zusammenarbeit ausgerichtete agile Arbeiten macht einen unmittelbaren Erfahrungsaustausch im Team notwendig. Um Gute agile Projektarbeit zu realisieren, ist es notwendig, über die formale Qualifizierung hinauszugehen. Dies ist der Sinn des „Hospitations-Modells“: Statt den Versuch zu unternehmen, Wissen lediglich über einen vorstrukturierten Input zu transferieren, werden im Zeitraum der Hospitation über die unmittelbare Erfahrung agilen Arbeitens Fragen aufgeworfen, die sich erst in der direkten Beschäftigung mit dem Thema ergeben. Zugleich wird die Möglichkeit geboten, sich problemspezifischen Rat einzuholen. Vorteil dieser Form des Wissensaustauschs ist, dass sie nicht an eine von Coaches durchgeführte Veranstaltung gebunden ist, sondern Kolleg*innen mit gleichen oder ähnlichen Erfahrungen zu Rate zieht und damit ein auf Augenhöhe gelagertes Austauschverhältnis erzeugt. Mit dem Modell können unterschiedliche Problemszenarien bearbeitet werden, von eher explorativen Ansätzen – etwa bei Neu-Einführung agiler Methoden – bis zur reaktiven Bearbeitung spezifischer Fragen.

Durch das Hospitations-Modell rückt die Übertragung von (implizitem) Wissen und die Qualifikation für Gute agile Arbeit in den Fokus. Ziel ist es, durch Kurzaufenthalte (mind. eine Woche) Außenstehender in konsequent agil arbeitenden Teams das Verständnis von Agilität in der Organisation zu entwickeln und damit die konsequente Umsetzung sowie eine Skalierung agiler Methoden voran zu bringen. Ausgehend von Modellteams in der Organisation, die im Vorfeld identifiziert werden – z. B. durch den vorgestellten Selbstcheck –, soll eine Verbreitung Guter agiler Arbeit in der Organisation erreicht werden. Die Verbreitung der Praktiken und des Wissens um den Sinn und Nutzen von Agilität soll durch Einsichten in den Alltag dieser Teams unterstützt werden. Durch die Mitarbeit im konsequent agil arbeitenden Team werden die eigenen Aufgaben, Fähigkeiten und Potenziale reflektiert und in Beziehung zu agilen Methoden gesetzt. Gerade das gemeinsame Arbeiten stärkt das Verständnis der Rollen, Prozesse und Möglichkeiten agiler Projektmethoden.

Es lassen sich drei Schritte differenzieren, in denen die Hospitation abläuft. Vor der eigentlichen Durchführung (Phase II) kommt die genauso wichtige Phase der Vorbereitung (Phase I), danach die Reflexion (Phase III). In Phase I wird sondiert, ob sich das Hospitations-Modells für das Team eignet, und das Team ausgewählt, das ein gutes Beispiel darstellt und Ausgangpunkt der Hospitation ist. Die beteiligten Teams einigen sich über eine sinnvolle Zeitspanne, in der die Hospitation stattfinden soll. Dies kann eine Woche sein, sich aber auch über einen Sprint erstrecken. Die Personen, die an der Hospitation teilgenommen haben, fungieren schließlich als Multiplikatoren. Damit diese Multiplikation gelingt, ist die Reflexionsphase notwendig.

9.4.3.3 Gestaltung der Kundeninteraktion

Als typische Probleme bei der Zusammenarbeit mit Kunden beschreiben agile Teams, dass Kunden sich „sprunghaft“ verhalten, statt „sachgetrieben“ zusammenzuarbeiten; oder dass sie ihre Rolle in einer Weise auslegen, die nicht mit der Arbeitsweise des

Teams kompatibel ist – z. B. in die Teamplanung hinein regieren und damit die Selbstorganisation des Teams untergraben. Eine im agilen Sinne fruchtbare Kundeninteraktion muss demnach aktiv durch das Team und die Organisation hergestellt und gestaltet werden. Dafür wird ein „Zusammenarbeitsmodell" mit dem Kunden vorgeschlagen. Aufgrund der abhängigen Stellung des Teams zwischen Kunden und dem durch die Organisation gesetztem Rahmen ist es notwendig, dass dieses Modell von den Führungskräften und dem Teamumfeld unterstützt wird. Es stellt einen Gestaltungsvorschlag für die Kundenschnittstelle dar und ist dem konkreten „Aushandeln" der Kundeninteraktion vorgeschaltet.

Aus der Sicht der Teams geht es darum, den Sprintzeitraum realistisch zu planen und während des Sprints fokussiert und ohne Überlastung arbeiten zu können. Es muss die unterschiedlichen Perspektiven und „Geschwindigkeiten" von Kunden, Stakeholdern und Nutzern immer wieder ‚einholen' um das eigene Vorgehen und die eigenen Kapazitäten planen und anpassen zu können. Das Modell „Kundeninteraktion gestalten" stellt dafür Bausteine zur Verfügung:

Auf der Ebene der *Strukturen* und der *Governance* ist es notwendig, eine zur agilen Arbeitsweise passende Ressourcenplanung und Vertragsgestaltung sicherzustellen. Projekt- und Budgetverantwortliche müssen sich gegenseitig abstimmen und realistische Kalkulationen zugrunde legen, die möglichst früh mit Schätzungen des Teams zusammengebracht werden. Diese Ressourcenplanung muss vom strategischen Management mitgetragen werden und erfordert ggf. auch auf übergreifenden Steuerungsebenen Anpassungen, z. B. bei Kennziffern oder Freigabeprozessen. Das Teamumfeld sollte als Unterstützungssystem auf die selbstorganisierten Teams ausgerichtet werden, indem Abstimmungen in einem Netzwerk gegenseitiger Beratung mit den agilen Teams und Expert*innen stattfinden. Dort können z. B. Budget- und Personalentscheidungen beraten, Schnittstellen und Prozesse zwischen Teams mit unterschiedlichem Agilitätsgrad oder mit den Funktionsbereichen (wie Finance oder Qualifizierung) angepasst werden.

Auf der Ebene der *Rollen* sollte der Product Owner (PO) in seiner Vermittlungsrolle gestärkt werden. Er muss die Wünsche des Kunden aktiv „managen" können, mit Unterstützung des Scrum Master (SM) dem Team „den Rücken freihalten" und Eingriffe des Kunden in den Sprint ‚abpuffern' können. Der PO braucht dazu eine „Grenzsetzungs-Kompetenz", die auf allen Führungsebenen als Teil seiner Rolle anerkannt ist. PO und SM sind auch gefragt, um dem Kunden Orientierung und Grundregeln für die Zusammenarbeit mit selbstorganisierten Teams zu vermitteln, etwa durch Klärung, wie und wann Änderungen eingebracht werden können, ohne die Schätzungen des Teams auszuhebeln.

Auf die *Auslegung der Methode* zielt das Review als „regulierte Interaktion". Dabei werden Kunden und Stakeholder konsequent eingebunden, damit das Team ungefiltert Informationen, Rückmeldung und Verbesserungsvorschläge erhält und seinerseits Transparenz über die Arbeitsfortschritte herstellen und weiteren Klärungsbedarf adressieren kann. In der Retrospektive sollte der Kundenbeziehung Raum gegeben werden, z. B.

mit der Frage, ob die Kundeninteraktion so gestaltet ist, dass Anforderungen und Entwicklungsrichtung klar werden. Die Schnittstelle Kunde/Team kann in „Envisioning Workshops“ mit dem Kunden weiter ausgestaltet werden.

9.4.4 Skalierung Guter agiler Projektarbeit

Skalierung bedeutet in der diGAP-Perspektive, Gute agile Arbeit in der gesamten Organisation zu verankern, dafür Rahmenbedingungen zu schaffen, Unterstützung anzubieten sowie kulturelle Veränderungen anzustoßen. Dies meint nicht, die Anzahl agiler Teams schlicht zu ‚multiplizieren‘ oder etablierte Strukturen durch agile Organisationsmodelle zu ‚ersetzen‘. Unseren Ergebnissen nach fallen Hierarchien oder nicht-agile Bereiche bei zunehmender „Agilisierung“ nicht einfach weg, sondern eine Vielfalt von agilen, hybriden und nicht-agilen Arbeitsmethoden entwickelt sich.

Das in diGAP entwickelte Skalierungskonzept folgt einem Baukastenprinzip und beschreibt 18 Schlüsselfaktoren, die entsprechend der Zielsetzung und dem agilen Reifegrad der Organisation kombiniert werden können. Die Schlüsselfaktoren werden in Form von Handlungsempfehlungen aufbereitet und können auf verschiedene Organisationstypen angewendet werden. Die Handlungsempfehlungen sind dabei stets an die Zielstellung Guter agiler Projektarbeit gebunden. Als Leitlinie gilt: agile Teams sollen Bedingungen vorfinden, in denen sie die agilen Werte und Prinzipien umsetzen können und über die notwendigen zeitlichen Ressourcen und Freiräume verfügen, damit sie ein nachhaltiges Arbeitstempo entwickeln und Belastungen abbauen können.

An der Skalierung sind verschiedene Akteure beteiligt. Das strategische Top Management muss klären, welches Leitbild und welche Ziele mit Agilität verfolgt werden. Es muss Raum für Initiativen schaffen und Verantwortung dafür tragen, dass Strukturen und Governance so verändert werden, dass sich die agile Vorgehensweise entfalten kann und Hindernisse für gute agile Arbeit in der Organisation abgebaut werden.

Das mittlere Management und das Teamumfeld vermitteln zwischen der Steuerungs- und der operativen Ebene. Dabei müssen Aufgaben, Funktionen und Verantwortlichkeiten transparent gemacht und geklärt werden, agile Rollen in die (neue) Führungsstruktur integriert werden. Agile Coaches treiben die Transformation voran, Interessenvertretungen sichern die Beteiligung und Schutzrechte der Beschäftigten und setzen über Vereinbarungen einen Rahmen für Gute agile Projektarbeit.

Um die Selbstorganisation agiler Teams zu stärken, ist eine strategische Orientierung nötig und es sind entsprechende Rahmenbedingungen seitens des Managements zu schaffen. Im Sinne des *Business purpose* macht das Top Management klar, was der Wert der agilen Arbeitsweise und die Vision für diese ist. Es ist verantwortlich dafür, den Rahmen *(Governance)* für Gute agile Arbeit zu schaffen. Dabei müssen auf allen Ebenen Prozesse der *Verantwortungsübergabe* angestoßen werden, wodurch den agilen Teams die notwendigen Freiräume, Befugnisse, Ressourcen und das Vertrauen übertragen werden. Diese Übertragung von inhaltlichen, zeitlichen und finanziellen Entscheidungsbefugnissen sollte abgestimmt, kommuniziert und durch Qualifizierung begleitet werden.

Agile Teams müssen über *ausreichend Zeit* und *Ressourcen* zur Selbstorganisation verfügen können. Dies erfordert *agile Zeitplanung* und *agile Kennziffern,* sodass die Teamplanung nicht durch starre Steuerungsinstrumente außer Kraft gesetzt wird. Um das zu gewährleisten und entsprechend die Prozesse umzugestalten, sollten Führungskräfte aus den Querschnittsbereichen oder nicht-agilen Fachabteilungen mit dem mittleren Management, agilen Coaches und betroffenen Beschäftigen zusammenarbeiten und z. B. Modelle für agile Kalkulation und Vertragsgestaltung oder Zusammenarbeitsmodelle an *Schnittstellen* zwischen agilen und nicht-agilen Teams oder mit quer gelagerten Fachabteilungen wie Finance entwickeln.

Für die Umsetzung der agilen Arbeitsweise sind neben dem Verständnis Guter agiler Arbeit auch klare Rollendefinitionen und Möglichkeiten zur Erfahrungsbildung wichtig. Ein *nachhaltiges Arbeitstempo* wird durch stabile Teams, den Fokus der Teammitglieder auf ein (!) Projekt, verbindliche Team-Planungen (Schätzungen) und Anpassungen des Arbeitstempos bei erhöhter Belastung gewährleistet. *Schutz vor Selbstüberforderung und Gruppendruck* erfordert entsprechende Rollen mit klar geregelten Kompetenzen, Befugnissen und Verantwortungen sowie Möglichkeiten erfahrungsbasierten Lernens. Hierfür stellt das Management den Teams zeitliche und finanzielle Ressourcen bereit. Es geht hier sowohl darum, dass z. B. Scrum-Teams tatsächlich Scrum Master haben, Retrospektiven durchgeführt werden usw., als auch um die Ermöglichung von selbstorganisierten Formaten (s. o. Modelle) (Abb. 9.2).

Agile Coaches unterstützen mit ihrer Erfahrung Teams und Führungskräfte ab den ersten Berührungspunkten mit agilen Methoden und werden im weiteren Verlauf bei Fragen und Problemen immer wieder hinzugezogen. Um *organisationales Lernen* zu fördern, werden Formate zum Austausch auf Augenhöhe zwischen Teams und Führungskräften organisiert sowie Eskalationsmöglichkeiten bei Eingriffen in die agile Selbstorganisation der Teams geschaffen.

9.5 Digitale Lösungen für Gute agile Arbeit und Agilität außerhalb privatwirtschaftlicher Organisationen

Über die vorgestellten Ergebnisse und Modelle hinaus wurden in diGAP umfangreiche Untersuchungen zum Einsatz digitaler (Kollaborations-)Tools durchgeführt. Dabei gewonnene Erkenntnisse sind in zwei Tools eingeflossen: Der *diGAP-Toolcheck* regt agile Teams an, die eigene Nutzung digitaler Tools systematisch zu hinterfragen und schlägt datenbasiert Anpassungen der teamspezifischen Toollandschaft vor. In die *SmartWe-Kollaborationsplattform* wurden neu entwickelte Anwendungen integriert, die es verteilten Teams ermöglichen, die aktuelle Belastungssituation in den Blick zu nehmen und Hinweise auf Problemlagen und Lösungsschritte zu geben.

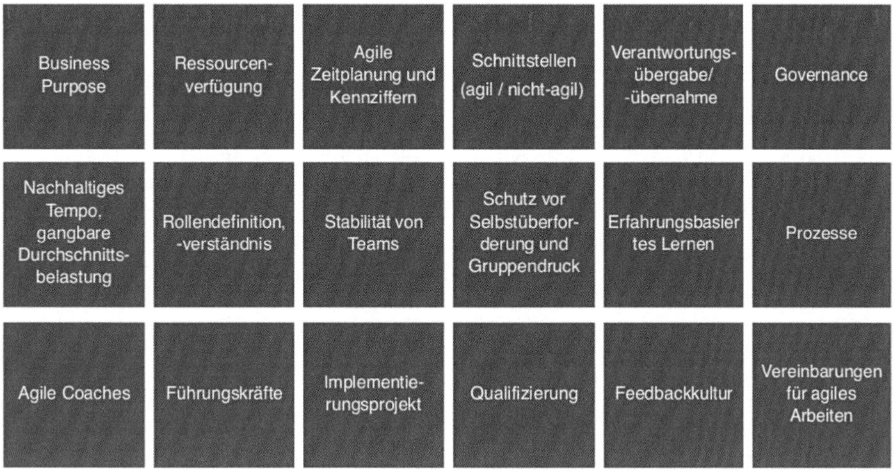

Business Purpose
Ressourcenverfügung
Agile Zeitplanung und Kennziffern
Schnittstellen (agil / nicht-agil)
Verantwortungsübergabe/ -übernahme
Governance
Nachhaltiges Tempo, gangbare Durchschnittsbelastung
Rollendefinition, -verständnis
Stabilität von Teams
Schutz vor Selbstüberforderung und Gruppendruck
Erfahrungsbasiertes Lernen
Prozesse
Agile Coaches
Führungskräfte
Implementierungsprojekt
Qualifizierung
Feedbackkultur
Vereinbarungen für agiles Arbeiten

Abb. 9.2 Modell Kundeninteraktion gestalten

In Auswertung der bisherigen Forschungsergebnisse und -perspektive rücken zunehmend Organisationen in den Blick, die nicht marktorientiert und privatwirtschaftlich ausgerichtet sind, wie der Öffentliche Dienst bzw. Non-Profit Organisationen. Während Markt- und Kundengetriebenheit hier nicht (oder nur vielfach vermittelt) im Zentrum stehen, sind auch diese Arbeitsbereiche mit den grundsätzlichen Herausforderungen zunehmender Volatilität, Ungewissheit, Komplexität und Ambiguität konfrontiert. Permanenter Anpassungsdruck führt auch hier zu einer Hinwendung zu agilen Methoden.

Wie die dargelegten Ergebnisse ggf. modifiziert werden müssen und welche relevanten Unterschiede der Rahmenbedingungen bestehen, ist offen und lässt sich weder aus bisherigen Projektarbeiten noch aus dem internationalen Forschungsstand ableiten. Dafür ist das Thema Agilität in diesen Kontexten zu neu und die unterschiedlichen Ansprüche an agile Arbeit in verschiedenen Bereichen des Öffentlichen Dienstes zu divers. Hinzu tritt die Einführung neuer technischer Systeme wie Künstliche Intelligenz/Machine Learning, die zusehend auch in Überlegungen zu agilem Arbeiten einfließen.

Inwieweit damit agile Prinzipien berührt, unterstützt oder unterlaufen werden, was die Nutzung solch digitaler Ansätze bezüglich Selbstorganisation und Entscheidungsspielräumen in agiler Arbeit konkret bedeutet bzw. welche Gestaltungsherausforderungen und -chancen – und damit nicht zuletzt die Frage nach Guter Arbeit – sich damit ergeben, ist bislang unklar und unerforscht. Für die Arbeitsgestaltung ist gerade dieser sich im Aufbau befindliche Zusammenhang spannend, welcher nicht zuletzt unter Einbezug der Erkenntnisse des Projekts verstanden werden kann.

Projektpartner und Aufgaben

- **Friedrich-Alexander-Universität Erlangen-Nürnberg – Lehrstuhl für Soziologie**
  Kriterien zum Benchmark und Selbstcheck guter agiler Projektarbeit
- **Universität Hohenheim – Fg. Wirtschaftsinformatik I (580 A)**
  Entwicklung von Kriterien guter agiler Projektarbeit
- **ISF München – Institut für Sozialwissenschaftliche Forschung e. V.**
  Erhebung und Gestaltung erfahrungsgeleiteter guter agiler Projektarbeit
- **CAS Software AG**
  Entwicklung und Implementierung von guter agiler Arbeit in verteilten Teams
- **Improuv GmbH**
  Konzipierung und Erprobung von Führungskräftetrainings für gute agile Projektarbeit
- **T-Systems International GmbH**
  Entwicklung und Praxistest zur Skalierung guter agiler Projektarbeit
- **ver.di**
  Analyse und Entwicklung von Nachhaltigkeitsfaktoren für gute agile Projektarbeit

Quellen und Transfermaterialien

Weiterführende Literatur

1. Müller N, Wille C (2019) Gute agile Arbeit – Arbeitsstress im Zuge der Digitalisierung vermeiden. In: Schröder L, Urban, H-J (Hrsg) Jahrbuch Gute Arbeit 2019. Bund Verlag, Frankfurt/M, S 155–169
2. Müller N, Wille C (2019) So geht gute agile Arbeit. Gute Arbeit 30(4):25–29
3. Müller, N (2018) Digitalisierung und Agilität. In: Gute Arbeit Extra. Arbeitspolitik von unten. 10 Jahre ver.di-Initiative Gute Arbeit, S 32–34. https://innovation-gute-arbeit.verdi.de/gute-arbeit/++co++d7b8a78a-ad23-11e8-be6f-525400f67940
4. Neumer J, Porsche S, Sauer S (2018) Reflexive scaling as a way towards agile organization. J Int Manage Stud 18(2):27–38
5. Neumer J (2020) Selbstorganisation gestern und heute – ein qualitativer Umbruch im Umgang mit Unsicherheit? In: Porschen-Hueck S, Jungtäubl M, Weihrich M (Hrsg) Agilität? Herausforderungen neuer Konzepte der Selbstorganisation. Hampp, München/Mering, S 7–30 (im Erscheinen)
6. Neumer J, Nicklich M (2020) Teamförmigkeit in agilen Kontexten – Zwischen Selbstorganisation und Fluidität. In: Mütze-Niewöhner S, Hardwig T, Kauffeld S, Nicklich M, Pietrzyk U, Casas B (Hrsg) Projekt- und Teamarbeit in der digitalisierten Arbeitswelt – Herausforderungen und Empfehlungen für Handlungsgestaltung. Heidelberg, Springer VS (im Erscheinen)

7. Nicklich M, Sauer S (2019) Agilität als (trans-)lokales Prinzip projektbasierter Arbeit? – Bedingungen und Prozesse prekärer Selbstorganisation. Arbeits- und Industriesoziologische Stud 12(1):73–85
8. Pfeiffer S, Sauer S, Ritter T (2014) Agile Methoden als Werkzeug des Belastungsmanagements? Eine arbeitsvermögenbasierte Perspektive. ARBEIT. Zeitschrift für Arbeitsforschung, Arbeitsgestaltung und Arbeitspolitik 23(2):119–132
9. Roth I (2017) Digitalisierung und Arbeitsqualität. Eine Sonderauswertung des DGB-Index Gute Arbeit 2016 für den Dienstleistungssektor. Ver.di, Berlin. https://innovation-gute-arbeit.verdi.de/themen/digitale-arbeit/++co++36c61f80-46a7-11e7-b7f5-52540066e5a9
10. Sauer S (2019) Talking agile, talking digital. Comput Arbeit 5:21–23
11. Sauer S, Nicklich M (2019) Agile Projektarbeit in Japan. Comput Arbeit 9:22–24
12. ver.di Bereich Innovation und Gute Arbeit, Tarifpolitische Grundsatzabteilung (Hrsg) (2020) Agiles Arbeiten. Empfehlungen für die tarif- und betriebspolitische Gestaltung. ver.di, Berlin. https://innovation-gute-arbeit.verdi.de/ueber-uns/forschungsprojekte/digap/++co++ab49eece-4f03-11ea-b334-001a4a160100
13. Wille C, Müller N (2018) Gute agile Arbeit. Gestaltungsempfehlungen aus dem Projekt diGAP. ver.di, Berlin. https://innovation-gute-arbeit.verdi.de/ueber-uns/forschungsprojekte/digap/++co++b2c5c52a-f6d4-11e8-b22f-525400ff2b0e

GADIAM

10

Gesundes Arbeiten mit vernetzten digitalen Arbeitsmitteln: Lösungen zur Prävention von Fremd- und Selbstüberforderung bei entgrenzter Wissens- und Innovationsarbeit

Michael Gühne, Melanie Mischer, Tim Lukas Kirsch, Ulrike Pietrzyk, Thomas Günther und Winfried Hacker

10.1 Zielsetzung und Vorgehen im Verbundprojekt

Zielsetzung des Verbundprojekts

Die zunehmende Verbreitung und Nutzung vernetzter digitaler Arbeitsmittel führt zu einem Rückgang algorithmischer geistiger Arbeit und zu einer Erhöhung des Anteils komplexer Wissens- und Innovationsarbeit [5], welche das Aufnehmen, Weiterleiten, Verarbeiten und Erzeugen von Informationen umfasst [14].

Im Arbeitsalltag geht komplexe Wissens- und Innovationsarbeit oft mit zeitlicher Überforderung der Beschäftigten infolge zu geringer fremd- oder selbstgesetzter Zeitvorgaben („hoher Termindruck") einher [6], was das Risiko gesundheitlicher Beeinträchtigungen erhöht [20]. Die Arbeit mit zu großzügigen Zeitvorgaben wiederum kann die Wettbewerbsfähigkeit beeinträchtigen [14].

Die Verwendung nachhaltiger fremd- oder selbstgesetzter Zeitvorgaben in Unternehmen, d. h. von Zeitvorgaben, die ökonomische und gesundheitliche Erfordernisse berücksichtigen, setzt das Wissen um nachhaltige Zeitbedarfe für zukünftige Tätigkeiten voraus. Anders als für algorithmische geistige Arbeit existiert für komplexe Wissens- und Innovationsarbeit in der Literatur jedoch kein Verfahren zur Zeitbedarfsermittlung [14].

Ziel des Verbundprojekts GADIAM ist die Entwicklung eines Verfahrens zur Ermittlung nachhaltiger Zeitbedarfe für komplexe Wissens- und Innovationsarbeit

M. Gühne (✉) · U. Pietrzyk · W. Hacker
Technische Universität Dresden, Fakultät Psychologie,
Arbeitsgruppe Wissen-Denken-Handeln, Dresden, Deutschland

M. Mischer · T. L. Kirsch · T. Günther
Technische Universität Dresden, Fakultät Wirtschaftswissenschaften,
Professur für BWL, insb. Betriebliches Rechnungswesen/Controlling,
Dresden, Deutschland

W. Bauer et al. (Hrsg.), *Arbeit in der digitalisierten Welt*,
https://doi.org/10.1007/978-3-662-62215-5_10

sowie einer Handlungsanleitung und eines Schulungskonzepts zur Unterstützung der Anwendung des Verfahrens in der Unternehmenspraxis[1].

Anknüpfungspunkte in der Literatur

Die Zeitbedarfsermittlung für komplexe Wissens- und Innovationsarbeit ist mit zwei zentralen Herausforderungen verbunden.

Die erste Herausforderung betrifft die Erfassung der Zeitbedarfe der Tätigkeiten bei deren Ausführung, da komplexe Wissens- und Innovationsarbeit oftmals unbewusst abläuft und somit nicht direkt beobachtbar oder erfragbar ist [7]. Zudem wird komplexe Wissens- und Innovationsarbeit oft parallel zu anderen Tätigkeiten ausgeführt, folgt keinem linearen Ablauf und ist durch schnelle Wechsel zwischen verschiedenen Tätigkeiten gekennzeichnet. Da Zeit subjektiv wahrgenommen wird und diese Wahrnehmung von tatsächlichen zeitlichen Abläufen abweichen kann, ist auch die retrospektive Erfassung von früheren Zeitbedarfen unzuverlässig [21]. Dies hat zur Folge, dass die „Datenbasis“ der Schätzung zukünftiger Zeitbedarfe oftmals Verzerrungen aufweist.

Die zweite Herausforderung betrifft die Unterschätzung (planning fallacy) eigener zukünftiger Zeitbedarfe durch die Beschäftigten, selbst wenn die betreffenden Tätigkeiten schon mehrmals ausgeführt wurden [16, 19].

Ein Lösungsansatz für diese Herausforderungen findet sich in einem von Debitz et al. (2012)[4] entwickelten partizipativen, d. h. die eine Tätigkeit ausführenden Personen einbeziehenden, Verfahren zur Ermittlung von Zeitbedarfen für algorithmische geistige Arbeit. In diesem wird der Planungsfehlschluss (planning fallacy) durch den Bezug auf vorliegende vergleichbare Referenzleistungen (reference class forecasting) [19] und die Zerlegung von Tätigkeiten in einfacher schätzbare Teiltätigkeiten bzw. Prozessbausteine (unpacking) [18] verringert. Durch den Vergleich und die Diskussion der Abweichungen zwischen Schätzungen und Messungen (intraindividuell) sowie von Unterschieden zwischen mehreren Personen (interindividuell) in der Gruppe werden das Problem des subjektiven Zeiterlebens sowie Schwierigkeiten bei der Erfassung nicht direkt beobachtbar ablaufender Tätigkeiten adressiert, was die Verzerrung der „Datenbasis“ reduziert. Die Einbeziehung des Vorgesetzten in die Gruppendiskussion ermöglicht, ergänzend zur Berücksichtigung gesundheitlicher Erfordernisse durch die Beteiligung der ausführenden Personen, die Beachtung ökonomischer Notwendigkeiten bei der Ermittlung von Zeitbedarfen. Beschlüsse der Gruppe werden konsensual getroffen, d. h. weder Abstimmungen (Mehrheitsbeschlüsse) noch Mittelwertbildungen erfolgen, sondern Ursachen für Unterschiede werden ermittelt, diskutiert und beseitigt. Durch die verfahrensimmanente neutrale Moderation der Gruppenprozesse sowie die Kombination aus Individualarbeit, Nominalgruppentechnik und Realgruppenarbeit (INR-Technik)

[1]Wir danken Christian Dorn (DWH), Maxi Lotze (TGG) und Steffen Rast (MTM) für ihre Mitarbeit am vorliegenden Beitrag.

[14] werden zudem gruppenpsychologische Effekte der partizipativen Herangehensweise berücksichtigt.

Da das Verfahren von Debitz et al. (2012)[4] somit für die Ermittlung nachhaltiger Zeitbedarfe für komplexe Wissens- und Innovationsarbeit einen potenziell ertragreichen Ansatz liefert, diente es im GADIAM-Projekt als Ausgangspunkt der Verfahrensentwicklung.

Vorgehen bei der Verfahrensentwicklung

Basierend auf umfangreicher Literaturrecherche wurde zu Beginn der Verfahrensentwicklung das von Debitz et al. (2012)[4] entwickelte Verfahren zur Ermittlung nachhaltiger Zeitbedarfe auf komplexe Wissens- und Innovationsarbeit übertragen. Daran anschließend wurde das Verfahren in einem zweischrittigen Fallstudiendesign [24] weiterentwickelt.

Im ersten Schritt des Fallstudiendesigns wurde das Verfahren in drei KMUs bei komplexer Wissens- und Innovationsarbeit eingesetzt. Im Partnerunternehmen TGG aus dem Bereich der Baugruppenentwicklung und -fertigung wurde der Ansatz in vier Gruppen (technologische Angebotskalkulation, Entwicklung, Arbeitsvorbereitung, Auftragsabwicklung) mit insgesamt 18 Personen angewandt. Im Partnerunternehmen MTM aus dem Bereich der Unternehmensberatung erfolgte der Einsatz des Verfahrens für die Tätigkeit „Angebotsabwicklung" mit insgesamt 18 Personen aus vier Funktionsbereichen. Im Partnerunternehmen DWH aus dem Bereich des Innenausbaus von Schiffen im Luxussegment wurde die Umsetzung des Verfahrens in vier Gruppen (Arbeitsvorbereitung, Projektleiter, leitende Konstrukteure, Konstrukteure) mit insgesamt 12 Personen begonnen. Um ein umfassendes Verständnis der Verfahrensumsetzung und damit einhergehender Probleme in den untersuchten Unternehmen zu bekommen, erfolgte die Datenerhebung durch Mitarbeiterbefragungen, Dokumentenanalyse, Selbstaufschreibungen, Interviews sowie Beobachtungen von moderierten Gruppenberatungen.

Die Auswertung der erhobenen Daten bestätigte den Nutzen des gewählten Vorgehens, identifizierte aber auch Anpassungsbedarf, sodass eine Weiterentwicklung des Ausgangsverfahrens erfolgte. Es wurden u. a. die Vorgaben zur Gruppenzusammenstellung angepasst, Erkenntnisse zum Aufbau einer Datenbank zur Unterstützung des Verfahrens aufgenommen, Besonderheiten von KMU berücksichtigt, die Beachtung von Verzögerungen des Arbeitsablaufs hervorgehoben sowie der wiederkehrende Durchlauf des Verfahrens in den Ablauf integriert. Zur ökonomischen und gesundheitsbezogenen Bewertung der Ergebnisse des weiterentwickelten Verfahrens wurde zudem ein Rechnungsmodell konzipiert. Basierend auf dem weiterentwickelten Verfahren wurde zur Unterstützung der Verfahrensanwendung in der Unternehmenspraxis eine Handlungsanleitung erarbeitet.

Im zweiten Schritt des Fallstudiendesigns wurde das weiterentwickelte Verfahren beim Partnerunternehmen TGG und zeitversetzt beim Partnerunternehmen DWH umgesetzt, wobei die erarbeitete Handlungsanleitung Anwendung fand. Parallel dazu wurde bei TGG das entwickelte Rechnungsmodell zur Bewertung der Verfahrensergebnisse geprüft. Beim Partnerunternehmen MTM wurde eine im Rahmen des Verfahrens nutzbare softwaregestützte Schätzmethodik für zukünftige Zeitbedarfe erprobt. Zudem wurden erste Ansätze für generische Prozessbausteine zur Erfassung von Verzögerungen erarbeitet. Um eine umfassende Bewertung des angewandten Verfahrens und der Handlungsanleitung vornehmen zu können, wurde auf Daten aus den im Projektverlauf erstellten Datenbanken, Mitarbeiterbefragungen, Rückmeldungen der Teilnehmer und Beobachtungen von Gruppenberatungen zurückgegriffen.

Durch das zeitversetzte Vorgehen und die parallel zur Anwendung des Verfahrens erfolgte Auswertung der Daten konnten das Verfahren und die Handlungsanleitung während des zweiten Schritts des Fallstudiendesigns iterativ optimiert werden. Daran anschließend konnte auf Basis der Handlungsanleitung das Schulungskonzept entwickelt werden.

Im Ergebnis wurde durch die dargestellten Schritte im Rahmen des Verbundprojekts GADIAM ein Verfahren samt Handlungsanleitung und Schulungskonzept zur Ermittlung nachhaltiger Zeitbedarfe für komplexe Wissens- und Innovationsarbeit entwickelt.

10.2 Forschungsergebnis des Verbundprojekts: GADIAM-Verfahren zur Zeitbedarfsermittlung für komplexe Wissens- und Innovationsarbeit

Das im Verbundprojekt entwickelte GADIAM-Verfahren zur Ermittlung nachhaltiger Zeitbedarfe für komplexe Wissens- und Innovationsarbeit umfasst fünf Schritte (Abb. 10.1), welche teilweise wiederholt durchzuführen sind sowie ein Rechnungsmodell zur ökonomischen und gesundheitsbezogenen Bewertung (Abb. 10.2). Die entwickelte Handlungsanleitung und das erarbeitete Schulungskonzept unterstützen die praktische Anwendung des Verfahrens.

Orientiert an den im Verbundprojekt analysierten Anwendungsfällen, wird im Folgenden das Vorgehen bei der Umsetzung des Verfahrens in der Praxis erläutert.

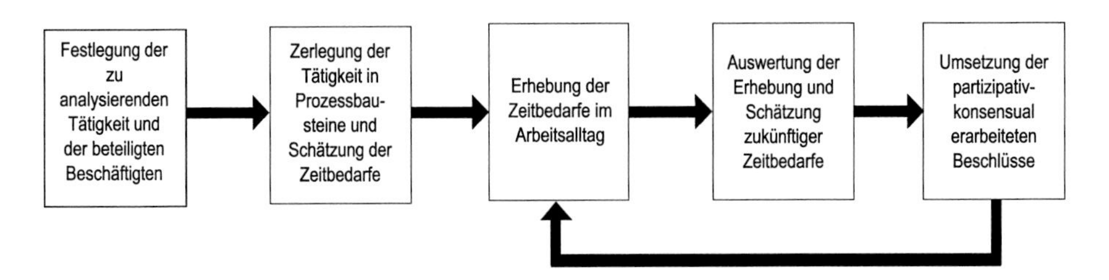

Abb. 10.1 Schritte des GADIAM-Verfahrens

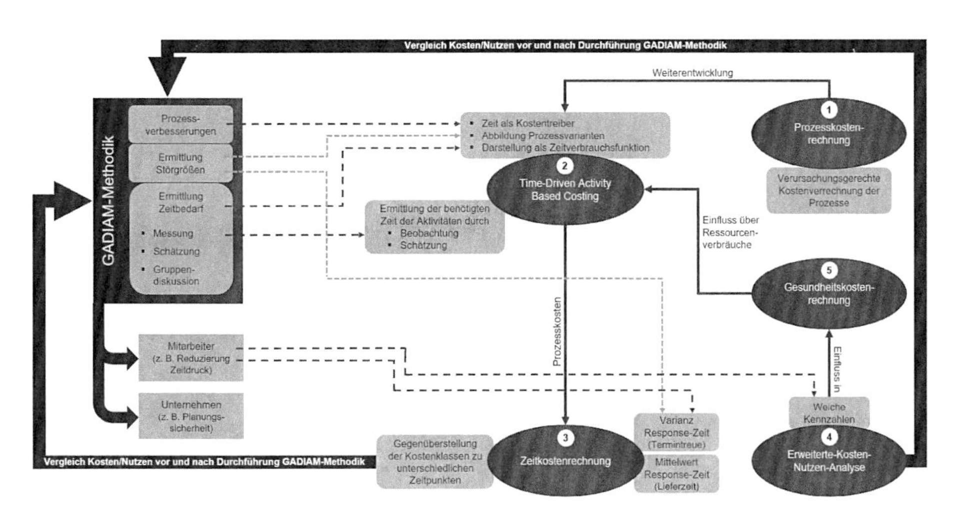

Abb. 10.2 Rechnungsmodell zur ökonomischen und gesundheitsbezogenen Bewertung der Verfahrensergebnisse

Schritt 1: Festlegung der zu analysierenden Tätigkeit und der beteiligten Beschäftigten

Zu Beginn des ersten Schrittes wird vom Unternehmen die zu analysierende Tätigkeit mit relevanten Anteilen komplexer Wissens- und Innovationsarbeit festgelegt, für welche der Zeitbedarf künftiger Durchläufe ermittelt werden soll. Daran anschließend wird eine Gruppe gebildet, welche die an der Tätigkeit beteiligten Beschäftigten umfasst. Damit eine ertragreiche Arbeit in der Gruppe möglich ist, sollten die Gruppenmitglieder entweder im Rahmen der zu analysierenden Tätigkeit identische Arbeiten ausführen oder bei ihrer Arbeit interagieren. Zur Beachtung der ökonomischen Perspektive in den Gruppendiskussionen und zur Sicherstellung der Umsetzung der Ergebnisse in Schritt fünf, sollte die zuständige Führungskraft Bestandteil der Gruppe sein. Zudem ist eine Person zu benennen, welche als neutraler Moderator das Verfahren begleiten und die Gruppenarbeit anleiten soll. Die Person sollte von allen Gruppenmitgliedern akzeptiert und keinem Gruppenmitglied unterstellt sein. Es sollte weiterhin beachtet werden, dass die Gruppe möglichst klein ist (maximal 4–5 Personen). Sollte die Gruppe zu groß für effiziente Kleingruppenarbeit sein, so ist die zu analysierende Tätigkeit in Abschnitte mit kleineren Gruppen zu unterteilen.

Beim Auftakttreffen der Gruppe wird das GADIAM-Verfahren und die zu analysierende Tätigkeit vorgestellt. Daran anschließend wird in der Gruppe diskutiert, ob die vom Unternehmen gewählte Gruppenzusammenstellung für die Tätigkeit adäquat ist oder ob Anpassungen nötig sind. Wurden beispielsweise wichtige Akteure übersehen, so sollten diese hinzugezogen werden.

Exkurs: Im Falle von Einzelarbeit kann das Verfahren auch bei einem Akteur angewandt werden. Der Moderator versucht in diesem Falle die Funktion der Gruppe zu ersetzen, beispielsweise durch „naive Fragen".

Schritt 2: Zerlegung der Tätigkeit in Prozessbausteine und Schätzung der Zeitbedarfe

Teil A

In Teil A des zweiten Schrittes wird die zu analysierende Tätigkeit partizipativ-konsensual in Prozessbausteine zerlegt.

Individualarbeit: Zu Beginn werden die von einer Person im Rahmen der analysierten Tätigkeit durchgeführten Arbeiten individuell in Prozessbausteine zerlegt. Die Zerlegung sollte so kleinteilig sein, dass die Prozessbausteine für die Arbeitsplanung im Unternehmen nicht weiter unterteilt werden müssen. Zudem sollen alle bei der Durchführung auftretenden Verzögerungen sowie etwaig vorhandene Ideen zur Prozessoptimierung notiert werden. Diese Werte sind in einer zentralen Datenbank zu speichern, welche im gesamten Verfahren Anwendung findet.

Nominalgruppentechnik: Im Anschluss werden die gespeicherten Werte aller Teilnehmer durch den Moderator aus der Datenbank ausgelesen und für die Arbeit in der Gruppe aufbereitet.

Realgruppenarbeit: Angeleitet durch den Moderator werden in der Gruppe auf Basis der aufbereiteten Daten die zuvor individuell erarbeiten Prozessbausteine, Verzögerungen sowie Ideen zur Prozessoptimierung verglichen und diskutiert. Im Anschluss an die Diskussion erfolgt die konsensuale Festlegung von Prozessbausteinen, Verzögerungen und Maßnahmen der Prozessoptimierung. Bei der Festlegung der Prozessbausteine sind ein aussagekräftiger Name, eine präzise Beschreibung sowie exakte Start- und Endpunkte zu definieren. Es ist möglich, dass die festgelegten Prozessbausteine nur von einer einzelnen Person aber auch von mehreren Personen ausgeführt werden. Bei der Festlegung von Verzögerungen kann eine im Rahmen des GADIAM-Projekts erarbeitete Klassifikation von Verzögerungen verwendet und erweitert werden. Falls möglich, sollten Maßnahmen der Prozessoptimierung vor der Umsetzung der weiteren Schritte umgesetzt werden. Alle erarbeiten Ergebnisse sind in der Datenbank zu speichern.

Hinweis1: Gleichwohl der Einsatz der INR-Technik die Qualität erhöht, haben aufgrund der skizzierten Eigenschaften komplexer Wissens- und Innovationsarbeit sowie der Schwierigkeit der retrospektiven Erfassung von Tätigkeiten die in Teil A erarbeiteten Prozessbausteine Initialcharakter, d. h. sie sind teilweise unvollständig und werden im weiteren Verfahrensverlauf iterativ präzisiert.

Hinweis2: Es werden im Verlauf des Verfahrens sukzessive Verfahrensvarianten der Prozessbausteine erarbeitet, welche unterschiedliche nachhaltige Zeitbedarfswerte aufweisen können. So kann beispielsweise der Prozessbaustein „Lesen eines Textes" die Verfahrensvarianten „englischer Text" und „deutscher Text" umfassen. Eine Umsetzungsvariante bei der Festlegung von Zeitbedarfen ist die Unterteilung in Kernwert eines Prozessbausteins, Ergänzungswerte für Verfahrensvarianten und Zuschläge für Verzögerungen.

Teil B

In Teil B des zweiten Schritts werden die Zeitbedarfe der erarbeiteten Prozessbausteine für die nächsten Durchläufe der analysierten Tätigkeit partizipativ-konsensual geschätzt. Falls nötig, werden Prozessbausteine aggregiert.

Individualarbeit: Zu Beginn werden die Zeitbedarfe der von einer Person bei den nächsten Durchläufen auszuführenden Prozessbausteine individuell geschätzt und in der Datenbank gespeichert.

Nominalgruppentechnik: Daran anschließend werden die gespeicherten Werte aller Teilnehmer durch den Moderator aus der Datenbank ausgelesen und für die Arbeit in der Gruppe aufbereitet.

Realgruppenarbeit: Angeleitet durch den Moderator werden in der Gruppe auf Basis der aufbereiteten Daten die individuell geschätzten Zeiten für die einzelnen Prozessbausteine verglichen und etwaige Abweichungen diskutiert. Im Anschluss an die Diskussion erfolgt die konsensuale Festlegung von Zeitbedarfsschätzwerten für die nächsten Durchläufe der Prozessbausteine. Sollte die Zeitschätzung für einzelne Prozessbausteine so geringe Zeitwerte ergeben, dass deren Erhebung den Arbeitsalltag stark beeinträchtigen würde, so sind mehrere Prozessbausteine zu Aggregaten zusammenzufassen. Für diese Aggregate sind wiederum ein eindeutiger Name sowie Start- und Endpunkt zu definieren. Die Bildung von Aggregaten ist wichtig, da eine zu umfassende Beeinträchtigung des Arbeitsalltags die Akzeptanz und korrekte Anwendung des Verfahrens verringern würde. Die Ergebnisse sind in der Datenbank zu speichern.

Schritt 3: Erhebung der Zeitbedarfe im Arbeitsalltag

Im dritten Schritt werden softwaregestützt die Zeitbedarfe der definierten Prozessbausteine und Aggregate im Arbeitsalltag erfasst.

Die verwendete Zeiterfassungssoftware sollte sowohl die Zeiterfassung bei der Ausführung einer Tätigkeit, als auch retrospektive Anpassungen sowie die parallele Erfassung mehrerer Tätigkeiten unterstützen. Es sollte ebenfalls möglich sein, zu Tätigkeiten und erfassten Datensätzen Kommentare zu verfassen. Zudem sollte die Software das Anlegen mehrerer Benutzer sowie das Editieren von Prozessbausteinen und das Verfassen von Kommentaren auch für Standardbenutzter erlauben. Wichtig ist weiterhin, dass die Software den Export der erhobenen Daten in die im gesamten GADIAM-Verfahren verwendete Datenbank unterstützt. Verschiedene proprietäre und Open Source Lösungen (z. B. Kimai) decken diese Anforderungen ab.

Im Vorfeld der Erhebung sind die definierten Prozessbausteine, Aggregate und Verzögerungen in die Software einzupflegen. Relevante Merkmale der analysierten Tätigkeit sind zu hinterlegen.

Bei der Erhebung sollen die Personen die Zeitbedarfe aller von ihnen im Rahmen der analysierten Tätigkeit ausgeführten Prozessbausteine bzw. Aggregate sowie Verzögerungen exakt erfassen. Alle erhobenen Zeitbedarfe müssen den Durchläufen der Tätigkeit eindeutig zugeordnet werden können (z. B. durch die Kennzeichnung mit Schlagworten). Fällt einer Person bei der Ausführung eines Prozessbausteins Verbesserungsbedarf auf, treten Probleme betreffs der Abgrenzung oder Definition eines Prozessbausteines auf, werden zeitrelevante Einflussgrößen der Prozessbausteine sichtbar (Ansatzpunkte für Verfahrensvarianten) oder gibt es Anhaltspunkte für die Notwendigkeit einer priorisierten Auswertung, so ist dies in der Software durch die Benutzer zu hinterlegen (z. B. durch Kommentare oder Schlagworte). Wenn Prozessbausteine oder Verzögerungen fehlen, so sollen diese durch die Benutzer neu angelegt werden (die Auswertung der Neuanlegungen erfolgt in Schritt vier).

Hinweis: Alle Verfahrensvarianten eines Prozessbausteins sind identisch zu erheben. Die Unterteilung in Verfahrensvarianten findet erst in Schritt vier Beachtung. Die Abgrenzung erfolgt anhand der hinterlegten Merkmale der Tätigkeit bzw. charakteristisch auftretenden Verzögerungen.

Schritt 4: Auswertung der Erhebung und Schätzung zukünftiger Zeitbedarfe

Teil A

In Teil A des vierten Schrittes werden die erhobenen Zeitbedarfe, Verzögerungen, Ansätze zur Verbesserung der Prozessbausteine bzw. Verfahrensvarianten sowie Ideen zur Prozessoptimierung partizipativ-konsensual ausgewertet.

Individualarbeit: Zu Beginn bereitet der Moderator die von einer Person erhobenen Zeitbedarfe auf (Durchlaufzeiten von Verzögerungen bereinigen, Bildung von Mittelwerten, Darstellung von Verteilungen). Diese werden im Anschluss individuell von den Teilnehmern mit den vorab geschätzten Zeitbedarfen sowie (falls möglich) den erhobenen Zeitbedarfen anderer Gruppenmitglieder verglichen und analysiert. Dabei wird versucht, Ursachen für Abweichungen zu identifizieren. Ebenso werden die erhobenen Verzögerungen, Ansätze zur Verbesserung der Prozessbausteine und Ideen zur Prozessoptimierung ausgewertet. Aufbauend auf der Analyse der Ursachen für Zeitabweichungen sollen Ideen für neue Verfahrensvarianten der Prozessbausteine erarbeitet werden. Im Anschluss daran sollen die Personen darstellen, aus welchen Prozessbausteinen und Verfahrensvarianten die nächsten Durchläufe der analysierten Tätigkeit bestehen werden. Falls erforderlich, sind neue Prozessbausteine bzw. Verfahrensvarianten zu definieren. Die Erkenntnisse sind in der Datenbank zu speichern.

Nominalgruppentechnik: Im Anschluss werden die erhobenen Messwerte und individuell gewonnenen Erkenntnisse aller Teilnehmer durch den Moderator aus der Datenbank ausgelesen und für die Arbeit in der Gruppe aufbereitet.

Realgruppenarbeit: Angeleitet durch den Moderator werden in der Gruppe die aufbereiteten Messwerte und individuell gewonnenen Erkenntnisse intraindividuell und interindividuell analysiert, verglichen und diskutiert. Im Anschluss an die Diskussion erfolgt die konsensuale Festlegung von Präzisierungen der definierten Prozessbausteine und Verfahrensvarianten, Verzögerungen sowie Maßnahmen der Prozessoptimierung. Daran anschließend wird konsensual festgelegt, mithilfe welcher Prozessbausteine und Verfahrensvariante die folgenden Durchläufe der analysierten Tätigkeit modelliert werden sollen. Falls erforderlich, sind neue Prozessbausteine bzw. Verfahrensvarianten zu definieren. Die Ergebnisse sind in der Datenbank zu speichern.

Hinweis: Sollte die auszuwertende Datenmenge in Teil A zu umfassend sein, so kann mithilfe der in Schritt drei erhobenen Informationen zur Priorisierung eine Beschränkung auf zentrale Aspekte vorgenommen werden. Diese sollte jedoch transparent kommuniziert werden, sodass der unbeabsichtigte Ausschluss wichtiger Informationen durch die Gruppe korrigiert werden kann.

Teil B

In Teil B des vierten Schrittes werden die Zeitbedarfe der erarbeiteten Prozessbausteine und Verfahrensvarianten für die nächsten Durchläufe der analysierten Tätigkeit partizipativ-konsensual geschätzt. Falls nötig, werden Prozessbausteine aggregiert.

Individualarbeit: Zu Beginn werden die Zeitbedarfe der von einer Person bei den nächsten Durchläufen auszuführenden Prozessbausteine bzw. Verfahrensvarianten unter Einbeziehung der erhobenen Messwerte individuell geschätzt und in einer Datenbank gespeichert.

Nominalgruppentechnik: Daran anschließend werden die gespeicherten Werte aller Teilnehmer durch den Moderator aus der Datenbank ausgelesen und für die Arbeit in der Gruppe aufbereitet.

Realgruppenarbeit: Angeleitet durch den Moderator werden in der Gruppe auf Basis der aufbereiteten Daten die individuell geschätzten Zeiten für die einzelnen Prozessbausteine bzw. Verfahrensvarianten verglichen und Abweichungen diskutiert. Im Anschluss an die Diskussion erfolgt unter Einbeziehung vorhandener Messwerte die konsensuale Festlegung von Zeitbedarfsschätzwerten für die nächsten Durchläufe der Prozessbausteine bzw. Verfahrensvarianten. Falls erforderlich, sind wiederum Aggregate zu bilden (siehe zum Vorgehen Schritt zwei). Sofern inhaltlich vertretbar, sind bestehende Aggregate beizubehalten. Die Ergebnisse sind wiederum in der Datenbank zu speichern.

Schritt 5: Umsetzung der partizipativ-konsensual erarbeiteten Beschlüsse

Im fünften Schritt erfolgt die Umsetzung der in der Gruppe partizipativ-konsensual erarbeiteten Beschlüsse: Maßnahmen der Prozessoptimierung werden durchgeführt und Anpassungen bezüglich Prozessbausteinen, Merkmalen von Verfahrensvarianten, Aggregaten sowie Verzögerungen werden in die verwendete Zeiterhebungssoftware eingepflegt.

Zentral für die Reduktion des Risikos negativer gesundheitlicher Folgen aufgrund zu geringer zeitlicher Vorgaben ist, dass die erarbeiteten nachhaltigen Zeitbedarfswerte als Zeitvorgaben für die folgenden Durchläufe der analysierten Tätigkeit verwendet werden.

Anwendungshinweise für das Verfahren

Im Anschluss an den fünften Schritt wird, beginnend mit Schritt drei, das Verfahren neu begonnen, sodass sich ein Kreislauf der Schritte drei, vier und fünf ergibt (Abb. 10.1). Durch den wiederholten Durchlauf trainieren die beteiligten Personen das Schätzen zukünftiger Zeitbedarfe, was zur Reduktion des Schätzfehlers beiträgt. Zudem werden sukzessive die Definitionen der Prozessbausteine und Verfahrensvarianten verbessert und es kann auf Veränderungen sowie Entwicklungen innerhalb des Unternehmens oder in der Umwelt reagiert werden.

Der Natur komplexer Wissens- und Innovationsarbeit folgend ist anzumerken, dass ermittelte Zeitbedarfe für diese Art von Tätigkeiten immer Näherungscharakter aufweisen und nie den Anspruch exakter Vorhersagen erfüllen können. Dies gilt es bei der Arbeitsplanung in Unternehmen zu berücksichtigen.

Die konsequente Pflege der Datenbank im Verfahren ist essenziell, um die Masse an Daten verwalten und anwenden zu können. Die umfassende Dokumentation und die Verwendung präziser Definitionen bei der Datenerhebung ermöglichen es zudem, Veränderungen bezüglich des Schätzfehlers über die Zeit analysieren zu können. Darüber hinaus entsteht sukzessive eine umfassende Datenbasis, welche auch für weitergehende Auswertungen verwendet werden kann. Es empfiehlt sich die Nutzung eines Datenbanksystems, welches zur im Unternehmen vorhandenen Infrastruktur kompatibel ist.

Um die benötigten zeitlichen Ressourcen für die Anwendung des Verfahrens gering zu halten, ist es ratsam, bei Teil A von Schritt vier eine Priorisierung vorzunehmen und sich auf besonders relevante Aspekte zu konzentrieren.

Die Anwendung des Verfahrens kann ausgesetzt werden, wenn die Differenz zwischen den vorab geschätzten und den bei der realen Ausführung gemessenen Zeitbedarfswerten über die Durchläufe hinweg für die Arbeitsplanung hinreichend gering ist und wenn zukünftige Variationen der analysierten Tätigkeit mit den erarbeiteten Prozessbausteinen und Verfahrensvarianten adäquat abgebildet werden können.

Rechnungsmodell zur ökonomischen und gesundheitsbezogenen Bewertung der Verfahrensergebnisse

Zur ökonomischen Bewertung der Ergebnisse des im Verbundprojekt GADIAM entwickelten Verfahrens wurde ein formatives Rechnungsmodell konzipiert (Abb. 10.2). Das Ziel des Rechnungskonzeptes ist es, die Wirtschaftlichkeit auf Unternehmensebene sowie die potenziellen Auswirkungen auf die Mitarbeiter zu evaluieren und Anwendungspotenziale aufzudecken.

Das Rechnungsmodell basiert auf der (1) Prozesskostenrechnung. Diese dient zur verursachungsgerechten Verrechnung und Allokation der Ressourcenverbräuche der Prozesse, die zur Herstellung der betrieblichen Erzeugnisse notwendig sind [2, 9]. Zusätzlich werden Aspekte des (2) Time-Driven Activity Based Costings im Rechnungskonzept hinzugefügt, da dieser Ansatz die Verwendung der Zeit als Kostentreiber, die Abbildung von Prozessvarianten, die Darstellung als Zeitverbrauchsfunktion sowie eine mögliche Kapazitätsplanung ermöglicht [1–3, 17]. Durch dieses Vorgehen können die Auswirkungen von in den Workshops ermittelten prozessualen Verbesserungen und Verzögerungen auf die Prozesse dargestellt werden. Da die Zeit in dem Rechnungsansatz der wesentliche Kostentreiber ist, werden somit die Veränderungen der Zeitbedarfe deutlich. Die kalkulierten Prozesskosten fließen anschließend in die (3) Zeitkostenrechnung ein. Mit dieser werden zeitrelevante und -neutrale Kosten ermittelt. Erstere können hinsichtlich Varianz und Mittelwert der Durchlaufzeit eines Prozesses in Kostenklassen unterteilt und zu verschiedenen betrachteten Zeitpunkten gegenübergestellt werden. Die Kosten der Beschleunigung stehen dann den Kostenreduktionspotenzialen infolge der Beschleunigung bzw. die Zeitüberschreitungskosten den Zeiteinhaltungskosten gegenüber [2, 10, 12]. Dies gilt analog für mögliche Entschleunigungen von Prozessen [13]. Dadurch wird ein Vergleich von Kosten und Nutzen vor und nach der Durchführung des GADIAM-Verfahrens möglich. Ebenso können Potenziale des Verfahrens aufgezeigt und Kapazitätsplanungen durchgeführt werden. Weiterhin können mit der Zeitkostenrechnung die Auswirkungen der ermittelten Verzögerungen und des von Mitarbeitern empfundenen Zeitdrucks auf die Termintreue (entspricht Varianz der Prozessdurchlaufzeit) und Lieferzeit (dargestellt durch Mittelwert der Prozessdurchlaufzeit) abgebildet werden.

Da Zeitdruck darüber hinaus psychologische und emotionale Folgen haben kann [22, 23], werden auch weiche Kennzahlen erfasst, z. B. empfundener Zeitdruck, Motivation oder Arbeitszufriedenheit. Diese werden mittels Fragebögen vor und nach Anwendung des GADIAM-Verfahrens mit den an den Workshops teilnehmenden Mitarbeitern sowie einer dazugehörigen Kontrollgruppe erhoben. Die ermittelten Daten fließen dann in die (4) Erweiterte-Kosten-Nutzen-Analyse ein. Dabei werden die weichen Kennzahlen monetarisiert. Dies erfolgt über die Verknüpfung der Effektstärke, d. h. die Differenz der Kennzahlenausprägung vor und nach Durchführung des GADIAM-Verfahrens, mit dem Wert der Standardabweichung der Arbeitsleistung [8]. Somit können Nutzen und Kosten des GADIAM-Verfahrens gegenübergestellt werden. Darüber hinaus fließen die ermittelten weichen Kennzahlen in die (5) Gesundheitskostenrechnung ein, die einen weiteren Bestandteil des Rechnungsmodells darstellt. Somit können die Auswirkungen von Zeitdruck auf die psychologische und physische Gesundheit abgebildet werden. Hierbei werden Kennzahlen des Gesundheitscontrollings analysiert, wie z. B. Unfallhäufigkeit, Präsentismus, Absentismus [11, 15]. Die in der Gesundheitskostenrechnung erfassten Auswirkungen des GADIAM-Verfahrens fließen als Gesundheitskosten in die Ressourcenverbräuche der Prozesse ein, z. B. eine reduzierte Unfallhäufigkeit führt zu geringeren Kosten der Beseitigung und der Folgen der Unfälle oder des Personalersatzes und somit zu geringeren Personalkosten. Diese Veränderung wird daraufhin in der Zeitkostenrechnung erfasst und somit im Vergleich von Kosten und Nutzen des GADIAM-Verfahrens berücksichtigt.

10.3 Forschungslücken und Ausblick

Gleichwohl im GADIAM-Verbundprojekt ein Verfahren zur Ermittlung nachhaltiger Zeitbedarfe für komplexe Wissens- und Innovationsarbeit samt einer Handlungsanleitung und einem Schulungskonzept entwickelt werden konnte, zeigten sich im Projektverlauf auch Forschungslücken und damit Bedarf für Anschlussforschung. So wäre es wichtig zu verstehen, welche Modifikationen des GADIAM-Verfahrens hinsichtlich verschiedener Abstufungen komplexer Wissens- und Innovationsarbeit dessen Effizienz verbessern könnten. Damit einhergehend wäre auch die Untersuchung von Einsatzgrenzen von Zeitermittlungsverfahren allgemein bei hochkomplexer Innovationsarbeit von Interesse [14].

Durch die Partner des Verbundprojekts wird der Transfer des GADIAM-Verfahrens in die Unternehmenspraxis fortwährend unterstützt, wobei die Handlungsanleitung und das Schulungskonzept sukzessive weiter optimiert werden.

Projektpartner und Aufgaben

- **Technische Universität Dresden, Fakultät Psychologie, AG „Wissen-Denken-Handeln“**
  Projektkoordination; Entwicklung, Erprobung und Bewertung eines Verfahrens zur Ermittlung nachhaltiger Zeitbedarfe für komplexe Wissens- und Innovationsarbeit sowie Erarbeitung einer Handlungsanleitung und eines Schulungskonzepts
- **Technische Universität Dresden, Lehrstuhl für Betriebliches Rechnungswesen/Controlling**
  Entwicklung eines Rechnungsmodells zur monetären und nichtmonetären Bewertung der Verfahrensergebnisse
- **Deutsche MTM-Gesellschaft Industrie- und Wirtschaftsberatung mbH (MTM)**
  Erprobung und Unterstützung der Weiterentwicklung des GADIAM-Verfahrens für komplexe digitalisierte Aufgaben in der Angebotsabwicklung; Methodik generischer Prozessbausteine; Ergebnistransfer
- **Deutsche Werkstätten Hellerau GmbH (DWH)**
  Erprobung und Unterstützung der Weiterentwicklung des GADIAM-Verfahrens für komplexe digitalisierte ingenieurtechnische Aufgaben
- **Telegärtner Gerätebau GmbH (TGG)**
  Erprobung und Unterstützung der Weiterentwicklung des GADIAM-Verfahrens für komplexe digitalisierte technische Aufgaben zur prospektiven Arbeitsgestaltung

Literatur

1. Bruggeman W, Moreels K (2004) Activity-Based Costing in Complex and Dynamic Environments. The Emergence of Time-Driven ABC. Controll 16(11):597–602
2. Coenenberg AG, Fischer TM, Günther T (2016) Kostenrechnung und Kostenanalyse, 9. Aufl. Schäffer-Poeschel, Stuttgart
3. Coners A, von der Hardt G (2004) Time-Driven Activity-Based Costing, Motivation und Anwendungsperspektiven. Zeitschrift für Controlling & Management 48(2):108–118
4. Debitz U, Hacker W, Stab N, Metz U (2012) Zeit- und Leistungsdruck? Anforderungsgerechte partizipative Personal- bzw. Zeitbemessung bei komplexer und interaktiver Arbeit als Grund-

lage von Nachhaltigkeit. In: Gesellschaft für Arbeitswissenschaft e.V. (Hrsg) Gestaltung nachhaltiger Arbeitssysteme – Wege zur gesunden, effizienten und sicheren Arbeit. GfA-Press, Dortmund, S 397–400

5. Dengler K, Matthes B (2015) Folgen der Digitalisierung für die Arbeitswelt. Substituierbarkeitspotenziale von Berufen in Deutschland. IAB Forschungsbericht 11/2015. https://doku.iab.de/forschungsbericht/2015/fb1115.pdf. Zugegriffen: 28. Febr 2020
6. Eurofound (2016) Erste Ergebnisse: 6. Europäische Erhebung über die Arbeitsbedingungen. 10.2806/563938
7. Evans JS, Frankish K (2009) In two minds: Dual processes and beyond. Oxford University Press, New York
8. Fritz S (2006) Ökonomischer Nutzen "weicher" Kennzahlen: (Geld) Wert von Arbeitszufriedenheit und Gesundheit. vdf Hochschulverlag AG, Zürich
9. Günther T (1997) Neuentwicklungen der Kostenrechnung-eine Antwort auf geänderte Fragestellungen. In Freidank CC, Götze U, Huch B, Weber J, Mikus B (Hrsg) Kostenmanagement. Springer, Berlin, Heidelberg, S 97–120
10. Günther T (1998) Konzeption einer Zeitkostenrechnung als Schnittstelle von Kostenrechnung und Wettbewerbsstrategie. In: Möller HP, Schmidt F (Hrsg) Rechnungswesen als Instrument für Führungsentscheidungen, Festschrift für Prof. Dr. Dr. h.c. Coenenberg zum 60. Geburtstag. Stuttgart, S 171–202
11. Günther T, Albers C, Hamann M (2009) Kennzahlen des Gesundheitscontrollings. Zeitschrift für Controlling und Management 53:367–375
12. Günther T, Fischer J (2000) Zeitkostenrechnung. In: Bloech J, Götze U, Mikus B (Hrsg) Management und Zeit. Physica, Heidelberg, S 269–296
13. Günther E, Günther T (2005) Entschleunigung als Beitrag zur Generationengerechtigkeit–Eine Analyse der ökonomischen, ökologischen und sozialen Konsequenzen. In: Tremmel J, Ulshöfer G (Hrsg) Unternehmensleitbild Generationengerechtigkeit – Theorie und Praxis. Verlag für Interkulturelle Kommunikation IKO, Frankfurt a. M., S 157–187
14. Hacker W (2020) Prävention von zeitlicher Überforderung bei entgrenzter komplexer Wissens- sowie Innovationsarbeit: Möglichkeiten und Grenzen der Zeitbedarfsermittlung – eine Fallstudie. Psychologie des Alltagshandelns 13(1):1–16
15. Hemp P (2005) Krank am Arbeitsplatz. Harvard Bus 27(1):47–60
16. Kahneman D (2011) Thinking, fast and slow. Farrar, Straus & Giroux, New York
17. Kaplan RS, Anderson SR (2004) Time-Driven Activity-Based Costing. Harvard Bus Rev 82(11):131–138
18. Kruger J, Evans M (2004) If you don‘t want to be late, enumerate: Unpacking reduces the planning fallacy. J Exp Soc Psychol 40(5):586–598
19. Lovallo D, Kahneman D (2003) Delusions of Success: How Optimism Undermines Executives' Decisions. Harvard Bus Rev 81(7):56–63
20. Rau R, Buyken D (2015) Der aktuelle Kenntnisstand über Erkrankungsrisiken durch psychische Arbeitsbelastungen: Ein systematisches Review über Metaanalysen und Reviews. Zeitschrift für Arbeits- und Organisationspsychologie 59(3):213–229
21. Roy MM, Christenfeld NJ (2007) Bias in memory predicts bias in estimation of future task duration. Mem Cogn 35(3):557–564
22. Silla I, Gamero N (2014) Shared time pressure at work and its health-related out-comes: Job satisfaction as a mediator. Eur J Work Organ Psychol 23(3):405–418
23. Svanström T (2016) Time pressure, training activities and dysfunctional auditor behaviour: evidence from small audit firms. Int J Auditing 20(1):42–51
24. Yin RK (2014) Case Study Research: Design and Methods, 5. Aufl. Sage, Thousand Oaks, CAs

BY

KAMiiSo

11

Digitale Hilfsmittel für Kommunikation und Methodeneinsatz in der standortübergreifenden Produktentwicklung

Julian Baschin, Thomas Vietor, Victoria Zorn, Simone Kauffeld, Tim Claus Bardenhagen, Christoph Spielmann und Michael Guse

11.1 Problemstellung und Motivation im KAMiiSo-Projekt

Die Zusammenarbeit in Wertschöpfungsnetzwerken trägt wesentlich zur Wettbewerbsfähigkeit kleiner und mittlerer Unternehmen in Deutschland bei [1]. An der Entwicklung und Fertigung komplexer Gesamtsysteme sind hochspezialisierte, in der Regel örtlich verteilte Unternehmen oder Unternehmensbereiche beteiligt. Diese verteilte Wertschöpfung ist insbesondere im Anlagen- und Maschinenbau vorzufinden und wird neben der fachlichen Spezialisierung der einzelnen Unternehmen durch einen zunehmenden Kostendruck (Lohnkosten) und den globalen Vertrieb und Einsatz der Produkte getrieben. Beispielsweise werden mechatronische (Teil)Systeme aus unterschiedlichen Fachdisziplinen (Mechanik, Elektronik, Informatik) von verschiedenen,

J. Baschin (✉) · T. Vietor
TU Braunschweig, Institut für Konstruktionstechnik, Braunschweig, Deutschland

V. Zorn · S. Kauffeld
TU Braunschweig, Institut für Arbeits-, Organisations- und Sozialpsychologie, Braunschweig, Deutschland

T. C. Bardenhagen
DESMA Schuhmaschinen GmbH, Technologiemanagement, Achim, Deutschland

C. Spielmann
machineering GmbH & Co. KG, Simulation und Automatisierung, München, Deutschland

M. Guse
PEINER SMAG Liftung Technologies GmbH, Vertriebsinnendienst, Salzgitter, Deutschland

W. Bauer et al. (Hrsg.), *Arbeit in der digitalisierten Welt*,
https://doi.org/10.1007/978-3-662-62215-5_11

hochspezialisierten Abteilungen innerhalb eines Unternehmens entwickelt. Diese werden oftmals durch Einbindung von Zulieferern produziert. So werden z. B. für die von der am Vorhaben beteiligten Firma DESMA produzierten Schuhbesohlungsmaschinen erforderlichen elektrischen und pneumatischen Antriebe einschließlich ihrer Ansteuerung durch unterschiedliche Zulieferer als eigenständige Teilsysteme bereitgestellt. Die einzelnen Teilsysteme werden anschließend durch den Maschinenhersteller zu einem mechatronischen Gesamtsystem zusammengeführt und in Betrieb genommen. Neben dieser standort- und unternehmensübergreifenden Zusammenarbeit erfolgt auch innerhalb einzelner Unternehmen die Entwicklung und Produktion arbeitsteilig an verschiedenen Standorten. Beispielsweise werden Schüttgutgreifer der am Vorhaben beteiligten Firma PSLT überwiegend in Deutschland entwickelt, jedoch zunehmend durch Standorte in Indien oder China gefertigt.

Die Effizienz und Effektivität dieser verteilten Zusammenarbeit wird maßgeblich durch den reibungslosen Informationsaustausch zwischen den Entwicklungspartnern bestimmt [2, 3]. Dieser Informationsaustausch wird durch zeitliche Diskrepanzen bei der Informationsgenerierung, örtliche und organisatorische Trennungen der Entwicklungspartner sowie disziplinspezifische Entwicklungsmethoden und -tools in der Entwicklungspraxis jedoch oftmals erschwert. Informationen werden aufgrund organisatorisch, persönlich oder technisch bedingter Kommunikationshürden häufig erst bei akuten Informationsdefiziten oder Änderungsbedarfen ausgetauscht [4, 5]. Dies führt in der Praxis zu einer schnittstellenbasierten Entwicklung und der sequentiellen Verknüpfung der Teilprozesse der einzelnen Entwicklungspartner, siehe Abb. 11.1 links. Erforderliche Anpassungen z. B. infolge veränderter Kundenwünsche werden oftmals

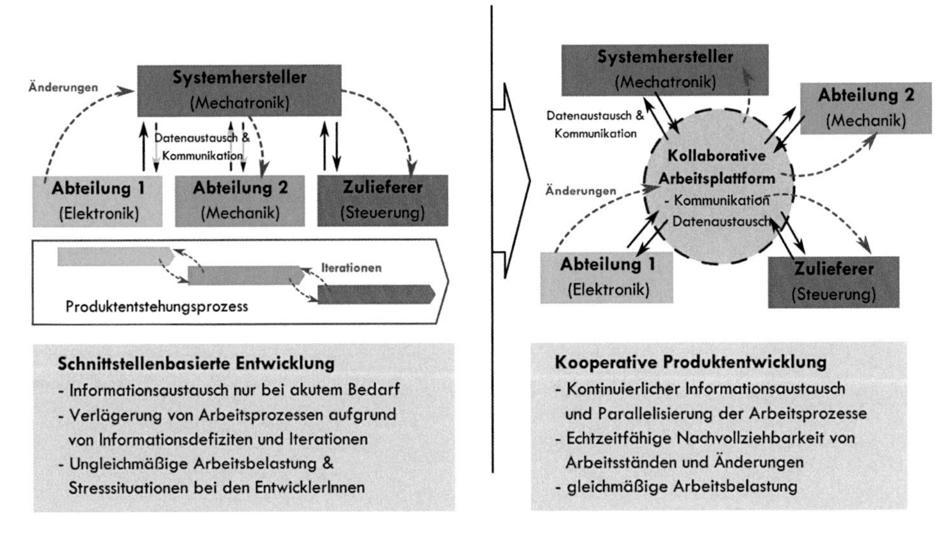

Abb. 11.1 Von der schnittstellenbasierten Entwicklung zur kooperativen Produktentwicklung

nur an den Gesamtsystemhersteller kommuniziert und von diesem an einzelne Teilsystemhersteller weitergegeben, ohne Auswirkungen auf weitere Teilsysteme überprüfen zu können. Die resultierenden Iterationen führen zu einer ungleichmäßigen Arbeitsbelastung und Stresssituationen für die beteiligten EntwicklerInnen. Zusätzlich besteht das Risiko einer Verlängerung der Entwicklungszeit und der Nichterfüllung des Vertrages aufgrund nicht abgestimmter Änderungen. Diese Situation zeigt die Notwendigkeit einer kooperativen Produktentwicklung auf, in der die einzelnen Arbeitsprozesse durch den kontinuierlichen Austausch von Informationen parallelisiert und Änderungen nahezu in Echtzeit von sämtlichen Partnern nachvollzogen werden können, siehe Abb. 11.1 rechts. Die Transformation hin zu einer kooperativen Produktentwicklung wird durch eine zielgerichtete Digitalisierung der Arbeitsumgebung gefördert. Der Einsatz digitaler Hilfsmittel bietet die Möglichkeit den direkten und personenbezogenen Austausch von Wissen z. B. über Foren oder Chats zu fördern und bestehende digitale Entwicklungstools (z. B. CAD-Systeme, Simulationswerkzeuge) in einer gemeinsamen Arbeitsplattform zu integrieren. Die auf diese Weise entstehenden neuen Kommunikations- und Interaktionsformen ermöglichen eine Parallelisierung der Arbeitsprozesse, verkürzen die Entwicklungszeit und fördern die Innovationskraft durch Überwindung fachspezifischer und örtlicher Beschränkungen. Zusätzlich ergibt sich die Möglichkeit, Entwicklungs-Know-How über die Standorte eines Unternehmens hinweg zu nutzen und damit die Innovationskraft der Unternehmen zu erhöhen. Die mit der Digitalisierung einhergehende Einführung neuer Entwicklungstools und Veränderung von Arbeitsweisen setzt jedoch neue Kompetenzen und Qualifikationen wie z. B. Telekooperationskompetenzen sowie Kompetenzen des verstärkten Projekt- und Selbstmanagements der beteiligten EntwicklerInnen voraus. Werden diese veränderten Kompetenz- und Qualifikationsanforderungen nicht als integraler Bestandteil betrieblicher Handlungskonzepte berücksichtigt, resultieren die Einführung und Nutzung neuer digitaler Hilfsmittel und geänderter Arbeitsprozesse in einer hohen individuellen Belastung, einem hohen Stresserleben und reduzierter Produktivität der EntwicklerInnen. In der Konsequenz scheitert die Einführung digitaler Hilfsmittel in diesen Fällen oftmals an der mangelnden Akzeptanz und/oder situativer Überforderung der einzelnen Nutzer, da diese nicht über die erforderlichen Qualifikationen und Kompetenzen verfügen [6, 7].

Der aufgezeigte Wandel der Hilfsmittel und Arbeitsweisen stellt insbesondere kleine und mittlere Unternehmen vor die Herausforderung, betriebliche Maßnahmen für die Etablierung der kooperativen Produktentwicklung zu identifizieren und diese trotz knapper Ressourcen umzusetzen. Eine besondere Herausforderung ergibt sich hierbei aufgrund der starken Wechselwirkungen zwischen standortspezifischen und standortübergreifenden Prozessen, technisch-methodischen Hilfsmitteln und personellen Aspekten der beteiligten EntwicklerInnen, siehe Abb. 11.2. Um Gesundheit, Wohlbefinden und Beschäftigungsfähigkeit der einzelnen EntwicklerInnen langfristig zu erhalten, müssen die für die örtlich verteilte und interdisziplinäre Zusammenarbeit mit digitalen Hilfsmitteln erforderlichen Kompetenzen erfasst und Strategien zur Kompetenzentwicklung sowie zur Einführung der neuen Medien und Hilfsmittel

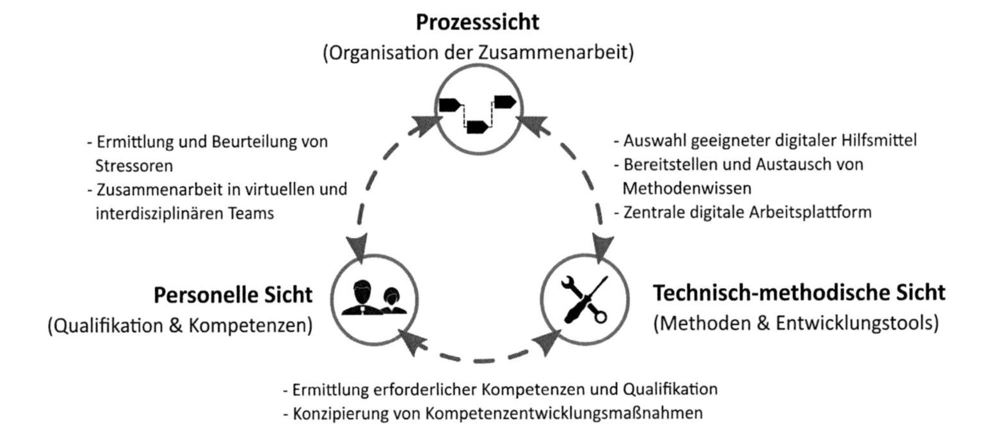

Abb. 11.2 Zusammenspiel zwischen Prozesssicht, technisch-methodischer Sicht und personeller Sicht

erarbeitet werden. Durch gleichberechtigte Berücksichtigung arbeitspsychologischer und arbeitsorganisatorischer Aspekte sowie der Prozesse und Hilfsmittel der Produktentwicklung kann sichergestellt werden, dass die EntwicklerInnen unter den neuen Bedingungen erfolgreich arbeiten und die Potentiale der Digitalisierung ausgeschöpft werden können. Nur durch einen interdisziplinären Forschungsansatz im Spannungsfeld zwischen Ingenieurwissenschaften und Arbeits- und Organisationspsychologie können nachhaltige betriebliche Handlungskonzepte für die Einführung digitaler Hilfsmittel und Strategien zur Kompetenzentwicklung der EntwicklerInnen zur zielgerichteten Digitalisierung der Arbeitsumgebung erarbeitet werden.

11.2 Zielsetzung im KAMiiSo-Projekt

Ausgehend von der skizzierten Ausgangssituation und dem Bedarf der Unternehmen zielen die Forschungs- und Entwicklungsarbeiten des Verbundprojektes KAMiiSo auf die Bereitstellung von Handlungskonzepten für die zielgerichtete Digitalisierung der Arbeitsumgebung örtlich verteilt und interdisziplinär zusammenarbeitender Entwicklungspartner ab. Der Einsatz digitaler Hilfsmittel soll neue Interaktions- und Kommunikationsformen zwischen den Entwicklungspartnern ermöglichen und zur Vision einer kooperativen Produktentwicklung beitragen. Die bisher vorwiegend schnittstellenbasierte Entwicklungsarbeit und sequenzielle Verknüpfung von Teilprozessen der einzelnen Entwicklungspartner sollen durch den zielgerichteten Einsatz von Entwicklungsmethoden oder Kommunikationsstrategien überwunden werden. Auf diese Weise soll die Häufigkeit von Iterationen reduziert und damit die bisher sehr ungleichmäßigen Arbeitsbelastungen und daraus resultierenden Stresssituationen bei den

EntwicklerInnen entschärft werden. Zur Realisierung dieser Vision werden kooperativ nutzbare Softwarelösungen entwickelt, welche die Bereitstellung und den Austausch von Methodenwissen und geeigneten Kommunikationsstrategien, die Kompetenzentwicklung und Reflexion von Kommunikations- und (virtuellen) Teamprozessen sowie virtuelle Inbetriebnahme von Gesamtsystemen unterstützen. Durch die einzelnen Softwaremodule wird einerseits ein kontinuierlicher Austausch von Informationen und Wissen, bspw. Methoden- oder Produktwissen, zwischen den Entwicklungspartnern sichergestellt. Andererseits werden die erforderlichen Kompetenzen und Qualifikationen der EntwicklerInnen selbst reflektiert und zielgerichtet weiterentwickelt. In der Konsequenz werden Iterationen während des Entwicklungsprozesses verringert, Arbeitsprozesse parallelisiert und Änderungen transparent dargestellt, wodurch sich eine gleichmäßigere Arbeitsbelastung für die einzelnen EntwicklerInnen ergibt. Zeitgleich ergeben sich durch die Reduzierung der Entwicklungszeiten für die beteiligten Industrieunternehmen mittelfristig Kosteneinsparungen und Qualitätsverbesserungen. Damit leisten die entwickelten Lösungsansätze einen unmittelbaren Beitrag zur Aufrechterhaltung und Steigerung der Wettbewerbsfähigkeit deutscher KMU. Daraus ergeben sich folgende Ziele:

- Erforschung der Potenziale und Risiken zukünftiger Szenarien der digitalgestützten Zusammenarbeit örtlich verteilter und interdisziplinärer Entwicklungspartner aus technisch-methodischer Sicht, personeller Sicht sowie Prozesssicht
- Entwicklung und Erprobung von Kompetenzmodellen für die Arbeit in räumlich verteilten und interdisziplinären Entwicklungsteams und Ableitung gezielter Weiterqualif izierungsmaßnahmen
- Entwicklung und Erprobung eines digitalen Hilfsmittels für die Kommunikation und Methodenauswahl in der standortübergreifenden Produktentwicklung
- Entwicklung und Erprobung einer kollaborativ-nutzbaren Simulationsplattform für die virtuelle Inbetriebnahme komplexer Maschinen und Anlagen in der interdisziplinären Produktentwicklung
- Zusammenführung der einzelnen Softwaremodule in einem gemeinsamen Dashboard, dem KAMiiSo-Tool

Zur Erreichung dieser Ziele werden innerhalb des Verbundprojektes die Wechselwirkungen zwischen Prozesssicht (z. B. Entscheidungszeitpunkte und Iterationen), technisch-methodischer Sicht (z. B. Entwicklungsmethoden und Kommunikationshilfsmittel) und personeller Sicht (individuelle Kompetenzen und Qualifikationen sowie potentiellen Stressoren) auf die Produktentwicklung betrachtet (vgl. Abb. 11.2). Aus dieser integrierten Betrachtung werden spezifische und allgemeine Potentiale und Risiken der Digitalisierung für KMU abgeleitet. Als Ergebnis des Projektes stehen exemplarische Arbeitsszenarien und praktisch anwendbare digitale Hilfsmittel (einzelne Softwaremodule und integriertes KAMiiSo-Tool) zur Verfügung, deren praktische Anwendbarkeit und Wirksamkeit anhand von Referenzprojekten bei der Anwendungspartnern DESMA und PSLT aufgezeigt werden.

11.3 Vorgehen und Ansatz im KAMiiSo-Projekt

Zur Erreichung der beschriebenen Ziele wurden Status-Quo-Analysen hinsichtlich des Einsatzes von Engineering-Methoden, kompetenzförderlichen Maßnahmen und Hot-Spots in der Produktentwicklung bei den Anwendungspartnern DESMA und PSLT durchgeführt. Anschließend wurden Anforderungen an die MitarbeiterInnen und digitalen Hilfsmittel zur Unterstützung einer interdisziplinären, verteilten Produktentwicklung abgeleitet. Diese Informationen dienten als Grundlage zur Konzipierung und Ausgestaltung eines Kompetenzentwicklungs- und Reflexionstools, eines Prozess-, Methoden- und Kommunikationstools sowie eines Tools zur virtuellen Inbetriebnahme von Anlagen und Maschinen (kooperativ nutzbare Simulationsumgebung), s. Abschn. 11.6. Innerhalb definierter Anwendungsszenarien (s. Abschn. 11.7) wurden die Konzepte für digitale Hilfsmittel kritisch reflektiert und funktionsfähige Prototypen der Tools entwickelt, die zusammen mit den Anwendungspartnern erprobt und mit den erhaltenen Erkenntnissen weiterentwickelt und spezifiziert wurden. Die Anwendungsszenarien fokussieren dabei einerseits die interdisziplinare Produktentwicklung durch Mitwirkung unterschiedlicher Engineering-Domänen wie die Mechanik, Elektronik oder Software beim Projektpartner DESMA (Anwendungsszenario: virtuelle Inbetriebnahme einer Extrudereinheit, s. Abschn. 11.7). Andererseits liegt der Fokus auf der Kommunikation und methodischen Unterstützung bei der Produktentwicklung mit örtlich verteilten Entwicklungsteams beim Projektpartner PSLT (Anwendungsszenario: Zeichnungserstellung und Anpassungskonstruktionen in Indien. Übergreifend werden die Anwendungsszenarien durch wöchentliche Befragungen begleitet, deren Ergebnisse den Anwendungspartnern individuell zurückgemeldet werden. Dabei werden möglichst ökonomisch Faktoren erfasst, die für die Anwendungsszenarien bedeutsam sind, bspw. Stimmung der Mitarbeitenden in Bezug auf Pilotanwendungen oder Auftreten von komplexen Kommunikationsanlässen. Im Rahmen der Rückmeldungen an die Anwendungspartner werden die Ergebnisse auf Mitarbeiterebene anonymisiert dargestellt, inhaltlich eingeordnet (z. B. durch Bezug zum Projektverlauf) und Handlungsempfehlungen gegeben.

11.4 Tools im KAMiiSo-Projekt

Im vorliegenden Kapitel werden die während der Projektlaufzeit entwickelten Tools vorgestellt. Die Tools sind in einem gemeinsamen KAMiiSo-Dashboard verknüpft. Darin sind Informationen zu den einzelnen Tools enthalten, um diese zielgerichtet und effizient in der Produktentwicklung einzusetzen. Die entwickelten Tools setzen dabei jeweils auf einer Ebene des MTO-Ansatzes an (vgl. [12]): Das Prozesstool auf organisationaler Ebene, das Reflexionstool auf Ebene der Mitarbeitenden sowie die Simulationssoftware auf technischer Ebene.

11.4.1 Prozess-, Methoden- und Kommunikationstool

Das Methoden- und Kommunikationstool (Powl-Tool) bietet die Möglichkeit, Prozesse in einer grafischen Oberfläche nach dem Business Process Model and Notation (BPMN)-Standard zu modellieren, siehe Abb. 11.3. Die Prozesse lassen sich nach Bedarf des Detaillierungsgrads in Aktivitäten untergliedern. Die einzelnen Entwicklungsaktivitäten werden einerseits unterschiedlichen Rollen (Personen oder Abteilungen) zugeordnet und dienen gleichzeitig zur Einbindung von Methoden, Tools (Hilfsmittel wie z. B. Checklisten oder Kommunikationsmittel) und notwendigen Kompetenzen. Die Auswahl der Methoden kann über ein im Powl-Tool zur Verfügung stehendes Filter- und Suchsystem erfolgen (Methodensuche). Das Filter- und Suchsystem nutzt unterschiedliche Attribute (z. B. nach Zielen des Methodeneinsatzes), die spezifisch für die kooperative Produktentwicklung erarbeitet wurden [8]. Anschließend werden übereinstimmende Methoden vorgeschlagen und den einzelnen Entwicklungsaktivitäten zugeordnet. Außerdem besteht im Powl-Tool die Möglichkeit, sich in einer Methodendatenbank (Alle Methoden) über Methoden und notwendige Kompetenzen (alle Kompetenzen) zu informieren, um diese anschließend über die Prozessmodellierung zielgerichtet in den Prozess zu integrieren und den jeweiligen Aktivitäten zuzuordnen. Unter dem Reiter „Medien & Tools“ sind zudem technische Hilfsmittel zur Unterstützung der Methodenanwendung hinterlegt. Die eingetragenen Methoden, Tools und Kompetenzen können jederzeit durch den Administrator erweitert werden. Das Powl-Tool soll durch ein Anwendungsszenario bei PSLT zum Einsatz kommen, um bestehende Prozesse abzubilden und methodisch zu unterstützen. Ziel dieser Arbeiten ist es, den bisher stark präskriptiven Charakter

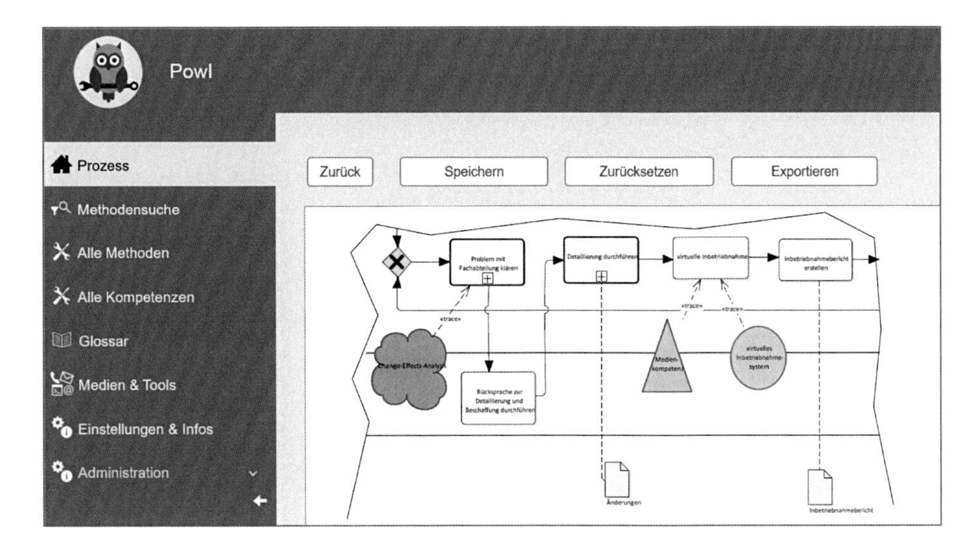

Abb. 11.3 Methoden- und Kommunikationstool

der Prozessmodelle durch Funktionen für die prozessbegleitende Kommunikation und Reflexion aufzubrechen und eine agile Prozessentwicklung zu unterstützen [9]. Hierzu stehen weitere Funktionen wie die Kommentarfunktion innerhalb der Prozessmodellierung zur Verfügung, wodurch Mitarbeiter Feedback zu Prozessen, Aktivitäten und Methoden geben können. Durch die Reflexion der Mitarbeiter können die Prozesse entsprechend angepasst und Kompetenzen situationsgerecht aufgebaut werden.

11.4.2 Kompetenzentwicklungs- und Reflexionstool

Das Kompetenzentwicklungs- und Reflexionstool bietet eine Ergänzung zum Powl-Tool, indem es Unternehmen ermöglicht, sowohl punktuelle Status-Quo-Abfragen als auch längere Begleitungen für Projekte durchzuführen. Für die Entwicklung des Prototyps wurde dazu eine Open Source Befragungssoftware als Grundlage verwendet, um Online-Umfragen flexibel nach Unternehmensbedarf umzusetzen. Im Rahmen des Projektes wurde dann ein Steuerungstool entwickelt, dass zeitgesteuerte Befragungen, sowohl punktuell als auch fortlaufend, ermöglicht. Die Mitarbeitenden erhalten dazu zu den festgesetzten Zeitpunkten eine Mail mit dem Link zur Befragung. Das Reflexionstool ermöglicht somit die Messung von Veränderungen mithilfe wissenschaftlicher Fragebögen (z. B. zu Kompetenzen oder Arbeitsbelastung) sowie die Implementierung von Reflexionsfragen zur Unterstützung der Prozessreflexion. Die Ergebnisse werden in regelmäßigen Abständen aufbereitet und, auf Mitarbeitendenebene anonymisiert, an das Unternehmen zurückgemeldet. So können Veränderungen auf personeller Ebene für Unternehmen sichtbar gemacht werden und geeignete Maßnahmen (z. B. zur Reduzierung von Arbeitsbelastung, Prozessanpassung oder Kompetenzentwicklung) ergriffen werden.

11.4.3 Kooperativ nutzbare Simulationsumgebung – Tool zur virtuellen Inbetriebnahme

Die Simulationssoftware Industrial Physics ermöglicht kinematische Untersuchungen von CAD-Daten aus unterschiedlichen Entwicklungsbereichen. Dazu werden die zuvor erzeugten Geometriedaten von Bauteilen bis hin zu kompletten Anlagen bzw. Maschinen in die Software überspielt und mit Metadaten wie Massen o.ä. angereichert. Anschließend werden Zwangsbedingungen zur Bewegung der Bauteile und Antriebskräfte festgelegt, sodass die Bewegungen der Bauteile zueinander überprüft und abgestimmt werden können, indem beispielsweise Kollisionen erkannt und behoben werden. Außerdem lassen sich Steuerungsdaten mit den CAD-Daten verknüpfen und testen. Die programmierten Steuerungsalgorithmen können so überprüft und angepasst werden, bevor physische Teile angefertigt werden. Machineering hat dazu eine Schnittstelle zwischen Industrial Physics und der von DESMA verwendeten Steuerung definiert und eingerichtet, sodass die Steuerungsdaten in die Simulationsumgebung von Industrial Physics implementiert und anschließend getestet werden können. Es kann so in Echtzeit untersucht werden, ob die Steuerungsalgorithmen die geforderten Bewegungen ausführen und ob diese bereits ausreichend aufeinander abgestimmt sind. Mit Hilfe von Industrial Physics können damit einerseits Geometrien und Bewegungen von Bauteilen frühzeitig optimiert werden. Andererseits können Fehler in den Steuerungsdaten bereits in frühen Phasen der Entwicklung erkannt und behoben werden. Somit ermöglicht das Tool eine effektive Kommunikation zwischen den Engineering-Domänen (z. B. Mechanik- oder Steuerungsentwicklung) und unterstützt so eine kooperative Produktentwicklung. Durch diese sogenannte virtuelle Inbetriebnahme können teure Hardware-Prototypen minimiert und reale Inbetriebnahme-Zeiten verkürzt werden. Die Anwendung der Software erfordert allerdings ein tiefgehendes Verständnis des Tools selbst als auch zu den physikalischen Vorgängen innerhalb der Maschine. Eine kompetenzbegleitende Arbeitsgestaltung zur Unterstützung der beteiligten Mitarbeiter ist daher sinnvoll und Gegenstand des KAMiiSo-Projektes. Zudem soll eine technisch-methodische Unterstützung bei der Entwicklung der Maschinen stattfinden. Dafür hat machineering zusätzlich eine Erweiterung der in Industrial Physics vorhandenen Modellbibliothek mit vorkonfigurierten Standardelementen (z. B. Roboter, Extruder) konzipiert. Dies ermöglicht ein systematischeres Aufbauen des Simulationsmodells. Ähnlich wie das Prozess-, Methoden- und Kommunikationstool (Abschn. 11.6.1) dient Industrial Physics als kollaborative Arbeitsplattform, indem eine verbesserte Kommunikation zwischen den Mitarbeitern ermöglicht wird. Der Fokus liegt hier auf der Interaktion zwischen verschiedenen Engineering-Domänen und der Erkennung von technischen Änderungsbedarfen. Das Prozess-, Methoden- und Kommunikationstool fokussiert die Koordination, Abstimmung und methodische Unterstützung örtlich verteilter Teams.

11.5 Anwendungsszenario: Virtuelle Inbetriebnahme einer Extrudereinheit

Die DESMA Schuhmaschinen GmbH entwickelt komplexe Maschinen zur Besohlung von Schuhen und vertreibt diese weltweit. Die Maschinen bestehen im Wesentlichen aus zwei Komponenten. Der Extrudereinheit, die ein Kunststoff-Reaktionsgemisch (basierend auf Polyurethan) dosiert, plastifiziert und in die Kavität (Werkzeug, Sohlenform) extrudiert sowie dem Rondell. Das Rondell bzw. der Drehtisch beinhaltet mehrere, kreisförmig angeordnete Sohlenformen, in die der Schuhschaft eingeklemmt wird, um die Sohlenmasse durch den Extruder an den Schaft zu spritzen. Durch Rotation des Rondells können so mit einer Extrudereinheit mehrere Schuhe in kurzer Taktfolge nacheinander besohlt werden. Nach der Abkühlzeit können die Schuhe entnommen und durch Roboter oder per Hand nachbearbeitet werden. Gerade in der Abstimmung und Optimierung der Taktzeiten besteht ein hohes Entwicklungspotenzial durch Verringerung der Herstellzeiten und den damit verbundenen Herstellkosten. Für eine finale Überprüfung der Funktionsfähigkeit der Extrudereinheit mit zugehöriger Steuerung musste aber bisher die gesamte Maschine in Hardware montiert und in Betrieb genommen werden.

Ziel des Anwendungsszenarios innerhalb des KAMiiSO-Projektes war es daher, eine Extrudereinheit in Zusammenarbeit mit machineering und der TU Braunschweig virtuell abzubilden und zu sowohl die Kinematiken als auch die Steuerung zu simulieren (virtuelle Inbetriebnahme). Die virtuelle Inbetriebnahme wurde mit der Simulationssoftware Industrial Physics von machineering (s. Abschn. 11.6.3) durchgeführt. Parallel wurden durch eine kompetenzförderliche Begleitung notwendige Kompetenzen aufgebaut sowie Stressoren identifiziert und behoben. Dazu wurde die Extrudereinheit zunächst als virtuelles Abbild in der Simulationsumgebung aufgebaut bzw. aus den CAD-Daten implementiert. Anschließend wurde dieser sogenannte virtuelle Zwilling mit Metadaten wie beispielsweise Massen angereichert, um eine realitätsnahe Simulation zu gewährleisten. Daraufhin wurden erforderliche Bewegungen definiert und die dafür notwendigen Randbedingungen (Constraints) festgelegt. Der so aufgebaute virtuelle Zwilling kann nun animiert werden, was bereits eine Überprüfung der Geometriedaten hinsichtlich der Bewegungen ermöglicht. Allerdings kann noch keine Aussage über die Funktionsfähigkeit der Steuerungsdaten getroffen werden. Daher wurden diese im nächsten Schritt ebenfalls in die Simulationsumgebung implementiert und mit dem virtuellen Abbild der Maschine verknüpft. Aus technischer Sicht stellte die Schnittstelle zwischen der von DESMA verwendeten Steuerung und der Simulationssoftware Industrial Physics von machineering allerdings eine besondere Herausforderung dar. Über ein zusätzlich programmiertes Interface konnte eine Kommunikationsschnittstelle zwischen der Steuerung und der Simulationsumgebung aufgebaut werden, die die Steuerungsbefehle mit den Geometriedaten verbindet. Die Simulation der Extrudereinheit ist in Abb. 11.4 dargestellt. Parallel wurde eine Datenbibliothek mit vorprogrammierten Komponenten wie Robotern o.ä. aufgebaut, um im späteren Verlauf der Entwicklung eine unkomplizierte Erweiterung der Maschinen zu ermöglichen. Dies verringert den Simulationsaufwand und systematisiert die Konfiguration von Standardelementen. Wesentliche Erkenntnisse des Anwendungsszenarios sind aus technischer Sicht folgend zusammengefasst:

- Durch den Einsatz von virtuellen Inbetriebnahmen lassen sich notwendige technische Änderungen frühzeitig erkennen
- Virtuelle Inbetriebnahmen können als kollaborative Kommunikationsschnittstelle zwischen den Engineering-Domänen dienen und unterstützen so eine kooperative Produktentwicklung
- Die Integration einer virtuellen Inbetriebnahme in den Entwicklungsprozess verspricht die Möglichkeit einer Parallelisierung von Entwicklungsprozessen
- Die virtuelle Inbetriebnahme kann die Zeiten für die reale Inbetriebnahme verkürzen

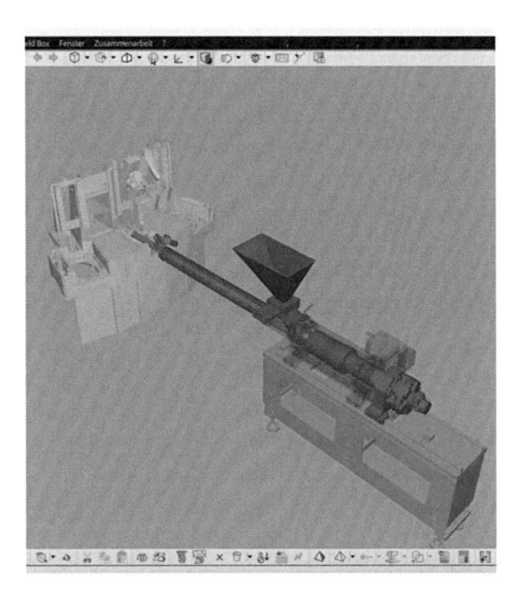

Abb. 11.4 Virtuelle Inbetriebnahme einer Extrudereinheit

- Es wird erwartet, dass durch die virtuelle Inbetriebnahme die Innovationsfähigkeit aufgrund einer effektiven Überprüfung von neuen Funktionen und Änderungen gesteigert wird

Aufgrund der simultanen Entwicklungsaktivitäten während der virtuellen Inbetriebnahme sind iterative Abstimmungsprozesse mit Entwicklern aus anderen Abteilungen und einheitlichere Arbeitsweisen notwendig. Hieraus ergeben sich Anforderungen an die Kommunikationskompetenz der Mitarbeitenden, aber auch an ihre Selbst- und Medienkompetenzen [10, 11, 12]. Gleichzeitig sind die Mitarbeitenden mit ihren Kompetenzen und ihrer Expertise für ihren jeweiligen Arbeitsplatz wichtige Wissensträger zur sinnvollen Umsetzung des Anwendungsszenarios und sollten daher beteiligt werden [13]. Die Bildung eines Simulationsteams mit Teammitgliedern aus verschiedenen Abteilungen hat es hier ermöglicht, eine erste Teilanwendung umzusetzen. Einerseits ergänzten sich die Teammitglieder bzgl. ihrer Kompetenzen, sodass beispielsweise Mitarbeitende aus der Programmierung bei der Anwendung der Simulationssoftware unterstützen konnte, deren Eingabe mittels Programmiersprache den Mitarbeitenden aus dem Konstruktionsbereich andernfalls erheblich schwerer gefallen wäre. Auch in der Forschung zur Einführung von Technologien bzw. IT-Lösungen wird die Bedeutung von Lernen in Gruppen unter Herstellung sinnvoller Aufgabeninterdependenz betont [14, 15]. Insgesamt lassen die Ergebnisse der Begleitbefragung sowie individuellen Rückmeldungen der Mitarbeitenden schließen, dass die Einführung der virtuellen Inbetriebnahme, richtig durchgeführt, nicht mit zusätzlichen Belastungen für die Mitarbeitenden einhergehen muss.

11.6 Anwendungsszenario: Zeichnungserstellung und Anpassungskonstruktionen in Indien

Die PEINER SMAG Lifting Technologies GmbH entwickelt und vertreibt Schüttgutgreifer auf dem weltweiten Markt. Ein Augenmerk gilt hier insbesondere dem indischen Markt. In der aktuellen Situation findet die Entwicklung der Schüttgutgreifer fast ausschließlich an deutschen Standorten statt. Um die Kundennähe in Indien zu verstärken und eine flexible Reaktion auf Marktveränderungen zu gewährleisten, soll eine zusätzliche Entwicklungsabteilung in Indien aufgebaut werden. Insbesondere soll so die Zeichnungserstellung und Anpassungskonstruktion von Bauteilen und Modulen der Schüttgutgreifer vor Ort durchgeführt werden. Wesentliche Herausforderung bei der Einführung dieser neuen Strukturen und Prozesse sind die örtlichen und kulturellen Unterschiede zwischen dem deutschen und dem indischen Standort. Daher ist auch hier bei der Einführung dieser Prozesse ein Fokus die kompetenzförderliche Begleitung des Anwendungsszenarios. Zur Unterstützung bei der Modellierung der Prozesse, Koordination von Aufgaben und Kommunikation zwischen den Stakeholdern soll das Prozess-, Methoden- und Kommunikationstool (Abschn. 11.6.1) eingesetzt werden. Dafür wurden zunächst die Ist-Prozesse analysiert sowie Experteninterviews und Hot-Spot-Analysen durchgeführt, um wesentliche zu erwartende Probleme bei der Einführung der neuen Prozesse zu identifizieren. So konnten beispielsweise Schnittstellenprobleme zwischen dem in Deutschland verwendeten Produktdatenmanagement(PDM)-System und der CAD-Software in Indien im Vornherein behoben werden. Anschließend wurden wesentliche Meilensteine und Aufgaben für den Soll-Prozess definiert. Für die Prozessmodellierung und Zuordnung von Methoden, Hilfsmitteln und Dokumenten wird nun das Methoden- und Kommunikationstool verwendet. Beispielsweise können Anleitungen und Checklisten zur Qualitätsprüfung der CAD-Daten und Implementierung in das PDM-System bei der Ausführung der Konstruktionsarbeiten in Indien unterstützen, die mit dem Prozess über das Tool verknüpft werden. So soll das Tool als kollaborative Arbeitsplattform zwischen den Standorten dienen und eine kooperative Produktentwicklung ermöglichen.

Standortverteilte Zeichenerstellung und Anpassungskonstruktion erfordert neben Strukturen und einheitlichen Standards auch Sozialkompetenzen der Mitarbeitenden [10]. Einerseits muss Zusammenarbeit die erhebliche räumliche Trennung und den damit verbundenen Zeitunterschied berücksichtigen, sodass für direkte Kommunikation nur kurze Zeitfenster zur Verfügung stehen und sich so Verzögerungen ergeben [16]. Andererseits ist die Zusammenarbeit auch interkulturell geprägt, sodass Mitarbeitende aus verschiedenen Kulturen zusammenarbeiten und Kommunikation auf Englisch erfolgt, d. h. eine Fremdsprache für beide Mitarbeitendengruppen. Hier gilt es also, kulturelle Missverständnisse zu vermeiden und darauf zu achten, Mitarbeitenden die Scheu zu nehmen, in einer Sprache zu kommunizieren, die sie nicht so sicher beherrschen wie ihre Muttersprache [16]. Hier zeigt sich, dass vertrauensbezogene Kompetenzen (z. B. die Bereitschaft, Vertrauen aufzubauen) hilfreich sein können, um die Herausforderungen der verteilten Zusammenarbeit zu bewältigen [16]. Als erster Schritt besuchte ein indischer Mitarbeiter den Standort in Deutschland und wurde von einem deutschen Kollegen in das standardmäßige Konstruktionsvorgehen eingewiesen. Neben der fachlichen Schulung war dieser Aufenthalt aber zusätzlich von Bedeutung für den Vertrauensaufbau, da die beiden beteiligten Mitarbeitenden sowie weitere deutsche Mitarbeitende durch die enge Zusammenarbeit und den persönlichen Austausch ein besseres Verständnis füreinander aufbauen konnten. Die weitere Ausführung des Anwendungsszenarios befindet sich aktuell in Planung.

11.7 Ausblick auf weitere Forschungsarbeiten

Aufbauend auf den Ergebnissen aus dem KAMiiSo-Projekt soll in weiteren Forschungsarbeiten die Projekttypisierung zur Unterstützung des Projektmanagements in der Produktentwicklung fokussiert werden (vgl.[17, 18]). Die Analyse des Projektkontextes zu Beginn eines Projektes (z. B. Produktkomplexität) verspricht eine effektive und situationsgerechte Auswahl und Nutzung von Methoden und Tools. Dafür soll genauer betrachtet werden, wie geeignete Methoden projektspezifisch ausgewählt und angepasst werden können, um den größtmöglichen Nutzen zu erzielen. Des Weiteren ist eine Untersuchung bestehender Prozessmuster und -strukturen in Produktentwicklungsprozessen sinnvoll, um generische Projektprozesse abzuleiten (vgl.[19]) sowie die ausgewählten und angepassten Methoden in die Prozesse zielgerichtet zu integrieren. So kann beispielsweise über den Einsatz agiler Methoden ein geeignetes Agilitätsmaß innerhalb von Produktentwicklungsprozessen auch in der Hardware- und Mechatronikentwicklung ermittelt werden.

Im Zuge weiterer Forschung zu Prozessgestaltung ist eine gleichzeitige Betrachtung von Fragestellungen der Arbeitsgestaltung sinnvoll. Dabei ist unter anderem die soziotechnische Systemperspektive hilfreich, um weder technische noch soziale Aspekte digitalisierungsbedingter Veränderungen zu vernachlässigen [12, 20]. Hierbei ist besonders relevant, das soziale System (d. h. die Mitarbeitenden, ihre Kompetenzen, Arbeitsaufgabe, -abläufe usw.) nicht nur reaktiv auf technische Veränderungen anzupassen, sondern möglichst bereits im Design oder der Auswahl der neuen Technologien das unternehmensspezifische soziale System zu berücksichtigen und bei Bedarf die Technologien anzupassen [21]. Hierzu ist eine frühe Einbeziehung der Mitarbeitenden sinnvoll, um Technologien anforderungsbasiert auszuwählen oder Technologien benutzerorientiert zu gestalten (vgl.[13, 21]).

Projektpartner und Aufgaben

- **Institut für Konstruktionstechnik der Technischen Universität Braunschweig (IK)**
  Entwicklung von Konzepten zur Prozessgestaltung und Kommunikation im Rahmen des Projektmanagements in der kooperativen Produktentwicklung; Konzepte zur situationsgerechten Auswahl und Integration von Methoden und Tools in Produktentwicklungsprozesse
- **Institut für Arbeits-, Organisations- und Sozialpsychologie der Technischen Universität Braunschweig (AOS)**
  Erfassung von aktuell und zukünftig benötigten Kompetenzen für die sowie Belastungen und Ressourcen der Mitarbeitenden in der kooperativen Produktentwicklung; humanzentrierte Begleitung von Digitalisierungsprozessen; Erarbeitung eines wissenschaftlich fundierten, praxisorientierten Modellprozesses zur Einführung neuer Technologien
- **machineering GmbH & Co. KG**
  Befähiger durch Bereitstellung einer Softwarelösung zur Simulation von Kinematiken und Steuerungsdaten für komplexe Maschinen und Anlagen; Durchführung von virtuellen Inbetriebnahmen mit dem Anwendungspartner DESMA
- **DESMA Schuhmaschinen GmbH**
  Anwendungspartner im Bereich virtuelle Inbetriebnahme einer Extrudereinheit einer Schuhbesohlungsmaschine
- **PEINER SMAG Lifting Technologies GmbH**
  Anwendungspartner im Bereich Zeichnungserstellung und Anpassungskonstruktionen in Indien.

Literatur

1. Institut für Mittelstandsforschung: Informationen zur mittelständischen Wirtschaft aus erster Hand, Bonn. https://www.ifm-bonn.org. Zugegriffen: 12. Juli 2015
2. Ehrlenspiel K (2009) Integrierte Produktentwicklung. Denkabläufe, Methodeneinsatz, Zusammenarbeit. München, Wien: Hanser
3. Vietor T, Herrmann C. u. Spengler TS (Hrsg) (2015) Synergetische Produktentwicklung. Unternehmensübergreifend erfolgreich zusammenarbeiten. Ergebnisse des Verbundprojekts SynProd. Berichte aus dem Maschinenbau. Herzogenrath: Shaker
4. Eversheim W (2003) Innovationsmanagement für technische Produkte. Mit Fallbeispielen. Berlin, Heidelberg: Springer
5. Vajna S (2001) Wissensmanagement in der Produktentwicklung. Design for X. Beiträge zum Symposium, S 1–8

6. Duarte DL, Snyder NT (2011) Mastering virtual teams. Strategies, tools, and techniques that succeed, Wiley, New York
7. Nurmi N (2011) Coping with coping strategies: How distributed teams and their members deal with the stress of distance, time zones and culture Stress Health 27(2):123–143
8. Bavendiek A-K, Inkermann D, Vietor T (2017) Interrelations between processes, methods, and tools in Collaboratve Design – a framework. https://www.semanticscholar.org/paper/Interrelations-between-processes%2C-methods%2C-and-in-A-Bavendiek-Inkermann/184474321800ef951a34b2461bab3bfa1b1ad94c. Zugegriffen: 24. März 2020
9. Baschin J, Inkermann D, Vietor T (2019) Agile process engineering to support collaborative design. Procedia CIRP 84:1035–1040
10. Paulsen H, Staube J, Handke L, Inkermann D, Bavendiek A-K, Vietor T, Kauffeld S (2018, Februar). Kompetenzanforderungen in der verteilten Produktentwicklung. In Gesellschaft für Arbeitswissenschaft e.V., Dortmund (Hrsg) ARBEIT(s).WISSEN.SCHAF(f)T – Grundlage für Management & Kompetenzentwicklung (Beitrag C.2.4). GfA-Press, Dortmund
11. Paulsen H, Inkermann D, Zorn V, Reining N, Vietor T, Kauffeld S (2019) Produktentwicklung in der digitalisierten Welt – Virtuelle Inbetriebnahme aus prozessbezogener, methodisch-technischer sowie personeller Sicht. In Gesellschaft für Arbeitswissenschaft e.V., Dortmund (Hrsg) Arbeit interdisziplinär: analysieren – bewerten – gestalten (Beitrag C.6.4). GfA-Press, Dortmund
12. Paulsen H, Zorn V, Inkermann D, Reining N, Baschin J, Vietor T, Kauffeld S (2020) Sozio-technische Analyse und Gestaltung von Virtualisierungsprozessen. Ein Fallbeispiel zur virtuellen Inbetriebnahme. Gruppe. Interaktion. Organisation (GIO), 51(1):81–93. https://doi.org/10.1007/s11612-020-00507-z
13. Zorn V, Baschin J, Berg A-K, Vietor T, Kauffeld S (2020) Digitale Hilfsmittel für digitale Arbeit? Ein praktischer Ansatz zur Etablierung eines digitalen Hilfsmittels für digitalisierungsbedingte Veränderungen. In Gesellschaft für Arbeitswissenschaft e.V., Dortmund (Hrsg) Digitaler Wandel, digitale Arbeit, digitaler Mensch? (Beitrag A.9.7). GfA-Press, Dortmund
14. Bondarouk T, Sikkel K (2003) Explaining groupware implementation through group learning. Information Technology & Organizations: Trends, Issues, Challenges & Solutions. Philadelphia: Idea Group Publishing, S 463–466
15. Ruel HJ, Bondarouk TV, Van der Velde M (2007) The contribution of e-HRM to HRM effectiveness: Results from a quantitative study in a Dutch Ministry. Employ Relat 29(3):280–291
16. Schulze J, Krumm S (2017) The "virtual team player": A review and initial model of knowledge, skills, abilities, and other characteristics for virtual collaboration. Organ Psychol Rev 7:66–95. https://doi.org/10.1177/2041386616675522
17. Browning TR, Fricke E, Negele H (2006) Key concepts in modeling product development processes. Wiley Periodicals, Inc. Syst Eng 9:104–128
18. Baschin J, Huth T, Vietor T (2020) Context-specific Agile process design to support the planning of product development projects. Final angenommen zur Veröffentlichung im Open Access Journal der Cambridge University Press
19. Hollauer C, Lindemann U (2017) Design process tailoring: a review and perspective on the literature. Res Des Commun 1(53). https://doi.org/10.1007/978-981-10-3518-0_53

20. Trist EL, Bamforth KW (1951) Some social and psychological consequences of the longwall method of coal-getting: an examination of the psychological situation and defences of a work group in relation to the social structure and technological content of the work system. Hum Relat 4:3–38. https://doi.org/10.1177/001872675100400101
21. Parker SK, Grote G (2020) Automation, algorithms and beyond: Why work design matters more than ever in a digital world. Appl Psychol Int Rev 1–45. 10.1111/apps.12241

12 Selbstständiges Arbeiten in der digitalen Fabrik

Sarah Nies, Nick Kratzer, Beatriz Casas, Josef Reindl, Jörg Stadlinger, Phillip Jost, Gerd Ohl und Dieter Holletschke

12.1 Das Projekt SOdA: Digitale Transformation von der Selbstständigkeit der Beschäftigten aus denken

12.1.1 Ausgangspunkt: Digitalisierung im Kontext betrieblicher Entwicklungspfade der Reorganisation

Die öffentliche Auseinandersetzung mit dem digitalen Wandel von Arbeit schwankt zwischen Über- und Unterbetonung der Transformationskraft digitaler Technologien sowie zwischen Über- und Unterschätzung der Technik als Gestaltgeber von Arbeit. Ein Blick in die empirische Realität offenbart hingegen einen recht nüchternen Pragmatismus der betrieblichen Akteure und der Beschäftigten im Umgang mit digitalen Veränderungsprozessen. Für sie ist die Digitalisierung kein Bruch, keine Disruption, sondern sie verorten sie in schon längeren Entwicklungen, die durch die Verschärfung des Konkurrenzdrucks infolge der Globalisierung und Finanzialisierung der Ökonomie ausgelöst worden sind und die die Unternehmen zu erhöhter Flexibilität und zur Beschleunigung ihres Wertschöpfungsprozesses zwingen. In diesen Kontext betten sie

S. Nies (✉) · N. Kratzer · B. Casas
Institut für Sozialwissenschaftliche Forschung – ISF München e.V., München, Deutschland

J. Reindl · J. Stadlinger
Cogito – Institut für Autonomieforschung e.V., Köln, Deutschland

P. Jost · G. Ohl
Limtronik GmbH, Limburg, Deutschland

D. Holletschke
Gelenkwellenwerk Stadtilm GmbH (GEWES), Stadtilm, Deutschland

W. Bauer et al. (Hrsg.), *Arbeit in der digitalisierten Welt*,
https://doi.org/10.1007/978-3-662-62215-5_12

die Digitalisierung ein und sie beurteilen die digitalen Technologien nach ihrem Nutzen für die aktuellen ökonomischen Herausforderungen. Dabei tut sich für nicht wenige Unternehmen eine Kluft auf zwischen den Digitalisierungsversprechen (liquid factory) und der sperrigen betrieblichen Realität. Empirische Beispiele von eher holprigen Umsetzungen von Digitalisierungszielen häufen sich. Sie sind ein Beleg dafür, dass digitale Technologien keine einfachen oder gar automatischen Lösungen für betriebliche und unternehmerische Probleme bieten, wohl aber einen Gelegenheitsraum, Arbeits- und Produktionsprozesse neu zu strukturieren.

Über die letzten Jahrzehnte haben vor allem zwei Reorganisationsbewegungen an Bedeutung gewonnen, auf denen die Digitalisierung aufsetzt: die Vermarktlichung und Dezentralisierung von Unternehmen. Die Grenzen zwischen Betrieb und Markt wurden durchlässiger und Kompetenzen zentraler Instanzen auf ausführende Stellen verlagert (vgl. [3, 13]). Im Inneren des Unternehmens haben sich diese Trends in einer indirekten, marktorientierten Steuerung von Arbeit niedergeschlagen: in einem Kontrollmodus, der über die Gewährung von Freiräumen und die unternehmerische Nutzung der Selbstständigkeit von Beschäftigten funktioniert [10]. Die Erweiterung von Autonomie war damit inhärenter Bestandteil der Reorganisationsprozesse und der Bewältigung von Marktanforderungen. Mit dem Einsatz intelligenter Technologien wird die Gestaltung von Organisation und Arbeit nun neu verhandelt: digitalen Formen der Kontrolle und Durchsteuerung des Arbeitsprozesses stehen neue Anforderungen an selbstständiges Arbeiten, Kooperation und Vernetzung gegenüber. Digitaler Taylorismus oder neue Selbstständigkeit in der Arbeit – zwischen diesen Polen bewegt sich die aktuelle (arbeits-)wissenschaftliche Debatte.

Das Projekt SOdA setzt auf der Annahme auf, dass die Potenziale der digitalen Technologien nur dann sinnvoll und nachhaltig genutzt werden können, wenn die Selbstständigkeit der Beschäftigten ins Zentrum der Veränderungsprozesse gestellt, systematisch gefördert und durch entsprechende Rahmenbedingungen abgesichert wird.

12.1.2 SOdA – Ein Projekt zur Förderung und Gestaltung von Beschäftigtenautonomie

SOdA setzt sich mit der Frage auseinander, wie digitale Technologien für eine innovative und nachhaltige Gestaltung von Arbeitsorganisation und Produktionsprozessen genutzt werden können. Dreh- und Angelpunkt ist dabei der Fokus auf die Autonomie der Beschäftigten. Die Schlüsselstellung der Autonomie ergibt sich in *funktionaler* und *normativer* Hinsicht: Das Projekt zielt nicht nur auf unternehmerisch erfolgreiche, sondern auch auf eine menschengerechte und nachhaltige Gestaltung digitaler Arbeit. Unsere Hypothese ist, dass die Potenziale von Industrie 4.0 in funktionaler und normativer Hinsicht am wirkungsvollsten in kooperativen Arbeitsstrukturen mit selbstständig arbeitenden Beschäftigten verwirklicht werden können. Vor diesem Hintergrund wurden in den betrieblichen Projekten Leitlinien und Maßnahmen entwickelt,

- um Autonomiespielräume von Beschäftigten zu erhöhen und nachhaltige Rahmenbedingungen für selbstständiges Arbeiten zu schaffen
- um Organisationsstrukturen so fortzuentwickeln, dass sie übergreifende Zusammenarbeit fördern
- um bereits die Implementationsmaßnahmen von Technikanwendungen in Zusammenarbeit mit Technikanbietern unter sozio-sensiblen Gesichtspunkten zu gestalten.

12.1.3 Der wissenschaftliche Ansatz

Vier analytische Zugänge sind für den Ansatz von SOdA zentral:

Erstens beziehen wir uns auf den Ansatz sozio-technischer Systeme [14], der darauf verweist, dass nicht technische Innovation allein, sondern das Zusammenwirken von sozialen und technologischen Faktoren für die Produktivität von Arbeitsprozessen verantwortlich ist. Für unser Vorgehen bedeutete das, Veränderungen des technologischen Systems von vorneherein gemeinsam mit arbeitsorganisatorischen Veränderungen zu denken.

Zweitens ist der Ansatz inspiriert von einer praxeologischen Perspektive (vgl. [9]). In diesem Sinne begreifen wir Technik nicht einfach als ein äußeres Artefakt mit festgeschriebenen objektiven Funktionen, sondern wir beziehen in die Analyse ein, wie einerseits Technik selbst aus sozialen Praktiken hervorgeht und wie sie andererseits in der Praxis angeeignet und auch verändert wird. Für das Vorgehen in SOdA bedeutete dies, dass wir beide Ebenen in den Blick genommen haben: die mit Technik transportierten (Vor-)Strukturierungen und Handlungsoptionen und die Aneignungspraxis von Technik im Arbeitsprozess. Um diesem Anspruch gerecht zu werden, waren die Projektarbeiten partizipativ angelegt und es wurden kooperierende Unternehmen (Softwareentwicklung und Robotikanbieter) in die gemeinsame Arbeit integriert.

Drittens stellt der SOdA-Ansatz nicht isolierte Technikanwendungen, sondern unternehmerische Zielsetzungen der Digitalisierung ins Zentrum. Anknüpfend an den Ansatz „betrieblicher Strategien" [2] richtet sich der Blick darauf, mit welchen Problemen Unternehmen in ihrem Handeln konfrontiert sind und mit welchen unterschiedlichen Strategien sie diesen begegnen. Auf Basis der empirischen Ausgangsanalyse in unserem Projekt haben wir eine vorläufige Typologie solcher unterschiedlichen Digitalisierungsstrategien entwickelt [7]: (a) arbeitskraftbezogenen Strategien des Personaleinsatzes und der Leistungssteuerung, (b) Strategien der prozessbezogenen und systemischen Rationalisierung und (c) Geschäfts-, Markt- und Marketingstrategien.

Viertens: Die Forschung zu Vermarktlichung, indirekter Steuerung und Subjektivierung von Arbeit (u. a. [13, 6]) verweist auf einen neuen Typus der Leistungssteuerung, der statt auf direkte Anweisung darauf setzt, Beschäftigte auf (markt- und ergebnisbezogene) Ziele zu verpflichten, die diese unter den gesetzten Rahmenbedingung dann selbstständig verfolgen sollen. Steuerung von Arbeit und Leistung beruht hier also nicht auf der gezielten Einschränkung von Handlungsmöglichkeiten, sondern auf der gezielten Nutzung der Selbstständigkeit von Beschäftigten, ihrer subjektiven Potenziale und Ressourcen; die Selbstständigkeit der Beschäftigten wird in den Dienst der Unternehmensziele genommen. Vorliegende Untersuchungen zeigen, dass in diesem Kontext

die Steigerung von Autonomie nicht automatisch zu besseren Arbeitsbedingungen führt, sondern neue Belastungen und Risiken für die Beschäftigten nach sich ziehen kann. Anknüpfend an diese Erkenntnisse richtet SOdA die Aufmerksamkeit auch auf neue Typen von arbeitsbezogenen Belastungen, die hieraus erwachsen können.

Der Gestaltungsansatz von SOdA richtet sich so auf das Zusammenwirken von Unternehmensstrategien, Technikeinsatz und der Steuerung von Arbeit. Dazu gehörte es auch, die Bedingungen der Leistungssteuerung als inhärentes Element eines sozio-technischen Gestaltungsansatzes zu berücksichtigen.

12.1.4 Das Vorgehen in SOdA: fallbezogen, partizipativ und reflexiv

Als praxisbezogenes Projekt verschränkt SOdA wissenschaftliche Analyse und Gestaltung. Es geht weniger um die nachträgliche Evaluation betrieblicher Gestaltungsmaßnahmen, sondern um die Verknüpfung von Forschung und Erkenntnisgewinn durch Gestaltung. Im Projekt verbinden sich die Expertise der Arbeitsforschung (ISF und COGITO) und reflexive Methoden der Philosophie (COGITO) mit dem Wissen betrieblicher und technischer Experten aus mittelständischen Entwickler- und Anwenderbetrieben (Maschinenbau, Elektrotechnik, Manufacturing Services, Softwareentwicklung, Robotik) und den Erfahrungen von Beschäftigten.

Das Vorgehen im Projekt ist so angelegt, dass die verschiedenen Arbeitspakete – Ausgangsanalyse, Maßnahmenentwicklung, Implementation, Evaluation, Verstetigung – ineinandergreifen und rekursiv aufeinander bezogen werden. Startpunkt des Projektes war die wissenschaftliche Analyse der Ausgangssituation in den Unternehmen auf Basis von Interviews und Dokumentenanalyse. Dabei kam die *Fallstudienmethodik* (siehe [12]) zum Einsatz. Kennzeichnend für sie ist es, verschiedene Perspektiven zu integrieren, die Interessenlagen, Blickwinkel und Erfahrungen unterschiedlicher Akteure einzubeziehen. Die Integration der Beschäftigtenperspektive und die *partizipative* Einbindung der Beschäftigten in Gestaltungsmaßnahmen war für das Vorgehen im Projekt essenziell. Inhaltlich zielten die Interviews auf den Stand technischer Innovation, auf praktizierte Steuerungsformen und betriebliche Digitalisierungsstrategien (Experteninterviews) sowie auf die Wahrnehmung digitaler Arbeitsbedingungen und Spielräume der Selbstständigkeit (Subjektinterviews). Überdies wurden Interviews mit kooperierenden Unternehmen aus der Softwareentwicklung und Robotik zum Technikdesign, zur Implementation digitaler Technologie sowie zu den impliziten Annahmen und Bildern über die Arbeitsprozesse durchgeführt. Insgesamt wurden in der Ausgangsanalyse 53, in der späteren Evaluation 23 Interviews durchgeführt.

Die Ausgangsanalyse bildete den Grundstein für die Entwicklung spezifischer Maßnahmen in den Unternehmen. Im Rahmen der jeweiligen betrieblich verfolgten Digitalisierungsstrategien fokussierte das ISF auf Leitlinien zur Umsetzung autonomieförderlicher Arbeitsgestaltung, COGITO auf kollaborationsförderliche Organisationsstrukturen. Eine Besonderheit im Projekt stellte die Nutzung *reflexiver Methoden* dar. Hier kam das von COGITO entwickelte Workshop-Format der „Denkwerkstätten" in Form von „Leitbildwerkstätten" und „Innovationslaboren" zum Einsatz. „Denkwerkstätten" stellen ein Instrument dar, das über die Partizipation und die Integration verschiedener Perspektiven hinausweist. In ihnen geht es nicht in erster Linie um die Vermittlung von Wissen und Informationen, sondern um das Anstoßen eigener Denkprozesse, um eine eigenständige Auseinandersetzung mit neuen Formen der Unternehmenssteuerung und ihre Auswirkungen auf die Arbeitssituation und das Verhalten. Sie waren ein wichtiges Element, um nicht nur gemeinsam Maßnahmen zu entwickeln, sondern um Veränderungsprozesse im Unternehmen anzustoßen, die langfristig über einzelne Technikanwendungen hinauswirken.

Im Rahmen der Umsetzung setzte eine zweite Welle von Interviews zur Evaluation der Maßnahmen ein, wobei es gleichermaßen um den Prozess der Umsetzung wie die ersten Erfahrungen mit umgesetzten Maßnahmen ging. Im Zentrum standen Fragen nach der Passung der Maßnahmen zu den formulierten Zielsetzungen, nach den hemmenden und fördernden Faktoren und nach der Übertragbarkeit auf andere Bereiche des Unternehmens. In den dazu gehörenden Workshops wurden Ziellinien zur Weiterentwicklung, Korrektur bzw. Verstetigung der Maßnahmen definiert.

12.2 Auf dem Weg zu mehr Selbstständigkeit: Forschungsergebnisse anhand von Anwendungsbeispielen

Der SOdA-Ansatz wurde im Rahmen betrieblicher Anwendungsfälle in den Verbundunternehmen sowie in einem weiteren kooperierenden Unternehmen erprobt und weiterentwickelt. Über die spezifischen Fälle hinweg haben sich dabei das Echtzeit-/Transparenz-Thema (Digitale Steuerung) und die sozio-sensible Technikimplementation als Gestaltungsfelder herauskristallisiert, in denen übergreifende Synergien und Lernprozesse angestoßen werden konnten.

12.2.1 Vom Infotainment zum Shopfloormanagment bei der Limtronik GmbH

Im Kontext der Ausgangsanalyse beim Verbundpartner Limtronik sind zunächst die zentralen Herausforderungen des Unternehmens herausgearbeitet worden. Als mittelständischer Fertigungsdienstleister, als „Fabrik, die man auf Zeit mieten kann", ist das Unternehmen in besonderem Maße einer instabilen Auftragslage sowie heftigen Schwankungen unterworfen. Entsprechend hohe Flexibilität ist auch im Arbeitseinsatz und der Arbeitsorganisation gefordert: auftragsabhängiger Auf- und Abbau von Leiharbeit, Überstunden und Samstagsarbeit, um knappe Termine zu halten oder neue Kunden zu gewinnen, Minusarbeit bei Materialengpässen, Arbeitsplatzwechsel, wenn es zu Engpässen kommt. Das Unternehmen hatte zur Bewältigung dieser Herausforderungen bislang vor allem technische Lösungen der Digitalisierung und Automatisierung im Blick. Durch die Verknüpfung von MES und ERP-Systemen und den Einsatz von Robotik sollten Effizienzsteigerungen erzielt werden. Tatsächlich aber führen die prekäre ökonomische Situation, der unstete Geschäftsverlauf und die häufig wechselnden Kundenauflagen dazu, dass Automatisierung und Digitalisierung an Grenzen stoßen, die zu verschieben die Mitarbeiter gebraucht werden. Im konkreten Arbeitsprozess stoßen wir daher auf sehr verbreitete, gleichzeitig weitgehend informelle Praktiken selbstständigen Arbeitshandelns der Beschäftigten: So stimmen sich die Beschäftigten etwa untereinander notwendige Änderungen in verschränkten Abläufen oder veränderte Priorisierungen ab, behalten selbst die Materialentwicklung im Blick, um frühzeitig intervenieren zu können, springen wechselseitig ein, planen vorausschauend und abgestimmt die Arbeitsabläufe über verschiedene Bereiche hinweg, um auch kritische Termine halten zu können etc. Obwohl das Unternehmen die Aktivitäten der Beschäftigten durchaus wahrnimmt und honoriert, sind diesem selbstständigen und vorausschauenden Arbeiten oftmals strukturelle oder formelle Grenzen gesetzt.

Ziel der Maßnahmenentwicklung von SOdA war es von daher, die bislang aus der Not heraus entwickelte Selbstständigkeit der Beschäftigten systematischer zu fördern und gleichzeitig Selbstständigkeit hemmende Bedingungen und Belastungsfaktoren aus widersprüchlichen Zielsetzungen abzubauen. Der Ansatzpunkt hierfür war die Implementation von Terminals in den Kostenstellen, die für mehr Transparenz und für umfassende Informationen der Mitarbeiter sorgen sollten. Nachdem sie ursprünglich eingerichtet wurden, um trotz häufigem Arbeitsplatzwechsel eine bessere Arbeitsplanung und Kalkulation zu ermöglichen, sollten die Terminals im weiteren Verlauf Schritt für Schritt zu einem Infotainment für die Beschäftigten ausgebaut werden, das die laufenden Prozesse in Echtzeit abbildet und Transparenz über den aktuellen Produktionsstand sowie die eigene Arbeit und Leistung herstellt sowie durch die Anbindung von Dashboards an das MES-System eine Echtzeit-Fehleranalyse von Störungen im Arbeitsablauf ermöglicht. Langfristig sollten so eine realistischere Planung und Evaluation der Arbeitsprozesse ermöglicht und Fehlerursachen von Störungen im Arbeitsablauf frühzeitig erkannt werden. Von den Beschäftigten werden die Planungen und ersten Schritte der Weiterentwicklung bislang sehr positiv aufgenommen, insbesondere besteht die Hoffnung, auch mangelnde Ressourcen sichtbar machen zu können.

Um die Weiterentwicklung des Instruments im Einklang mit einem übergreifenden Shopfloormanagement zu ermöglichen, erfolgte im Rahmen der Maßnahmenentwicklung zunächst eine Systematisierung und Klärung unterschiedlicher Zielsetzungen verschiedener betrieblicher Akteure. Zentral war es hierbei, die übergeordneten prozessbezogene Rationalisierungsstrategien mit einer Ausrichtung von Steuerungsformen in Einklang zu bringen, die das eigenverantwortliche Agieren der Beschäftigten nicht wieder durch engmaschige (Echtzeit-)Kontrolle einschränken. Nicht „Kontrolle durch Überwachung“, sondern „aktivierende Transparenz“ lautet die Losung. In Abstimmung mit dem Betriebsrat sind Regelungen getroffen worden, die es ausschließen, die Echtzeitdaten für eine individuelle Leistungs- und Verhaltenskontrolle zu nutzen.

Im Rahmen von SOdA ist in Workshops mit den Betroffenen an einem Framework für die Weiterentwicklung gearbeitet worden. Hierzu konnten im Projekt Synergien mit einem kooperierenden Projektpartner gewonnen werden, der im Rahmen des Projektes – schon weiter fortentwickelt – mit hauseigener Software ebenfalls ein System der Echtzeit-Fehleranalyse implementiert hat und dieses derzeit in ein werkübergreifendes Shopfloormanagement überführt (s.a. [8]). Das von den Workshop-Teilnehmer*innen erarbeitete Framework, das die weitere Arbeit mit dem Transparenz- und Echtzeit-Thema orientieren wird, beinhaltet unter anderem die folgenden Aspekte:

- Zusammenführung der technischen Maßnahme mit einer sozialen Innovation – der Gewährung von Autonomie und der Einführung echter Gruppenarbeit; Integration in ein Shop Floor Management, das Kommunikationsprozesse über Probleme in der Produktion, über Ziele und Rahmenbedingungen des Arbeitens ermöglicht.
- Verzicht auf Kontrolle des individuellen Leistungsverhaltens und Anonymisierung der von den Mitarbeitern eingegebenen Daten.
- Beteiligung der Mitarbeiter an der Auswahl der im Terminal abrufbaren Kennzahlen und Informationen.
- Nutzung der durch die Terminals hergestellten Transparenz, um auftretende Probleme im Team zu lösen, um zu einer fairen Berechnung der Produktivität zu kommen und um mehr Realismus in die Aufwands- und Kostenschätzung bei der Erstellung von Angeboten zu bringen.

12.2.2 Gelenkwellenwerk Stadtilm GmbH (GEWES): Vom Analogen zum Digitalen

Bei der GEWES sind die Kernprobleme in der Abteilung, auf die sich die SOdA-Aktivitäten gerichtet haben, zum einen die Forderungen des Hauptkunden nach einer Preissenkung und zum anderen die Bewältigung eines Produktmix aus Groß- und Kleinserien. GEWES hat sich zunächst die Frage gestellt, welchen Beitrag die digitalen Technologien zur Lösung dieser Steuerungsprobleme leisten, sich dann aber dafür entschieden, in einem ersten Schritt das Produktions-Layout zu verändern, in einem zweiten die Organisation anzupassen und erst in einem dritten Schritt die geeigneten digitalen Lösungen einzuführen. Dieses Vorgehen unterscheidet sich stark vom derzeit vorherrschenden Ansatz, demzufolge digitalisiert wird, was digitalisiert werden kann – die Digitalisierung sozusagen als Wundermittel für die Lösung aller betrieblichen Probleme.

Die Überlegung der Verantwortlichen bei GEWES war, dass zum einen die Trias aus einem neuen Produktionslayout, einer veränderten Arbeitsorganisation und der digitalen Transformation eine Überforderung der Beschäftigten darstellen würde und dass zum anderen erst im Verlauf des Umbaus der Produktions- und Organisationsstrukturen die Bedarfe sichtbar werden, die mit der Digitalisierung befriedigt werden können.

Der Clou des neuen Produktionslayouts besteht darin, die bisher ineinander verwobenen Fertigungsarten Serie und Projekt zu trennen und ihnen einen jeweils eigenen Maschinenpark zuzuweisen. Die Serienfertigung wurde um eine große Neuinvestition herum – ein teilautonomes Bearbeitungszentrum – aufgebaut und in ihr wird ausschließlich für den Hauptkunden produziert. Der damit verbundene Produktivitätszuwachs ermöglicht es der Firma mittelfristig, das gefertigte Produkt günstiger anzubieten und damit der Kundenforderung entgegenzukommen. Im Prozess der Implementation des Bearbeitungszentrums wurde insbesondere auf eine sozio-sensible Technikgestaltung geachtet und die Beschäftigten von Anfang an aktiv miteinbezogen. So hatten die Beschäftigten die Möglichkeit, direkt beim Maschinenbauer die neue Anlag zu testen und Vorschläge zur Modifikation oder Ergänzung der Anlage einzubringen (die auch berücksichtigt wurden). Einen ebenso eigenständigen Charakter hat die Projektfertigung, in der Komponenten in geringer Stückzahl hergestellt werden.

Serien- und Projektfertigung funktionieren nach verschiedenen Logiken und bedürfen daher auch unterschiedlicher Arbeitssysteme. In der Serienfertigung herrscht die Logik der großen Stückzahl, der Effizienz, der Optimierung, der Kostenreduzierung, der Rationalisierung und Automatisierung. Sie birgt die Tendenz in sich, die Arbeit zu vereinseitigen und zu vereinfachen, den Maschinenbediener von komplexen Tätigkeiten (Rüsten/Programmieren/Warten) zu entlasten. GEWES hat dieser Tendenz widerstanden: Die Arbeit ist nicht dequalifiziert worden, die Werker programmieren, richten ein und erledigen Mess- und Wartungsarbeiten, haben also einen recht breiten Arbeitsinhalt. Der Plan ist, dass die Serienmannschaft hochgradig autonom arbeitet, die Material-, Rüst- und Wartungshoheit hat und selbst in die Auftragsreihenfolgeplanung eingreifen kann. In der Projektfertigung hingegen herrscht die Logik der kleinen Stückzahl, der Flexibilität, des breiten Arbeitseinsatzes (Rüsten). Die Arbeit ist stark kundenorientiert und sperrt sich gegen Rationalisierung. Sie birgt die Tendenz, nur eine vergleichsweise geringe Produktivität hervorzubringen sowie ungute Gefühle bei den Mitarbeitern hervorzurufen (Rüsten als ‚unproduktive' Zeit). In der Projektfertigung geht es weniger um eine Autonomiesteigerung, sondern eher um die Einhegung der Autonomie durch eine größere Strukturierung der Abläufe und Prozesse. Bislang herrschen dort das Zuruf-System und ein kreatives Produktionschaos. Gleichermaßen ist dort das Lohnsystem zu hinterfragen, das die kreative Arbeit (Rüsten) bestraft und die einfach (Knöpfchen drücken) belohnt.

Die Ausformung des Arbeitssystems ist derzeit im Gange. Die Verteilung der Mitarbeiter auf die Bereiche ist erfolgt, die Anlernprozesse am Bearbeitungszentrum sind abgeschlossen, die Teambildungsprozesse beginnen. Sie werden im Rahmen von SOdA begleitet durch Workshops, in denen die zukünftige Arbeitsorganisation, die geeigneten Lohnsysteme, die Kompetenzen der Gruppen verhandelt werden. Erst wenn diese

Fragen geklärt sind, will die Firma das Digitalisierungsthema fruchtbar machen, das sie zwar schon aufgegriffen hat, aber noch zurückhält. Es ist schon jetzt Gegenstand der SOdA-Workshops. Ansatzpunkte sind die Predictive Maintenance, die Visualisierung von Produktions- und Leistungsdaten, die Entbürokratisierung durch Abschaffung der ‚Zettelwirtschaft', die Auswertung von Maschinendaten, um Fehlern und Stillstandzeiten auf die Spur zu kommen, die Echtzeitsteuerung etc. GEWES will erst wissen, was es wissen muss, um die Produktion zu optimieren, ehe die digitalen Lösungen zum Zuge kommen.

12.2.3 Auf dem Weg zur sozio-sensiblen Technikgestaltung: Pilotierung eines Leichtbauroboters bei der Limtronik GmbH

Ein zentrales weiteres Gestaltungsfeld im Projekt ist die sozio-sensible Technikimplementation. Für dieses Gestaltungsfeld war es Ziel des Projektes, Hersteller- und Anwenderperspektiven miteinander zu verschränken. Hierzu wurden in die Ausgangsanalyse und Maßnahmenentwicklung Unternehmen der Softwareentwicklung und der Robotik miteinbezogen, die mit dem Verbundpartner Limtronik zur Einführung des Dashboards (s. o.) und zur Implementation eines Leichtbauroboters kooperieren. Ziel war es dabei Gestaltungsanforderungen bereits im Prozess der Technikimplementation einzubringen, um unintendierten Einflüssen des Technikeinsatzes auf die Arbeitsprozesse vorzubeugen und sicher zu gehen, dass Arbeitsorganisation und Technikgestaltung aufeinander abgestimmt sind. Die Implementation des Leichtbauroboters musste allerdings nach einer ersten gescheiterten Implementation kürzlich neu aufgesetzt werden. Hintergrund waren zum einen technische Probleme des kooperierenden Robotikanbieters, aber auch systematische Probleme im Implementationsprozess. Trotzdem oder gerade deswegen konnten im ersten gescheiterten Implementationsversuch entscheidende Lernprozesse angestoßen werden, die in Form eines „lessons learned"-Verfahrens aufgearbeitet und in den laufenden neuen Prozess einbezogen werden. In die lessons learned aufgenommen werden dabei auch Erfahrungsprozesse aus einem weiteren Untersuchungsunternehmen.

Im Folgenden geht es weniger um eine detaillierte Aufarbeitung der Schwierigkeiten der Implementation im konkreten Fall als um zentrale Einsichten, die in diesem Prozess in gewonnen worden und für Implementationsprozesse der Leichtbaurobotik im Allgemeinen genutzt werden können.

Zielsetzung: Die Implementation der Robotik bedarf wie jede Digitalisierungsmaßnahme einer systematischen Klärung kurz-, mittel- und langfristige Ziele (s. o.). Für die Limtronik GmbH stand hier vor allem eine mit der Robotik anvisierte Umstrukturierung der Arbeitsplätze im Zentrum, die einen qualifikationsadäquaten Personaleinsatz ermöglichen sollte. Zusammen mit der durch den Roboter anvisierten Entlastung einer äußert monotonen und unangenehmen Arbeitsaufgabe (das Kleben von Baugruppen) war dies mittelfristig auch als eine Strategie zur Bewältigung von Problemen der Anwerbung von Fachkräften geplant. Die Implementation des gewählten Leichtbauroboters an dem Klebearbeitsplatz ist dabei als Pilot geplant, der die Arbeitsteilung zwischen Mensch und Maschine unter eigenständiger Verantwortlichkeit der Mitarbeiter*innen mit „Patenschaften" erproben soll.

Passung und Erwartungsmanagement: In Abhängigkeit der Ziele ist im Zuge einer realistischen Auseinandersetzung mit den Grenzen der Robotik systematisch zu evaluieren, welche Funktion der Leichtbauroboter hierbei übernehmen und wo er eingesetzt werden kann. Die Limtronik GmbH hat sich für diesen Prozess im Rahmen des Projekts viel Zeit genommen und gemeinsam mit Technologen, dem Anbieterunternehmen und Beschäftigten selbst eine prinzipiell geeignete Arbeitsaufgabe ausgewählt. Hierbei war es auch wichtig, die Arbeitstätigkeit in neuen Zusammenhängen zu denken:

> „Die Logik der Automatisierung ist ja nicht zu sagen, ich mache genau den manuellen Prozess oder ich decke den manuellen Prozess so genau automatisch ab – macht einfach gar keinen Sinn." (Interview Robotikanbieter).

Beteiligung: Wesentlich ist, dass für die konkrete Planung der Arbeitsaufgabe umfassende Kenntnisse über den konkreten Arbeitsprozess vorhanden sind, weil sich auch vermeintlich einfache Tätigkeiten (wie hier das Kleben von Bauteilen) als sehr komplex erweisen können. Notwendig ist es daher, die Mitarbeiter von an allen Schritten der Planung und Umsetzung systematisch zu beteiligen und auch den direkten Kontakt zwischen Produktionsmitarbeiter*innen und Anbieter herzustellen. Die Beteiligung der Mitarbeiter ist in mehrfacher Hinsicht zentral: erstens aus Akzeptanzgründen, sowohl was eine mögliche Verunsicherung im Vorfeld, aber auch was die spätere Arbeitsteilung mit dem Roboter betrifft: je früher die Beschäftigten involviert werden, desto verantwortlicher fühlen sie sich auch. Zweitens, um Qualifikationsbedarf und gezielte Förderung der Beschäftigten zu ermöglichen. Drittens, weil Digitalisierungslösungen ohne Beteiligung scheitern können, da ohne Beteiligung das (Erfahrungs-)Wissen der Beschäftigten unberücksichtigt bleibt. Gerade im Bezug auf Fragen des Materialflusses, von Materialeigenschaften, auftretender Produktionsprobleme etc. sind theoretische Kenntnisse über die Anforderungen nicht ausreichend. Keiner kennt die Herausforderungen und „Fallstricke" des Arbeitsplatzes so gut, wie die Beschäftigten vor Ort, gerade Beschäftigte mit jahrelanger Erfahrung wissen am besten, auf was zu achten ist – mit der Beteiligung können frühzeitig Fehler identifiziert oder vermieden werden.

Kosten und Aufwand: Nicht zuletzt geht es um eine *realistische* Planung von Kosten und Aufwand. Gerade im Mittelstand wird über die Anschaffung von Leichtbaurobotik oftmals genau dann nachgedacht, wenn ein akutes Problem besteht, ein Roboter soll oftmals schnell für Entlastung sorgen, die Einführung erfolgt „on the go" im laufenden Produktionsprozess. Aber die Einführung des Roboters kostet Ressourcen – nicht nur Geld, sondern auch Zeit. Eine vorschnelle Einführung unter Produktivitätsdruck verhinderte die systematische Planung der Einführung, zu vermeidende Fehlerquellen werden nicht identifiziert und die Expertise der betroffenen Beschäftigten nicht genutzt.

Zentral bleibt festzuhalten: Beteiligung von Beschäftigten von Beginn an, eine flankierende Reorganisation des Arbeitsprozesses sowie umfassende Schulungsmaßnahmen sind kein optionales Add-on, sondern systematisch einzuplanende Ressourcen, damit die Leichtbaurobotik überhaupt zur Anwendung kommen kann und Vorteile bringt. Die eigentlichen produktiven Vorteile des Robotikeinsatzes liegen in den Möglichkeiten, die Arbeitsorganisation umzustellen, nicht in direkten Produktivitätsvorteilen des Roboters gegenüber der menschlichen Arbeit. Gerade im kurzfristigen Einsatz ergibt sich unter anderem aufgrund von Geschwindigkeitsbegrenzungen kein Produktivitätsvorteil – dieser entsteht *nur* durch Kontinuität und die Freisetzung der Mitarbeiter*innen für andere Tätigkeiten.

Begleitend durch lessons-learned Workshops im Rahmen von SOdA werden bei Limtronik nun neue Ausarbeitungen zum Einsatz der Robotik gestartet. Dabei werden die Mitarbeiter, welche den aktuellen manuellen Produktionsprozess betreuen und ausführen, beteiligt und in die Ausarbeitung einbezogen. Diese Mitarbeiter sollen nach erfolgreicher Einführung der Robotik auch die Betreuung und Patenschaft des Roboters übernehmen.

12.3 Forschungslücken, Ausblick auf möglicherweise fortlaufende Forschungsarbeit

Digitale Technologien in der Produktion so einzusetzen, dass sie ihr Potenzial auch wirklich entfalten können, ist voraussetzungsreich. Die Digitalisierung funktioniert nicht „auf Knopfdruck“ und nicht als Insellösung und schon gar nicht, wenn sie ohne Berücksichtigung des Erfahrungswissens der Beschäftigten durchgeführt wird und selbstständiges und kooperatives Arbeiten von Beschäftigten behindert. Die erfolgreiche Implementation digitaler Technologien setzt Beteiligung voraus, bedarf der Entwicklung von Kompetenzen, kostet Geld und braucht Zeit.

Gerade für KMU, das zeigen unsere Befunde, erwächst daraus ein Dilemma: Schnelle Lösungen sind gefragt, die Umsetzung braucht aber Zeit und führt erst in einer mittelfristigen Perspektive zur einer Steigerung der Produktivität. Die Implementation setzt Ressourcen (Analysen, Kompetenzen, Kapital, Zeit) voraus – und gerade die sind knapp in KMU. Umso wichtiger sind systematische Lernprozesse in den Betrieben selbst, aber auch in einer überbetrieblichen Perspektive. Mehr noch als große Unternehmen sind KMU darauf angewiesen, dass die Erfahrungen und Lernprozesse auch aus anderen Betrieben zugänglich sind.

Daraus erwächst eine zweifache Perspektive für zukünftige Forschungsvorhaben: Erstens sind Gestaltungsansätze weiterzuentwickeln, die die Implementation digitaler Technologien mit einer Förderung der Selbstständigkeit verbinden, die Steigerung von Innovativität und Produktivität mit – und durch – gute Arbeitsbedingungen zum Ziel haben. Zweitens sind, im Sinne eines kollektiven Lernprozesses, die Erfahrungen mit der Technikimplementation in einer überbetrieblichen Perspektive zu erheben und zu systematisieren, um für KMU eine breitere Kompetenzbasis zu schaffen.

Projektpartner und Aufgaben

- **Institut für Sozialwissenschaftliche Forschung e. V. – ISF München**
  Referenzmodell autonomieorientierte Arbeitsgestaltung im digitalen Unternehmen
- **Cogito Institut für Autonomieforschung e. V.**
  Integrationsmodell von indirekter Steuerung und kollaborativer Organisationsentwicklung
- **Limtronik GmbH**
  Leitkonzept zur Organisationsentwicklung, Arbeitsgestaltung und soziosensiblen Technikentwicklung in der smarten Fabrik
- **Gelenkwellenwerke Stadtilm GmbH**
  Kompetenzentwicklungsmodell zur sozio-technischen Gestaltung digitaler Fertigung

Literatur

1. Baethg V, Kuhlmann M, Tullius K (2018) Technik und Arbeit in der Arbeitssoziologie – Konzepte für die Analyse des Zusammenhangs von Digitalisierung und Arbeit. AIS Stud 11(2):91–106
2. Bechtle G (1980) Betrieb als Strategie. Theoretische Vorarbeiten zu einem industriesoziologischen Konzept. Campus , Frankfurt a. M./New York
3. Faust M, Jauch P, Brünnecke K, Deutschmann Ch (1994) Dezentralisierung von Unternehmen – Bürokratie- und Hierarchieabbau und die Rolle betrieblicher Arbeitspolitik. München/Mehring
4. Huchler N (2018) Die Grenzen der Digitalisierung. In: Hofmann J (Hrsg) Arbeit 4.0 – Digitalisierung, IT und Arbeit. IT als Treiber der digitalen Transformation. Springer, Wiesbaden, S 143–162
5. Matuschek I, Kleemann F (2018) Mensch und Technik revisited – Zum sich verändernden Stellenwert von Informalität im Prozess der Digitalisierung. AIS Stud 18(2):58–74
6. Moldaschl M, Voß G G (Hrsg) (2002) Subjektivierung von Arbeit. Reihe: Arbeit, Innovation und Nachhaltigkeit, Bd.2. Rainer Hampp, München/Mering
7. Nies S (2019) Eine Frage der Kontrolle? Betriebliche Strategien im Einsatz von digitaler Technik und ihre Wirkungen auf Autonomie. In Begutachtung
8. Nies S, Casas B, Reindl J, Stadlinger J (2019) Das Echtzeit-Dilemma. Transparenz und Aktivierung in der digitalisierten Organisation. In: Bauer W, Stowasser S, Mütze-Niewöhner S, Zanker C, Brandl K-H (Hrsg) Arbeit in der digitalisierten Welt. Stand der Forschung und Anwendung im BMBF-Förderschwerpunkt, S 106–111
9. Orlikowski W, Scott SV (2008) Sociomateriality. Challenging the separation of technology, work and organization. Acad Manage Ann 2(1):433–474

10. Peters K, Sauer D (2005) Indirekte Steuerung – eine neue Herrschaftsform. Zur revolutionären Qualität des gegenwärtigen Umbruchprozesses. In: Wagner H (Hrsg) „Rentier ich mich noch?“ Neue Steuerungskonzepte im Betrieb. VSA, Hamburg, S 23–58
11. Pfeiffer S, Huchler N (2018) Industrie 4.0 konkret – vom Leitbild zur Praxis? WSI Mitteilung 71(3):167–173
12. Pongratz H, Trinczek R (Hrsg) (2010) Industriesoziologische Fallstudien Entwicklungspotenziale einer Forschungsstrategie. . edition sigma, Berlin
13. Sauer D (2013) "Organisatorische Revolution". Umbrüche in der Arbeitswelt; Ursachen, Auswirkungen und arbeitspolitische Antworten. VSA, Hamburg
14. Trist EL (1975) Sozio-technische Systeme. In: Bennis W G (Hrsg) Änderung des Sozialverhaltens. Klett, Stuttgart, S 201–218

13 Modelle ressourcenorientierter und effektiver Führung digitaler Projekt- und Teamarbeit – vLead

Conny H. Antoni, Erich Latniak und Ulrike Hellert

13.1 Zielsetzung und Vorgehen

Gesamtziel des Vorhabens *vLead* war die Erforschung, partizipative Entwicklung, Praxiserprobung und Verbreitung von Konzepten und Instrumenten zur Unterstützung ressourcenorientierter und effektiver Führung und Gestaltung digitaler Projekt- und Teamarbeit. Diese sollen auch über das Projekt hinaus insbesondere KMUs in unterschiedlichen Branchen zur Verfügung stehen und sie bei der Digitalisierung ihrer Arbeits- und Geschäftsprozesse und bei der Entwicklung der dazu erforderlichen Kompetenzen ihrer Belegschaft unterstützen. Zur Erreichung dieser Ziele wurde

Unser Dank gilt für die Mitarbeit an dem Beitrag Valeria Bernardy, Rebecca Müller und Anna T. Röltgen (ABO-Psychologie, Universität Trier), Jennifer Schäfer (IAQ, Universität Duisburg-Essen) sowie Rebekka Mander und Frank Müller (iap, FOM Hochschule für Oekonomie & Management gGmbH), sowie für die Mitarbeit im Projekt Matthias Quinten (Data One GmbH), Karl-Friedrich Brockhaus und Rainer Trieb (Human Solutions Verwaltungs GmbH) sowie beteiligten Kolleginnen und Kollegen in den jeweiligen Projektpartnerunternehmen. Für die Unterstützung im Projekt seitens des Projektträgers Karlsruhe PTKA bedanken wir uns ganz herzlich bei Stefan Scherr.

C. H. Antoni (✉)
Universität Trier, Abteilung für ABO-Psychologie, Trier, Deutschland

E. Latniak
Universität Duisburg-Essen, Institut Arbeit und Qualifikation, Duisburg, Deutschland

U. Hellert
FOM Hochschule, iap Institut für Arbeit & Personal, Nürnberg, Deutschland

W. Bauer et al. (Hrsg.), *Arbeit in der digitalisierten Welt*, https://doi.org/10.1007/978-3-662-62215-5_13

zunächst die Ausgangssituation in den Unternehmen der Projekt- und Umsetzungspartner analysiert. Es wurden die Anforderungen und Ressourcen digitaler Führung und Teamarbeit sowie ihre kulturellen und strukturellen Rahmenbedingungen erfasst. Gemeinsam mit den beteiligten Unternehmen wurden Konzepte und Instrumente für digitale Führung und Team-/Projektarbeit für verschiedene Handlungsfelder auf Basis dieser Erkenntnisse entwickelt und erprobt. Die partizipativ erarbeiteten Instrumente und Konzepte für Umsetzungsmaßnahmen unterstützen Unternehmen, operative Führungskräfte und (Projekt-)Teams bei der Gestaltung effektiver und gesundheitsförderlicher digitaler Projekt- und Teamarbeit. Sie geben insbesondere KMUs Hilfestellungen den digitalen Wandel der Arbeit zu bewältigen und dabei Unternehmens- und Beschäftigteninteressen, wie z. B. nach größerer Flexibilität und besserer Work-Life-Balance, zu vereinbaren.

Ziel des Teilprojekts der ABO war die Beantwortung der Frage, wie Führung in einer digitalisierten Arbeitswelt Einfluss nehmen kann, um Innovations- und Leistungsfähigkeit digitaler Projekt- und Teamarbeit sowie Work-Life-Balance und Gesundheit der Teammitglieder zu fördern. Es sollten wissenschaftlich fundierte und praxiserprobte Führungsinstrumente bereitgestellt werden, die insbesondere auf die Bedürfnisse von KMUs angepasst sind. Die partizipative Entwicklung und Erprobung dieser online basierten Führungsinstrumente erfolgte in enger Abstimmung mit den Projektpartnern Data One GmbH und der Human Solutions Verwaltungs GmbH sowie weiteren Unternehmen als Umsetzungspartnern. Ziel des Teilprojekts der Human Solutions Verwaltungs GmbH war die Entwicklung des Innovationsmanagement Tools *IdeaCheck* zur digitalen Unterstützung und Führung von Innovationsprozessen. Ziel des Teilprojekts der Data One GmbH war die Entwicklung des *OrgaCheck* als Screeningstool auf Unternehmensebene und des *TeamCheck* als Prozessmonitoring-Tool auf (Projekt-)Teamebene, um Belastungen und Ressourcen digitaler Führung und Zusammenarbeit zu analysieren. Hierzu wurden zunächst Situations- und Anforderungsanalysen mittels qualitativer und quantitativer Umfragen bei Führungskräften und deren Teammitgliedern durchgeführt. Anforderungen, Belastungsschwerpunkte und Ressourcen digitaler Führungs- und Teamarbeit wurden identifiziert. Ebenso wurden deren Auswirkungen auf individueller, sozialer und organisationaler Ebene in Abhängigkeit förderlicher und hinderlicher Rahmenbedingungen und Handlungsstrategien erfasst. Auf Basis dieser Ergebnisse wurden die Instrumente zur Unterstützung digitaler Führung und Teamarbeit gemeinsam entwickelt, erprobt und evaluiert. Die Toolentwicklung und -implementierung im Unternehmen wurde durch Interviews, Beobachtungen und quantitative Umfragen auf Basis des Technologie-Akzeptanzmodells (Unified Theory of Acceptance and Use of Technology, UTAUT) formativ evaluiert, vgl. [12].

Ziel des Teilprojekts des IAQ war zum Erhalt der Leistungsfähigkeit und Gesundheit virtuell arbeitender operativer Führungskräfte (opFk) beizutragen. Bedingt durch die variierenden Aufgaben und Verantwortlichkeiten entstehen bei opFk spezifische individuelle Anforderungen sowie Belastungs- und Ressourcenprofile. Zu deren Bewältigung entwickeln sie individuell unterschiedliche Strategien und Präferenzen.

Zu deren Erfassung sollte ein – an die Bedarfe dieser Zielgruppe – angepasstes Vorgehen zur Reflexion der Arbeitssituation und zur Erarbeitung von Gestaltungs- und Regenerationsmaßnahmen entwickelt, sowie erfolgreiche Vorgehensweisen der Teilnehmenden dokumentiert werden. Zur empirischen Fundierung wurden zunächst eine Literaturrecherche und teilstandardisierte Interviews mit 13 Personen (u. a. mit opFk, Betriebsräten, Personalbereich) in zwei Unternehmen durchgeführt. Aufbauend auf diesen Befunden wurde ein Screening-Fragebogen entwickelt. Dieser erfasst Rahmenbedingungen, spezifische Belastungen (z. B. Informationsüberflutung, Zeitdruck), Ressourcen (z. B. Unterstützung durch die Führungskraft, berufliche Sinnerfüllung), individuelles Bewältigungs- und Coping-Verhalten (z. B. Nutzung von Kurzpausen), sowie ausgewählte Beanspruchungs- und Gesundheitsindikatoren (u. a. zur arbeitsbedingten Motivierung, Stress und Burnout). Insgesamt sollten so Bausteine für ein Coaching bzw. für die individuelle Arbeitsgestaltung von virtuellen opFk erarbeitet werden.

Ziel des Teilprojekts des iap war es, am Beispiel opFk und der von ihnen geführten Teams die Bedeutung der Zeitkompetenz in digitaler Projekt- und Teamarbeit und Führung zu untersuchen. Mit den Umsetzungspartnern wurde das Handbuch *Kompass – Zeit und Vertrauen* partizipativ entwickelt, erprobt und evaluiert: Er beinhaltet Instrumente und Strategien zur Förderung individueller und organisationaler Zeitkompetenz, Vertrauens- sowie Rückmeldestrukturen und -kulturen, die für wirksame und faire Entscheidungen benötigt werden. Um die Zeitkontrollmechanismen, Handlungsspielräume und vorhandenen Zeitkompetenzen der Führungskräfte und Beschäftigten sowie deren Strategien zum Erkennen und Lösen von Zeitproblemen zu identifizieren, wurden leitfadengestützte Interviews, Gruppendiskussionen, eine Beobachtung mit Führungskräften und Beschäftigten sowie im Anschluss eine standardisierte Onlineumfrage bei den Beschäftigten der Umsetzungspartner durchgeführt, vgl. [7].

13.2 Forschungsergebnisse und Anwendungsbeispiele

13.2.1 OrgaCheck

Die Ergebnisse der Situations- und Anforderungsanalyse zeigen, dass bei der digitalen Zusammenarbeit Belastungen und Ressourcen auf Personen-, Technik- und Organisationsebene unterschieden werden können. Hierzu gehören auf Personenebene beispielsweise die Entgrenzung von Arbeit und Freizeit sowie die Überlastung durch digital vermittelte Nachrichten, die zum Teil schwieriger zu interpretieren und einzuordnen sind als persönliche Kommunikation. Digitale Zusammenarbeit stellt dadurch erhöhte Anforderungen an die Selbstorganisation und Kompetenz im Umgang mit den unterschiedlichen digitalen Medien. Auf Technikebene geht es vor allem um zuverlässig funktionierende Hard- und Software. Auf der Organisationsebene stehen Regeln für die digitale Kommunikation und Zusammenarbeit und die Frage, wie die Führung digitale Zusammenarbeit unterstützen kann, im Fokus.

Der *OrgaCheck* ist ein online Umfrage-Tool, mit dessen Hilfe Herausforderungen und Ressourcen der digitalen Zusammenarbeit in Unternehmen auf Personen-, Technik- und Organisationsebene analysiert werden können. Die Ergebnisse stehen automatisiert unmittelbar nach der Umfrage zur Verfügung. Der *OrgaCheck* zeigt Handlungsmöglichkeiten für Verbesserungen auf und kann somit Innovations- und Leistungsfähigkeit, sowie die Gesundheit von Führungskräften und Beschäftigten fördern. Zielgruppe sind alle Beschäftigten des Unternehmens. Die Unternehmensleitung setzt auf Basis der hinterlegten Fragen eine Onlineumfrage auf und lädt alle Beschäftigten zur Teilnahme ein. Der *OrgaCheck* unterscheidet drei Ebenen der Rückmeldung: Mitarbeitende erhalten ein individualisiertes Feedback zu wichtigen Aspekten digitaler Zusammenarbeit mitsamt Handlungsempfehlungen, siehe Abb. 13.1. Führungskräfte erhalten eine differenzierte Analyse, um Handlungsbedarfe innerhalb ihrer Abteilung zu identifizieren. Die Unternehmensführung erhält eine Rückmeldung mit Empfehlungen zu

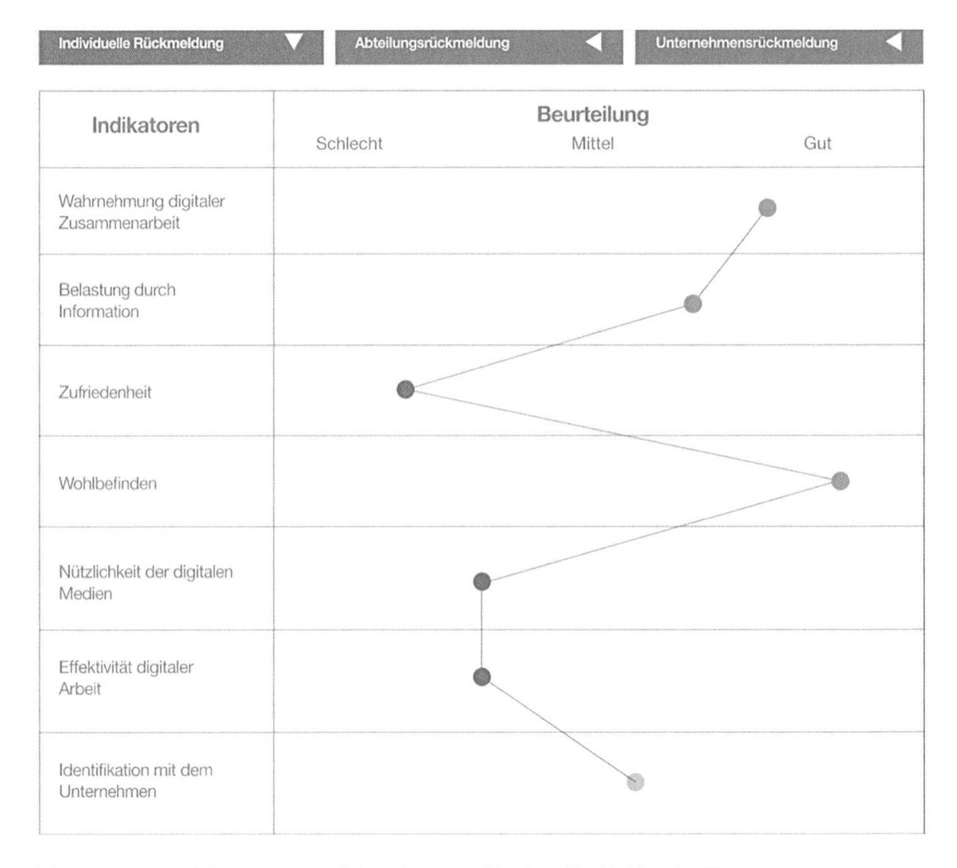

Abb. 13.1 Beispielhafte Rückmeldung im OrgaCheck auf individueller Ebene

Verbesserungen bezüglich Risiken und Ressourcen digitaler Zusammenarbeit für die langfristige Förderung der Leistungsfähigkeit und der Gesundheit von Führungskräften und Beschäftigten.

Folgende Aspekte werden zur Beurteilung der Herausforderungen und Ressourcen der digitalen Zusammenarbeit auf Personen-, Technik und Organisationsebene analysiert.

Auf Personenebene:

- Digitale Kompetenz: inwiefern sich Personen über digitale Medien ausdrücken können und ob Personen Medien anhand spezifischer Kriterien auswählen. Außerdem wird die Bereitschaft zum Lernen und Reflektieren im Umgang mit digitalen Medien erfasst.
- Selbstführungskompetenz: inwiefern sich Personen bei remote Arbeit selbst strukturieren und ihre Zeit managen können.
- Einschätzung der positiven Auswirkungen digitaler Zusammenarbeit
- Informationsüberlastung
- Zufriedenheit mit der digitalen Arbeit
- Wohlbefinden/Stress

Auf Technikebene:

- Digitalisierungsgrad: Ausmaß an digitaler Kommunikation, des verteilten Arbeitens und digitaler Geschäftsprozesse.
- Medienausstattung: Verfügbarkeit von Hard- und Software zur Erledigung von Arbeitsaufgaben.
- Digitale Geschäftsprozesse: inwieweit diese nachvollziehbar und sinnvoll umgesetzt sind, als nützlich bewertet werden und das Potenzial ausschöpfen.
- Nützlichkeit der digitalen Medien: wie zuverlässig/nützlich die vorhandenen digitalen Medien sind.

Auf Organisationsebene:

- IT-Support: angebotene Unterstützung zur Nutzung digitaler Medien.
- Führung: digitales Führungsverhalten (Kommunikation, Monitoring und Verhalten)
- Bedingungen, Regeln und Regeleinhaltung digitaler Zusammenarbeit
- Erreichbarkeitserwartungen an Beschäftigte
- Zeitdruck
- Effektivität digitaler Arbeit
- Identifikation mit dem Unternehmen

Diese Aspekte können in einer Kurzversion mit 67 Fragen erfasst werden (Dauer ca. 15–20 min). Alternativ können einzelne Aspekte vertieft abgefragt werden (Langversion mit insgesamt 105 Fragen, Dauer ca. 30 min).

13.2.2 TeamCheck

Die Ergebnisse unserer Umfragen bei Führungskräften und ihrer Teammitglieder der Projekt- und Umsetzungspartner zu Anforderungen, Belastungsschwerpunkten und Ressourcen digitaler Führungs- und Teamarbeit zeigen, dass die Koordination in und Führung von digitalen Teams spezifische Anforderungen stellt. Um effektiv zusammenarbeiten zu können, müssen Teammitglieder und -führung nicht nur ein gemeinsames Verständnis dessen haben, was erreicht werden soll und wer was bis wann zu tun hat (sog. im Team geteilte mentale Modelle, TMM), sondern sich auch einig sein, welche Medien sich für welche Zwecke, in welchen Situationen eignen, und auf welche Art und Weise sie diese bei der digitalen Zusammenarbeit nutzen, vgl. [2].

Der *TeamCheck* als online Feedbacktool zur Unterstützung digitaler Teamkoordination und -führung greift diese Erkenntnisse auf. Er ermöglicht online zu erfassen, inwieweit Teammitglieder bei der digitalen Arbeit gemeinsame Vorstellungen arbeitsrelevanter Themen haben, inwieweit sich Informationsbedarfe oder Überlastungen abzeichnen und visualisiert diese mithilfe eines graphischen Anzeigesystems, um Reflexions- und Regulationsprozesse im Team anzustoßen.

Zentrale Bausteine des *TeamChecks* sind, inwieweit Teamführung und -mitglieder zu folgenden Aspekten der digitalen Teamarbeit gemeinsame Vorstellungen haben, vgl. [9]:

- Aspekte der Aufgabe: Status Quo der Teamziele, Vorgehensweise zur Erreichung der Ziele und Überblick über anstehende Aufgaben (Aufgabenbezogene TMM);
- Aspekte des Teams: Fähigkeiten und Kompetenzen der Teammitglieder sowie deren Verantwortlichkeiten und Rollen (Teambezogene TMM);
- Aspekte der Zeit: Deadlines, die Dauer der Aufgaben und die verfügbare Zeit für diese Aufgaben (Zeitbezogene TMM);
- Aspekte der Medien: welche Medien im Team für welchen Zweck verwendet werden und die Art und Weise, wie Medien im Team genutzt werden (Medienbezogenes TMM);
- Aspekte der Situation: Bewusstsein über situative Anforderungen (Situationsbezogenes TMM).

Neben diesen Kernmodulen können noch folgende weitere Aspekte von der Teamführung ausgewählt und zur Beurteilung virtueller Teammeetings eingesetzt werden:

- Vertrauen im Team: ob die Teammitglieder sich bezüglich ihrer Arbeit und Einhaltung von Absprachen aufeinander verlassen können.
- Offene Teamkommunikation: ob die Teammitglieder vertrauensvoll über Schwierigkeiten sprechen und Rat einfordern können.
- Gemeinsames Lernen: ob die Teammitglieder zusammen über neue Lösungen nachdenken und sich gegenseitig unterstützen.
- Wissensaustausch: ob das Team sich regelmäßig zu relevanten Kenntnissen und Wissen austauscht.
- Auslastung: ob Teammitglieder unter Zeitdruck stehen, parallel Aufgaben bearbeiten müssen oder häufig unterbrochen werden.

- Informationsprozesse: ob jedem Teammitglied relevante Informationen zur Aufgabenerledigung vorliegen.
- Reflexion von Prozessen: ob das Team über Strategien, den aktuellen Stand und die Koordination der Zusammenarbeit diskutiert.
- Reflexion von Ergebnissen: ob das Team Arbeitsergebnisse, Lerngewinn und den Beitrag der Teamleistung zum Unternehmen bespricht.
- Bewertung eines Meetings: ob das Meeting nützlich und relevant für die Teammitglieder war, ob alles Wichtige besprochen wurde und ob sie aufmerksam zugehört haben.
- Identifikation mit dem Team: inwieweit die Teammitglieder sich mit dem Team identifizieren.

Der *TeamCheck* erlaubt es, eine Umfrage zur Evaluation eines virtuellen Meetings am Ende dieses Meetings in Minutenschnelle durchzuführen und die Ergebnisse gleich einzusehen. So kann die Teamführung diese direkt mit ihrem Team besprechen und sich abzeichnende Unklarheiten sofort aufdecken. Bei der Nutzung des *TeamChecks* als online Feedbacktool werden die Ergebnisse entsprechend des vereinbarten Detailgrades automatisiert angezeigt. Es können drei Abstufungen gewählt werden: „gering", „mittel" und „hoch". „Gering" empfiehlt sich z. B. bei sehr kleinen Teams, die Ergebnisbalken sind dann entweder komplett rot, gelb oder grün eingefärbt. Sobald mindestens ein Teammitglied der Aussage gar nicht oder nicht zustimmt, wird der Balken Rot angezeigt. Bei „mittel" sind die Balken in rot, gelb und grün, bei „hoch" in je zwei rot-, gelb- und grün-Farbtönen eingefärbt und spiegeln jeweils das Verhältnis des Antwortverhaltens der Teammitglieder dar, siehe Abb. 13.2. Zusätzlich steht eine Ergebnisrückmeldung zum Download zur Verfügung. Dieser Report enthält zusätzliche Reflexionsfragen und Handlungsempfehlungen. Im nächsten Teammeeting können dann die schon durchdachten Themen gemeinsam reflektiert und so ein konstruktiver und lösungsorientierter Austausch angeregt werden.

Die Teammitglieder der Pilotgruppen, die den *TeamCheck* erprobten, fanden ihn mehrheitlich nützlich, um Meetings zu bewerten und den Austausch über Teamprozesse

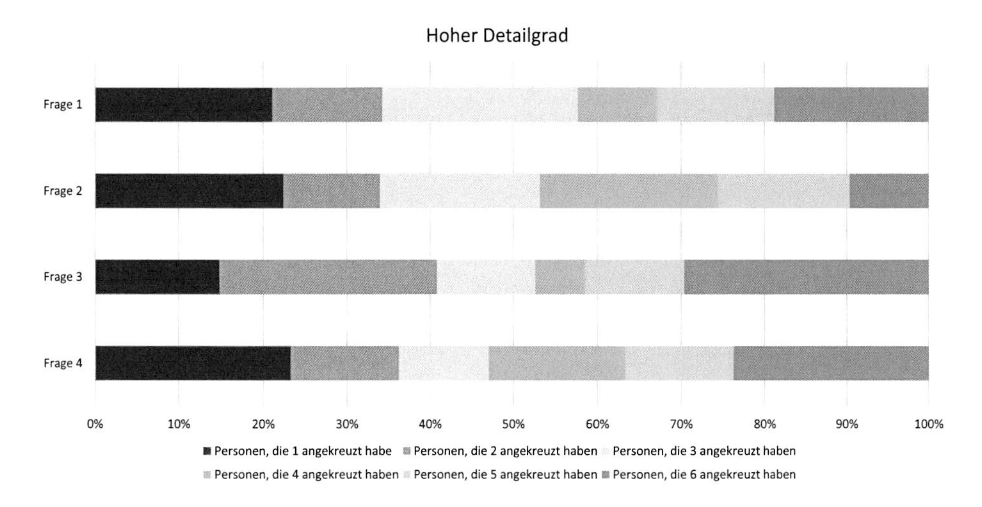

Abb. 13.2 Beispielhafte Ergebnisdarstellung im TeamCheck bei hohem Detailgrad

sowie konkrete Maßnahmen zur Verbesserung der Teamarbeit anzuregen. Dieser Austausch hat in den Pilotgruppen in Teilen schon zur Umsetzung konkreter Maßnahmen geführt, die die Effizienz und Leistung des Teams erhöhen sollen. Die Mehrheit beurteilte die Fragen des Teamchecks als verständlich und sieht alle wichtigen Aspekte einer erfolgreichen digitalen Teamarbeit abgedeckt.

13.2.3 IdeaCheck

Für den *IdeaCheck* ergab die Anforderungsanalyse als zentrale Gestaltungsziele: Transparenz des Innovationsprozesses, Nachvollziehbarkeit der Umsetzungsentscheidungen hinsichtlich Innovationen, Effektivität des Innovationsprozesses (Ideen sind erfolgsversprechend und mit den vorhandenen zeitlichen und finanziellen Ressourcen umsetzbar) und Sicherung der Ideen (Ideenspeicher).

Um diese Ziele zu erreichen orientiert sich der *IdeaCheck* an der Stage-Gate-Struktur der Produktentwicklung, vgl. [4]. Eine Idee muss mehrere Phasen (Stages) durchlaufen, bis sie angenommen wird. Die Phasen sind durch Bewertungsentscheidungen (Gates) getrennt, bei denen anhand einer Scorecard geprüft wird, ob eine Idee die Kriterien erfüllt, um von einer Phase in die nächste zu kommen, siehe Abb. 13.3. Sowohl die Phasenanzahl als auch die relevanten Kriterien für die Umsetzungsentscheidung können verändert werden, um eine unternehmensspezifische Anpassung zu ermöglichen. Zusätzlich ist es möglich, Kategorien anzulegen, beispielsweise für Produkte oder Unternehmensbereiche (z. B. Entwicklung) und jeweils kategorienspezifische Phasen und Gates zu konfigurieren. Ideen derselben Kategorie werden anhand derselben Kriterien (z. B. strategische Bedeutung) bewertet und durchlaufen dieselbe Anzahl an Schritten bis zur Umsetzungsentscheidung. Bewertungskriterien können an den verschiedenen Gates bereichs- und unternehmensspezifisch festgelegt und gewichtet werden, um die jeweiligen Unternehmensziele abzubilden.

Der *IdeaCheck* bietet ein zentrales digitales Sammelbecken für Innovationsideen. Alle Beschäftigten haben die Gelegenheit, Ideen einzubringen. Nach dem Anlegen einer Idee kann diese als Entwurf gespeichert werden. Dies ermöglicht es, eine Idee schnell festzuhalten und zu einem späteren Zeitpunkt zu vervollständigen. Bevor eine Idee im Tool veröffentlicht wird, kann keine andere Person die Idee einsehen. Nach der Veröffentlichung

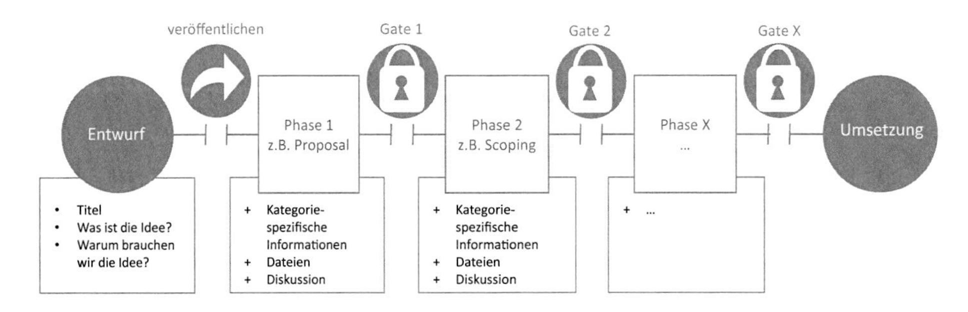

Abb. 13.3 Schematische Darstellung des Ideenbewertungsprozesses im IdeaCheck

ist es möglich, sich an den Ideen anderer zu beteiligen. Man kann sich in Form von Diskussionsbeiträgen einbringen, eine Idee mit der eigenen Expertise unterstützen und einer Idee folgen und damit über Neuigkeiten auf dem Laufenden bleiben. Im Tool ist für jeden Nutzenden ein Profil mit Informationen zur Abteilungszugehörigkeit hinterlegt, welches zusätzlich um Informationen zu Expertise und Interessen ergänzt werden kann. Diese Funktionen ermöglichen es, aktiv nach Unterstützenden mit bestimmten Kenntnissen zu suchen, um die Idee weiterzuentwickeln. Ist eine Idee zur Bewertung freigegeben, bewertet ein Entscheidungsgremium die Idee anhand der Scorecard. Mitglieder des Gremiums sind in der Regel Führungskräfte oder Fachkräfte mit entsprechenden Kenntnissen und Befugnissen. Wer diesem Entscheidungsgremium angehört, kann unternehmensspezifisch festgelegt werden. Nachdem alle Mitglieder des Gremiums eine Idee bewertet und ihre Entscheidung ggfs. begründet haben, erhalten die Personen, die sie eingereicht haben, ein Feedback. Erreicht eine Idee die benötigte Punktzahl bei der Bewertung, geht sie in die nächste Phase, andernfalls verbleibt sie in der aktuellen Phase und man kann auf Grundlage des Feedbacks entscheiden, ob man an der Idee weiterarbeiten und diese anschließend erneut zur Bewertung freigeben oder die Idee nicht weiterverfolgen will. Das Entscheidungsgremium ist dazu angehalten, eine entsprechende Empfehlung zu geben. Die Ergebnisse der Nutzerumfrage des *IdeaChecks* zeigen, dass sie die Benutzeroberfläche positiv wahrnehmen und das Tool als intuitiv bedienbar bewerten, siehe Abb. 13.4.

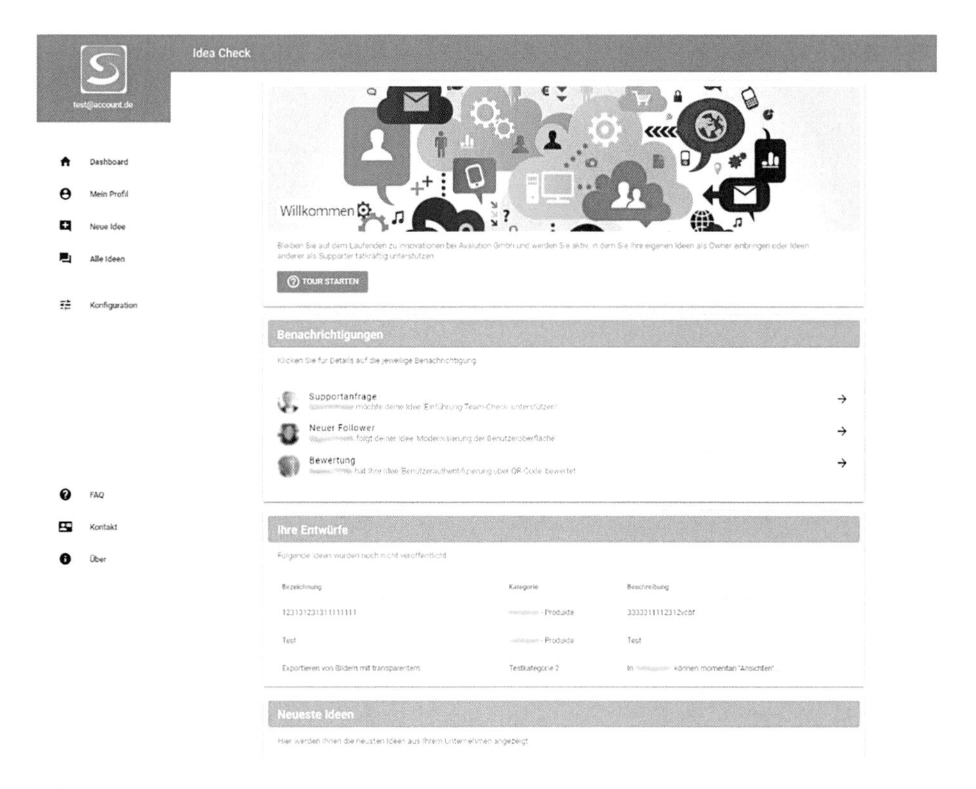

Abb. 13.4 Dashboard im IdeaCheck

Die Nutzerumfrage zeigt, dass der *IdeaCheck* das Potenzial hat, den Innovationsprozess transparenter und für alle einsehbar zu machen sowie einen übersichtlichen Ideenspeicher zu bieten. Insbesondere die Möglichkeit Ideen anderer mit der eigenen Expertise zu unterstützen wird positiv bewertet, vgl. [1, 11].

13.2.4 Ressourcenstärkende Führung

Der im *vLead*-Teilprojekt des IAQ entwickelte Screening-Fragebogen dient zur Identifikation der individuellen Belastungen und Ressourcen der opFK. Die teilnehmenden opFK arbeiteten in großem Umfang virtuell mit Teammitgliedern unterschiedlicher Kulturen in unterschiedlichen Zeitzonen, die z. T. weltweit verteilt sind. Ihr organisatorisches Umfeld war sehr dynamisch, geprägt von Restrukturierungsmaßnahmen, Teamveränderungen und häufig wechselnden Aufgabenprioritäten und Zielen. Als Belastungen nannten die opFk am häufigsten Arbeitsunterbrechungen, Entgrenzung, Aneignungsbehinderungen, Zusatzaufwand und Zeitdruck. Diese Belastungen stimmen mit allgemeinen Befunden aus dem IT-Bereich überein, vgl. [6]. Sie sind u. a. eine Konsequenz der kommunikationsintensiven Tätigkeit der opFk.

Zur Entwicklung der individuellen Bewältigungsstrategien der opFK wurde ein individuelles Beratungsvorgehen im Rahmen von Feedback-Gesprächen verfolgt. Dieses orientiert sich am Vorgehen der Stressmanagement-Intervention [3]. Zur Identifikation der individuellen Belastungen und Ressourcen wird zu Beginn der Gespräche das Screening-Instrument ausgefüllt. Die konkrete Arbeitssituation wird dann reflektiert und darauf aufbauend konkrete Verbesserungen entwickelt sowie Hinweise zu Handlungsmöglichkeiten vermittelt. In einem Follow-Up werden dann Erfahrungen und Umsetzungsschwierigkeiten bearbeitet. Dieses Vorgehen ermöglicht die Arbeits- und Regenerationssituation zu reflektieren und neue Handlungsmöglichkeiten und Gestaltungsansätze im Gespräch zu entwickeln.

Entsprechend der oben beschriebenen Belastungen lag ein Schwerpunkt der im Gespräch entwickelten Maßnahmen in der Nutzung von Blockzeiten, um besonders bei konzeptionellen Arbeiten Arbeitsunterbrechungen entgegenzuwirken, vgl. [5]. Beim Verhältnis von Verausgabung und Entspannung gab es ebenfalls Potenzial bei vielen Teilnehmenden. Erarbeitete Maßnahmen waren die regelmäßige Nutzung von Kurzpausen sowie ein Arbeiten analog der eigenen Leistungskurve, um die Leistungsfähigkeit über den Tag zu erhalten. Ergänzt wurde dies in einigen Fällen durch Vorschläge für ein Abschlussritual, vgl. [10] – z. B. die tägliche Tasse Tee nach der Ankunft zuhause – und den bewussten Übergang zu Feierabend und Familienzeit, um einerseits mögliche Entgrenzung zu reduzieren und zum anderen die Regeneration zu fördern.

13.2.5 Zeitkompetenz und Vertrauen in virtuellen Führungsstrukturen

Als Ergebnis des *vLead*-Teilprojekts des iap wurde der *Kompass – Zeit und Vertrauen* gemeinsam mit den Umsetzungspartnern erarbeitet und erprobt. Er umfasst die Analyse von Situationen und von Gesprächen zur Arbeitsweise von Teams, zur Förderung von gegenseitigem Verständnis, von Nachvollziehbarkeit und Transparenz. Ferner werden konkrete Maßnahmen zur Förderung virtueller Teamarbeit, mit zahlreichen und vielfältigen praktischen Handlungsempfehlungen, Checklisten sowie Umsetzungsbeispielen beschrieben. Der *Kompass – Zeit und Vertrauen* enthält komplementäre Lösungsansätze, die durch den modularen Aufbau individuell angepasst werden können. Die Selektion von Lösungsansätzen kann nach verschiedenen Faktoren, etwa dem Anwendenden (z. B. Führungskraft, Team oder Organisation) oder dem gewünschten Outcome erfolgen. Dies ermöglicht eine situationsgerechte Implementierung. Dabei sollten die Vorschläge jedoch nicht als Musterlösung interpretiert werden, sondern lediglich als Impuls oder Hinweis.

Der Kompass – Zeit und Vertrauen umfasst folgende fünf zentrale Instrumente: *E-Talk– Unsere Sprache, E-Leadership-Kompetenz, Dashboard, Vereinbarung – Zeit und Vertrauen, Overload – Wahrnehmung und Bewältigung von Überlast.*

- Der *E-Talk* gibt Teams Anregungen zur Diskussion der Kommunikationsstrukturen im Team. Er enthält Leitfragen, um die Reflexion der Kommunikation anzuregen, zentrale Leitsätze für virtuelle Kommunikation und Checklisten für virtuelle Meetings.
- Das Instrument *E-Leadership-Kompetenz* richtet sich an Personen, die in Teams eine Leitungs- oder Koordinierungsfunktion übernehmen: Führungskräfte, Teamleitungen und Personen, die in Teilen Führungsaufgaben innehaben. Sie können mit dem Instrument ihre aktuell vorhandenen Stärken und Entwicklungsfelder identifizieren. Zudem gibt es für Teamleitungen zu dem jeweils identifizierten Handlungsfeld passende Gestaltungstipps. Die vier Handlungsfelder sind: Beziehung zu Mitarbeitenden, Kontrolle & Autonomie, Koordination & Orientierung und Individuelle Entwicklung der Mitarbeitenden.
- Das *Dashboard* liefert, ähnlich wie ein Cockpit, im Optimalfall eine Übersicht über alle Aufgaben auf Team-Ebene sowie Informationen zum Umgang mit Zeit auf individueller Ebene und gibt hierzu einen Überblick über zentrale Zeitplantechniken.
- Mit der *Vereinbarung – Zeit & Vertrauen* können Teams die teaminternen Kommunikationsregeln verbindlich festhalten, die sie sich im *E-Talk* überlegt

haben. Die Vereinbarung gibt eine Orientierungshilfe für den Umgang und die Kommunikation im Team.
- Das Instrument *Overload – Wahrnehmung und Bewältigung von Überlast* – gibt Betroffenen sowie deren Kolleginnen und Kollegen Informationen zu hoher Arbeitsbelastung sowie Hilfestellungen zur Einordnung und Empfehlungen für den Umgang mit der jeweiligen Situation.

Darüber hinaus gibt es mit *E-Coffee, E-Daily* und *Ready to fly* Anregungen zur konkreten Gestaltung von virtueller Teamarbeit.

- *E-Coffee* gibt Mitarbeitenden an unterschiedlicher Standorten Tipps zur Organisation und Durchführung informeller persönlicher Gespräche per Video analog einer Begegnung in der Kaffeeküche.
- *E-Daily* gibt Tipps zum regelmäßigen arbeitsbezogenen Austausch von Informationen, um Klarheit und Orientierung über Aufgaben und deren Zweck herbeizuführen.
- *Ready to fly* ist eine Checkliste mit Tipps für die Vorbereitung und Moderation virtueller Meetings.

In einem iterativen Evaluierungsprozess haben die Umsetzungspartner die Empfehlungen des Handbuchs in der Praxis angewendet und evaluiert. In den Pilotteams wurden erste positive Erfahrungen mit den Maßnahmen berichtet. Die Möglichkeit, die Instrumente nach individuellen Bedürfnissen anzupassen, wurde mehrfach positiv hervorgehoben. Als Ergebnis wurde eine höhere Zufriedenheit der Beschäftigten sowie eine effizientere Teamarbeit beschrieben, vgl. [8].

13.3 Ausblick

Die im Projekt *vLead* entwickelten Instrumente sollen bei weiteren Umsetzungspartnern auch anderer Branchen erprobt und dadurch ihr breiter Transfer gefördert werden.

13.4 Hinweis auf Transfermaterialien

Auf der Homepage des Projekts https://vlead.de stehen die im Projekt entwickelten Instrumente zur Nutzung sowie begleitende Handbücher als Download zur Verfügung.

Projektpartner und Aufgaben

- **Universität Trier, Arbeits-, Betriebs- und Organisationspsychologie (ABO)**
  Digitale Projekt- und Teamarbeit leistungs- und ressourcenförderlich führen
- **Universität Duisburg-Essen, Institut Arbeit und Qualifikation (IAQ)**
  Ressourcenstärkende Führung – operative Führungskräfte in virtuellen Kontexten stärken und gesund erhalten
- **FOM Hochschule für Oekonomie & Management gGmbH, Institut für Arbeit & Personal (iap)**
  Zeitkompetenz und Vertrauen in virtuellen Führungsstrukturen
- **Human Solutions Verwaltungs GmbH**
  Entwicklung des *vLead* Innovationsprozess Tools *IdeaCheck* zur Unterstützung digitaler Führung teamübergreifender Innovationsprozesse
- **Data One GmbH**
  Entwicklung des *vLead* Belastungs-Screening *OrgaCheck* und Prozessmonitoring-Tools *TeamCheck* zur effektiven, ressourcenförderlichen digitalen Führung

Literatur

1. Antoni CH, Röltgen AT, Bernardy V, Müller R (2020) Entwicklung und Evaluation der Auswirkungen eines digitalen Softwaretools zur Unterstützung kollaborativer Innovationsprozesse. In: Gesellschaft für Arbeitswissenschaft e. V. (Hrsg) Bericht zum 66. Arbeitswissenschaftlichen Kongress der Gesellschaft für Arbeitswissenschaft e.V. vom 16. bis 18. März 2020, Berlin, Digitale Arbeit, digitaler Wandel, digitaler Mensch? Beitrag A.9.1. GfA Press, Dortmund
2. Bernardy V, Müller R, Röltgen AT, Antoni CH (2019) Entwicklung eines Instruments zur Unterstützung der Bildung geteilter mentaler Modelle in digitalen Teams. In: Gesellschaft für Arbeitswissenschaft e. V. (Hrsg) Bericht zum 65. Arbeitswissenschaftlichen Kongress der Gesellschaft für Arbeitswissenschaft e.V. vom 27.02. bis 01.03.2019, Dresden, Arbeit interdisziplinär analysieren – bewerten – gestalten, Beitrag C.6.1. GfA Press, Dortmund
3. Busch C, Steinmetz B (2002) Stressmanagement und Führungskräfte. Gruppe. Interaktion. Organisation. Zeitschrift für Angewandte Organisationspsychologie (GIO) 33(4):385–401
4. Cooper RG (2014) What's next?: After stage-gate. Res Technol Manage 57(1):20–31
5. Gerlmaier A (2019) Blockzeiten für störungsfreies Arbeiten. In: Gerlmaier A, Latniak E (Hrsg) Handbuch psycho-soziale Gestaltung digitaler Produktionsarbeit. Springer Gabler, Wiesbaden, S 325–328
6. Gerlmaier A (2011) Stress und Burnout bei IT-Fachleuten – auf der Suche nach Ursachen. In: Gerlmaier A, Latniak E (Hrsg) Burnout in der IT-Branche: Ursachen und betriebliche Prävention. Asanger, Kröning, S 53–90
7. Hellert U, Müller F, Mander R (2018) Zeitkompetenz, Vertrauen und Prozessfeedback im Virtual Work Resource Model. In: der Zukunft A (Hrsg) Hermeier B Heupel T Fichtner-Rosada. Springer Gabler, Wiesbaden, S 145–161
8. Mander R, Hellert U, Müller F (2019) Gestaltungsansätze in virtuellen Kooperationsstrukturen: Zeitkompetenz und Vertrauen. In: Gesellschaft für Arbeitswissenschaft e. V. (Hrsg)

Bericht zum 65. Arbeitswissenschaftlichen Kongress der Gesellschaft für Arbeitswissenschaft e.V. vom 27.02. bis 01.03.2019, Dresden, Arbeit interdisziplinär analysieren – bewerten – gestalten, Beitrag C.6.3. GfA Press, Dortmund

9. Müller R, Antoni CH (2019) Einflussfaktoren und Auswirkungen eines gemeinsamen Medienverständnisses in virtuellen Teams. Gruppe. Interaktion. Organisation. Zeitschrift für Angewandte Organisationspsychologie (GIO) 50(1):25–32. https://doi.org/10.1007/s11612-019-00447-3
10. Reif JAM, Spieß E (2018) Erholung. In: Reif JAM, Spieß E, Stadler P (Hrsg) Effektiver Umgang mit Stress: Gesundheitsmanagement im Beruf. Springer, Berlin, Heidelberg, S 131–138
11. Röltgen AT, Bernardy V, Müller R, Antoni CH (2020) Entwicklung, Einsatz und Evaluation eines Tools für digitales Ideenmanagement. Ein Fallbeispiel. Gruppe. Interaktion. Zeitschrift für Angewandte Organisationspsychologie Organisation (GIO) 51:49–58. https://doi.org/10.1007/s11612-020-00500-6 . https://rdcu.be/b0TRM
12. Venkatesh V, Morris MG, Davis GB, Davis FD (2003) User acceptance of information technology: toward a unified view. MIS Q 27(3):425–478. https://doi.org/10.2307/30036540

Teil III
Produktivitätsmanagement

Mit dem InAsPro-Transformationskonzept die Digitalisierung planen

14

Tobias Ehemann, Mona Tafvizi Zavareh, Jens C. Göbel, Stephanie Dupont, Klaus J. Zink, Carina Siedler und Jan C. Aurich

14.1 Das Projekt InAsPro

14.1.1 Ausgangssituation

Digitale Technologien, die informationstechnische Vernetzung von Produkten und Prozessen und die damit einhergehenden Veränderungen der Geschäftsmodelle machen in nahezu allen industriellen Branchen grundlegende Veränderungen der Arbeitssystemgestaltung erforderlich, um für den Wettbewerb von morgen gerüstet zu sein. Zielgerichtete und unternehmensindividuell geeignete Digitalisierungsinitiativen können die Erschließung neuer und die erfolgreiche Weiterführung bestehender Geschäftsfelder unterstützen, z. B. durch optimierte Produkte, effizientere Prozesse und erweiterte Wertschöpfungsbeiträge [1, 14, 17].

Durch die enorme Vielfalt von Digitalisierungsmöglichkeiten sind Unternehmen häufig nicht oder nur bedingt in der Lage, sich zu orientieren und dabei systematisch vorzugehen. Die weitreichenden Veränderungen, die z. B. durch eine digitale Transformation einzelner analoger Arbeitsprozesse entstehen, sind meist nicht abzusehen und bergen oftmals unvorhersehbare Risiken [12]. Darüber hinaus muss die Rolle des

T. Ehemann (✉) · M. Tafvizi Zavareh · J. C. Göbel
Technische Universität Kaiserslautern, Lehrstuhl für Virtuelle Produktentwicklung (VPE), Kaiserslautern, Deutschland

S. Dupont · K. J. Zink
Institut für Technologie und Arbeit (ITA), Kaiserslautern, Deutschland

C. Siedler · J. C. Aurich
Technische Universität Kaiserslautern, Lehrstuhl für Fertigungstechnik und Betriebsorganisation (FBK), Kaiserslautern, Deutschland

W. Bauer et al. (Hrsg.), *Arbeit in der digitalisierten Welt*,
https://doi.org/10.1007/978-3-662-62215-5_14

Menschen im Umgang mit der Technik, z. B. hinsichtlich der Einhaltung ergonomischer Standards, berücksichtigt werden. Dabei sind unternehmensindividuelle Anforderungen und Randbedingungen (z. B. bestehende Technologien und Arbeitssysteme) unmittelbar relevant für eine zielgerichtete Auswahl, Konfiguration, Einführung und Nutzung neuer, digitaler Technologien [2, 6]. Besonders für kleine und mittelständische Unternehmen (KMU) ist die Entscheidung, welche der oftmals investitionsintensiven Digitalisierungstechnologien den individuellen Bedürfnissen am besten gerecht werden, äußerst schwierig [3, 12].

Ziel des Projekts InAsPro (Integrierte Arbeitssystemgestaltung in digitalisierten Produktionsunternehmen) ist es, einen Beitrag zur Verbesserung dieser Situation durch eine methodische und informationstechnische Unterstützung bei der digitalen Arbeitssystemgestaltung in produzierenden Unternehmen zu leisten. Das in dem Projekt entwickelte modulare Transformationskonzept unterstützt Industrieunternehmen daher, eigenständig bedürfnisgerechte Strategien und Implementierungsansätze für Digitalisierungstechnologien zu entwickeln und umzusetzen. Dabei wird ein partizipativer Ansatz verfolgt, der auch organisatorische und menschbezogene Faktoren berücksichtigt [7, 10].

14.1.2 InAsPro-Ansatz

Zur Adressierung dieser Zielstellung wurde in dem Forschungsprojekt InAsPro im Verbund von Forschungsinstituten und Industrieunternehmen ein integrierter Ansatz, bestehend aus aufeinander abgestimmten Methoden entwickelt und informationstechnisch implementiert.

Den Kern bildet hierbei ein modular aufgebautes Transformationskonzept zur Integration von Digitalisierungstechnologien entlang des kompletten Produktlebenszyklus [7, 10, 20]. Das Transformationskonzept berücksichtigt transdisziplinäre Aspekte (Wechselwirkungen zwischen Mensch, Technik und Organisation) und basiert auf der Partizipation der betrieblichen Akteure (Mitarbeiter und Führungskräfte). Es setzt an der unternehmensindividuellen Ist-Situation an und unterstützt dabei, den Zielzustand der Digitalisierung von Arbeitssystemen unternehmensspezifisch zu beschreiben. Darauf aufbauend wurde ein systematischer Handlungsleitfaden zur Umsetzung von digitalisierten Arbeitssystemen entlang des Produktlebenszyklus entwickelt. Dieser berücksichtigt soziale, technische und organisatorische Aspekte.

Die Bestandteile des Transformationskonzepts wurden zunächst separat voneinander und allgemeingültig entwickelt und validiert [23]. Anschließend wurde die Anwendung zur Sicherstellung des Praxisbezugs und der industriellen Anwendbarkeit anhand von vier Pilotanwendungen der Anwendungspartner exemplarisch umgesetzt. Diese durchgeführten Pilotanwendungen sind in Abschn. 14.1.3 näher beschrieben. Die einzelnen Elemente des Transformationskonzepts münden in einem Softwaredemonstrator, welcher eine strukturierte Anwendung der entwickelten Methoden bezüglich spezifischer Produktlebenszyklusphasen ermöglicht [20].

Da die beabsichtigte Nutzung des Transformationskonzepts im Vordergrund steht, wurden abschließend die Projektinhalte auf das Entwicklungsziel von InAsPro, also die Unterstützung von Produktionsunternehmen in den konkreten Anwendungen, validiert und anschließend optimiert. Anhand der Anwendung des Transformationskonzepts im Rahmen der Pilotanwendungen sowie der Implementierung in Form des Softwaredemonstrators wurde eine Validierung in Unternehmen verschiedener Branchen und Größen durchgeführt und dadurch die allgemeingültige Einsetzbarkeit bestätigt. Darüber hinaus wurden bei der Validierung des Transformationskonzepts die Erkenntnisse aus der wissenschaftlichen Begleitung und aus den Pilotanwendungen genutzt, um die Inhalte und deren Anwendung zu optimieren. Dies umfasste die Überprüfung der konzeptionellen Ansätze, deren Beschreibung und Dokumentation sowie die Erprobung der Anwendbarkeit des entwickelten Vorgehens [23].

14.1.3 Projektpartner und Pilotanwendungen

An dem Verbundforschungsprojekt InAsPro waren acht Partner beteiligt, darunter drei Forschungspartner, ein Beratungsunternehmen und vier industrielle Pilotanwender mit individuellen Zielen und Schwerpunkten.

Das Transformationskonzept wurde in enger Zusammenarbeit durch die drei Forschungspartner interdisziplinär entwickelt. Der Lehrstuhl für Fertigungstechnik und Betriebsorganisation (FBK) nutzte Methoden und Technologien der Produktionssystemplanung zur Unterstützung von Unternehmen bei der zielgerichteten Errichtung von „Fabriken der Zukunft“. Weiterhin wurden wissenschaftliche Forschungsergebnisse unternehmensindividuell in die vier Pilotanwendungen überführt und zur Erstellung des Demonstrators sowie für die interdisziplinäre Zusammenarbeit im Verbundvorhaben genutzt. Weitere Kompetenzen, die im Projekt genutzt wurden, sind im Bereich cyberphysische Produktionssysteme (CPPS), virtuelle Produktion sowie Produkt-Service Systeme (PSS).

Durch den Lehrstuhl für Virtuelle Produktentwicklung (VPE) der TU Kaiserslautern wurden die Kompetenzen im Bereich der Prozesse, Methoden und IT-Werkzeuge für die digitale Produktentwicklung in das Projekt eingebracht. In Bezug auf die im Projekt entwickelten Digitalisierungslösungen standen besonders die verbesserte phasenübergreifende Integration der Daten von Autorenwerkzeugen über alle Produktlebenszyklusphasen hinweg, das Management von Engineering-Wissen aus allen Phasen der Produktentstehung sowie die Bereitstellung und Nutzung dieses Engineering-Wissens zur Verbesserung von Prozessen und Produkten im Fokus.

Das Institut für Technologie und Arbeit e. V. (ITA) legt den Fokus auf die partizipative Gestaltung des Veränderungsprozesses, insbesondere auf die mensch- und organisationsbezogene Dimensionen des zugrunde liegenden Mensch-Technik-Organisations-

(MTO) Ansatzes. Im Projekt wurde das zugrunde liegende Arbeitssystem sowie die Organisationsgestaltung der beteiligten Unternehmen aus soziotechnischer Sicht analysiert und entsprechend der Anforderungen aus dem Digitalisierungsvorhaben neu strukturiert. Dabei lag ein besonderes Augenmerk auf der aktiven Einbindung der Mitarbeiter in die Planung und Umsetzung der Pilotanwendungen und der Entwicklung des Transformationskonzepts.

Das Beratungsunternehmen Enbiz fungierte als Integrator, indem es bei der Definition und Umsetzung der Digitalisierungsstrategien unterstützte und das gesamte Transformationskonzept in der zuvor bereits genannten softwaretechnischen Umsetzung (Digitalisierungsplaner) zusammenführte. Die Pilotanwender Grimme, Seibel, Wirtgen und Braun lieferten die folgenden individuellen Anwendungsfälle.

Der Schwerpunkt der Pilotanwendung von Grimme lag im Bereich der Organisation von Aftersales-Prozessen mit Fokus auf dem Kompetenzaufbau von Mitarbeitenden. Der Aftersalesbereich bildet die Schnittstelle zwischen dem Hersteller und dem Endanwender von Anbaugeräten für die Landwirtschaft. Daraus entstand ein Weiterbildungskonzept für Personalkompetenzen in digitalisierten Arbeitssystemen. Das Weiterbildungskonzept wurde zusätzlich durch Schulungsmodule ergänzt, die eine Sensibilisierung der Menschen im Bereich der Digitalisierung von Sach- und Dienstleistungen fördern [3].

Die Pilotanwendung von der Firma Seibel zielte auf die digitale Informationsbereitstellung für die Qualitätssicherung ab. Durch die Umsetzung sollte das Qualitätssicherungspersonal mithilfe eines IT-basierten Assistenzsystems durch Prüfpläne bzw. -prozesse geführt werden. Der Durchlauf durch den bauteilabhängig vorgeschriebenen Prüfplan wurde mit Hilfe von Augmented Reality (AR)-Technologien umgesetzt [15].

Das Unternehmen Wirtgen beschäftigte sich mit der bestehenden Produktdokumentation, die individuell um spezifische maschinenbezogene Inhalte und die komplette Maschinenhistorie erweitert wurde. Die Informationen wurden dabei so aufbereitet und verteilt, dass der Serviceorganisation und der Kundschaft nur die jeweils für sie relevanten Informationen elektronisch zur Verfügung gestellt werden. Im Rahmen der Pilotanwendung lag der Schwerpunkt nicht nur auf der technischen Implementierung, sondern vor allem auf der Einbindung aller Beteiligten in und außerhalb der Wirtgen GmbH für die Anforderungsentwicklung und den Ausrollprozess [13].

In der Pilotanwendung der Firma Braun wurde durch Einführung von Digitalisierungslösungen die Verbesserung der Produktionssteuerung, der Materialversorgung und der Transparenz bei der Fertigung und Montage angestrebt. Die Technologien, die den Mitarbeitenden zur Verfügung gestellt wurden, stellen Informationen über die zu bearbeitenden Teile, deren Lagerort und die Bearbeitungsschritte sowie die für die Bearbeitung notwendigen Maschinen bereit. Dafür mussten nicht nur Anpassungen in der Organisation des Produktionsprozesses und der Auftragsabwicklung vorgenommen werden, sondern auch das bestehende IT-System angepasst werden [4].

14.2 Das Transformationskonzept zur Digitalisierung des Arbeitssystems

Der in Abschn. 14.1 aufgezeigte Bedarf an einer methodischen Lösung für das organisationale Veränderungsmanagement stellte den Ausgangspunkt für die Entwicklung des Transformationskonzepts in InAsPro dar. Mithilfe dieses Transformationskonzepts soll die zielgerichtete und bedarfsgerechte Digitalisierung von Arbeitssystemen produzierender Unternehmen durch eine detaillierte Modellierung und Antizipation des Veränderungsprozesses vom aktuellen Ist-Zustand bis hin zur Realisierung eines zu definierenden Soll-Zustands unterstützt werden. Durch diesen modular aufgebauten und im Hinblick auf die Anwendungsszenarien generischen Ansatz soll die Gestaltung unter-

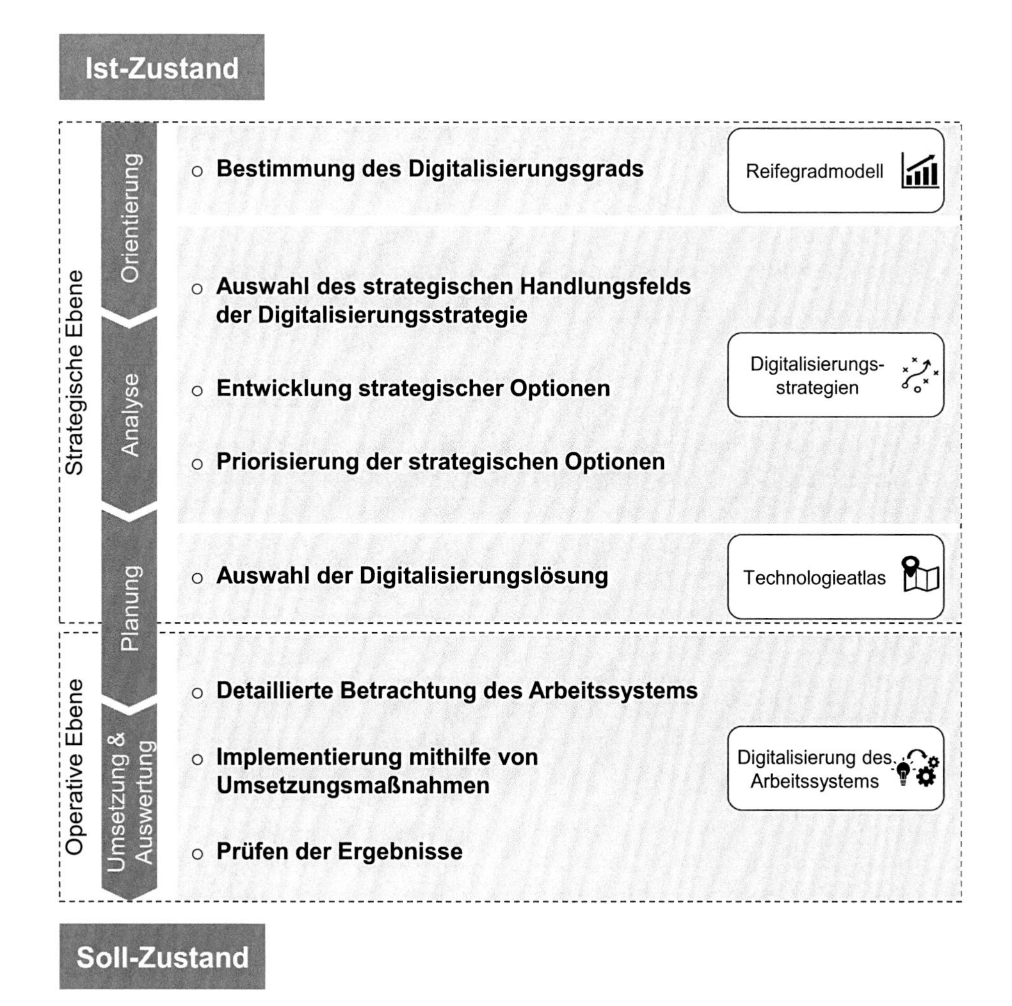

Abb. 14.1 Schritte und Konzeptbausteine des Transformationskonzepts, basierend auf [20]

schiedlicher Arbeitssysteme in den verschiedenen Produktlebenszyklusphasen unterstützt werden [7]. Der modulare Aufbau unterstützt die Komplexitätsbeherrschung und somit die Übersicht über Gestaltungsalternativen und ihre Handhabbarkeit [3].

Die konkreten Anwendungsziele des Transformationskonzepts liegen in der Erfassung des aktuellen Digitalisierungsgrads (Ist-Zustand der Digitalisierung) im Unternehmen, der Analyse der strategischen Digitalisierungspotenziale, in der Festlegung unternehmensspezifischer prioritärer Digitalisierungslösungen und in der Planung konkreter Digitalisierungsmaßnahmen [22]. Der Aufbau des Transformationskonzepts wird nachfolgend erläutert und in Abschn. 14.3 anhand des im Projekt einwickelten Softwaretools (Digitalisierungsplaner) mit praktischen Beispielen beleuchtet.

Das entwickelte Transformationskonzept erstreckt sich auf die Digitalisierung in den Produktlebenszyklusphasen Entwicklung, Fertigung, Montage und Aftersales, wobei jeweils die Dimensionen Mensch, Technologie und Organisation betrachtet werden [7]. Das Transformationskonzept umfasst dabei die vier integrierten Konzeptbausteine Reifegradmodell, Digitalisierungsstrategie, Technologieatlas und Digitalisierung des Arbeitssystems, die Unternehmen Hilfestellungen zu relevanten Transformationsprozessen bieten und spezifisch erarbeiten lassen. Die Konzeptbausteine bauen sequenziell aufeinander auf und konkretisieren die Teilergebnisse der jeweils vorherigen Bausteine [10]. Außerdem sind sie den vier Phasen des allgemeinen strategischen und operativen Veränderungsprozesses (Orientierung, Analyse, Planung, Umsetzung und Auswertung) zugeordnet [18].

Während sich die Konzeptbausteine Reifegradmodell, Digitalisierungsstrategie und Technologieatlas auf die strategische Betrachtungsebene der Digitalisierung konzentrieren, wird im Konzeptbaustein Digitalisierung des Arbeitssystems der Fokus auf die operative Umsetzung der Digitalisierung gelegt [18]. Diese wissenschaftlich entwickelten Konzeptbausteine wurden softwaretechnisch in eine webbasierte Anwendung, den **Digitalisierungsplaner,** implementiert [25] und sind über die Projektlaufzeit hinaus für weitere interessierte Unternehmen kostenfrei zugänglich und anwendbar.

Mithilfe des Digitalisierungsplaners können Unternehmen die vier Konzeptbausteine Schritt-für-Schritt durchlaufen. Voraussetzung hierfür ist, dass die Anwender über die notwendigen Kenntnisse und Informationen verfügen, um die unternehmensspezifischen Eingaben (in Bezug auf die strategischen und operativen Sachverhalte) tätigen zu können. Daher werden als Anwender interdisziplinäre Teams aus dem bestehenden Unternehmen benötigt, die die Inhalte des Transformationskonzepts gemeinsam be- und unternehmensindividuell erarbeiten [9].

Der grundsätzliche Aufbau des Transformationskonzepts ist in Abb. 14.1 visualisiert. Im Folgenden werden die Konzeptbausteine sowie ihre Zusammenhänge kurz vorgestellt.

Mithilfe des **Reifegradmodells** wird zunächst der Digitalisierungsgrad des Unternehmens ermittelt. Die Einordnung erfolgt auf Basis von Kriterien, die für die Bewertung der unternehmensübergreifenden Ebene sowie die *Produktlebenszyklusphasen* Entwicklung, Fertigung, Montage und Aftersales ausgelegt sind. Die Kriterien sind in den jeweiligen Bereichen den *Dimensionen* Strategie, Technologie, Organisation und Mensch zugeordnet. Der resultierende Digitalisierungsgrad wird auf Grundlage einer vierstufigen Skala beschrieben, die die Werte Erkunder, Anfänger, Fortgeschrittener und Experte umfasst [21] und dem Anwender im *Digitalisierungsplaner* in diversen Aggregationsformen (z. B. produktlebenszyklusphasen- oder dimensionsspezifisch) als Spinnennetzdiagramm angezeigt wird. Die individuelle Bewertung des Digitalisierungsgrads kann als Ansatzpunkt für Digitalisierungsvorhaben sowie für einen unternehmensinternen und branchenweiten Digitalisierungsbenchmark genutzt werden [19, 21].

Der nächste Konzeptbaustein hilft die unternehmensindividuelle **Digitalisierungsstrategie** zu definieren [9]. Hierfür wird zunächst die zugrunde liegende Unternehmensstrategie einer der Ausrichtungen »Kostenführerschaft«, »Differenzierung« oder »Fokussierung« [16] zugeordnet, um damit Zielkonflikte zur Unternehmensstrategie auszuschließen. Anschließend werden auf Basis der Ergebnisse des Reifegradmodells geeignete Handlungsfelder und ein strategisches Digitalisierungsziel empfohlen. Aufbauend auf dieser Auswahl können Stärken, Schwächen, Chancen und Risiken formuliert werden (SWOT-Analyse), woraus wiederum strategische Optionen abgeleitet werden können. Diese werden hinsichtlich Aufwand und Nutzen sowie der Auswirkungen auf MTO-Faktoren bewertet. Auf dieser Grundlage kann das Unternehmen eine Entscheidung treffen, welche Option zukünftig verfolgt werden soll [9, 10]. Im letzten Schritt werden für die gewählte strategische Option konkrete Zielwerte mit Umsetzungszeiträumen und notwendige Investitionen definiert.

Im dritten Konzeptbaustein, dem **Technologieatlas,** werden die Digitalisierungslösungen, die für die individuellen technischen Ziele, das strategische Handlungsfeld, die Produktlebenszyklusphase und die Mitarbeiterziele am besten geeignet sind, ausgewählt [8]. Der Technologieatlas besteht aus praxisbezogenen Problemstellungen (Anwendungsszenarien), für die Lösungsalternativen aufgezeigt werden [24]. Die Digitalisierungslösungen sind strukturiert beschrieben und enthalten zusätzlich Angaben über benötigte Hard- und Softwarekomponenten, Informationen zur technischen Infrastruktur, den zugehörigen Einführungsmethoden und den unterstützenden Unternehmensprozessen. Es werden zudem auch Potenziale und Risiken für Mitarbeiter und Unternehmen aufgezeigt [8, 10].

Im letzten Konzeptbaustein wird die operative Umsetzung für die **Digitalisierung des betrachteten Arbeitssystems** fokussiert. Hierfür wurde ein fünfstufiges Vorgehen entwickelt, das sich an den Projektmanagementphasen: Analyse des Lösungsraums, Definition, Planung, Realisierung und Abschluss orientiert [5]. Für jede dieser Phasen werden auch hier die Dimensionen MTO betrachtet und konkrete Umsetzungsmaßnahmen vorgeschlagen. Mit der Auswahl von Maßnahmen, die für das betreffende Arbeitssystem passend sind, entsteht ein detaillierter Maßnahmenplan, welcher das Management und die Implementierung des Digitalisierungsvorhabens ganzheitlich unterstützt [6, 18].

14.3 Informationstechnische Umsetzung und Anwendung des InAsPro Transformationskonzepts

Um die Inhalte und die Nutzung der beschriebenen Konzeptbausteine exemplarisch und durchgängig zu veranschaulichen, wird im Folgenden die konkrete Anwendung der softwarebasierten Implementierung betrachtet. Der hier vorgestellte Digitalisierungsplaner ist auch unter www.inaspro.de im Internet verfügbar [25].

Der Digitalisierungsplaner beinhaltet ein dreistufiges Rollenkonzept, welches Anwender, Digitalisierungslösungsanbieter und Administratoren vorsieht [25]. Unternehmen, die an der Realisierung eines Digitalisierungsvorhabens interessiert sind, können sich zunächst als Anwender anmelden. Die Rolle des Digitalisierungslösungsanbieters soll gewährleisten, dass das System um neue Digitalisierungslösungen ergänzt werden kann und somit ständig wächst. Der Anbieter kann dabei sein Angebot bzw. seine Dienstleistung einer Digitalisierungslösung hinterlegen. Im Folgenden wird näher auf den Ablauf des Transformationskonzepts aus Anwendersicht im Rahmen eines Digitalisierungsvorhabens eingegangen.

Die Startseite des Digitalisierungsplaners gibt eine kurze Einführung und beinhaltet bei erster Nutzung eine Registrierung. Dies ermöglicht das Speichern von Arbeitsständen während der Bearbeitung, die Bearbeitung eines Projektes durch mehrere Benutzer und das Übernehmen der Eingaben für nachfolgende Projekte. Nach dem Anlegen eines neuen Projekts werden allgemeine Angaben über das Gesamtunternehmen wie Branche, Anzahl der Mitarbeiter und die Funktion im Unternehmen abgefragt. Im Anschluss beginnt das eigentliche Transformationskonzept mit dem in Abschn. 14.2 beschriebenen ersten Konzeptbaustein, dem **Reifegradmodell.** Neben 24 zu beantwortenden unternehmensübergreifenden, als Fragen formulierten Indikatoren entscheidet der Anwender eigenständig, welche Produktlebenszyklusphasen aus Entwicklung, Fertigung, Montage und Aftersales für das Digitalisierungsvorhaben von Bedeutung sind. Die Indikatoren sind in die Dimensionen Technologie, Organisation und Mensch gegliedert. Weitergehend untergliedern sich die Dimensionen wiederum in produktlebenszyklusphasensp ezifische Kriterien.

In Abb. 14.2 wird beispielhaft ein Auszug aus den Kriterien und Indikatoren der Produktlebenszyklusphase Entwicklung aufgezeigt. Der Anwender hat die Dimension Technologie und Organisation bereits ausgefüllt und befindet sich bei den Kriterien und Indikatoren der Dimension Mensch. Nachdem die unternehmensübergreifenden Indikatoren und mindestens eine weitere Produktlebenszyklusphase ausgefüllt wurden, ist das Ergebnis des Reifegradmodells abrufbar. Die Ergebnisdarstellung zeigt den Digitalisierungsgrad des Unternehmens sowie detailliertere Informationen und Ansichten für die einzelnen Produktlebenszyklusphasen mit den zuvor beschriebenen Kriterien. Dieses Ergebnis dient dem Anwender zur Orientierung für weitere Entscheidungen bezüglich des möglichen Digitalisierungsvorhabens und gibt im Digitalisierungsplaner die Möglichkeit automatisch erstellter Empfehlungen.

Entwicklung

Excel-Version anzeigen 0 Zu beantworten:

Wir empfehlen den Fragebogen "Entwicklung" von einem Bereichsleiter ausfüllen zu lassen. Bei der Beantwortung der Fragen beziehen Sie sich bitte auf den aktuellen Stand in der Entwicklungsabteilung. Da sich einige Fragen in allen Fragebögen wiederfinden, kann so ein Abgleich zwischen den verschiedenen Ist-Situationen erfolgen.

Technologie ˅

Organisation ˅

Mensch ˄

Unternehmenskultur

Wie werden Entscheidungen getroffen?

- Entscheidungen basieren ausschließlich auf Erfahrungswissen
- Entscheidungen werden vereinzelt auf Basis von ausgewerteten Daten getroffen
- (●) Entscheidungen werden überwiegend auf Basis von ausgewerteten Daten getroffen
- Ausgewertete Daten bilden die Grundlage für Entscheidungen im Unternehmen

Unterstützen Ihre Mitarbeiter Digitalisierungsvorhaben?

- Die Notwendigkeit von Digitalisierungsvorhaben wird von den Mitarbeitern grundsätzlich in Frage gestellt
- Die Notwendigkeit von Digitalisierungsvorhaben wird grundsätzlich erkannt, dennoch werden nur vereinzelte Vorhaben unterstützt
- (●) Die Notwendigkeit von Digitalisierungsvorhaben wird grundsätzlich erkannt, sodass Vorhaben meist von den Mitarbeitern unterstützt werden
- Die Notwendigkeit von Digitalisierungsvorhaben wird von allen Mitarbeitern erkannt und entsprechende Vorhaben werden unterstützt

Führung

Wie werden Mitarbeiter in Digitalisierungsvorhaben eingebunden?

- Mitarbeiter werden nicht eingebunden

Abb. 14.2 Reifegradmodell im Digitalisierungsplaner, ausgefülltes Formular aus [11]

Die in Abb. 14.3 exemplarisch dargestellte Ergebnisaufstellung des Reifegradmodells zeigt neben dem Digitalisierungsgrad des gesamten Unternehmens ebenfalls das Ergebnis der Produktlebenszyklusphasen Entwicklung und Fertigung. In Bezug auf die Entwicklung ist ein relativ konstanter Digitalisierungsgrad erkennbar. Der stärkste Digitalisierungsbedarf besteht im hier betrachteten Beispiel in der Anforderungsdefinition. In diesem produktlebenszyklusphasenspezifischen Kriterium wurde mit 2,0 von 4,0 der geringste Digitalisierungsgrad erreicht.

Im zweiten Konzeptbaustein begleitet der Digitalisierungsplaner den Anwender bei der Entwicklung einer unternehmensindividuellen **Digitalisierungsstrategie.** Um dabei die bereits bestehende Unternehmensstrategie als Ausgangspunkt zu nutzen, ordnet der Anwender diese nach Porter [16] den Kategorien Kostenführerschaft, Differenzierung und Fokussierung zu [9].

GESAMTERGEBNIS

Digitalisierungsgrad des Unternehmens: 3

Erkunder	Anfänger	**Fortgeschrittener**	Experte
1 - 1.4	1.5 - 2.4	**2.5 - 3.4**	3.5 - 4

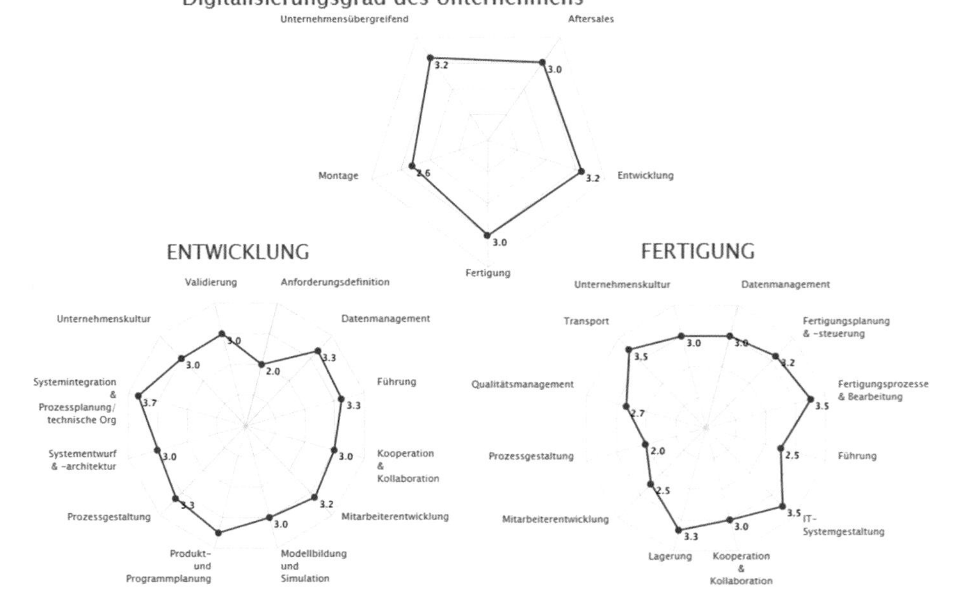

Abb. 14.3 Individuelles Gesamtergebnis der Digitalisierungsreifegradermittlung, ausgefülltes Formular aus [11]

Im nächsten Schritt muss aus den strategischen Handlungsfeldern Netzwerk, Daten, Prozesse, Mitarbeiter und Produkte/Services gewählt werden, welches dieser Handlungsfelder weiterverfolgt werden soll. Bei der Entscheidung wird der Anwender durch Vorschläge, die auf dem ausgefüllten Reifegradmodell basieren, unterstützt. Das strategische Handlungsfeld, bei dem andere Unternehmen vergleichsweise einen höheren Digitalisierungsgrad erreichen, wird automatisch als Folgerstrategie vorgeschlagen. Dementsprechend wird bei einem besseren Digitalisierungsgrad das strategische Handlungsfeld als Pionierstrategie benannt. Diesen strategischen Handlungsfeldern sind jeweils passende strategische Digitalisierungsziele hinterlegt, für die sich der Anwender entscheiden kann [9]. Wie im Beispiel der Abb. 14.4 ersichtlich, ist der Anwender in seiner Entscheidung frei und kann wie in diesem Fall das strategische Handlungsfeld Prozesse, das weder der Folger- noch der Pionierstrategie entspricht, wählen. Innerhalb des Punktes Prozesse sollen hier die bestehenden Prozesse optimiert werden.

EMPFEHLUNG

Der Reifegrad Ihres Unternehmens wurde mit ***3 Punkten*** bewertet, was der ***Stufe*** "FORTGESCHRITTENER" entspricht.

Netzwerk	Prozesse	Daten	Mitarbeiter	Produkt/Service
3.18	3.10	2.89	3.06	2.85

Mit welchem strategischen Handlungsfeld möchten Sie weiter vorgehen?
Die ermittelte Werte geben Ihnen eine Orientierung für die Antwort auf diese Frage. Unsere Empfehlungen*) auf Grundlage Ihrer Reifegradergebnisse wären:

- im Bereich **Netzwerk** können Sie bereits vorhandene Stärken weiter ausbauen,
- im Bereich **Produkt/Service** können Sie bereits vorhandene Verbesserungspotenziale nutzen.

Unternehmensstrategie: Kostenführenschaft

Strategisches Handlungsfeld: Prozesse

Strategisches Ziel: Bestehende Prozesse optimieren

*) Selbstverständlich können Sie die strategischen Handlungsfelder nach Ihren Wünschen anpassen

Abb. 14.4 Empfehlung für die Auswahl des strategischen Ziels, ausgefülltes Formular aus [11]

Anhand einer im Digitalisierungsplaner durchgeführten SWOT-Analyse, bei der systematisch nach Stärken (Strenght), Schwächen (Weaknesses), Chancen (Opportunities) und Risiken (Threats) abgewogen wird, werden individuelle strategische Optionen erarbeitet. Im Anschluss werden diese anhand unternehmensindividueller Kriterien hinsichtlich Aufwand und Nutzen sowie nach Einfluss auf Mitarbeiter, Technik und Organisation, bewertet, grafisch dargestellt und verglichen [9].

Durch bearbeiten der Bewertungsmatrix (siehe Abb. 14.5) und der folgenden visuellen Darstellung des Ergebnisses kann der Anwender die strategische Option mit dem optimalen Verhältnis zwischen Aufwand und Nutzen bei gleichzeitiger Beachtung von MTO-Faktoren wählen. Für Aufwand und Nutzen kann der Anwender jeweils zwei unternehmensindividuelle Bewertungskriterien festlegen.

In diesem Beispiel sind in Summe die strategischen Optionen a. *Einführung modularer, besser kompatibler Softwarelösung* und d. *Automatisierung von Teilprozessen* die mit der besten Bewertung. Diese Beurteilung soll lediglich unterstützend sein, die Entscheidung obliegt schlussendlich dem Anwender selbst.

Zur Auswahl einer für den Anwender passenden Digitalisierungslösung wird nach dem Reifegradmodell und der Digitalisierungsstrategie die von der geplanten Umsetzungsmaßnahme betroffenen Produktlebenszyklusphase gewählt. Des Weiteren sind den Produktlebenszyklusphasen im **Technologieatlas** jeweils Aktivitäten und Sub-Prozesse zugeordnet, die zur weiteren Eingrenzung der passenden Anwendungsszenarien dienen [8]. Wenn der Anwender diese vollständig definiert hat, werden passende Anwendungsszenarien vorgeschlagen. Die Anwendungsszenarien beinhalten jeweils

KATEGORIEN	Aufwand *1: niedriger Aufwand, 9: hoher Aufwand*			Nutzen *1: niedriger Nutzen, 9: hoher Nutzen*		
Strategische Optionen	Investitionsaufwand	Zeitliche Investitionen	Mittelwert	Transparente Prozesse	Steigerung Produktivität	Mittelwert
a. Einführung modularer, besser kompatibler Softwarelösung	9 v	7 v	8.0	8 v	8 v	8.0
b. Vernetzung bestehender Prozesse durch Verbesserung des Informationsflusses	9 v	4 v	6.5	3 v	5 v	4.0
c. Gewinnung von zusätzlichen Know-how-Trägern	6 v	3 v	4.5	7 v	8 v	7.5
d. Automatisierung von Teilprozessen	7 v	7 v	7.0	6 v	9 v	7.5

GEWICHTUNGSSTRUKTUR	M Mitarbeiter, Führungskräfte, Unternehmenskultur, etc.	T Vernetzung, Benutzerfreundlichkeit, etc.	O Arbeitsorganisation, Informationsweitergabe, etc.	Summe
Strategische Optionen	*-- stark negativer Einfluss, -: leicht negativer Einfluss, 0: neutral (negativer & positiver Einfluss), +: leicht positiver Einfluss, + +: stark positiver Einfluss*			
a. Einführung modularer, besser kompatibler Softwarelösung	+ + v	+ + v	+ v	5
b. Vernetzung bestehender Prozesse durch Verbesserung des Informationsflusses	+ + v	0 v	+ + v	4
c. Gewinnung von zusätzlichen Know-how-Trägern	0 v	+ + v	+ v	3
d. Automatisierung von Teilprozessen	+ + v	+ + v	+ + v	6

Abb. 14.5 Entwicklung und Bewertung von strategischen Optionen, ausgefülltes Formular aus [11]

konkrete Digitalisierungslösungen, denen einheitlich aufgebaute Steckbriefe zugeordnet sind. Der Anwender erhält bezüglich der Digitalisierungstechnologie hierdurch eine Vielzahl nützlicher Informationen. Dazu gehört zunächst eine verständliche Beschreibung, die eine spezifische Erläuterung der Technologie beinhaltet [23]. Zudem werden Ziele des Technikeinsatzes, die Produktlebenszyklusphasen und mitarbeiterbezogene Ziele angegeben. Um das Unternehmen als Ganzes bei dem geplanten Digitalisierungsvorhaben zu unterstützen, werden umfassende Angaben über Potenziale und Risiken der Digitalisierungstechnologie aus mehreren Sichtweisen angegeben. Zum einen erfolgt eine auf das Unternehmen bezogene Abschätzung für die technischen, wirtschaftlichen und organisatorischen Potenziale und Risiken. Zum anderen werden die planenden bzw. ausführenden Personen begutachtet. Ergänzt werden diese Angaben durch mögliche hardware- und softwaretechnische Voraussetzungen zur Einführung. Damit soll eine optimale Ausnutzung der vorhandenen Ressourcen im Zusammenspiel mit der neuen Technologie ermöglicht und gleichzeitig die Investitionen möglichst niedrig gehalten werden [8].

Nachdem der Anwender des Digitalisierungsplaners sich für eine Digitalisierungslösung entschieden hat, beginnt durch die Digitalisierung des Arbeitssystems die operative Betrachtungsebene. Diese soll mit gezielten Umsetzungsmaßnahmen die Einführung der Digitalisierungstechnologie erleichtern. Die Umsetzungsmaßnahmen sind in die Projektmanagementphasen Analyse des Arbeitssystems, Definitionsphase, Planungsphase, Realisierungsphase und Abschlussphase gegliedert. Dabei ist jede dieser Phasen nochmals in die Dimensionen MTO unterteilt. Jeder Projektmanagementphase und Dimension werden Umsetzungsmaßnahmen, sogenannte MTO-Bausteine, zugeordnet. Diese beinhalten jeweils eine Beschreibung der Umsetzungsmaßnahme, Vorteile, Herausforderungen, ein Beispiel und Methoden zur Umsetzung [6, 18].

Der Anwender trifft seine Auswahl auf der Grundlage der Empfehlungen des Digitalisierungsplaners und vor dem Hintergrund seiner zusätzlichen, individuellen Beurteilung.

Abb. 14.6 zeigt einen Ausschnitt der MTO-Bausteine der Projektmanagementphase Analyse des Arbeitssystems aufgelistet. Am Beispiel „Kommunikation der Veränderung" ist zusätzlich die Beschreibung des MTO-Bausteins auszugsweise dargestellt. Durch die gewählten MTO-Bausteine erfolgt eine Unterstützung bei der Implementierung und somit bei der Umsetzung der zuvor gewählten Digitalisierungslösung.

Zum Abschluss des Transformationskonzepts erfolgt die Überprüfung der gesetzten Ziele. Kontrolliert werden zunächst die in der Definitionsphase gewählten Umsetzungsziele, verglichen mit der tatsächlichen Digitalisierungslösung. Ergänzend dazu wird nochmals das Ergebnis der Digitalisierungsstrategie, also die strategischen Optionen, der durchgeführten Transformation gegenübergestellt. Die abschließende Beurteilung dieser Überprüfung obliegt dem Anwender [18].

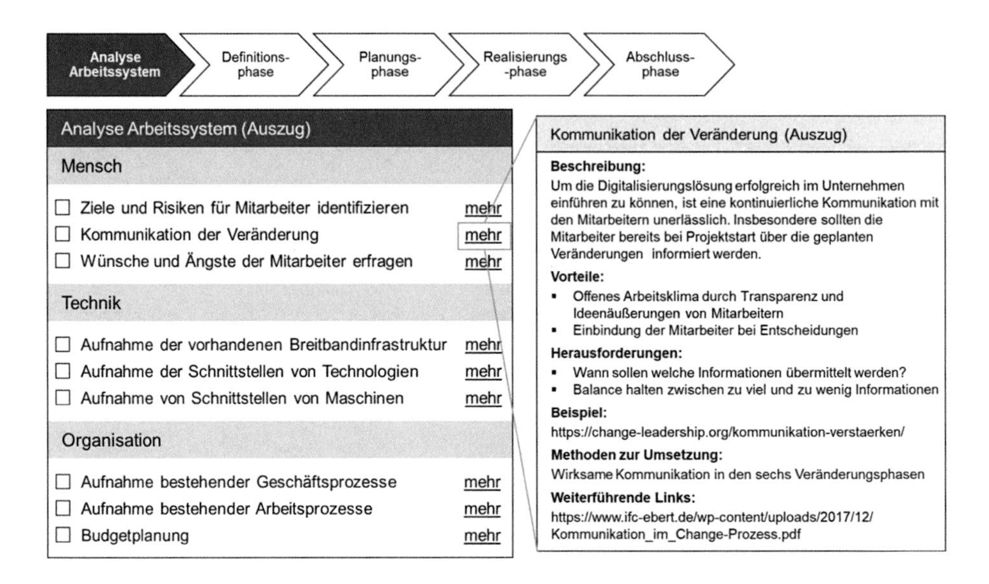

Abb. 14.6 Auszug aus den MTO-Bausteinen der Projektmanagementphase: Analyse des Arbeitssystems

14.4 Fazit und Ausblick

Das in InAsPro entwickelte Transformationskonzept unterstützt mit einem partizipativen Ansatz produzierende Unternehmen in ihrer unternehmensindividuellen Auswahl und Implementierung von Digitalisierungslösungen. Der Prozess zur Digitalisierung wird durch die vorgestellten Konzeptbestandteile, beginnend bei der Bewertung des Digitalisierungsgrads über die Festlegung von strategischen Optionen, die Auswahl von Digitalisierungslösungen bis hin zur operativen Umsetzung der Digitalisierung des Arbeitssystems, begleitet. Die gleichermaßen betrachteten Produktlebenszyklusphasen Entwicklung, Fertigung, Montage und Aftersales gewährleisten eine durchgängige Digitalisierung und vermeiden die Fokussierung auf lokale Insellösungen. Die nachhaltige Digitalisierung umfasst eine Transformation der Organisationsstrukturen und der Unternehmensprozesse, an der alle Mitarbeiter partizipieren können. In dem InAsPro-Ansatz werden hierfür die Dimensionen MTO in integrierter Weise berücksichtigt. Dieser ganzheitliche Ansatz verfolgt das Ziel einer bedarfsgerechten Implementierung von Digitalisierungslösungen zur nachhaltigen Stärkung des zukünftigen Geschäftserfolgs von Industrieunternehmen.

Der entwickelte Digitalisierungsplaner wurde während der Projektlaufzeit (2017 bis 2020) auf der Grundlage von vier industriellen Pilotanwendungen entwickelt, erprobt und validiert. Darüber hinaus ist geplant, dass das Transformationskonzept und dessen informationstechnische Umsetzung über die Projektlaufzeit hinaus bei weiteren Unternehmen unterschiedlicher Branchen und Größen validiert wird. Aufgrund der Vielzahl an existierenden und sich rasant entwickelnden Digitalisierungstechnologien ist eine permanente Anpassung und Erweiterung des Technologieatlas erforderlich. Um dies leisten zu können, wurden im Digitalisierungsplaner Funktionalitäten implementiert, die es Digitalisierungslösungsanbietern erlauben, ihre Technologien eintragen bzw. aktualisieren zu können. Diese Eintragungen werden von einem Projektpartner regelmäßig geprüft und bei Bedarf angepasst.

Der Fokus in InAsPro lag auf der Auswahl und Implementierung einer konkreten Technologie und deren Umsetzung ausgehend von dem Ist- hin zu dem Soll-Zustand eines Arbeitssystems. Es besteht durch das Transformationskonzept die Möglichkeit, verschiedene Digitalisierungslösungen nacheinander und isoliert voneinander umzusetzen. Der über alle Produktlebenszyklusphasen hinweg sehr umfangreiche Gestaltungsrahmen von InAsPro erlaubt eine sehr hohe Anzahl theoretisch möglicher Kombinationen verschiedener Technologien und Gestaltungsmaßnahmen, die in sehr unterschiedlichen Gesamtkonstellationen unternehmensindividuelle Anforderungen adressieren. Methodische Ansätze für diese kombinatorischen Fragestellungen sowie branchen- und produktlebenszyklusphasen-spezifisch ausgestaltete Anwendungstemplates der einzelnen Konzeptbausteine könnten aus Sicht der InAsPro-Konsortialpartner wichtige Folgeaktivitäten in der Forschung sein, um die erfolgreiche industrielle Anwendung und Nutzung des entwickelten Ansatzes einem erweiterten Spektrum an Unternehmen zugänglich zu machen.

Projektpartner und Aufgaben

- **Grimme Landmaschinenfabrik GmbH & Co. KG**
  Kompetenzaufbau von Mitarbeitern in der digitalen Arbeitswelt durch Transformationsprozesse zur Digitalisierung von Arbeitssystemen
- **Technische Universität Kaiserslautern**
  Transformationskonzept von Arbeitssystemen mithilfe reifegradbasierter Digitalisierungsbausteine
- **Institut für Technologie und Arbeit e. V.**
  Humanzentrierte Gestaltung digitalisierter Arbeitssysteme im Kontext von Transformationsprozessen
- **Braun Maschinenbau GmbH**
  Unterstützung von Mitarbeitern in den Lebenszyklusphasen Fertigung und Montage durch ein digitalisiertes, intelligentes Logistikkonzept
- **enbiz engineering and business solutions gmbh**
  Individualisierbare Digitalisierungsstrategien zur Implementierung von Digitalisierungslösungen in Arbeitssystemen und deren softwaretechnische Umsetzung

- **Seibel Kunststofftechnik GmbH**
  Digitale Bereitstellung und mitarbeiterindividuelle Aufbereitung von Informationen für die Qualitätssicherung der Fertigung
- **Wirtgen GmbH**
  Digitalisierte Informationsbereitstellung und -nutzung zur Unterstützung von Mitarbeitern in den Lebenszyklusphasen Montage und Aftersales

Literatur

1. Abramovici M, Göbel J C, Savarino P, Gebus P (2017) Towards Smart Product Lifecycle Management with an Integrated Reconfiguration Management. In: Ríos J, Bernard A, Bouras A, Foufou S (Hrsg) Product lifecycle management and the industry of the future. 14th IFIP WG 5.1 International Conference, PLM 2017: Seville, Spain, July 10–12, 2017: revised selected papers, Band 517. Springer, Cham, S 489–498
2. Aurich J C (2018) Digitalisierung von Industrieunternehmen. Aber bitte bedarfs-, größen- und branchengerecht! https://www.wissenschaftsjahr.de/2018/
3. Aurich JC, Pier M, Siedler C, Sinnwell C (Hrsg) (2020) Bedarfsgerechte Digitalisierung von Produktionsunternehmen Ein modulares Transformationskonzept als praxisorientierter Ansatz. Synnovating GmbH, Kaiserslautern
4. Batzler F, Braun S, Siedler C (2020) Intelligentes Logistikkonzept in Fertigung und Montage. In: Aurich JC, Pier M, Siedler C, Sinnwell C (Hrsg) Bedarfsgerechte Digitalisierung von Produktionsunternehmen. Ein modulares Transformationskonzept als praxisorientierter Ansatz. Synnovating GmbH, Kaiserslautern, S 123–132
5. DIN e. V. (2009) DIN 69901-1: Projektmanagement – Projektmanagementsysteme. Teil 1: Grundlagen 03.100.40 (DIN 69901-1)
6. Dupont S, Siedler C, Tafvizi Zavareh M, Göbel J, Zink K J (2020) Modulares Transformationskonzept zur Digitalisierung produzierender Unternehmen. In: Gesellschaft für Arbeitswissenschaft e.V. (Hrsg) Digitale Arbeit, digitaler Wandel, digitaler Mensch? 66. Kongress der Gesellschaft für Arbeitswissenschaft
7. Dupont S, Siedler C, Tafvizi Zavareh M, Göbel JC, Zink KJ (2019) Entwicklung eines modularen und partizipativen Transformationskonzepts zur Digitalisierung produzierender Unternehmen. In: Gesellschaft für Arbeitswissenschaft e.V. (Hrsg) Arbeit interdisziplinär. analysieren – bewerten – gestalten. 65. Kongress der Gesellschaft für Arbeitswissenschaft. GfA-Press, Dortmund
8. Dupont S, Siedler C, Tafvizi Zavareh M, Schröder D (2020) Technologieatlas zur Auswahl von Digitalisierungslösungen. In: Aurich J C, Pier M, Siedler C, Sinnwell C (Hrsg) Bedarfsgerechte Digitalisierung von Produktionsunternehmen. Ein modulares Transformationskonzept als praxisorientierter Ansatz. Synnovating GmbH, Kaiserslautern, S 53–66
9. Dupont S, Tafvizi Zavareh M, Zeihsel F, Zink KJ (2020) Entwicklung von Digitalisierungsstrategien. In: Aurich JC, Pier M, Siedler C, Sinnwell C (Hrsg) Bedarfsgerechte Digitalisierung von Produktionsunternehmen. Ein modulares Transformationskonzept als praxisorientierter Ansatz. Synnovating GmbH, Kaiserslautern, S 37–52

10. Ehemann T, Tafvizi Zavareh M, Dupont S et al. (2019) Entwicklung eines Transformationskonzepts zur Digitalisierung in Produktionsunternehmen. In: Bauer W, Stowasser S, Mütze-Niewöhner S, Zanker C, Brandl K-H (Hrsg) TransWork – Arbeit in der digitalisierten Welt. Stand der Forschung und Anwendung im BMBF-Förderschwerpunkt. Fraunhofer IAO, Stuttgart, S 120–129
11. Enbiz engineering and business solutions GmbH Digitalisierungsplaner. https://www.inaspro.de/Demonstrator/index.php. Zugegriffen am 20. März 2020
12. Jäger J, Schöllhammer O, Lickefett M, Bauernhansl T (2016) Advanced complexity management strategic recommendations of handling the "Industrie 4.0" complexity for small and medium enterprises. Proc CIRP 57:116–121. https://doi.org/10.1016/j.procir.2016.11.021
13. Jenne F, Schweitzer E, Siedler C (2020) Informationsbereitstellung in Montage und Aftersales. In: Aurich JC, Pier M, Siedler C, Sinnwell C (Hrsg) Bedarfsgerechte Digitalisierung von Produktionsunternehmen. Ein modulares Transformationskonzept als praxisorientierter Ansatz. Synnovating GmbH, Kaiserslautern, S 111–122
14. Monostori L, Kádár B, Bauernhansl T et al (2016) Cyber-physical systems in manufacturing. CIRP Ann Manuf Technol 65(2):621–641. https://doi.org/10.1016/j.cirp.2016.06.005
15. Prezer A, Busch U, Schuck M, Ehemann T (2020) Informationsbereitstellung für die Fertigung zur Qualitätssicherung. In: Aurich JC, Pier M, Siedler C, Sinnwell C (Hrsg) Bedarfsgerechte Digitalisierung von Produktionsunternehmen. Ein modulares Transformationskonzept als praxisorientierter Ansatz. Synnovating GmbH, Kaiserslautern, S 101–110
16. Porter ME (1998) Competitive strategy. Techniques for analyzing industries and competitors; with a new introduction. Free Press , New York, NY
17. Sendler U (Hrsg) (2013) Industrie 4.0. Beherrschung der industriellen Komplexität mit SysLM. Xpert.press. Springer Vieweg, Berlin, Heidelberg
18. Siedler C, Dupont S, Ehemann T, Zeihsel F, Sinnwell C, Aurich JC (2020) Vorgehen zur Anwendung des Transformationskonzepts. In: Aurich J C, Pier M, Siedler C, Sinnwell C (Hrsg) Bedarfsgerechte Digitalisierung von Produktionsunternehmen. Ein modulares Transformationskonzept als praxisorientierter Ansatz. Synnovating GmbH, Kaiserslautern, S 67–79
19. Siedler C, Dupont S, Tafvizi Zavareh M et al. (2020) Maturity model for determining the digitization level within different product lifecycle phases. J Manuf Syst: ACCEPTED FOR PUBLISHING
20. Siedler C, Dupont S, Tafvizi Zavareh M, Zeihsel F, Aurich JC (2020) Das Transformationskonzept im Überblick. In: Aurich JC, Pier M, Siedler C, Sinnwell C (Hrsg) Bedarfsgerechte Digitalisierung von Produktionsunternehmen. Ein modulares Transformationskonzept als praxisorientierter Ansatz. Synnovating GmbH, Kaiserslautern, S 17–20
21. Siedler C, Dupont S, Tafvizi Zavareh M, Zeihsel F, Aurich JC (2020) Reifegradmodell zur Bestimmung des Digitalisierungsgrads. In: Aurich JC, Pier M, Siedler C, Sinnwell C (Hrsg) Bedarfsgerechte Digitalisierung von Produktionsunternehmen. Ein modulares Transformationskonzept als praxisorientierter Ansatz. Synnovating GmbH, Kaiserslautern, S 21–36
22. Sinnwell C, Siedler C, Pier M et al. (2020) Ausgangssituation und Ziele des Projekts InAsPro. In: Aurich J C, Pier M, Siedler C, Sinnwell C (Hrsg) Bedarfsgerechte Digitalisierung von Produktionsunternehmen. Ein modulares Transformationskonzept als praxisorientierter Ansatz. Synnovating GmbH, Kaiserslautern, S 5–14
23. Tafvizi Zavareh M, Ehemann T, Göbel JC (2020) Validierung und Optimierung des Transformationskonzepts. In: Aurich J C, Pier M, Siedler C, Sinnwell C (Hrsg) Bedarfsgerechte Digitalisierung von Produktionsunternehmen. Ein modulares Transformationskonzept als praxisorientierter Ansatz. Synnovating GmbH, Kaiserslautern, S 135–146

24. Tafvizi Zavareh M, Sadaune S, Siedler C, Aurich JC, Zink K J, Eigner M (2018) A Study on the socio-technical potentials of industrial product development technologies for future digitized integrated work systems. Proceedings of NordDesign 2018
25. Zeihsel F, Hallfell F (2020) Implementierung im Softwaredemonstrator „Digitalisierungsplaner“. In: Aurich JC, Pier M, Siedler C, Sinnwell C (Hrsg) Bedarfsgerechte Digitalisierung von Produktionsunternehmen. Ein modulares Transformationskonzept als praxisorientierter Ansatz. Synnovating GmbH, Kaiserslautern, S 147–156

Integration digitaler Assistenzsysteme für die industrielle Montage

15

Thimo Keller, Christian Bayer, Joachim Metternich, Stephanie Schmidt, Mehrach Saki und Oliver Sträter

15.1 Vorstellung der mitwirkenden Projektpartner

Die Interdisziplinarität der Thematik erfordert eine enge Zusammenarbeit unterschiedlicher wissenschaftlicher Fachgebiete. Das wissenschaftliche Konsortium, bestehend aus dem Fachgebiet für Arbeits- und Organisationspsychologie der Universität Kassel, dem Institut für Produktionsmanagement, Technologie und Werkzeugmaschinen der Technischen Universität Darmstadt und der Gesellschaft für Personal- und Organisationsentwicklung vereint das erforderliche Fachwissen in den Bereichen Mensch, Technik, Wertschöpfungsprozess und Organisation.

Neben der Kooperation zwischen Experten der wissenschaftlichen Disziplinen ist eine enge Zusammenarbeit von Wissenschaft und Industrie erforderlich, um technische und organisatorische Lösungen zur Aufwertung von Arbeit in der Produktion in die praktische Anwendung zu bringen. Aus diesem Grund wurde das Konsortium für das Forschungsprojekt entsprechend mit Vertretern der benötigten Disziplinen aufgestellt. Die Expertise für den Einsatz moderner Kommunikationstechnologie und die softwareseitige Gestaltung der digitalen Medien steuerte das, auf Digitalisierungsprojekte spezialisierte, Softwareunternehmen Bright Solutions bei. Die beteiligten Anwenderunternehmen, deren Produktionsumgebungen im Rahmen des Projekts betrachtet

T. Keller (✉) · C. Bayer · J. Metternich
Technische Universität Darmstadt, Institut für Produktionsmanagement, Technologie und Werkzeugmaschinen, Darmstadt, Deutschland

S. Schmidt · M. Saki · O. Sträter
Universität Kassel, Fachgebiet Arbeits- und Organisationspsychologie, Kassel, Deutschland

W. Bauer et al. (Hrsg.), *Arbeit in der digitalisierten Welt*,
https://doi.org/10.1007/978-3-662-62215-5_15

wurden, brachten das entscheidende Wissen zu den Produktionsprozessen in das Konsortium. Durch die Betrachtung der Fertigung eines KMU in der Elektronikbranche (mikrolab), der Produkte eines Werkzeugmaschinenherstellers (DATRON) sowie der Leuchtenendmontage eines Konzerns (TRILUX) wurden unterschiedliche Rahmenbedingungen und Zielstellungen berücksichtigt. Diese Vielseitigkeit der Anwenderunternehmen und deren Herausforderungen unterstützten die Interdisziplinarität des Vorhabens, um die Entwicklung eines übertragbaren Modells zur ganzheitlichen Aufwertung von manuellen und teilautomatisierten Arbeitssystemen in der Produktion durch digitale Kommunikationstechnologie zu ermöglichen.

15.2 Zielstellung des Forschungsprojektes IntAKom

Zur Realisierung der Vision von „hochflexiblen, wandlungsfähigen Wertschöpfungssystemen" wird der Digitalisierung (Industrie 4.0) eine entscheidende Rolle zugeschrieben [2]. Neben den neuen technischen Möglichkeiten zur Umgestaltung der Wertschöpfungsnetzwerke werden die Auswirkungen auf die Beschäftigten in den produzierenden Betrieben oft nur am Rande betrachtet. Jedoch werden die unter dem Begriff Industrie 4.0 beschriebenen Entwicklungen massive Konsequenzen auf die industrielle Arbeit, ihre Organisationsformen sowie die Kompetenzanforderungen der Belegschaften haben [1]. Die Arbeitsaufgabe der Beschäftigten wird durch die zunehmende Flexibilisierung und Digitalisierung unter anderem folgendermaßen geprägt [4]:

- häufige Produktwechsel,
- kurzzyklischer, flexiblerer Wechsel der Arbeitsaufgabe,
- hochflexibler Einsatz der Beschäftigten,
- Taktunabhängigkeit,
- Zunahme der Problemlösungs- und Überwachungsfunktion

Neben einer sinkenden physischen Beanspruchung werden eine steigende Beanspruchung der Sinnesorgane/Nerven sowie steigende emotionale und mentale Beanspruchungen erwartet [4]. Zur Entlastung der Beschäftigten wird der lern- und gesundheitsförderlichen Arbeitsgestaltung von Montagearbeitsplätzen eine hohe Bedeutung zugeschrieben.

Durch die zunehmende Konfrontation der Beschäftigten mit einer komplexen Arbeitsumgebung und wechselnden Aufgaben wird der Bedarf an aktuellen – für die Arbeitsaufgabe notwendigen – Informationen steigen. Die individuellen Voraussetzungen der Beschäftigten – wie die Erfahrung und das Wissen – bestimmen, wie stark die Komplexität einer Aufgabe wahrgenommen wird und welchen Schwankungen die Qualität der Produkte unterliegt [3].

Eine unzureichende Informationsversorgung führt zu einer Vielzahl von Konsequenzen, von einem übermäßig hohen Aufwand bei der Informationsbeschaffung bis hin zu Fehlhandlungen. Mithilfe digitaler Assistenzsysteme können die Beschäftigten zur richtigen Zeit mit der gerade benötigten Information versorgt werden. Durch den Einsatz digitaler Medien als Assistenzsysteme besteht die Möglichkeit, Arbeitsinhalte zu erweitern, anzureichern und innovative Arbeitsstrukturierungskonzepte wie Jobrotation zu fördern. Darüber hinaus können die Beschäftigten stärker an der Beseitigung von Fehlern und Störungen beteiligt werden und die dabei gewonnenen Erfahrungen strukturiert in die Verbesserung der Prozesse einfließen lassen.

Das Forschungsprojekt IntAKom verfolgte die Entwicklung eines übertragbaren Gestaltungskonzepts für industrielle Arbeitsumgebungen. Hierbei stand die Unterstützung der Beschäftigten zur Steigerung der Leistungsfähigkeit in Bezug auf die Arbeitsaufgabe im Mittelpunkt. Es wurde ein übertragbares Modell zur systematischen und ganzheitlichen Aufwertung von manuellen und teilautomatisierten Arbeitssystemen in der Produktion durch digitale Kommunikationstechnologie entwickelt, erprobt und dokumentiert.

15.3 Präsentation der Projektergebnisse

15.3.1 TRILUX

Die TRILUX-Gruppe ist mit mehr als 5.500 Mitarbeitenden ein weltweit tätiger Anbieter technischer Lichtlösungen und der zugehörigen Elektronik. Das umfangreiche Produktportfolio umfasst konventionelle und insbesondere LED-Leuchten-Baureihen in hoher Varianz. Die Endmontage der Produkte erfolgt in verschiedenen Montagebereichen von Hand und teilautomatisiert. TRILUX legt großen Wert auf eine flexible Werkerführung.

Während des Montageprozesses werden sie durch das Assistenzsystem OptiMa (Optimized Manufacturing) unterstützend begleitet und haben die Möglichkeit zur Produktinformationsbeschaffung, sofern diese benötigt wird (Montageprotokolle, Schaltpläne, Stücklisten). Die Entwicklung des Assistenzsystems war zu Projektbeginn bereits weit fortgeschritten. Der technische Prototyp wurde innerhalb des Projekts IntAKom analysiert, um Verbesserungspotenziale zu identifizieren. Diese wurden bei der Weiterentwicklung berücksichtigt. Weiterhin konnte das Forschungsprojekt mit der Organisation und Durchführung von Workshops zur Einführung des Assistenzsystems unterstützen.

Im Rahmen von IntAKom wurden zu Beginn strukturierte Interviews mit einzelnen Mitarbeitenden, ArbeitnehmervertreterInnen und Führungskräften sowie eine Befragung der Beschäftigten anhand eines umfangreichen Fragebogens in den dazugehörigen Abteilungen durchgeführt. Zudem wurden Eyetracking-Aufnahmen und eine Wertstrom- und Informationsbedarfsanalyse eingesetzt, um die Ausgangssituation an den Montagearbeitsplätzen zu bewerten. Die abgeleiteten Projektschwerpunkte bei TRILUX waren

„Zusammenarbeit im Team", „verlässliche Daten", „situations- und produktbezogener Informationsbedarf", „Ergonomie", „MitarbeiterInnenintegration bei Veränderungsprozessen" sowie „aufwendige, papierbasierte Prozesse". In einzelnen Workshops wurden diese Schwerpunkte systematisch bearbeitet und sowohl die IST-Zustände als auch die SOLL-Zustände definiert. Aus diesen Schwerpunkten wurden in einem weiteren Schritt Arbeitspakete definiert und mit Prioritäten versehen. Es entstanden entsprechende Arbeitspakete zur Adressierung der genannten Projektschwerpunkte, an denen im weiteren Projektverlauf gearbeitet wurde.

Mit Hilfe des entstandenen Assistenzsystems soll den Mitarbeitenden die Möglichkeit einer selbstständigen Qualifizierung gegeben werden. Zu diesem Zweck stand bei der Entwicklung der digitalen Oberflächen des Assistenzsystems das Lernen durch eine intuitive und einfache Bedienung im Fokus. Während der Entwicklung des Assistenzsystems wurden die Mitarbeitenden von Anfang an in den Entwicklungsprozess einbezogen. Aufgrund der großen Produktvielfalt war die Einführung eines Assistenzsystems notwendig, um die Qualität der Produkte zu sichern. Durch das Assistenzsystem können die Mitarbeitenden bei komplexen Arbeitsschritten gezielt mit den für sie notwendigen Inhalten unterstützt werden. Zudem wurde die Kommunikation mit anderen Abteilungen durch entsprechende Schnittstellen innerhalb des Assistenzsystems verbessert, um die Beschäftigten von der Vormontage und der Prüfung bis hin zum Verpacken des Produkts optimal zu unterstützen. Das Assistenzsystem ist Bestandteil der u-förmigen Montageinseln und umfasst Berührungsbildschirme, Tablets, kabellose Handscanner und eine moderne Prüftechnik. Das Assistenzsystem ist in Abb. 15.1 zu sehen.

OptiMa ist direkt mit dem ERP-System verbunden und bezieht darüber die Arbeitsaufträge und entsprechende Daten. Die Mitarbeitenden können ihre Aufträge eigenständig am Arbeitsplatz auswählen. Bereits bei der Vorbereitung/beim Rüsten des

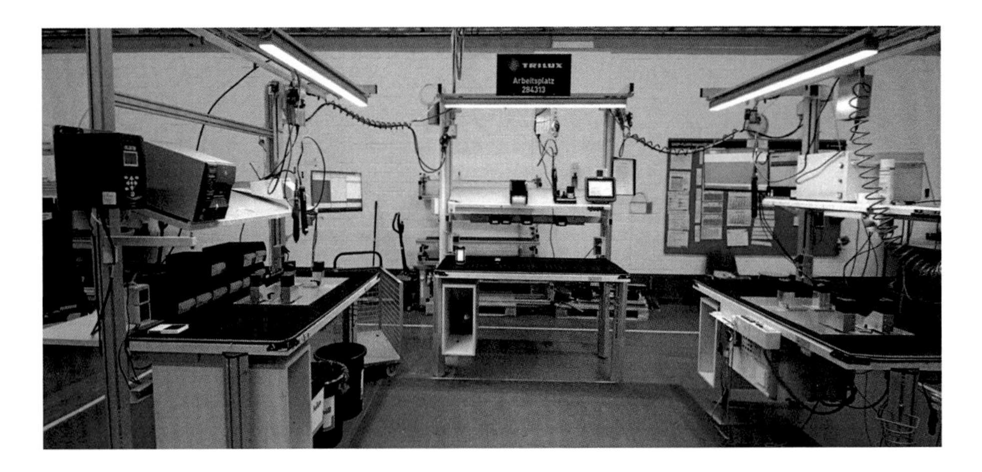

Abb. 15.1 Arbeitsplatz „OptiMa"

Arbeitsplatzes unterstützt das Assistenzsystem durch die Bereitstellung digitaler Stücklisten auf mobilen Handscannern. Die digitale Stückliste wird beim Buchen des Auftrags direkt im System zur Verfügung gestellt. Die Mitarbeitenden können die für die Auftragserfüllung benötigten Teile direkt vor Ort abscannen und so unnötige Suchprozesse durch Übersehen von Teilen vermeiden, da das System sowohl die bereits gescannten als auch die noch ausstehenden Teile anzeigt. Während der Montage kann das System die Mitarbeitenden unterstützen; es führt diese jedoch im Sinne eines klassischen Werkerführungssystems ausschließlich bei qualitätskritischen Prozessschritten. Die Mitarbeitenden können sich die Montageschritte vor Ort anzeigen lassen, werden jedoch vom Assistenzsystem nicht durch jeden einzelnen Schritt geführt. Dadurch soll vermieden werden, dass die Tätigkeiten Schritt für Schritt vorgegeben und somit kleinteiliger und monotoner werden. Alle benötigten Informationen, wie Montagepläne, Montagevideos usw. sind im System hinterlegt und können direkt am Arbeitsplatz abgerufen werden. Hierdurch wird eine schnellere Einarbeitung der Beschäftigten bei der Einführung neuer Produkte ermöglicht.

In einem letzten Schritt wurden wiederum eine Wertstrom- und Informationsbedarfsanalyse sowie eine MitarbeiterInnenbefragung durchgeführt, um Veränderungen durch die Einführung von OptiMa aufzeigen/bewerten zu können. Dabei wurden bei der Befragung der Beschäftigten vor allem die Themen „Entgelt“ und „Belastung der Mitarbeitenden“ bei der Einführung digitaler Assistenzsysteme angesprochen, was Verbesserungspotenziale für die Zukunft aufzeigt. Auf der anderen Seite konnte durch das Arbeiten mit OptiMA konkret die Gruppenbetreuer entlastet werden, da Nebentätigkeiten, wie z. B. Ausdrucke oder das Erklären von Leuchten minimiert wurden bzw. komplett wegfallen. Darüber hinaus wird eine Kostenersparnis durch die Programmierung der elektronischen Betriebsgeräte direkt an den Arbeitsplätzen erzielt. Auch die administrativen Kosten werden durch OptiMA erheblich gesenkt.

15.3.2 mikrolab

mikrolab ist ein Systemdienstleister für die Entwicklung und Produktion von kundenspezifischen elektronischen Geräten und Systemen in den Bereichen Navigation, Telemetrie und Betriebssystem. Das primäre Ziel im Rahmen des Forschungsvorhabens IntAKom ist es die zahlreichen unterschiedlichen Montageprozesse auf Basis von digitalen Hilfsmitteln zu optimieren und die betroffenen Mitarbeitenden bei den zunehmend komplexer werdenden Aufgaben adäquat zu unterstützen.

Im Zuge der Planung und Evaluationsphase für die Vorbereitung der späteren Einführung und Integration des digitalen Assistenzsystems in bestehende Programme und ERP-Systeme galt es für mikrolab u. a. die in nachfolgender Tab. 15.1 aufgeführten Fragen und darauf bezogenen Rahmenbedingungen zu berücksichtigen.

Tab. 15.1 Zu beantwortende Fragen in der Planungsphase

Fragen	Rahmenbedingungen
Sind die grundlegenden Arbeitsabläufe und Prozesse ausreichend definiert?	Ein Assistenzsystem wird schlechte und unvollständige Prozesse nicht kompensieren
An welchen Stellen agiert das Assistenzsystem autark und an welchen interagiert es mit anderen Programmen?	Die technische Machbarkeit auf Basis von wirtschaftlichen Aspekten ist zu prüfen. Beispielsweise ob zusätzlicher Programmieraufwand an bislang nicht berücksichtigter Stelle zu erwarten ist
Von wo werden die Informationen abgerufen und wo werden neue Informationen gespeichert?	Eine gemeinsame Datenbasis mit entsprechenden Schnittstellen ist zu definieren
Ändern sich durch die Einführung des Assistenzsystems bestehende Prozesse?	Sich ändernde Kompetenzen, Arbeitsabläufe oder z. B. Kommunikationsstrukturen sind zu berücksichtigen
Welche Hilfsmittel sind in bestehenden oder zukünftigen Tools bereits vorhanden, welche Lücke soll das Assistenzsystem schließen?	Redundanzen sind zu vermeiden. Oftmals existieren bereits Hilfsmittel, doch sind diese entweder nicht bekannt oder nicht genutzt
Werden für das Assistenzsystem spezielles Equipment oder spezielle Lizenzen benötigt?	Es ist zu prüfen, ob sich die Anschaffung unter wirtschaftlichen Gesichtspunkten lohnt
Wo existiert Verbesserungspotenzial und welche Vorteile werden mit der Einführung des Assistenzsystem im Detail erwartet?	Nur wenn bekannt ist, was verbessert werden kann und soll, kann auch entsprechend verglichen und nachgesteuert werden

Auf Basis dieser Fragen wurde innerhalb des Projekts IntAKom damit begonnen die bei mikrolab existierenden Montageprozesse und den dazugehörigen Informationsfluss an ausgewählten Beispielen zu analysieren und Prozesse mit Verbesserungspotenzial aufzudecken. Vor allem bei komplexen Prozessen wurde gezeigt, dass den Mitarbeitenden zwar oftmals viele Informationen zur Verfügung stehen, die für den aktuellen Arbeitsschritt passenden Daten jedoch mit einem gewissen Aufwand selektiert oder beschafft werden müssen. Die nachfolgende Bewertung der zu dem Zeitpunkt aktuellen Prozesslandschaft und eine Soll-Ist-Analyse, um die notwendige digitale Assistenz bedarfsgerecht zu konzipieren, führten zu der Entscheidung ein neues ERP Systems zur Schaffung einer konsistenten Datenbasis einzuführen. Das geplante Assistenzsystem sollte parallel dazu konzipiert und am Ende in das ERP-System integriert werden.

Um ein geeignetes System auszuwählen und dessen Einführung vorzubereiten wurden die innerhalb von IntAKom identifizierten und zu optimierenden Punkte in 5 Kategorien unterteilt und jeweils separat beleuchtet. Da die Einführung eines ERP Systems nicht innerhalb der Projektlaufzeit abgeschlossen werden konnte, galt es bei jedem Punkt zu bewerten, ob dessen Umsetzung bzw. Optimierung mittelfristig erfolgen kann, oder ob eine Interimslösung im aktuellen Verwaltungssystem von mikrolab notwendig ist.

Auftragssteuerung
Als erster zentraler Schritt im Produktionsprozess wurde die projektübergreifende Auftragssteuerung betrachtet. Diese bildet die Basis für die weiteren Montageprozesse und ist daher als essenziell wichtig zu bewerten. Das bestehende Verwaltungssystem wurde mit einer visuellen Übersicht über alle anstehenden Aufträge erweitert. Die dafür notwendige Datenbasis findet sich in einer gemeinsamen Datenbank wieder und kann deshalb in zukünftige Systeme leicht übernommen werden. Bei der späteren Migration ist geplant folgende Verbesserungspotenziale und Planungsmechanismen zu berücksichtigen, welche das neue ERP-System per se bereits enthalten soll:

- Einlastung neuer Aufträge gegen verfügbare Kapazität,
- bessere Prüfung verfügbarer Materialien,
- bessere Bereitstellung auftragsrelevanter Dokumente durch ein Datenbank-Managementsystem,
- bessere Steuerung der Aufgaben durch Arbeitsgangstruktur.

Arbeitspläne
Ein Arbeitsplan beinhaltet die relevanten projektspezifischen Informationen, welche Arbeitsschritte bei einem Produkt von welcher Abteilung, in welcher Reihenfolge, mit welchen Hilfsmitteln (Werkzeugen), in welcher Zeit und mit welchen Zusatzinformationen durchzuführen sind. Im Fall von mikrolab ist dies die Darstellung der jeweiligen Baugruppe mit dazugehörigen Arbeitsgängen, Funktionsbereichen (Belegungseinheiten) und weiterführenden Dokumenten in einem Filesystem auf dem Server.

Aufgrund des im Rahmen von IntAKom identifizierten, vergleichsweise hohen Verbesserungspotenzials wurde die Einführung der digitalen Arbeitspläne bereits im aktuellen ERP-System umgesetzt, wobei darauf geachtet wurde, gleichzeitig eine Basis für die spätere Datenmigration zu schaffen. Die Arbeitspläne können von den Mitarbeitenden jederzeit am jeweiligen Arbeitsplatz selbstständig eingesehen werden.

Prozessbeschreibungen
Eine wichtige Voraussetzung für die Einführung von Assistenzsystemen oder neuen Tools ist zu definieren, an welcher Stelle diese in bestehende Prozesse eingreifen. Zu diesem Zweck wurde bei mikrolab die für die Visualisierung der Prozessbeschreibungen nötige Basis geschaffen. Eine Prozesslandkarte auf Basis des Tools „viflow" wurde auf dem Server veröffentlicht, ist im Intranet erreichbar und wächst sukzessiv. Der übergeordnete Prozess „Produktion" ist in Abb. 15.2 dargestellt.

Betriebsdatenerfassung
Ein integriertes (Assistenz)System sollte neben der Bereitstellung von relevanten Informationen den Mitarbeitenden auch die Möglichkeit bieten, ihre Aufgaben möglichst effizient zu erhalten und rückmelden zu können. Um dies bei mikrolab zu erreichen

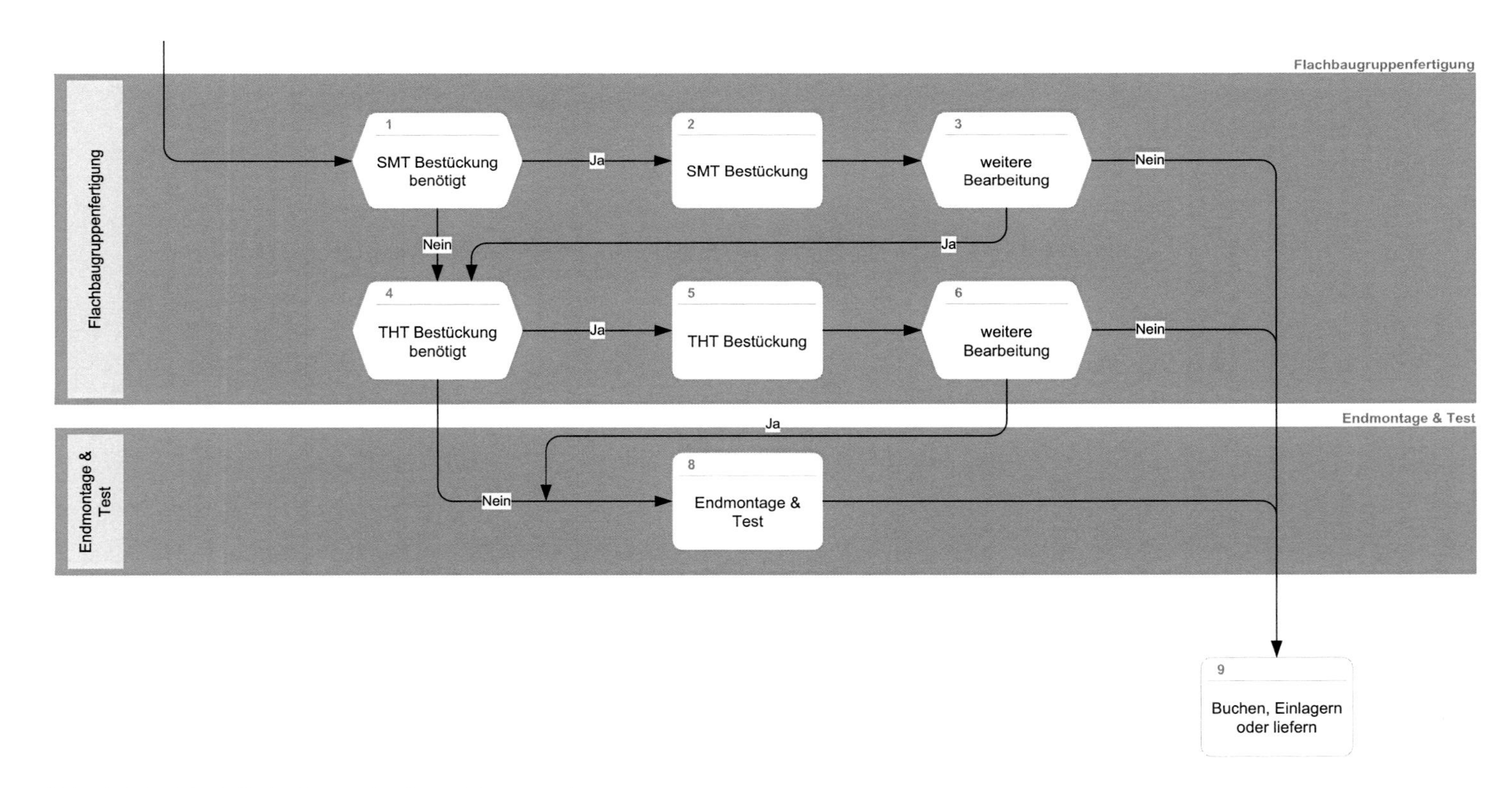

Abb. 15.2 Beispielhafte Prozesslandkarte für einen Montageprozess

wird der Fokus u. a. auf die Flexibilität der BDE-Terminals gelegt. Diese sollen neben der erwähnten typischen Rückmeldung auch die relevanten Informationen an den Ort der Wertschöpfung transportieren und dort visualisieren. Insgesamt werden folgende Services integriert:

- Personalzeiterfassung (PZE)
- Employee Self Services (ESS)
- Betriebsdatenerfassung (BDE)

Zusammenfassend ist festzuhalten, dass sich für mikrolab die Schaffung einer konsistenten Prozess- und Datenstruktur als Grundlage einer erfolgreichen Einführung von neuen Assistenz- bzw. Hilfsprogrammen darstellte. Die ganzheitliche Betrachtung und Aufarbeitung der relevanten unternehmensspezifischen Abläufe ermöglicht eine spätere Integration von neuen Datenflüssen in bestehende Systeme und die Vernetzung mehrerer Tools.

Bereits die ersten Umsetzungen der innerhalb von IntAKom identifizierten Verbesserungspotenziale im bestehenden ERP-System führten bei mikrolab dazu, dass Mitarbeitende relevante Informationen nun schneller erhalten, Laufwege verkürzt werden, Wartezeiten aufgrund von Rückmeldungen Vorgesetzter entfallen und somit Zeiten und Fehler innerhalb des Produktentstehungsprozesses reduziert werden konnten. Mit den bislang gewonnenen Erkenntnissen wird ab 2020 die Einführung des neuen ERP-Systems betrieben, welches ab 2021 unternehmensweit für alle Prozesse zur Verfügung stehen soll. Durch die Integration der innerhalb von IntAKom identifizierten notwendigen Assistenzfunktionen wird das neue System eine Mischung aus Assistenz- und konventionellem ERP-System darstellen.

Intranet

Parallel zu den Umsetzungen im bestehenden Verwaltungssystem sowie den Planungen der Informationen und Prozesse, die im neuen ERP-System mit abzudecken sind, wurde gemeinsam mit dem Projektpartner Bright Solutions ein firmenspezifisches Intranet erstellt.

Eine Sammlung der dafür notwendigen bzw. sinnvollen Inhalte wurde gemeinsam mit der Universität Kassel definiert. Das Intranet enthält eine Sammlung relevanter und nützlicher Links bzw. Information und bietet zudem Features, die den Arbeitsalltag erleichtern und nicht in weiteren Tools enthalten sind. So sind dies u. a. die Verwaltung, die Zeiterfassung, der QM-Bereich und ein mikrolab-Wiki. Ebenso wird der Mitarbeitende in die Lage versetzt im Intranet mit anderen Beschäftigten zu kommunizieren und projektspezifisch Aufgaben anzulegen bzw. diese zu kommentieren. Eine Demoseite des Intranets ist in Abb. 15.3 zu sehen.

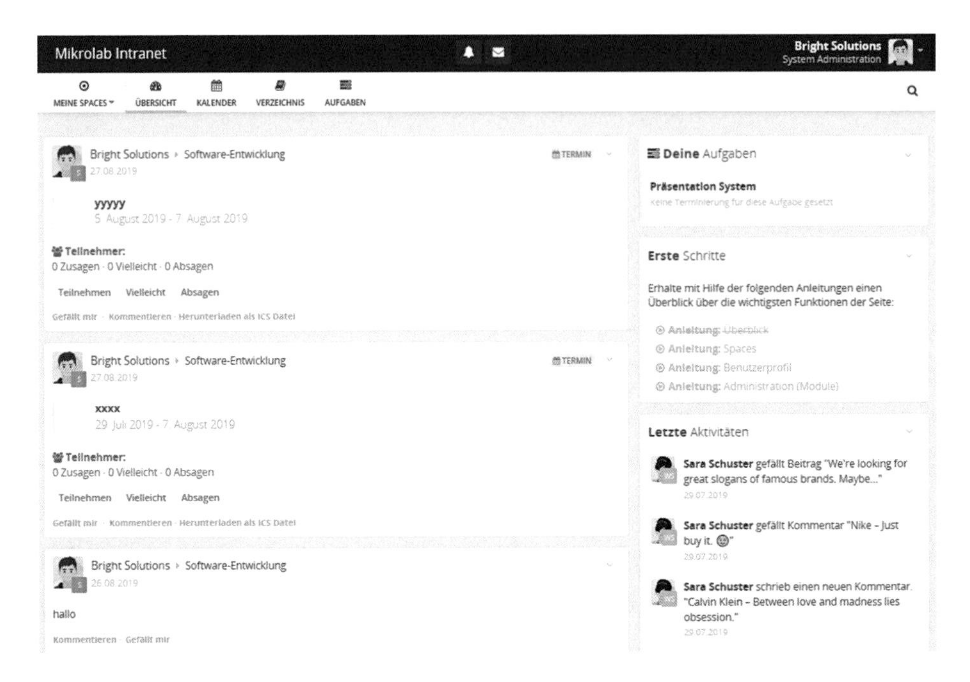

Abb. 15.3 Entwurf des realisierten Intranets

15.3.3 DATRON

Die DATRON AG ist ein international erfolgreicher Hersteller von CNC-Maschinen, Dental- CAD/CAM-Maschinen, Dosiersystemen und Zerspanungswerkzeugen. Für das mittelständische Maschinenbauunternehmen steht die Weiterentwicklung der eigenen Maschinen im Fokus (ca. 25 % der Beschäftigten im Bereich Technologie). Der Schwerpunkt des Projektes bei DATRON lag auf der Bedienung und Instandhaltung der Maschinen im Betrieb, also auf der Optimierung der eigenen Produkte. Neben der Bedienung soll der Beschäftigte auch während des Montageprozesses der Werkzeugmaschine durch digitale Kommunikationstechnologie unterstützt und angelernt werden.

Die DATRON AG hat die Maschinensteuerung „NEXT" in Eigenregie von Grund auf neu entwickelt und programmiert. Entwicklungsziel war eine optisch ansprechende und leicht verständliche Software mit einer kachelförmigen Anordnung der unterschiedlichen Funktionen auf einem großen Display. Basierend auf dem Plug and Play-Prinzip können so selbst Fräseinsteiger die 3-Achs CNC-Fräsmaschine auf Anhieb steuern. Die an ein Smartphone angelehnte Bedienung per Wischgesten macht das Fräsen intuitiv und verkürzt so die Phase des Einlernens. Im Rahmen des Projektes IntAKom wurde über Blickwinkelanalysen eine Ergonomie-Bewertung der Maschinensteuerung durchgeführt. In anschließenden Workshops wurden Verbesserungspotenziale, wie beispielsweise eine Feedbackfunktion für den Nutzer als vielversprechende Optimierung der Maschinensteuerung identifiziert und im Folgenden vom Entwicklerteam umgesetzt. Die Funktion bietet die Möglichkeiten, Bugs zu melden, Ideen, sowie Lob und Kritik mitzuteilen. Die Nachricht wird mit einem Screenshot des Bildschirms übermittelt, damit die Beschäftigten der Softwareentwicklung erkennen, an welchen Stellen im Bildschirm entsprechende Marker durch den Anwender gesetzt wurden. Unternehmensintern erhält die neu implementierte Funktion eine sehr gute Resonanz, da das Tool die Effizienz in der Zusammenarbeit zwischen Service, Technologen, Testing und Softwareentwicklung steigert.

Das zweite wesentliche Projektziel war die Verbesserung der produkt- und situationsbezogenen Informationsversorgung der Mitarbeitenden in der Endmontage. Nach intensiver Analyse der Montageprozesse mit den dazugehörigen Informationsflüssen wurden, in Zusammenarbeit zwischen den Forschungsinstituten und DATRON, unterschiedliche Verbesserungsansätze abgeleitet. Als wichtige Grundlage für die Informationsversorgung der Beschäftigten in der Montage wurde die Notwendigkeit erkannt die einzelnen Prozesse, Verantwortlichkeiten und Rollen klar zu definieren und abzugrenzen. In mehreren Workshops mit den Beteiligten wurde ein „Nordstern“ (Soll-Zustand) für den gesamten Prozess der Auftragsabwicklung erarbeitet, an dem sich sämtliche Gestaltungsmaßnahmen und Änderungen orientieren.

Auf Basis einer umfangreichen Wertstrom- und Informationsbedarfsanalyse an den Montagestationen wurde der Ist- sowie der Idealzustand der Informationsversorgung der Beschäftigten erfasst. Das konkrete Ergebnis dieser Vorgehensweise waren Mockups, anhand derer der Aufbau und Inhalt einer digitalen Assistenz dargestellt wird. Diese Mockups zeigten pro Arbeitsschritt die notwendigen Informationen für die Beschäftigten auf und dienten als Grundlage für die Entwicklung der Software durch den Projektpartner Bright Solutions.

Eine Herausforderung lag in der Auswahl der Hardware für die Arbeitsumgebung der MontagemitarbeiterInnen. Die vorbereitenden Gespräche mit den Beschäftigten der Montage führten zu der Entscheidung, einen Werkstattwagen so auszustatten, dass sich darauf alle technischen Mittel für eine optimale Nutzung des Assistenzsystems platzieren lassen. Die Konstruktionszeichnung für die benötigte Vorrichtung wurde kurzerhand selbst erstellt und intern gefertigt. Der so erweiterte Werkstattwagen ist in Abb. 15.4 zu sehen.

Abb. 15.4 Digitale Assistenz auf dem Montagewagen bei DATRON

Das Tablet ist an einem Magnetfuß befestigt und kann dadurch flexibel während der Montage mitgenommen und an der Maschinenkabine befestigt werden. Dies ist in Abb. 15.5 zu sehen.

Die so entstandene digitale Assistenz, bestehend aus selbst entwickelter Soft- und Hardware, wurde an einem Pilotarbeitsplatz implementiert und über mehrere Wochen genutzt. Durch Aufnahme der Arbeitszeiten mithilfe einer Betriebsdatenerfassung wurde ermittelt, dass nach Inbetriebnahme des Assistenzsystems der Produktivzeitanteil von 85 % auf 94 % angestiegen und zudem die absolute Anzahl von Störungen pro Auftrag von 46 auf 20 gesunken ist. Zudem sind die Beschäftigten begeistert vom Ergebnis des entstandenen Pilotarbeitsplatzes. Auf dieser Basis fiel die Entscheidung, das Assistenzsystem im Laufe des Jahres 2020 produktionsweit auszurollen und ab 2021 neue Funktionen wie beispielsweise 3D-Darstellungen bereit zu stellen.

15.4 Zusammenfassung und Ausblick auf weitere Forschungsbedarfe

Innerhalb des Forschungsprojekts IntAKom konnte durch die Erfahrungen aus den Analysen in den Praxisunternehmen mikrolab, DATRON und TRILUX und den stetigen Austausch der wissenschaftlichen Partner ein übertragbares Analysetool entwickelt werden. Durch dieses Tool wird die Ausgangssituation in einem beliebigen Produktionsunternehmen mit dem Fokus auf die Einführung digitaler Assistenz umfassend

Abb. 15.5 Digitale Assistenz an der zu montierenden Werkzeugmaschine bei DATRON

beleuchtet. Im Speziellen werden die Bereiche Mensch, Technik, Wertschöpfungsprozess und Organisation analysiert, um die Situation ganzheitlich zu betrachten. Das Ergebnis stellt die Basis für die Entwicklung eines individuellen Assistenzsystems – angepasst an die Bedürfnisse des betrachteten Unternehmens – dar. Aufgrund der Allgemeingültigkeit der Vorgehensweise eignet sich diese für unterschiedliche Branchen, Prozesse und Arbeitsumgebungen.

Während der Einführung der verschiedenen digitalen Assistenzsysteme bei den drei Partnerunternehmen war besonders auffällig, dass unternehmensübergreifend die notwendige Voraussetzung für eine effektive Unterstützung der Beschäftigten eine strukturierte Datenbasis ohne Redundanzen ist. Neben der Konsolidierung der verwendeten IT-Systeme (MES, ERP, etc.) als Datenbasis für die digitale Assistenz, ist es zudem notwendig Prozesse, Verantwortlichkeiten und Wissensträger klar zu definieren und abzugrenzen. Nur wenn die unterschiedlichen Bereiche Mensch, Technik, Wertschöpfungsprozess und Organisation bestmöglich miteinander kooperieren, kann die gewünschte Unterstützung für die Beschäftigten erreicht werden.

Beim Ableiten der Anforderungen an digitale Assistenz wurden ebenfalls unternehmensübergreifend Ähnlichkeiten festgestellt. Im Fokus des Anforderungskatalogs der Anwenderunternehmen standen vor allem die Nutzerfreundlichkeit nach dem Leitfaden der DIN EN ISO 9241, die Verlässlichkeit und die Individualisierbarkeit des Systems. Zudem wurde bei der Umsetzung der Assistenz darauf geachtet die Beschäftigten während der Nutzung des Systems nicht zu eng zu führen, um die Handlungsspielräume zu erhalten oder sogar zu erweitern.

Aufgrund der sehr unterschiedlichen Ausgangssituationen in den drei Anwenderunternehmen innerhalb des Konsortiums konnte kein Ansatz für eine einheitliche Software-Lösung gefunden werden, bei der die digitale Assistenz mit geringem Aufwand für unterschiedliche Anwendungsfälle implementiert werden kann. Hier muss in Zukunft weitere Forschungsarbeit geleistet werden, um einen einheitlichen Ansatz in Form einer Software-Lösung zu entwickeln, der mit vertretbarem Aufwand verschiedene Anwendungsfälle aus unterschiedlichen Branchen adressiert. Wesentliche Herausforderungen werden hierbei die Schnittstellen zu der bereits bestehenden und teilweise diversen IT-Infrastruktur in produzierenden Unternehmen sein.

15.5 Ein Leitfaden für die Praxis als nachhaltiges Projektergebnis

Die gewonnenen Erkenntnisse zur ganzheitlichen Aufwertung von Arbeitssystemen wurden in dem Handbuch „Digitale Assistenz für die Produktion – Ein Leitfaden für die Bedarfsermittlung, Gestaltung und Einführung" festgehalten. Übertragbare und erprobte Methoden bilden neben den umgesetzten Lösungen die Basis für den Leitfaden. Hierdurch verfügen Unternehmen künftig über hilfreiche Methoden sowie praxisnahe Good-Practice-Beispiele für eine gute und lernförderliche Gestaltung von Arbeitsorten und -prozessen. Das Handbuch wurde im Juni 2020 mit dem VDMA-Verlag veröffentlicht (ISBN: 978–3-8163–0737-2).

Projektpartner und Aufgaben

- **Technische Universität Darmstadt – Institut für Produktionsmanagement, Technologie und Werkzeugmaschinen (PTW)**
  Technologische Gestaltung von Arbeitssystemen für gute digitale Assistenz
- **Universität Kassel – Institut für Arbeitswissenschaft und Prozessmanagement**
  Arbeits- und Tätigkeitsgestaltung 4.0 für gute digitale Assistenz
- **ffw GmbH – Gesellschaft für Personal- und Organisationsentwicklung**
  Gestaltung von Arbeits- und Organisationskulturen für gute digitale Assistenz
- **TRILUX GmbH & Co. KG**
  Gestaltung von guter digitaler Assistenz für variantenreiche Serienprozesse
- **mikrolab Entwicklungsgesellschaft für Elektroniksysteme GmbH**
  Gestaltung guter digitaler Assistenz für komplexe Fertigungsaufträge im Dienstleistungssektor
- **DATRON AG**
  Ansätze zur Unterstützung der Handhabung und des Lernprozesses bei Montage, Inbetriebnahme, Vertrieb und Service von Werkzeugmaschinen
- **Bright Solutions GmbH**
  Systematische Gestaltung digitaler Kommunikation durch moderne Web- und Mobile-Technologien

Literatur

1. acatech (Hrsg) (2016) Kompetenzentwicklungsstudie Industrie 4.0 – Erste Ergebnisse und Schlussfolgerungen, S. 9. https://www.acatech.de/publikation/kompetenzentwicklungsstudie-industrie-4-0-erste-ergebnisse-und-schlussfolgerungen/. Zugegriffen: 10. Juli 2019
2. Bauernhansl T (2014) Die Vierte industrielle Revolution. Der Weg in ein wertschaffendes Produktionsparadigma. In: Bauernhansl T, ten Hompel M, Vogel-Heuser B (Hrsg) Industrie 4.0 in Produktion, Automatisierung und Logistik. Springer Vieweg, Wiesbaden, S. 7
3. Blockus M-O (2010) Komplexität in Dienstleistungsunternehmen: Komplexitätsformen, Kosten- und Nutzenwirkungen, empirische Befunde und Managementimplikationen, 1. Aufl., Gabler Research, 28, Wiesbaden, 2010, S. 22
4. Dombrowski U, Riechel C, Evers M (2014) Industrie 4.0 Die Rolle des Menschen in der vierten Industriellen Revolution, in: Kersten, Wolfgang u. a. (Hrsg.), Industrie 4.0: Wie intelligente Vernetzung und kognitive Systeme unsere Arbeit verändern, Schriftenreihe der Hochschulgruppe für Arbeits- und Betriebsorganisation e.V. (HAB), Berlin, S 147

BY

Arbeit 4.0 in der Produktentstehung mit IviPep 16

Identifizierung und ganzheitliche Umsetzung von Szenarien digitalisierter Arbeit

Marc Foullois, Anna-Lena Kato-Beiderwieden, Lisa Mlekus, Günter W. Maier, Sascha Jenderny, Carsten Röcker, Oliver Dietz, Matthias Pretzlaff, Oliver Huxdorf, Friedrich von Dungern, Dieter Bräutigam, Lars Seifert und Roman Dumitrescu

16.1 Ausgangssituation und Zielsetzung

Unternehmen des produzierenden Gewerbes werden zunehmend von Informations- und Kommunikationstechnik (IKT) durchdrungen [1]. Der Begriff Industrie 4.0 bringt diese vierte industrielle Revolution zum Ausdruck [2]. Historisch lässt sich beobachten, dass sich mit einer Veränderung der Wertschöpfung auch die Arbeitswelt verändert. Der

M. Foullois (✉) · R. Dumitrescu
Fraunhofer-Institut für Entwurfstechnik Mechatronik IEM, Paderborn, Deutschland

A.-L. Kato-Beiderwieden · L. Mlekus · G. W. Maier
Universität Bielefeld, Abteilung für Psychologie, Bielefeld, Deutschland

S. Jenderny · C. Röcker
Fraunhofer-Institut für Optronik, Systemtechnik und Bildauswertung IOSB, Institutsteil für Industrielle Automation INA, Lemgo, Deutschland

O. Dietz
Diebold Nixdorf Systems GmbH, Paderborn, Deutschland

M. Pretzlaff
HELLA GmbH & Co. KGaA, Operational Excellence & Industrial Engineering, Lippstadt, Deutschland

O. Huxdorf · F. von Dungern
INVENT GmbH, R&D BUSINESS UNIT, Braunschweig, Deutschland

W. Bauer et al. (Hrsg.), *Arbeit in der digitalisierten Welt*,
https://doi.org/10.1007/978-3-662-62215-5_16

derzeitige Wandel der Arbeitswelt, welcher durch die Adaption von digitalen Technologien geprägt ist, wird durch den Begriff Arbeit 4.0 beschrieben [3]. Technologien der Digitalisierung haben großes Potenzial, die Art und Weise, wie wir wirtschaften und arbeiten, grundlegend zu verändern [4]. Vor allem in der Produktentstehung verspricht die Digitalisierung ein hohes Nutzenpotenzial, da die neuartigen intelligenten technischen Systeme einen großen Zuwachs an Daten über den gesamten Produktlebenszyklus verfügbar machen. Grundsätzlich können vier Technologiefelder unterschieden werden: Erfassung, Verarbeitung und Analyse digitaler Daten; Automatisierung von Wertschöpfungsketten und Produkten; Vernetzung von Systemen und Virtualisierung [5]. Die Anwendung einer derartigen digitalen Technologie in der Arbeitswelt lässt sich in einem Anwendungsszenario digitalisierter Arbeit beschreiben. Remote Experten, digitaler Auftragsdurchlauf und Predictive Maintenance sind nur einige Beispiele, die zunehmend im produzierenden Gewerbe beobachtet werden können [5].

Die Einführung von Anwendungsszenarien digitalisierter Arbeit ist ein komplexes Handlungsfeld und geht mit tiefgreifenden Veränderungen in der Arbeitswelt einher. Unternehmensprozesse und -strukturen sowie Tätigkeiten und Kompetenzen der handelnden Personen müssen den neuen Anforderungen angepasst werden [6]. Dieses Bewusstsein, dass neben der technischen Perspektive auch die organisatorische und menschliche Perspektive elementare Stellhebel für die erfolgreiche Gestaltung einer digitalisierten Arbeitswelt sind, muss bei allen Beteiligten geschaffen werden. Die Berücksichtigung des soziotechnischen Spannungsfeldes aus Mensch-Organisation-Technik ist somit ein Erfolgsfaktor für die Einführung von Anwendungsszenarien digitalisierter Arbeit [7]. Aufgrund der Komplexität des Handlungsfeldes und der Vielzahl und Heterogenität der Anwendungsszenarien digitalisierter Arbeit fällt es Unternehmen schwer, die für sie geeigneten Anwendungsszenarien zu identifizieren. Zudem ist der konkrete Nutzen oftmals noch unklar. Aus diesem Grund wurde in dem Verbundprojekt „Instrumentarium zur Gestaltung individualisierter virtueller Produktentstehungsprozesse in der Industrie 4.0“ (IviPep) ein Instrumentarium zur humangerechten und wirksamen Gestaltung einer digitalisierten Arbeitswelt in der Produktentstehung erarbeitet. Dieses bildet einen Orientierungsrahmen für Unternehmen [8].

In Abb. 16.1 sind die Facetten des Forschungsvorhabens mit dem soziotechnischen Spannungsfeld aus Mensch-Organisation-Technik dargestellt. Durch die Forschungspartner **Fraunhofer IEM, Fraunhofer IOSB-INA** und **Universität Bielefeld** (Arbeits-

D. Bräutigam
HANNING ELEKTRO-WERKE, Oerlinghausen, Deutschland

L. Seifert
myview systems GmbH, Büren, Deutschland

Abb. 16.1 Projektschaubild

und Organisationspsychologie) wurden unter anderem die Potenziale und Auswirkungen digitalisierter Arbeit analysiert. Hierzu wurden typische Herausforderungen in Unternehmen identifiziert und eine Bandbreite an Technologien auf ihren Nutzen hin analysiert. Die Auswirkungen der Einführung einer nutzenstiftenden Technologie auf die Prozesse, Tätigkeiten und Beschäftigten wurden daraufhin bewertet. Die Gestaltung digitalisierter Arbeit ist unternehmensindividuell. Ein strukturiertes Vorgehen zur Einführung der entsprechenden Anwendungsszenarien digitalisierter Arbeit unterstützt Unternehmen dabei, alle Einflussfaktoren der digitalisierten Arbeit zu berücksichtigen und somit die fortschreitenden Möglichkeiten der Digitalisierung zu nutzen. Das Einbeziehen der Beschäftigten in den Transformationsprozess ist hierbei von besonderer Bedeutung [9]. Die Technologieakzeptanz sowie die Qualifizierung und die Vorbereitung auf die Veränderungen in der Arbeitswelt sind zu berücksichtigen und wurden in dem Forschungsvorhaben analysiert und umgesetzt.

Die Einführung von Anwendungsszenarien digitalisierter Arbeit in den vier Pilotunternehmen **Diebold Nixdorf Systems GmbH, HELLA KGaA Hueck & Co., INVENT GmbH und HANNING ELEKTRO-WERKE GmbH & Co. KG** ermöglichten durch das Erproben der Konzepte und Befragungen der Beschäftigten einen facettenreichen und vielschichtigen Erkenntnisgewinn zum Wandel der Arbeitswelt. Die erarbeiteten Inhalte wurden in dem Instrumentarium festgehalten. Der Umsetzungspartner **myview systems GmbH** hat hierfür eine benutzerfreundliche Plattform erarbeitet, die interessierten Unternehmen die Möglichkeit bietet, von den Erkenntnissen aus dem Forschungsprojekt zu profitieren und diese auf den eigenen Produktentstehungsprozess (PEP) anzuwenden.

16.2 Forschungsergebnisse und Anwendungsbeispiele

In diesem Kapitel werden sowohl Kernaspekte der Forschungsergebnisse sowie die Anwendungsbeispiele der Pilotunternehmen beschrieben. Hierzu wird zunächst der Prozess der Produktentstehung beschrieben, anhand dessen Szenarien digitalisierter Arbeit identifiziert werden können. Daraufhin wird auf die Charakteristika zur Beschreibung der Szenarien eingegangen. Erfolgsfaktor für die Einführung der Szenarien ist die Betrachtung des soziotechnischen Systems. Dieses beinhaltet neben der Perspektive der Technik auch die Perspektive Mensch und Organisation. Aus diesem Grund werden die Technologieakzeptanz und weitere Einstellungen der Beschäftigten sowie das Change-Management beschrieben. Damit die Beschäftigten entsprechend der neuen Anforderungen der digitalen Arbeitswelt vorbereitet sind, wird auf das Thema der Qualifizierung eingegangen. Abschließend zu den Forschungsergebnissen werden die vier Pilotunternehmen mit ihren Anwendungsbeispielen beschrieben.

Die Entwicklung von komplexen Marktleistungen kann nur durch ein Zusammenwirken verschiedener Fachdisziplinen (z. B. Marketing, Elektrotechnik, Maschinenbau, Softwaretechnik u. v. m.) erfolgen. Die Produktentstehung, von der Geschäftsidee bis hin zum Serienanlauf, benötigt somit einen Prozess, der das Zusammenwirken der Disziplinen gewährleistet. Der Prozess weist in der Realität in der Regel eine Reihe von Herausforderungen auf. Das Fehlen aktueller Konstruktionsstände für die Montageplanung ist ein Beispiel. Im Anschluss können die Herausforderungen hinsichtlich nutzenversprechender digitaler Technologien analysiert werden. Für das aufgeführte Beispiel ist eine nutzenversprechende Technologie Augmented Reality (AR), da diese die Möglichkeit besitzt, virtuelle Objekte in die reale Umgebung und somit in den realen Montagestationen zu platzieren.

Referenzprozess: Die Herausforderung in Kombination mit der digitalen Technologie bilden ein Anwendungsszenario digitalisierter Arbeit. In dem Projekt wurde der PEP der verschiedenen Unternehmen aufgenommen und hinsichtlich der Herausforderungen analysiert. Die aufgenommenen Prozesse wurden daraufhin durch einen abstrahierten Referenzprozess ersetzt, der ein Musterprozess für die Abläufe der Produktentstehung darstellt. Dieser Referenzprozess wurde entsprechend dem 4-Zyklen-Modell der Produkt- und Marktleistungsentstehung nach Gausemeier in die Hauptaufgabenbereiche der strategischen Produktplanung, Produktentwicklung, Dienstleistungsentwicklung und Produktionssystementwicklung gegliedert [10]. Die gesammelten Herausforderungen wurden mit nutzenversprechenden digitalen Technologien versehen und als Szenarien in dem Referenzprozess verortet. Zusammen bilden Referenzprozess und Szenarien somit eine Potenziallandkarte für die Digitalisierung der Arbeitswelt.

Referenzarchitektur: Zur Charakterisierung der Szenarien wurde eine Referenzarchitektur entwickelt. Diese besagt, dass ein Szenario digitalisierter Arbeit im Kern durch 5 Merkmale und die Zusammenhänge untereinander beschrieben wird. Im Mittelpunkt steht das Merkmal der Arbeitsaufgabe, welche es zu erledigen gilt. Dies kann beispielsweise eine manuelle Routineaufgabe sein. Die weiteren Merkmale sind die digitale Technologie (z. B. Kommunikationstechnologie), der Akteur (z. B. Mensch-System), die Herausforderung (z. B. Zeit) und die Situation (z. B. Tätigkeit) [5].

Technologieakzeptanz: Damit eine neue digitale Technologie von den Beschäftigten auch tatsächlich eingesetzt wird, ist die Technologieakzeptanz ein entscheidender Faktor. Das Technoloy Acceptance Model (TAM) [11] umfasst Faktoren wie interindividuelle Benutzermerkmale und den beruflichen Kontext (z. B. Freiwilligkeit), die die Nutzung von Informationstechnologien vorhersagen. Auf die Technologieakzeptanz haben neben diesen Faktoren aber auch Merkmale der Technologie einen Einfluss. Daher wurde im Projekt das TAM um Eigenschaften der User-Experience erweitert, damit auch die technologiebezogenen Merkmale miterfasst werden [12]. Die Merkmale Output-Qualität, Durchschaubarkeit, Zuverlässigkeit und Neuartigkeit zeigten sich als zusätzliche signifikante Prädiktoren für die Technologieakzeptanz. Das Modell kann von Technologieentwicklern, Change-Managern und den Akteuren selbst eingesetzt werden.

Einstellungen der Beschäftigten: Der Einsatz einer neuen digitalen Technologie kann Einfluss auf die Einstellungen der Beschäftigten haben. Ebenso können auch die Einstellungen der Beschäftigten beeinflussen, wie gut die Einführung einer neuen Technologie gelingt. In den beiden Pilotunternehmen HELLA und INVENT wurden vor Einführung der neuen Technologie u. a. die Technologieaffinität und -ängstlichkeit erhoben, da diese gerade am Anfang Einfluss darauf nehmen, wie eine neue Technologie wahrgenommen wird und somit wie hoch die Technologieakzeptanz ist. Die Ergebnisse der Befragungen zeigten, dass drei viertel der Beschäftigten positive Einstellungen zu neuen Technologien hatten, welche eine gute Grundlage für die Einführung einer neuen Technologie bildeten. Durch eine Befragung bei HELLA konnte gezeigt werden, dass bestimmte Arbeitsgestaltungsmerkmale mit positiven Arbeitseinstellungen zusammenhängen. Dort zeigte sich, dass in einem Mixed-Mock-Up-Workshop insbesondere Aufgabenmerkmale wie Autonomie und Ganzheitlichkeit sowie die soziale Unterstützung mit positiven Arbeitseinstellungen (Arbeitszufriedenheit, intrinsische Arbeitsmotivation, verringertes Stresserleben) einhergingen [13]. Die Einführung einer neuen Technologie hat allerdings nicht unter allen Umständen Auswirkungen auf die Arbeitseinstellungen, wie sich in einer Befragung in einem Unternehmen (INVENT) herausstellte. Durch eine Befragung vor und nach der Einführung einer neuen Technologie wurde deutlich, dass sich die Arbeitseinstellungen der Beschäftigten durch die Einführung der Technologie nicht bedeutsam verändert haben. Ein möglicher Einflussfaktor könnte sein, wie stark die Technologie die Arbeit verändert und wie viel Zeit bei der Arbeit mit der Technologie gearbeitet wird.

Change-Management: Mit der Einführung einer neuen digitalen Technologie in der Arbeitswelt gehen Veränderungen der Strukturen, Prozesse oder Verhaltensweisen in einer Organisation einher. Die Maßnahmen zu den Veränderungen sowie die Verfolgung der Änderungen werden unter Change-Management zusammengefasst. Ein zentrales Ziel von Change-Management im Rahmen einer Technologie- oder Prozesseinführung ist die Akzeptanz und somit die nachhaltige Implementierung der Technologie bzw. des Prozesses. Um dies zu gewährleisten, ist es wichtig, die zukünftigen Akteure in einem frühen Stadium der Einführung einzubinden [14]. Bei HELLA erfolgte dies in Form eines Workshops. Die Beschäftigten, die in Zukunft mit dem Mixed Mock-Up arbeiten sollten, konnten in dem Workshop den aktuellen Entwicklungsstand der Technologie ausprobieren und Änderungswünsche in Bezug auf die Gestaltung sowie mögliche Einschränkungen in Arbeitsabläufen aufgrund der Technologie äußern. Die Möglichkeit der Partizipation hat zu einer Steigerung der Veränderungsbereitschaft bei den Workshopteilnehmer*innen geführt [13]. Eine weitere Change-Management-Aktivität erfolgte bei HANNING. Bei der dortigen Schulung zur Umstellung des Konformitätsbewertungsprozesses wurde den Beschäftigten neben der inhaltlichen Schulung die Möglichkeit gegeben, sich zu dem neuen Prozess zu äußern. Konkret wurden hier die Befürchtungen in Bezug auf den neuen Prozess (z. B. höherer Zeitaufwand) sowie mögliche Vorteile gegenüber dem alten Prozess (z. B. geringere Angreifbarkeit) gesammelt. Abschließend wurden Lösungsstrategien erarbeitet, damit die erwarteten Befürchtungen nicht eintreten.

Im Weiteren wurden im Rahmen des Projektes Interviews mit ausgewählten Experten der Pilotunternehmen zum Thema Veränderungskultur geführt. Die Untersuchungen zielten neben einer rein quantitativen Abfrage von Erfolgsfaktoren insbesondere auf eine Momentaufnahme aktueller Anforderungen und Herausforderungen in Veränderungsprozessen ab. Mithilfe der Interviews konnten sowohl Erfolgs- als auch Misserfolgsfaktoren für Veränderungsprozesse identifiziert werden. Hierbei bestätigen die Forschungsergebnisse die These, dass Change-Management als Gesamtprozess gelebt werden muss und eine (technologische) Veränderung sowohl von Beschäftigten angenommen als auch vom Management vorgelebt werden muss, um langfristig erfolgreich zu sein. Interessant ist jedoch, dass die Strategien der Interviewpartner jeweils individuell für das eigene Unternehmen sind. Wenngleich auf Heuristiken und Erfahrungen (d. h. bestehende Forschungsergebnisse) zurückgegriffen werden kann, wird die Notwendigkeit kontext- und situationsbezogener Ansätze der Führung und der Organisation im Ganzen, insbesondere vor dem Hintergrund sich immer schneller entwickelnder Technologien, immer deutlicher.

Qualifizierungsmaßnahmen: Aufgrund bisheriger Studien [15] und theoretischer Überlegungen zum soziotechnischen System ist davon auszugehen, dass sich die Einführung einer neuen Technologie darauf auswirkt, welche Fähigkeiten, Fertigkeiten und Kenntnisse die Beschäftigten für ihre Arbeit benötigen. In der Folge sind Qualifizierungsmaßnahmen notwendig. Um diese Veränderungen zu ermitteln, wurden in den Pilotunternehmen über Interviews und Fragebögen Anforderungsanalysen nach dem Vorgehen der Task Analysis Tools [16] durchgeführt. Ist die geplante Technologie noch nicht eingeführt, gibt es auch die Möglichkeit eine Variante dieser Methode für einen zukünftigen Arbeitsplatz durchzuführen [17]. Die Ergebnisse zeigen, dass die

Arbeit mit einer Technologie neben fachspezifischen Kenntnissen (z. B. zu Produkten und Materialien) in allen untersuchten Unternehmen und Abteilungen eine gewissenhafte Arbeitsweise erfordert. Gewissenhaftigkeit war jeweils unter den fünf bedeutsamsten Anforderungen. Beispielhaft ist in Abb. 16.2 das Anforderungsprofil eines Projektpartners abgebildet. Nach Einführung einer neuen Technologie zeigten sich insbesondere bei den Anforderungen „Fachkompetenz Material- und Bauteilprüfung", „Planungsfähigkeit" und „räumliches Vorstellungsvermögen" große Veränderungen im Vergleich zu der vorherigen, analogen Arbeit.

Infolge der veränderten Anforderungen an die Beschäftigten, wurden in den Pilotunternehmen Schulungen durchgeführt. Ziel war es, die Beschäftigten einerseits im Umgang mit den neuen Technologien zu schulen und andererseits veränderte Anforderungen im PEP im Allgemeinen zu meistern. Themen waren der Einsatz und die Anwendung von AR-Technologien, die Vermittlung eines neuen Konformitätsbewertungsprozesses, der Einsatz von Kreativitätstechniken in der Produktentwicklung, die bedarfsgerechte Darstellung von Informationen in der kollaborativen Arbeit und die Bedienung von AR-Brille und Datenhandschuh im Mixed Mock-Up. Der Fokus in den Schulungen lag auf praktischen Übungseinheiten, um die Inhalte zu veranschaulichen und den Transfer des Geübten auf die berufliche Praxis zu gewährleisten. Bei der Schulung zum Einsatz von Kreativitätstechniken wurde eine Befragung mit den zehn Teilnehmenden durchgeführt. Es zeigte sich, dass diese bisher vornehmlich mit

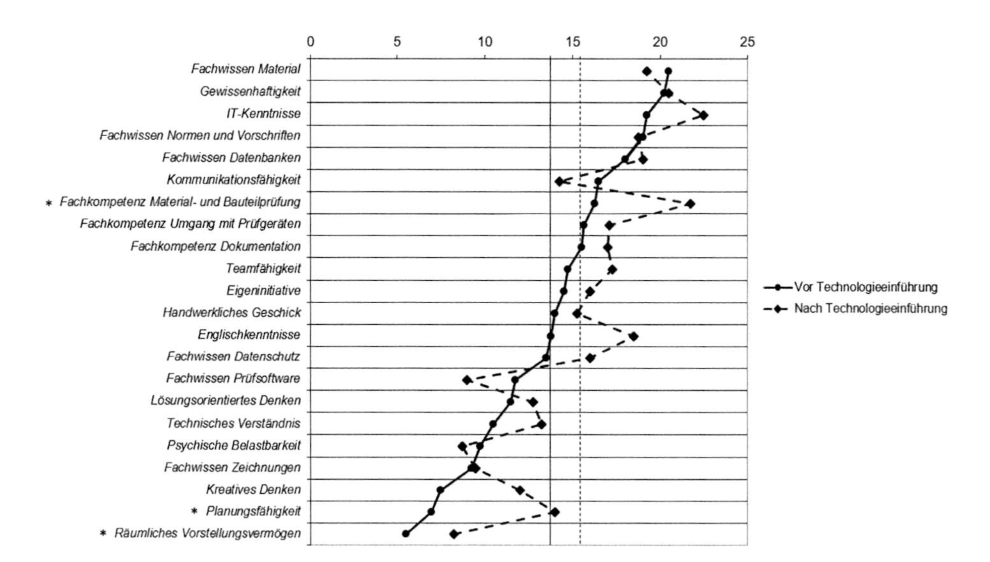

Abb. 16.2 Anforderungsprofil eines Projektpartners. Erhebung mit vier Personen vor und nach der Technologieeinführung. Vertikale durchgezogene Linie zeigt den Mittelwert vor Technologieeinführung an, vertikale gestrichelte Linie zeigt den Mittelwert nach Technologieeinführung an. * kennzeichnet Anforderungen, bei denen es vor und nach der Technologieeinführung große Veränderungen gab

Techniken gearbeitet haben, die auf der Methode der freien Assoziation basieren. Von den zehn in der Schulung vermittelten Techniken war entsprechend ein Großteil nur zwei bis drei Personen bekannt, sodass hier von einer Erweiterung des methodischen Repertoires der Teilnehmenden auszugehen ist (für weitere Informationen siehe https://www.ivipep.de/elementor-384/).

Nachdem mit dem Referenzprozess und der Referenzarchitektur, der Nutzerakzeptanz, dem Change-Management und der Qualifizierungsmaßnahmen Kernelemente für die Einführung digitalisierter Arbeit beschrieben wurden, werden im Folgenden die vier Anwendungsfälle der Pilotunternehmen beschrieben.

Diebold Nixdorf Systems GmbH – Einsatz innovativer und intelligenter Entwicklungsansätze innerhalb komplexer PEPs von intelligenten technischen Systemen
Diebold Nixdorf ist weltweit führender Anbieter von IT-Lösungen und -Services für Retailbanken und Handelsunternehmen. Zu Beginn des Projektes IviPep wurden die Anforderungen an den digitalen Prototyp „NextGen-ATM" in einem Konzeptentwurf konkretisiert. Als Ergebnis des Konzeptentwurfes wurde eine modellbasierte Beschreibung festgelegt, wobei das Anforderungs- und Projektmanagement in Konformität des internen PEPs in einer gesonderten Projektmanagementsoftware erfasst wurde. Die Datenzusammenführung erfolgte in einer Product-Lifecycle-Management (PLM) -Instanz. Hier wurden die modellbasierten Daten und Anforderungen mit den klassischen Entwicklungsdaten (CAD, CAE, CAM, VR) zusammengeführt. Aus den so zusammengeführten Informationen entstand zur ganzheitlichen gemeinsamen Produktbetrachtung eine auf AR-Technologie basierende Visualisierung. Das Vorhaben wurde am „NextGen-ATM" erfolgreich umgesetzt. Dieser wurde parallel in Form eines physikalischen Demonstrators mit der Bezeichnung Cash Cube realisiert. Dieser Demonstrator erhielt von der ATM Industry Association (ATMIA) den Global Innovation Award (1. Platz).

Das Ergebnis ist somit ein erprobtes digitales Hilfsmittel, welches zur Unterstützung der Beschäftigten in frühen Entwicklungsphasen intelligente technische Systeme visualisiert und die Projektbeteiligten bei Entscheidungsfindungen unterstützt. Besonderes Augenmerk galt im Forschungsvorhaben neben dem Zusammenführen und Bereitstellen von Informationen dem Visualisieren von entwicklungsrelevanten Daten mithilfe der AR-Technologie. Dies wurde im Projektverlauf als sehr positiv durch die Mitarbeitenden bewertet. Begleitende arbeitspsychologische Untersuchungen bestätigen dies zum Abschluss des Projektes nachhaltig. Herausforderungen werden bei der effizienten Bereitstellung der CAD-Daten zur Visualisierung mit AR-Technologie aufgrund der hohen zu konvertierenden Datenmengen gesehen. Steigerungen der Leistungsfähigkeit zukünftiger AR-Hardware wird dies mitunter kompensieren.

Das Verwenden von AR-Technologie hat sich bei Diebold Nixdorf durch das Forschungsvorhaben IviPep in Bereichen der Produktentwicklung und des Produktmanagements etabliert. Die Designabteilung und die Vorentwicklung verwenden AR-Technologie zur Bereitstellung hochwertiger visueller Information; verschiedene am Entwicklungsprozess beteiligte Bereiche nutzen die Grundlage zur gemeinsamen Entscheidungsfindung im Projektverlauf. Daneben ist durch das Projekt die AR-Technologie bei Messeauftritten der Diebold Nixdorf zum festen Bestandteil avanciert. Die Kommunikation zum Kunden konnte erfolgreich optimiert werden und auch das Ausstellen der Exponate am Messeplatz konnte so in der Anzahl verringert werden. Dies spart Transporte und trägt somit aktiv zum Umweltschutz bei.

HELLA KGaA Hueck & Co. – Mixed Mock-Up zur Produktionssystemplanung
HELLA ist international operierender Automobilzulieferer und auf innovative Lichtsysteme und Fahrzeugelektronik spezialisiert. In der klassischen Planung von Produktionssystemen wird ein Montagearbeitsplatz in einem sogenannten Mock-Up aus Kartonage nachgestellt. Die Verwendung von Hardware mit AR-Technologie soll die klassische Planung zukünftig in Form einer Mixed Mock-Up Anwendung um virtuelle Elemente erweitern. Der Mixed Mock-Up-Demonstrator ist ein Prototyp, der im Unternehmen HELLA eingesetzt werden soll.

In der ersten Projektphase wurde ein Demonstrator entwickelt, der das grundlegende Potenzial eines Mixed Mock-Ups aufzeigen sollte. In einer fest vorgegeben Sequenz konnten hier einige Bauteile zu einer Baugruppe gefügt werden und wurden so einem breiten Publikum u. a. Hella-intern und auf der Hannover Messe zugänglich gemacht. Dieser Demonstrator wurde in der zweiten Projektphase zu einem Funktionsprototyp erweitert. Mit diesem ist es möglich, die Bauteile in einer beliebigen Reihenfolge zu montieren. Um die Bauteile aus der CAD-Geometrie in das AR-Format zu überführen, wurde mithilfe einer Standard-Software der Konvertierungsprozess beschrieben und bei Hella on-premise umgesetzt. Die Bauteile lassen sich in der Anwendung in einem Auswahlmenü in die AR-Umgebung laden. Im Konfigurationsmodus können die konvertierten Bauteile nach ergonomischen Aspekten um den Arbeitsplatz angeordnet werden und diese Anordnung kann gespeichert werden. Im Montagemodus kann die Montage erprobt werden. Änderungswünsche in der Materialkonfiguration können dann wieder im Konfigurationsmodus verändert und erneut gespeichert werden. Über das MTM-UAS-Modul (Methods-Time Measurement – Universelles Analysier-System) können Veränderungen in der Materialanordnung nach MTM bemessen werden. Das heißt, es werden Zeiten für die Abläufe erfasst und optimiert. Eine optimale Konfiguration kann per Screenshot oder Videoaufzeichnung für weitere Zwecke dokumentiert werden.

Erste Tests anhand eines realen Produktprojekts ergaben durchaus positive Erkenntnisse für den Projektverlauf. So waren die Akteure von den Möglichkeiten und dem Potenzial der Anwendung sehr beeindruckt. Da sich die Anwendung noch im Entwicklungsstadium befindet, hindern die Usability und das Zusammenspiel der verschiedenen Hardwarekomponenten aktuell noch eine intuitive und pragmatische Nutzung der Anwendung.

Die neue Hardwaregeneration der AR-Brille setzt in Sachen Usability und Bedienkomfort einen neuen Meilenstein. Mit der Überführung der Module des Funktionsprototyps auf die neue Hardware wird die Anwendung auf ein Level gebracht, welches die spontane und intuitive Nutzung der Anwendung erlaubt.

INVENT GmbH – Digitales Werkzeug für die Entwicklung von Satellitenstrukturen
Als anerkannter Leichtbau-Spezialist für innovative Faserverbundtechnologien der Branchen Luft- und Raumfahrt, Maschinenbau, Automotive, Schienenfahrzeuge und Schiffbau entwickelt und produziert die INVENT GmbH hochpräzise Strukturkomponenten, von der ersten Idee bis zur Serienfertigung. Dabei ist eine enge Verzahnung aller Beschäftigten und Disziplinen notwendig. Die Digitalisierung der administrativen wie auch fertigungstechnischen Unternehmensprozesse ist dabei ein wesentlicher Baustein um die zukünftige Verzahnung weiter zu intensivieren und die Wettbewerbsfähigkeit zu erhöhen.

Im Rahmen des Projektes wurden die bestehenden Strukturen des Unternehmens analysiert. Aus diesem Prozess wurden zwei wesentliche Schlüsseltechnologien zur weiteren Digitalisierung des Unternehmens identifiziert. Zum einen wurde parallel zum bestehenden Datenbanksystem des Unternehmens ein umfangreicheres, vielversprechendes und individualisierbares dokumentenbasiertes Datenbanksystem namens Limbas eingeführt. Dieses System wurde mit einem begrenzten Beschäftigtenkreis erprobt. Es ermöglicht eine engere Vernetzung aller organisatorischen Unternehmensprozesse. Vorausgesetzt weiterer positiver Ergebnisse soll dieses System im Anschluss an das Projekt weiter detailliert, erprobt und schlussendlich für alle Beschäftigten freigeschaltet werden.

Zum anderen wurden Facesheets für raumfahrttypische Sandwichpanele angefertigt. Hierfür wurden abweichend zum bisherigen Prozess ausschließlich digitale Fertigungsdokumente verwendet. Durch die Berücksichtigung der raumfahrttypischen Anforderungen und Prozesse konnte ein großer Querschnitt der Fertigung abgedeckt und deren Beeinflussung untersucht werden. Hierbei konnten viele positive aber auch einige negative Aspekte identifiziert werden, sodass eine weitere Erprobung im Nachgang des Projektes erforderlich ist.

Nach Abschluss des Projektes strebt die INVENT GmbH die Überarbeitung der eigenen Prozesse durch den zweckmäßigen Einsatz der erarbeiteten Technologien an. Dadurch werden der Know-How-Vorsprung gesichert und die Wettbewerbsfähigkeit erhöht.

HANNING ELEKTRO-WERKE GmbH & Co. KG – Digitale Technologie zur Unterstützung des Konformitätsmanagements
HANNING ist auf kundenspezifische Antriebssysteme und -komponenten weltweit spezialisiert. Das Material Compliance Management und die Erstellung von CE-Konformitätserklärungen erfolgte bei HANNING bisher mithilfe umfangreicher Excel-Tabellen, die redundante Daten beinhalteten und nicht mehr handhabbar waren. Um die Prozesse zu vereinfachen, wurde mit der Datenbanktechnik „semantisches Netz" ein Tool eingeführt, das bei der Analyse von Materialeigenschaften unterstützt.

Durch eigenfinanzierte Beauftragung eines Software-Herstellers wurden die Programmierung des semantischen Netzes und die Gestaltung der Masken-Oberflächen beauftragt. Um möglichst anwendungsfreundliche Dashboards und Abfrage-Menüs zu erzielen, wurden die in der Aufgabe Material Compliance und CE-Konformität zuständigen Beschäftigten eng in die Entwicklung eingebunden. Prototypen wurden mit realen HANNING-Daten geladen und Alltagsaufgaben darin abgearbeitet. Auswirkungen dieses digitalisierten Arbeitens wurden durch Arbeitspsychologinnen der Universität Bielefeld bei den involvierten Beschäftigten erfragt und ausgewertet.

Die Nutzung der Datenbank-Technik „semantisches Netz" als Tool in einer digitalisierten Arbeitswelt bewerten wir als sehr positiv. Die Zeitersparnis bei der Analyse, ob ein HANNING-Produkt die Materialeigenschaften bzgl. der Abfrage nach verbotenen Stoffen und geächteten Substanzen erfüllt, ist deutlich. Zugleich werden Stressmomente abgebaut, da die Verlässlichkeit der richtigen Analyseergebnisse datenbank-technisch gewährleistet wird. Denn sowohl die Material Compliance als auch die CE-Konformitätserklärung werden mit rechtsverbindlichen Unterschriften ausgestattet als Deklarationsdokumente an den Kunden gegeben. Insofern besteht eine hohe Qualitätsanforderung an die Richtigkeit der Analyse, um Schadensersatzforderungen durch Kunden ausschließen zu können.

Die operative Nutzung der im Kontext IviPep gestarteten Graphdatenbank ist für HANNING beschlossene Sache. Der Ausbau dieses semantischen Netzes in viele Richtungen ist möglich (z. B. durch Dashboards) und eine Frage der jährlichen Budgetplanung bei HANNING.

Instrumentarium: Die Erkenntnisse aus der Einführung von Anwendungsszenarien digitalisierter Arbeit in den vier Pilotunternehmen, wurden zusammen mit den erarbeiteten Konzepten und weiteren identifizierten Anwendungsszenarien aus Forschung und Praxis in dem Instrumentarium gebündelt (https://ivipep.myview.de). Das Instrumentarium stellt eines der Kernergebnisse des Forschungsvorhabens dar und wurde von den Forschungs- und Industriepartnern in Zusammenarbeit mit dem Umsetzungspartner myview systems entwickelt. Abb. 16.3 zeigt die Landingpage des Instrumentariums. Die einzelnen Aspekte und Funktionen werden nachfolgend erläutert.

Kernelement des Instrumentariums ist eine Datenbank aus identifizierten, beschriebenen und bewerteten Anwendungsszenarien digitalisierter Arbeit. Auf diese kann über die Direktsuche direkt zugegriffen werden. Diese bietet einen strukturierten Zugang zu allen Steckbriefen der Anwendungsszenarien. Zusätzlich können die Szenarien über eine Freitextsuche oder über Kriterien (Verortung im PEP, Investitionen und Technologie) gefiltert werden.

Die Anwendungsszenarien wurden über verschiedene Ansätze identifiziert. Zum einen wurde eine umfassende Literaturrecherche durchgeführt, wodurch bereits existierende sowie konzeptionell beschriebene Anwendungen digitaler Technologien in der Arbeitswelt der Produktentstehung und angrenzender Bereiche zusammengetragen wurden. Zum anderen wurden Workshops mit Industrievertretern durchgeführt, bei denen

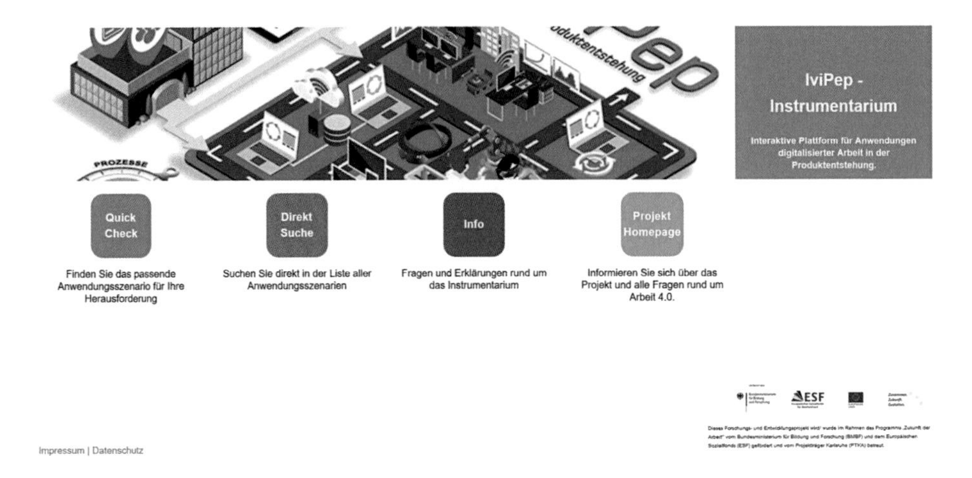

Abb. 16.3 IviPep-Instrumentarium Landingpage

Herausforderungen in der Produktentstehung identifiziert und die Anwendung nutzenversprechender Technologien diskutiert wurden. Im Anschluss an die Identifikation wurden die vorhandenen Anwendungsszenarien beschrieben. Hierzu wurde eine grundlegende Beschreibung des Anwendungsfalls sowie des Ablaufs des Szenarios vorgenommen. Zusätzlich wurden die Anwendungsszenarien durch weitere Informationen ergänzt, (z. B. Technologie, Prozessschritt). Abschließend wurden die Anwendungsszenarien anhand eines Kriterienkatalogs aus soziotechnischen Kriterien, welche die Dimensionen Mensch, Organisation und Technik umfassen, bewertet. Hierzu wurden insgesamt 25 Kriterien von Expert*innen identifiziert, welche sich in mehrere Faktoren unterteilen. Weitere Ausführungen zu dem Kriterienkatalog können in Jenderny et al. und Mlekus et al. nachgelesen werden [18, 19]. Die Abb. 16.4 zeigt die Darstellung eines exemplarischen Anwendungsszenarios digitalisierter Arbeit in dem Instrumentarium.

Ein weiteres Kernelement des Instrumentariums ist der Quick Check. Dieser ermöglicht es Unternehmen, spezifische Anwendungsszenarien für ausgewählte Herausforderungen zu identifizieren. Hierbei kann aus acht Herausforderungen ausgewählt und in Verbindung mit der Verortung im PEP gefiltert werden. Im Hintergrund wird dann ein Match mit den Anwendungsszenarien vorgenommen. Die vorgeschlagenen Anwendungsszenarien haben das Potenzial, die Herausforderung zu lösen oder die Beschäftigten bei der Lösung zu unterstützen. Unternehmen werden so in die Lage versetzt, schnell und effektiv für sie passende Lösungen für ihre Herausforderungen zu finden. Weitere Aspekte des Instrumentariums sind eine Weiterleitung zur Projektwebsite (www.ivipep.de) sowie eine Infoseite, die weiterführende Erläuterungen zum Instrumentarium beinhaltet.

Die myview systems als Umsetzungspartner hatte das Ziel, das Instrumentarium über eine Online-Plattform abzubilden, umzusetzen und im Projekt einzuführen. Mit

Abb. 16.4 Darstellung eines exemplarischen Anwendungsszenarios digitalisierter Arbeit in dem Instrumentarium

über 15 Jahren Erfahrung im Bereich der datenbankgestützten Produktkommunikation zählt myview systems zu den etablierten Anbietern von Produkten und Lösungen zum Katalog- und Produktinformationsmanagement. Die Kompetenzen von myview systems passen somit zu den Anforderungen an die Entwicklung eines Instrumentariums mit einem intuitiven Front-End mit einer Wissensdatenbank als Back-End. Nach der Anforderungsaufnahme an die Plattform wurde das Konzept mit der Architektur des Instrumentariums entwickelt.

Die Architektur des Instrumentariums besteht zum einen aus einer Workbench. Diese dient als Erfassungs- und Modellierungswerkzeug. In der Workbench werden die Anwendungsszenarien zusammen mit den zugehörigen Metadaten als einzelne Datensätze angelegt. Hierzu wurde eine Importschnittstelle über Excel eingerichtet. Die Workbench selbst ist aus den Modulen myview xmedia DataManager und myview xmedia ViewEditor aufgebaut und diente in den frühen Phasen des Projektes als Abstimmungswerkzeug mit dem Konsortium. Eine weitere Kernkomponente der Architektur ist der Store. Diese Datenablage stellt das Back-End bereit. Sie besteht aus einer innovativen „Backend as a Service" Infrastruktur. Store und Workbench sind über einen XML Daten-Synchronisationsmechanismus verbunden. Als dritte Grundkomponente wurde eine App auf der Basis dynamischer HTML-Technologie implementiert. Diese greift die Daten aus dem Store über eine Rest API ab. Die App ermöglicht die Bereitstellung einer intuitiv bedienbaren Web-Applikation. Die Einführung in den Pilotunternehmen erfolgte über Veranstaltungen wie Begleitkreistreffen.

16.3 Ausblick

Wenngleich die Arbeit im Projekt IviPep die zuvor gestellten Forschungsfragen in Hinblick auf die Interdependenzen zwischen Mensch, Technik und Organisation im PEP behandelt hat, ergeben sich aus der Arbeit weitere Forschungsfelder, die es zu erschließen gilt. Beispielsweise gilt es festzustellen, ob sich in einem Bereich, der nicht PEP ist, ähnliche oder andere Forschungsergebnisse vermuten lassen. Denkbar sind andere Bereiche der (industriellen) Arbeit, wie die Fertigung oder die berufliche Aus- und Weiterbildung, da hier ähnliche Technologien genutzt werden und oftmals ähnliche Tätigkeiten durchgeführt werden müssen, die (menschlichen und technologischen) Anforderungen jedoch von denen eines klassischen PEPs abweichen können. Eine weitere Forschungsfrage ergibt sich aus der Feststellung, dass die im Projekt eingeführten Technologien und Werkzeuge in den jeweiligen Anwendungsfeldern einen vergleichsweise geringen Teil des gesamten Arbeitsprozesses ausgemacht haben. Hierbei ist zu prüfen, ob eine höhere Präsenz der Technologie im Arbeitsprozess gleichbedeutend mit stärker ausgeprägten Veränderungen des Arbeitsprozesses für Beschäftigte ist.

Mögliche Synergien können des Weiteren zu bestehenden Vorhaben im Bereich der künstlichen Intelligenz geschaffen werden. Hierbei sind insbesondere die Leitthemen der autonomen Generierung von Maschinendaten sowie der optimierten Entscheidungsfindung für menschliche Akteure durch die Visualisierung dieser Daten interessant. Hierbei können, neben der entwickelten Softwarelösung, auch die im Projekt IviPep erarbeiteten methodischen Kenntnisse, wie etwa die Workshops zur Erfassung neuer Szenarien [20], einen wertschöpfenden Beitrag leisten.

Ebenfalls kann der im Projekt verfolgte partizipative Ansatz für die Arbeit in bestehenden und kommenden Projekten genutzt werden. So beschäftigt sich das derzeit laufende Projekt it's OWL-AWARE mit unternehmensübergreifenden Lernplattformen und Wissensdistribution im Kontext der Personalentwicklung sowie der Anwendung partizipativer Methoden im Kontext innovativer Technologieentwicklung. Auch hier ergeben sich Ansatzpunkte zur Weiterentwicklung der im Projekt IviPep verorteten Forschungsfragen. So ist beispielsweise eine Weiterentwicklung des Instrumentariums von einer passiven Informationsstelle zu einer Plattform möglich, welche die aktive Teilhabe des Mittelstandes am digitalen Wandel fördern und die „Leuchtturmwirkung" des Industrie- und Innovationsstandortes Ostwestfalen-Lippe stärken kann. Hiermit verbunden kann insbesondere dem in der Region ansässigen Mittelstand eine Möglichkeit des Erfahrungsaustausches gegeben und der Technologietransfer gefördert werden. Im Hinblick auf eine solche Art der digitalen Teilhabe können sich weitere Forschungsarbeiten ferner insbesondere an bestehenden Modellfabriken und Reallaboren (SmartFactoryOWL, Lemgo Digita. SE Live Lab) orientieren. Auch die im Projekt entwickelten Schulungs- und Weiterbildungsformate können zur nachhaltigen Kompetenzförderung über bereits bestehende (vgl. Transferprojekte des Spitzenclusters it's OWL) oder zu etablierende Transferinstrumente überführt werden.

16.4 Weiterführende Projektinformationen

Informationen zu dem Projekt, den Projektpartnern, Veröffentlichungen sowie Veranstaltungen können auf der Projekthomepage gefunden werden (www.ivipep.de).

Das Instrumentarium mit den Anwendungsszenarien digitalisierter Arbeit aus Forschung und Praxis kann über einen Webzugang aufgerufen werden (https://ivipep.myview.de).

Projektpartner und Aufgaben

- **Fraunhofer-Institut für Entwurfstechnik Mechatronik IEM**
  Digitalisierter Produktentstehungsprozess auf Basis von Szenarien digitalisierter Arbeit
- **Fraunhofer-Institut für Optronik, Systemtechnik und Bildauswertung IOSB, Institutsteil für industrielle Automation INA**
  Mensch-Technik-Interaktion innerhalb von Szenarien digitalisierter Arbeit
- **Universität Bielefeld, Arbeits- und Organisationspsychologie**
  Konzept zur humanzentrierten Gestaltung digitaler Produktentstehung
- **Diebold Nixdorf Systems GmbH**
  Einsatz innovativer und intelligenter Entwicklungsansätze innerhalb komplexer Produktentstehungsprozessen von intelligenten technischen Systemen
- **HELLA KGaA Hueck & Co.**
  Mixed Mock-Up zur Produktionssystemplanung
- **INVENT GmbH**
  Digitales Werkzeug für die Entwicklung von Satellitenstrukturen
- **HANNING ELEKTRO-WERKE GmbH & Co. KG**
  Digitale Technologie zur Unterstützung des Konformitätsmanagements
- **myview systems GmbH**
  Vernetzte Wissensplattform für das IviPep-Instrumentarium

Literatur

1. Bundesministerium für Wirtschaft und Energie (Hrsg) (2014) Monitoring-Report Digitale Wirtschaft 2014. Innovationstreiber IKT. https://www.bmwi.de/Redaktion/DE/Publikationen/Digitale-Welt/monitoring-report-digitale-wirtschaft-2014.html. Zugegriffen: 31. März 2020
2. Bundesministerium für Wirtschaft und Energie (Hrsg) Was ist Industrie 4.0? https://www.plattform-i40.de/PI40/Navigation/DE/Industrie40/WasIndustrie40/was-ist-industrie-40.html. Zugegriffen: 31. März 2020
3. Brynjolfsson E, McAfee A (2014) The second machine age: Work, progress, and prosperity in a time of brilliant technologies. WW Norton & Co, New York
4. Altemeier K, Bansmann M, Dietrich O, Dumitrescu R, Nettelstroth W (2017) Auf dem Weg zu Industrie 4.0: Gestaltung digitalisierter Arbeitswelten. https://www.its-owl.de/fileadmin/PDF/Publikationen/2017_Broschuere_Arbeit40.pdf. Zugegriffen: 31. März 2020
5. Berger R (Hrsg) Die Digitale Transformation der Industrie. https://bdi.eu/media/user_upload/Digitale_Transformation.pdf. Zugegriffen: 31. März 2020
6. Bansmann M, Foullois M, Wöste L, Bentler D, Paruzel A, Mlekus L, Jenderny S, Dumitrescu R, Maier GW (2019) Arbeitsplatzplanung mit Augmented Reality und ein Dienstleistungs-

system im Konformitätsmanagement als Anwendungsszenarien in der industriellen Praxis. In: Bosse CK, Zink KJ (Hrsg), Arbeit 4.0 im Mittelstand. Chancen und Herausforderungen des digitalen Wandels für KMU. Springer Gabler, Wiesbaden, S 197–217

7. Porter ME, Heppelmann JE (2015) How smart, connected products are transforming companies. Harvard Bus Rev 93(10):96–114
8. Ulich E (2011). Arbeitspsychologie. vdf Hochschulverlag, Zürich
9. Kato-Beiderwieden A-L, Mlekus L, Foullois M, Jenderny S, Röcker C, Maier GW (2020) Instrumentarium zur Gestaltung digitalisierter Arbeit. In: Gesellschaft für Arbeitswissenschaft e.V. (Hrsg), Digitale Arbeit, digitaler Wandel, digitaler Mensch?
10. Schlicher K, Paruzel A, Steinmann B, Maier GW (2018) Change Management für die Einführung digitaler Arbeitswelten. In: Maier GW, Engels G, Steffen E (Hrsg), Handbuch Gestaltung digitaler und vernetzter Arbeitswelten. Springer, Berlin. https://doi.org/10.1007/978-3-662-52903-4_16-1
11. Gausemeier J, Pfänder T, Thielemann F, Kespohl HD (2018) Innovationen für die Märkte von morgen: strategische Planung von Produkten, Dienstleistungen und Geschäftsmodellen. Carl Hanser Verlag , München
12. Venkatesh V, Bala H (2008) Technology acceptance model 3 and a research agenda on interventions. Dec Sci 39:273–315. https://doi.org/10.1111/j.1540-5915.2008.00192.x
13. Mlekus L, Bentler D, Paruzel A, Kato-Beiderwieden A - L, Maier GW (2020). How to raise technology acceptance: User experience characteristics as technology-inherent determinants. Gruppe. Interaktion. Organisation. Zeitschrift für Angewandte Organisationspsychologie (GIO). https://doi.org/10.1007/s11612-020-00529-7
14. Bentler D, Mlekus L, Paruzel A, Bansmann M, Foullois M, Jenderny S, Woeste L, Dumitrescu R, Röcker C, Maier GW (2019) Einführung von Augmented Reality in der Produktentstehung. Technische Realisierung und Change-Management als Erfolgsfaktor für den Veränderungsprozess. In: Gesellschaft für Arbeitswissenschaft e.V. (Hrsg) Arbeit interdisziplinär analysieren – bewerten – gestalten
15. Paruzel A, Bentler D, Schlicher K, Nettelstroth W, Maier GW (2020) Employee first, technology second: Implementation of smart glasses in a manufacturing company. Zeitschrift für Arbeits- und Organisationspsychologie 64(1):46–57. https://doi.org/10.1026/0932-4089/a000292
16. Mlekus L, Maier GW (in prep) Not everyone benefits from technological advancements: Associations with competency requirements and employee reactions in two occupations
17. Koch A, Westhoff K (2012) Task-Analysis-Tools (TAToo) – Schritt für Schritt Unterstützung zur erfolgreichen Anforderungsanalyse. Pabst Science, Lengerich
18. Kato-Beiderwieden A-L, Schlicher KD, Ötting SK, Maier GW (in prep) Prospektive Kompetenzanalyse (ProKA) – Ein Verfahren zur Einschätzung von zukünftigen Kompetenzveränderungen
19. Jenderny S, Foullois M, Kato-Beiderwieden A, Bansmann M, Wöste L, Lamß J, Maier GW, Röcker C (2018) Development of an instrument for the assessment of scenarios of work 4.0 based on sociotechnical criteria. In: Proceedings of the 11th PErvasive Technologies Related to Assistive Environments Conference–PETRA, Corfu. ACM Press, New York, S 319–326
20. Mlekus L, Paruzel A, Bentler D, Jenderny S, Foullois M, Bansmann M, Woeste L, Röcker C, Maier GW (2018) Development of a change management instrument for the implementation of technologies. Technologies 6(4):120. https://doi.org/10.3390/technologies6040120
21. Bansmann M, Foullois M, Röltgen D, Woeste L, Dumitrescu R (2019) Reference architecture and classification of technology induced scenarios of digitized work. In: Proceedings of the 28th International Association for Management of Technology IAMOT, Mumbai, Indien

BY

Informatorische Assistenzsysteme 17

Steigerung der Produktivität durch Minderung der mentalen Beanspruchung

Dominic Bläsing, Manfred Bornewasser und Sven Hinrichsen

17.1 Darstellung des Vorgehens und Zielsetzung

Das Verbundprojekt Montexas4.0 orientiert sich in seinem Ziel und seinem Vorgehen an dem in Abb. 17.1 veranschaulichten Modell [4]. Kern dieses Modells bildet die horizontale Achse, die von der Komplexität der Anforderungen im Arbeitssystem der manuellen Montage ausgeht. Diese hohe Komplexität stellt eine Herausforderung für die informatorische Verarbeitung dar und erzeugt eine dauerhafte hohe kognitive Beanspruchung, die zu kostenträchtigen Fehlern und erheblichen Zeitverlusten führt und damit die Produktivität der Montage negativ beeinflusst. Diese Kausalitätsannahme erfährt eine doppelte Mediation durch die begrenzt verfügbaren Kompetenzen der Mitarbeiter und die begrenzten Ressourcen an Personal und Zeit im Arbeitssystem Montage. Die kognitiven Kapazitäten zur wachsamen Aufnahme und Verarbeitung von Information gelten als begrenzt und sind trotz kognitiver Anstrengung nur in beschränktem Maße zu erweitern [25]. Vergleichbar gilt auch, dass die Kompensation von Fehlern und hohe Zeitverluste die betrieblichen Ressourcen erheblich in Anspruch nehmen und dadurch die Produktivität mindern. In dieser Kausalkette kann der Einsatz informatorischer Assistenzsysteme als ein Moderator angesehen werden, der je nach Ausprägung Kompetenzdefizite ausgleichen und sogar umkehren kann und damit zu mentaler Entlastung beiträgt. Zudem kann dieser Einsatz auch zu einer Steigerung der Produktivität beitragen, wenn das Assistenzsystem zur einbettenden IT-Infrastruktur passt und eine

D. Bläsing (✉) · M. Bornewasser
Universität Greifswald, Institut für Psychologie, Greifswald, Deutschland

S. Hinrichsen
Technische Hochschule Ostwestfalen-Lippe, Lemgo, Deutschland

W. Bauer et al. (Hrsg.), *Arbeit in der digitalisierten Welt*,
https://doi.org/10.1007/978-3-662-62215-5_17

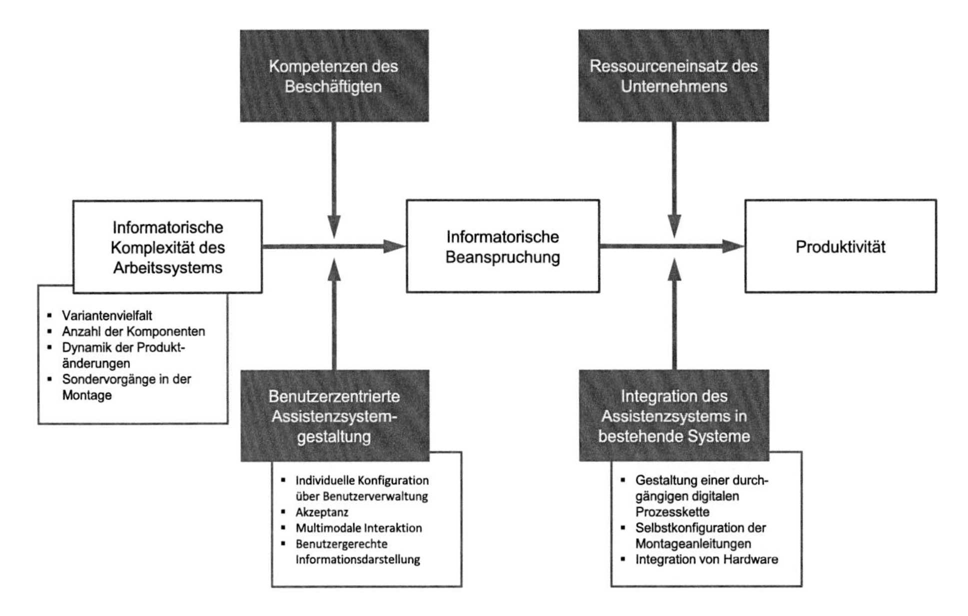

Abb. 17.1 Wirkmodell zur informatorischen Gestaltung von manuellen Montagesystemen. (nach [4])

auf die Kompetenzen und Erfahrungen der Beschäftigten zugeschnittene dynamische Nutzung ermöglicht [10].

Im Mittelpunkt aller Projektanstrengungen steht damit die Planung, Entwicklung und Erprobung informatorischer Assistenzsysteme für die manuelle Montage zum einen an einem Montagesystem der HOMAG Kantentechnik GmbH. In diesem werden unterschiedlichste Pneumatikbaugruppen montiert, indem zahlreiche Teile über Durchlaufregale bereitgestellt werden. Zum anderen wird eine Montagestation bei SPIER GmbH & Co. Fahrzeugwerk KG betrachtet. An dieser entstehen LKW- Hilfsrahmen an einem räumlich ausgedehnten, elektrisch verstellbaren Montagetisch. In beiden Anwendungsszenarien werden unterschiedlichste, zum Teil kundenspezifische Produktvarianten in geringer Losgröße mit ganz verschiedenen Bauteilen unter Einsatz diverser Werkzeuge und Arbeitsmethoden montiert. Beide Montageprozesse erfordern zahlreiche Auswahlvorgänge und weisen dadurch eine hohe „Operator Choice Complexity" auf [27]. Diese über ein Entropiemaß bestimmbare Komplexität – so die Annahme – erfordert ein hohes Maß an Wachsamkeit und stellt hohe Anforderungen an die kognitive Verarbeitung und die adäquate Handlungsdurchführung, beides zentrale Momente der mentalen Beanspruchung. Diese Annahme wird in ersten Felduntersuchungen sowie in darauf aufbauenden Laboruntersuchungen wiederholt bestätigt: Je komplexer und schwieriger die Aufgabe, desto höher fällt die erfasste mentale Beanspruchung aus und desto größer ist das Unterstützungspotenzial informatorischer Assistenzsysteme. Es zeigt sich dabei zudem, dass verschiedene informatorische Assistenzsysteme nicht in gleicher Weise Wirkung zeigen: Die bislang den Montagebeschäftigten noch wenig bekannte AR-Brille sowie ein Projektionssystem schneiden im Einsatz in der Regel schlechter ab als vertrautere Tabletlösungen. Die Akzeptanz von Assistenzsystemen nimmt zudem mit zunehmender Passung zu: Eine direkt auf den Montagetisch zugeschnittene Put-to-Light-Lösung hat sehr günstige Auswirkungen auf die Montagedauer und Fehlerhäufigkeit sowie die Akzeptanz in der Hilfsrahmenmontage [20].

17.2 Erfassung mentaler Beanspruchung

Belastungen gelten in der Arbeitswissenschaft als Gesamtheit aller erfassbaren Einflüsse, die aus der Umwelt auf den Menschen einwirken. Dabei werden sie überwiegend als physikalisch bestimmbare Größen wie zu hebende Gewichte, Lärm oder aus der Aufgabe entstehende anstrengende Körperhaltungen wie Montagen über Kopf begriffen. Information spielt eher eine untergeordnete Rolle, gleichwohl bekannt ist, dass der Mensch trotz aller Wachsamkeit und Anstrengung nur ein begrenztes Maß an einströmender Information verarbeiten kann. Mentale Beanspruchung gilt als Auswirkung der psychischen Belastung im Individuum in Abhängigkeit von den dispositionellen und situativen Voraussetzungen [7].

Die Messung von Belastungen und Beanspruchung in der Montage erfolgt im Bereich der biodynamischen Ergonomie entweder während der Ausführung eines Arbeitsprozesses oder aber bereits während der Planung mittels digitaler Kamera- oder Sensorsysteme auf der Basis digitaler Menschmodelle [16]. Vergleichbare Systeme und Modelle gibt es im Bereich der kognitiven Ergonomie und ihrer Vorläufer noch nicht [11]. Von daher sind Forscher in diesem Bereich immer noch auf Selbstauskunfts- und Beobachtungsverfahren, auf die Erfassung von Leistungsindikatoren und in jüngster Zeit vermehrt auf den Einsatz physiologischer Verfahren angewiesen. Mentale Beanspruchung entsteht durch die Konfrontation der Person mit verschiedenen informationshaltigen Reizkonstellationen am Arbeitsplatz. Eine solche Reizverarbeitung ist dabei zwingender Bestandteil von Arbeit und bildet die Basis von kognitiven Prozessen der Informationsaufnahme und -verarbeitung.

Die durch den Einsatz der verschiedenen Erfassungsmöglichkeiten erzielten Erkenntnisse sind dabei nicht zwingend deckungsgleich. Gerade physiologische Messungen und Selbstauskünfte in Form von Fragebögen erzielen oftmals unterschiedliche, fast konträre Resultate, die von Young et al. [26] als dissoziativ bezeichnet werden. Fragebögen können zudem nur retrospektiv eingesetzt werden und verlangen seitens des Mitarbeiters umstrittene introspektive Fähigkeiten. Zudem unterliegen sie der Verzerrung durch vermeintlich sozial erwünschtes Antworten. Leistungsbezogene Indikatoren wie Ausführungszeiten, Fehlerhäufigkeiten oder auch realisierte Stückzahlen eignen sich zwar grundsätzlich dazu, Schwankungen der Produktivität des Beschäftigten aufzuzeigen, geben jedoch wenig Einblick in die zugrunde liegenden Prozesse und Probleme im Ablauf.

Durch den Einsatz moderner Messmethodik bieten physiologische Messungen die Möglichkeit zur objektiven Erfassung physischer und mentaler Beanspruchung. Gemessen werden dabei i. d. R. Aktivitäten des autonomen oder zentralen Nervensystems, die sich in elektrischen Potenzialschwankungen zeigen. So kann mittels des Einsatzes eines EKGs nicht nur eine Veränderung der Herzfrequenz (HR), sondern auch der Herzfrequenzvariabilität (HRV) gezeigt werden, welche einen sensitiveren Indikator für mentale Beanspruchung darstellt und Auskunft über das Verhältnis sympathischer zu parasympathischer Aktivität gibt [21]. Durch die Analyse von blickbezogenen Parametern mittels Eye Tracking können nicht nur Erkenntnisse hinsichtlich der mentalen Beanspruchung gewonnen werden (z. B. durch beanspruchungsbezogene Veränderung der Pupillengröße oder durch Fixationszeiten). Blickanalysen können zusätzlich helfen, neue Einsichten in ablaufende Prozesse zu gewinnen und zur Optimierung der Gestaltung von Assistenzsystemen beitragen. Verfahren wie EEG oder fNIRS sind hingegen dazu in der Lage, zentralnervöse Aktivitäten zu erfassen.

17.3 Messtheoretische und praktische Probleme bei der Erfassung mentaler Beanspruchung

Im Rahmen des Projektes Montexas4.0 wurden wiederholt umfangreiche Erhebungen zur mentalen Beanspruchung in Unternehmen (Feld) und Laboren durchgeführt, wobei die meistgenutzten Verfahren die Analyse von Herzfrequenz (HR), Herzfrequenzvariabilität (HRV) und Pupillendilatation sowie die Erhebung von blickbezogenen Parametern betrafen. Ziel der Untersuchungen war es, das dynamische Beanspruchungserleben aufzuzeichnen, Rückschlüsse auf die Auswirkungen von Interventionen zu ziehen, vertiefte Einblicke in Arbeitsprozesse der manuellen Montage zu erlangen sowie veränderte ergonomische Bedingungen durch den Einsatz informatorischer Assistenzsysteme zu schaffen. Im Rahmen dieser Erhebungen und Experimente wurden verschiedene Problemfelder bei der Erfassung mentaler Beanspruchung identifiziert, erste Lösungen skizziert und Forschungsbedarfe aufgedeckt.

17.3.1 Manuelle Montage als permanenter Wechsel informatorisch-mentaler und physisch-fügender Tätigkeiten

Mit einem Wechsel zur Losgröße eins und kundenindividueller Fertigung erfolgt zunehmend eine Verschiebung von klassisch ergonomischen Themen wie Tragelasten und Körperhaltungen hin zu kognitiven oder neuroergonomischen Feldern wie Informationsaufnahme, Reizverarbeitung und Flow-Erleben am Arbeitsplatz [15]. In der manuellen Montage zeigt sich dabei ein stetiger Wechsel zwischen Prozessabschnitten der Informationsaufnahme und körperlichen Tätigkeiten, damit einhergehend ein Wechsel mentaler und physischer Beanspruchung. Bei Erhebungen in Labor und Feld konnten dabei starke Schwankungen von HR, HRV und Bewegungsintensität nachgewiesen werden. Im Labor (der Einsatz in Betrieben scheiterte) konnten darüber hinaus ähnlich starke Fluktuationen für die Ausdehnung der Pupille gezeigt werden (Abb. 17.2).

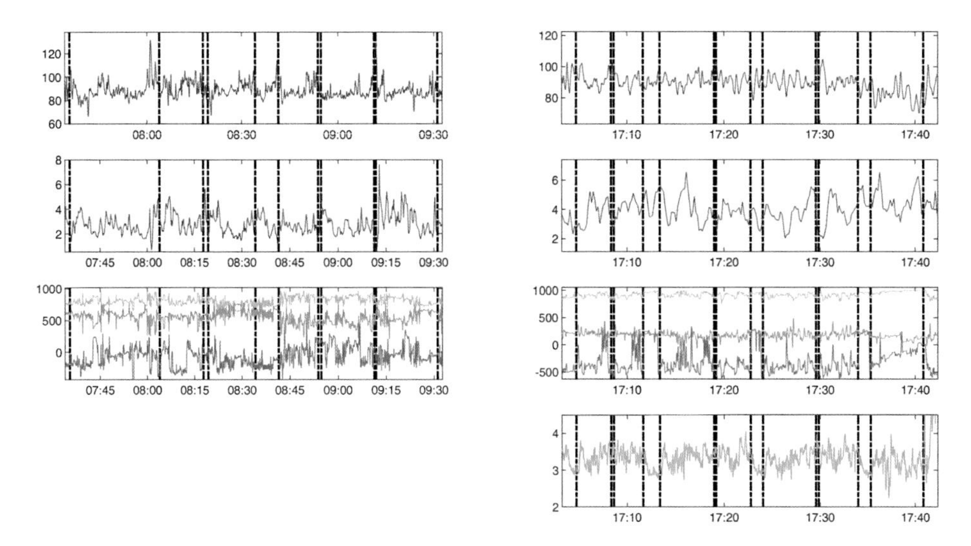

Abb. 17.2 Feld und Labor im Vergleich – gestrichelte Linien stellen Unterbrechungen zwischen unterschiedlichen Bauabschnitten dar

Eine eindeutige Zuordnung diese Veränderungen zu mentaler oder physischer Beanspruchung steht dabei vor erheblichen Problemen. Prozessabschnitte, die eher durch physische Aktivität geprägt sind, erzeugen dabei i. d. R. stärkere Ausschläge der HR und tragen dadurch zur Maskierung von Veränderungen der mentalen Beanspruchung bei. Zudem laufen energetische und informatorische Prozesse vielfach zeitgleich ab, was die Differenzierung weiter erschwert.

Die Berücksichtigung der Bewegungsintensität (z. B. Laufen vs. Sitzen) kann dazu beitragen, Phasen verstärkter physischer von Phasen eher mentaler Beanspruchung zu differenzieren. Veränderungen der Pupillenausdehnung korrelieren zudem höher mit Veränderungen der mentalen statt der physischen Beanspruchung.

17.3.2 Datenbereinigung, Vorverarbeitung und Analyse

Für eine präzise und prozessbegleitende Erfassung der individuellen Beanspruchung mittels physiologischer Messungen müssen die ermittelten Daten hohen Qualitätsansprüchen genügen. Dabei gilt es, nicht nur eine als ausreichend geltende Abtastfrequenz zu wählen, sondern auch bei allen Schritten der Datenvorverarbeitung, -bereinigung und weiteren Analysen ein Maximum an Transparenz zu erzeugen [19]. Mit dem Setzen passender Filter ist es nicht nur möglich, den Anteil des Rauschens im Datenmaterial zu reduzieren, sondern auch relevante Informationen zu verändern. Für die Analyse der HRV wird beispielsweise empfohlen, eine händische Korrektur der annotierten Herzschläge vorzunehmen, auch wenn es bereits Algorithmen gibt, die selbst bei verrauschtem Datenmaterial gute Ergebnisse erzielen [9]. Besonders relevant werden diese Vorbereitungsschritte, wenn es um die Analyse von frequenzbezogenen Daten geht, da hier bereits ein einziger fehlender Herzschlag dazu führen kann, dass das Ergebnis verfälscht wird [1].

Prozessbegleitende Messungen erfordern in der Regel auch ein Umdenken hinsichtlich der gewünschten Auswertungsstrategien. Der durchschnittliche Stresslevel spielt dabei weniger eine Rolle als situativ auftretende Spitzen und Täler. Dafür muss beispielsweise bei der Analyse von HRV Daten eine Verschiebung von der statischen Betrachtung von fünfminütigen (oder längeren) Messintervallen hin zu einer dynamischen Berechnung über Kurvenverläufe und gleitende Mittelwerte erfolgen.

17.3.3 Baseline-Erhebung in Labor und Feld

Die jeweils letzten Abschnitte in Abb. 17.2 (Labor und Feld) stellen Phasen der Ruhe dar. Während im Labor auf eine standardisierte Ruhemessung zurückgegriffen werden konnte, wurde im Feld eine normale Arbeitspause dargestellt. Deutlich zu sehen sind Unterschiede in der Bewegungsintensität zwischen beiden Szenarien. Während es im Labor noch einfach erscheint, einem Probanden fünf Minuten ruhiges Sitzen aufzuerlegen, stößt diese Variante im Feld schnell an ihre Grenzen.

Ruhemessungen werden in der Regel genutzt, um als Referenzwerte für zukünftige Veränderungen verschiedener Beanspruchungsindikatoren bei akuter Beanspruchung zu dienen. Sie gelten als elementar für Analysen der HR und HRV. Normen und Standards für die Messung und die Dokumentation der gewählten Methode zur Durchführung einer solchen Baseline-Messung gibt es nicht, genauso wenig wie eine feste Definition des Baseline- oder Ruhezustandes selbst. Aus physiologischer Sicht sollte die metabolische Muskelaktivität während dieser Phase sehr gering sein [23], sich die Person in einer entspannten Position befinden und diese für einen bestimmten Zeitraum nicht ändern. Vogel et al. [22] stellen als die wichtigsten Randbedingungen, die für physiologische Baseline-Messungen berichtet werden sollten, die Dauer der Messung, Zeitpunkt der Messung, Umgebungsfaktoren (Licht, Lautstärke, Umgebung) sowie das Vorgehen zur Datenerfassung und Datenanalyse dar. Häufig sind gerade in Unternehmen die Beschäftigten zum ersten Mal in solche Messungen einbezogen, was sich in erhöhter Nervosität und Ängstlichkeit niederschlägt. Auch das Anlegen der Sensoren schlägt sich sichtbar in den physiologischen Daten nieder. Aus diesem Grund sollte von einer Baseline-Messung zu Beginn der Untersuchung eher abgesehen werden, stattdessen empfiehlt es sich, sie ans Ende zu verlagern. Auch sollte sie eine Dauer von 5 min nicht überschreiten, da das Ausharren in Ruhe für viele ungewohnt ist und motorische Unruhe im Laufe der Zeit eher zu- als abnimmt, was die Bestimmung der Baseline verfälscht.

Um dem Problem der zeitlichen Dauer und der fehlenden Entspannung der Probanden vorzubeugen, wurden verschiedene Erhebungsmodalitäten entwickelt, so etwa die die Durchführung von leichten Kognitionsaufgaben [14], das Anschauen von beruhigenden

Videos [17] oder die geleitete Atmung zur Erzeugung von Entspannung [2]. Bei der Durchführung physiologischer Messungen im Feld stellen sich vergleichbare Hindernisse ein. Von daher wird auch hier auf alternative Verfahren wie die Messung einer arbeitsbezogenen Baseline mit leichter Beanspruchung (geringe Komplexität, Routineaufgaben etc.) oder die Ermittlung der geringsten Beanspruchung über den gesamten Messzeitraum genutzt [8].

17.3.4 Simulation von mentaler Beanspruchung und Generalisierbarkeit von Aussagen

Die Generalisierbarkeit von Aussagen steht meist in direktem Zusammenhang mit der Größe der Stichprobe, auf deren Basis die Befunde gewonnen werden. Gerade in der Kooperation mit KMU kommt es häufig dazu, dass nur Einzelfallanalysen durchgeführt werden können und die Generalisierbarkeit der Befunde dadurch gering ausfällt. Im Rahmen des Projektes Montexas4.0 wurden daher Arbeitsplätze der Unternehmen SPIER GmbH & Co. Fahrzeugwerk KG und HOMAG Kantentechnik GmbH im Labor nachgebaut, um u. a. verschiedene Assistenzsysteme und die daraus resultierenden Veränderungen des Beanspruchungserlebens an größeren Stichproben zu untersuchen.

Einhergehend mit der Übertragung der Situation ins Labor erfolgt jedoch eine entscheidende Veränderung der Probandenpopulation. Statt erfahrener Facharbeiter werden Studierende als Probanden eingesetzt, welche nicht nur über weniger handwerkliches Geschick und technisches Wissen verfügen, sondern sich auch grundlegend in den Motiven von realen Beschäftigten unterscheiden, an einer solchen Untersuchung teilzunehmen. Um die Teilnahmebereitschaft zu erhöhen und die Ernsthaftigkeit der Situation zu steigern, kommen oftmals Elemente aus dem Bereich Gamification zum Einsatz, um über Ranglisten, sozialen Vergleich oder Trophäen Zeitdruck beim Probanden zu erzeugen und damit die Beanspruchung auf ein Niveau zu bringen, wie es auch im Feld besteht.

Die Generalisierbarkeit der Aussagen hängt dabei jedoch nicht nur von der Stichprobengröße ab, sondern auch von der Anzahl der Reizkonfrontationen. Um das Vorliegen einer tatsächlich interessanten physiologischen Veränderung von bloßem Rauschen unterscheidbar zu machen, werden Probanden mit einer großen Anzahl von repetitiven Reizen konfrontiert [13]. Manuelle Montage als variantenreiche Abfolge z. T. komplexer Entscheidungs- und Fügeprozesse ist für die Untersuchung von grundlegenden Beanspruchungsreaktionen mittels physiologischer Methoden damit nur bedingt geeignet.

Um mentale Beanspruchung jenseits von Reizdetektions- oder Dual-Task-Aufgaben zu untersuchen und eine hohe Teilnahmebereitschaft zu erzielen, wurden erfahrene Computerspieler in kompetitive Matches mit hochfrequenten dynamischen Entscheidungssituationen gebracht und ihre mentale Beanspruchung analysiert. Abb. 17.3 gibt die Veränderung der Herzfrequenz eines Probanden über 22 Ereignisse

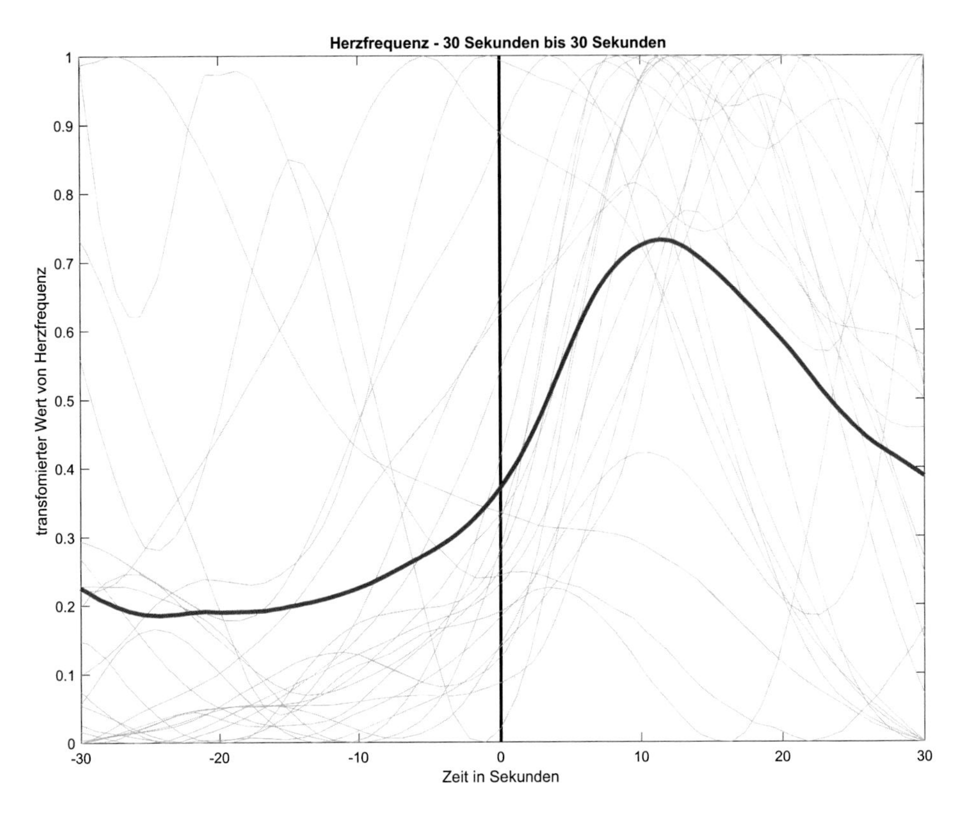

Abb. 17.3 Transformierter Verlauf der Herzfrequenz auf wiederkehrendes Ereignis

der gleichen Kategorie zu erkennen. Aufgrund der verzögerten Anpassung der Herzfrequenz an die aktuelle Beanspruchungssituation erscheint die Spitze der Kurve erst versetzt nach dem eigentlichen Ereignis. Nur in drei Fällen erfolgt die Reaktion vor dem Ereignis, was andeuten könnte, dass der Ausgang der Situation aufgrund von Erfahrung des Probanden bereits vorzeitig antizipiert wurde.

Generell bietet die Simulation von mentaler Beanspruchung im Labor die Chance, wenig kontrollierbare Einflüsse aus der Erhebungssituation zu beseitigen, die im Feldversuch trotz aller Bemühungen nicht konstant gehalten werden können. Dies gilt im betrieblichen Umfeld etwa für laute Umgebungsgeräusche, für Einflüsse von Vorgesetzten und Kollegen oder auch unvorhergesehene Auftragsverschiebungen oder auftretende Verteilzeiten durch fehlende Bauteile oder Informationen. Um den Einfluss solch unvorhersehbarer Ereignisse untersuchen zu können, ist es erforderlich zu wissen, wie physiologische Reaktionen auf mentale Beanspruchung quasi in Reinform ausfallen (wahrer Wert), um dann über intelligente Analysetools herausfinden zu können, wie hoch die zusätzliche Beanspruchung infolge von Fehlereinflüssen ausfällt. Solche Analysetools befinden sich aktuell in der Entwicklung.

17.3.5 Multimodale Messung als Königsweg?

Die Befundlage zum bestgeeigneten physiologischen Indikator für mentale Beanspruchung mit hoher Validität und Praktikabilität gilt als uneindeutig. EKG-bezogene Parameter unterliegen dem starken Einfluss körperlicher Aktivitäten, die Pupillenausdehnung ist anfällig für den Wechsel der Umgebungsbeleuchtung oder die Fixation entfernter Objekte und auch die Erfassung elektrodermaler Aktivität sowie die Messung von Hirnströmen stoßen gerade im Feld auf Widerstände und Schwierigkeiten. Die Kombination mehrerer (nicht nur physiologischer) Beanspruchungsparameter könnte einen Ansatz liefern, um verschiedene Störungen auszuschalten und die mentale Beanspruchung umfassender und weniger fehleranfällig beschreiben zu können [5]. Durch eine solche Kombination kann beispielsweise in bewegungsintensiven Phasen der Einfluss der Herzfrequenz auf den Gesamtwert der mentalen Beanspruchung vermindert und generell der Einfluss des Rauschens verschiedener Kanäle reduziert werden.

Ist die Grundidee eines gemeinsamen Parameters vielleicht überzeugend, so gestaltet sich die praktische Verrechnung als äußerst kompliziert. Dabei gilt es nicht nur zu bestimmen, mit welcher Gewichtung einzelne Parameter in den Gesamtwert einfließen (oder ob diese Gewichte auch situationsspezifisch geändert werden können), sondern auch die Latenzzeit der einzelnen Parameter ist zu beachten. Abb. 17.4 gibt exemplarisch für HR, HRV und Pupillenausdehnung dieses Problem wieder. Hinsichtlich Pupillenausdehnung und HR sprechen höhere Werte für eine gestiegene mentale Beanspruchung. Hinsichtlich HRV (in diesem Fall konkret für die Variante rrHRV, [24]) geht allerdings ein Absinken des Wertes mit gestiegener Beanspruchung einher. Die Ausdehnung der Pupille verfügt über die geringste Latenzzeit, sie setzt bereits mit der Erwartung des Ereignisses ein und fällt unmittelbar nach dem Ereignis wieder ab, während die Reaktion des Herzens erst mit einiger Verzögerung sichtbar wird (i. d. R. vergehen einige Atemzyklen oder eine Latenzzeit von mindestens 10 s, ehe ein Wechsel des Erregungsniveaus detektiert werden kann). HRV bewegt sich im Zwischenraum dieser Zeiten, auch stark abhängig davon, welcher Indikator gewählt wird.

Lösungsansätze für das Problem der Verrechnung unter Berücksichtigung der Latenz liegen vor allem im Bereich des maschinellen Lernens, sowie womöglich auch in der Anwendung moderner mathematischer Lösungsansätze wie etwa der topologischen Betrachtung von Veränderungen [6]. Für die Anwendung des maschinellen Lernens ist jedoch das Vorhandensein eines objektiven Belastungskriteriums gerade hinsichtlich der Informationsaufnahme und -verarbeitung zwingend erforderlich, um die bestmögliche Passung physiologischer Daten und objektiv vorhandener Veränderungen der Beanspruchungssituation miteinander in Beziehung setzen zu können. Auch hier sind Daten aus Laborstudien zwingend erforderlich, ehe auch weitere Bedingungen im Feld Berücksichtigung finden können.

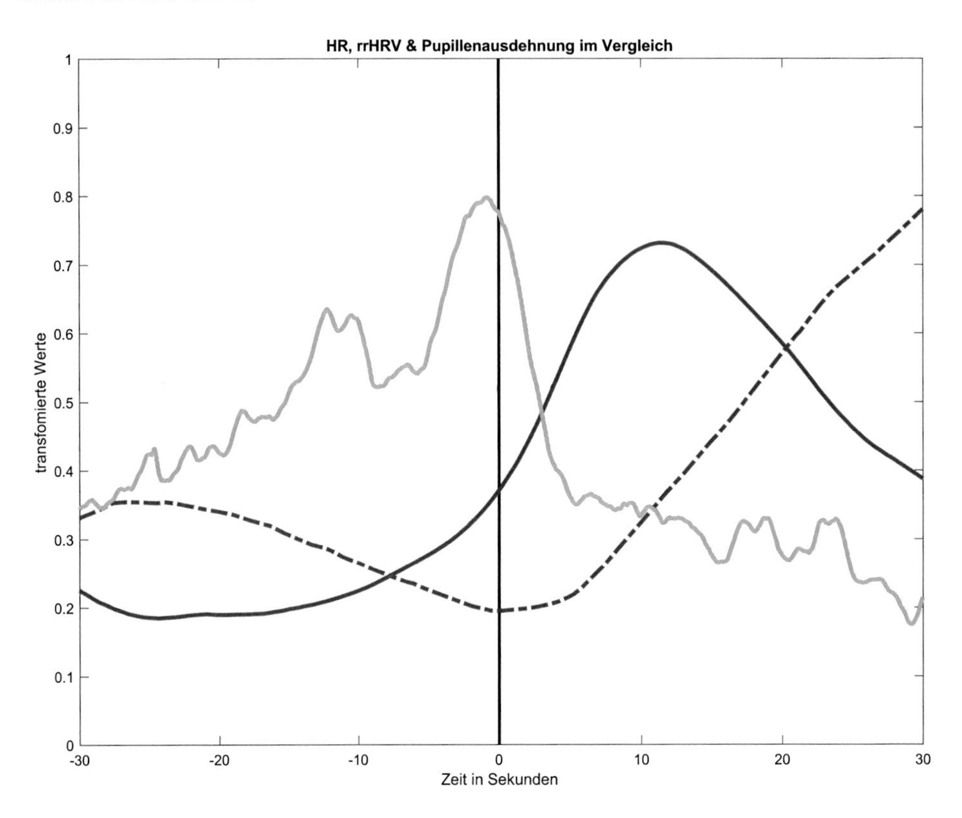

Abb. 17.4 Transformierte und kumulierte Verläufe für HR (rot) rrHRV (rot gestrichelt) und Pupillenausdehnung (grün) auf ein wiederkehrendes Ereignis (schwarzer Balken)

17.3.6 Bestimmung von Grenzwerten

Grundlegende Probleme und Lösungsansätze für die Ermittlung eines Beanspruchungsindikators mit physiologischer Basis wurden bereits beschrieben. Die Interpretation solcher Indikatoren ist vor allem aus ergonomischer und gesundheitlicher Sicht von hoher Relevanz. Veränderungen und Schwankungen eines ermittelten Wertes sind normal, da je nach Arbeitsschritt unterschiedliche Mengen an Ressourcen benötigt, Bemühungen um Aufmerksamkeit gelenkt oder Informationen verarbeitet werden müssen. Ein Ansatz zur Beschreibung des Zusammenhangs zwischen Leistungserbringung, benötigten Ressourcen und zeitgleich erlebter mentaler Beanspruchung liefert das sog. Red-Lines-Modell [26]. Dieses verdeutlicht, dass sich sowohl Zustände mit zu geringer mentaler Beanspruchung als auch solche mit zu hoher Beanspruchung negativ auf die Leistung und damit auf die Produktivität des Beschäftigten auswirken können (Abb. 17.5 links). Der für die Leistungserbringung optimale Bereich, in dem eingesetzte Ressourcen und mentale Beanspruchung in einem ausgewogenen Verhältnis stehen,

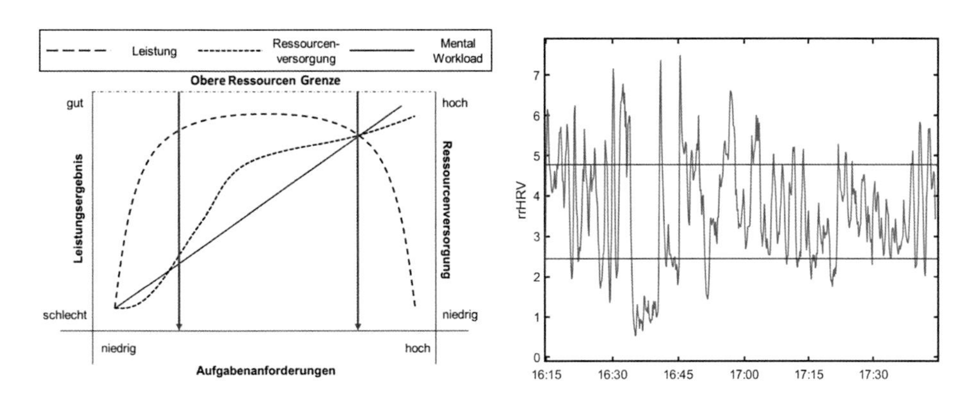

Abb. 17.5 Red-Lines-Modell of Mental Workload nach Young et al. [26] und die Übertragung auf reale Daten

befindet sich folglich zwischen den beiden roten Linien, die Grenzen zu Unter- und Überforderung darstellen.

Ähnliche Überlegungen finden sich bei verschiedenen Autorengruppen, die praktische Übertragbarkeit dieser Ansätze bleibt jedoch fragwürdig. Aus kognitiv-ergonomischer Sicht bleibt u. a. die Frage offen, wie und wo man diese Grenzlinien ziehen kann, wie häufig oder lange sie überschritten werden dürfen, ohne dass es zu Einbrüchen in der Leistung kommt und ob es nicht auch sinnvoll sein könnte, mehr als die drei aufgezeigten Zonen anzunehmen.

Konzepte wie das der Dauerleistungsgrenze für physische Beanspruchung (HR über die Dauer eines Arbeitstages oberhalb eines definierten Wertes) lassen sich aufgrund der geringer ausfallenden Schwankungen nur schwer übertragen. Ein Ansatz könnte darin liegen, die Auslastung des Arbeitsgedächtnisses als Grundlage dafür zu nehmen, sowohl Bereiche zu identifizieren, in denen der Beschäftigte durch andere Stimuli noch abgelenkt werden kann (Unterforderung) als auch solche, in denen weiterer informatorischer Input nicht mehr zu bewältigen ist und damit wichtige Informationen nicht mehr berücksichtigt werden können (Überforderung). Für die Umsetzung dieses Ansatzes müsste der gewählte physiologische Indikator in der Lage sein, tatsächlich Auskunft über die aktuelle Auslastung des Arbeitsgedächtnisses zu geben. Einzelne Untersuchungen mit Dual-Task-Aufgaben gehen in diese Richtung [18].

Neben der theoretischen Konzipierung dieser Grenzwerte stellt die praktische Messbarkeit eine weitere Herausforderung dar. Maximale Belastungstests sind im Feld nur schwer durchführbar. Für die Bestimmung der maximalen mentalen Beanspruchung könnten Verfahren wie die Corsi-Block-Tapping-Task zwar dabei helfen, die maximale Kapazität des Arbeitsgedächtnisses zu ermitteln, jedoch ist auch hier die Praktikabilität eher eingeschränkt. Selbst nach der Bestimmung der maximal möglichen Beanspruchung gäbe es noch das Problem zu lösen, wie ergonomische Grenzwerte bestimmt werden können. Sollten prozentuale Werte bestimmt werden? Gelten Grenzwerte für die

Gesamt- oder nur für Teilpopulationen? Während auf theoretischer Ebene diese Ansätze logisch und nachvollziehbar sind, müssen aus praktischer Sicht noch einige Hindernisse abgebaut werden, um daraus wirkungsvolle präventive Maßnahmen ableiten zu können.

17.4 Ausblick: Adaptive Gestaltung von Assistenzsystemen

Die Ursachen mentaler Beanspruchung in der variantenreichen manuellen Montage liegen in den Bereichen der Informationsaufnahme und -verarbeitung sowie der erhöhten Entscheidungsdichte infolge der wachsenden Komplexität der zu montierenden Produkte. Informatorische Assistenzsysteme können grundsätzlich dazu beitragen, mentale Beanspruchung zu reduzieren, indem sie dabei helfen, Unsicherheiten zu beseitigen, die richtige Menge an Informationen zur richtigen Zeit am richtigen Ort zu präsentieren und Suchzeiten zu mindern. Um diesen Effekt dauerhaft zu generieren, ist es nicht nur entscheidend, dass das System seitens des Back-Ends gepflegt wird, sondern dass auch die Akzeptanz des Nutzers konstant hoch bleibt. Eine zu feingranulare Informationsaufbereitung mit zu vielen Interaktionen mit dem Assistenzsystem bei zeitgleich hoher Prozessroutine seitens des Mitarbeiters kann als störend empfunden werden und Ablehnung hervorrufen. Ein adaptives Assistenzsystem, welches sich der aktuellen mentalen Beanspruchung des Beschäftigten dynamisch anpasst, könnte hingegen die Akzeptanz steigern [4]. Ein solches System müsste nicht nur frei konfigurierbar sein, sondern auch Erfahrungen berücksichtigen sowie auf Veränderungen der Beanspruchung mit einer Veränderung der Informationspräsentation reagieren können [12].

Um ein solches Instrument Wirklichkeit werden zu lassen, müssen nicht nur die beschriebenen Problemaspekte einer Lösung zugeführt, sondern auch die Messsensorik (weiter-) entwickelt werden. Zu bevorzugen sind non-invasive Sensoren, die ohne große Erfahrung und Vorbereitungszeit angelegt werden können und in der Lage sind, valide Daten zu übermitteln, die dann in Echtzeit vom Assistenzsystem ausgewertet werden können. Ein ergonomisch wirksames Assistenzsystem könnte dadurch in der Lage sein, beispielsweise mit einer maximalen Latenz von 30 s anzuzeigen, dass ein Beschäftigter gerade eine Phase hoher Beanspruchung durchläuft und wie auf einen solchen Stressor reagiert werden kann [3].

Projektpartner und Aufgaben

- **Technische Hochschule Ostwestfalen-Lippe**
  Partizipative Forschung und Entwicklung eines Praxisleitfadens zur bedarfsgerechten Auswahl, Konfiguration und Nutzung informatorischer Assistenzsysteme
- **Universität Greifswald – Institut für Psychologie**
  Erforschung von lern- und gesundheitsförderlichen Gestaltungsansätzen im Kontext der assistenzgestützten Montagearbeit

- **HOMAG Kantentechnik GmbH, Lemgo**
  Erprobung von unterschiedlichen Assistenzsystemen in der Montage zur Optimierung der Arbeitsprozesse und der Arbeitsorganisation
- **Spier GmbH & Co. Fahrzeugwerk KG, Steinheim**
  Optimierung der Fahrzeugmontage und betrieblicher Kompetenzentwicklung durch den Einsatz von Montageassistenzsystemen

Literatur

1. Berntson GG, Stowell JR (1998) ECG artifacts and heart period variability: Don't miss a beat! Psychophysiology 35(1):127–132
2. Bläsing D (2018) Entspannung durch Atmung – Messung objektiver Stress- und Entspannungsparameter im Feldversuch. Wirtschaftspsychologie 20:12–22
3. Bläsing D, Bornewasser M (2019) A Strain Based Model for Adaptive Regulation of Cognitive Assistance Systems – Theoretical Framework and Practical Limitations. In: Karwowski W, Ahram T (Hrsg) Intelligent Human Systems Integration 2019 (Bd 903). Springer International Publishing, Cham: 10–16. https://doi.org/10.1007/978-3-030-11051-2_2
4. Bornewasser M, Bläsing D, Hinrichsen S (2018) Informatorische Assistenzsysteme in der manuellen Montage: Ein nützliches Werkzeug zur Reduktion mentaler Beanspruchung? Zeitschrift für Arbeitswissenschaft 72:264–275. https://doi.org/10.1007/s41449-018-0123-x
5. Chen F, Zhou J, Wang Y, Yu K, Arshad SZ, Khawaji A, Conway D (2016) Robust Multimodal Cognitive Load Measurement. Springer International Publishing, Cham. https://doi.org/10.1007/978-3-319-31700-7s
6. Dindin M, Umeda Y, Chazal F (2020) Topological data analysis for arrhythmia detection through modular neural networks. 33rd Canadian Conference on Artificial Intelligence, May 2020, Ottawa, Canada
7. DIN EN ISO 10075-Teil 1, Januar 2018 (2017) Ergonomische Grundlagen bezüglich psychischer Arbeitsbelastung
8. Fishel SR, Muth ER, Hoover AW (2007) Establishing appropriate physiological baseline procedures for real-time physiological measurement. J Cogn Eng Decis Making 1(3):286–308. https://doi.org/10.1518/155534307X255636
9. Hamilton P (2002) Open source ECG analysis. Computing in cardiology, S 101–104. https://doi.org/10.1109/CIC.2002.1166717
10. Hinrichsen S, Riediger D, Unrau A (2017) Montageassistenzsysteme: Begriff, Entwicklungstrends und Umsetzungsbeispiele. Betriebspraxis und Arbeitsforschung 232:24–27
11. Hollnagel E (1997) Cognitive ergonomics: it's all in the mind. Ergonomics 40:1170–1182. https://doi.org/10.1080/001401397187685
12. Hoover A, Singh A, Fishe S, Muth E (2012) Real-time detection of workload changes using heart rate variability. Biomed Signal Process Control 7:333–341. https://doi.org/10.1016/j.bspc.2011.07.004
13. Jäncke L (2017) Lehrbuch kognitive Neurowissenschaften (2. überarbeitete Auflage). Hogrefe, Bern. https://doi.org/10.1024/85811-000
14. Jennings JR, Kamarck T, Stewart C, Eddy M, Johnson P (1992) Alternate cardiovascular baseline assessment techniques: Vanilla or resting baseline. Psychophysiology 29(6):742–750. https://doi.org/10.1111/j.1469-8986.1992.tb02052.x

15. Parasuraman R (2011) Neuroergonomics: Brain, cognition and performance at work. Curr Dir Psychol Sci 20:181–186
16. Peters M et al. (2019) Biomechanical digital human models: chances and challenges to expand ergonomic evaluation. In Abrams T et al. (Hrsg) Proceedings of the 1st international conference on human systems engineering and design (IHSED2018): Future trends and applications, 885–890. Springer International Publishing, Cham. https://doi.org/https://doi.org/10.1007/978-3-030-02053-8_134
17. Piferi RL, Kline KA, Younger J, Lawler KA (2000) An alternative approach for achieving cardiovascular baseline: viewing an aquatic video. Int J Psychophysiol 37(2):207–217. https://doi.org/10.1016/S0167-8760(00)00102-1
18. Ryu K, Myung R (2005) Evaluation of mental workload with a combined measure based on physiological indices during a dual task of tracking and mental arithmetic. Int J Indus Ergon 35(11):991–1009. https://doi.org/10.1016/j.ergon.2005.04.005
19. Sammito S, Thielmann B, Seibt R, Klussmann A, Weippert M, Böckelmann I (2015) Guideline for the application of heart rate and heart rate variability in occupational medicine and occupational science. ASU International, 2015(06). https://doi.org/10.17147/ASUI.2015-06-09-03
20. Sehr P & Bläsing D (2020) Bedarfsgerechte Entwicklung und Evaluation eines informatorischen Assistenzsystems in der manuellen Montage. Proceedings zum 66. Frühjahrskongress der Gesellschaft für Arbeitswissenschaft „Digitaler Wandel – Digitale Arbeit – Digitaler Mensch“ in Berlin. GfA Press, Dortmund
21. Thayer J, Hansen AL, Sau E, Johnson BH (2009) Heart rate variability, prefrontal neural function, and cognitive performance: The neurovisceral perspective on self-regulation, adaptation, and health. Ann Behav Med 37:141–153. https://doi.org/10.1007/s12160-009-9101-z
22. Vogel CU, Wolpert C, Wehling M (2004) How to measure heart rate? Eur J Clin Pharmacol 60(7):461–466. https://doi.org/10.1007/s00228-004-0795-3
23. Verkuil B et al (2016) Prolonged non-mebabolic heart rate variability reduction as a physiological marker of psychological stress in daily life. Ann Behav Med 50(5):704–714. https://doi.org/10.1007/s12160-016-9795-7
24. Vollmer M (2015) A robust, simple and reliable measure of heart rate variability using relative RR intervals. Comput Cardio Confs (CinC) 2015:609–612. https://doi.org/10.1109/CIC.2015.7410984
25. Wickens CD (2008) Multiple Resources and Mental Workload. Hum Factors 50:449–455. https://doi.org/10.1518/001872008X288394
26. Young MS, Brookhuis KA, Wickens CD, Hancock PA (2015) State of science: Mental workload in ergonomics. Ergonomics 58(1):1–17. https://doi.org/10.1080/00140139.2014.956151
27. Zhu X, Hu JS, Koren Y, Marin SP (2008) Modeling of manufacturing complexity an mixed-model assembly lines. J Manuf Sci Eng 5:74–86. https://doi.org/10.1115/1.2953076

Einfach mal anders gucken?!

18

Neue Perspektiven auf alte Probleme: Sicherheitskultur in Industrie 4.0

Anna Borg, Achim Buschmeyer, Claas Digmayer, Cornelia Hahn, Eva-Maria Jakobs, Johanna Kluge, Jonathan Reinartz, Jan Westerbarkey und Martina Ziefle

18.1 Wer hat's gemacht: Die Projektpartner

Die wesentliche Herausforderung in SiTra4.0 bestand in der systematischen Zusammenführung verschiedener fachlicher Perspektiven zu einem gemeinsamen Bezugsrahmen, der es erlaubt hat einen integrativen Zugang zu vernetzten Strukturen und daran gebundenen Qualifikationsanforderungen zu schaffen[1]. Die Ziele des Vorhabens waren nur interdisziplinär und unter Einbindung der praktischen Perspektive von Unternehmen erreichbar, entsprechend ist das Konsortium aufgestellt.

[1]Dieses Forschungs- und Entwicklungsprojekt wird durch das Bundesministerium für Bildung und Forschung (BMBF) im Programm „Innovationen für die Produktion, Dienstleistung und Arbeit von morgen" (Förderkennzeichen 02L15A000- 02L15A004) gefördert und vom Projektträger Karlsruhe (PTKA) betreut. Die Verantwortung für den Inhalt dieser Veröffentlichung liegt bei den Autorinnen und Autoren.

A. Borg (✉)
CBM Gesellschaft für Consulting Business und Management mbH, Bexbach, Deutschland

A. Buschmeyer · C. Hahn
DERICHS u KONERTZ GmbH u Co KG, Aachen, Deutschland

C. Digmayer · E.-M. Jakobs
RWTH Aachen University, Textlinguistik und Technikkommunikation, Human–Computer Interaction Center, Aachen, Deutschland

J. Kluge · M. Ziefle
RWTH Aachen University, Communication Science, Human–Computer Interaction Center, Aachen, Deutschland

W. Bauer et al. (Hrsg.), *Arbeit in der digitalisierten Welt*,
https://doi.org/10.1007/978-3-662-62215-5_18

Westaflexwerk GmbH – Entwicklung und Erprobung einer Sicherheitskultur 4.0 für die Komponentenherstellung Westaflexwerk GmbH ist seit Generationen als Familien-Unternehmen in den Branchen Automobil, Haustechnik und Schienenfahrzeuge mit intelligenten Steuerungen und Dienstleistungen tätig. Mit eigenem Maschinen- und Werkzeugbau mittlerweile auch in additiven Geschäftsbereichen, wie der Elektromobilität und Wasserfiltration aktiv, stellt sich Westaflex dem digitalen Wandel und den unterschiedlichen Erwartungshaltungen von Kunden, Lieferanten und Mitarbeitern.

DERICHS u KONERTZ GmbH u Co. KG – Entwicklung und Erprobung einer Sicherheitskultur 4.0 für die Bauindustrie Seit 1926 betreut die DERICHS u KONERTZ Gruppe zuverlässig Projekte nach den stets gleichbleibenden Prinzipien: Professionalität, Effizienz und Innovation. Angefangen bei der Projektentwicklung über den schlüsselfertigen Bau bis hin zum Projektmanagement bildet DERICHS u KONERTZ den gesamten Immobilienzyklus aus einer Hand ab. Das Unternehmen sieht in der Digitalisierung die Schlüsseltechnologie für innovatives Planen und Bauen. Neben dem Einsatz von virtuellen Arbeitswerkzeugen zur Qualitäts- und Kostenkontrolle ist die Arbeit methodisch geprägt durch BIM (Building Information Modeling) und Lean Construction.

CBM Gesellschaft für Consulting Business und Management mbH – Entwicklung eines Kulturanalyse- und Gestaltungskonzeptes (Framework) für eine Sicherheitskultur 4.0 in KMU Die CBM ist in 2000 als Spin-off der RWTH Aachen University entstanden und betreibt Beratung, Umsetzung und Weiterbildung sowie Forschung und Entwicklung zu Arbeits-, Gesundheits- und Umweltschutz. Ein Schwerpunkt ist die Beratung von Unternehmen verschiedener Branchen und Größen zu Analyse von Sicherheitskultur und darauf aufbauend die Entwicklung einer Kultur der Prävention.

FIR e. V. an der RWTH Aachen – Entwicklung eines Transformationsprozesses für eine Sicherheitskultur 4.0 und dessen Implementierung Der FIR e. V. ist ein innovativ orientiertes Netzwerk mit über 200 Vertretern aus Forschung, Industrie und Verbänden. Das FIR forscht anwendungsorientiert unter dem Oberbegriff des Industrial Managements in den Bereichen der Betriebsorganisation und Unternehmensentwicklung. Ein besonderes Augenmerk liegt auf den am Markt verfügbaren Standard-IT-Lösungen.

J. Reinartz
Forschungsinstitut für Rationalisierung an der RWTH Aachen University, Aachen, Deutschland

J. Westerbarkey
Westaflex GmbH, Gütersloh, Deutschland

Human–Computer Interaction Center, RWTH Aachen University – Entwicklung verhaltensbeeinflussender Befähigungs- und Kommunikationskonzepte und Partizipationsmaßnahmen Das Human–Computer Interaction Center (HCIC) ist ein zentrales Institut der RWTH Aachen University, in dem eine interdisziplinäre Gruppe von Forschern sich aus unterschiedlichen Perspektiven mit den Themen Mensch-Computer-Interaktion, Usability, Risikokommunikation und Technologieakzeptanz beschäftigt. Das Zentrum betreibt akademische und von der Industrie finanzierte Forschung und Entwicklung. Im Projekt SiTra4.0 sind zwei Professuren des HCIC beteiligt: Die Professur Textlinguistik und Technikkommunikation (Leitung: Prof. Dr. phil. Eva-Maria Jakobs) sowie der Lehrstuhl für Communication Science (Leitung: Prof. Dr. phil. Martina Ziefle).

18.2 Zielsetzung von SiTra4.0

Ansätze zur Digitalisierung der Wirtschaft fokussieren meist technische Aspekte. SiTra4.0 erweitert diese Perspektive durch die Entwicklung eines Transformationsansatzes für die Etablierung eines präventiven, partizipativ erarbeiteten und gelebten Sicherheitskulturkonzeptes als maßgeblichen Erfolgsfaktor für die Umsetzung von Industrie 4.0 in KMU. Der Ansatz hilft Unternehmen, Ressourcen und Barrieren des Arbeitens in der digitalisierten Welt zu identifizieren, mit den Mitarbeitern ein passgenaues Sicherheitskulturkonzept zu entwickeln und dieses durch konkrete Maßnahmen in ihr Unternehmen einzubinden. Das Sicherheitskulturkonzept fokussiert Empowerment, Respekt und Vertrauen, Freiräume für Risiken sowie die Nutzung impliziten und expliziten Wissens der Mitarbeiter. Der Ansatz geht damit über bisherige Präventionsansätze hinaus. Er nutzt das Potenzial von Mitarbeitern und Führungskräften und setzt auf höhere Eigenverantwortung bei der Umsetzung von Industrie 4.0 in kleinen und mittleren Unternehmen (KMU).

Die Digitalisierung lässt die Grenzen zwischen Branchen und Unternehmen, aber auch jene innerhalb von Unternehmen fließend werden. An die Stelle der Grenzen treten Beziehungen, die situativ eingegangen und genauso schnell aufgehoben werden. Kaum erstaunlich, nimmt auch die Arbeitswelt die Gestalt eines Netzwerks an. Gemeint ist damit in erster Linie die Art und Weise, wie Menschen zusammenarbeiten und gemeinsam Wertschöpfung erbringen. Je anspruchsvoller die Aufgaben, desto bessere Hilfsmittel braucht es, um diese zu bewältigen. Die vierte industrielle Revolution ermöglicht mittels intelligenter und vernetzter Maschinen eben genau dieses. Menschen zeichnen sich dagegen gegenüber Maschinen gerade durch ihre vermeintlichen Schwächen aus. Sie sind irrational, verspielt, emotional und unberechenbar. Das macht uns Menschen kreativ und befähigt uns, Probleme oder Aufgaben mit kognitiver Leistungsfähigkeit zu bewältigen. Je mehr Maschinen es in einem Unternehmen gibt, desto gefragter sind eben diese menschlichen Fähigkeiten und desto komplexer und wichtiger wird die Mensch-Maschine Interaktion.

Diese Schnittstellen im Unternehmen werden heutzutage noch viel zu wenig betrachtet. Gerade auf den verbesserten Umgang mit den Vorteilen aber auch den Nachteilen der neuen Technologien und den daraus resultierenden Belastungen wird zu wenig Aufmerksamkeit gelegt. Es fehlt ein ganzheitliches Sicherheitskulturkonzept, welches sich – im Sinne guter Arbeit – nicht nur mit den bekannten, sondern gerade auch mit den neuen sicherheitskritischen Themen beschäftigt. Eine Umsetzung einer „Sicherheitskultur 4.0" kann nur abteilungs- und hierarchieübergreifend erreicht werden. Eine Sicherheitskultur die Mitarbeiter an sicheren und innovationsförderlichen Arbeitsaufgaben und -prozessen beteiligt mündet dabei auch in einem positiven Return on Invest.

In SiTra4.0 wurde ein Transformationsansatz entwickelt, der KMU auf dem Weg zu Industrie 4.0 bei der Entwicklung einer digitalen Sicherheitskultur mithilfe eines strukturierten Vorgehensmodells sowie geeigneter Strategien und Instrumente unterstützt. Hierdurch wird auch die meist eher technisch orientierten Herangehensweisen im Arbeits- und Gesundheitsschutz erweitert, indem ein partizipativ erarbeitetes Sicherheitskulturkonzept im Unternehmen implementiert wird. Damit hilft SiTra4.0 KMU, neue Anforderungen im AGS durch flexible Lösungen zu bewältigen, Ressourcen und Barrieren zu identifizieren, ein passgenaues Sicherheitskulturkonzept im Sinne eines ganzheitlichen AGS zu entwickeln und letztlich konkrete Maßnahmen zu erarbeiten. Dabei wirkt der in SiTra4.0 entwickelte Ansatz in zwei Richtungen: Einerseits werden Unternehmen, insbesondere KMU befähigt, die Herausforderung der Digitalisierung zu meistern, anderseits erweitert der Ansatz die klassischen Ansätze des AGS und der Sicherheitskultur.

18.3 Entwicklung der Sicherheitskultur 4.0 in KMU

Beschrieben werden wesentliche Implementierungsschritte in Form einer Roadmap, um eine Sicherheitskultur in kleinen und mittleren Betrieben zu entwickeln, die den Anforderungen und Herausforderungen der Digitalisierung und Industrie 4.0 gerecht werden. Das Vorgehen gliedert sich in sechs Schritte, die sukzessiv durchlaufen werden und am Bedarf – z. B. wenn neue Technologien im betreffenden Betrieb eingeführt oder neue Digitalisierungsrisiken identifiziert werden – adjustiert werden. So wird sichergestellt, dass der Sicherheitskulturansatz flexibel auf neue Entwicklungen reagieren kann. Um die Transformationsanforderungen ganzheitlich zu erfassen und zu beschreiben werden strukturiert sowohl die Prozesslandschaft und die unternehmerischen Abläufe in der Roadmap betrachtet als auch die verhaltenssteuernden Kulturaspekte integriert. Basis für die Integration des Kulturaspektes in den Transformationsansatz ist das in SiTra4.0 entwickelte Kulturindikatoren-Modell (s. Abb. 18.1 und [1]). Die Kulturindikatoren greifen die Aspekte des Arbeits- und Gesundheitsschutzes im Sinne einer Gestaltung von guter Arbeit im Rahmen der digitalen Transformation auf. Die relevanten Kulturindikatoren einer Sicherheitskultur 4.0 sind: Werte, Führung, Kommunikation, Einbindung und Regelung, die sich im Unternehmen auf 3

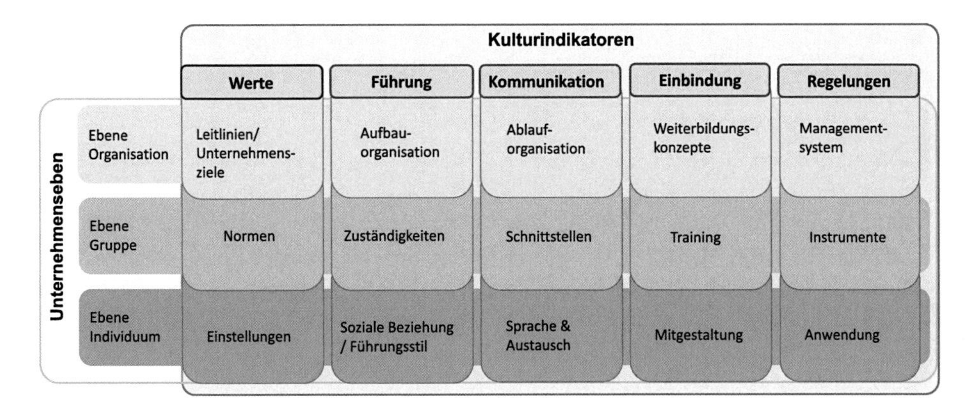

Abb. 18.1 SiTra4.0 Kulturindikatoren-Modell

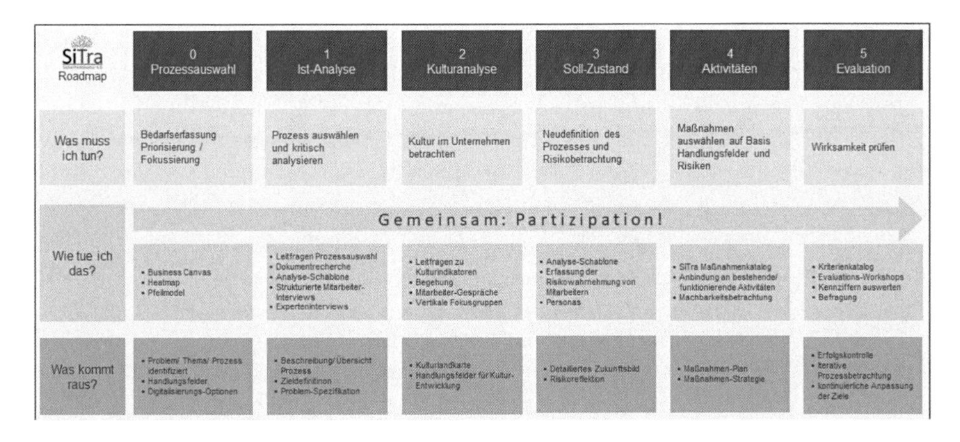

Abb. 18.2 SiTra4.0 Roadmap

Ebenen manifestieren: (1) der organisatorische Ebene, auf der Ziele, Strategie, Richtlinien und Regeln festgelegt werden, (2) der Gruppen-Ebene, auf der Regeln, Ziele und Richtlinien ausgearbeitet und in betrieblichen Handlungsanweisungen und Vorgehensweisen überführt werden und (3) der individuelle Ebene, auf der Ziele, Regeln und Richtlinien im Arbeitsalltag angewandt und in der „betrieblichen Realität" konkretisiert werden.

18.3.1 Vorgehen: Die SiTra4.0-Roadmap

Das Vorgehen anhand der Roadmap ist im Überblick in Abb. 18.2 dargestellt. Zu jedem Schritt (Phase 0 bis 5) werden das durchzuführende Vorgehen, die dafür nötigen Tools bzw. Methoden sowie die erwarteten Ergebnisse im Folgenden zusammenfassend dargestellt (ausführlichere Beschreibungen finden sich in [1]).

Phase 0 (Prozessauswahl)
Der erste Schritt der SiTra4.0-Roadmap initiiert die Bedarfserfassung sowie die Identifikation besonders kritischer Prozesse für den Transformationsprozess, umfasst jedoch noch keine konkreten Transformationsmaßnahmen, daher „Phase 0". Zunächst gilt es ein allgemeines Verständnis über die wertschöpfenden Tätigkeiten des Unternehmens zu erhalten. Für diese Analyse bietet sich eine Kombination aus Interviews mit Führungskräften sowie die Anwendung des Business Model Canvas nach Osterwalder et al. ([2]) an, mit welchem das Geschäftsmodell visuell aufgenommen wird. Hierdurch werden eine gemeinsame Sprache und ein geteiltes Verständnis über die Wichtigkeit und Bestandteile der einzelnen Elemente generiert. Anhand des so identifizierten Wertschöpfungsprozesses des Unternehmens wird das entwickelte Heatmap Tool in Workshops mit Unternehmensvertretern befüllt (vgl. Abb. 18.3).
Ergebnis ist eine Bewertung der einzelnen Wertschöpfungsschritte auf den Ebenen Mensch-Maschinen, Technik und Organisation. Zur Identifikation des Digitalisierungspotenzials der einzelnen Prozesse werden in einer Vorschau – die detaillierte Erfassung erfolgt in Phase 1 – die Wertschöpfungsschritte im Detail mit Unternehmensvertretern hinsichtlich ihres Digitalisierungsgrades und dem daraus resultierenden Potenzial für die Digitalisierungsbausteine Business Intelligence, Cloud Computing, Mobile-Endgeräte sowie den zu betrachtenden Schnittstellen bewerten. Nach Abschluss der Phase 0 können anhand der vorliegenden Ergebnisse die Prozesse mit dem meisten Potenzial bzw. dem größten Handlungsbedarf für die weitere Bearbeitung identifiziert werden.

Phase 1 (Ist-Analyse, Problem-Analyse)
umfasst die Ist-Analyse der Digitalisierung der aktuellen Prozesslandschaft im Unternehmen. Hierfür wird ein Prozess aus Phase 0 ausgewählt und einer Prozessanalyse unterzogen. Für die Prozessanalyse bietet sich ein Methodenmix aus Interviews mit unternehmensinternen (z. B. Mitarbeitern, Managern) und unternehmensexternen Akteuren (z. B. Domänenexperten, Zulieferern) sowie einer Recherche von Unternehmensdokumenten an. Auf diese Weise soll eine möglichst umfassende Perspektive

Sicherheitskultur 4.0 - Handlungsbedarf	Angebotsphase	Bauvorbereitungs-phase	Bauausführungsphase			Gewährleistungs-phase
			Überwachen der Ausführung	Baustellen-bewirtschaftung	Controlling	
Benutzerschnittstelle Mensch-Maschine-Schnittstelle	gering	mittel	hoch	mittel	hoch	gering
Soziotechnisches System Technik und Organisation	gering	hoch	hoch	mittel	mittel	mittel
Organisation Mensch und Organisation	gering	mittel	mittel	gering	mittel	mittel

Abb. 18.3 Heatmap zur Prozessauswahl

auf den zu analysierenden Prozess gewonnen werden, die strukturiert erfasst wird. Bereits in diesem Schritt sollten aktiv die Mitarbeiter als Experten ihrer Arbeit und für die Abläufe im Unternehmen in die Analyse eingebunden werden, um die Akzeptanz gegenüber späterer Transformationsmaßnahmen zu gewährleisten. Mithilfe einer Schablone werden pro Prozessschritt der jeweilige Ist-Zustand, die (wichtigsten) Prozessbeteiligten, Schnittstellen zwischen Prozessbeteiligten, die im Schritt eingesetzten digitalen System sowie aktuelle Probleme erfasst. Die Erfassung schließt mit der Definition der Hauptziele zur Transformation dieses Prozesses. Wesentlicher Output von Phase 1 sind die Prozessbeschreibung, Zieldefinition und Problemspezifikationen der einzelnen Prozessschritte. Die Phase sollte für alle kritischen Prozesse in den aufgestellten Handlungsfeldern wiederholt werden.

Phase 2 (Ist- und Soll-Analyse der Unternehmenskultur)
fokussiert die aktuelle Unternehmenskultur (Ist-Analyse), definiert die gewünschte Kultur (Soll-Zustand) und leitet zu bearbeitende Handlungsfelder ab. Die Erfassung orientiert sich dabei an den fünf Kulturindikatoren: Werte, Führung, Kommunikation, Einbindung von Mitarbeitern und Regelungen und berücksichtigt sowohl die Organisations-, Gruppen- und Individuums-Ebene. Mittels Mitarbeitergesprächen, vertikaler Fokusgruppen, Workshops und Betriebsbegehungen soll ein möglichst umfassendes Bild der aktuellen Unternehmenskultur – Positiv- und Negativaspekte – gewonnen werden. Um diese komplexe Aufgabe handhabbar zu machen, wird auf Basis des SiTra4.0-Kulturindikatoren-Modell (s. Abb. 18.1) eine Kulturlandkarte erstellt. Die Indikatoren werden bezogen auf den ausgewählten Digitalisierungsprozess erfasst und sowohl der Ist- Zustand wie auch der Zielzustand präzise beschrieben. Durch den Abgleich zwischen Ist und Ziel werden die Handlungsfelder für eine Transformation sichtbar und es können vorbereitend für Phase 4 entsprechend passgenaue Maßnahmen abgeleitet werden.

Das Vorgehen zur Erstellung der Kulturlandkarte orientiert sich an Leitfragen und baut sukzessive aufeinander auf. Zunächst wird übergeordnet – um eine erste Orientierung zur vorherrschenden Kultur im Unternehmen zu erheben – anhand von fünf Leitfragen (s. Tab. 18.1) ermittelt, wie sich der aktuelle Stand übergeordnet darstellt und ob der Kulturindikator für den ausgewählten Prozess eine relevante Stellgröße ist.

Im zweiten Schritt wird der in Phase 1 ausgewählte Prozess vertiefend betrachtet und bezüglich der Auswirkung auf die drei Unternehmensebenen differenziert (1) auf der organisatorisch/strategischen Ebene der Bezug zu den Unternehmenszielen, Strategien sowie Richtlinien (2) auf der Gruppen-Ebene der Bezug zu Gruppennormen und (3) auf der individuelle Ebene der Bezug zu individuellen Einstellung und Umsetzung im Arbeitsalltag. Wesentlich ist, dass hier nur die Bezüge und Auswirkungen Betrachtung finden, die für den Prozess Relevanz besitzen. Daraus ergibt sich eine passgenaue Abbildung der Unternehmenskultur, die unternehmensspezifische Voraussetzungen und Bedingungen berücksichtigt, wie z. B. branchenabhängige Prozesse und Prozessabläufe und der Einfluss der Digitalisierung. Ergebnis ist eine Abbildung der bestehenden Kultur

Tab. 18.1 Leitfragen zu den Kulturindikatoren

Kulturindikator	Leitfrage
Werte	Welche Werte sind im Unternehmen verbreitet und gültig?
Führung	Wie wird Führung im Unternehmen dargestellt und gelebt?
Kommunikation	Wie werden Informationen weitergeben? Wie wird miteinander gesprochen?
Einbindung	Wie können sich Mitarbeitende aktiv einbringen? Wird Weiterbildung am Bedarf angeboten?
Regelungen	Sind die Regeln im Unternehmen bekannt? Wie werden die Regeln im Arbeitsalltag umgesetzt?

sowie der gewünschten Kultur in Form der Kulturlandkarte. Zusätzlich werden die relevanten Handlungsfelder für die Transformation und Kulturentwicklung sichtbar.

Phase 3 (Soll-Zustand)
dient zur Definition des Soll-Zustandes anhand einer Analyse-Schablone. Diese strukturiert die Neudefinition des Prozesses. Ausgefüllt werden hierbei Veränderungen bezogen auf die Schnittstellen, Akteure und digitale Systeme. Neu hinzu kommen die Definition des Soll-Zustandes und die Reflektion sich daraus ergebender zu erwartenden Risiken. Auf der Basis der im Projekt entstandenen empirischen Ergebnisse wurden Personas entwickelt, die in dieser Phase als Zusatzmaterial bereitgestellt werden. Die Personas dienen dazu, einen empirisch geleiteten Perspektivwechsel zu vollziehen und die Mitarbeiterperspektive in die Analyse möglicher wahrgenommener Risiken oder auch Nutzen zu integrieren.

Phase 4 (Ableitung Aktionen)
zielt auf die Auswahl durchzuführender Maßnahmen anhand der aufgestellten Handlungsfelder in Phase 2 und identifizierten Risiken in Phase 3. Die Auswahl erfolgt mittels eines im Projekt entwickelten Maßnahmenkatalogs, in dem einzelne Transformations-, Kommunikations- sowie verhaltensbeeinflussende Maßnahmen bezogen auf die Kulturindikatoren hinterlegt sind. Leitend für die Auswahl wird, der in Phase 1 ermittelte Ist-Zustand in Hinblick auf zwei Fragestellungen betrachtet:

- Zu welchen kritischen Teilprozessen wurden noch keine Maßnahmen im Unternehmen eingeführt?
- Zu welchen kritischen Teilprozessen wurden Maßnahmen eingeführt, auf denen aufgebaut werden kann?

Dabei ist wichtig, dass Maßnahmen nicht nur punktuell eingesetzt werden sollten, vielmehr ist die Kombination verschiedener Maßnahmen zu einer ganzheitlichen

Vorgehensstrategie erfolgsversprechend. So werden gezielt Lücken in der vorhandenen Maßnahmenlandschaft des Unternehmens (Fragestellung 1) und existierende Maßnahmen mit Optimierungspotenzial (Fragestellung 2) adressiert.

Phase 5 (Evaluation)
dient der Evaluation der durchgeführten Schritte. Grundlage dabei ist die in Phase 1 erarbeitete Zielvision. Die Überprüfung der Wirksamkeit der abgeleiteten Änderungen erfolgt zunächst auf der Basis des Abgleichs mit dieser Zielvision. Kernfragen sind dabei zunächst:

- Wurden die nötigen Änderungen an den in Phase 1 bis 3 identifizierten Prozessschritten erreicht?
- Konnte den in Phase 3 identifizierten Risiken entgegengewirkt bzw. diese aufgefangen werden?
- Sind für die Mitarbeiter negative Folgen des Transformationsprozesses aufgetreten, die nicht berücksichtigt wurden?

Als weitere Evaluationskriterien werden im Rahmen von SiTra4.0 zusätzliche Materialien erstellt, die vor allem die Integration der Mitarbeiterperspektive fokussieren. Im Rahmen des Projekts wurden auf der Basis quantitativer Erhebungen Evaluationsaspekte aus Arbeitnehmersicht untersucht. Dabei zeigten sich vor allem Aspekte wie eine gute Work-Life-Balance oder Arbeitnehmerzufriedenheit als relevant. Auf der anderen Seite sind Aspekte, die direkt mit der Bewältigung der Arbeitsaufgaben zusammenhängen, für die Arbeitnehmer von besonderer Bedeutung, wie die Erleichterung der Arbeit und gesteigerte Arbeitsleistung. Evaluationsmaße müssen also neben klassischen Kennziffern arbeitnehmer- und aufgabenspezifische Maße integrieren, um den Erfolg von einer durch das SiTra4.0 Vorgehensmodell geleiteten Transformation zu prüfen.

18.4 Anwendung der Roadmap in der Praxis

Das oben beschriebene Vorgehen wurde bei zwei Unternehmen aus den Branchen Bauindustrie und Metallbearbeitung exemplarisch umgesetzt. Die Implementierung wurde bei den Unternehmen DERICHS u KONERTZ und Westaflex im Projektverlauf nach der Systematik der SiTra4.0 Roadmap erprobt. Insgesamt wurde deutlich, dass beide Unternehmen von der in SiTra4.0 entwickelten methodischen und strukturierten Herangehensweise anhand der Roadmap profitieren, jedoch die Lösungen, Handlungsfelder und Umsetzungsstrategien branchenspezifisch differieren. Es zeigt sich, dass für eine Sicherheitskultur 4.0 und insbesondere für die notwendige Transformation und dem damit einhergehenden Kulturwandel es nicht die eine Herangehensweise gibt, sondern immer nur den unternehmensspezifischen Weg, der mithilfe der SiTra4.0 Kulturindikatoren abbildbar und bearbeitbar gemacht werden kann.

18.4.1 Umsetzung in der Bauindustrie

Die Anwendung der Vorgehensweise gemäß der Roadmap für die Bauindustrie fand bei DERICHS u KONERTZ mit Fokus auf den Qualitätssicherungsprozesses auf der Baustelle statt. Im ersten Schritt (Phase 0) wurde analysiert, wo der dringendste Handlungsbedarf zur Digitalisierung unter Einbezug der Kulturaspekte vorhanden war. Im Ergebnis wurde auf die gesteuerte Qualitätskontrolle der Bauausführung fokussiert, da immer mehr Leistungen im Generalunternehmermodell an Subunternehmen weitergegeben werden. Aufgrund der heterogenen Subunternehmerstruktur und der daraus möglicherweise resultierender Ausführungsmängel kommt der Qualitätssicherung auf der Baustelle damit eine sehr hohe Bedeutung zu. An dieser Stelle bieten digitale Lösungen, die die Sicherheit in Bezug auf Kosten, Termine und Qualität erhöhen, ein besonderes Potenzial zur Verbesserung. Ergebnis war die Definition von Transformationszielen für den Prozess der Qualitätskontrolle auf der Baustelle.

In Phase 1 wurde nach der Festlegung des als besonders transformationsrelevanten Prozesses der Ist-Zustand systematisch erfasst. Wichtig war hier die Definition der Akteure, Schnittstellen und bereits verwendeten digitalen Systeme, außerdem die Analyse, welche Probleme es im Ist-Zustand gibt und welche Ziele sich daraus ableiten lassen. Ergebnis war, das im Prozess insbesondere die Schnittstelle zwischen der Projektvorbereitung und Bauausführung (interne Bauleitung und Poliere und externe Gewerke) im Fokus stehen muss. Hier kam es in der Vergangenheit immer wieder zu Informationsverlusten und großem Aufwand für eine – ohnehin meist unvollständige – Dokumentation. Das Hauptziel war somit eine langfristige Qualitätskontrolle, die schon mit speziellen Prüfpunkten aus dem Wissen der Projektvorbereitung generiert werden soll. Zentral ist dabei, dass das Wissen von der Baustelle wieder zurück in die Planung bzw. Projektvorbereitung gespiegelt wird, wo es systematisch analysiert und ausgewertet werden kann. Wenn zum Beispiel eine Prüfung immer wieder fehlschlägt, sollte im nächsten Bauvorhaben dieser Punkt als systematischer Prüfpunkt verankern werden. Eine vollständige, digitalisierte Dokumentation von Mängeln und Beweissicherung von korrekt ausgeführter Leistung ist zudem für die spätere Gewährleistung von großer Bedeutung.

In Phase 2 (Ist- und Soll-Analyse der Unternehmenskultur) wurde die aktuelle Kultur anhand der Kulturindikatoren vor der Transformation bestimmt und die relevanten Themen hin zu einer Sicherheitskultur 4.0 skizziert. Dabei wurde zunächst unterschieden, welche Aspekte des Prozesses die Organisation, eine bestimmte Gruppe oder das Individuum von der Transformation betreffen. Im Beispiel des Qualitätssicherungsprozesses wurde festgestellt, dass in der Phase der Projektvorbereitung die ganze Gruppe von den Veränderungen durch die Digitalisierung betroffen sein wird.

Als wesentliche Kulturindikatoren konnten dabei die Kommunikation und die Führung identifiziert werden. Bei der Bauausführung und beim Abschluss sind alle Bereiche (Organisation, Gruppe und Individuum) betroffen. Als zentrale Indikatoren der Sicherheitskultur4.0 konnten dabei die Kommunikation und die vorhandenen Regelungen identifiziert werden. Im Ergebnis konnte durch die Anwendung der SiTra4.0-Roadmap für den Prozess der Qualitätssicherung ein umfassendes Bild der maßgeblichen Kulturindikatoren erstellt werden.

In Phase 3 wurde aus den Transformationszielen der Phase 0 der SOLL-Zustand des Prozesses abgeleitet. Es wurden die Felder betrachtet, in denen es im neuen Prozess zu Veränderungen kommt. Bedingt durch die digitale Qualitätskontrolle, wird es zu einem Mehraufwand in der Projektvorbereitung kommen. Dem Mehraufwand gegenüber steht als klarer Vorteil, dass das Wissen aus allen Arbeitsschritten und von allen Projektbeteiligten in einer zentralen Datenbank zusammengeführt werden und für neue Bauvorhaben verwendet werden kann. Auch in der Gewährleistungsphase nach Bauabschluss können diese Informationen Anwendung finden. In der Bauausführung soll das System insbesondere die Mitarbeiter in der täglichen Arbeit unterstützen und das Risiko von Mängeln reduzieren. Beim Einsatz neuer digitaler Systeme in der Qualitätsprüfung konnten auch neue Risiken identifiziert werden. Einerseits besteht das Risiko, dass sich Mitarbeiter stärker überwacht fühlen und andererseits, dass sich die Mitarbeiter auf das System verlassen und Qualitätsmängel, die nicht explizit in den digitalen Prüflisten abgefragt werden, übersehen werden. Im Ergebnis konnte festgestellt werden, dass der Nutzen eines digitalen Qualitätssicherungssystems die Risiken überwiegt und durch eine Sicherheitskultur4.0 sinnvoll unterstützen wird.

In Phase 4 wurden bei DERICHS u KONERTZ aus der Bewertung der Phase 3 mit dem Hilfe des SiTra4.0-Maßnahmen-Kataloges die folgende Maßnahmen zur Gestaltung der Transformation hin zu einer Sicherheitskultur4.0 abgeleitet: Die Ausbildung von Key-Usern, regelmäßige Feedbackschleifen und spezielles Training und Schulungen für die Anwender des neuen digitalen Qualitätsprüfsystems.

Die Phase 5 (Evaluation) diente der Überprüfung der Wirksamkeit der Maßnahmen zur Umsetzung der abgeleiteten Veränderungen hin zu einer Sicherheitskultur4.0 bei DERICHS u KONERTZ. Dabei erfolgte der Abgleich des Transformationsfortschrittes mit der in Phase 0 entwickelten Zielvision. Im Ergebnis konnte für das Anwendungsbeispiel des Qualitätssicherungsprozesses auf der Baustelle festgestellt werden, dass die bisher erfolgten Umsetzungen bereits positive Effekte haben. Da sich die Umsetzung noch im Einführungsstadium befindet und insbesondere kulturelle Veränderungen im Unternehmen nicht kurzzeitig messbar sind, steht die langfristige Bewertung aus (s. Abschn. 18.5).

18.4.2 Umsetzung in der Komponentenherstellung der metallverarbeitenden Industrie

Die Anwendung der Roadmap für die metallverarbeitende Industrie fand bei Westaflex anhand des Qualitätssicherungsprozesses in der Produktion statt. Im ersten Schritt (Phase 0) wurden die Bedarfe erfasst sowie besonders kritische Prozesse für den Transformationsprozess identifiziert. Anhand der Ergebnisse zeigten sich Digitalisierungspotenziale entlang der gesamten Wertschöpfungskette. Als besonders kritischer Prozess wurde die Qualitätskontrolle identifiziert und in den nachfolgenden Schritten der Roadmap bearbeitet. Die Qualitätskontrolle erstreckt sich von der Auftragsfreigabe durch den Kunden über die Arbeitsvorbereitung, die Auftragsbearbeitung durch die Baugruppenteams sowie die Kommissionierung bis hin zum Versand an den Kunden. Jeder Prozessschritt stellt unterschiedliche Anforderungen an die Qualitätskontrolle, bietet unterschiedliche Digitalisierungspotenziale und umfasst unterschiedliche Risiken – insbesondere an die Sicherheitskultur des Unternehmens.

In Phase 1 wurde der Ist-Zustand des betrachteten Prozesses erhoben in Hinsicht auf Akteure, Schnittstellen, digitale Systeme und aktuell bestehende Probleme. Es zeigt sich, dass in den meisten Schritten zwar digitale Systeme wie Enterprise Resource Planning (ERP), Barcodescanner oder Sensoren zur Erfassung von Maschinendaten eingesetzt werden. Jedoch werden Inhalte aus diesen Systemen derzeit nicht strategisch kombiniert und den Mitarbeitern digital entsprechend ihrer jeweiligen Rolle und Aufgaben zugänglich gemacht. Insbesondere Produktionsprozesse sind noch papierbasiert, was den Informationsstand, die Entscheidungsfreiheit und die Kommunikationsmöglichkeiten der Mitarbeiter – insbesondere in Sicherheitsfragen – einschränkt. Als Hauptziele für die Transformation wurden ERP als Steuerungssystem (für Projektplanung, Taktung und Dokumentation), Strukturierung der Kommunikation, eine mitlaufende Kalkulation sowie adäquate Assistenzsysteme für Mitarbeiter erarbeitet.

Phase 2 der SiTra4.0-Roadmap fokussierte bei einer Ist- und Soll-Analyse die Kulturaspekte der Transformation. Von Interesse war zunächst, ob Änderungen im betrachteten Prozess die gesamte Organisation, eine bestimmte Gruppe oder einzelne Individuen betreffen und welche der Kulturindikatoren in diesen Fällen besonders betroffen sind. Es zeigt sich, dass die Transformation auf Ebene der Organisation die Informationsflüsse sowie auf Ebene der Gruppe die Kommunikation an Schnittstellen zwischen Abteilungen stärken soll. Auf Ebene des Individuums sind insbesondere Möglichkeiten der Einbindung wichtig, die es erlauben, individuell wahrgenommene Optimierungsmöglichkeiten im Bereich der Sicherheit in den Prozess der Qualitätskontrolle einzubringen.

Im nächsten Schritt (Phase 3) wurde der Soll-Zustand des betrachteten Prozesses erarbeitet und Veränderungen bei einzelnen Prozessschritten erfasst. Als wesentlicher

Punkt des Soll-Zustands wurde definiert, dass vorhandene Daten kein zweites Mal in die elektronischen Systeme eingeben werden sollen, sondern dass Mitarbeitern Kombinationen aus bestehenden Informationen unter einem bestimmten Bezugspunkt (z. B. Scanner-Barcode-Nummern) angeboten werden und in speziellen Assistenzsystemen (z. B. auf Tablets) dargestellt werden sollen. Auf diese Weise entstehen selbstentscheidende Teams, die einen vollständigen Informationsstand entsprechend Aufgaben und Rollen haben. Derartige Systeme sollen außerdem selbstlernend sein, z. B. indem wiederkehrende (Sicherheits-)Probleme oder Kundenvorgaben erfasst und beim wiederholten Aufrufen bestimmter Informationen automatisch mitangeboten werden, womit insgesamt die Qualitätskontrolle vereinfacht wird. Als wesentliches Risiko des Soll-Zustandes wurde fehlende Akzeptanz der Mitarbeiter gegenüber den neueinzuführenden Systemen identifiziert.

Aufbauend auf den Erkenntnissen aus Phase 3 wurden in Phase 4 (Ableitung Aktionen) aus dem SiTra4.0-Maßnahmen-Katalog Ansätze zur Adressierung der identifizierten Risiken ausgewählt. Um Mitbestimmungsrechte und Akzeptanz gegenüber neuen digitalen Systemen von Beginn der Transformation an sicherzustellen, wurden einige Mitarbeiter als Key-User ausgewählt und sowohl in Workshops zur Gestaltung der Systeme als auch bei deren Evaluation vor Einführung integriert. Weitere Maßnahmen sollen Mitarbeiter in die Lage versetzen, mit den neu einzuführenden Systemen Sicherheitsprobleme in Form von Videotutorials zu erfassen und an Kollegen und Vorgesetzte zu kommunizieren. Die aus den Maßnahmen gewonnenen Erkenntnisse fließen in die Gestaltung von Schulungen für zukünftige System-Nutzer ein.

Phase 5 (Evaluation) ist zum Zeitpunkt der Fertigstellung dieser Publikation noch nicht abgeschlossen. Auf Mitarbeiterseite zeigen die Maßnahmen jedoch bereits Wirkung und erbrachten in Befragungen positives Feedback. Die im SiTra-Projekt begonnene Transformation soll über den Arbeitskreis „Sicherheit in einer Industrie 4.0" (s. Abschn. 18.5) weiter begleitet werden.

18.5 Forschungslücken und Ausblick

Wie die Ergebnisse der beiden Anwendungsbeispiele verdeutlichen, vollzieht sich die kulturelle Transformation nicht in der gleichen Geschwindigkeit wie die technologische Entwicklung in Unternehmen. Gleichzeitig wird der Zustand einer „fertigen" und „perfekten" Sicherheitskultur nie abschließend erreicht werden können, denn eine resiliente Sicherheitskultur, die auf disruptive Innovationen und Risiken reagieren soll, bedarf des ständigen Monitorings sowie kontinuierlichem Streben nach Verbesserung. Aus diesen Gründen sollte der Erfolg der in SiTra4.0 entwickelten Roadmap und daran gebundener, durchgeführter Maßnahmen nicht auf kurze Sicht, sondern vielmehr langfristig evaluiert werden. Da eine solche Evaluationsphase über das Projektende hinausgeht, wurde im Projektkonsortium beschlossen, den SiTra4.0-Ansatz in einem Arbeitskreis für Sicherheit in Industrie 4.0 weiterzuführen und in diesem Rahmen die erzielten Ergebnisse und Methoden mit Praxispartnern zu erweitern (z. B. bezogen auf Branchenprofile) und zu verfeinern. Interessierte Unternehmen und Institutionen erhalten weitere Informationen auf der SiTra4.0-Website (https://sicherheitskultur40.de). Auf dieser Website wird ebenfalls in Kürze ein Demonstrator zu finden sein, der bei der Anwendung – im Sinne eines Leitfadens – die Umsetzung der SiTra4.0-Roadmap unterstützt.

Projektpartner und Aufgaben

- **Westaflexwerk GmbH**
  Entwicklung und Erprobung einer Sicherheitskultur 4.0 für die Komponentenherstellung
- **CBM Gesellschaft für Consulting Business und Management mbH**
  Entwicklung eines Gestaltungsrahmens für eine Sicherheitskultur 4.0
- **DERICHS u KONERTZ GmbH u Co. KG**
  Entwicklung und Erprobung einer Sicherheitskultur 4.0 für die Bauindustrie
- **RWTH Aachen University, Human–Computer Interaction Center, Professur Textlinguistik und Technikkommunikation (TLTK), Lehrstuhl für Communication Science (COMM)**
  Entwicklung eines Befähigungs- und Beteiligungskonzeptes für eine Sicherheitskultur
- **FIR e. V. an der RWTH Aachen University**
  Entwicklung eines Transformationsprozesses für eine Sicherheitskultur 4.0 und dessen Implementierung

Literatur

1. Digmayer C, Jakobs E-M, Borg A, Buschmeyer A, Hahn C, Kluge J, Reinartz J, Westerbarkey J, Ziefle M (erscheint 2020, im Druck). Eine nachhaltige Sicherheitskultur als Transformationsansatz für Industrie 4.0 in kleinen und mittleren Unternehmen. In: Jeske T et al (Hrsg) Produktivitätsmanagement 4.0. Springer, Berlin
2. Osterwalder A et al (2011) Business model generation: a handbook for visionaries, game changers and challengers. Afr J Bus Manage 5(7):22–30

SynDiQuAss – Synchronisierung von Digitalisierung, Qualitätssicherung und Assistenzsystemen

19

Tobias Rusch, Michael Hueber, Florian Kerber, Robin Sochor, Klaus Fink, Hermann Klug, Benedikt Stelzle und Massimo Romanelli

19.1 Die Motivation der beteiligten Partner

Das Konsortium des Forschungsprojektes SynDiQuAss besteht aus fünf Partnern. Die Hochschule Augsburg mit dem Technologietransferzentrum Nördlingen (TTZ) und das Fraunhofer Institut für Gießerei-, Composite- und Verarbeitungstechnik IGCV mit Sitz in Augsburg sind dabei als wissenschaftliche Partner im Projekt aktiv. Hauptzielsetzungen des TTZ sind angewandte Forschungsprojekte und Technologietransferkooperationen zur Unterstützung vorwiegend regional ansässiger kleiner und mittelständischer Unternehmen des produzierenden Gewerbes bei der Umsetzung der digitalen Transformation der industriellen Produktion. Innerhalb des Fraunhofer IGCV beschäftigt sich eine Forschungsgruppe mit der Integration und Applizierung von Assistenzsystemen an produktionstechnischen Arbeitsplätzen in unterschiedlichen Unternehmensbereichen wie

T. Rusch (✉) · M. Hueber · F. Kerber
Hochschule Augsburg, Technologietransferzentrum Nördlingen,
Nördlingen, Deutschland

R. Sochor · K. Fink
Fraunhofer-Institut für Gießerei-, Composite- und Verarbeitungstechnik IGCV.,
Augsburg, Deutschland

H. Klug
SPN Schwaben Präzision Fritz Hopf GmbH, Nördlingen, Deutschland

B. Stelzle
Ohnhäuser GmbH, Wallerstein, Deutschland

M. Romanelli
paragon semvox GmbH, Kirkel-Limbach, Deutschland

W. Bauer et al. (Hrsg.), *Arbeit in der digitalisierten Welt*,
https://doi.org/10.1007/978-3-662-62215-5_19

der Logistik und Montage. Bei beiden Partnern lagen zu Projektbeginn bereits umfangreiche Kompetenzen im Bereich von Assistenzsystemen in der Produktion vor. Diese Erfahrungswerte konnten im Laufe des Projekts SynDiQuAss u. a. in den Bereich der Qualitätssicherung übertragen werden.

Die beiden mittelständischen Industriepartner SPN Schwaben Präzision Fritz Hopf GmbH in Nördlingen und Ohnhäuser GmbH in Wallerstein liefern im Projekt zwei unterschiedliche Anwendungsszenarien, anhand derer die Herausforderungen bei der Digitalisierung von variantenreichen Produktfamilien, kleinen Losgrößen und manuellen Montageprozessen exemplarisch untersucht werden können. Die SPN verfolgt im Rahmen von SynDiQuAss Ziele in den Bereichen Personalmanagement, Qualitätssicherung und Arbeitsplatzgestaltung. Durch den Einsatz von digitalen Assistenzsystemen sollen neue MitarbeiterInnen schneller für die selbstständige Montage komplexer mechatronischer Produktgruppen befähigt werden. Im Bereich der Qualitätssicherung sollen Fehlerquoten in der Montage, die aufgrund der hohen Variantenvielfalt und konstruktiven Besonderheiten wie besonders niedriger Toleranzen auftreten können, reduziert werden. Außerdem verspricht sich die SPN in der Arbeitsplatzgestaltung eine Reduktion des Flächenbedarfs durch Flexibilisierung der Fertigungslinien und deren Umgestaltung. Zusammenfassend lässt sich für die SPN sagen, dass weiterhin die Absicherung von standardisierten Montageprozessen durch die WerkerInnen auf Basis von detaillierten Prozessbeschreibungen (Wissensmanagement) und die Dokumentation von Prozessen zur Rückverfolgbarkeit im Qualitätsmanagement essenziell ist. Nicht zuletzt beabsichtigt die SPN durch die Assistenzsysteme eine spürbare Effizienzsteigerung von Montageprozessen durch Fehlerreduktion, beschleunigte Einarbeitung und Prozessabwicklung sowie die Entlastung von WerkerInnen von kognitiven Anforderungen bei der korrekten Einhaltung von Vorgaben durch den Montageprozess. Der Forschungsanreiz der Firma Ohnhäuser liegt darin, bereits existierende Montagearbeitsplätze nach neuesten Standards der Industrie 4.0 umzugestalten. Als Hauptziel hat sich das mittelständische Unternehmen die digitale Vernetzung der Anlagen und eine Automatisierung der Prozesse gesetzt. Dadurch soll die Prozesssicherheit unabhängig von Personalfluktuationen und Produktbzw. Verarbeitungsvarianten gesteigert werden. Für die Einhaltung vorgegebener Qualitätsstandards ist der Einsatz eines kollaborierenden Robotersystems vorgesehen. Die Realisierung wäre ohne Beteiligung an diesem Forschungsprojekt für Ohnhäuser nicht darstellbar. Als typische Repräsentanten mittelständischer Unternehmen im ländlichen Raum sind die im Projekt betrachteten Anwendungsszenarien branchenübergreifend übertragbar, sodass die Projektergebnisse auch nach Laufzeitende verwertbar sind.

Als Technologiepartner bringt die paragon semvox GmbH Kenntnisse aus dem Bereich der multimodalen Assistenzsysteme zur Prozessunterstützung in Produktion und Logistik ein. Das Technologieunternehmen entwickelt die Softwareplattform zur Integration physischer und kognitiver Assistenzsysteme mit multimodalen Interaktionsmöglichkeiten. Dabei ist die optimale Einbindung in die bestehenden betrieblichen Arbeitsabläufe der Industriepartner ein wichtiges Entwicklungsziel. Das Gesamtsystem muss flexibel und schnell an kurzfristige Veränderungen im Produktionsablauf angepasst werden können und universelle Schnittstellen sowohl für verschiedene Assistenzsystemkomponenten als auch zu relevanten Unternehmensbereichen wie der Produktionsplanung implementieren.

19.2 Zielsetzungen und Vorgehen im Projektverlauf

In der manuellen Montage steht der Mensch im Mittelpunkt. Die auszuführenden manuellen Tätigkeiten des Menschen können durch kognitive- und physische Assistenzsysteme unterstützt werden, sodass die Fähigkeiten des Menschen vorteilhaft mit den besonderen Eigenschaften von Maschinen kombiniert werden [1]. Die Entwicklung und Evaluierung derartiger digitaler Assistenzsysteme ist ein wesentlicher Arbeitsschwerpunkt im Projekt SynDiQuAss. Die Assistenzsysteme werden dazu in die bestehenden Arbeitsplätze im Bereich der bisher nicht automatisierten Montage integriert. Der Fokus liegt auf der systematischen Auswahl geeigneter Komponenten zur kognitiven und physischen Assistenz und deren Applizierung an spezifizierten Arbeitsplätzen für die Montage variantenreicher Produktfamilien, die exemplarisch aus den Anwendungsfällen der beteiligten mittelständischen Industriepartner ausgewählt wurden. Bei diesem Vorgehen wird großer Wert auf die Einbindung der MitarbeiterInnen bei der Optimierung der einzelnen Funktionalitäten gelegt, um so Akzeptanz für die Nutzung dieser Systeme zu fördern. Das in Abschn. 19.4 detaillierter beschriebene partizipative Vorgehensmodell spielt im Projektverlauf für die Integration der Assistenzsysteme eine tragende Rolle, um insbesondere die Schnittstellen der Mensch-Maschine-Interaktion [2] bedarfsgerecht auszulegen.

Die Betrachtung der Wirtschaftlichkeit und Produktivitätsauswirkungen bei den Industriepartnern wurde an die Evaluierungsphasen angehängt. Ein wesentlicher Aspekt dabei ist die Anpassbarkeit an große Variantenvielfalt in den einzelnen Produktfamilien bei kleinsten Losgrößen, um die spätere Verwertbarkeit gerade in KMUs zu sichern. Um diesen Anforderungen gerecht zu werden, wurden im Projekt formale Methoden zur Modellierung des gesamten Montageprozesses für die montagetechnische Planung und speziell für die Gestaltung eines Montagearbeitsplatzes mit integrierten Assistenzsystemen angewendet. Die in [3] beschriebene Methode nutzt UML-Diagramme zur strukturierten Beschreibung des Variantenraums von Produktfamilien und der daraus resultierenden Varianz der Montageschritte. Die softwaretechnische Umsetzung des Modellierungsansatzes erfolgt über die im Projekt entwickelte Software Assistent/Editor, in der Montageschritte, Produktkomponenten und Assistenzsystemfunktionalitäten verknüpft und über Schnittstellen zu anderen Unternehmensbereichen bzw. Assistenzsystemkomponenten mit relevanten Daten wie CAD-Informationen etc. versorgt werden. So kann kognitive und physische Unterstützung bei der Montage von individuellen Varianten mit geringen Stückzahlen mit einem möglichst geringen Integrationsaufwand der Systeme für die anwendenden Unternehmen bereitgestellt werden. Um im Anwendungsbeispiel eines Industriepartners möglichst viele Gesichtspunkte der manuellen Getriebemontage darzustellen, wurde im Modell der gesamte Montageprozess in seine elementaren Prozessschritte unterteilt. Die subjektive Bewertung der möglichen Einsatzpotenziale für digitale Assistenzsysteme erfolgte gemeinschaftlich mit den Industriepartnern in Workshops [4].

Das strukturierte und planvolle Vorgehen im Forschungsprojekt SynDiQuAss unter der Zielsetzung der Transformation von digitalisierten Assistenzsystemen in den realen Arbeitsprozess der manuellen Montage von Getrieben soll dazu beitragen, die Produktivität der neuen Prozesse zu steigern. Für die Bewertung der Produktivität und Wirtschaftlichkeit der entwickelten Lösungsansätze liefern die in Tab. 19.1 zusammengefassten Kriterien und Bewertungsmethoden quantifizierbare Größen.

Berücksichtigt werden zum einen menschliche Stärken wie Intuition, Erfahrung, Flexibilität, subjektives Entscheiden und Urteilen und zum anderen die erkannten Vorteile der eingesetzten Assistenzsysteme. Dazu zählen Wiederholgenauigkeit und Präzision, aber auch Präzision bei hohen Geschwindigkeiten und Funktionalität im Dauerbetrieb [5]. Assistenzsysteme wurden deshalb nicht mit der Zielsetzung appliziert, den gesamten Prozess zu assistieren oder gar zu automatisieren, sondern lediglich eine Teilmenge der Arbeitsschritte, in denen der Einsatz nach den Kriterien sinnvoll erscheint. Wie bei [6] und [7] beschrieben, tragen physische Assistenzsysteme zu einer reduzierten körperlichen Belastung bei und stellen die motorische Ausführbarkeit der Arbeitsaufgabe sicher. Kognitive Assistenzsysteme unterstützen den Werkenden bei der Ausführung der Montageaufgabe durch die situative Bereitstellung aller notwendigen Informationen. Die Bewertungsgrundlage dafür lieferten die Akzeptanzuntersuchungen mit den betroffenen MitarbeiterInnen.

Für den mechanischen Aufbau des standardisierten Systemarbeitsplatzes wurde ein modularer Aufbau gewählt, wie er in [8] beschrieben ist. Jeder Bereich des Arbeitsplatzes wird für einzelne Aktivitäten im Montageprozess genutzt und der Arbeitsplatz so in spezielle Bereiche (Module) aufgeteilt. Dadurch können für die Anwendungsfälle einzelne Module für Assistenzsysteme ausgewählt und integriert werden. In Hinblick auf die zu erwartenden Belastungen der MitarbeiterInnen wurden zudem die arbeitswissenschaftlichen Grundlagen für die ergonomische Gestaltung nach DIN EN ISO

Tab. 19.1 Methoden zur Produktivitätsmessung

Kriterium	Bewertungsmethode
Arbeitszeit	MTM-Methode
Risikobewertung	FMEA
Transparenz und Flexibilität	Mitarbeiterbefragung in der Montage und Arbeitsvorbereitung
Platz	Abmessung Arbeitsplatz – Vorher/Nachher-Vergleich
Ergonomie und Akzeptanz	UTAUT-Methode

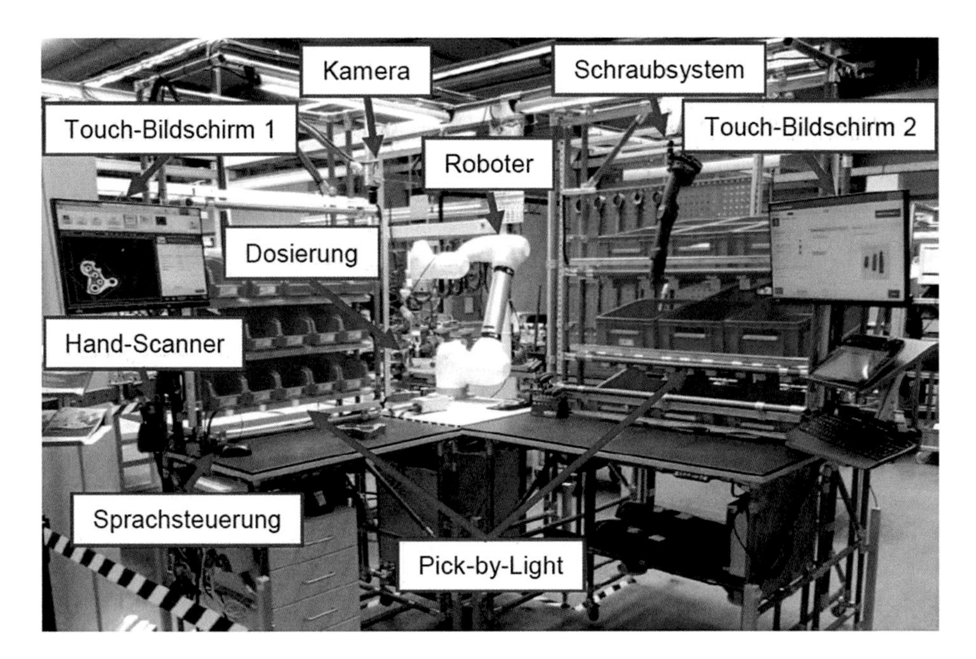

Abb. 19.1 Prototypischer Aufbau des Demonstratorarbeitsplatzes

6385 (2016) [9] berücksichtigt. Abb. 19.1 zeigt den prototypischen Aufbau des Montagearbeitsplatzes für den Anwendungsfall einer Getriebemontage.

Auch die Sicherheit an den Demonstratorarbeitsplätzen muss bei allen Testsystemen und Erprobungen jederzeit gewährleistet werden. Die im Projekt eingesetzten Technologien und Methoden dienen deshalb dazu, die Gefahren in der Arbeitsumgebung der WerkerInnen zu reduzieren. Dies gilt im Besonderen für den Einsatz der kollaborierenden Robotersysteme. Dazu mussten bestimmte roboterspezifische Gefährdungen mithilfe einer Risikobeurteilung berücksichtigt werden, beispielsweise Robotereigenschaften (Geschwindigkeit, Kraft oder Impuls) und die Position des Bedienpersonals zum Roboter. Gefahren bedingen dabei auch Werkstücke und Aufbauten im möglichen Wirkfeld des Roboters. Hinzu kommen prozessspezifische Gefährdungen wie hohe/niedrige Temperaturen oder Einschränkungen aufgrund der geforderten Verwendung von persönlicher Schutzausrüstung [1, 2].

Um bei der Umsetzung die großen Potentiale für Unternehmen von Anfang an zu nutzen, bedarf es eines Vorgehensmodells zur Prozessevaluierung. Mit diesem lässt sich die Integration der kognitiven und physischen Assistenzsysteme für die Montage auf Basis der Evaluierungen optimal strukturieren [4]. Durch die Anwendung und Verknüpfung verschiedener wissenschaftlicher Methoden entsteht das in Abb. 19.2 dargestellte Vorgehensmodell. Daraus resultiert eine schematische Handlungsempfehlung für mittelständische Unternehmen um digitale Assistenzsysteme in ihr Produktionsumfeld zu integrieren.

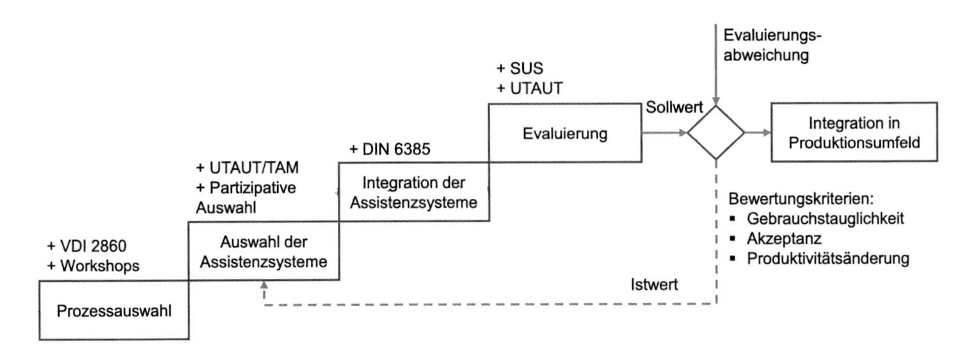

Abb. 19.2 Vorgehen zur Integration von Assistenzsystemen [4]

19.3 Vorgehen zur partizipativen Entwicklung von Assistenzsystemen

Die Erhebung des Status quo sowie die Entwicklung der Assistenzsysteme beziehen neben technischen Anforderungen auch die Betrachtung des Menschen mit dessen Anforderungen ein. Dies spielt insbesondere bei der Entwicklung von soziotechnischen Systemen eine wichtige Rolle [1, 10, 11]. Die Anpassung des Systems an die Arbeitsaufgaben sowie die Akzeptanz der Belegschaft gegenüber dem Assistenzsystem können dafür ausschlaggebend sein, ob die Implementierung Erfolg hat oder aufgrund von Ablehnung scheitert [12, 13]. Denn es ist nicht alles, was denkbar und technisch realisierbar ist, auch im Sinne einer humanen Arbeitswelt vertretbar. Die Projektpartner verpflichteten sich daher vor Beginn der konkreten Tätigkeit in den Unternehmen auf ein Commitment. Dieses wurde gemeinsam erarbeitet und beinhaltet die Regeln für das Vorgehen im Projekt und auch die Gestaltung der Arbeitsplätze. Zusammen mit den Industriepartnern und deren MitarbeiterInnen wurden die Anforderungen an die zu entwickelnden Systeme erarbeitet.

Ein solches, partizipatives Vorgehen eignet sich, um spezifizierte Assistenzsysteme zu entwickeln. Dabei hat die aktive Einbindung der MitarbeiterInnen zwei Vorteile: Zum einen verfügen diese über Erfahrungswissen, das für die Entwicklung des Systems unter Berücksichtigung der Passung zur Arbeitsaufgabe notwendig ist. Zum anderen fördern frühzeitiges Informieren und aktives Einbinden der MitarbeiterInnen deren Bereitschaft zur Verantwortungsübernahme sowie deren Akzeptanz [14–16]. Im Projekt werden als Grundlage für ein partizipatives Entwicklungsvorhaben Workshops mit MitarbeiterInnen und Bereichsverantwortlichen durchgeführt sowie ein Montagearbeitsplatz bei den Industriepartnern vor Ort aufgebaut, der eine Auswahl an kognitiven Assistenzsystemen enthält, Abb. 19.3.

Im Vorfeld der Montageplatzkonzipierung wurden mehrere Marktanalysen durchgeführt, um die für die Montage relevanten Technologien zu identifizieren. Basierend auf den Marktanalysen wurde ein Querschnitt der relevanten Technologien ausgewählt

Abb. 19.3 Mobiler Montagearbeitsplatz mit Assistenzsystemen für partizipative Entwicklungsvorhaben [6]

und mit entsprechenden Komponenten (z. B. Gestensteuerung durch Leap Motion) am Montagetisch implementiert. Um die Komponenten möglichst realitätsgetreu testen zu können, wurden diese im Rahmen der beispielhaften Montage eines variantenreichen Kleingetriebes benutzt.

Der Demonstratorarbeitsplatz ist mobil und kann vor Ort im Unternehmen (z. B. direkt in der Montage) aufgebaut werden. In einer ca. 30-minütigen praktischen Einführung durch die WissenschaftlerInnen testeten die Probanden die Komponenten hinsichtlich ihrer Bedienbarkeit. Während dem Test wurden die Probanden außerdem dazu aufgefordert, ihre Gedanken zur Nutzung der Assistenzsysteme zu äußern. In einem abschließenden standardisierten Fragebogen wurden die unterschiedlichen Systeme hinsichtlich ihrer Einfachheit der Nutzung, Zuverlässigkeit und Nutzungsintention verglichen. Für eine bessere Verständlichkeit wurde der Fragebogen mit Bildern angereichert, welche die unterschiedlichen Komponenten direkt am Montagetisch zeigen. Mithilfe der gewonnen qualitativen und quantitativen Daten konnte im Anschluss ein für den Use Case spezifisches Assistenzsystem entwickelt werden, das von den MitarbeiternInnen befürwortete Komponenten enthält und zu den Bedingungen der Arbeitsaufgabe und -umgebung passt. Zudem erhielten die MitarbeiterInnen die Möglichkeit, sich über aktuelle Technologien zu informieren und sich tiefer mit der Bedienung unterschiedlicher Komponenten auseinanderzusetzen. Schließlich wurde eine Diskussionsgrundlage für das weitere Entwicklungsvorgehen bei allen beteiligten Personengruppen geschaffen. Bei der Firma Ohnhäuser wurde der Demonstrator-Arbeitsplatz über einen Zeitraum von drei Tagen in der Montage aufgebaut. Die Testergebnisse dienten als Grundlage für die in den folgenden Kapiteln ausgeführten Konzeptionierung hybrider Assistenzsysteme.

Die Gebrauchstauglichkeit des entwickelten Montagesystems lässt sich mit der etablierten und empirischen Methode, System Usability Scale (SUS), quantitativ analysieren. Für die Methode ist zuvor eine Auswahl der Nutzergruppe, der zu erledigenden Aufgaben, sowie die Charakteristiken des Umfelds notwendig. Die Befragung umfasst zehn standardisierte Fragen [17]. Für die Untersuchung der Akzeptanz und des Nutzens des Montagesystems findet die Methode Unified Theory of Acceptance and Use of Technology (UTAUT) Anwendung. Diese betrachtet die möglichen Effekte der Leistungserwartung, Aufwandserwartung und sozialen Einflüsse. Diese werden den indirekten Variablen wie beispielsweise Geschlecht, Alter und Erfahrung gegenübergestellt. Beide Methoden wurden im Zuge der Evaluierung anhand eines Fragebogens kombiniert [4].

Nach der Evaluierung des Montagesystems hinsichtlich der Gebrauchstauglichkeit, Akzeptanz und des Nutzens erfolgte der Abgleich der Ergebnisse anhand des Soll-/ Istwert-Vergleichs. Werden die Sollwerte erreicht, kann das Montagesystem in das Produktionsumfeld ausgerollt werden. Die zu erreichenden Sollwerte wurden gemeinschaftlich innerhalb des Projektteams und der Stakeholder definiert. Das Vorgehensmodell läuft iterativ ab, bis die Erreichung der Sollwerte durch eine Evaluierung bestätigt wird [4].

19.4 Forschungsergebnisse des umgesetzten Anwendungsfalls

Für die Evaluierung des unter Abschn. 19.2 beschriebenen Vorgehensmodell wurde ein spezifischer Fragebogen entwickelt. Dieser beinhaltet in Summe 23 Fragen unter Berücksichtigung der vorgestellten Methoden. Die Evaluierung des entwickelten Montagesystems fand bei der Fa. SPN, ein Forschungspartner und mittelständisches Maschinenbauunternehmen, statt. Wie in dem Vorgehen in Abschn. 1.3 beschrieben, wurden in Summe 29 Probanden für die Evaluierung ausgewählt. Dabei richtete sich die Auswahl der Probanden nach der zukünftigen Benutzergruppen der Studenten und Azubis ($n=12$), Monteure mit einer geringeren Berufserfahrung von einem Jahr ($n=8$) und Monteure mit mehr als einem Jahr Berufserfahrung ($n=9$) in der manuellen Montage. Die Aufgabe der Probanden war der vollständige Zusammenbau von sieben Getriebebauteilen gleicher Ausführung in Reihenfolge unter der Verwendung von kognitiven und physischen Assistenzsystemen. Im Anschluss an die Montage der sieben Getriebe wurden die ProbandInnen anhand des entwickelten Fragebogens befragt. Dabei wurde für die SUS- und UTAUT-Methode eine Likert-Skala (1 = stimme zu; 2 = stimme

Tab. 19.2 Evaluierungsergebnisse nach der Methodik System Usability Scale

Fragen	n	Mittelwert	Standardabweichung
Ich kann mir sehr gut vorstellen, das System regelmäßig zu nutzen	29	1,51	0,72
Ich empfinde das System als unnötig komplex	29	4,28	0,74
Ich empfinde das System als einfach zu nutzen	29	1,59	0,49
Ich denke, dass ich techn. Support brauchen würde, um das System zu nutzen	29	3,63	1,19
Ich finde, dass die ver. Funktionen des Systems gut integriert sind	29	1,72	0,58
Ich finde, dass es im System zu viele Inkonsistenzen gibt	29	4,28	0,64
Ich kann mir vorstellen, dass die meisten Leute das System schnell zu beherrschen lernen	29	1,28	0,45
Ich empfinde die Bedienung als sehr umständlich	29	4,21	0,85
Ich habe mich bei der Nutzung des Systems sehr sicher gefühlt	29	1,62	0,72
Ich musste eine Menge Dinge lernen, bevor ich mit dem System arbeiten konnte	29	3,97	2,61

eher zu; 3 = weder noch; 4 = stimme eher nicht zu; 5 = stimme nicht zu) verwendet (Tab. 19.2).

Zusammenfassend lässt sich anhand der SUS-Methodik festhalten, dass sich die ProbandInnen (n = 29) die regelmäßige Nutzung des Montagesystems vorstellen können. Die Auswahl der kognitiven und physischen-Assistenzsysteme wird als passend bewertet und deren Integration als gut befunden. Dies führt zu einer schnellen Beherrschung des Systems während der Anwendung (Tab. 19.3).

Anhand der UTAUT-Methodik lässt sich darauf schließen, dass die Probanden (n = 29) nach einer subjektiven Beurteilung die Kontrolle über das Montagesystem haben und alle notwendigen Informationen vom System bereitgestellt bekommen. Zudem sind die Probanden davon überzeugt, dass die Qualität des Bauteils/der Baugruppe durch den Montageassistenten erhöht werden kann.

19.5 Weitergehende Forschungsansätze aus den Ergebnissen von SynDiQuAss

In den folgenden Monaten strebt das Konsortium an, die Ergebnisse der ersten Evaluationsphase des prototypischen Montagearbeitsplatzes mit integrierten Assistenzsystemen vollständig auszuwerten und daraus Optimierungen des bestehenden Systems insbesondere im Hinblick auf die Ergebnisverwertung, die Übertragbarkeit der ein-

Tab. 19.3 Evaluierungsergebnisse nach der Unified Theory of Acceptance and Use of Technology

Fragen	n	Mittelwert	Standardabweichung
Meine Vorgesetzten sind davon überzeugt, dass ich das System verwenden muss	29	2,00	2,29
Ich habe das Gefühl die Kontrolle über das System zu haben	29	1,62	0,72
Ich erhalte von dem System alle notwendigen Informationen	29	1,48	0,81
Das System erleichtert mir die körperliche Arbeit	29	2,17	1,12
Das System macht das Arbeiten sicherer. (Arbeitssicherheit)	29	1,79	0,80
Das System schränkt mich in meiner Arbeitsweise ein	29	4,03	0,89
Das System erhöht die Qualität des Bauteils/der Baugruppe	29	1,62	0,72

gesetzten Methodiken sowie die Wirtschaftlichkeitsanalyse abzuleiten. Dabei sollen insbesondere noch Aspekte der Arbeitssicherheit des Demonstratorarbeitsplatzes berücksichtigt werden. Speziell das Fehlermanagement der integrierten Assistenzsysteme, die Arbeitssicherheit in der Interaktion mit kollaborierenden physischen Assistenzsystemen und die Vorgehensweise für WerkerInnen bei auftretenden Störungen des Systems sollen weiterentwickelt werden. Das Konsortium verspricht sich dadurch weitere praktisch verwertbare Handlungsleitfäden für spezifizierte Montagearbeitsplätze. Des Weiteren soll die wirtschaftliche Auswertung im Sinne des Produktivitätsmanagements unter Einbeziehung der Optimierungen vertieft werden. Dazu sollen eine aktualisierte Prozess-FMEA des spezifizierten Montagearbeitsplatzes und eine Wirtschaftlichkeitsbetrachtung anhand des untersuchten Anwendungsfalls exemplarisch durchgeführt werden. Die von paragon semvox mithilfe aller Projektpartner entwickelte Software zur Erstellung von digitalen Arbeitsabläufen (Editor) soll in der weiteren Projektlaufzeit von erfahrenen MitarbeiterInnen in den Industrieunternehmen separat evaluiert werden. Dadurch lässt sich die Software noch besser an die Anforderungen in realen Arbeitsbedingungen anpassen. Die zusätzlich gewonnenen Erkenntnisse sollen für das Rollout in den beteiligten Partnerunternehmen z. B. in die Unternehmensbereiche Logistik, Versand und Einzelteilfertigung genutzt werden und in einem Leitfaden zum partizipativen Vorgehensmodell der Integration von Assistenzsystemen an Montagearbeitsplätzen veröffentlicht werden.

Das Projekt SynDiQuAss hat sich auf den Unternehmensbereich der Montage fokussiert. Das entwickelte Vorgehensmodell und die eingesetzten Methoden und Technologien bietet jedoch Potenziale, in andere Unternehmensbereiche übertragen zu werden. Damit könnten zukünftig zum einen Produktivitätssteigerungen und Qualitätsverbesserungen entlang der gesamte Wertschöpfungskette in KMUs realisiert, zum anderen die für den Einsatz von Data Analytics und KI-basierter Verfahren notwendige innerbetriebliche Vernetzungsarchitektur und Datenplattform installiert werden. In diesem Kontext ergeben sich folgende offene Forschungsfragen:

- Inwiefern kann die Digitalisierung die Vernetzung zwischen Mitarbeitern im Unternehmen entlang des Wertschöpfungsprozesses unterstützen und dadurch Produktivität erhöhen?
- Wie kann im Mittelstand im Bereich des Wissenstransfers ein intelligenter Informationsfluss durch Assistenzsysteme und Anreizsysteme stattfinden?
- Wie muss ein flexibles Wissensmanagement mit Hilfe von Anreizsystemen gestaltet und mit digitalen Assistenzsystemen umgesetzt werden, damit Mitarbeiter anwendungsfallspezifisch Unterstützung erhalten?
- Welches Vorgehensmodell und welche Algorithmen eigenen sich für die automatisierte Erstellung von Prozessbeschreibungen basierend auf den vorhanden Entwicklungs- und Produktdaten?
- Wie können lernende Algorithmen an prozessintegrierten Prüfstationen wiederholgenaue und nachverfolgbare Aussagen über die aktuelle Produktqualität liefern und prädiktiv eingesetzt werden, um Fehlerfälle zu reduzieren?
- Wie kann der Materialfluss innerhalb der gesamten Produktion transparenter verfolgt und bedarfsgerechter gesteuert werden?

Diese Forschungsfragen stellen die Grundlage für Nachfolgeprojekte dar, die auf den Ergebnissen von SynDiQuAss aufbauen können.

19.6 Publikationen und Veranstaltungen

Im Laufe des Forschungszeitraums entstanden folgende Publikationen der Projektergebnisse:

- Fink, K., Rusch, T., Merkel, L., Sochor, R., Kerber, F., Reinhart, G.: Ein Vorgehensmodell zur Prozessevaluierung zur Integration ausgewählter kognitiver und physischer Assistenzsysteme am Montagearbeitsplatz 4.0 im Mittelstand, 66. Frühjahrskongress der Gesellschaft für Arbeitswissenschaft e. V., In: GfA-Press, 2020
- Riegel, A.: Assistance systems for process – integrated quality control at assembly workplaces Developing an inspection plan, In: Pro Business digital, 2019
- Sochor, R., Riegel, A., Merhar, L., Rusch, T., Kerber, F., Braunreuther, G., Reinhart, G.: Kognitive und physische Assistenz in der Montage, wt-online – Ausgabe 3–2019, S. 122–127, 2019
- Rusch T., Kerber F.: Prozessmodellierung zur Integration von Assistenzsystemen an Montagearbeitsplätzen. 65. Frühjahrskongress der Gesellschaft für Arbeitswissenschaft e. V., In: GfA-Press, 2019

- Rusch T., Riegel A., Kerber F., Romanelli, M., Quitter T., Reinert M., Klug H.: Spezifikation und Umsetzungskonzept für standardisierte Montagearbeitsplätze mit integrierter Assistenzfunktion. Arbeit in der digitalisierten Welt. Stand der Forschung und Anwendung im BMBF-Förderschwerpunkt, In: Fraunhofer IAO, 2019
- Sochor R.; Riegel A.; Merhar L.; Rusch T.; Merkel L.; Kerber F.; Braunreuther S.; Reinhart G.: Kognitive und physische Assistenz in der Montage. Einsatzmöglichkeiten kombinierter Assistenz an Systemarbeitsplätzen. wt werkstatttechnik online, In: VDI Fachmedien GmbH, 2019
- Riegel A., Kerber F.: Assistierte Qualitätssicherung. Fachtagung Mechatronik, In: VDI Fachmedien GmbH, 2019
- Rusch, T.: Projekt SynDiQuAss – Assistenz für den Monteur von Morgen, In: Pro Business digital, 2019
- König, M., Stadlmaier, M., Rusch, T., Sochor, R., Merkel, L., Braunreuther, S., Schilp, J.: MA^{2}RA – Manual Assembly Augmentes Reality Assistent, IEEM 2019
- Merhar L., Berger C., Braunreuther S., Reinhart G. (2019) Digitization of Manufacturing Companies: Employee Acceptance Towards Mobile and Wearable Devices. In: Ahram T. (eds) Advances in Human Factors in Wearable Technologies and Game Design. AHFE 2018. Advances in Intelligent Systems and Computing, vol 795. Springer, Cham

Die Projektziele und -ergebnisse wurden in verschiedenen Veranstaltungen sowohl für allgemeines Publikum als auch auf Fachtagungen präsentiert, um die Öffentlichkeitsarbeit und spätere Verwertung zu fördern.

- Sochor, R.: Current Knowledge Management in Manual Assembly – Further Development by the Analytical Hierarchy Process, Incentive and Cognitive Assistance Systems, CPSL Conference on Production Systems and Logistics 18.03.2020
- Sochor, R.: Digitaler Montagetisch, Schwerpunktgruppentreffen, Lemgo, 25.09.2019
- Kerber, F.: Assistenz in der Montage – Wie Cobots die Arbeitsplätze der Zukunft verändern, 8. Augsburger Technologietransfer-Kongress, 26.03.2019
- Kerber, F.: „Assistenzsysteme in der Produktion" als Beitrag zur European Robotics Week, Augsburg, 18.11.2018
- Kerber, F.: Digitalization on the shopfloor – the SME perspective, Fachkonferenz im Technologiezentrum Augsburg anlässlich der Informationsreise "Industrie 4.0" einer slowenischen Delegation, 08.10.2018
- Hueber, M., Kerber, F: „Einsatz von Assistenzsystemen in der Montagetechnik", Nördlingen, 01.02.2018
- Rusch, T.: Projekt SynDiQuAss – Assistenz für den Monteur von Morgen, Applied Research Conference 2018, Deggendorf, 10.07.2018
- Merkel, L.: Komplexität und Assistenzfunktionen in der manuellen Montage, MONTEXAS 4.0 Workshop, Lemgo, 15.02.2018

Während der Projektlaufzeit nahm das Konsortium an verschiedenen Veranstaltungen teil und präsentierte die Forschungsergebnisse. Das Fraunhofer IGCV war auf den Hannover Messen 2018 und 2019 vertreten, um dort u. a. den selbst entwickelten Assistenzsystemdemonstrator vorzustellen. Auf der Arbeitsforschungstagung „Arbeitswelten der Zukunft" 2018 in Stuttgart war das Projekt mit einem eigenen Stand vertreten. Anlässlich der Feiern zum 100jährigen Firmenjubiläum des Projektpartners SPN Schwaben Präzision im September 2019 wurde der spezifizierte Demonstratorarbeitsplatz Fachbesuchern und der Öffentlichkeit präsentiert. Zudem wurde der Demonstrator zum „Tag des offenen Labors" am Hochschulzentrum Donau-Ries ausgestellt.

Projektpartner und Aufgaben

- **Hochschule Augsburg – Technologietransferzentrum, Nördlingen**
  Errichtung eines Prototypen für Arbeitsplätze mit geringem Automatisierungsgrad und Analyse von Möglichkeiten zur Unterstützung der WerkerInnen durch Mensch-Maschinen- Kollaborationen
- **Fraunhofer-Einrichtung für Gießerei-, Composite- und Verarbeitungstechnik IGCV, Augsburg**
  Nachhaltige und signifikante Produktivitäts- und Flexibilisierungssteigerung in deutschen Fertigungsbetrieben sowie vertikale und horizontale Integrationsfähigkeit von Arbeitsprozessen durch gesteigerte Digitalisierung
- **paragon semvox GmbH, Limbach/Kirkel**
  Weiterentwicklung und Etablierung digitalisierter Assistenzsysteme in der Produktion. Generierung neuer Forschungsideen und –potenziale
- **Ohnhäuser GmbH, Wallerstein**
  Neue Anregungen und Erkenntnisse zu Innovationsmöglichkeiten im Bereich der Digitalisierung
- **SPN Schwaben Präzision Fritz Hopf GmbH, Nördlingen**
  Übertragung der Ergebnisse aus dem Projekt auf andere Unternehmensbereiche und Sensibilisierung der Mitarbeiter/innen für das Thema Digitalisierung

Literatur

1. Apt E, Bovenschulte M, Priesack K et al (2018) Einsatz von digitalen Assistenzsystemen im Betrieb, iit – Institut für Innovation und Technik, Berlin
2. Riegel A, Rusch T et al (2019) SynDiQuAss – Synchronisation von Digitalisierung, Qualitätssicherung und Assistenzsystemen an Arbeitsplätzen mit geringen Automatisierungsgrad. Forschungsprojekt Transwork: Schwerpunktgruppenbuch
3. Rusch T, Kerber F (2019) Prozessmodellierung zur Integration von Assistenzsystemen an Montagearbeitsplätzen. In: GfA, Dortmund (Hrsg.): Frühjahrskongress 2019, Beitrag C.9.7

4. Fink K, Rusch T, Merkel M et al (2020) Ein Vorgehensmodell zur Prozessevaluierung zur Integration ausgewählter kognitiver und physischer Assistenzsysteme am Montagearbeitsplatz 4.0 im Mittelstand. GfA, Dortmund (Hrsg.): Frühjahrskongress 2020, Berlin
5. Bullinger H-J (1995) Arbeitsplatzgestaltung – Personalorientierte Gestaltung marktgerechter Arbeitssysteme. Springer Vieweg, Wiesbaden
6. Sochor R, Riegel A, Merhar L et al (2019) Kognitive und physische Assistenz in der Montage. In: wt Werkstatttechnik online 109(2019) Nr. 3: 122–127
7. Kleineberg T, Hindrichsen S, Eichelberg M et al (2017) Leitfaden: Einführung von Assistenzsystemen in der Montage. Internet: https://www.th-owl.de/produktion/fachbereich/labore/industrial-engineering/veroeffentlichungen/leitfaden-einfuehrung-von-assistenzsystemen-in-der-montage. Zugriff am 06. Jani 2020
8. Rusch T, Riegel A, Kerber F et al (2019) Spezifikation und Umsetzungskonzept für standardisierte Montagearbeitsplätze mit integrierter Assistenzfunktion. In: Arbeit in der digitalisierten Welt:162–169
9. DIN EN ISO 6385 (2016) Grundsätze der Ergonomie für die Gestaltung von Arbeitssystemen. Deutsches Institut für Normung DIN EN ISO 6385:2016
10. Deuse J, Busch F, Weisner K et al (2015) Differentielle Arbeitsgestaltung durch hybride Automatisierung. Arbeit in der digitalisierten Welt, Frankfurt/New York
11. Ullrich C, Aust M, Blach R et al (2015) Assistenz- und Wissensdienste für den Shopfloor. Proceedings der Pre-Conference Workshops der 13. E-Learning Fachtagung Informatik, München
12. Bischoff J, Taphorn C, Wolter D et al (2015) Erschließen der Potenziale der Anwendung von Industrie 4.0 im Mittelstand. agiplan, Mühlheim an der Ruhr
13. Senderek R, Geisler K (2015) Assistenzsysteme zur Lernunterstützung in der Industrie 4.0. Proceedings der Pre-Conference Workshops der 13. E-Learning Fachtagung Informatik, München
14. Ullrich A, Vladova G, Gronau N et al (2016) Akzeptanzanalyse in der Industrie 4.0-Fabrik. Ein methodischer Ansatz zur Gestaltung des organisatorischen Wandels. In: Obermaier, R. (Hrsg) Bd. Industrie 4.0 als unternehmerische Gestaltungsaufgabe, Wiesbaden: Springer Gabler, S 291–307
15. Anstadt U (1994) Determinanten der individuellen Akzeptanz bei Einführung neuer Technologien. Eine empirische arbeitswissenschaftliche Studie am Beispiel von CNC-Werkzeugmaschinen und Industrierobotern. In: Lang P (Hrsg) Bd. Arbeitswissenschaft in der betrieblichen Praxis, Frankfurt a. M.: European Verlag der Wissenschaft, S 66–94
16. Goodhue D, Thompson R (1995) Task-technology fit and individual performance. MIS Q 19(2):213–236
17. Brooke J (1994) SUS: A `Quick and Dirty` Usability Scale. In: Jordan P, Thomas B, Weerdmeester B et al (Ed) Usability evaluation in industry. London
18. Verein Deutscher Ingenieure (1990) VDI 2860 Montage- und Handhabungstechnik; Handhabungsfunktionen, Handhabungseinrichtungen, Begriffe, Definitionen, Symbole
19. Shamsuzzoha A, Helo P (2011) Real-time Tracking and Tracing System: Potentials for the Logistics Network. Proceedings of the 2011 International Conference on Industrial Engineering and Operations Management, Kuala Lumpur

BY

Teil IV
Gestaltung vernetzt-flexibler Arbeit

Empowerment in der agilen Arbeitswelt

20

ein Schlüssel für die nachhaltige Gestaltung neuer Arbeitsformen

Andreas Boes, Katrin Gül, Tobias Kämpf und Thomas Lühr

20.1 Das Projekt „Empowerment in der digitalen Arbeitswelt"

In der digitalen Transformation stehen etablierte Unternehmen vor der Herausforderung, sich in einem umfassenden Sinn neu zu erfinden. Dies reicht von der Entwicklung neuer Geschäftsmodelle über das Neudenken von Innovationsstrategien und Produktionsprozessen bis hin zur Einführung neuer Organisationsformen von Arbeit. In diesem Neuorientierungsprozess erleben wir, wie gerade in den Vorreiter-Unternehmen des Umbruchs die Frage nach der Rolle der Mitarbeitenden und Führungskräfte neu gestellt wird. Ob dies in der Folge zu einer Neugestaltung der Arbeitswelt im Sinne der Menschen führen wird oder nicht, wird allerdings entscheidend davon abhängen, ob es gelingt, die Beschäftigten konsequent zu empowern. Daher ist das konsequente Empowerment der Beschäftigten der Schlüssel für den langfristigen Erfolg agiler und humaner Arbeitswelten und muss in der Unternehmenspraxis einen zentralen Stellenwert einnehmen.

Ziel des Verbundprojekts „Empowerment in der digitalen Arbeitswelt" (EdA)[1] war es daher, zusammen mit Vorreiterunternehmen Konzepte für ein Empowerment

[1]Das Projekt „Empowerment in der digitalen Arbeitswelt" (EdA) ist ein Verbundprojekt unter der Leitung des Instituts für Sozialwissenschaftliche Forschung e. V. – ISF München und in Zusammenarbeit mit der Universität Kassel, dem Betriebsrat der AUDI AG Ingolstadt, der IG Metall und der andrena objects ag (Laufzeit: 1. Januar 2017 bis 30. April 2020). Es wird durch Mittel des Bundesministeriums für Bildung und Forschung (BMBF) im Programm „Innovationen für die Produktion, Dienstleistung und Arbeit von morgen" und des Europäischen Sozialfonds (ESF) gefördert und vom Projektträger Karlsruhe (PTKA) betreut.

A. Boes · K. Gül · T. Kämpf (✉) · T. Lühr
ISF München e. V., München, Deutschland

W. Bauer et al. (Hrsg.), *Arbeit in der digitalisierten Welt*,
https://doi.org/10.1007/978-3-662-62215-5_20

von Beschäftigten zu entwickeln, die eine nachhaltige Gestaltung der agilen Arbeitswelt ermöglichen. Sieben zentrale Gestaltungsfelder standen dabei im Fokus: „Agile Organisationskonzepte“, „neue Führungskulturen“, „Gesundheitsförderung“, „Zeitsouveränität“, „Team-Empowerment“, „Partizipation & Mitbestimmung“ und „Crowd“.

20.2 Empowerment: Wie kann die neue Arbeitswelt nachhaltig gestaltet werden?

Die Grundlage für den aktuellen Umbruch in Wirtschaft und Gesellschaft bildet der Aufstieg des Internet und seine Entwicklung zu einem global verfügbaren „Informationsraum“ [2, 3]. Dieser Informationsraum wird zum Ausgangspunkt für die Herausbildung einer neuen Form von Ökonomie, der „Informationsökonomie“ [9: 122]. In der Informationsökonomie bildet das Konzept der Cloud die Basis für eine grundlegende Neuorganisation der Geschäftsmodelle, der Wertschöpfung sowie der Innovations- und Arbeitsprozesse. Die Cloud wird damit zum Wegbereiter eines regelrechten Paradigmenwechsels in den Unternehmen (vgl. ebd.; [21]). Komplementär zur Entwicklung digitaler Geschäftsmodelle im Informationsraum geht es dabei auf organisatorischer Ebene insbesondere um die kurzzyklische Auslieferung von Innovationen, um das Aufbrechen von starren Abteilungsgrenzen, um „flache Hierarchien“, um mehr Flexibilität und um Kundenorientierung. Im Zuge dieses Paradigmenwechsels entstehen umfangreiche neue Möglichkeiten, welche die Unternehmen für ihre Produkt- und Geschäftsstrategien wie auch für die Arbeitsorganisation nutzen können [9].

20.2.1 Agilität: Die neue Leitorientierung

Um diese neuen Möglichkeiten der Digitalisierung nutzen und letztlich auch bewältigen zu können, suchen neben Start-ups auch etablierte Unternehmen seit Jahren nach einem neuen Bauplan [6, 7]. Wir konnten im Zuge unserer empirischen Untersuchungen feststellen, dass sich in diesem Prozess der Neuerfindung vor allem das Konzept der Agilität als eine neue Leitorientierung durchzusetzen beginnt. Dabei wird insbesondere die traditionelle Managementkultur des „command & control“ infrage gestellt. Stattdessen gewinnen Ansätze, die auf Eigenverantwortung und Selbstorganisation von Beschäftigten basieren, an Bedeutung.

In dieser Phase der Neuerfindung experimentieren die Unternehmen mit vielfältigen agilen Konzepten und Methoden. Beispiele hierfür sind etwa die Einführung agiler Methoden, wie Scrum oder Kanban [4, 18], die Nutzung Community-basierter Ansätze von Wissenstransfer oder verschiedenste Formen eines agilen „Staffings“, z. B. Crowdsourcing [33] bzw. „interne Crowd Work“ (vgl. [17, 27]), bis hin zu einer Schwarmorganisation. Gemeinsam ist diesen unterschiedlichen Ansätzen vor allem eines: Sie sind Ausdruck einer Suche nach Alternativen zu bürokratischen Organisationskonzepten.

Mit diesen Bestrebungen, nicht nur die Organisationsstrukturen, sondern auch die Prozesse und die Arbeitsorganisation agiler zu gestalten, sind – zumindest in den Vorreiter-Unternehmen – auch ganz neue Vorstellungen davon verbunden, wie sich Beschäftigte in den Arbeitsprozess einbringen sollen. Dahinter steht die Überlegung, dass sich die vielfältigen und in rasanter Entwicklung begriffenen Möglichkeiten der digitalen Transformation nur dann in einer angemessenen Geschwindigkeit nutzen lassen, wenn sich die Beschäftigten sich in ihren Verantwortungsbereichen mit ihren Kompetenzen, ihrem Know-how und ihrer Einsatzbereitschaft reaktionsschnell dazu ins Verhältnis setzen können. Dabei lassen sich verschiedene Tendenzen beobachten, welche am bisherigen Rollenverständnis von Mitarbeitenden und Führungskräften rütteln (vgl. [8]).

So sollen die Mitarbeitenden lernen, eigenverantwortlich zu agieren und nicht mehr lediglich auf Vorgaben und exakte Anweisungen von Vorgesetzten zu reagieren. Umgekehrt wird an Führungskräfte die Anforderung gestellt, „loszulassen" und als „Enabler" für das Empowerment und die Selbstorganisation des Teams zu fungieren. Ausgehend von der Annahme, dass die qualifizierten Mitarbeitenden selbst am besten wissen, wie ihre Arbeit funktioniert, sollen sie diese auch selbst organisieren und planen. Die bestehenden bürokratischen Prozesse sollen von den Mitarbeitenden hinterfragt und in „intelligente Prozesse" überführt werden, die immer wieder neu an die jeweils gegebenen Anforderungen angepasst werden können.

Doch was bedeuten all diese Veränderungstendenzen für die Beschäftigten in den Unternehmen? Führen sie tatsächlich zu einem Autonomiezuwachs und zu mehr Mitbestimmungsmöglichkeiten aufseiten der Beschäftigten? Können sie ihre Arbeitsabläufe selbstbestimmt gestalten und haben Zugang zu den benötigten und gewünschten Informationen? Kurzum: Führen die neuen Anforderungen an Beschäftigte in agilen Arbeitsumgebungen tatsächlich zu einem echten Empowerment? Kritische Stimmen sehen in den Bestrebungen, die Selbstorganisation der Beschäftigten zu stärken, vor allem den Versuch, bisher ungenutzte Potenziale für die Bewältigung der neuartigen Herausforderungen im Zuge der digitalen Transformation nutzbar zu machen und so eine Effizienzsteigerung zu erzielen (vgl. z. B. [11]). Eng mit dieser Entwicklung verbunden ist aber auch eine Neuauflage der Diskussion um neue Chancen für Partizipation und Selbstbestimmung im Sinne einer Humanisierung von Arbeit [7].

Schon einmal, im Zuge der Einführung „neuer Produktionskonzepte" [20] nach dem krisenhaften Umbruch in den 1970er und 1980er Jahren, erhielten Formen direkter Partizipation und Mitarbeiterbeteiligung Auftrieb (ausführlich: Boes et al. 2018). Schon damals wurde die Idee einer Vereinbarkeit von Humanisierung und Rationalisierung kritisch diskutiert [15, 16, 26]. Und auch damals stand die Nutzung der Produktionsintelligenz der Beschäftigten im Mittelpunkt: Eine Erweiterung der Entscheidungskompetenzen der ausführenden Ebene geschah mit der Idee, wichtige Produktivitätspotenziale durch die Förderung der fachlichen Souveränität der Arbeiter zu erschließen. Ähnliches galt später auch für den Ansatz der Lean Production (z. B. [24]). Insgesamt konnte die Umsetzung von Formen direkter Partizipation und beteiligungsorientierter Managementprinzipien in den bisherigen Suchprozessen nach Alternativen zum fordistisch-bürokratischen Unternehmensmodell jedoch kaum das Anfangsstadium überschreiten (z. B. [14–16]).

20.2.2 Ein neuer Möglichkeitsraum für mehr Empowerment

Mit dem digitalen Umbruch eröffnet sich nun ein neuer Möglichkeitsraum für mehr Demokratie in der Arbeitswelt und eine Beteiligung der Beschäftigten. Wir erleben gegenwärtig, wie der gesamte Bauplan des fordistisch-bürokratischen Unternehmens grundlegend zur Disposition gestellt wird – von der Abschottung funktionaler Säulen über das hierarchische Führungsverständnis bis hin zum Expertenmodus hochqualifizierter Kopfarbeit [5]. In den Unternehmen gewinnt damit ein umfassender Neuerfindungsprozess an Dynamik, welcher mit einem neuen Rollenverständnis von Beschäftigten und Führungskräften einhergeht und ein Empowerment der Beschäftigten ermöglichen kann.

Wir können also festhalten, dass aus den neuen Anforderungen an die Beschäftigten im Zuge der Verbreitung agiler Arbeitsformen allein noch kein Empowerment der Beschäftigten erwächst. Vielmehr entsteht ein neuer Möglichkeitsraum, um Strukturen zu schaffen, die ein konsequentes Empowerment von Beschäftigten ermöglichen. Dabei haben uns unsere Forschungsergebnisse[2] deutlich gezeigt: Empowerment ist die Voraussetzung dafür, dass agile Methoden nicht nur formal umgesetzt, sondern auch wirklich gelebt werden (vgl. [35]). Erst ein konsequentes Empowerment gibt den Beschäftigten die Möglichkeit, ihre Arbeit so zu gestalten, dass sie zielorientiert, sinnerfüllend und nachhaltig zugleich ist. Nur wenn Empowerment gelebt wird, können Teams gemeinsam Arbeitsprozesse so gestalten, dass sie in einem angemessenen Zeitrahmen zu erfüllen sind und jedes Teammitglied die Unterstützung bekommt, die es braucht. Damit ist Empowerment auch die Grundlage dafür, dass Beschäftigte bereit sind, ihr Wissen zu teilen, und dass Lernprozesse im Team wie im Unternehmen stattfinden können. Das Empowerment der Beschäftigten ist eine Voraussetzung dafür, negativen Beanspruchungen in agilen Arbeitsformen vorzubeugen. Empowerment ist der Schlüssel für ein nachhaltiges agiles Arbeiten.

20.2.3 Empowerment: strukturell und psychologisch

Eine präzise Begriffsbestimmung von Empowerment ist nicht ganz einfach, da das Konzept seit seinem Entstehen in sehr heterogenen Bereichen mit teilweise unterschiedlichen politischen Intentionen aufgegriffen wurde (vgl. [11]).

[2] Im Rahmen des Teilvorhabens des ISF München wurden insgesamt 86 Expertengespräche sowie Beschäftigteninterviews in acht verschiedenen Unternehmen aus der IT-, Automobil-, Elektro- sowie Energiebranche geführt.

Die Ursprünge des Konzepts reichen in die 70er Jahre des 20. Jahrhunderts zurück, als es von der amerikanischen Bürgerrechtsbewegung geprägt und anschließend vor allem von der gemeindebezogenen Sozialen Arbeit aufgegriffen wurde, insbesondere bei Julian Rappaport[3] (vgl. [23]). Im Mittelpunkt dieses Ansatzes steht eine ressourcenorientierte Perspektive, welche nicht die „Mängel" von Menschen in den Blick nehmen möchte, sondern vielmehr auf die Stärkung von Potenzialen abzielt.

Schon früh wurde das Empowerment-Konzept von der betrieblichen Managementforschung adaptiert. In der Managementlehre werden häufig zwei unterschiedliche Ansätze von Empowerment gegenübergestellt (vgl. [10: 861 f.] oder [34]): das strukturelle Empowerment und das psychologische Empowerment. Während das strukturelle Empowerment mit einer Makro-Perspektive assoziiert wird, da hierbei Strukturen, Strategien und Praktiken in den Blick genommen werden, stellt das psychologische Empowerment eine Mikro-Perspektive auf die Wahrnehmungen der Mitarbeitenden dar (vgl. [28]).

Das strukturelle Empowerment geht auf Rosabeth Moss Kanter [19] zurück. Es fokussiert darauf, Entscheidungsmacht an niedrigere Hierarchieebenen zu delegieren, um auf diese Art bessere Arbeitsresultate zu erhalten und die Produktivität des Unternehmens zu erhöhen. Dabei benennt [19] fünf Bedingungen in der Arbeit, welche Voraussetzung für das Empowerment der Beschäftigten sind:

- Möglichkeit, sich selbst weiterzuentwickeln und zu wachsen
- Zugang zu relevantem Wissen
- Zugang zu Unterstützungsleistungen (Feedback/Beratung durch Kollegen bzw. Vorgesetzte)
- Zugang zu adäquaten Ressourcen (Zeit, Mittel)
- Gelegenheit zum Aufbau und zur Nutzung von persönlichen Netzwerken

Auch wenn Kanter damit wichtige Faktoren von Empowerment hervorhob, galt die isolierte Perspektive auf ein strukturelles Empowerment als unvollständig. So merkten [13: 474] an, dass eine alleinige Perspektive auf diese Seite des Empowerments die Selbstwirksamkeit der Mitarbeitenden unberücksichtigt lässt, und Spreitzer [29] vermisste die Erfassung der Wahrnehmung von bestimmten Strukturen und Praktiken durch die Mitarbeitenden. Sie entwickelte daraufhin das in der Empowerment-Forschung fest etablierte und vielfach validierte Konzept des psychologischen Empowerments (vgl. [1, 12, 22]).

Im Gegensatz zum strukturellen Empowerment steht beim psychologischen Empowerment weniger die tatsächliche Weitergabe von Autorität und Verantwortung im Mittelpunkt, sondern vielmehr die subjektive Wahrnehmung empowernder Arbeits-

[3]Julian Rappaport [25] machte das Konzept bekannt. In seinem maßgeblichen Artikel von 1981 hieß es: „Having rights but no resources and no services available is a cruel joke."

bedingungen durch die Mitarbeitenden und deren damit verbundene kognitive Zustände [13, 29]. Die dahinterliegende Annahme ist, dass das Ausmaß, in dem die Organisation Empowerment-Maßnahmen implementiert, und das Ausmaß, in welchem sich Mitarbeiter empowert fühlen, nicht zwangsläufig übereinstimmen [31]. Psychologisches Empowerment setzt sich nach Spreitzer aus vier Wahrnehmungen zusammen: dem Empfinden von Bedeutsamkeit, dem Empfinden von Kompetenz, der Erfahrung von Selbstwirksamkeit sowie dem Erleben von Einflussnahme [30]. In ihrer Gesamtheit gelten diese Wahrnehmungen als motivierendes Element für eine proaktive Haltung in der Arbeit [32].

20.2.4 Empowerment: Ganzheitlich gedacht

In der Empowerment-Literatur wurde jedoch – nicht zuletzt durch Spreitzer selbst – immer wieder darauf verwiesen, dass beide Perspektiven auf Empowerment – also die strukturelle ebenso wie die psychologische – im Zusammenspiel zu betrachten sind (z.B: [30, 31]).

Dieser Auffassung schließen wir uns an. Wir begreifen Empowerment als ein gelingendes Wechselverhältnis zwischen den betrieblichen Rahmenbedingungen, welche das aktive Engagement der Menschen ermöglichen und fördern, und der Bereitschaft der Menschen, sich entsprechend in das Unternehmen einzubringen. Wir halten es allerdings für notwendig, noch einen Schritt weiter zu gehen: Die genannten Empowerment-Konzepte, die ihren Ursprung zum Teil schon in den 70er Jahren des 20. Jahrhunderts haben, denken Empowerment immer noch als Bestandteil einer traditionell hierarchischen Struktur. Empowerment wird dann meist mit der Delegation von Verantwortung und dem Zugestehen von Entscheidungs- und Handlungsspielräumen gleichgesetzt (vgl. Bröckling 2003). Im Zuge unserer empirischen Erhebungen haben wir allerdings gelernt, dass das Empowerment der Beschäftigten von ganz unterschiedlichen Aspekten in den Unternehmen bestimmt wird. Der digitale Umbruch und die agile Leitorientierung in den Unternehmen führen dazu, dass das Empowerment der Beschäftigten auf vielfältigen Ebenen an Bedeutung gewinnt und hier konkret wird. Wir möchten daher im Folgenden die inhaltlichen Dimensionen von Empowerment in den Unternehmen bestimmen und damit zu einem ganzheitlichen und systematischen Verständnis von Empowerment in der digitalen Transformation beitragen.

20.2.5 Empowerment in der agilen Arbeitswelt: die zentralen Dimensionen

Angesichts der Tatsache, dass sich aktuell in vielen Unternehmen ein neuer Möglichkeitsraum öffnet, um die Weichen für ein nachhaltiges Empowerment im Sinne der Menschen und der Unternehmen zu stellen, halten wir es für notwendig, ein genaueres Verständnis davon zu haben, worin das Empowerment der Menschen in den Unter-

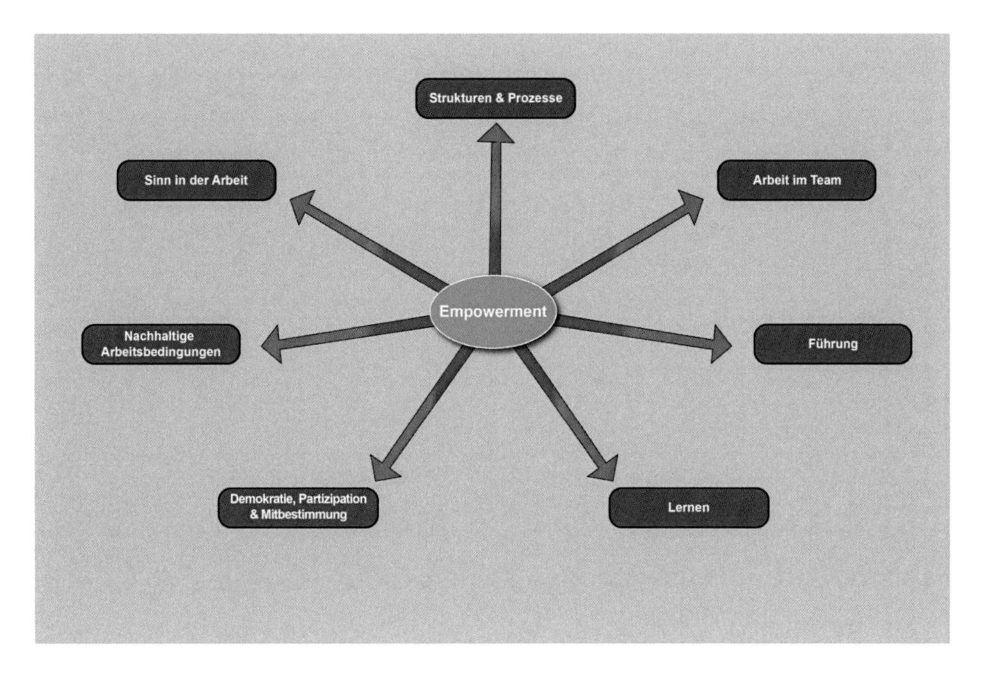

Abb. 20.1 Dimensionen von Empowerment in der agilen Arbeitswelt, eigene Abbildung

nehmen konkret besteht. Die folgenden sieben Dimensionen von Empowerment halten wir dabei für zentral (Abb. 20.1):

Führung: Die Organisation von Führung ist entscheidend bei der Frage, ob es gelingt, das Empowerment der Beschäftigten in den Unternehmen systematisch zu ermöglichen und zu fördern. In agilen Organisationen bedeutet das, dass Führung zu einer gemeinschaftlichen Aufgabe werden muss. Anstelle von hierarchischer Anweisung durch Einzelne wird ein Konzept von Führung benötigt, das auf sozialen Aushandlungsprozessen basiert. Dies betrifft Aushandlungsprozesse im Team ebenso wie zwischen verschiedenen funktionalen Rollen, die jeweils unterschiedliche Perspektiven auf das Ganze darstellen. Eng damit verbunden ist auch die Bereitschaft des Managements, die Autonomie agiler Teams zu akzeptieren. Das Führen empowerter Mitarbeiter bedeutet daher auch, dass sich die Rolle der Führungskraft grundlegend verändert: Statt Kontrolle gewinnen Unterstützung und Beratung als Funktionen von Führung an Bedeutung. Dies beinhaltet beispielsweise die Unterstützung beim Zugang zu wichtigen Ressourcen wie Informationen und notwendigem Know-how, beim Erwerb von Qualifikationen oder auch bei der Realisierung von Finanz- und Zeitplänen.

Strukturen und Prozesse: Für das Empowerment der Mitarbeiter ist es entscheidend, dass sie im Unternehmen Strukturen und Prozesse vorfinden, welche eine flexible Anpassung an sich verändernde Ansprüche und Erfordernisse sowie einen offenen und leichten Austausch über Abteilungsgrenzen hinweg ermöglichen. Hierbei ist wesentlich, inwieweit die Beschäftigten eine Organisationsstruktur erleben, die sie in ihrer Eigeninitiative befördert und nicht durch starre und bürokratische Prozesse behindert. Dazu gehören auch ein offener Umgang mit Informationen, die Möglichkeit, neue Arbeitsformen auszuprobieren, sowie das Angebot von Plattformen und Tools, die eine weitgehend barrierefreie Zusammenarbeit ermöglichen.

Arbeit im Team: Ein empowertes Team verfügt über Entscheidungsfreiräume, Arbeitsabläufe selbstbestimmt zu gestalten und eine kollektive Strategie- und Handlungsfähigkeit zu entwickeln. Diese kann es zum einen zur Erschließung von Sinnpotenzialen und persönlicher Entfaltung nutzen und zum anderen zur Grundlage für die Steuerung der eigenen Arbeitsmenge sowie für einen schonenden Umgang mit der eigenen Arbeitskraft machen. Für das Empowerment der Teammitglieder entscheidend ist, ob sich solide und ausgeprägte Vertrauensbeziehungen ausbilden können, die einen konstruktiven Umgang mit Transparenz ermöglichen. Anderenfalls können sich Formen eines Gruppen- und Rechtfertigungsdrucks entwickeln, die letztlich auch zur Entstehung neuer Belastungen führen können.

Lernen: Für das Empowerment der Mitarbeitenden ist der Umgang mit dem Thema „Lernen“ im Unternehmen essenziell. Dies geht weit über das Angebot von und den Zugang zu Weiterbildungs- und Qualifizierungsmaßnahmen hinaus. Es betrifft sehr viel umfassender die Frage, inwieweit es dem Unternehmen gelingt, durch die Etablierung kontinuierlicher Lernschleifen zu einer „intelligenten Organisation“ zu werden. Dazu gehört beispielsweise ein konstruktiver Umgang mit Fehlern und Kritik oder auch die Etablierung von Freiräumen für Kreativität und Innovation. Eine wichtige Rolle spielt in diesem Kontext auch die Fähigkeit der Organisation, Erfahrungen und Verbesserungsvorschläge von Mitarbeitenden aufzunehmen und umzusetzen. Und auch das „Lernen voneinander“ ist dabei ein wichtiges Thema: Es geht um die Frage, inwieweit es gelingt, im Unternehmen eine Vertrauenskultur zu erzeugen, die einen offenen Erfahrungs- und Know-how-Transfer zwischen den Mitarbeitenden ermöglicht und aktiv unterstützt.

Demokratie, Partizipation und Mitbestimmung: In welchem Maße partizipieren Beschäftigte an Unternehmensentscheidungen? Welche Möglichkeiten haben sie, selbst strategische Themen zu setzen und voranzutreiben? In welchem Umfang gibt es im Unternehmen kollektive Vereinbarungen, die das Empowerment der Beschäftigten nachhaltig sichern und das Vertrauen in neue Arbeitsformen stärken? Ein wichtiger Erfolgsfaktor für ein Empowerment der Beschäftigten ist eine beteiligungsorientierte Unternehmenskultur, die Selbstbestimmung durch Mitbestimmung ermöglicht. Gerade die institutionelle Absicherung der neuen Beteiligungsmöglichkeiten agiler Teams kann hier eine wichtige Grundlage schaffen. Dadurch ließe sich verhindern, dass z. B. die Dimensionen des Empowerments immer wieder zur Disposition gestellt werden und von den Teams neu verhandelt werden müssen. Stattdessen könnten die Dimensionen des Empowerments über Vereinbarungen zwischen den Sozialparteien verstetigt und den Beschäftigten ein verbriefter Anspruch auf Empowerment gewährt werden.

Nachhaltige Arbeitsbedingungen: Die Möglichkeiten für zeit- und ortsflexible Arbeitsformen wie mobiles Arbeiten oder Home-Office haben mit der Digitalisierung zugenommen. Sie können Beschäftigte wie Führungskräfte prinzipiell in die Lage versetzen, eine bessere Vereinbarkeit von Arbeits- und Privatleben zu erreichen. In der Praxis entscheidet allerdings das Empowerment der Beschäftigten bzw. das Ausmaß ihrer Zeitsouveränität darüber, ob die Flexibilisierung von Arbeitszeit und Arbeitsort der Realisierung nachhaltiger Arbeitsbedingungen dient oder zu einer Verlängerung der Arbeitszeiten sowie ausufernden Verfügbarkeitserwartungen führt. Entscheidend ist hierbei auch die Frage, inwieweit Beschäftigte die Anforderungen der Arbeit mit ihren sich wandelnden Bedürfnissen in unterschiedlichen Lebensphasen vereinbaren können.

Sinn in der Arbeit: Eine zentrale Komponente des psychologischen Empowerments ist das Empfinden von Bedeutsamkeit in der Arbeit. Hierbei ist es entscheidend, in welchem Umfang es eine Übereinstimmung zwischen den Zielen in der Arbeit und den persönlichen Einstellungen und Wertvorstellungen gibt und ob die Beschäftigten Arbeitsbedingungen vorfinden, in denen sie ihren eigenen Ansprüchen an Inhalt und Qualität in der Arbeit gerecht werden können. Auch die Frage, ob Beschäftigte hierbei das Gefühl der „Handhabbarkeit" erfahren, also die Überzeugung, den Anforderungen gerecht werden zu können bzw. im Unternehmen etwas bewegen zu können, spielt bei der Erfahrung von Sinn eine wichtige Rolle.

Ein wichtiges Ergebnis und Produkt Verbundprojekts ist der Empowerment Index als ein integriertes Analyse- und Gestaltungstool. Auf Grundlage der identifizierten Dimensionen von Empowerment wurde ein ganzheitlich konzipiertes Analysetool zur Erfassung von Empowerment in der agilen Arbeitswelt entwickelt. Der Empowerment-Index unterscheidet sich von anderen Instrumenten zur Erfassung von Empowerment, indem er in eine Theorie des digitalen Umbruchs eingebettet ist und zentrale Aspekte wie Führung sowie Demokratie und Mitbestimmung mit einbezieht. Das Tool soll die einzelnen Unternehmen dabei unterstützen, vor Ort mit den Beschäftigten und der Interessenvertretung spezifische Stärken, Schwächen und Bedarfe zu analysieren.

Der Index kann zum einen als reines Analysetool in einzelnen Abteilungen, aber auch in größeren Unternehmensbereichen zum Einsatz kommen. In diesem Fall gibt er Aufschluss darüber, wie die Beschäftigten ihre Gestaltungsspielräume in verschiedenen zentralen Bereichen der Arbeit wahrnehmen. Er eignet sich auch für ein kontinuierliches Monitoring. Zum anderen kann er als Arbeitsgrundlage für eine beteiligungsorientierte Gestaltung von Empowerment in den Organisationen dienen. Hierbei wird in Workshops mit einzelnen Abteilungen entlang der zentralen Empowerment-Dimensionen und gemeinsam mit den Beschäftigten der Ist- und Soll-Zustand bestimmt. Davon ausgehend werden Handlungsfelder für die Stärkung von Empowerment identifiziert und mögliche Gestaltungsansätze diskutiert.

20.2.6 Empowerment: Der humanistische Gegenentwurf zum digitalen Fließband

Unter dem Eindruck des digitalen Umbruchs beginnt sich die agile Organisation als neue Leitorientierung in den Unternehmen durchzusetzen. Das eröffnet neue Chancen dafür, der Bedeutung des Menschen in der Digitalisierung gerecht zu werden und ihn in den Mittelpunkt zu stellen. Der Schlüssel dafür, damit das gelingen kann, ist die Frage des Empowerments: Nur wenn es gelingt, den Menschen im Arbeitsprozess zu empowern, kann er seiner neuen Rolle in der agilen Organisation gerecht werden. Die Bedeutung des Empowerments selbst geht allerdings weit über die Frage des Gelingens der agilen Organisation hinaus. Das Konzept des Empowerments markiert vor allem einen humanistischen Gegenentwurf zum Bedrohungsszenario der Digitalisierung als einer Intensivierung von Arbeit und Belastung an digitalen Fließbändern, als Vernichter von Arbeitsplätzen und einer sicheren Zukunftsperspektive sowie als Beschleuniger von Überwachung und Kontrolle in Arbeit und Gesellschaft. Dagegen steht Empowerment für die Perspektive eines Aufbruchs in eine neue Humanisierung der Arbeitswelt, in der die Möglichkeiten der Digitalisierung für die Menschen genutzt werden – und nicht gegen sie!

20.3 Ausblick

Immer mehr Unternehmen erkennen, dass die Rolle der Mitarbeitenden im Zuge der digitalen Transformation in den Unternehmen neu gedacht werden muss und dass dabei das Empowerment der Beschäftigten eine entscheidende Rolle spielt. Um diese Herausforderung nachhaltig bewältigen zu können, bedarf es eines ganzheitlichen Blicks auf das Empowerment unter den Bedingungen agilen Arbeitens. Hierzu liefern die Ergebnisse des Projekts EdA wichtige Erkenntnisse, die es bisher so noch nicht gibt.

Aufbauend auf diesen Ergebnissen ergeben sich zugleich eine Vielzahl neuer Forschungsfragen. So stellt sich vor dem Hintergrund fluider werdender Innen-Außen-Grenzen der Unternehmen die Frage, wie Empowerment jenseits klassischer betrieblicher Strukturen gesichert werden kann und welche Konsequenzen sich daraus für eine nachhaltige Gestaltung der Arbeitsbedingungen ergeben. Ebenso gilt es zu klären, wie Unternehmen bereits erzielte Erfolge in einer nachhaltigen Gestaltung der agilen Arbeitswelt langfristig sichern und ausbauen können – und die Gefahr eines Rückfalls in alte Muster umgehen können. Dies sind aktuelle Fragen, denen in folgenden Forschungsvorhaben nachgegangen werden sollte.

20.4 Transfermaterialien

Andreas Boes, Katrin Gül, Tobias Kämpf, Thomas Lühr (Hrsg., 2020): Empowerment in der agilen Arbeitswelt: Analysen, Handlungsorientierungen und Erfolgsfaktoren. Freiburg: Haufe. ISBN 978–3-648–13.589-1.

Gül, Katrin (2019): Empowerment-Index: Ein integriertes Analyse- und Gestaltungstool. In: Audi Betriebsrat, IG Metall (2019): Vorsprung durch Mitbestimmung, Broschüre.

Boes, Andreas (2019): Empowerment: Der Schlüssel zur Gestaltung der agilen Arbeitswelt. In: Audi Betriebsrat, IG Metall (2019): Vorsprung durch Mitbestimmung, Broschüre.

Boes, Andreas; Kämpf, Tobias (2019): Wie nachhaltig sind agile Arbeitsformen? In: Badura B., Ducki A., Schröder H., Klose J., Meyer M. (Hrsg.): Fehlzeiten-Report 2019, Springer, Berlin/Heidelberg, S. 193–204.

Projektpartner und Aufgaben

- **Institut für Sozialwissenschaftliche Forschung e. V. München**
  Neue Konzepte des Empowerments für Organisation, Führung und Gesundheitsförderung entwickeln
- **Universität Kassel, Fachgebiet Wirtschaftsinformatik**
  Ansätze des Empowerments für die Crowd entwickeln
- **Industriegewerkschaft Metall Vorstand, Frankfurt/Main**
  Gestaltungsoptionen für Zeitsouveränität in der digitalen Arbeitswelt bestimmen und erproben
- **adrena objects ag**
  Entwicklung von Methoden für Team-Empowerment in der agilen Softwareentwicklung
- **Betriebsrat der Audi AG Ingolstadt**
  Neue Konzepte für eine beteiligungsorientierte Unternehmenskultur in der digitalen Arbeitswelt entwickeln

Literatur

1. Arneson H, Ekberg K (2006) Measuring empowerment in working life: A Review. In: Work, 26. Jg., H. 1, S 37–46
2. Baukrowitz A, Boes A (1996) Arbeit in der „Informationsgesellschaft“ – Einige grundsätzliche Überlegungen aus einer (fast schon) ungewohnten Perspektive. In: Schmiede, Rudi (Hrsg) Virtuelle Arbeitswelten – Arbeit, Produktion und Subjekt in der „Informationsgesellschaft“. Berlin, S 129–158
3. Boes A (2005) Informatisierung. In: SOFI/IAB/ISF München/INIFES (Hrsg) Berichterstattung zur sozioökonomischen Entwicklung in Deutschland – Arbeits- und Lebensweisen. Erster Bericht. Wiesbaden, S 211–244
4. Boes A, Kämpf T, Lühr T, Marrs K (2014) Kopfarbeit in der modernen Arbeitswelt: Auf dem Weg zu einer „Industrialisierung neuen Typs“. In: Sydow J, Sadowski D, Conrad P (Hrsg) Arbeit – eine Neubestimmung. Wiesbaden, S 33–62

5. Boes A, Kämpf T, Langes B, Lühr T (2015) Landnahme im Informationsraum. Neukonstituierung gesellschaftlicher Arbeit in der „digitalen Gesellschaft". In: WSI-Mitteilungen, 68. Jg., H. 2, S 77–85
6. Boes A, Kämpf T, Langes B, Ziegler A (2017) Unternehmen und die Cloud. Neue Strategien für den digitalen Umbruch und die Organisation von Arbeit? In: Arbeit, 26. Jg., H. 1, S 61–86
7. Boes A, Kämpf T, Lühr T, Ziegler A (2018a) Agilität als Chance für einen neuen Anlauf zum demokratischen Unternehmen? In: Berliner Journal für Soziologie, 28 Jg., H. 1, S 181–208. https://doi.org/10.1007/s11609-018-0367-5
8. Boes A, Kämpf T, Langes B, Lühr T (2018b) „Lean" und „agil" im Büro. Neue Organisationskonzepte in der digitalen Transformation und ihre Folgen für die Angestellten. Berlin
9. Boes A, Langes B, Vogl E (2019) Die Cloud als Wegbereiter des Paradigmenwechsels zur Informationsökonomie. In: Boes A, Langes B (Hrsg) Die Cloud und der digitale Umbruch in Wirtschaft und Arbeit: Strategien Best Practices und Gestaltungsimpulse. Haufe-Lexware, Freiburg, S 115–147
10. Boudrias J-S, Gaudreau P, Laschinger H (2004) Testing the structure of psychological empowerment: does gender make a difference? Educ Psychol Measur 64. Jg., H. 5, S 861–877. https://doi.org/10.1177/0013164404264840
11. Bröckling U (2003) You are not responsible for being down, but you are responsible for getting up. Über Empowerment. Leviathan, 31. Jg., H. 3, S. 323–344
12. Carless SA (2004) Does psychological Empowerment mediate the relationship between psychological climate and job satisfaction? J Bus Psychol 18. Jg., H. 4, S 405–425. https://doi.org/10.1023/B:JOBU.0000028444.77080.c5
13. Conger JA, Kanungo RN (1988) The empowerment process: Integrating theory and practice. Acad Manage Rev 13. Jg., H. 3, S 471–482. https://doi.org/10.2307/258093
14. Dörre K, Neubert J, Wolf H (1993) „New Deal" im Betrieb? Unternehmerische Beteiligungskonzepte und ihre Wirkung auf die Austauschbeziehungen zwischen Management, Belegschaften und Interessenvertretungen. SOFI-Mitteilungen 20:15–35
15. Dörre K (1996) Die „demokratische Frage" im Betrieb. Zu den Auswirkungen partizipativer Managementkonzepte auf die Arbeitsbeziehungen in deutschen Industrieunternehmen. SOFI-Mitteilungen 23:7–23
16. Dörre K (2002) Kampf um Beteiligung Arbeit, Partizipation und industrielle Beziehungen im flexiblen Kapitalismus . Wiesbaden
17. Durward D, Simmert B, Peters C, Blohm I, Leimeister JM (2019) How to empower the workforce – analyzing internal crowd work as a neo-socio-technical system. In: Hawaii International Conference on System Sciences (HICSS). Waikoloa, HI, USA
18. Hodgson D, Briand L (2013) Controlling the uncontrollable: 'Agile' teams and illusions of autonomy in creative work. Work Employ Soc 27. Jg., H. 2, S 308–325. https://doi.org/10.1177/0950017012460315
19. Kanter R M (1977) Men and women of the corporation. New York
20. Kern H, Schumann M (1984) Das Ende der Arbeitsteilung? Rationalisierung in der industriellen Produktion: Bestandsaufnahme Trendbestimmung. München
21. Langes B (2020) Cloud und der Umbruch in den Unternehmen. Empirische Fallstudien zu den Strategien von Vorreiterunternehmen. Unveröffentlichte Dissertation (im Erscheinen)
22. Laschinger H, Finegan J, Shamian J, Wilk P (2001) Impact of Structural and Psychological Empowerment on Job Strain in Nursing Work Settings: Expanding Kanter's Model. JONA J Nurs Adm 31. Jg., H. 5, S 260–272. https://doi.org/10.1097/00005110-200105000-00006
23. Levy S (1994) The empowerment tradition in American social work: a history. New York
24. Minssen H (1993) Lean production – Herausforderung für die Industriesoziologie. Arbeit, 2. Jg, H 1, S 36–52.

25. Rappaport J (1981) In praise of paradox. A social policy of empowerment over prevention. Am J Commun Psychol 9. Jg., H. 1, S 1–25. https://doi.org/10.1007/BF00896357
26. Sauer D (2011) Von der „Humanisierung der Arbeit“ zur „Guten Arbeit“. Aus Politik und Zeitgeschichte, 61. Jg., H. 15, S 18–24
27. Simmert B, Eilers K, Peters C, Leimeister JM (2020) Agile Arbeitsorganisation fordert und fördert Empowerment – Zusammenspiel von sozialen und technischen Elementen in interner Crowd Work. In: Boes A, Gül K, Kämpf T, Lühr T (Hrsg) Empowerment in der agilen Arbeitswelt. Analysen, Handlungsorientierungen und Erfolgsfaktoren. Haufe, Freiburg, S 53–64
28. Sprafke N (2016) Kompetente Mitarbeiter und wandlungsfähige Organisationen: Zum Zusammenhang von Dynamic Capabilities, individueller Kompetenz und Empowerment. Wiesbaden
29. Spreitzer GM (1995) Psychological empowerment in the workplace: Dimensions, measurement, and validation. In: The Academy of management Journal, 38. Jg., H. 5, S 1442–1465
30. Spreitzer GM (1996) Social structural characteristics of psychological empowerment. Acad Manage J 39. Jg., H. 2, S 483–504. https://doi.org/10.2307/256789
31. Spreitzer GM (2008) Taking stock: a review of more than twenty years of research on empowerment at work. In: Cooper C, Barling J (Hrsg) Handbook of organizational behavior, 1. Jg., S 54–72
32. Thomas KW, Velthouse BA (1990) Cognitive elements of empowerment: an "interpretive" model of intrinsic task motivation. Acad Manage Rev 15. Jg., H. 4, S 666–681. https://doi.org/10.2307/258687
33. Vogl E (2018) Crowdsourcing-Plattformen als neue Marktplätze für Arbeit: Die Neuorganisation von Arbeit im Informationsraum und ihre Implikationen. Augsburg/München
34. Weibler J (2017) Empowerment – Mitarbeiter mobilisieren und binden. https://www.leadership-insiders.de/empowerment-mitarbeiter-mobilisieren-und-binden/print/. Zugegriffen: 18. Dezs 2019
35. Ziegler A, Kämpf T, Lühr T, Boes A (2020) Varieties of Empowerment – Agile Arbeitsformen in der Praxis. In: Boes A, Gül K, Kämpf T, Lühr T (Hrsg) Empowerment in der agilen Arbeitswelt. Analysen, Handlungsorientierungen und Erfolgsfaktoren. Haufe, Freiburg, S 33–52

21 Hierda – Humanisierung digitaler Arbeit durch Cowork-Spaces

Ricarda B. Bouncken

21.1 Vorstellung der Mitwirkenden

Um den Projekterfolg sicherzustellen, haben sich Wissenschaftler und Praktiker zu einem Projektverbund zusammengeschlossen:

Der Lehrstuhl für Strategisches Management und Organisation an der Universität Bayreuth (Prof. Bouncken, Projektleitung) entwickelt Instrumente zur Team- und Projektarbeit und deren Integration in ein modulares Coworking-Space-Organisationskonzept.

Der Lehrstuhl für Marketing und Innovation an der Universität Bayreuth (Prof. Baier) entwickelt ein Kommunikations- und Konfliktmanagement-Instrumentarium für digitale und nicht digitale Arbeit in Coworking-Spaces.

Die Witeno GmbH (Dr. Blank) entwickelt und erprobt ein Coworking-Space-Modell im ländlichen-wissenschaftsnahen Raum.

21.2 Das Projekt

Ziel des Forschungsvorhabens Hierda (Humanisierung digitaler Arbeit durch Cowork-Spaces) ist es, die verschiedenen Formen, Facetten und Wirkungsmechanismen inklusive der Wechselwirkungen mit den sogenannten Fähigkeiten und Fertigkeiten der Coworkenden zu verstehen und zu systematisieren. Auf Basis dessen werden dann neue Instrumente zur erfolgreichen Gestaltung von Coworking und Coworking-Spaces konzipiert. Hierzu bildet die Universität Bayreuth mit dem Lehrstuhl für Strategisches

R. B. Bouncken (✉)
Universität Bayreuth, Bayreuth, Deutschland

W. Bauer et al. (Hrsg.), *Arbeit in der digitalisierten Welt*,
https://doi.org/10.1007/978-3-662-62215-5_21

Management und Organisation (Prof. Bouncken, Projektleitung) sowie dem Lehrstuhl für Marketing und Innovation (Prof. Baier) ein Verbundprojekt mit der PwC IT-Services Europe GmbH (Partner nur für die Arbeitspakete 1 und 2) und der Witeno GmbH. Erkenntnisse und Gestaltungsinstrumente werden dabei mittels verschiedener Instrumente in Coworking-Spaces und der Gesellschaft verbreitet. Dazu soll sukzessive ein Projektnetzwerk geschaffen werden. Das Forschungsprojekt Hierda soll die nachfolgenden Ziele erreichen:

- Zu verstehen und zu verbreiten, welche Nutzendentypen und Formen bei Coworking existieren
- Wirkungsmechanismen zwischen verschiedenen Formen der Arbeit und Coworking als neue Organisationsform zu erforschen
- Aus der Forschung abstrahierte Erkenntnisse zur Mikrokommunikationskultur auf den Kontext von Coworking-Spaces übertragen
- Neue Instrumente zur Verbesserung von Kommunikation, Kooperation, Lernen, Innovativität und Geschäftsmodellentwicklung in Coworking-Spaces zu entwickeln
- Die Gestaltung von offenen Innovations-Ökosystemen durch Coworking-Spaces untersuchen
- Verdichtung von Best Practices von Coworking und ihren jeweiligen Kontextbedingungen

21.3 Projektverlauf und wissenschaftliche Ergebnisse

Um diese verschiedenen Forschungsarbeiten zu realisieren, bedarf es eines interdisziplinären Verbundes, der stark verzahnt die drei Meilensteine und Ziele verfolgt. So ist Prof. Bouncken federführend bei den empirischen Fallstudienanalysen und quantitativen Analysen, während Prof. Baier Kommunikation im Kontext von Innovationen untersucht. Die Praxispartner haben gemeinsam mit den wissenschaftlichen Partnern Analysen durchgeführt und bauen Coworking-Space-Labore auf, in denen experimentell neue Instrumente erprobt werden. Gemeinsam arbeiten alle an der Entwicklung der Instrumente und Services und erproben diese zur Gestaltung von Innovations-Ökosystemen.

Die reguläre Laufzeit von 36 Monaten (3 Jahre) des Projekts wurde im Zuge eines Verlängerungs- und Aufstockungsantrags auf 45 Monate verlängert. Um die damit verbundenen erweiterten Aufgaben angemessen bearbeiten zu können, wurden die ausformulierten 7 Arbeitspakete (AP 0 bis AP 6) und 3 Meilensteine (MS) an den neuen zeitlichen Rahmen angepasst.

AP 1, die Analyse der Formen von Coworking, ist auf 10 Monate festgelegt und mündet in der Erreichung des ersten Meilensteins, dem Abschluss der Analyse-Phase. Meilenstein 2 umfasst neben der abgeschlossenen Bedarfspriorisierung in AP 2 eine Zusammenstellung über das in Erprobung befindliche Instrumentarium und der Erkenntnisse zur Gestaltung von Coworking-Spaces plus der partizipativen 360 Grad Gestaltung. Simultan läuft die Evaluierung in AP 5. Meilenstein 2 beinhaltet zusätzlich die Inbetriebnahme und die ersten Erkenntnisse aus der Erprobung eines „Mini-Digital Dialogue Hubs" als Demonstrator. Meilenstein 2 endet mit dem Abschluss der Instrumentenentwicklung in AP 3. Meilenstein 3 integriert die Erkenntnisse aus der Sekundäranalyse, der Entwicklung und Erprobung von Instrumenten und die Untersuchung der Wirkungsmechanismen sowie Best-Practice Beispiele. Zusätzlich wird ein Buchmanuskript verfasst, das die Ergebnisse des Projektes zusammenfasst, sowie die Hierda-Toolbox beinhaltet und erläutert. Meilenstein 3 schließt sich an das AP 6 an und wird zum Projektende nach 45 Monaten erreicht. Der zeitliche Ablauf wird in Abb. 21.1 dargestellt.

21.3.1 Arbeitspaket 1: Analyse der Formen von Coworking

Ziel des AP 1 ist die Analyse des Phänomens Coworking, die sowohl die Identifikation der Formen von Coworking-Spaces und die Typen von Coworkenden, die Kommunikationsprozesse und -störungen, die branchenspezifischen An- und Herausforderungen als auch die Treiber und Barrieren von Coworking-Spaces beinhält. In enger Kooperation mit den Verbundpartnern wurden die Inhalte des AP 1 erfolgreich bearbeitet. Das AP wurde im Januar 2018 planmäßig nach 10 Monaten Laufzeit abgeschlossen.

Auf Basis verschiedener Diskussions- und Vortragsrunden mit Stakeholdern sowie Interviews mit Nutzenden und Betreibenden von diversen Coworking-Spaces in verschiedenen Ländern wurde vorerst ein Interviewleitfaden für die weitere qualitative Erhebung erstellt. Diese Ergebnisse der qualitativen Erhebungen wurden des Weiteren genutzt, um ein Mess- und Scoringmodel zu entwickeln, das wiederum zwischen Nutzenden und Anbietenden von Coworking-Spaces unterscheidet.

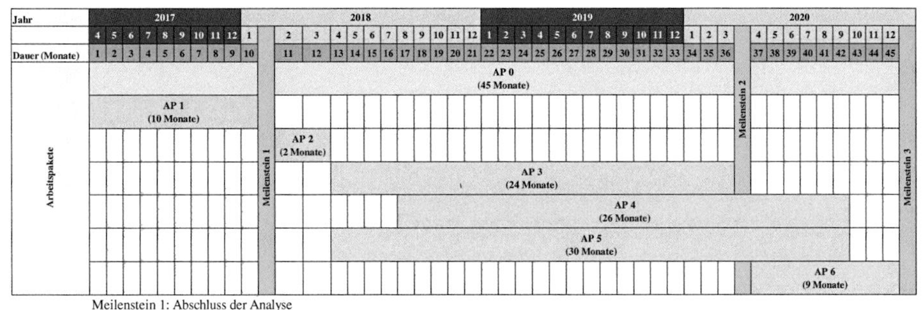

Abb. 21.1 Projektplan mit Meilensteinen. (Quelle: Eigene Darstellung aus dem Projektantrag)

Die Ergebnisse der qualitativen und quantitativen Erhebungen, in Kombination mit der einschlägigen Literatur, werden im Folgenden näher erläutert. Die Nutzenden von Coworking-Spaces lassen sich in verschiedene Kategorien gruppieren, (1) die Utilizer, (2) die Learner und (3) die Socializer. Die Utilizer sind Coworkende, die ausschließlich den direkten Nutzen für ihre eigene Aufgabenbewältigung suchen. Die Interaktion mit anderen Coworkenden zum Wissensaustausch oder zum Aufbau persönlicher Kontakte wird nicht verfolgt. Das Hauptziel des Learners ist es, im Austausch mit anderen Coworkenden das bestehende Wissen zu erweitern. Der Socializer nutzt die Coworking-Spaces primär, um der sozialen Isolation zu entkommen, der er aufgrund seiner Tätigkeit oder seiner Bürosituation ausgesetzt ist. Abhängig von der Art des Coworking-Spaces variieren die Anteile der Nutzendengruppen. Die Corporate Coworking-Spaces richten sich ausschließlich an Angestellte des Unternehmens. Primäre Nutzendengruppe sind somit die Utilizer. Doch der Grund eines Unternehmens, flexible Arbeitsplatzstrukturen zu schaffen, ist auch die Förderung des Austauschs. Somit sind die Learner explizit erwünscht und bilden die zweite Nutzendengruppe. Open Corporate Coworking-Spaces adressieren grundsätzlich dieselben Nutzendengruppen. Zusätzlich bilden die Socializer hier einen geringen Anteil, da die externen Nutzenden auch aus dem Grund der sozialen Isolation zur Nutzung von Coworking-Spaces tendieren. Die Consultancy Coworking-Spaces adressieren Mitarbeitende von Unternehmen, die Kunden*innen des Beratungsunternehmens sind. Dies ist Teil des Geschäftsmodells des Beratungsunternehmens und ist für die Unternehmen somit kostenpflichtig. Der reine Austausch mit anderen Mitarbeitenden und das Abbauen sozialer Isolation ist somit kein Grund für die Nutzung. Vielmehr geht es darum, dass die Nutzenden unter Mitwirkung von Beratenden neue Ideen generieren oder neue Ideen weiterentwickeln sowie das Umfeld und die Einrichtung des Coworking-Spaces dafür nutzen. Primäre Nutzendengruppen sind also die Utilizer und die Learner. Im unabhängigen Coworking-Space mischen sich die Nutzendengruppen. Die wenigsten hier sind Utilizer und die meisten sind Socializer. Das liegt daran, dass in unabhängigen Coworking-Spaces die Wertegemeinschaft besonders wichtig ist und das Gemeinschaftsleben einen hohen Stellenwert einnimmt.

Darüber hinaus konnten Kommunikationsprozesse und -störungen in Coworking-Spaces identifiziert werden. Die Kommunikationsprozesse lassen sich dabei in die externe und interne Kommunikation unterteilen, wobei für die interne Kommunikation 16 Instrumente (Interner Newsletter, Whats-App-Gruppen, Exkursionen, Workshops etc.) und für die externe Kommunikation 14 Instrumente (Website, Social Media, Barcamps, Ausstellungen, Informationsmaterialien etc.) identifiziert wurden. Als Hauptursache für die Störung der Kommunikation in Coworking-Spaces stellt der Konflikt zwischen den Coworkenden eine zentrale Rolle dar. Zur Konfliktbewältigung im Coworking-Space konnten 4 Kategorien von Instrumenten identifiziert werden, die Instrumente zur Konfliktlösung (Mediation, Beschwerdemanager etc.), die Instrumente zur Suche nach Alternativen (Brainstorming, Synektik etc.), die Instrumente zur Beurteilung von Alternativen (Checklisten und Nutzwertanalyse) und die Instrumente zur Konfliktvermeidung (Feedbackgespräche, Politik der offenen Tür, Beschwerdebox etc.).

Auf Basis der Erkenntnisse der Erkundungsreisen der Verbundpartner, Analysen der besuchten Coworking-Spaces und durchgeführten Interviews mit Coworkenden konnten Anforderungen an einen Coworking-Space identifiziert werden. Dabei ist zu erwähnen, dass die Anforderungen stark nach Kategorie der Coworkenden und nach Form des Coworking-Space differieren. Grundsätzlich fordern Coworkende eine ausreichende Größe des Arbeitsplatzes, Angebot von Kaffee und Tee, WLAN mit schnellem Internetzugang, Möglichkeit der Nutzung von Multimedia (Beamer etc.) in Konferenzräumen, ausreichend Lichtquellen im Workspace, ein offen gestaltetes Raumkonzept zur Förderung des Arbeitsklimas, Kosten im Leistungsverhältnis, geringe Distanz zum Stadtzentrum und/oder gute Anbindung an öffentliche Verkehrsmittel, Angebot von Trainings und Fortbildungen sowie ein einfacher Zugang zum Coworking-Space mit geringen bürokratischen Hürden.

Zentrale Herausforderung für Coworking-Spaces ist vordergründig den Bekanntheitsgrad zu steigern, sodass die Nachfrage der Coworkenden dem angebotenen Workspace zumindest entspricht. Aus Perspektive des Betreibenden ist es ein schmaler Grat sowohl die Anforderungen der breiten Masse als auch die individuellen Wünsche der Coworkenden in dessen Gesamtkonzept zu berücksichtigen. Dafür ist es unabdinglich für den Betreibenden im ständigen Kontakt mit den Coworkenden zu stehen, aufmerksam zu sein und die Harmonie in ihrer Community sowohl zu gewährleisten als auch aufrecht zu erhalten. Zusätzlich erschwert wird dies durch die Tatsache, dass viele Betreibende kaum Erfahrung in der Leitung eines Coworking-Space haben und zudem lediglich wenige Erfahrungsberichte erfolgreicher Coworking-Spaces vorhanden sind, an denen sie sich orientieren könnten. Dies wird vor allem durch die „wir machen einfach mal – Mentalität" deutlich, mit der ein geringes Maß an Struktur und standardisierten Prozessen einhergehen.

Im Zuge der Analyse von Coworking-Spaces konnte das Projekt verschiedene Treiber von Coworking-Spaces identifizieren, die im folgenden Projektverlauf weiter untersucht werden sollen. Von zentraler Rolle ist das Gemeinschaftsgefühl, das Auskunft darüber gibt wie rege sich die Nutzenden miteinander austauschen, sich gegenseitig helfen und zusammenhalten. Des Weiteren gilt Diversität in vielen Coworking-Spaces (unterschiedliche funktionale, kulturelle, soziale und berufliche Hintergründe der Coworkenden) und der Grad an Permeabilität, in welchem Ausmaß es neuen Nutzenden möglich ist ein Teil der Coworking-Space-Gemeinschaft zu werden, als Treiber des Erfolgs. Identifizierte Barrieren sind hohe Mietkosten (Miete pro Tag/Woche/Monat) und ein hoher bürokratischer Aufwand beim Zugang zum Coworking-Space. Aber auch starre und stark ausgeprägte Strukturen, Unordnung und Platzmangel sind in Coworking-Spaces nicht förderlich. Ist die Entfernung zum Stadtkern zu groß bzw. die gute Anbindung zu öffentlichen Verkehrsmitteln nicht gegeben, kann dies für Nutzende ein ausschlaggebender Grund sein, den Coworking-Space nicht weiter zu berücksichtigen.

Die allgemeine Erkenntnis des AP 1 ist, dass ein Großteil des Erfolgs von Coworking-Spaces stark von den jeweiligen Nutzenden abhängig ist. Dabei ist es relevant, welche Entscheidungen und Maßnahmen der Betreibende des Coworking-Spaces trifft bzw.

unternimmt. Denn diese Handlungen entscheiden schließlich darüber, ob die Rahmenbedingungen zur Etablierung eines Gemeinschaftssinns gegeben sind und inwiefern Permeabilität und Diversität vorhanden sind.

21.3.2 Arbeitspaket 2: Priorisierung der Instrumente zur Gestaltung von Coworking-Spaces

In AP 2 war es das Ziel die in AP 1 identifizierten Erkenntnisse hinsichtlich des Bedarfs an Instrumenten und Coachingansätzen zu analysieren. Es sollte eine fundierte Auswahl an Instrumenten getroffen werden, um die Prozesse in Coworking-Spaces zu optimieren. Mit dieser Priorisierung sollte die Grundlage für AP 3 (Instrumentenentwicklung) gelegt werden. Die Ergebnisse des Arbeitspakets entsprechen den im Arbeitsplan beschriebenen Zielen und Vorgehensweisen. In engem Austausch, insbesondere mit den Praxispartnern, wurden Defizite von Arbeit in Coworking-Spaces herausgearbeitet und Instrumente identifiziert, die zur Effizienzsteigerung von Arbeit in Coworking-Spaces beitragen. Die Instrumente wurden hinsichtlich Erfolgsaussichten, Relevanz und Dringlichkeit priorisiert. Parallel dazu wurden weiter Daten erhoben, um die wissenschaftliche Auswertung und Verwertung sicherzustellen. Das AP 2 wurde fristgerecht und vollständig nach einer Laufzeit von 2 Monaten abgeschlossen.

21.3.3 Arbeitspaket 3: Instrumentenentwicklung

In AP 3 sollten die Instrumente, die in AP 1 identifiziert und in AP 2 priorisiert wurden, ausgearbeitet werden. Zuerst soll der Fokus auf der Entwicklung und Ausarbeitung liegen, später sollen in enger Verzahnung mit AP 4 (Erprobung und Coaching) die Instrumente angepasst und verbessert werden. Der Fokus lag dabei auf erfolgskritischen Team- und Projektprozessen sowie der Verbesserung von Wissensaustausch und Schutzmechanismen, konkret durch Sociomateriality, Gemeinschaftssinn, Permeabilität sowie Rollen, Geschäftsmodelle und Ecosysteme.

Der Gemeinschaftssinn in Coworking-Spaces bedeutet, dass die Coworkenden sich stark untereinander und miteinander austauschen, sich gegenseitig helfen und zusammenhalten. Zudem haben wir herausgefunden, dass Gemeinschaftssinn einen starken Einfluss auf die Effektivität und Leistung der Nutzenden hat. In Verbindung mit Diversität in den Coworking-Spaces kann dieser Effekt nochmals gesteigert werden. Eine hohe Diversität (unterschiedliche funktionale, kulturelle, soziale und berufliche Hintergründe der Coworkenden) gilt als Potenzial für innovative Ideen in Coworking-Spaces. Andererseits fördert Gemeinschaftsgefühl nicht zwangsläufig die Innovationsfähigkeit der Nutzenden. Ein relevanter Faktor, ob Gemeinschaftsgefühl zu Innovationen führt oder nicht, ist der Grad an Permeabilität (Durchlässigkeit) im Coworking-Space. Der Grad an Permeabilität drückt aus, in welchem Ausmaß es neuen Nutzenden möglich ist ein Teil der Coworking-Space-Gemeinschaft zu werden. Ist die Permeabilität hoch, so kann das Wissen der neuen Nutzenden schnell der Gemeinschaft zugeführt werden. Der Grad der Permeabilität gibt somit Auskunft über die Starrheit des Gemeinschaftsgefühls wieder.

Sociomateriality ist das Zusammenspiel von sozialen und materiellen Komponenten in einem Coworking-Space. Beide Elemente unterstützen sich gegenseitig bei der Erreichung von vorher definierten Zielen. Konkret soll das Zusammenspiel der Ausstattung und Inneneinrichtung von Coworking-Spaces die Kommunikation und den Wissensaustausch fördern, um somit die Kreativität und Innovativität zu steigern. Dies resultiert in nachhaltig erfolgreichen und stabilen Geschäftsmodellen. Damit sind u. a. die Grundlagen für einen erfolgreichen Wirtschaftsstandort Deutschland in der digitalisierten Welt gelegt.

Diese Ansätze wurden intensiv auf deutschen und internationalen Konferenzen und Tagungen diskutiert. Dabei konnten neue Kontakte zu Coworking-Space Betreibenden und -Ausstattenden geknüpft werden. Auf Basis des Fragebogens und der Gespräche hat sich ein dreigeteilter Coworking-Space als besonders effektiv erwiesen: (1) für individuelle Arbeit, die hohe Konzentration erfordert, werden abgetrennte Räumlichkeiten vorgehalten, (2) für normale Alltagsarbeit wird eine Art Großraumbüro angeboten, und (3) für den aktiven Austausch werden gemütliche soziale Interaktionsräume mit Übergang zu Küche implementiert. Somit wird die Kombination aus konzentrierter Stillarbeit und Interaktion gewährleistet.

In den Analysen sowie in Gesprächen mit Nutzenden und Betreibenden haben wir herausgefunden, dass sich Wohlfühlen (also eine starke Gemeinschaft) sowie eine gelungene Integration von neuen Mitgliedern indirekt als erfolgskritisch auf die Arbeit in einem Coworking-Space auswirkt. Die Gemeinschaft kann durch eine designierte Person gewährleistet werden, die sich um das Wohlbefinden und die Integration sowie die Vernetzung der Mitglieder kümmert (Community Manager). Diese Rolle stärkt die Gemeinschaft und unterstützt Netzwerkaktivitäten. Zusätzlich wirkt sich die Vernetzung der Mitglieder positiv auf die Arbeit in einem Coworking-Space aus. Hier ist ebenso der Community Manager gefordert, der die Vernetzung und das Onboarding im Rahmen von Einführungsveranstaltungen und Mitteilungen (analog/digital) übernimmt. Auch diese Aktivitäten wirken positiv auf die Arbeit innerhalb von Coworking-Spaces. Beide Aktivitäten fördern zusätzlich nicht nur die Erweiterung von Netzwerken, sondern erhöhen auch die Netzwerkdichte. In Kombination mit weiteren Netzwerkevents stärken sie die Bindung zwischen den Nutzenden und Externen. Da Coworking-Spaces als Ecosysteme betrachtet werden können, erweitern große und stabile Netzwerke die Ecosysteme, die sich um Coworking-Spaces und deren Nutzenden bilden. Dies wiederum beeinflusst Kreativität und Erfolg der Arbeit in Coworking-Spaces. Des Weiteren wird zur Entwicklung von Möglichkeiten zur Gestaltung effektiver Kommunikationsprozesse und zur Reduzierung bekannter Kommunikationsstörungen der Schwerpunkt auf Software Support und Community Building gesetzt. Bei der Entwicklung von Instrumenten zur Gestaltung von Unterstützungs- bzw. Integrationsmechanismen für die branchenübergreifende Kooperation fokussieren sich die Aktivitäten des Projekts auf die Entwicklung eines „Creative Dialogue Hubs“ für den Standort Greifswald. Das Konzept sieht vor, das Mensagebäude zu einem zentralen Kommunikations- und Kooperationspunkt für Startups, für die IT- und Kreativszene sowie für bestehende Unternehmen und weitere Bereiche zu entwickeln. Fachlichen Input dazu leisteten die Hierda-Projektpartner. Entsprechend der Hierda-Projektplanung ist vorgesehen mit diesem Creative Dialogue Hub ein Referenzinstrument für die Umsetzung von Coworking-Strukturen zu entwickeln.

Das Arbeitspaket ist noch nicht abgeschlossen und wird noch bis einschließlich März 2020 fortgeführt. Die Ergebnisse des Arbeitspakets entsprechen den im Arbeitsplan beschriebenen Zielen und Vorgehensweisen bis zum aktuellen Zeitpunkt.

21.3.4 Arbeitspaket 4: Erprobung und Coaching

In AP 4 sollen die in AP 3 entwickelten Instrumente erprobt und verbessert sowie Coaching-Ansätze entwickelt werden. Dieses Vorgehen ermöglicht es eine iterative Anpassung vorzunehmen, um letztlich eine hohe Effizienz und Effektivität zu erreichen. In den letzten 4 Monaten des AP 4 (ab Juni 2020) fokussieren sich die Verbundpartner vollständig auf die Erprobung der angepassten Instrumente und Coaching-Ansätze.

Das Designkonzept zur Sociomateriality ist finanziellen Restriktionen unterworfen. Raumkonzepte lassen sich nur implementieren, wenn Geld für die richtige Ausstattung vorhanden ist. Zusätzlich müssen die vorhandenen Räumlichkeiten die Umgestaltung ermöglichen und die rechtlichen Zustimmungen müssen vorhanden sein. Viele Coworking-Spaces haben daher laut eigenen Angaben hohe Investitionskosten. Häufig werden jedoch auch zukünftige Erst-Nutzende zu gemeinsamen Arbeiten zum Erstellen der Einrichtung zusammengebracht. Dazu wurden uns von Coworking-Space Betreibenden und -Nutzenden mehrere positive Auswirkungen genannt: Für die Betreibenden reduziert dies primär die anfänglichen finanziellen Aufwendungen. Die Nutzenden auf der anderen Seite haben so aktiv die Möglichkeit, ihr zukünftiges Arbeitsumfeld mitzugestalten. Dadurch identifizieren sich die Nutzenden stärker mit dem Coworking-Space. Außerdem werden die zukünftigen Nutzenden über einen längeren Zeitraum zusammengebracht, sie können sich bereits kennenlernen und interagieren. Dies stärkt die Gemeinschaft im Coworking-Space bereits vor Arbeitsbeginn.

Veranstaltungen der Coworking-Spaces, an denen sowohl Nutzende als auch Coworking-Space-Externe teilnehmen können, fördern neben dem Gemeinschaftssinn auch die Permeabilität und Diversität. Die soziale Interaktion der Nutzenden wird durch derartige Events erhöht, das zu einem besseren Kennenlernen führt und schließlich zu einem besseren gegenseitigen Verständnis. Durch aktive Zuteilung von Rollen der Betreibenden von Coworking-Spaces, wie bspw. die Ernennung von Community-Managern, Vertrauenspersonen etc., kann die emotionale Sicherheit und das Zugehörigkeitsgefühl zum Coworking-Space der Nutzenden gesteigert werden. Die erfolgreiche Implementierung von Rollen und Integrationsveranstaltungen ist stark von Bekanntheitsgrad und der Verbundenheit mit den anderen Nutzenden und vom Coworking-Space selbst abhängig. Zusätzlich spielt die Partizipation der Nutzenden eine wichtige Rolle. Diese Faktoren können initiativ durch Werbung sowie die bereits genannten Aktivitäten zur Gemeinschaftsbildung positiv beeinflusst werden. Aber auch die Etablierung eines Anreizsystems kann dafür geschaffen werden, dass das Engagement der einzelnen Nutzenden honoriert und fördert, indem bspw. Vergünstigungen angeboten werden.

Ein unterstützender Faktor dafür ist die Beständigkeit hinsichtlich des Ortes und Zeitpunkts des Events/der Eventreihe. Zusätzlich ist es wichtig, die Eventreihe zu etablieren und eine breite Teilnehmerzahl zu generieren. Dies führt nicht nur zum Erfolg von Netzwerkaktivitäten, sondern ermutigt auch Nutzende des Coworking-Space selbst entsprechende Veranstaltungen zu organisieren. Dies bindet die Gemeinschaft des Coworking-Space in Netzwerkevents und somit in weitgreifende Ecosysteme ein. Diese Events sollen entsprechend den Vorüberlegungen aus den vorgelagerten AP auch den Gemeinschafssinn, die Diversität und Permeabilität der Nutzenden in Coworking-Spaces fördern.

Die Festlegung von Regeln im Coworking-Space soll Hindernisse reduzieren, die nicht gemeinschaftsfördernd sind. Jedoch sollten Coworking-Spaces sich von strikten und ausgeweiteten Regeln und Restriktionen distanzieren, da Coworkende tendenziell die Flexibilität und Freiheit verlangen und dies dadurch zu Einschränkungen kommt. Die Festlegung von Grundregeln wirkt sich förderlich auf die Gemeinschaft in Coworking-Spaces aus. Da die Nutzenden selbst ausschlaggebend für den Grad an Gemeinschaftssinn, Diversität und Permeabilität in Coworking-Spaces sind, kann der Betreibende die Möglichkeit in Erwägung ziehen potenzielle Bewerber durch ein Vorabgespräch zu evaluieren, ob der Anwärter*in in die Gemeinschaft passt und eine Bereicherung darstellt. Darüber hinaus bieten sich Trial-Weeks an, in denen Anwärter*innen den Coworking-Space probeweise nutzen dürfen und am Ende von der Gemeinschaft entschieden wird, ob der Anwärter*in langfristig zum Nutzenden des Coworking-Space werden darf. Die Etablierung eines einheitlichen Symbolsystems steigert die Identifikation der Nutzenden mit dem Coworking-Space und erzeugt Wiedererkennungswert und sorgt für Einzigartigkeit sowie Abgrenzung zu anderen konkurrierenden Coworking-Spaces. Für die Erprobung der Bereiche Software Support und Community Building wurden Slack als Kommunikationslösung und Trello als Kollaborations- und Projektmanagementlösung ausgewählt. Die Akzeptanz solcher Anwendungen unter Coworking-Space-Nutzenden und die Einsatzbereiche, für die sie genutzt werden, wurden dabei näher untersucht. Dazu wurden computergestützte Umfragen in Coworking-Spaces durchgeführt. Zusätzlich wurden mithilfe der Conjoint-Methode der Funktionsumfang und Aufbau eines idealen Softwaretools zur Kommunikation und Kollaboration erarbeitet. Kollaborationssoftware wird am Beispiel von Trello näher beleuchtet, einmal als Einzellösung und einmal als Integration zur Slack-Anwendung. Hierzu wurde im Experiment eine konkrete Kollaborationssituation bearbeitet, wobei die Szenarien sich dabei in der Art der Trello-Bereitstellung unterscheiden. Ziel ist die Analyse des Nutzungsverhaltens, die Identifikation von Barrieren und die Konzipierung einer optimierten Anwendung. Das Arbeitspaket ist noch nicht abgeschlossen und wird noch bis einschließlich September 2020 fortgeführt.

21.3.5 Arbeitspaket 5: Wirkungsevaluation

In Arbeitspaket 5 sollen die in AP 3 entwickelten und AP 4 erprobten Instrumente hinsichtlich ihrer Wirkung und Generalisierbarkeit überprüft werden.

Der Fokus der wissenschaftlichen Verbundpartner lag in diesem Arbeitspaket auf der empirischen Untersuchung zur Übertragbarkeit. Die Ergebnisse des Arbeitspakets entsprechen den im Arbeitsplan beschriebenen Zielen und Vorgehensweisen bis zum aktuellen Zeitpunkt. Im engen Austausch mit deutschen und internationalen Wissenschaftlern*innen sowie im Vergleich mit wissenschaftlichen Publikationen zum Thema Coworking wurde die Generalisierbarkeit der Instrumente überprüft. Das erarbeitete Konzept wurde in weiteren Testphasen anderen Designkonzepten gegenübergestellt. Dabei hat sich herauskristallisiert, dass sich das Raumkonzept in Kombination mit entsprechenden sozialen Interaktionskonzepten innerhalb der Coworking-Space-Art generalisieren lässt. Die Übertragbarkeit auf andere Coworking-Space Arten ist nur bedingt möglich, da hier andere Anforderungen herrschen. Bei gleichen/ähnlichen Anforderungen lassen sich die Konzepte hingegen problemlos auch über Coworking-Space Grenzen hinweg generalisieren.

Gleiches gilt für die Rollen und Ecosysteme. Der Community-Manager sowie der Umgang mit Netzwerken wird aktuell bei verschiedenen Praxispartnern betrachtet und die Ergebnisse werden analysiert. Es hat sich gezeigt, dass der Community-Manager für das Setting der Coworking-Spaces eine unumgängliche Säule für den Erfolg von Coworking-Spaces sowie der Nutzenden darstellt. Nach ersten Eindrücken lässt sich die Rolle – abgesehen von einzelnen konkreten Aufgaben – problemlos auf alle Situationen generalisieren, in denen eine starke Gemeinschaft aufgebaut werden soll. Dies funktioniert natürlich nur unter der Prämisse, dass die Nutzenden offen für eine solche Gemeinschaft und die gemeinsam zugrunde gelegten Werte sind.

Die Anwendung von Anreizsystemen zur Förderung des Engagements der Nutzenden im Coworking-Space hatte nicht den prognostizierten Effekt. Zwar wurden die Anreize von den Nutzenden als Engagement-Motivatoren akzeptiert, jedoch nur sporadisch und selektiv. Dementsprechend wird ein minimales Maß an Anreizen empfohlen, die vor allem den Goodwill der Betreibenden aufzeigt und den Wert von sozialem Engagement im Coworking-Space aufrechterhält. Die Festlegung von Regeln im Coworking-Space soll Hindernisse reduzieren, die nicht gemeinschaftsfördernd sind. Jedoch sollten Coworking-Spaces sich von strikten und ausgeweiteten Regeln und Restriktionen distanzieren, da Coworkende tendenziell die Flexibilität und Freiheit in den Coworking-Spaces verlangen und dies dadurch zu Einschränkungen kommt. Die Weiteren Instrumente und Coaching-Ansätze werden noch bis einschließlich September 2020 evaluiert und angepasst.

21.3.6 Arbeitspaket 6: Best Practices

In AP 6 sollen die Ergebnisse von AP 5 gemeinsam mit den Ergebnissen aus AP 4 die Grundlage für die Entwicklung von Best Practices bilden. Das Ziel ist hier eine allgemeinverständliche Aufbereitung der wissenschaftlichen Erkenntnisse darzulegen und in Fallstudien als Best Practices zu übertragen. Mit Projektende, Dezember 2020, wird das AP 6 abgeschlossen sein.

21.4 Ergebnisverwertung und -verbreitung

Im Rahmen des Hierda-Projekts wurden bisher diverse Beiträge an Konferenzen vorgetragen und in hochrangigen Journalen (nach vhb-ranking B und C) veröffentlicht. Des Weiteren wurden Buchbeiträge veröffentlicht und Vorträge gehalten bei Coworking-Events, an Universitäten, bei projektübergreifenden Treffen und in verschiedenen Unternehmen. Unsere Teilnahme an projektübergreifenden Treffen (bspw. Transwork, vLead etc.) hat, neben dem wissenschaftlichen Austausch mit anderen Projekten, diverse Kooperationen angestoßen. Weiterhin fanden lokale wie überregionale Transferaktivitäten statt. Verschiedene Präsentationen wurden unter anderem bei der 1789 Innovations AG, dem PwC Experience Center, der Bridging-IT, am EUREF Campus, im TechQuartier, an der Macromedia Hochschule sowie an der Università degli studi di Catania gehalten. Wir partizipierten zudem an diversen Workshops (bspw. Pitch-Lab etc.) zum Thema Digitale Arbeit und Coworking und trugen durch unsere Erkenntnisse zu dessen Erfolg bei. Unser Besuch an Praxiskonferenzen, wie die Jahreskonferenz der Kultur- und Kreativwirtschaft Deutschland und der Cowork 2019, erweiterte den Bekanntheitsgrad des Projekts und brachte wissenschaftliche Analyse des Phänomens Coworking sowie deren Ergebnisse zunehmend ins Interesse der Teilnehmenden. Lokal wurden die Ergebnisse im Rahmen der digitalen Transformationswerkstatt am 4. Juni 2019 weiterverarbeitet. Das ESF-Projekt vereint das Wissen mehrerer Lehrstühle und bringt dieses über Workshops zu verschiedenen damit verbundenen Themenfeldern den KMU's in Oberfranken näher. Überregional wurde im Rahmen der Transwork-Schwerpunktgruppe „Gestaltung vernetzt-flexibler Arbeit" ein Anwendertag organisiert und ausgerichtet. Dieser fand am 7. November 2019 in Berlin statt. In diesem Zuge konnte eine potenzielle Kooperation mit der AOK Baden-Württemberg ausgelotet werden. Gespräche hierzu finden Sich aktuell in der Findungsphase. Über das Projekt vLead konnte darüber hinaus Kontakt zur kubus IT GbR geknüpft werden. Auch hier befinden sich die Gespräche in der Findungsphase. Die Projektergebnisse wurden zusätzlich im Rahmen einer eigenen Session auf einer internationalen wissenschaftlichen Konferenz aufbereitet und diskutiert (European International Business Academy, EIBA). Dazu wurden drei wissenschaftliche Beiträge zu Coworking eingereicht, die von den Konferenzorganisatoren akzeptiert wurden. Prof. Bouncken hat dann als international anerkannte Expertin die Session zum Thema „Contemporary Work Forms and Co-working Spaces“ geleitet. Im Rahmen dieser Session wurden die drei Beiträge präsentiert und mit den anwesenden Wissenschaftlern diskutiert. Das Thema Coworking und das Projekt Hierda haben somit auf europäischer Bühne Bekanntheit erlangt. Die wirtschaftliche Verwertung der Ergebnisse und Erkenntnisse des Hierda-Projekts werden vor allem durch Beratung und Coaching erfolgen. Als Wissensträger werden die Verbundpartner der Universität Bayreuth die Ergebnisse des gesamten Projekts zusätzlich bei der Errichtung des regionalen Innovationszentrums in Bayreuth einfließen lassen. Des Weiteren werden die Erkenntnisse des Projekts bei der Errichtung des Coworking-Space in der alten Mensa Greifswald und bei der Etablierung des Mini-Digital-Dialogue-Hubs an der Universität Bayreuth angewendet. Diese beiden Coworking-Spaces sollen folglich als Show-Cases fungieren. Die darüber hinausgehende wirtschaftliche Verwertung sehen wir konservativ optimistisch, da sowohl auf Bundesebene als auch im europäischen Ausland das Phänomen Coworking stark zunimmt. Sogar kleine, mittelständische und große Unternehmen organisieren sich zunehmend in coworking-space-ähnlichen Strukturen. An dieser Stelle ist noch zu erwähnen, dass die Erkenntnisse des Projekts Eingang in die Lehre der Universität Bayreuth gefunden haben, indem Studenten über Coworking informiert werden und sogar Abschlussarbeiten zu diesem Thema verfassen können.

Projektpartner und Aufgaben

- **Universität Bayreuth – Lehrstuhl für Strategisches Management und Organisation**
  Entwicklung eines modularen und integrativen Coworking- Space-Konzepts aus Organisations-, Kommunikations-, Konflikt- und Managementinstrumenten
- **Universität Bayreuth – Lehrstuhl für Marketing und Innovation**
  Entwicklung eines modularen und integrativen Coworking- Space-Konzepts aus Organisations-, Kommunikations-, Konflikt- und Managementinstrumenten
- **Witeno GmbH**
  Entwicklung und Erprobung eines Coworking-Space- Modells im ländlichen-wissenschaftsnahen Raum
- **PricewaterhouseCoopers AG WPG (01. April 2017 bis 09. Januar 2019)**
  Entwicklung und Erprobung einer Methode für die kreative digitale Arbeit in Coworking-Spaces

BY

Internes Crowdsourcing in Unternehmen 22

Erkenntnisse und Projektergebnisse aus dem Forschungsprojekt ICU

Marco Wedel, Hannah Ulbrich, Jakob Pohlisch, Edgar Göll, André Uhl, Neslihan Iskender, Tim Polzehl, Welf Schröter und Florian Porth

22.1 Hintergrund, Vorgehen und Zielsetzung

> "Internal Crowdsourcing refers to the firm extending its problem-solving to a large and diverse group of self-selected contributors beyond the formal internal boundaries of a large firm; across business divisions, bridging geographic locations, levelling hierarchical structures." (Elin Byren [1], S. 4).

M. Wedel (✉) · H. Ulbrich
Technische Universität Berlin, Lehrstuhl für Arbeitslehre/Technik und Partizipation, Berlin, Deutschland

J. Pohlisch
Technische Universität Berlin, Institut für Technologie und Management, Berlin, Deutschland

E. Göll
Institut für Zukunftsstudien und Technologiebewertung, Forschungsleiter „Zukunftsforschung und Partizipation", Berlin, Deutschland

A. Uhl
Institut für Zukunftsstudien und Technologiebewertung, Fachgebiet Angewandte Zukunftsforschung, Berlin, Deutschland

N. Iskender · T. Polzehl
Technische Universität Berlin, Institut für Softwaretechnik und Theoretische Informatik, Berlin, Deutschland

W. Schröter
Forum soziale Technikgestaltung beim DGB, Mössingen-Talheim, Deutschland

F. Porth
GASAG AG, Berlin, Deutschland

W. Bauer et al. (Hrsg.), *Arbeit in der digitalisierten Welt*,
https://doi.org/10.1007/978-3-662-62215-5_22

22.1.1 Hintergrund

Die grundlegende Idee von internem Crowdsourcing (IC) ist, den innerbetrieblichen Wissensaustausch und die Interaktion im Unternehmen zu mobilisieren und zu stärken. Das Lösen von Problemstellungen durch bereichs- und fachübergreifendes Denken und kollaborative Handlungskompetenzen für die Zusammenarbeit sowohl zwischen den Beschäftigten untereinander als auch zwischen Unternehmensführung und Beschäftigten soll mit dem Verfahren auf direkte Weise gefördert werden. Vorhandenes explizites, aber vor allem auch personengebundenes implizites Fach- und Erfahrungswissen kann durch die Anwendung von internem Crowdsourcing schnell im Unternehmen abgerufen und für die Entwicklung von Lösungen, Prozessen und Entscheidungen genutzt werden. Insbesondere durch das niedrigschwellige Erproben neuer Kommunikations- und Kollaborationsmöglichkeiten kann internes Crowdsourcing einen wichtigen Beitrag zu einer veränderten, arbeitnehmerfreundlichen und agileren Unternehmenskultur für die digitalisierte Arbeitswelt leisten. Adressiert werden hier u. a. Aspekte wie wachsende Partizipationsansprüche durch und an Mitarbeitenden, der Wunsch nach flacheren Hierarchien samt unternehmens- bzw. bereichsübergreifender Kommunikationswege, agile und zeitgemäße Arbeitsmethoden und -organisation, Ansprüche an eine stärkere Demokratisierung von Unternehmen sowie eine grundsätzliche Unternehmensbefähigung, um in der Arbeitswelt des 21. Jahrhunderts (Industrie 4.0, Arbeit 4.0, Wirtschaft 4.0 etc.) bestehen zu können. Da durch IC in erster Linie die unternehmens- und bereichsübergreifenden Kommunikationsmöglichkeiten verändert bzw. ergänzt werden, neue Arbeits- und Interaktionsräume geschaffen und die digitale Einbindung der Mitarbeitenden ermöglicht werden, eröffnet sich hier ein Gestaltungs- und Experimentierraum für die Arbeitsorganisation der Zukunft.

Angesichts des hier beschriebenen Potenzials als ein Katalysator für die Etablierung einer digitalen Arbeitskultur zu fungieren, ist es erstaunlich, dass IC sowohl in der Forschung als auch in der Praxis fast ausschließlich als ein weiteres Instrument des Innovationsmanagements behandelt wird [4, 16, 17, 18]. Im Rahmen des Forschungsprojektes ‚ICU – Internes Crowdsourcing in Unternehmen‘ wurde daher erstmals die begründete Annahme getroffen, dass das Verfahren über den Innovationscharakter hinaus noch weitere Nutzungspotenziale birgt, nämlich zum einen für die Mitarbeiterbeteiligung und zum anderen für die Mitarbeiterqualifizierung.

22.1.2 Mitarbeiterbeteiligung

Als ein Instrument der digitalen Mitarbeiterbeteiligung kann internes Crowdsourcing Mitarbeiterinnen und Mitarbeitern die Möglichkeit ermöglichen, auf unterschiedlichen Ebenen der Unternehmensprozesse teilzuhaben. Sie erhalten Gelegenheit, ihre persönlichen Erfahrungen und Wissensbestände in Form von Vorschlägen und Ideen in die Unternehmensabläufe mit einzubringen sowie Arbeitsverhältnisse mitverantwortlich zu gestalten. Durch die technische Vermittlung des Verfahrens erzielt internes Crowdsourcing mit geringem Aufwand eine hohe Reichweite im Mitarbeiterkontakt und eröffnet einen schnellen und direkten Kommunikationskanal zwischen Unternehmen und Angestellten. Grundsätzlich trägt Mitarbeiterbeteiligung neben anderen Faktoren zu einem Arbeitsklima bei, das auf Wertschätzung und Anerkennung für alle Beteiligten beruht.

22.1.3 Mitarbeiterqualifizierung

Um Beschäftigte auf die neue Anforderungen der fortschreitenden Digitalisierung im Arbeitsalltag vorzubereiten und für neue Tätigkeiten, die in diesem Zusammenhang entstehen, zu qualifizieren, müssen Unternehmen neue Wege und Maßnahmen finden, um interne berufliche Entwicklungsmöglichkeiten zu eröffnen. Insbesondere seit der Einführung des „Europäischen Qualifikationsrahmens" im Jahr 2008 ist in den einschlägigen wissenschaftlichen und praxisrelevanten Fachdebatten eine Verschiebung von den „harten" Fakten der Qualifikationsnachweise hin zu den „weichen" Indikatoren, den Fähigkeiten, Fertigkeiten und Kenntnissen, d. h. den Kompetenzen, erkennbar. Dabei haben Qualifikationen selbstverständlich nicht an aussagekräftiger Bedeutung verloren, da sie einen notwendigen Hinweis auf vorhandene berufliche Kompetenzen darstellen, doch geben sie keine Garantie für die Anwendung in der Praxis. Auch in der strategischen Personalentwicklung ist der Kompetenzansatz schon längst etabliert, z. B. im Zusammenhang mit internen Besetzungsverfahren von offenen Stellen. Um das tatsächliche „Können" von bereits eingestellten Mitarbeiterinnen und Mitarbeitern einzuschätzen, sind die formalen Qualifikationen meist zweitrangig und ihr Kompetenzprofil aussagekräftiger. Weiterhin kann Kompetenzermittlung im Unternehmen das Ziel verfolgen Weiterbildungsbedarf oder die Lernausgangslage als Voraussetzung für selbstständige/selbstorganisierte Lernprozesse und für die erforderliche Lernbegleitung zu ermitteln. [5: S. 11 ff., 6: S. 10 ff., 15] Natürlich bleibt das Potenzial für Produkt-, Dienstleistungs- oder Prozessinnovationen durch IC sehr hoch und sollte als wichtige IC-Dimension nicht vernachlässigt werden.

22.1.4 Projektziele und Methodisches Vorgehen

Vor diesem Hintergrund war das Ziel des Forschungsprojektes ICU, in einem mehrstufigen, iterativen Verfahren ein branchenübergreifendes Modell zu entwickeln, das als Referenzfall guter Praxis für zukünftige Crowdsourcingaktivitäten dienen soll. Dieses sogenannte ICU-Modell besteht aus einem speziell für das interne Crowdsourcing konzipierten Prozess, der neben dem Innovationsmanagement die Dimensionen Mitarbeiterbeteiligung und Mitarbeiterqualifikation strategisch gleichermaßen adressiert, einem Prozessmanagementsystem und einer IC-Plattform. Auf der Grundlage von Analysen betrieblicher IC-Implementationen, wissenschaftlicher Forschung und Erfahrungswissen aus der Praxis wurde zuerst ein Grundmodell designt und dann beim

Praxispartner, dem Energiedienstleister GASAG AG, in einer Pilotphase zur Anwendung gebracht (1. Iteration). Anschließend wurde das Modell optimiert und zum GASAG Good – Practice – Beispiel ausgeformt (2. Iteration). Von dem Good – Practice – Beispiel ausgehend wurde dann ein branchenübergreifendes Referenzmodell entwickelt. Im Fokus der Modellentwicklung stand die arbeitnehmergerechte Gestaltung der Anwendung von internem Crowdsourcing. Um die damit verbundenen, unterschiedlichen Ansprüchen zu berücksichtigen, wurde das ICU-Modell von Projektbeginn an partizipativ mit allen relevanten Stakeholdern (Beschäftigte/Unternehmensführung/Betriebsrat) und unter aktiver Begleitung der Gewerkschaft entwickelt, die die arbeitsrechtlichen/-politischen Rahmenbedingungen für das Verfahren sicherstellen sollte.

In diesem Artikel werden nun die Ergebnisse aus den einzelnen Arbeitspaketen von den dafür verantwortlichen Projektpartnern vorgestellt.

22.2 TU Berlin – Institut für Technologie und Management/ FG Innovationsökonomie: Internes Crowdsourcing erfolgreich managen

Im Rahmen des ICU – Projektes war es die Aufgabe des Instituts für Technologie und Management der Technischen Universität Berlin, die betrieblichen Rahmenbedingungen für die erfolgreiche Implementation von IC zu identifizieren. Dazu gehörte zunächst die Fragestellung, inwieweit das Phänomen Crowdsourcing bereits in der deutschen Wirtschaft verbreitet ist und ob dessen Verwendung, z. B. nach Branchen und Unternehmensgrößen, variiert. Als Datengrundlage für diese Analysen diente das Mannheimer Innovationspanel, eine seit 1993 jährlich durchgeführte und durch das Bundesministerium für Bildung und Forschung beauftragte Erhebung zum Innovationsverhalten der deutschen Wirtschaft. Auf Basis der Erhebungen der Jahre 2016 und 2017 wurde die Diffusion von verschiedensten Anwendungsgebieten der Digitalisierung, sowie die Nutzung von verschiedenen internen und externen Wissensquellen analysiert. Insbesondere die Verbreitung der Nutzung von Crowdsourcing wurde dabei berücksichtigt. Während etwa 15 % der befragten Unternehmen „Ideen/Rückmeldungen aus der breiten Öffentlichkeit“ und damit eine Kombination von externem und internem Crowdsourcing nutzen, stellt dies aktuell jedoch nur für etwa 6 % von ihnen eine wichtige Informationsquelle dar. Dabei ist die Nutzung von Crowdsourcing insbesondere in Großunternehmen und in den Branchengruppen Chemie-/Pharmaindustrie (23,98 %), Finanzdienstleistungen (22,22 %) und Maschinenbau (20,60 %) verbreitet. Weniger Bedeutung hat Crowdsourcing erwartungsgemäß in den eher nicht wissensintensiven Branchengruppen Ver-/Entsorgung, Bergbau (9,83 %) sowie Großhandel und Transport (10,76 %).

Anschließend wurde eine Fallstudie zu IC bei SAP, dem größten Softwarehersteller in Deutschland durchgeführt, um die vielfältigen Nutzungsmöglichkeiten von IC zu dokumentieren und die Rahmenbedingungen für eine erfolgreiche Implementierung der Technologie zu analysieren. Insgesamt konnten durch die Fallstudie fünf verschiedene Implementationen von IC beobachtet und detailliert beschrieben werden. Die Anwendungsgebiete reichen dabei vom Bereich des Personalwesens, über Wettbewerbe für neue Produkte und Geschäftsmodelle, bis hin zu verteilter Softwareentwicklungsarbeit und der Kompetenzentwicklung der eigenen Mitarbeiter. Die beobachteten IC Implementierungen wurden anschließend, basierend auf dem konzeptionellen Rahmenwerk von Zuchowski et al. [18], hinsichtlich der notwendigen Managementaufgaben analysiert. Auf Basis der geführten Interviews konnten sieben Erkenntnisse abgeleitet werden. Unternehmen, die IC erfolgreich einsetzen wollen, sollten die Leistungen und den Aufwand ihrer Mitarbeiter anerkennen, Bottom-Up-Ansätze erkennen und unterstützen, notwendige Ressourcen zur Verfügung stellen, für einen Höchstmaß an Kollaboration und Austausch sorgen, IC bestmöglich in das eigene Innovationssystem integrieren und eine höchstmöglich Transparenz im gesamten IC-Prozess garantieren. Die abgeleiteten Erkenntnisse stellen eine Ressource für Unternehmen dar, das Management von IC bestmöglich zu gestalten und so das Wissen der eigenen Mitarbeiter für eine Vielzahl von Anwendung effizient und effektiv nutzbar zu machen.

Zuletzt wurde eine strukturierte Literaturanalyse zu empirischen Studien über IC durchgeführt. Auf der Basis von 28 wissenschaftlichen Veröffentlichungen, welche mehr als 100 Unternehmen berücksichtigen und sich auf über 100 Interviews, Umfragen und Daten interner Crowdsourcingwettbewerbe stützen, wurden die bisherigen Erkenntnisse zum Management von IC systematisch zusammengetragen, analysiert und ausgewertet. Die betrachteten Managementaufgaben umfassen dabei die Unternehmenskultur, das Veränderungsmanagement, das Anreizmodell, die Aufgabenstrukturierung, die Qualitätssicherung, das Community Management, die Regelsetzungen sowie rechtliche Fragestellungen und basieren erneut auf dem konzeptionellen Rahmenwerk von Zuchowski et al. [18]. All diese Aufgaben haben einen entscheidenden Einfluss auf die erfolgreiche Durchführung von IC und beeinflussen, welchen Nutzen ein Unternehmen aus dessen Implementierung ziehen kann. Die Ergebnisse der Studie helfen Managern in der Zukunft, IC Implementationen erfolgreich zu begleiten, zu steuern und deren Ergebnisse zielgerichtet in die Herstellungsprozesse des Unternehmens zu integrieren.

22.3 TU Berlin – Institut für Berufliche Bildung und Arbeitslehre/FG Arbeitslehre, Technik und Partizipation: Erste Systematisierungsansätze für die Beschreibung eines modellhaften Crowdsourcing-Systems

In der aktuellen Forschungsdiskussion sind grundlegende Fragestellungen zur Steuerung von Crowdsourcing, hier auch internes Crowdsourcing (IC), in Verbindung mit einer systematischen IC-Beschreibung weitgehend unbeantwortet. Dies wurde im Verlauf des Forschungsvorhabens deutlich. Für eine verbindliche Beschreibung von IC-Systemen mit konsensfähigen, d. h. diskurs-verbindlichen Terminologien und Beschreibungen waren daher folgende Fragen zu beantworten: (Wie) Können die in der Wissenschaftsliteratur bereits beschriebenen Unterkategorien und Aspekte eines IC-Systems sinnvoll referenziert und in ein geordnetes Gesamtverhältnis gebracht werden? Welche Ergänzungen müssen, wenn nötig und möglich, bei Systembeschreibungen vorgenommen werden? Der primäre Forschungsansatz konzentrierte sich auf die Identifizierung vorhandener Beschreibungen und Definitionen im Zusammenhang mit Systematisierungsansätzen für die Entwicklung eines IC-Systems.

Im Ergebnis der Forschungsarbeiten, die von [10, 11] an andere Stelle ausführlich beschrieben stehen, lassen sich die Folgenden Vorschläge und Ergebnisse als Diskussionsgrundlage für diskurs-verbindliche Terminologien und Beschreibungen festhalten:

- IC-Theorieannahmen werden von einem interdisziplinären, mehrstufigen Analysezugang geprägt, deren metatheoretischen Sprache von wirtschafts-, sozial- und informatikwissenschaftlichen Ansätzen geprägt ist.
- Jedes IC-System besteht aus drei Komponenten: Prozess, Aktivität und Informationstechnologie. Alle zusätzlichen Aspekte, die in der IC-Literatur als Komponenten bezeichnet werden und weder Teil der Rahmenbedingungen noch Input oder Output zu und des Prozessablaufs sind, können innerhalb dieser drei Gesamtkomponenten subsumiert oder im Zusammenspiel dieser drei Komponenten verortet werden.
- Jedes IC-System ist Rahmenbedingungen ausgesetzt: externen, internen und strategischen Rahmenbedingungen, wobei die beiden letzteren die übergreifenden unternehmensinternen Rahmenbedingungen beschreiben. Rahmenbedingungen beeinflussen zwar das Anwendungsdesign von IC, sie ändern jedoch weder die grundlegende Logik eines IC-Systems noch das IC-System an sich.
- IC ist von einer Steuerungsintention geprägt, die auf die Erreichung gewünschter Lösungen ausgerichtet ist. Umgesetzt werden diese Intentionen durch ein hierarchisches Zusammenspiel zwischen Steuerungssubjekt („Crowdsourcer") und Steuerungsobjekt („Crowdsourcee") in Form von Managementprozessen.
- Es gibt einen Unterschied zwischen internen und externen Anwendungen von Crowdsourcing und Crowdsourcing-Management.
- Weder interne noch externe Crowdsourcing-Anwendungen lassen sich durch eine Governance-Perspektive beschreiben.
- Potenzielle zukünftige mehrstufige Crowdsourcing-Systeme, innerhalb derer Richtungsabhängigkeiten (Crowdsourcer ->Crowdsourcee) nicht mehr eindeutig zugeordnet werden können, sollten durch eine governancetheoretische Perspektive erfasst und beschrieben werden.

Für eine verbindliche Systembeschreibungen werden die Terminologien IC-Theorierahmen, IC-Rahmenbedingungen (extern, intern und strategisch) und IC-System (mit den Komponenten Prozess, Aktivität und Informationstechnologie) vorgeschlagen. Das eigentliche IC-System besteht aus „nur" drei Komponenten: Prozess, Aktivität und Informationstechnologie. Es wird dringend empfohlen eine terminologische Unterscheidung zwischen Governance und Management zu machen. Diese ersten Ansätze können nur als Diskussionsgrundlage angesehen werden.

22.4 TU Berlin – Institut für Berufliche Bildung und Arbeitslehre/FG Arbeitslehre, Technik und Partizipation: ICU-Rollenmodel für Internes Crowdsourcing

Ein sinnvolles Rollenmodell ist einer der entscheidenden Erfolgsfaktoren für die gelingende Umsetzung von IC. Im Rahmen des Forschungsprojektes wurde ein solches Rollenmodell auf der Basis einer prototypischen Anwendung von internem Crowdsourcing realisiert. Das ICU-Rollenmodel orientiert sich an der Rollenkonzeption und –aufteilung von Scrum, da sich in der Pilotphase der IC-Anwendung zeigte, dass Teilaspekte des IC-Prozesses sowie notwendige Aktivitäten der Prozesssteuerung und die darin eingeschriebenen Prinzipien eindeutige Parallelen zum Vorgehen, zu den Prinzipien und den Aufgabenbeschreibungen der agilen Methode Scrum aufweisen (ausführlich siehe [10, 11]. Weiterhin beschreibt es die Aufteilung der Verantwortlichkeiten für die verschiedenen Prozessebenen und Prozesskomponenten der einzelnen Prozessphasen sowie die damit verbundenen Steuerungsaufgaben. Darüber hinaus definiert es die Verbindungen zu anderen Unternehmensbereichen, die als Unterstützung für die Durchführung von IC benötigt werden. Auch wenn sich das ICU–Rollenmodel in seinen Grundzügen an Scrum orientiert, umfasst es insgesamt wesentlich mehr Akteure, die in primäre, sekundäre und tertiäre Rollen kategorisiert werden.

22.4.1 Primäre Rollen

Für die erfolgreiche Implementierung von IC braucht es im Wesentlichen drei Hauptverantwortliche: (1) Crowd Master (Prozessverantwortung), (2) Campaign Owner (Kampagnenverantwortung) und (3) Crowd Technology Manager (IT-Verantwortung). Zusammen bilden sie das sogenannte Crowd-Team. Als Ansprechpartner für das Thema im Unternehmen sind sie verantwortlich für die Koordination, Umsetzung und Kommunikation des gesamten Prozesses.

22.4.2 Sekundäre Rollen

Die Planung und Durchführung von Kampagnen erfordern die Unterstützung von Mitarbeiter*innen aus anderen Abteilungen des Unternehmens, die zu den so genannten sekundären Einheiten gehören. Um die Zusammenarbeit zu koordinieren, wird ein sogenanntes Kampagnenteam gebildet, das neben dem Campaign Owner (Leitung) und dem Crowd Technology Manager aus dem (4) Content Owner (Verantwortung für die

Ergebnisverwertung), den einzelnen (5) Vertretern der Sekundäreinheiten (Personal, Marketing, IT, Eventmanagement) und der (6) Crowd besteht.

22.4.3 Tertiäre Rollen

Der Erfolg von IC hängt im Wesentlichen vom Engagement des (7) Vorstands/ Geschäftsleitung und der Unterstützung der (8) Arbeitnehmervertreter/des Betriebsrats ab. Gemeinsam mit dem Crowd Master müssen diese beiden Interessengruppen die Rahmenbedingungen für internes Crowdsourcing im Unternehmen aushandeln und definieren sowie deutlich machen, dass sie hinter dem Prozess stehen und einen Nutzen für das Unternehmen darin sehen (Commitment).

22.5 Institut für Zukunftsstudien und Technologiebewertung: Qualifizierung und Kompetenzentwicklung durch den Einsatz von internem Crowdsourcing

Im Zuge des ICU-Projektes wurde der Frage nachgegangen, wie internes Crowdsourcing als Instrument zur Unterstützung der Qualifikation und Kompetenzentwicklung von Mitarbeiter*innen eingesetzt werden kann. Wie sollte ein Konzept zur Kompetenzentwicklung durch internes Crowdsourcing gestaltet werden, um sowohl für die einzelnen Mitarbeiter*innen als auch für die gesamte Organisation einen Fortschritt zu bringen und Mehrwert zu schaffen?

Um diese Fragen zu beantworten wurden der aktuelle Forschungsstand herausgearbeitet und entsprechende Voraussetzungen, Rahmenbedingungen und Beispiele herangezogen. Dies wurde empirisch ergänzt, durch Interviews und unterschiedliche Workshopformate. In den Workshops mit Experten aus sehr diversen Organisationen, darunter Groß- und Kleinunternehmen, Verbände sowie Forschungs- und Beratungseinrichtungen, stellte sich schnell heraus, dass der IC-Ansatz bisher wenig verbreitet ist und sich gerade auch für den Einsatzbereich der Kompetenzentwicklung in einer Experimentierphase befindet. Es wurde festgestellt, dass Maßnahmen zur Kompetenzentwicklung durch internes Crowdsourcing die laufenden Qualifizierungsmaßnahmen nicht ersetzen, wohl aber ergänzen können und Ansatzpunkte für eine Überprüfung der bisherigen Qualifizierungs- und Weiterbildungsprogramme bieten.

Der Aufbau eines unternehmensinternen Netzwerkes, der Wissenstransfer sowie der Austausch zwischen Mitarbeitern unterschiedlicher Abteilungen und Bereiche sind zentrale Elemente des neuen Konzeptes. Durch dessen Anwendung sollen die Mitarbeiter*innen die Möglichkeit erhalten, ihre individuellen Interessen zu entdecken sowie ihre Fähigkeiten anzuwenden und diese weiterzuentwickeln. Darüber hinaus soll die Entwicklung digitaler Kompetenzen, insbesondere der Umgang mit digitaler Anwendungssoftware, eine besondere Rolle bei der Entwicklung von Maßnahmen spielen.

Unter Berücksichtigung dieser und weiterer Rahmenbedingungen, die je nach Unternehmenstyp und Branche sehr unterschiedlich sein können, werden drei Ansätze vorgeschlagen, die jeweils die Bearbeitung einer Aufgabe in der digitalen Crowdsourcing-Anwendung, der sog. Kampagne, beinhalten. Sie können auch als Phasen der Entwicklung und Implementierung dienen:

1. Crowdvoting zur kollaborativen Bewertung und Priorisierung von künftig erforderlichen Kompetenzen. Dies ermöglicht einen niedrigschwelligen Einstieg in das interne Crowdsourcing.
2. Ein Multiple-Choice-Test zur Bewertung von vorhandenem Wissen und Know-how. Dies dient einerseits der Weiterbildung der Mitarbeiter, andererseits dazu, vonseiten der Personalentwicklung einen Überblick über den aktuellen Qualifikationsstand zu erhalten.
3. Die Nutzung von Crowdsolving- und Crowdcreation-Prozessen zur Kompetenzentwicklung und als Ausgangspunkt für die Förderung von Wissenstransfer und eines unternehmensinternen Netzwerks. Nahe am Arbeitsalltag werden kollaborativ konkrete Aufgaben bearbeitet, wobei sich Kompetenzen zeigen und entwickeln lassen.

Diese drei Schritte sollen sowohl die Mitarbeiter*innen als auch das Management in die Lage versetzen, einen selbstreflexiven, arbeits- und aufgabennahen Lernprozess zu entwickeln.

22.6 TU Berlin – Institut für Softwaretechnik und Theoretische Informatik/Quality and Usability Lab: Empirische Analyse einer IC-Plattform – IT-Implikationen für Aufgabengestaltung und Beteiligung

Im Rahmen des Projekts wurde eine Crowdsourcing-Plattform für interne Anwendungen für den Praxispartner Gasag AG implementiert. Da die Datenschutzbedenken des Betriebsrats und der Mitarbeiter*innen selbst eine der wichtigsten Barrieren für die Nutzung der Plattform waren, wurden bei ihrer Inbetriebnahme spezielle Vorschriften in Zusammenarbeit mit dem Betriebsrat festgelegt. Dabei wurden auch neue technische Rollen zur aktiven Verwaltung der Plattform und neue technische Aufgabentypologien implementiert. Die demographischen Daten der Nutzer*innen zeigen, dass vor allem junge Beschäftigte ohne Führungsrolle bevorzugt an IC teilnehmen, was üblich für neue

Technologien ist, da die Technologieaffinität im Generellen mit dem Alter abnimmt. Außerdem besteht ein allgemeines Interesse an der Nutzung der Plattform, was durch die relativ hohe Registrierungsquote für eine freiwillige Plattform belegt wird. Ein wichtiger Motivationsfaktor an IC teilzunehmen ist vor allem die Freude an der Aktivität oder Freude an der Gestaltung von Produkten nach eigenen Ideen. Dies legt einen besonderen Schwerpunkt auf die Themenauswahl, die zusätzlich als interne Crowdsourcing-Aufgabe auf der Plattform für jeden Nutzer hinterlegt wurde, die die intrinsische Motivation der Mitarbeiter*innen steigern soll.

Um die Beziehung zwischen den technischen Merkmalen der Plattform und der Mitarbeiterbeteiligung herauszufinden, wurden auf der Plattform insgesamt elf verschiedene Kampagnen mit sechs verschiedenen Aufgabentypologien durch die Unterstützung von 535 unterschiedlichen Beschäftigten realisiert. Dabei spielte die Aufgabentypologie bei der Vorhersage der Teilnehmerzahl eine wichtige Rolle (die Regressionsanalyse ergab sich einen R2-Wert von 0.895), denn indirekt kann vermutet werden, dass die Aufgabentypologie mit einer gewissen Erwartungshaltung zur erwartenden Arbeitsdauer einhergeht. Je komplexer die Aufgabenstellung, desto geringer die Teilnehmendenzahl. Ein Grund für die gewünschte niedrige Arbeitsdauer könnte die (gelebte) Unternehmenskultur sein, z. B. wenn die für das interne Crowdsourcing aufgewendete Zeit nicht als Arbeitszeit akzeptiert wird oder andere Aufgaben höherer priorisiert werden. Falls Leitlinien die Arbeitsdauer der Nutzung einer internen Crowdsourcing-Plattform begrenzen, könnten spezielle Zeitrahmen für die Plattform definiert werden. Bei einem der erfolgreichsten Aufgabentypen, der sog. Crowd Creation mit anschließendem Crowd Voting über den Namen eines neuen Firmensitzes zeigte sich, dass die richtig gewählte Aufgabengestaltung und Themenauswahl erfolgsversprechend für die Beteiligungsquote sind. Im Falle der Namensfindung schien (a) diese für viele Mitarbeiter im Unternehmen relevant zu sein; (b) die Aufgabe in weniger als drei Minuten leicht zu erledigen; und (c) die Prämisse, das neuen Unternehmensstandort zu benennen, die Mitarbeiter*innen stark zu motivieren. Hier wurden drei wichtigsten Aspekte einer erfolgreichen internen Crowdsourcing Kampagne für interne Anwendung gleichzeitig erfüllt: (1) optimale Dauer, (2) geringe Komplexität und (3) Wahl eines interessanten Themas.

Da die empirische Erhebung der Beteiligung auf einem Einzelfall beruht, können die Ergebnisse nicht direkt generalisiert werden. Dennoch liefert das Projekt erste Einblicke in die Gestaltung der Regeln in Bezug auf Datenschutz-, und Sicherheitsbedenken sowie Richtlinien für die technische Implementierung einer Plattform für IC und deren täglichen Betrieb.

22.7 Forum Soziale Technikgestaltung beim DGB Baden-Württemberg: „Lebende Konzernbetriebsvereinbarung" als soziale Innovation

Eines der wesentlichen Projektergebnisse ist die Erarbeitung einer Musterbetriebsvereinbarung, die sich speziell an Betriebsräte und Gewerkschaften richtet. Kurz nach dem Start des Projektes setzte sich der Konzernbetriebsrat (KBR) des GASAG-Konzerns mit dem gewerkschaftlichen Projektpartner, dem Netzwerk „Forum Soziale Technikgestaltung" (FST) zusammen, um im Hinblick auf das Thema „Internes Crowdsourcing" eine eigenständige Handlungsinitiative zu starten. Die Kolleg*innen legten ein eigenes Innovationskonzept vor. Sie übernahmen eine Vorreiterrolle. Das proaktive Konzept soll beschäftigungssichernde Wirkung nicht gegen neue digitale Anwendungen sondern auf der Basis der aktiven Nutzung neuer IT-Technik ermöglichen. Nach fünfmonatiger interner Kompetenzentwicklung und drei Monaten Verhandlung mit der Geschäftsleitung wurde die „Konzernbetriebsvereinbarung (KBV) Internes Crowdsourcing in der GASAG-Gruppe (‚Lebende KBV')" [9] unterschrieben. Diese Konzernbetriebsvereinbarung verfügt über mehrere Alleinstellungsmerkmale, die sie im bundesweiten arbeitsweltlichen Prozess der digitalen Transformation in besonderer Weise unverkennbar heraushebt. Als praktische Einführung wird vor allem ein beteiligungsorientiertes, freiwilliges, unternehmensinternes Innovationsmanagement über eine elektronische Plattform innerhalb der GASAG Gruppe angelegt.

Die genannte KBV wurde Teil der Handlungsempfehlungen der INQA-Initiative „Offensive Mittelstand" in der „Umsetzungshilfe Arbeit 4.0. 4.0-Prozesse und agiles kooperatives Change Management (2.1.4) [9] als auch Bestandteil der „Potenzialanalyse Arbeit 4.0", ebenfalls im Rahmen der „Offensive Mittelstand" [8].

22.8 GASAG AG: Good-Practice in der GASAG-Gruppe – Empfehlungen für die Anwendung von internen Crowdsourcing aus der Unternehmensperspektive

Im Rahmen des Forschungsprojekts konnten mehrere Erfolgsfaktoren für die Implementierung von internem Crowdsourcing in einem Unternehmensumfeld identifiziert werden. Diese Erfolgsfaktoren sind hier in Form einer Checkliste zusammengefasst worden.

Auch wenn diese Liste nicht den Anspruch erhebt vollständig zu sein, können Unternehmen, die die Implementierung von IC in ihrem Geschäftsumfeld planen, die aufgelisteten Erfolgsfaktoren genauer untersuchen, um die Wahrscheinlichkeit einer gelingenden Projektumsetzung zu erhöhen.

22.8.1 Checkliste „Kritische Erfolgsfaktoren für die Implementierung von internem Crowdsourcing"

1. Verpflichtung des Managements (Commitment)
   - Stellen Sie sicher, dass die Unternehmensleitung die Initiierung des Projektes aktiv unterstützt.
   - Stellen Sie sicher, dass die Unternehmensleitung das Projekt während seiner Laufzeit aktiv unterstützt.
   - Stellen Sie sicher, dass Zielvereinbarungen mit den Führungskräften für den Einsatz von internem Crowdsourcing umgesetzt werden.
2. Klare und präzise Zielsetzung
   - Stellen Sie sicher, dass der interne Crowdsourcing-Ansatz klare und präzise Ziele hat, die mit der strategischen Gesamtausrichtung des Unternehmens übereinstimmen.
   - Stellen Sie sicher, dass Internes Crowdsourcing die aktuellen strategischen Ziele des Unternehmens unterstützt.
   - Stellen Sie sicher, dass interne Stakeholder, Mitarbeiter und Führungskräfte im Einsatz von internen Crowdsourcing-Lösungen einen klaren Nutzen oder Mehrwert für ihre Arbeit erkennen.
3. Betriebsvereinbarungen
   - Stellen Sie sicher, dass eine Betriebsvereinbarung mit transparenten unternehmensweiten Richtlinien und Arbeitsvorschriften für internes Crowdsourcing umgesetzt wird.
4. Unternehmens- und Führungskultur
   - Stellen Sie sicher, dass größere Investitionen in Maßnahmen für das Change-Management im Projektbudget eingeplant werden.
   - Stellen Sie sicher, dass im Projekt genügend Zeit vorgesehen ist, damit sich Mitarbeiter und Führungskräfte mit dem Internen Crowdsourcing vertraut machen können.
   - Stellen Sie sicher, dass der Vorstand die Notwendigkeit der Investitionen in das Change-Management und die Einarbeitungszeit versteht.
5. Projektzeitplan
   - Stellen Sie sicher, dass während des Projektzeitraums keine konkurrierenden Projekte gestartet werden, die die erfolgreiche Implementierung von internem Crowdsourcing gefährden.
   - Identifizieren Sie einen günstigen Zeitraum für den Start von internen Crowdsourcing-Projekten oder -kampagnen wählen, indem Sie Ferienzeiten, den Jahresabschluss oder Hochsaisonen umgehen.

Projektpartner und Aufgaben

- **TU Berlin – Institut für Technologie und Management/FG Innovationsökonomie**
  TU Berlin – Institut für Berufliche Bildung und Arbeitslehre/FG Arbeitslehre, Technik und Partizipation (Projektleitung)
  Entwicklung des IC-Modells: Strategie, IC-Plattform & Analyse betrieblicher Rahmenbedingungen von IC-Implementationen
  Konzeptgestaltung für Mitarbeiterbeteiligung durch IC und Erarbeitung arbeitsrechtlicher IC-Verfahrensstandards
- **Institut für Zukunftsstudien und Technologiebewertung gGmbH (IZT)**
  Konzeptgestaltung für Qualifizierungs- und Weiterbildungsmaßnahmen durch IC
- **Forum Soziale Technikgestaltung beim DGB Baden-Württemberg (FST)**
  Erarbeitung einer Musterbetriebsvereinbarung, die sich speziell an Betriebsräte und Gewerkschaften richtet
- **GASAG AG (Praxispartner)**
  Entwicklung eines Good-Practice-Modells für IC im Dienstleistungssektor

Literatur

1. Byrèn E (2013) Internal crowdsourcing for innovation development – How multi-national companies can obtain the advantages of crowdsourcing utilising internal resources. Department of Technology Management and Economics, Sweden. https://publications.lib.chalmers.se/records/fulltext/181969/181969.pdf
2. Europäische Kommission (2008) Der Europäische Qualifikationsrahmen für lebenslanges Lernen (EQR). Luxemburg
3. Howe J (2006) The rise of crowdsourcing. Wired Mag 14(6):1–4
4. Keinz P (2015) Auf den Schultern von … Vielen! Crowdsourcing als neue Methode in der Neuproduktentwicklung. Schmalenbachs Zeitschrift für betriebswirtschaftliche Forschung 67(1):35–69. https://doi.org/10.1007/BF03372915
5. Melzer A, Heim Y, Sanders T, Bullinger-Hoffmann AC (2019) Zur Zukunft des Kompetenzmanagements. In: Bullinger-Hoffmann AC (Hrsg) 2019. Zukunftstechnologien und Kompetenzbedarfe. Kompetenzentwicklung in der Arbeitswelt 4.0. Springer Nature, S 11–26
6. Metzger M (2016) Organisationsentwicklungsmaßnahmen in der strategischen Personalplanung von Schlüsselkompetenzen. Igel Verlag RWS, Hamburg
7. Otte A, Schröter W (2019) Lebende Konzernbetriebsvereinbarung als soziale Innovation. Internes Crowdsourcing in der GASAG-Gruppe. In: Schröter W (Hrsg) Der mitbestimmte Algorithmus. Gestaltungskompetenz für den Wandel der Arbeit. Mössingen 2019, S 185–212

8. Schröter W (2018) Einführung der 4.0-Prozesse. In: „Offensive Mittelstand – Gut für Deutschland". Stiftung „Mittelstand – Gesellschaft – Verantwortung" (Hrsg) Potenzialanalyse Arbeit 4.0. Künstliche Intelligenz für die produktive und präventive Arbeitsgestaltung nutzen: Ein Selbstbewertungscheck zur Einführung der neuen 4.0-Technologien. Heidelberg 2018, S 20
9. Schröter W (2019) „Offensive Mittelstand" in der „Umsetzungshilfe Arbeit 4.0. 4.0-Prozesse und agiles kooperatives Change Management (2.1.4), https://www.offensive-mittelstand.de/fileadmin/user_upload/pdf/uh40_2019/2_1_4_kooperatives_changemanagement.pdf.
10. Ulbrich H, Wedel M (2020a) Entwurf eines Prozess- und Rollenmodells für internes Crowdsourcing. In: Daum M, Wedel M, Zinke-Wehlmann C, Ulbrich H (Hrsg) Gestaltung vernetzt-flexibler Arbeit. Beiträge aus Theorie und Praxis für die digitale Arbeitswelt. Springer Vieweg, Berlin
11. Ulbrich H, Wedel M (2020b) Design of a process and role model for internal crowdsourcing. In: Ulbrich H, Wedel M, Dienel H-L (Hrsg) Internal crowdsourcing in companies. Theoretical foundations and practical applications. Springer Nature, Berlin
12. Wedel M (2016) The European integration of res-e promotion: the case of Germany and Poland. Springer Fachmedien Wiesbaden, Wiesbaden
13. Wedel M, Ulbrich H (2020a) Erste Systematisierungsansätze für die Beschreibung eines modellhaften Crowdsourcing-Systems im Zusammenhang mit der Steuerung von Crowdsourcing. In: Daum M, Wedel M, Zinke-Wehlmann C, Ulbrich H (Hrsg) Gestaltung vernetzt-flexibler Arbeit. Beiträge aus Theorie und Praxis für die digitale Arbeitswelt. Springer Vieweg, Berlin
14. Wedel M, Ulbrich H (2020b) Systematization approach for the development and description of an internal crowdsourcing system. In: Ulbrich H, Wedel M, Dienel H-L (Hrsg) Internal crowdsourcing in companies. Theoretical foundations and practical applications. Springer Nature, Berlin
15. Wegerich C (2015) Strategische Personalentwicklung in der Praxis. Instrumente, Erfolgsmodelle, Checklisten, Praxisbeispiele. 3rd Edition. Springer, Berlin, Heidelberg. https://doi.org/10.1007/978-3-662-43699-8
16. Zhu H, Djurjagina K, Leker J (2014) Innovative behaviour types and their influence on individual crowdsourcing performances. Int J Innov Manage 18(06):1–18. https://doi.org/10.1142/S1363919614400155
17. Zhu H, Nathalie S, Jens L (2016) How to use crowdsourcing for innovation?: A comparative case study of internal and external idea sourcing in the chemical industry. In: Kocaoglu DF (Hrsg) Technology management for social innovation: PICMET'16: Portland International Conference on Management of Engineering and Technology : proceedings. IEEE , Piscataway, NJ
18. Zuchowski O, Posegga O, Schlagwein D, Fischbach K (2016) Internal crowdsourcing: conceptual framework, structured review, and research agenda. J Inf Technol 31(2):166–184. https://doi.org/10.1057/jit.2016.14

BY

Erreichbarkeitsmanagement im Unternehmen

23

Schaffung unterbrechungsfreier Regenerationsphasen durch organisatorische und technische Maßnahmen zur Einschränkung ständiger Erreichbarkeit

Daniel Grießhaber, Uwe Laufs, Johannes Maucher, Nadine Miedzianowski, Zofia Saternus und Katharina Staab

23.1 Motivation und Projektziele

Durch die heute umfangreiche Verbreitung des Internets und des Mobilfunks prägen und verändern Informations- und Kommunikationstechnologien (IKT) das Arbeitsumfeld erheblich [13, 15]. Smartphones und Laptops führen dazu, dass Beschäftigte ständig erreichbar sind und auch arbeiten können, unabhängig von Ort und Zeit. Nicht nur Arbeitsleistung und Produktivitätsdruck erhöhen sich durch die Nutzung moderner IKT, ebenso wird die Trennung zwischen Beruf und Privatleben sowohl in zeitlicher als auch räumlicher Hinsicht zunehmend aufgehoben [2, 3]. Angesichts steigender Fehltage aufgrund psychisch verursachter Erkrankungen [1], fürchten ins-

D. Grießhaber · J. Maucher
Hochschule der Medien, Stuttgart, Deutschland

U. Laufs (✉)
Fraunhofer IAO, Stuttgart, Deutschland

N. Miedzianowski
Universität Kassel, Projektgruppe Verfassungsverträgliche Technikgestaltung (provet), Kassel, Deutschland

Z. Saternus
Goethe Universität Frankfurt, Frankfurt am Main, Deutschland

K. Staab
Technische Universität Darmstadt Fachgebiet Marketing & Personalmanagement, Darmstadt, Deutschland

W. Bauer et al. (Hrsg.), *Arbeit in der digitalisierten Welt*,
https://doi.org/10.1007/978-3-662-62215-5_23

besondere Arbeitnehmervertreter und Politiker negative gesundheitliche Folgen für Beschäftigte aufgrund zunehmender Entgrenzung von Privat- und Berufsleben durch permanente technologische Erreichbarkeit. Es ist zu beobachten, dass eine steigende Anzahl an Unternehmen nach Lösungen im Sinne eines gesundheitsfördernden und effektiven Erreichbarkeitsmanagements für ihre Beschäftigten sucht. Aktuell reichen diese von Schulungen der Mitarbeiter bis hin zu „digitalen Sperrstunden“, z. B. durch das Abschalten des E-Mail-Servers nach Feierabend. Vielfach bieten diese Lösungen allerdings eher globale Lösungen, ohne die individuellen Bedürfnisse der Beschäftigten zu berücksichtigen. So deuten beispielsweise die Ergebnisse einer qualitativen Studie von Stock-Homburg et al. [14] darauf hin, dass für Führungskräfte bzgl. unterschiedlicher Lösungen im Bereich des Erreichbarkeitsmanagements größerer Bedarf besteht als für Mitarbeitende ohne Führungsverantwortung. Darüber hinaus spielt der Grad der Internationalisierung der Tätigkeit eine Rolle für die Gestaltung des Erreichbarkeitsmanagements. Das Forschungsprojekt SANDRA adressiert das betriebliche Erreichbarkeitsmanagement sowohl mit organisatorischen Maßnahmen als auch mit einer technischen Lösung, einem Erreichbarkeitsassistenten für Smartphones, der E-Mails ggf. intelligent verzögert beziehungsweise Anrufe blockt, um unterbrechungsfreie Regenerationspausen für Beschäftigte zu schaffen [4].

Die Wirksamkeit bei der Stressminderung wird mit einem im Leistungssport bereits erfolgreich eingesetzten Verfahren geprüft. Neben der Einbeziehung aller wichtigen Interessengruppen stehen vor allem die datenschutzrechtlichen sowie die arbeitsrechtlichen Erfordernisse im Fokus. Diese fließen von Beginn an in die Ausgestaltung der Arbeit und die Entwicklung von Werkzeugen und Methoden ein.

23.2 Ergebnisse

23.2.1 Rechtliche Anforderungen an ein betriebliches Erreichbarkeitsmanagement

Die Entwicklung und der Einsatz eines Erreichbarkeitsmanagement-Systems (EMS) im Arbeitskontext geht mit unterschiedlichen rechtlichen Fragestellungen einher: Wie ist das System zu gestalten, um eine rechtskonforme Anwendung zu gewährleisten und welche rechtlichen Vorgaben sind einzuhalten? Welche Chancen und Risiken können aus der Verwendung einer solchen Technologie im Arbeitskontext prognostiziert werden und welche rechtlichen und technischen Anforderungen ergeben sich daraus für die Technikgestaltung?

Damit das EMS die Erreichbarkeit von Beschäftigten regulieren kann, benötigt es eine große Menge an Daten über seine Nutzer. Zum einen fallen bereits durch den Systemgebrauch verschiedene Daten, wie Inhaltsdaten aus beispielsweise eingehenden E-Mails oder Kalendereinträgen, an. Zum anderen hinterlegen die Beschäftigten im System selbstständig Informationen über ihre Erreichbarkeitssituation (z. B. Beginn und

Ende der Arbeitszeit). Auf diese und weitere Informationen greift das System zur Entscheidungsfindung und Steuerung eingehender Kommunikationsversuche zu. Hieraus ergeben sich unterschiedliche Risiken für die Nutzer sowie den Arbeitgeber, die zunächst im Projekt identifiziert wurden (s. hierzu [6, 7]). Mithilfe des technischen Systems und den bei der Systemnutzung anfallenden Daten ist es z. B. dem Arbeitgeber oder Dritten potenziell möglich, dieses zur Überwachung der Beschäftigten zu missbrauchen und die Daten zweckentfremdet zu nutzen. mitilfe der Daten könnten ein Bewegungs-, Kommunikations- und Persönlichkeitsprofil über den Systemnutzer erstellt werden. Aus der möglichen Überwachung könnten ferner Informationen zur Anwesenheits-, Leistungs- und Verhaltenskontrolle herangezogen werden. An dieser Stelle ist jedoch anzumerken, dass ein System zur Verbesserung der beruflichen Erreichbarkeitssituation vor allem durch solche Arbeitgeber eingesetzt wird, die gerade kein Kontrollinteresse gegenüber ihren Mitarbeitern haben, sodass insbesondere moderne Arbeitgeber, deren Unternehmen durch dynamische und vertrauensvolle Arbeitsstrukturen gekennzeichnet sind, ein EMS in ihren Unternehmen einsetzen möchten. Trotzdem ist es grundsätzlich geeignet zur Kontrolle und Überwachung der Systemnutzer verwendet zu werden. Dies ist jedoch stets von den Zugriffsmöglichkeiten des Arbeitgebers und Dritter auf das System abhängig.

Aufgrund der Verarbeitung von unterschiedlichen Daten ist zum einen das Datenschutzrecht – insbesondere die Bestimmungen der Datenschutz-Grundverordnung (DSGVO) und des Bundesdatenschutzgesetzes (BDSG) – bei der Gestaltung des EMS zu berücksichtigen. Grundsätzlich müssen personenbezogene Daten gemäß Art. 5 Abs. 1 lit. a Var. 1 DSGVO auf rechtmäßige Weise verarbeitet werden. Daraus folgt, dass das EMS nur auf der Grundlage einer Einwilligung i. S. v. Art. 6 Abs. 1 Satz 1 lit. a DSGVO oder gesetzlichen Ermächtigung nach lit. b oder lit. c personenbezogene Daten verarbeiten darf. Daneben ergeben sich weitere Erlaubnistatbestände gemäß Art. 9 Abs. 2 und 88 DSGVO sowie § 26 Abs. 1 Satz 1 und Abs. 2 BDSG bei der Verarbeitung besonderer Kategorien personenbezogener Daten und der Datenverarbeitung im Beschäftigungskontext, aus dem Arbeitsvertrag oder bestehenden Betriebsvereinbarungen im Einsatzunternehmen. Zudem gibt die Verordnung explizit vor, Datenschutz durch Technikgestaltung und datenschutzfreundliche Voreinstellung vorzusehen. Gemäß Art. 25 Abs. 1 DSGVO muss der für die Datenverarbeitung Verantwortliche geeignete technische und organisatorische Maßnahmen (TOMs) treffen, um die Datenschutzgrundsätze aus Art. 5 Abs. 1 DSGVO wirksam umzusetzen. Dabei sind unter anderem die unterschiedlichen Eintrittswahrscheinlichkeiten und die Schwere der mit der Verarbeitung verbundenen Risiken für die Rechte und Freiheiten natürlicher Personen zu beachten. Zudem müssen die Maßnahmen gemäß Art. 5 Abs. 1 lit. f DSGVO eine angemessene Sicherheit für die verarbeiteten personenbezogenen Daten gewährleisten. Des Weiteren ist sicherzustellen, dass durch Voreinstellungen nur personenbezogene Daten, deren Verarbeitung für den jeweiligen bestimmten Verarbeitungszweck erforderlich ist, verarbeitet werden. So können nur solche Informationen über den einzelnen Beschäftigten hierzu als geeignet angesehen werden, die einen Beitrag für die Zwecke der Erreichbarkeitssteuerung liefern. Den ermittelten Risiken wurde durch das Einhalten rechtlicher Kriterien (z. B. Datenminimierung, Zweckbestimmung und Vertraulichkeit) entgegengewirkt, die im Projekt aus den rechtlicher Anforderungen (z. B. informationelle Selbstbestimmung und Systemintegrität) abgeleitet wurden (s. hierzu [7, 8]).

Anhaltspunkte für die Maßnahmenentwicklung bieten die Art. 25 und 32 DSGVO sowie der Stand der Technik. Dabei ist zu berücksichtigen, welches Risiko eines unbefugten Zugriffs auf die Daten prognostiziert wird, welches Ausmaß ein solches Ereignis annehmen kann und welche Daten durch das System verarbeitet werden [9]. So fordert Art. 32 Abs. 1 HS 2 lit. a und lit. b DSGVO TOMs, die die Vertraulichkeit und Integrität im Zusammenhang mit der Verarbeitung personenbezogener Daten auf Dauer sicherstellen, sowie die Verschlüsselung personenbezogener Daten, um ein den Risiken angemessenes Schutzniveau zu ermöglichen. Daraus wurden im Projekt technische Ziele und Gestaltungsvorschläge konkretisiert (s. hierzu [7]), die im EMS beispielsweise durch das Implementieren von Zugriffsrechten, Authentifizierungsverfahren, Verschlüsselungssoftware und kryptografisch sicheren Hashfunktionen umgesetzt wurden.

Durch den Einsatz des EMS im Arbeitskontext, wurden neben datenschutzrechtlicher Vorgaben zum anderen auch arbeitsrechtliche Bestimmungen berücksichtigt wie die des Arbeitszeitgesetzes (ArbZG) sowie des Betriebsverfassungsgesetzes (BetrVG). Hierzu gehören vor allem die Mitbestimmungsrechte des Betriebsrats gemäß § 87 Abs. 1 Nr. 1 und 6 BetrVG bei der Systemeinführung im Einsatzunternehmen sowie die Vorgaben zur Arbeitszeit aus §§ 3 ff. ArbZG.

23.2.2 Stakeholder-Präferenzen

Das Ziel unserer Forschung ist die Einführung eines verbesserten Erreichbarkeitsmanagements für Unternehmen und ihre Mitarbeiter. Hierdurch soll ermöglicht werden, die Vorteile moderner Informations- und Kommunikationstechnologien zu nutzen und entsprechenden Risiken vorzubeugen. Um dies zu erreichen, ist es essenziell, die Bedürfnisse und Ansprüche möglicher Nutzer zu kennen und zu verstehen [12]. Wir begannen mit der Definition des spezifischen Forschungsproblems und insbesondere mit der Frage, weshalb die bestehenden technologischen Lösungen nicht den Erreichbarkeitspräferenzen und -bedürfnissen der Benutzer gerecht werden. Es erfolgte eine Recherche über bestehende Applikationen, Geschäftslösungen und deren Limitierungen. Danach haben wir die Ziele eines SAA definiert, welcher darauf abzielt, die Komplexität der Präferenzen der Nutzer abzubilden. Dies wurde anhand der Analyse von Daten aus einer explorativen Interviewstudie (N = 21) zum Thema intelligentes Erreichbarkeitsmanagements durchgeführt, um potenziell wichtige Inhalte und Ideen zu identifizieren [10]. Auf Basis dieses qualitativen Ansatzes fand eine große quantitative Benutzerumfrage mit 821 Teilnehmern statt [11]. Ziel war es dabei, einen möglichst breiten und umfassenden Einblick in die Bedürfnisse und Wünsche relevanter Stakeholder-Gruppen zu erhalten. Bezogen auf gewünschte Eigenschaften zeichnen sich fünf thematische Schwerpunkte ab: So soll der Erreichbarkeitsassistent sowohl individuell anpassbar sein als auch über Standardeinstellungen verfügen, die die Bedienung erleichtern. Bezüglich seiner Funktionsweise soll er als ein Filter fungieren, der Textnachrichten und Anrufe nach unterschiedlichen Kriterien weiterverarbeiten kann. Dabei soll er auch in der Lage sein, Kontakt mit dem Absender der Nachricht aufzunehmen und ein Feedback zu senden oder Abfragen zu tätigen. Ein Teil der Befragten wünscht sich zudem eine lernfähige und integrative Anwendung. Darüber hinaus äußerten fast alle Befragten den Wunsch, dass der Assistent möglichst unkompliziert und intuitiv verständlich sein und technisch einwandfrei funktionieren solle.

Die Analyse beider Studien lieferte eine Vielzahl an Erkenntnissen, welche die Entwicklung eines Erreichbarkeitsassistenten ermöglichen, der das Erreichbarkeitsmanagement der Mitarbeiter nachhaltig und effizient verbessert.

Einerseits bieten unsere Studienergebnisse hinsichtlich der Erweiterung der Grenztheorie [5] wertvolle Erkenntnisse darüber, wie Mitarbeiter ihren individuellen Grenzstil abstrahieren und in Erreichbarkeitspräferenzen übersetzen. Die Ergebnisse zeigen eindeutig, dass es kein festes Modell für die optimale Trennung und Integration von Arbeit und Privatleben gibt. Die meisten Teilnehmer wünschen entweder eine vollständige Trennung (37,3 %) oder eine interaktive Integration (35,7 %) von Beruf und Privatleben. Die gewünschten Erreichbarkeitszustände unterscheiden sich jedoch häufig von den tatsächlichen Zuständen. So erreichte nur die Hälfte der Befürworter einer vollständigen Trennung in der Praxis. Jeder fünfte Teilnehmer (19.7 %) äußerte im Gegensatz dazu berufliche Kontaktaufnahmen (Anrufe, E-Mails, SMS oder Messangernachrichten) außerhalb der Arbeitszeit, während nur 3,8 % der Teilnehmer dies wirklich wünschen. Insgesamt ist die Diskrepanz zwischen tatsächlicher und gewünschter Trennung und Integration von Arbeit und Privatleben (berechnet aus dem Vergleich des angegebenen tatsächlichen Stands der Grenzziehung zwischen Arbeit und Privatleben des Teilnehmers mit seiner gewünschten Erreichbarkeit bezüglich Arbeits- und Privatlebensgrenze) beträchtlich: Jeder zweite Teilnehmer (50,3 %) erreicht in der Praxis nicht seinen präferierten Zustand für eine Trennung und Verknüpfung von Arbeit und Privatleben [11].

Zum anderen, zeigen die Ergebnisse, dass die technologische Lösung, die ein differenziertes adaptives Management ermöglicht, über das Potenzial verfügt, zum Wohlbefinden des Einzelnen beizutragen. Die Praxis zeigt, dass aktuelle Arbeitgeber nicht ausreichend auf die unterschiedlichen Bedürfnisse ihrer Mitarbeiter eingehen, da sich die gegenwärtigen Lösungen nur auf die Einschränkung der Erreichbarkeit konzentrieren und so die Vielfalt unterschiedlicher Erreichbarkeitspräferenzen der Mitarbeiter nicht berücksichtigen. In diesem Zusammenhang besteht Bedarf nach einer technologischen Lösung, die die Komplexität der Erreichbarkeitspräferenzen der Menschen widerspiegelt. Unter diesen Umständen weist der Erreichbarkeitsassistent ein großes Potenzial für die erfolgreiche Verwaltung und Regulierung der Erreichbarkeit von Einzelpersonen auf. Er unterstützt die Flexibilität und Autonomie der Benutzer und geht auf individuelle Wünsche und Bedürfnisse ein. Insbesondere die Mehrheit der Studienteilnehmer (55,9 %) validiert das zugrundeliegende Konzept des Smarten Assistenten für Erreichbarkeit, da sie ihn als nützlich erachtet und einer Verwendung des Assitenten zustimmt [11]. Darüber hinaus zeigt unsere Analyse, dass diese Art von Assistenten insbesondere Mitarbeiter mit einem Missverhältnis zwischen ihrem tatsächlichen und ihrer bevorzugten Grenzziehung zwischen Arbeit und Privatleben unterstützt. Führungsverantwortung; von großen Unternehmen und/oder Personen, die in der Freizeit berufsbezogene Anrufe erhalten. Im Unterschied dazu zeigen die Ergebnisse, dass ältere Mitarbeiter diese Technologielösung seltener einsetzen. Es zeigt den Bedarf an mehr Information und Bewusstsein für intelligentes Erreichbarkeitsmanagement sowie Schulungskonzepten und organisatorische Maßnahmen für Mitarbeiter. Diese werden in dem nächsten Kapitel betrachtet.

23.2.3 Organisatorische Maßnahmen

Der Maßnahmenkatalog liefert konkrete Ansatzpunkte und Rahmenbedingungen, um das Erreichbarkeitsmanagement sinnvoll zu gestalten und zu fördern. Die organisatorischen Maßnahmen umfassen zum einen allgemeine Empfehlungen und zum anderen konkrete Maßnahmen für den Beschäftigten sowie auch für den Arbeitgeber. Darüber hinaus beinhaltet der Maßnahmenkatalog Empfehlungen für die Funktionsweisen des Erreichbarkeitsassistenten.

Hinsichtlich der allgemeinen Empfehlungen können die folgenden Punkte festgehalten werden:

Schaffung eines stärkeren Bewusstseins für das Erreichbarkeitsmanagement
Anhand der Ergebnisse war ein Missmatch zwischen tatsächlicher und gewünschter Erreichbarkeit in der Freizeit ersichtlich. Das Erreichbarkeitsmanagement sollte daher überall eine Rolle spielen, wo moderne Kommunikationstechnologien im Einsatz sind.

Steigerung der Kommunikation über Erreichbarkeit und Erreichbarkeitsverhalten
Bezüglich der Erwartungen an die Erreichbarkeit war eine kommunikative Lücke erkennbar. Diese sollte geschlossen werden, um ein erfolgreiches Erreichbarkeitsmanagement zu ermöglichen

Förderung der Möglichkeit eines individuell passenden Erreichbarkeitsmanagements
Da eine Pauschallösung für alle Beschäftigten nicht sinnvoll ist, sollten Erreichbarkeitslösungen individuelle Präferenzen einzelner Beschäftigter berücksichtigen.

Aus der Sicht des Arbeitnehmers lassen sich folgende Maßnahmen ableiten:

Bewusstmachen der Bedeutung von Erreichbarkeitsmanagement
Um die Bedeutung der Erreichbarkeit hervorzuheben, können Informationsmaterial sowie Informationsveranstaltungen und Schulungen genutzt werden. Es sollten die Problematik der ständigen Erreichbarkeit sowie auch die Vorteile der flexiblen Arbeits-

welt thematisiert werden. Das Kennen der eigenen Erreichbarkeitspräferenzen stellt einen weiteren wichtigen Bereich dar.

Für Führungskräfte ist darüber hinaus die Bedeutung der offenen Kommunikation über das Erreichbarkeitsmanagement sowie auch die Rolle des eigenen Erreichbarkeitsverhaltens zentral.

Reflexion des eigenen Erreichbarkeitsverhaltens
Mithilfe von Reflexionsmaterial sowie im Rahmen von Schulungen sollte eine Reflexion über das präferierte und das tatsächliche Erreichbarkeitsverhalten sowie die daraus resultierende erlebte Beanspruchung erfolgen. In diesem Zuge sollten auch verbesserte Erreichbarkeitslösungen überdacht werden.

Bemühung um eine individuell passende Erreichbarkeitslösung
Hierbei ist eine Vereinbarung zur individuellen Erreichbarkeit mit der Führungskraft und dem Team sowie eine entsprechende aktive Anpassung des eigenen Verhaltens empfehlenswert.

Für ein optimales Erreichbarkeitsmanagement des Beschäftigten ist der Rückhalt durch den Arbeitgeber zentral. Daher gelten folgende Empfehlungen für den Arbeitgeber:

Das Erreichbarkeitsmanagement sollte ein Gesundheitsthema im Unternehmen sein
Der Arbeitgeber sollte Informations- und Reflexionsmaterial anbieten. Darüber hinaus ist das Bereitstellen eines Erreichbarkeitsassistenten empfehlenswert. Durch das Anregen von Gesprächsrunden sowie Mitarbeiterversammlungen sollte zur Nutzung des Materials motiviert werden.

Festlegen von Standards bezüglich des Erreichbarkeitsmanagements im Unternehmen
Durch das Festlegen von Standards soll Transparenz geschaffen werden. Das Festhalten von Zeiten für (eingeschränkte) Erreichbarkeit und Nicht-Erreichbarkeit kann im Rahmen von Betriebsvereinbarungen festgehalten werden.

Individuelle Erreichbarkeitslösungen sollten zudem im Rahmen verbindlicher Einzelgespräche regelmäßig festgehalten werden. Zu klärende Punkte sind hierbei, unter welchen Umständen, über welche Kanäle, zu welchen Zeiten eine Erreichbarkeit außerhalb der Arbeitszeit besteht.

Förderung einer langfristigen Wirkung des Erreichbarkeitsmanagements im Unternehmen
Zuletzt wird die Durchführung von Qualitätskontrollen und Maßnahmenevaluationen empfohlen. Dies kann im Zuge von Mitarbeiterbefragungen sowie durch das Einholen von Verbesserungsvorschlägen in Mitarbeiterversammlungen erfolgen. Entsprechendes Feedback sollte umgesetzt werden.

Als Empfehlungen für die Funktionsweisen des Erreichbarkeitsassistenten ergaben sich die folgenden Punkte:

Möglichkeit zur individuellen Anpassung
Der Erreichbarkeitsassistent sollte eine Anpassung an die Bedürfnisse und Arbeitsumstände einzelner Beschäftigter erlauben.

Einfache Bedienbarkeit und Standardeinstellungen
Der Erreichbarkeitsassistent sollte einfach und intuitiv bedienbar sein. Für eine beschleunigte Nutzung sollte er darüber hinaus über (individuell anpassbare) Standardeinstellungen verfügen.

Unterscheidung nach Kommunikationskanälen, Inhalten und Personengruppen
Der Erreichbarkeitsassistent sollte die Möglichkeit anbieten, nur per Textnachricht/E-Mail erreichbar zu sein, da dies oftmals als nützlich und weniger störend empfunden wurde.

Darüber hinaus sollte die Möglichkeit der Erreichbarkeit nur in Notfällen bestehen, wobei private Notfälle hier besonders zu gewichten sind.

Zuletzt ist eine Option empfehlenswert, die die Erreichbarkeit für selbstgewählte Personengruppen beinhaltet.

Informieren des Adressaten über Verzögerung und Wiedererreichbarkeit
Der Absender sollte durch den Erreichbarkeitsassistenten über die Verzögerung sowie die Wiedererreichbarkeit informiert werden.

Zudem ist eine **kontinuierliche Verbesserung des Erreichbarkeitsassistenten über Feedback** der Anwender notwendig.

23.2.4 Erreichbarkeitsassistent für Smartphones

Neben den organisatorischen Maßnahmen wurde im Projekt außerdem ein Erreichbarkeitsassistent in Form eines Demonstrators für die Smartphone-Plattform Android umgesetzt. Dieser ermöglicht die automatische Verwaltung der Erreichbarkeit des Nutzers über elektronische Kommunikationswege wie E-Mail und Telefonanrufe und besteht aus zwei getrennten Teilen. Einer Smartphone-App, die es dem Nutzer erlaubt individuelle Anpassungen seiner Erreichbarkeit vorzunehmen und in der Lage ist eingehende Telefonanrufe automatisch abzuweisen, sowie einer zentralen, serverseitigen Komponente für die Verwaltung dieser Einstellungen und die Verarbeitung von E-Mails.

Die zentrale Behandlung der E-Mails erlaubt es, die Kommunikationsregeln unabhängig des verwendeten E-Mail-Programms umzusetzen. Während einige Programme bereits über Möglichkeiten verfügen, bestimmte Regeln zur Erreichbarkeit zu definieren, unterscheiden diese sich zwischen Programmen und Plattformen (z. B. Desktop oder Smartphone), sodass es nicht möglich ist, die Kommunikationsregeln identisch auf allen Geräten umzusetzen. Da diese Komponente außerdem die Aufgabe des bisherigen Mailservers übernimmt, ist auf Benutzerseite lediglich eine Einstellung des Benutzerkontos für die Einführung des Systems notwendig.

Durch die Definition von Regeln kann individuell entsprechend der Anforderungen im Unternehmen mit einem Regeleditor die konkrete Funktionalität des Erreichbarkeitsassistenten konfiguriert werden, etwa im Rahmen einer Verhandlung zwischen Arbeitgeber und Betriebsrat. So können z. B. dienstliche E-Mails oder Telefonate in der Nacht entsprechend des Regelwerks unterdrückt bzw. zu einem späteren Zeitpunkt zugestellt werden. Für die Entscheidung, ob Kommunikation zugelassen, unterbunden oder verzögert wird, können je nach Verfügbarkeit im jeweiligen Unternehmen diverse Kriterien herangezogen werden. In der ersten Evaluationsphase des Pilotbetriebs wurde mit den Anwendungs-Unternehmen zuerst ein simples und starres Regelwerk im Erreichbarkeitsmanager erarbeitet und umgesetzt. Das umgesetzte Regelwerk bildet z. B. die üblichen Geschäftszeiten in den beiden Anwender-Unternehmen ab.

In diesem Regelwerk wird zwischen drei Erreichbarkeitsstufen unterschieden:

1. Volle und uneingeschränkte Erreichbarkeit während der gesamten Kernarbeitszeit
2. Eingeschränkte Erreichbarkeit für bestimmte Kontakte
3. Störungsfreie Nachtruhe

Bei voller Erreichbarkeit werden alle E-Mails sofort und ohne Verzögerung zugestellt. Während der Nachtruhe werden alle eingehenden E-Mails bis zum nächsten Morgen zurückgehalten und, abhängig von der Sendeadresse, entweder bei Beginn der eingeschränkten Erreichbarkeit, spätestens aber mit Beginn der Kernarbeitszeit zugestellt.

Die eingeschränkte Erreichbarkeit bildet im Falle eines Anwenderunternehmens den Anwendungsfall ab, außerhalb der Kernarbeitszeiten nur für bestimmte Kontakte erreichbar zu sein. Im konkreten Fall sind das internationale Geschäftspartner für welche, durch ihren Sitz im Ausland und der daher auftretenden Zeitverschiebung, durch diese Erreichbarkeitsregeln ein realistischeres Kommunikationsfenster geschaffen wird. Eingehende Kommunikation dieser Geschäftskontakte wird während der eingeschränkten Erreichbarkeit ohne Verzögerung zugestellt, E-Mails von Absendern außerhalb dieser Ausnahmen werden, wie zur Nachtruhenzeit, bis zum Beginn des nächsten Geschäftstages zurückgehalten.

In der nächsten Evaluationsphase wurde es mit Einführung der Smarthone-Applikation dem Nutzer ermöglicht, das, in der vorherigen Phase eingeführte, Regelwerk zu personalisieren. Dazu wurde die Möglichkeit geschaffen, die Anfangs- und Endzeiten der jeweiligen Erreichbarkeitsstufen zu wählen. Die Verwaltung der telefonischen Erreichbarkeit muss dahingegen dezentral auf dem jeweiligen Endgerät erfolgen, da hier keine verwaltbare, zentrale Komponente existiert. Zudem ist es auf Android und iOS, den am weitesten verbreiteten Smartphone-Betriebssystemen[1], nicht möglich alle eingehenden Anrufe zu blockieren und nur bestimmte Nummern zu erlauben (Whitelisting). Stattdessen ist es nur möglich bestimmte Nummern automatisch abzuweisen (Blacklisting).

Der Entwickelte Demonstrator bietet dem Nutzer folgende Funktionalität:

- Verwaltung von Erreichbarkeitsprofilen, welche zeitbasiert aktiviert werden und es dem Nutzer so erlauben, verschiedene Funktionen und Einstellungen des Systems automatisch zu aktivieren.
- manueller und temporärer Wechsel des aktuell aktivierten Profils
- Automatischer Wechsel des Profils basierend auf Kalendereinträgen (z. B. eingeschränkte Erreichbarkeit im Urlaub/während Meetings)
- Zurückhalten von E-Mails bis zu einem gewissen Zeitpunkt oder Wechsel in ein unterschiedliches Profil
- Gebündelte Zustellung von E-Mails (z. B. zu jeder vollen Stunde) um „Fokusphasen" ohne ablenkende Kommunikation zu erlauben
- Blockieren von eingehenden Anrufen auf Nummernbasis

Die Einstellung dieser Funktionen erfolgt über die entwickelte Smartphone-App oder ein Webinterface (Abb. 23.1).

23.2.5 Testbetrieb und Evaluation

Für den Testbetrieb bei den Anwender-Unternehmen und die Evaluation der technischen Maßnahmen muss, wie im vorigen Abschnitt beschrieben, die zentrale Komponente für die Verwaltung der Einstellungen sowie die E-Mail-Kommunikation dem Anwender bereitgestellt werden. Da die zentrale Komponente für jeden Anwender (jedes Unternehmen, nicht jeder Mitarbeiter) speziell konfiguriert werden muss sowie zur Sicherstellung des Datenschutzes, wird das System für jeden Anwender getrennt betrieben. Zur Einhaltung der Rechtskonformität nach der Datenschutz-Grundverordnung wird außerdem sichergestellt, dass jedes System aus einem in Deutschland betriebenen Rechenzentrum bereitgestellt wird.

Im Forschungsprojekt SANDRA wird die HRV-Messung eingesetzt, um die Auswirkung des intelligenten Erreichbarkeitsmanagements auf die Erholung während des nächtlichen Schlafs zu messen. Akuter und chronischer Stress, insbesondere auch der durch Arbeit hervorgerufene chronische Stress, wirken sich vor allem auf das Autonome Nervensystem (ANS) aus [16, 17]. Messbar sind die stressbedingten Veränderungen des ANS über die Herzratenvariabilität (HRV) [18]. Generell müssen für die Bestimmung

[1] https://gs.statcounter.com/os-market-share/mobile/worldwide/#monthly-201901-201912

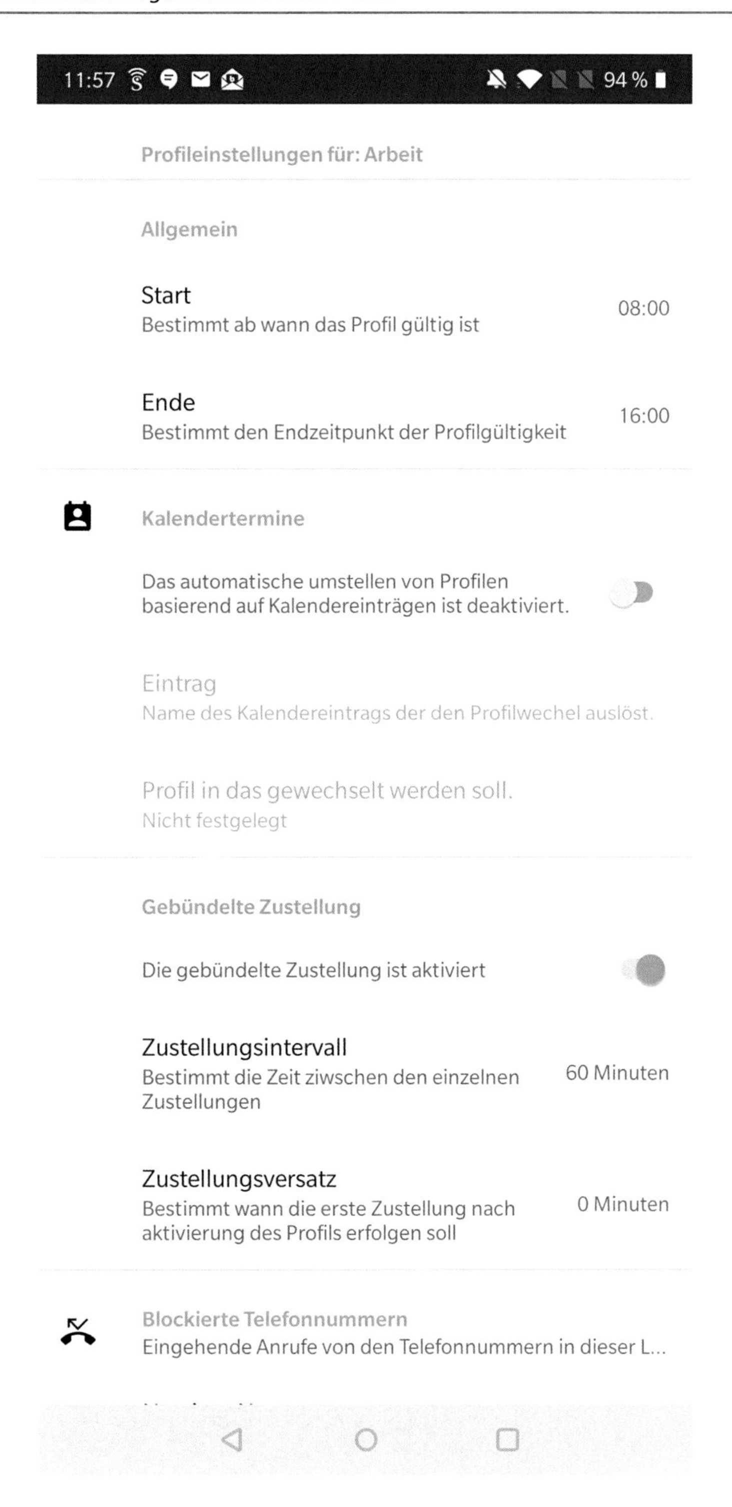

Abb. 23.1 Screenshot der App zur Verwaltung der Nutzereinstellungen

der HRV-Parameter die RR-Abstände zwischen den Herzschlägen gemessen werden. Für diese Messung braucht es aber keine teuren EKG-Geräte, sondern es reichen handelsübliche Brustgurte, z. B. der Firma Polar, um diese EKG-genau zu messen. Die Analyse der HRV ermöglicht eine Früherkennung pathogener Zustände.

Für die Evaluation der Stressminderung wurde im Rahmen des Projekts eine Smartphone-App zur Messung der HRV-Parameter implementiert. Die App empfängt die vom Brustgurt aufgenommenen RR-Intervalle über Bluetooth. Die Messung wird von der Smartphone-App an einen Server übertragen. Dort werden die HRV-Parameter berechnet. Ihr zeitlicher Verlauf kann über den Browser analysiert werden. Die Hypothese ist, dass sich durch den Verzicht auf berufliche Kommunikation nach Feierabend, die HRV früher dem Erholungspegel annähert als im gegenteiligen Fall. Dazu wurden bei Mitarbeitern der an der Evaluation teilnehmenden Partnerunternehmen unter beiden Prämissen – mit und ohne berufliche Korrespondenz am Abend – HRV-Messungen über die Nacht durchgeführt. Dafür sollte die Messung beim Zubettgehen gestartet und am nächsten Morgen unmittelbar nach Erwachen beendet werden. Nach dem Hochladen der Messung auf den Server und der Berechnung der HRV Parameter, kann diese über den Webbrowser analysiert werden.

Die HRV-Parameter nehmen nicht nur durch Belastung bzw. Stress am Vorabend niedrige Werte an, sondern auch durch

- Bewegung während der Messung
- Husten und Nießen während der Messung (temporär)
- Alkoholkonsum vor der Messung
- Üppiges und spätes Essen vor der Messung
- Körperliche Belastung (Sport) in den Stunden vor der Messung
- Erkältungen, grippale Effekte und andere Krankheiten
- Medikamenteneinnahme

Für die Studie im Rahmen des SANDRA Projektes ergibt sich daraus die Rahmenbedingung, an den Messtagen die oben genannten Faktoren auszuschließen bzw. konstant zu halten, sodass die variierende geschäftliche Email-Kommunikation am Abend als einzige Einflussgröße angenommen werden kann.

23.3 Fazit und Ausblick

Im Forschungsprojekt SANDRA wurden sowohl ein Erreichbarkeitsassistent als auch organisatorische Maßnahmen in zwei Anwender-Unternehmen aus zwei verschiedenen Branchen erprobt. Die bisherigen Erkenntnisse aus dem Testbetrieb deuten darauf hin, dass sich durch eine Mischung technischer und organisatorischer Ansätze zur Verringerung der Belastung durch ständige Erreichbarkeit über Smartphones erreichen lassen [4].

Das Zusammenspiel zwischen Recht und Technik ist maßgeblich, um der schnellen Entwicklung neuer technischer Innovationen zu begegnen, da sie zahlreiche Bereiche des gesellschaftlichen Lebens beeinflussen und verändern. Sie werden in unterschiedlichen gesellschaftlichen Bereichen zu bestimmten Zwecken und zur Erfüllung bestimmter Ziele eingesetzt. Die Sicherheit von Daten und der Schutz der von der Verarbeitung ihrer Daten betroffenen Personen ist maßgeblich von der einzelnen Technologie abhängig. Entstehen diesbezügliche aus ihrer Verwendung Probleme, werden sie meist erst nach einem gewissen Nutzungszeitraum erkannt und sollen durch das nachträgliche Einbauen von Schutzmechanismen behoben werden. Eine viel praxistauglichere Lösung bietet die rechtliche Gestaltung eines technischen Systems, die begleitend zur Technikentwicklung oder bereits in einer konzeptionellen Phase der Entwicklung berücksichtigt wird. Diese Vorgehensweisen stellen sicher, dass der Einsatz der Technik nicht an rechtlichen Hürden scheitert oder Kosten im Nachgang, aufgrund einer nicht rechtskonformen Bauweise, vermieden werden. Zudem ist ein technischer Schutz von personenbezogenen Daten oder Unternehmensdaten sehr effektiv, denn wenn etwas technisch nicht möglich ist, kann ein darauf bezogenes rechtliches Verbot nur schwer umgangen werden.

Für die Zukunft stellt sich die Frage, ob weitere Kommunikationstechnologien in ein Erreichbarkeitsmanagement einzubeziehen sind. Hierbei relevant erscheinen aufgrund ihrer gestiegenen Verbreitung im Umfeld dienstlicher Kommunikation, z. B. Instant Messaging Systeme oder auch Varianten aus den Social Media – Umfeld.

Projektpartner und Aufgaben

- **Fraunhofer-Institut für Arbeitswirtschaft und Organisation IAO**
  Identitätsmanagement, Konzeption des Erreichbarkeitsmanagements, Projektkoordination
- **Universität Kassel – Projektgruppe verfassungsverträgliche Technikgestaltung (provet)**
  Rechtsverträgliche Gestaltung eines Erreichbarkeitsmanagement-Systems
- **HdM Stuttgart – Mobile Medien**
  Entwurf und Implementierung des Erreichbarkeitsmanagers
- **TU Darmstadt – Fachgebiet Marketing & Personalmanagement**
  State of the Art und Stakeholderanforderungen für das Erreichbarkeitsmanagement
- **Goethe Universität-Frankfurt – Wirtschaftsinformatik und Informationsmanagement (WIIM)**
  Quantitative Analyse der Stakeholderpräferenzen für Erreichbarkeitsmanagement-Systeme
- **AGILeVIA GmbH**
  Implementierung im Unternehmen und Erprobung

- **AK Reprotechnik GmbH**
  Mitgestaltung des Erreichbarkeitsmanagements aus Anwendersicht und Erprobung

Literatur

1. Ayyagari R, Grover V, Purvis R (2011) Technostress: Technological antecedents and implications. MIS Q 35(4):831–858
2. David K, Bieling G, Jandt S, Ohly S, Roßnagel A, Schmitt A, Steinmetz R, Stock-Homburg R, Wacker A (2014) Balancing the online life: mobile usage scenarios and strategies for a new communication paradigm. IEEE Veh Technol Mag, September, S 72–79
3. Fonner KL, Stache LC (2012) All in a day's work, at home: Teleworkers'management of micro role transitionsand the work–home boundary. New Technol Work Employ 27(3):242–257
4. Grießhaber D, Maucher J, Laufs U, Staab K, Saternus Z, Weinhardt S. (2020) Erreichbarkeitsmanagement in der betrieblichen Praxis. In: Daum M, Wedel M, Zinke-Wehlmann C, Ulbrich H (Hrsg) Gestaltung vernetzt-flexibler Arbeit. Beiträge aus Theorie und Praxis für die digitale Arbeitswelt. Springer Vieweg, Berlin, i. E.
5. Kossek EE (2016) Managing work-life boundaries . Organ Dyn 45:258–270
6. Laufs A, Maucher J, Miedzianowski N, Rost K, Saternus Z (2018) Erste Ergebnisse des Forschungsprojekts „SANDRA“. Zeitschrift für Datenschutz-Aktuell (10/2018): 06151
7. Miedzianowski N (2020) Rechtliche Anforderungen an ein System zur Erreichbarkeitssteuerung. In: Daum M, Wedel M, Zinke-Wehlmann C, Ulbrich H (Hrsg) Gestaltung vernetzt-flexibler Arbeit. Beiträge aus Theorie und Praxis für die digitale Arbeitswelt, Springer Vieweg, Berlin, i. E.
8. Miedzianowski N, Saternus Z, Staab K (2019) Stakeholderbezogene und rechtliche Anforderungen an ein Erreichbarkeitsmanagement-System. Zeitschrift für Datenschutz (11/2019): XV-–XIX
9. Reimer P (2018) DSGVO Art. 5 Grundsätze für die Verarbeitung personenbezogener Daten. In: Sydow G (Hrsg) Europäische Datenschutzgrundverordnung. Nomos, Baden-Baden, Wien, Zürich, Art. 5 Rn. 52
10. Saternus Z, Staab K (2018) Towards a smart availability assistant for desired work life balance. International Conference on Information Systems 2018, San Francisco, USA
11. Saternus Z, Staab K, Hinz O (2019) Challenges for a Smart Availability Assistant – Availability Preferences. Americas Conference on Information Systems 2019, Cancun, Mexiko
12. Saternus Z, Staab K, Hinz O, Stock-Homburg R (2020) Ein nutzergerechtes Erreichbarkeitsmanagement: Wissenschaftliche Erkenntnisse und Implikationen. In: Daum M, Wedel M, Zinke-Wehlmann C, Ulbrich H (Hrsg) Gestaltung vernetzt-flexibler Arbeit. Beiträge aus Theorie und Praxis für die digitale Arbeitswelt. Springer Vieweg, Berlin
13. Sayah S (2013) Managing work–life boundaries with information and communication technologies: the case of independent contractors. New Technol Work Employ 28(3):179–196
14. Stock-Homburg R, Bieling G, Entringer T, Reinke K (2014) New directions for work-life balance research: a conceptual, qualitative approach, Proceedings of the Academy of Management Conference, Philadelphia, USA

15. Tarafdar M, Tu Q, Ragu-Nathan BS, Ragu-Nathan TS (2007) The impact of tech-nostress on role stress and productivity. J Manage Inf Syst 24(1):301–328
16. Henry J (1997) Psychological and physiological responses to stress: the right hemisphere and the hypothalamo-pituitary-adrenal axis, an inquiry into problems of human bonding. Acta Physiol Scand Suppl 640:10–25
17. Schroeder EB, Liao D, Chambless LE et al (2003) Hypertension, blood pressure, and heart rate variability: the atherosclerosis risk in communities (ARIC) study. Hypertension 42:1106–1111. https://doi.org/10.1161/01.HYP.0000100444.71069.73
18. Togo F, Takahashi M (2009) Heart Sew. Ind Health 47:589–602. https://doi.org/10.2486/indhealth.47.589

Social Business in der Praxis

24

Mit welchen Herausforderungen zu rechnen ist

Christian Zinke-Wehlmann, Julia Friedrich, Mandy Wölke und Vanita Römer

24.1 Das Projekt SB:Digital

Social Media bilden die Grundlage für grenzenlose Vernetzung und Interaktion basierend auf digitaler Technologie. Während für Privatpersonen der Nutzen u. a. in der Kontaktpflege mit Freunden weltweit sowie Meinungsäußerung zu dem generierten Content besteht (z. B. durch Likes oder Posts), stehen für Unternehmen hier andere Dinge im Vordergrund. Neben den klassischen marketinggetriebenen Kommunikationszielen zur Kundengewinnung und Kundenbindung, nutzen Unternehmen vermehrt auch Expertennetzwerke zur Informationsgewinnung oder werben neue Mitarbeitende über berufliche Netzwerke (Xing) an. Daneben spielt inzwischen aber auch die Vernetzung innerhalb von Unternehmen eine zunehmende bedeutende Rolle. Die Nutzung sozialer Medien innerhalb von Unternehmen oder Unternehmensnetzwerken (in der Literatur auch als Enterprise Social Network (ESN) bezeichnet) bietet erhebliche produktionssteigernde Potenziale, die laut des McKinsey Global Institute bis dato ungenutzt sind. Das Forschungsprojekt SB:Digital schließt diese Lücke. Neben dem Bereich der Kommunikation eröffnen soziale Netzwerke enormes Potenzial für den Bereich Wissensmanagement, Innovationsmanagement und Partizipation [5]. Sie können dabei helfen, effizientere Verbindungen zwischen den Mitarbeitenden zu schaffen und Informationen sowie Daten unkompliziert untereinander auszutauschen [3]. Zur Erfassung der Effekte,

C. Zinke-Wehlmann (✉)
Universität Leipzig, Universitätsrechenzentrum, Leipzig, Deutschland

J. Friedrich · M. Wölke · V. Römer
Institut für Angewandte Informatik e.V. an der Universität Leipzig, Leipzig, Deutschland

W. Bauer et al. (Hrsg.), *Arbeit in der digitalisierten Welt*,
https://doi.org/10.1007/978-3-662-62215-5_24

Gestaltungsparameter und Möglichkeiten des Nutzens von sozialen Netzwerken im unternehmensinternen Gebrauch wurde das Konzept „Social Business“ im Rahmen des Verbundprojektes untersucht und weiterentwickelt. In Anlehnung an Hinchcliffe und Kim, der Social Business als "[t]he Strategic Application of Social Computing to Enterprise Challenges" [2] beschreiben, definieren wir Social Business wie folgt:

▶ Social Business wird in der vorliegenden Publikation allgemein als Strategie und Rahmenwerk verstanden, mit dessen Anwendung die Generierung eines sozialen, ökologischen und ökonomischen Nutzens aus dem Einsatz sozialer Netzwerke als primäres Ziel verbunden wird.

In der Betrachtung von Social Business als ganzheitliches Konzept wurden die Rahmenbedingungen und erweiterten Wertschöpfungsketten vor dem Hintergrund einer attraktiven Arbeitsgestaltung im Projekt untersucht. Im Ergebnis wurden Strategien und Konzepte zur proaktiven Arbeitsgestaltung im Kontext sozialer Netzwerke entwickelt, welche in einem Referenzmodell zusammengetragen und durch eine umfangreiche Pilotierung ergänzt wurden. Hierbei wurden folgende Schwerpunkte verfolgt:

- Weiterbildung und Wissensaustausch: Gestaltung digitalisierter Weiterbildung und Wissensaustausch mittels sozialer Netzwerke
- Partizipation und Innovation: Nutzung und Evaluation sozialer Netzwerke als Auslöser für Partizipation und Innovation
- Ökologie und Arbeitszeit: Entwicklung und Anwendung nachhaltiger Mobilitätskonzepte – wie soziale Netzwerke helfen ökologische und arbeitszeittechnische Aspekte zu verbinden
- Orientierung und Motivation: Anwendung und Evaluation von Social Business – Orientierung und Motivation durch soziale Netzwerke

Ziel dieses Beitrags ist eine abschließend auf der Analyse der Anwendungsbeispiele beruhende kritische Auseinandersetzung mit dem Social Business Konzept. Dabei soll der Frage nachgegangen werden, mit welchen Herausforderungen beim Transformationsprozess sich Unternehmen in der Praxis konfrontiert sehen und wie diesen zu begegnen ist.

24.2 Social Business Framework

Innerhalb des SB:Digital Projektes wurde ein Rahmenwerk in Form eines Referenzmodells entwickelt, dieses diente zunächst der Orientierung und Schwerpunktdefinition im Forschungsprojekt. Im weiteren Projektverlauf wurde das Referenzmodell ausgebaut und stellt nunmehr eine praktische Orientierungshilfe für Unternehmen dar. Das Social Business Referenzmodell Abb. 24.1 beinhaltet eine Beschreibung des Social Business Transformationsprozesses, die Ausarbeitung eines Rollenmodells sowie eines Reifegradmodells und einen Leitfaden für den Einsatz von Social Business.

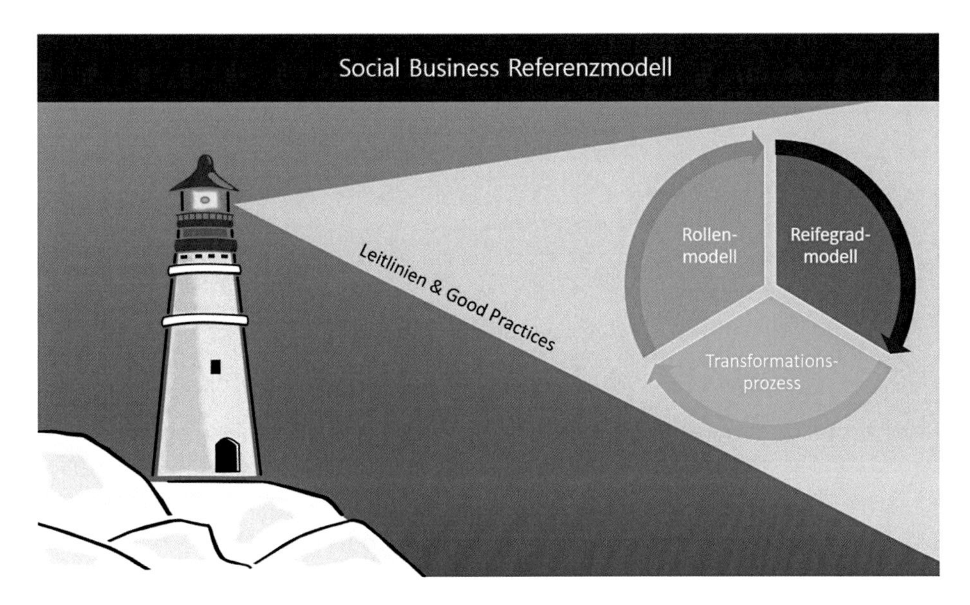

Abb. 24.1 Social Business Referenzmodell

24.2.1 Transformationsprozess

Den ersten und grundlegendsten Teil des Referenzmodells bildet ein vier Schritte umfassender Transformationsprozess Abb. 24.2. Dabei handelt es sich jedoch ausdrücklich nicht um einen linearen, sondern vielmehr einen iterativen Prozess, der sich je nach Anpassungsnotwendigkeit teilweise oder in einzelnen Schritten wiederholt.

Ausgangspunkt für die Social Business Transformation ist eine umfassende Analyse des Status quo auf Basis des Social Business Reifegradmodells. Grundlage für diese Analyse bilden die Arbeiten rund um die Mensch-Technik-Organisationsanalyse [10], welcher zur Untersuchung sozio-technischer Systeme verwendet werden können. Ziel der Ermittlung des Reifegrades ist es, Schwachstellen aufzudecken, die einer erfolgreichen Transformation und einer Übernahme der Social Business-Strategie im Wege

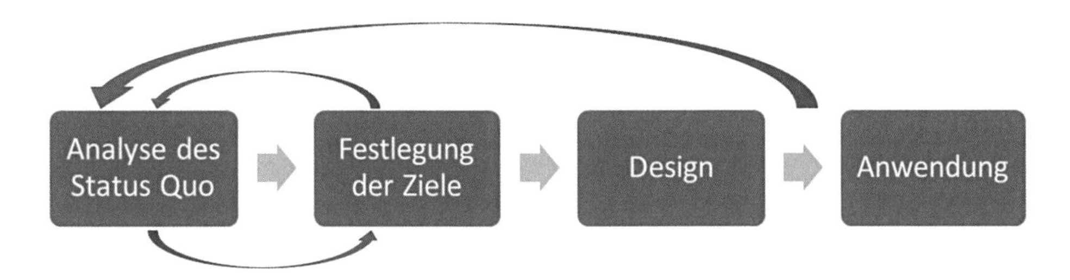

Abb. 24.2 Social Business Transformationsprozess

stehen. So kann ein Unternehmen beispielsweise viel Aufwand in die Entwicklung einer technologischen Architektur gesteckt haben, ohne ein Bewusstsein für Social Business zu schaffen, was die Erfolgschancen der Initiative erheblich mindert.

In einem zweiten Schritt sind Ziele zu definieren (unter Berücksichtigung der aktuellen Situation). Dies ist unerlässlich, um die richtigen Prozesse und Aktivitäten, wie z. B. Sensibilisierungskampagnen einzuleiten, aber auch um die technologischen Instrumente und Indikatoren zur Erfolgsmessung auszuwählen. Eine Begrenzung der Ziele ist dabei nicht zwingend notwendig. Unternehmen können ein besseres Wissensmanagement anstreben und gleichzeitig eine Nachhaltigkeitskultur innerhalb des Unternehmensverbundes etablieren wollen. Was auch immer die Ziele eines Unternehmens sein mögen, es muss verstanden werden, dass die Transformation in Richtung Social Business kein linearer, sondern ein iterativer Prozess ist und Ziele nacheinander erreicht werden können bzw. sich zum Teil durch ihre Realisierungen gegenseitig befruchten. Dies bedeutet, dass die Ziele im ersten Anlauf möglicherweise nicht vollständig erreicht werden oder einzelne Ziele aufgrund sich ändernder Rahmenbedingungen angepasst werden müssen.

Während die ersten beiden Prozessschritte als theoretische Grundlage oder Anfangsphase verstanden werden können, beginnt im dritten Transformationsschritt die Designphase. Hierbei sollten wiederum die drei Ebenen Individuum, Organisation und Technologie berücksichtigt werden. Aus technologischer Sicht ist es entscheidend, dass soziale Netzwerktechnologie entsprechend den formulierten Zielen und Anforderungen zu entwerfen sind. Bestimmte Punkte sollten im Designprozess auf technologischer Ebene Berücksichtigung finden, z. B.:

- Erarbeitung eines Rechteverwaltungskonzeptes mit entsprechenden Rollen
- Definition und regelmäßige Überprüfung von Datenschutzrichtlinien, Einhaltungs- und Löschungsregeln
- Planung von Feedback-Kanälen
- Prüfung von Integrationsmöglichkeiten und Bewertung ihrer Eignung
- Festlegung einer Umsetzungsstrategie

Auf organisatorischer Ebene können bestimmte Rahmenbedingungen, wie z. B. die Arbeitsgestaltung [4] oder eine Empowermentkultur [11], die eine erfolgreiche Umsetzung von Social Business unterstützen. Grundsätzlich muss der/die Mitarbeiter*in als zentrales Element im Social Business verstanden werden, das den Prozess der Zusammenarbeit am Laufen hält und mit dessen Handeln trägt. Ein offener Führungsstil, der die Mitarbeiter nicht durch hierarchische Strukturen einschränkt, sondern ihnen Selbstbestimmungsrechte gewährt, gilt als förderlich für Social Business [9]. Weitere relevante Aspekte auf der Organisationsebene sind:

- Entwicklung von Beteiligungsmechanismen und Transparenz
- Identifikation von Akteuren und Verantwortlichkeiten

- Formulierung von Kommunikationsstrategie und -richtlinien
- Identifizierung von Wissensflüssen
- Planung der Erfolgskontrolle, Entwicklung von Kennzahlen und Parametern

Auf der individuellen Ebene muss klar sein, dass proportional zur Vernetzung und sozialen Interaktion die Flexibilität der Arbeit und die Notwendigkeit von Selbstbestimmung steigen. Es ist daher notwendig, die Beschäftigten in die Lage zu versetzen, selbstbestimmt und frei im sozialen Netzwerk zu agieren, damit sie sich selbst als die relevanten Akteure zu verstehen, die sie sind. Dies bringt neue Anforderungen, gleichzeitig, aber auch neue Chancen für Motivation und Wachstum. Um die Mitarbeiter für diese neue Arbeitsweise zu sensibilisieren, können Schulungs- oder Kommunikationskampagnen im Unternehmen notwendig sein. Neben diesen Maßnahmen bedeutet Social Business Design:

- Identifizierung von Kompetenzen und Einrichtung von Ausbildungsmechanismen
- Positive Rahmung von Mitarbeitern und Arbeitsgruppen
- Aufzeigen von Vorteilen und Nutzen

Dies zeigt, dass sich der Gestaltungs- und Transformationsprozess nicht auf die technologische Perspektive beschränken darf, sondern Rahmenbedingungen sowie individuelle Bedürfnisse und Anforderungen berücksichtigt werden müssen.

Schließlich wird der theoretisch geplante und entwickelte Ansatz zur Anwendung gebracht. Dabei ist ein durchgehendes Evaluationsmanagement erforderlich, sowohl vonseiten der Geschäftsführung als auch von anderen Beteiligten, wie zum Beispiel den Geschäftspartner*innen oder den Mitarbeitenden. Dabei spielt auch das Sammeln von Feedback eine zentrale Rolle, wodurch der Vorgang kontrolliert und, wenn nötig, stets angepasst werden kann.

24.2.2 Reifegradmodell

Um Unternehmen in die Lage zu versetzen, den aktuellen Stand der Bereitschaft zum Social Business zu ermitteln, wurde im Projekt ein Reifegradmodell entwickelt. In der Analyse werden die verschiedenen Bereiche des Unternehmens oder der Organisation einzeln nach ihrer „Social Business Reife" bewertet, wodurch ein umfassendes Bild des Status quo gegeben werden kann. Hierbei werden die Aspekte Technik, Organisation und Mensch abgesteckt und entsprechend relevante Dimensionen genauer betrachtet, um darauf aufbauend die nächsten Schritte planen zu können.

Das Reifegradmodell umfasst die in Abb. 24.3 aufgeführten fünf Dimensionen und gibt in vier Stufen deren Reifezustand an. Ergänzt wird das Modell durch sogenannte Einflussfaktoren, die ebenfalls entscheidend für die Bewertung der Social Business Reife eines Unternehmens sind, obgleich sie nicht in dezidierten Abstufungen bewertet werden können.

DIMENSION	REIFEGRAD			
BEWUSSTSEIN	Fehlend	Problem-bewusstsein	Prozess-bewusstsein	Verantwortung
FÄHIGKEITEN	Keine SB-Fähigkeiten	Verstehen	Partizipieren	Netzwerken
ROLLEN	Keine SB-Rollen	Marketing-getrieben	Informell	Explizit definiert und zugewiesen
KOLLABORATION	Ad hoc	Team-weit	Unternehmens-weit	Im Netzwerk
SOCIAL BUSINESS INFRASTRUKTUR	Keine sozialen Technologien	Externe Anwendungen	ESN	Social Software vollständig integriert

Abb. 24.3 Das Social Business Reifegradmodell

Bestimmte Rahmenbedingungen, wie z. B. die Arbeitsgestaltung, sind für die erfolgreiche Umsetzung von Social Business von Vorteil. Auch muss klar sein, dass für Vernetzung und soziale Interaktionen Arbeitszeit kalkuliert werden muss und dass flexiblere Arbeitsbedingungen und ein höheres Maß an Selbstbestimmung neue Anforderungen an die Unternehmenskultur mit sich bringen. Durch die Ermittlung des aktuellen Reifezustandes des Unternehmens können Stärken und Schwachstellen ausgemacht werden und darauf aufbauend Ziele und Strategien festgelegt werden.

24.2.3 Social Business Rollenmodell

Im Verlauf der Projektarbeit wurde deutlich, dass der erfolgreiche Einsatz von Social Business einer klaren Zuschreibung von Verantwortlichkeiten bedarf. Zu diesem Zweck wurde ein Social Business Rollenmodell entwickelt, welches aus empirischen Studien, Experteninterviews und Umfragen entwickelt wurde [7]. In Zusammenarbeit mit ICU (*Internes Crowdsourcing in Unternehmen*), einem Partner aus dem TransWork Verbundprojekt, wurde diese Modell validiert [14]. Schließlich umfasst das Rollenmodell sechs Rollen: (1) Social Business Manager, (2) Content Manager, (3) Developer, (4) Communication Manager, (5) Community Stakeholder, (6) Executive.

Diese wurden als die zentral wichtigen Rollen für die erfolgreiche Entwicklung und Umsetzung einer Social Business Strategie identifiziert. Jeder Rolle sind verschiedene Zuständigkeits- und Aufgabenbereiche sowie dazugehörige Qualifikationen und Kompetenzen zugewiesen. Dabei ist hervorzuheben, dass die definierten Rollen nicht an einzelne Personen gebunden sein müssen und z. B. eine Rolle von mehreren Personen ausgeführt werden kann. Auch kann eine Person in mehreren Rollen parallel eingesetzt sein. Über die Definition der Relationen zwischen den Rollen konnten außerdem die Zuständigkeitsbereiche besser abgegrenzt und Kollaborationsbereiche aufgezeigt werden.

24.2.4 Leitfaden und Good Practices

Die im Projektverlauf gewonnen Erkenntnisse wurden in eine umfassende Sammlung von Empfehlungen integriert, die in der Implementierung von Social Business von großer Hilfe sein können. Dabei wurden zunächst in einem Leitfaden verschiedene Punkte gesammelt, genauso wie "Good-Practices", die aus verschiedenen Praxisanwendungen stammten. Diese Punkte wurden während der Projektlaufzeit weiterentwickelt und sind nun in Form von konkreten Handlungsempfehlungen zusammengefasst. Diese sind auch im Schlussteil dieses Beitrages zu finden.

24.3 Social Business in Action

Die Realisierung ihres jeweiligen Social Business Konzeptes in der Praxis stellte die am SB:Digital Projekt beteiligten Unternehmen vor unterschiedlichste Herausforderungen. Im Folgenden sollen die Projekte und deren jeweilige Herausforderungen jeweils in Kürze skizziert sowie klassifiziert werden und auf Lösungsansätze eingegangen werden.

24.3.1 Pilotanwendung Orientierung und Motivation

Das Ziel der Pilotanwendung *Orientierung und Motivation* war es, gezielt Gestaltungsparameter für ein Social Business zu ermitteln und zu untersuchen, wie Mitarbeitende am effektivsten zur Nutzung eines ESN motiviert werden können. Die Vertriebs- und Entwicklung mbh CADsys bringt als Systemhaus für Softwarelösungen und -entwicklungen, die idealen Voraussetzungen für Social Business mit. Kommunikation, sowohl intern als auch mit dem Kunden stellt einen wichtigen Baustein im Unternehmen dar. Die Analyse des Status quo zeigte jedoch, dass die Arbeitsprozesse durch brüchige Informations- und Kommunikationsketten sowie einen hohen organisatorischen Aufwand gestört waren. Das Unternehmen war somit bestrebt, die Kommunikationsabläufe zu vereinfachen. Zugleich sollten Wissensmanagementaktivitäten wie das Zusammentragen von Informationen und das Ausformulieren bzw. das Niederschreiben von bislang nur implizit vorhandenem Wissen motivierender gestaltet werden. Auf diese Weise sollte eine bessere Einbindung der Belegschaft erreicht werden. Des Weiteren wurde die Generierung eines künftig offenen Informationsaustausches verfolgt, um das Suchen und Finden von Informationen/Wissen effizienter zu gestalten. Folgende Zielstellungen sollten konkret mit der Implementierung erreicht werden:

- verbesserte Einarbeitung neuer Mitarbeitenden
- schnellere und effizientere Kommunikationswege
- einfache Bereitstellung relevanter Dokumente
- Zeitersparnis, durch den Wegfall zeitraubender Informationssuchen

- verbesserte Zusammenarbeit
- Aufbau eines kollegialen Wir-Gefühls

Das Design des Lösungsansatzes sah deshalb vor, ein kollaboratives Wissensmanagement aufzubauen, welches die Orientierung im Unternehmen insbesondere im Hinblick auf das Onboarding erleichtert und die Motivation am zielgerichteten Arbeiten aufrechterhalten sollte. Als technische Grundlage entschied sich das Unternehmen für einen internen Blog. Ein Corporate Blog kann sowohl für die interne als auch externe Kommunikationen und den Wissensaustausch genutzt werden und entsprach somit den Zielsetzungen des Unternehmens, wonach es neben einem internen kollaborativen Wissensmanagement auch einen externen Bereich (zur Kundenkommunikation) geben sollte.

In der Realisierung des kollaborativen Wissensmanagements zeigten sich folgende zentrale Herausforderungen:

- **Systemauswahl und Bedienbarkeit des Tools:** Bereits die Auswahl und Gestaltung eines an den Bedarfen ausgerichteten ESN stellte das Unternehmen vor Herausforderungen. Das anfänglich als Blog konzipierte System wurde später durch ein kostenfreies Content Management System ersetzt, da es als Open Source die nötige technische Grundlage bot und abgesehen vom Arbeitsaufwand keine weiteren Kosten generierte. Die Herausforderung in der Gestaltung des Autorentools bestand insbesondere in der Bereitstellung eines einfach zu erlernenden und bedienbaren Userinterfaces, Möglichkeiten zur Erstellung optisch ansprechender Inhalte sowie der Lauffähigkeit als Web-Applikation mit minimalen Administrationsaufwand. Im Projekt begegnete man diesen Herausforderungen durch eine Testreihe verschiedener Systemdesigns. Faktoren, die hier eine Rolle spielten, waren das Branding, Layout und Stylesheets.
- **Anhaltende Motivation der Mitarbeiter zur Nutzung des Systems:** Nach der Implementierung des digitalen sozialen Netzwerkes zeigte sich nach geraumer Zeit eine recht verhaltende Nutzung durch die Belegschaft. Während der Einstiegsphase setzte die Geschäftsleitung auf einen Schulungsworkshop und die anschließende Entwicklung einer Eigendynamik. Auf die Implementierung von Anreizsystemen (bspw. durch Gamification) wurde zunächst verzichtet. Um den bestehenden Barrieren zu begegnen, werden inzwischen jedoch mögliche Anreize, wie die Erhöhung des Personalisierungsgrades, Designanpassungen und verbesserte Feedback-Darstellungen diskutiert.

24.3.2 Pilotanwendung Ökologie und Arbeitszeit

Im Gegensatz zur ersten, vorranging innerbetrieblich genutzten Pilotanwendung stand bei der Entwicklung einer Anwendung für *Ökologie und Arbeitszeit* die Etablierung des

Social Business Ansatzes in sehr großen Unternehmen mit einem zentralen Standort oder lokalen Unternehmensverbünden (bspw. Gewerbepark) im Fokus. Das Unternehmen highQ Computerlösungen strebte dabei insbesondere die Entwicklung und Anwendung nachhaltiger Mobilitätskonzepte an. Entsprechend der Vision sollte ökologische und arbeitszeittechnische Aspekte auf Basis digitaler sozialer Netzwerke miteinander verbunden werden.

Der zuvor skizzierte Transformationsprozess wurde im Teilprojekt *Ökologie und Arbeitszeit* modifiziert. Ausgehend von der gesellschaftlichen Herausforderung (Klimawandel, Starke Feinstaubbelastung der Ballungsräume, etc.) wurde das Ziel formuliert mithilfe eines digitalen sozialen Netzwerkes, Anreize für umweltfreundliches Mobilitätsverhalten zu schaffen. Mit dieser Zielstellung wurde eine unternehmensunabhängig einsetzbare Mobilitätsapp (mytraQ.biz) konzipiert und umgesetzt. Mit dieser Anwendung wurde im Rahmen von SB:Digital eine neuartige Form eines Unternehmensnetzwerkes entwickelt, die ihren Nutzerinnen und Nutzern durch software-gestützte Empfehlungen von Stau vermeidenden Pendlerwegen und -zeiten die Etablierung flexibler Arbeitszeitmodelle im Unternehmen bzw. im Unternehmensverbund ermöglicht. Konkrete Vorteile von mytraQ.biz sind:

- Berechnung möglicher Pendelwege (z. B. Entzerrung der Arbeitszeiten, um Stauzeiten zu vermeiden, Nutzung nachhaltiger Mobilitätsangebote)
- Kommunikation der Mitarbeitenden einer Organisation (geschlossene Nutzergruppe) zur Optimierung täglicher Pendelwege (z. B. carpooling, trafficjams, etc.)
- Integration von Incentives für ressourcenschonendes Verhalten (z. B. gestaffelte Zeitmeilen fürs Radfahren, ÖPNV-Nutzung, Carsharing)
- Motivation für ökologisch nachhaltiges Verhalten durch Gamification-Ansätze (z. B. virtuelle Storyline mit integriertem Rewardsystem)
- Organisationsumfassendes Reporting zum Verkehrsverhalten (anonymisiert)

Die Stärke der Anwendung ist die Etablierung eines überbetrieblichen Mobilitätskonzeptes, welches eine Antwort auf die mit täglichen Pendlerströmen verbundenen infrastrukturellen und ökologischen Probleme bietet. In der Pilotkundenakquise erweist sich dies jedoch als Hindernis, da die Varianz unterschiedlicher Interessen (ökologischer Footprint des Unternehmens, infrastrukturelle Ausgaben, Senkung des Stresspegels von Mitarbeitenden) von Unternehmen und Nutzergruppen eine gezielte Ansprache und damit eine erfolgreiche Kundenakquise erschwert. Obgleich das Bewusstsein für die gesellschaftlichen Herausforderungen (Klimawandel etc.) vorhanden ist und das Konzept einer auf ökologischer und sozialer Ebene entlastenden Pendlermobilität potenzielle Pilotkunden begeistert, gab es seitens der Pilotkunden verschiedene Vorbehalte:

- **Vertrauen:** Die Erhebung und Auswertung personenbezogener Mobilitätsdaten der vorgeschlagenen Anwendung ist ein sehr kritisches Element und erweist sich als zentrale Barriere. Obwohl die Anwendung transparente DSGVO-Konformität besitzt, herrscht eine gewisse Skepsis – Arbeitgeber*innen befürchten zur Verantwortung gezogen zu werden und Arbeitnehmer*innen befürchten Überwachungsmöglichkeiten und mögliche Mechanismen der Kontrolle – sowie den Verlust der Datensouveränität. Hauptursache dieser Skepsis ist fehlendes Vertrauen zwischen vielen Parteien – nicht nur zwischen Anbieter und Kunden (Unternehmen). Dabei wird deutlich, dass das im Hinblick auf Social Business notwendige Vertrauen zwischen den vertretenen Interessensgruppen in Unternehmensverbünden (Arbeitgeber, Arbeitnehmervertretung, Marketingabteilungen etc.) häufig nicht gegeben ist. Wie in allen Ausprägungen von Social Business ist dies jedoch ein zentraler Erfolgsfaktor.

- **Strukturen und Prozesse:** Die durch soziale Netzwerke vorangetriebene Lockerung formaler Strukturen stößt insbesondere in Unternehmen mit strengen Hierarchien auf Widerstand. Ein soziales Netzwerk in dem der Chef Fahrgemeinschaften mit seinen Mitarbeitenden bildet ist in einigen Köpfen schier nicht denkbar.

Bei dem im Projekt entwickelten sozialen Netzwerk handelt es sich um eine völlig neue Form von Kooperationsmodell und bringt entsprechende Herausforderung mit sich. Anders als bei vielen ESN ist der Zweck der Vernetzung nicht primär ökonomisch, sondern ökologisch getrieben – was jedoch auch ökonomischen Nutzen einschließt (direkt und indirekt). Der Kooperation der beteiligten Unternehmen und der Interessensgruppen muss ein Konsens über diese Zielsetzung zugrunde liegen. Der Nutzen, die Zielstellung sowie die konkreten Nutzungsszenarien müssen verstanden und als wichtig eingestuft werden – ein Bewusstsein muss geschaffen werden.

24.3.3 Pilotanwendung Partizipation und Innovation

Mit dem Teilprojekt *Partizipation und Innovation* wurde das Ziel einer Untersuchung der Auswirkungen und Potenziale von sozialen Netzwerken auf die innerbetriebliche Zusammenarbeit und Partizipation verfolgt. In Kooperation mit dem Unternehmen unymira USU GmbH, dem führenden Anbieter für IT- und Knowledge-Management-Software, wurde das Social Media Servicemanagement-Tool *Connect* entwickelt und dessen Einsatz im Anwendungsfall erprobt. In der Grundkonfiguration dient dieses Werkzeug dazu, verschiedene Social Media und Messaging Kanäle in einem zentralen Tool organisieren zu können. Auf diese Weise wird ermöglicht, eine Multi Channel Kommunikationen an einem Arbeitsplatz zu zentrieren und übersichtlich zu organisieren. Damit zielt das Tool insbesondere auf den Einsatz in Unternehmen mit einem breit angelegten Kundendienst ab. Die Bündelung verschiedener Medienkanäle bietet die Gelegenheit, die Kommunikation zwischen den Kunden und den Mitarbeitenden moderativ zu steuern. Die Erforschung der Potenziale zur Weiterentwicklung des Tools im Rahmen des Projektes zielte darauf ab, das Innovationspotenzial der gesamten Belegschaft zu nutzen, zu fördern und deren allgemeine Motivation sich einzubringen, zu steigern. Themenspezifische Probleme und Kundenanfragen würden durch einen Bot nach Schlagwörtern gefiltert und könnten somit von der jeweiligen fachkundigen Person direkt und zeitnah beantwortet werden. In der Umsetzung zeigten sich verschiedene Herausforderungen, die leider nur teilweise beseitigt werden konnten:

- **Technische Herausforderungen:** Durch die während dem Projekt veränderten Ansprüche an das System, wurden auch systemtechnische Anforderungen bezüglich der Gestaltung einer bedarfsgerechten Software, d. h. die sichere Zusammenführung interner und externer Netzwerke komplexer. Diesen Anforderungen konnte jedoch im Laufe des Projektes erfolgreich durch die Integration verschiedener technischer Sicherungsinstanzen begegnet werden.
- **Datenschutz und Vertrauen:** Eine zentrale Herausforderung lag in der Schaffung einer DSGVO-Konformität sowie der Unternehmens-Compliance. Durch die 2018 wirksam gewordene Verschärfung der Datenschutz-Grundverordnung bremsen sowohl Management als auch Interessensvertreter*innen einen fortschreitenden Transformationsprozess häufig aus. Ursache sind Skepsis und Unsicherheit hinsichtlich systemischer Funktionsweisen sowie die Befürchtung öffentlicher Skandale, falls sensible Daten öffentlich werden. Das Risiko wurde an dieser Stelle als hoch wahrgenommen – obwohl die technischen Risiken als eher niedrig einzustufen waren. Aufgrund dessen wird auf unternehmenssteigernde Potenziale, wie Automatisierung zeitaufwendiger Koordinationsprozesse, Vertrauensbildung durch direkte qualifizierte Kundenkommunikation oder die Ausschöpfung unternehmensweiter Ressourcen für neue Innovationsprozesse, verzichtet.

Allgemein lässt sich feststellen, dass die Schaffung einer Schnittstelle zwischen Internet und Intranet für Unternehmen und Führungseben oft als hohes Risiko für die Unternehmensprozesse eingestuft und somit die in der Anfangsphase des Transformationsprozesses erkannten Potenziale gegenüber den Risiken, wie etwa externe Angriffe auf Unternehmensdaten, als nicht tragbar erachtet werden. Zwar wurden im Rahmen des Projektes Maßnahmen zur Lösung der Datenschutzproblematik erarbeitet, diese erweisen sich jedoch bis dato als ein zu hoher finanzieller und zeitlicher Einsatz. Daher obliegt es jedem Unternehmen selbst das Risiko gegenüber seiner Wettbewerbsfähigkeit abzuwägen.

24.3.4 Pilotanwendung Weiterbildung und Wissensaustausch

Die Gestaltung einer digitalisierten Weiterbildungsanwendung und Etablierung eines verbesserten Wissensaustausches mittels sozialer Netzwerke stand im Fokus der vierten Pilotanwendung. Durch die soziale Interaktion im spielerischen Wettbewerb und punktgenaue Lerninhalte, die basierend auf Echtzeitanalysen aus der Spielsituation heraus bereitgestellt werden, soll die Motivation zur Weiterbildung hochgehalten und der Lernerfolg nachhaltig gestaltet werden. Die Pilotanwendung yeepa® stützt sich auf drei Säulen, die den Lernzyklus definieren: Spielen, Messen, Lernen.

Dabei setzt yeepa® auf das Prinzip der Berechnung von Wissenskapital, dargestellt in Form des yeepa-Index, und ist in der Lage, kontinuierlich eintreffende Spieldaten auf der mathematischen Grundlage der Item Response Theory (IRT) zu analysieren und Spielleistungen zu einem instruktiven Indexwert zu kondensieren.

Begreift man Lernen als sozialen Prozess [6], dann setzt yeepa® mit der psychometrischen Validierung von Kommunikations- und Lernzielen an folgenden Punkten an:

- Intrinsische Motivation: spielerischer Wettbewerb mit anderen
- Extrinsische Motivation: soziale Peer-Effekte (Interaktion), Preise
- Selbsterfahrung: Wissensstandmessung
- Türöffner-Setting: Anregung sachorientierter (Offline-)Diskussionen unter Nutzern
- Selbststeuerung: selbstbestimmtes Spielen

Im Verlauf des Projektes konnte yeepa® erfolgreich in zahlreichen überbetrieblichen Settings, insbesondere im Bereich der Erwachsenenbildung in internationalen Wissenswettbewerben, eingesetzt werden. Dadurch konnte die Entwicklung eines Analytic Dashboards als Feedbackmechanismus maßgeblich vorangetrieben werden [12]. Im Einsatz von yeepa® in internationalen Wissenswettbewerben zeigte sich zudem, dass sowohl die technischen Hürden (als mobile und Web-App) als auch die Motivation der Nutzer dank der eingebauten Spieldynamik keine wesentliche Hürde bei der Implementierung darstellt. Die größte Herausforderung für den innerbetrieblichen Einsatz des Social Learnings in ESN stellt vielmehr die Spielumgebung dar. Als die bedeutendsten Herausforderungen kristallisierten sich folgende Punkte heraus:

- **Unternehmenskultur:** In den zahlreichen Untersuchungsgesprächen, Workshops und Veranstaltungen mit verschiedenen deutschen Großunternehmen zeigte sich, dass die Standardprozesse bezüglich der Auswertung von Aus- und Weiterbildung noch nicht auf dem Stand moderner analytischer Verfahren sind. Vor allem HR-Abteilungen sind zum Teil weit entfernt von einer prozess-integrierten Erfassung von Kompetenzen und Wissen. Gleichzeitig ist wenig Bewusstsein für den Nutzen und die Chancen individuellen Lernens und Weiterbildungsangeboten jenseits des Standardkatalogs vorhanden.
- **Skepsis seitens der Führungsebene:** Eine auf Analytik beruhende Wirkungsmessung für den innerbetrieblichen Einsatz stößt derzeit häufig noch auf allgemeine Skepsis (u. a. Datenschutzbedenken). Während in überbetrieblichen Netzwerken sowie bei Unternehmen mit internationalen Weiterbildungsprogrammen der Aufwand zur Identifikation geeigneter Wissensbereiche und zur Integration von Inhalten in Form von Quiz-Fragen und Lerneinheiten angemessen erscheint, scheuen Unternehmen, die einem geringeren Anpassungsdruck unterliegen den Aufwand für solch innovative Angebote. Gleichzeitig herrschen zum Teil große Vorbehalte gegenüber Serious Games – die Mitarbeitenden seien ja schließlich nicht zum Spielen da.

24.4 Allgemeine Handlungsempfehlungen

Die im Rahmen des Projektes erforschten Anwendungsszenarien verdeutlichen die vielseitigen Potenziale von Social Business. Gleichzeitig wird der Blick für den weiteren Handlungsbedarf zur konzeptionellen Erforschung von Leitlinien zur Unterstützung von Unternehmen auf ihrem Weg zum Social Business geschärft. Die in der Praxis erlebten Herausforderungen machen deutlich, dass es sich bei der Implementierung von Social Business im Grunde ein Aushandlungsprozess handelt. In diesen Prozess müssen alle unternehmensbezogenen Ebenen einbezogen werden. Aufgrund der hohen Variantenvielfalt bei Unternehmen, Anwendungsbereichen von ESN sowie unterschiedlich fortgeschrittenen Reifegraden wird an dieser Stelle versucht, möglichst allgemeingültige Lösungsansätze sowie Handlungsempfehlungen zur Begegnung der Herausforderungen zu geben (Abb. 24.4).

24.5 Fazit

Ziel des Projektes SB:Digital war es, die Grenzen der Forschung und Entwicklung rund um ESN, digitale Kollaboration, Enterprise 2.0 und Social Business neu auszuloten. Social Business verstanden als Konzept welches ökonomischen, ökologischen und sozialen Nutzen schaffen kann, geht über das bis dato bekannte Wissen über die Wirksamkeit von

	Herausforderungen	Handlungsempfehlungen
Mensch	Skepsis gegenüber Empowerment-Prozessen Skepsis gegenüber Technik Geringe Motivation	Nutzen und Potentiale aufzeigen Wirkungsweise und Mechanismen demonstrieren Mitarbeitende in den Transformationsprozess einbinden Scheitern als Teil des Transformationsprozesses akzeptieren
Organisation	Starre, technikfeindliche Unternehmenskultur Fehlende Strukturen & Prozesse Skepsis gegenüber ROI	Anreizsysteme gestalten Rollenzuweisung zur Zuordnung von Aufgaben und Zuständigkeiten Klare Zielstellungen definieren Prozess neu- oder umgestalten
Technik	Schlechte Bedienbarkeit Risiken für Datenschutz & Sicherheit	System- und Designanpassungen (z.B. ansprechendes User Interface, Benutzerhinweise, Feedback-Darstellungen, etc.) Überprüfung der DSGVO-Konformität

Abb. 24.4 Handlungsempfehlungen auf Basis der Herausforderungen

sozialen Netzwerken in Unternehmen und in Unternehmensverbünden weit hinaus. Das Projekt hat damit die Forschungslandschaft nicht nur um eine neue Sichtweise erweitert, sondern drüber hinaus erreicht, dass eine bessere Operationalisierung (siehe Reifegradmodell und Rollenmodell) des Phänomens Social Business vorliegt.

Die hier beschriebenen Herausforderungen und die vorgeschlagenen Lösungswege sind Teil dieser Forschung und helfen Unternehmen einen guten Weg zur digitalen Kollaboration zu finden – nicht nur in einem rein ökonomischen Interesse. Hierbei gibt es wenige signifikante Knackpunkte, welche immer wieder auffällig waren. (1) Das Thema Datenschutz, Datensicherheit und Datensouveränität ist so ein wichtiger Punkt. Hierzu zählen nicht nur die technischen Realisierungen (welche z. T. sehr hochwertig sind), sondern vor allem das Gefühl und die Kultur (also die gelebte Praxis des Datenschutzes) innerhalb des Unternehmens oder der Unternehmensverbünde. Ist eine Unternehmensführung (oder ein Anbieter) nicht in der Lage hier Klarheit und Transparenz zu schaffen, ist das Vorhaben Social Business quasi zum Scheitern verurteilt, weil nie der gesamte Nutzen aus einer freien Kommunikation gezogen werden kann. (2) Ein grundsätzliches Verständnis vom Nutzen des Einsatzes von sozialen Netzwerken sollte bei einer kritischen Masse innerhalb des Unternehmens vorhanden sein, welche die Entwicklungen treiben und den Nutzen klar kommunizieren können. (3) Eine zu geringe Beteiligung der Mitarbeitenden wird aus Sicht der Unternehmen häufig für das Scheitern von ESN genannt [8]. Die Aufrechterhaltung der Motivation der Belegschaft zu einem zielgerichteten Arbeiten, ist ohnehin eine alltägliche Herausforderung der Unternehmensführung. Um die Motivation zu einer nachhaltigen Nutzung sozialer Netzwerke im Unternehmenskontext zu steigern, ist schlussendlich auch hier eine klare transparente Kommunikation notwendig, um einerseits Ängste zu mindern und Vertrauen zu stärken. Ansprechende Systemdesigns sowie mögliche Anreizsysteme (z. B. Ratings oder Arbeitszeitgutschriften) können je nach Bedarf ebenfalls in Betracht gezogen werden.

Projektpartner und Aufgaben

- **Institut für Angewandte Informatik e. V. (InfAI), Leipzig**
  Entwicklung eines Rahmenkonzeptes zur Gestaltung der Arbeit von morgen mittels digitaler sozialer Netzwerke
- **Fraunhofer-Institut für Arbeitswirtschaft und Organisation IAO, Stuttgart**
  Analyse und Gestaltung sozialer Netzwerke – Entwicklung, Trends und Best Practices
- **B.I.G Social Media GmbH, Berlin**
  Nutzung und Evaluation sozialer Netzwerke als Auslöser für Partizipation und Innovation
- **CADsys Vertriebs- und Entwicklungsgesellschaft mbH, Chemnitz**
  Anwendung und Evaluation von Social Business – Orientierung und Motivation durch soziale Netzwerke

- **highQ Computerlösungen GmbH, Freiburg**
  Entwicklung und Anwendung nachhaltiger Mobilitätskonzepte – wie soziale Netzwerke helfen, ökologische und arbeitszeittechnische Aspekte zu verbinden
- **SNTL Publishing GmbH & Co KG, Berlin**
  Gestaltung digitalisierter Weiterbildung und Wissensaustauschs mittels sozialer Netzwerke

Literatur

1. Hinchcliffe D, Kim P (2012) Social business by design. Transformative social media strategies for the connected company. Wiley, Hoboken
2. Kiron D, Palmer D, Phillips, Anh Nguyen, Kruschwitz N (2012) Social business. What are companies really doing? MIT Sloan management. https://deloitte.wsj.com/cfo/files/2012/07/MITSloan_Deloitte-report.pdf. Zugegriffen: 17. Apr 2020
3. Koch M (2008) CSCW and Enterprise 2.0 – Towards an integrated perspective. BLED 2008 Proceedings 15. https://aisel.aisnet.org/bled2008/15
4. Krogh G v (2012) How does social software change knowledge management? Toward a strategic research agenda. J Strateg Inf Syst 21(2):154–164. 10.1016/j.jsis.2012.04.003
5. Michl W (2015) Erlebnispädagogik, 3., aktualisierte Auflage. UTB Profile, Band 3049. Ernst Reinhardt Verlag; UTB, München, Basel, München
6. Schiller C, Meiren T (2020) Rollen und Verantwortlichkeiten für erfolgreiche Social-Business-Anwendungen. In: Daum M, Ulbrich H, Wedel M, Zinke-Wehlmann C (Hrsg) Gestaltung vernetzt-flexibler Arbeit. Beiträge aus Theorie und Praxis für die digitale Arbeitswelt. Springer Vieweg
7. Schiller C, Zinke-Wehlmann C (2019) Social Business. Studie über den Einsatz interner sozialer Netzwerke in Unternehmen, 1. Auflage. Fraunhofer Verlag, Stuttgart
8. Schönbohm R (2016) Enterprise Social Networks (ESN): Keimzelle agiler Unternehmen. In: Rossmann A, Stei G, Besch M (Hrsg) Enterprise Social Networks, Band 47. Springer Fachmedien Wiesbaden, Wiesbaden, S 247–275
9. Strohm O, Ulrich E (1997) Unternehmen arbeitspsychologisch bewerten. vdf, Hochschulverlag an der ETH Zürich, Zürich
10. Turban E, Strauss J, Lai L (2016) The Social Enterprise: From Recruiting to Problem Solving and Collaboration. In: Turban E, Strauss J, Lai L (Hrsg) Social Commerce. Springer International Publishing, Cham, S 181–203
11. Zinke C, Friedrich J, Haefner A (2018) Motivation for Corporate Training Through Feedback in Social Serious Games. In: 2018 IEEE International Conference on Engineering, Technology and Innovation (ICE/ITMC). IEEE, S 1–9
12. Zinke-Wehlmann C, Friedrich J (2019) Commute Green! The Potential of Enterprise Social Networks for Ecological Mobility Concepts. In: Camarinha-Matos L M, Afsarmanesh H, Antonelli D (Hrsg) Collaborative Networks and Digital Transformation, Band 568. Springer International Publishing, Cham, S 128–139
13. Zinke-Wehlmann C, Friedrich J, Römer V (2020) Power to the network. The concept of Social Business and its relevance for IC. In: Ulbrich H, Wedel M, Dienel H-xL (Hrsg) Internal Crowdsourcing in Companies. Theoretical Foundations and Practical Applications. Springer Nature, Berlin Dissertation

BY

Teil V

Arbeitsgestaltung im digitalen Veränderungsprozess

25 Digitalisierung der Arbeitswelt kommunaler Energieversorger

Margret Borchert, Simone Martinetz, Bernd Bienzeisler, Olaf Mohr, Marie-Christine Fregin, Ines Roth, Sascha Becker, Katharina Schmidt, Matthias Straub und Sonja Luise Troch

25.1 Darstellung des Vorgehens und der Zielsetzungen

25.1.1 Digitalisierung von Arbeitsprozessen

Gestaltungsfragen der Digitalisierung spiegeln sich für Unternehmen insbesondere auf der Ebene von Arbeitsprozessen wider. Neue Technologien ermöglichen in Verbindung mit veränderten Kundenbedürfnissen neue Geschäftsmodelle, die mit anderen Erlösströmen und transformierten Wertschöpfungsketten einhergehen. Entscheidend für die Leistungserstellung ist jedoch die Frage, ob und wie die dafür erforderlichen Arbeits- und Ablaufprozesse gestaltet werden und inwiefern Teile der Prozesse durch neue Technologien unterstützt und damit effektiver und effizienter organisiert werden können. Neben kundenbezogenen Prozessen, die zunehmend als End-to-End-Prozesse gestaltet werden, können auch interne Leistungsprozesse (z. B. im Personalwesen oder

M. Borchert (✉) · S. Becker · K. Schmidt
Universität Duisburg-Essen, Duisburg, Deutschland

S. Martinetz · B. Bienzeisler
Fraunhofer-Institut für Arbeitswirtschaft und Organisation IAO, Stuttgart, Deutschland

O. Mohr
Stadtwerke Konstanz, Konstanz, Deutschland

M.-C. Fregin · I. Roth
INPUT Consulting gGmbH, Stuttgart, Deutschland

M. Straub · S. L. Troch
Stadtwerke Heidelberg, Heidelberg, Deutschland

W. Bauer et al. (Hrsg.), *Arbeit in der digitalisierten Welt*,
https://doi.org/10.1007/978-3-662-62215-5_25

der Kostenrechnung) durch Digitalisierung effizienter und effektiver organisiert werden. Dabei ermöglichen es digitale Technologien Arbeitsschritte automatisiert miteinander zu verknüpfen, die bis dato in unterschiedlichen Organisationsbereichen analog bzw. manuell bearbeitet wurden.

Im Rahmen der Digitalisierung beider Prozesstypen ergeben sich für kommunale Unternehmen besondere Anforderungen. Denn im Gegensatz zu konventionellen Betrieben bietet die Kommunalwirtschaft gesellschaftlich notwendige Dienstleistungen, deren Verfügbarkeit auch in Krisenzeiten und unter erschwerten Bedingungen gewährleistet werden muss, was z. B. eine hohe Daten- und Prozesssicherheit voraussetzt. In diesem Zusammenhang ist zu berücksichtigen, dass die Kommunalwirtschaft im Spannungsfeld zwischen einer marktwirtschaftlichen Liberalisierung von Aufgaben und einem öffentlichen Versorgungsauftrag operiert. Daraus resultieren spezifische Anforderungen an die Prozessgestaltung, aber auch an die Arbeitsorganisation und die Einbeziehung der Beschäftigten.

Zielsetzung war somit, einen branchen- und unternehmensspezifischen Ansatz für die Digitalisierung von Arbeitsprozessen zu erarbeiten, der den besonderen Anforderungen kommunaler Unternehmen Rechnung trägt. Des Weiteren war zu erforschen, inwieweit sich ein solcher unternehmensspezifischer Ansatz auf andere Bereiche gesellschaftlich notwendiger Dienstleistungen oder gar darüber hinaus übertragen lässt.

Im Rahmen von AKTIV-kommunal erarbeitete das Fraunhofer IAO gemeinsam mit den Stadtwerken Konstanz und der badenova AG Vorgehensweisen zur Gestaltung, Umsetzung und Evaluation digitalisierter Arbeits- und Leistungsprozesse in digital vernetzten Strukturen. Begleitend zu den oben beschriebenen Forschungs- und Entwicklungsarbeiten wurde von Fraunhofer IAO in Zusammenarbeit mit den Partnern ein Rahmenkonzept für eine Toolbox zur Prozessdigitalisierung entworfen, das im Projektverlauf ausdifferenziert und in iterativen Entwicklungszyklen inhaltlich gefüllt wurde. Im Fokus der Toolbox stehen ein generisches Vorgehensmodell sowie spezielle Methoden und Instrumente zur Digitalisierung interner Arbeits- und Leistungsprozesse. Mit der Toolbox liegt damit ein Instrumentarium vor, welches die digitale Transformation der kommunalen Unternehmenspartner in einer Schritt-für-Schritt Vorgehensweise unterstützt. Darüber hinaus wurden bei der Konzeption und Ausarbeitung der Toolbox deren Übertragbarkeitspotenziale auf andere Unternehmen der Kommunalwirtschaft – insbesondere für kleine und mittelständische – berücksichtigt und überprüft.

25.1.2 Digitale Arbeitsmodelle

Digitalisierung und die Verbreitung von Informations- und Kommunikationstechnologie (IKT) ermöglicht eine örtliche, zeitliche und organisatorische Flexibilisierung von Arbeit. Durch re-organisatorische Maßnahmen können auch Beschäftigte vom Angebot mobiler und flexibler Arbeit profitieren, die bislang zur Erfüllung ihrer Aufgaben an ihre jeweiligen Arbeitsplätze gebunden waren. Innovative Arbeitsmodelle, die sich an individuellen Bedürfnissen und Tätigkeiten ausrichten, steigern Arbeitgeberattraktivität – gerade in Zeiten eines anvisierten Fachkräftemangels. Flexible Modelle tragen zu einer verbesserten Vereinbarkeit von Privatleben und Beruf bei und ermöglichen darüber hinaus innovative Geschäftsmodelle. In Stadtwerken muss die Arbeitsgestaltung den spezifischen Bedingungen kommunaler Energieversorgung genügen. Zudem muss der Ausgleich geschafft werden zwischen den Bedürfnissen der Beschäftigten, den Anforderungen kritischer Infrastruktur und Kundenansprüchen. Dieser Ausgleich kann am besten durch partizipative Prozesse und eine kontinuierliche Einbindung aller Stakeholder des Veränderungsprozesses von Beginn an erreicht werden. Im Rahmen von AKTIV-kommunal gestaltete INPUT Consulting deshalb einen partizipativen Prozess zur Entwicklung, Umsetzung und Evaluation innovativer Modelle orts- und zeitflexiblen Arbeitens in digital vernetzten Strukturen. Im Zentrum des Forschungs- und Entwicklungsprojektes standen die Umsetzung und Erprobung der Modelle bei den Stadtwerken Heidelberg.

Alle Prozessschritte – von der Ideengenerierung über die Modellentwicklung bis hin zu Umsetzung und Evaluierung – wurden in kollaborativer Zusammenarbeit zwischen Wissenschaftler*innen und dem Unternehmen gestaltet. Die Erforschung und Entwicklung innovativer Arbeitsmodelle erfolgte im Rahmen eines Design Thinking-Prozesses, der gemeinsam mit den Stadtwerken Heidelberg durchgeführt wurde. Verstehen und beobachten, Ideen generieren und Prototypen bauen, ausprobieren, evaluieren und kontinuierlich verbessern: Diese zentralen Phasen des kreativen Prozesses wurden von Wissenschaftler*innen und Praktiker*innen gemeinsam durchlaufen. Betriebsräte, Beschäftigte, Führungskräfte, Personaler und alle weiteren Stakeholder wurden dabei als Mitgestalter*innen und Mitbestimmer*innen in die Verantwortung genommen.

Den Ausgangspunkt für die Entwicklung innovativer Arbeitsmodelle bildeten die Ergebnisse einer wissenschaftlichen Anforderungsanalyse. Hierfür wurden Interviews mit Beschäftigten und Führungskräften geführt sowie teilnehmende Beobachtungen und Fokusgruppen realisiert. Zudem wurden sogenannte „Dialogforen" eingerichtet, bei denen Beschäftigte, Führungskräfte und Betriebsräte miteinander die Möglichkeiten, Grenzen und Notwendigkeiten orts- und zeitflexibler Arbeit diskutierten. Durch eine quantitative Beschäftigtenbefragung bei drei Stadtwerken wurden zudem mehrere hundert Beschäftigte zu ihren Erfahrungen und Wünschen bezüglich flexibler Arbeit befragt.

Aufbauend auf den Ergebnissen der Anforderungsanalyse wurden dann, unter Einsatz kreativer Methoden, Ideen für orts- und zeitflexibles Arbeiten generiert. Hierfür wurden vier Pilotabteilungen ausgewählt, deren Tätigkeiten die Bandbreite der Aufgaben kommunaler Energieversorgung umfassen: Kundenmanagement, Netzinformation, Zentrales Projektmanagement und Abrechnung/Forderungsmanagement. Ziel war die Ermöglichung orts- und zeitflexibler Arbeit für Beschäftigte in allen Berufen und Tätigkeiten. In einer 1,5-jährigen Experimentier- bzw. Pilotphase wurden die Modelle auf ihre Praxistauglichkeit getestet und kontinuierlich verbessert. Die Pilotphase wurde durch Wissenschaftlerinnen evaluiert und von Betriebsrat und Personalabteilung eng begleitet.

Öffnungs- bzw. Experimentierklauseln für bestehende Betriebsvereinbarungen bildeten den regulatorischen Rahmen.

25.1.3 Digital Leadership

Neben der Einführung von innovativen Technologien und Anwendungssoftware am Arbeitsplatz bedeutet die Digitalisierung häufig auch, dass neue abteilungsinterne und abteilungsübergreifende Arbeitsabläufe und Arbeitsmodelle erforderlich werden. Eine wichtige Rolle für das Gelingen digitaler Transformationsprozesse spielt ein lösungsorientierter Umgang mit den häufig damit einhergehenden Ängsten und den zu erwarteten Widerständen bei den Beschäftigten. Eine große Gefahr liegt insbesondere darin, dass Beharrungstendenzen und befürchtete Machtverluste aufseiten der Führungskräfte nicht beachtet werden, erhebliche Schwierigkeiten mit sich bringen und digitale Transformationsprozesse dadurch ins Stocken geraten. Insofern ist es notwendig, die Digitalisierungsbereitschaft aller Beschäftigten als zentralen Erfolgsfaktor der Gestaltung von digitalen Transformationsprozessen zu berücksichtigen. Im Mittelpunkt der wissenschaftlichen Analysen der Universität Duisburg-Essen standen daher zunächst solche Analysen, mit denen ein konkretes und im Praxiskontext tragfähiges inhaltliches Verständnis von Digitalisierungsbereitschaft ausfindig gemacht wurde. Anschließend bestand ein weiteres Ziel darin, wesentliche Einflussfaktoren der Digitalisierungsbereitschaft in kommunalen Unternehmen zu identifizieren. Mit Hilfe von zahlreichen Experteninterviews mit Beschäftigten kommunaler Unternehmen und ausführlichen Literaturrecherchen wurden zunächst die drei inhaltlichen Teilfacetten der kognitiven, der intentionalen sowie der emotionalen Digitalisierungsbereitschaft sowie verschiedene Einflussfaktoren der Digitalisierungsbereitschaft ermittelt. Im Rahmen von drei quantitativen empirischen Studien wurden die ermittelten Einflussfaktoren der Digitalisierungsbereitschaft auf ihre tatsächliche Relevanz empirisch geprüft:

- Die erste quantitative Studie wurde bei den drei Projektunternehmen durchgeführt. Dabei konnten 402 Datensätze generiert werden. Der Fokus dieser Studie lag auf mitarbeiter- und unternehmensbezogenen Einflussfaktoren der Digitalisierungsbereitschaft.
- An der zweiten Studie nahmen 318 Befragte von 23 Stadtwerken aus ganz Deutschland teil. Der Schwerpunkt lag hier darin zu analysieren, ob und inwiefern das Führungsverhalten die Digitalisierungsbereitschaft von Mitarbeitern unter Berücksichtigung von unternehmensinternen Kontextfaktoren beeinflusst. Hier stand der Einfluss von Empowering Leadership im Sinne der Förderung der Autonomie und Selbstentwicklung von Mitarbeitern im Fokus.
- In der dritten Studie wurde die zweite Studie bei einem privaten Energiedienstleister repliziert. An dieser Studie nahmen insgesamt 1307 Beschäftigte von drei verschiedenen Standorten teil.

Die wissenschaftlichen Befunde dieser Studien, in Kombination mit der praktischen Umsetzung der bei den Stadtwerken Heidelberg eingeführten neuen Arbeitsmodelle, legten schließlich nahe, organisierte Lernprozesse zur Vermittlung und Aneignung der geänderten Rollen von Führungskräften in digitalen Transformationsprozessen zu konzipieren und durchzuführen. Das zentrale Ziel des Teilprojektes „Digital Leadership" der Stadtwerke Heidelberg bestand folglich darin, für solche organisierten Lernprozesse geeignete Formate zu entwickeln und pilotmäßig zu testen. Dabei sollte es den Führungskräften ermöglicht werden, sich mit den Herausforderungen der digitalisierten Arbeitswelt in Bezug zur eigenen Rollendefinition auseinander zu setzen. Darüber hinaus sollten den Führungskräften und ihren Mitarbeitern Möglichkeiten der Reifung und Entwicklung der eigenen Persönlichkeit im Sinne einer stärkeren Selbstführung gegeben werden. Eine besondere Rolle kam dabei dem Personalwesen und hier speziell der Personalentwicklung bei den Stadtwerken Heidelberg zu. Hier wurde die Konzeption, Realisation und Begleitung entsprechender Formate organisierter Lernprozesse für Führungskräfte im Digitalisierungskontext organisatorisch verankert. Darüber hinaus wurde bei der Gestaltung der entwickelten Formate besonderer Wert darauf gelegt, deren Übertragbarkeit auf kleine und mittelständische (kommunale) Unternehmen zu gewährleisten.

25.2 Präsentation der Forschungsergebnisse anhand von Use Cases

25.2.1 Digitalisierung von Arbeitsprozessen

Während der Projektlaufzeit haben Fraunhofer IAO und die betrieblichen Partner Stadtwerke Konstanz und die badenova AG in einem engen Austausch an wissenschaftlichen und praxisrelevanten Fragestellungen der Prozessdigitalisierung gearbeitet. Innerhalb von mehreren Workshops mit Stakeholdern aus unterschiedlichen Unternehmensbereichen wurde zunächst eine Analyse vorliegender Prozesse vorgenommen, die anschließend unterschiedlicher Typen von Prozessen zugeordnet wurden. Dabei lag der Fokus bei den Stadtwerken Konstanz auf Inhouse-Ablaufprozessen, wie sie z. B. im Personalwesen anfallen, während die Arbeiten mit der badenova AG auf die Transformation von räumlich verteilten Arbeitsprozessen fokussiert haben, wie sie im Umfeld des Technischen Service zu beobachten sind. Anhand von exemplarisch ausgewählten Abläufen wurden die Prozesse mittels der Service Blueprint Methode detailliert aufgenommen. Die dokumentierten Prozessabläufe konnten in einem weiteren Schritt hinsichtlich ihrer Digitalisierungspotenziale überprüft und in ein Soll-Bild übertragen werden. Dabei zeigte sich u. a., dass in selbst vermeintlich „einfachen" Prozessen eine Vielzahl von Personen, Übergabepunkten und Medienbrüchen enthalten sind und dass bei den in die Prozesse involvierten Beschäftigten nicht immer Konsens über deren formal oder informal festgelegten und der tatsächlich gelebten Unternehmenspraxis bestand. Eine weitere wichtige Erkenntnis in diesem Zusammenhang ist die Prozessdigitalisierung mit anspruchsvollen, aber nicht zu komplexen und keinesfalls mit Prozessen zu starten, die für die Leistungserbringung als kritisch einzustufen sind. Mit dem aus der Analysephase vorliegenden Wissen und Erfahrungen erfolgte in den Unternehmen eine Umsetzungsphase, in welcher die dokumentierten und modellierten Prozesse sukzessive optimiert, digitalisiert und schließlich evaluiert wurden. Wesentliche Projekterkenntnisse lassen sich wie folgt zusammenfassen: Erstens ist es von zentraler Bedeutung, dass die Prozessdigitalisierung Teil einer unternehmensübergreifenden Strategie ist, da die Prozessdigitalisierung zugleich mit veränderten Abläufen und Zuständigkeiten einhergeht, was eine abteilungsübergreifende Einbettung erfordert. Zweitens kann eine systematische Vorbereitung der Prozessdigitalisierung kaum überschätzt werden. Dazu zählen Instrumente und Methoden zur Planung und Abschätzung von Digitalisierungseffekten, aber auch zur Schulung von Multiplikatoren und zur internen Kommunikation von Digitalisierungsmaßnahmen. Und drittens stellt sich insbesondere für die Kommunalwirtschaft die Frage, ob IT-technische Maßnahmen und Entwicklungen selbst realisiert, oder ob diese Leistungen über externe Dienstleister bezogen werden, wobei das Vertrauensverhältnis zu externen Partnern aufgrund der besonderen Anforderungen von Unternehmen der Daseinsvorsorge eine besondere Bedeutung erfährt.

Zusammenfassend kann für die Stadtwerke Konstanz festgehalten werden, dass die Prozessdigitalisierung als Bestandteil einer fortlaufenden Unternehmenstransformation verstanden werden kann, was sich unter anderem dadurch zeigt, dass über den Projektverlauf im Unternehmen zahlreiche organisatorische Veränderungsprozesse eingeleitet wurden, die in ihrer Tragweite weit über die Automatisierung einzelner Arbeitsabläufe hinausreichen. Wie stark die Digitalisierung von Leistungsprozessen mit unternehmensweiten Transformationsprozessen korreliert, bestätigten auch Projektarbeiten mit der badenova AG. Am Beispiel des Technischen Service konnte im Rahmen eines systematischen Szenario-Prozesses aufgezeigt werden, in welchem Verhältnis die Digitalisierung von kundenbezogenen Prozessen zu neuen Arbeitsformen, aber auch zu digitalen Geschäftsmodellen und zu völlig neuen Organisationskonzepten steht. Dabei reicht das Spektrum der Möglichkeiten für die Entwicklung technischer Dienstleistungsarbeit von einer punktuellen Aufwertung mobiler Service-Arbeit bis zum vollständigen Outsourcing eigener Dienstleistungsfunktionen im Rahmen einer serviceorientierten Plattformökonomie. Indem sich das Management bereits heute mit der möglichen Zukunft digitalisierter Arbeitsprozesse in systematischer Weise auseinandersetzt, kann die Sensibilisierung des Unternehmens für neue Entwicklungen und die Qualität für anstehende Entscheidungen bereits im Hier und Jetzt signifikant gesteigert werden.

25.2.2 Digitale Arbeitsmodelle

Im Rahmen einer 1,5-jährigen Experimentierphase mit vier Abteilungen und über 80 Beschäftigten und Führungskräften der Stadtwerke Heidelberg wurden folgende Modelle entwickelt, umgesetzt und formativ evaluiert:

- Arbeiten AZ/flex (Zeitflexibles Arbeiten; Samstag als alternativer Arbeitstag)
- Flexibles und selbstreguliertes Homeoffice
- Mobiles Arbeiten auf dem Werksgelände
- Mobiles Arbeiten unterwegs

Alle Beschäftigten wurden durch die Stadtwerke Heidelberg mit mobilen Arbeitsmitteln ausgestattet und notwendige IT-Infrastrukturen geschaffen. Es wurde ein Steuerungsteam eingesetzt, das aus Führungskräften, Betriebsrat, Personal- und IT-Abteilung bestand und die Umsetzung gestaltete. Das Konzept für die wissenschaftliche Evaluation durch INPUT Consulting sah einen Methoden-Mix aus qualitativen und quantitativen Ansätzen vor und verband persönliche Gespräche mit online verfügbaren, anonymen Befragungstools.

Die Ergebnisse der Anforderungsanalyse zeigten einen klaren Bedarf nach einer freieren Arbeitszeitgestaltung und mehr Mitbestimmung am Arbeitsplatz. Die Anforderungsanalyse verdeutlicht auch, dass Flexibilität in komplexe bestehende Systeme integriert werden muss – weshalb neben einer regulatorisch-organisatorischen Flankierung durch Betriebsvereinbarungen auch arbeitsorganisatorische Aspekte als zentrale Stellschraube bearbeitet werden mussten. Die Evaluation hat ergeben, dass die Beschäftigten die angebotene Flexibilität umfassend nutzen – oftmals auch gewissermaßen als „Baukasten", aus dem sie sich in enger Absprache mit Führungskräften und Kolleg*innen für die Gestaltung ihrer individuellen Arbeitsmodelle bedienen. Dabei entstehen neue, individuelle Regelmäßigkeiten, die sich an den Bedürfnissen der Beschäftigten ausrichten. Die Vorteile der Flexibilität werden von den Beschäftigten insbesondere in einer besseren Vereinbarkeit von Beruf und Privatleben gesehen. So können Termine, Kinderbetreuung, Zeit für pflegebedürftige Familienangehörige und Hobbies konfliktfreier mit der Arbeit vereinbart werden. Auch Zeiteinsparungen durch den Wegfall von Pendelstrecken und die Vermeidung überfüllter Nahverkehrsmittel werden als sehr positiv hervorgehoben. Es zeigt sich zudem, dass die Flexibilität im Sinne der Beschäftigten auch positive Effekte für das Sozialgefüge und die Produktivität in den Abteilungen entfaltet. Die Beschäftigten bringen sich insgesamt mehr ein und übernehmen auch selbst mehr Verantwortung. Durch die Möglichkeit, selbstbestimmter zu arbeiten, steigt das Gefühl der persönlichen Wertschätzung und Arbeitszufriedenheit.

Auch wenn die positiven Erfahrungen im Erprobungszeitraum die negativen Erfahrungen deutlich überwogen haben, dürfen mögliche Risiken nicht aus dem Blick geraten. Die Erfahrungen zeigen, dass es aus arbeitswissenschaftlicher Sicht eine Reihe an möglichen Stressoren gibt, die durch die Flexibilisierung des Arbeitsorts auftreten können. In Einzelfällen wurde ein mangelhafter Informationsfluss zwischen den Beschäftigten im Betrieb und ihren Kolleg*innen im Homeoffice und ein erhöhter Leistungsdruck durch das Gefühl, dass die Arbeit ansonsten nicht ausreichend wahrgenommen wird und/oder um zu zeigen, dass im Homeoffice wirklich gearbeitet wird. Hinzu kam in Einzelfällen die Gefahr von Präsentismus durch die Möglichkeit, zu Hause zu arbeiten, obwohl der/die Beschäftigte gesundheitlich beeinträchtigt war. Hinzu kommen mögliche ergonomische Unzulänglichkeiten mobiler Arbeit, die allerdings nicht erfasst werden konnten. Nach zeitflexibler Arbeit am Samstag berichteten einige Beschäftigten davon, dass sie sich dadurch am Wochenende nicht richtig erholen konnten. In Einzelfällen verschwammen zudem die Grenzen von freiwilliger und angeordneter, zuschlagspflichtiger Mehrarbeit am Samstag.

25.2.3 Digital Leadership

Die Befunde der drei empirisch-quantitativen Studien legen nahe, dass Unternehmen in digitalen Transformationsprozessen die Digitalisierungsbereitschaft von Beschäftigten über den Ausbau und die Stärkung individueller Ressourcen fördern können.

In der ersten Studie wurde der Einfluss mitarbeiter- und unternehmensbezogener Einflussfaktoren auf die Digitalisierungsbereitschaft untersucht. Die Ergebnisse der Analyse sind ein Beleg dafür, dass mitarbeiterbezogene und damit individuelle Faktoren wesentliche Schlüsselfaktoren für die Förderung der Digitalisierungsbereitschaft sind. Darüber hinaus wurde ermittelt, dass unternehmensbezogene Einflussfaktoren als interne Kontextfaktoren, die unmittelbar mit Veränderungsprozessen verbunden sind, z. B. Partizipationsmöglichkeiten für Beschäftigte, sich positiv auf die Digitalisierungsbereitschaft auswirken. Ferner wurde deutlich, dass auch nicht unmittelbar mit Veränderungsprozessen assoziierte, unternehmensbezogene Einflussfaktoren, wie z. B. eine entwicklungsförderliche Unternehmenskultur, indirekt über die Stärkung individueller Einflussfaktoren zur Förderung der Digitalisierungsbereitschaft beitragen (Abb. 25.1).

In der zweiten und dritten Studie wurde der Einfluss von Empowering Leadership auf die Digitalisierungsbereitschaft von Mitarbeitern unter Berücksichtigung von internen

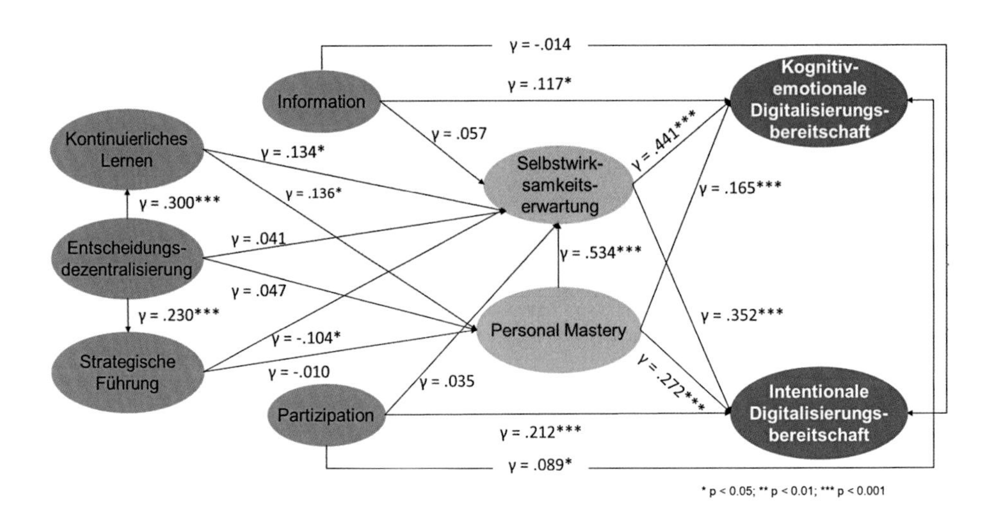

Abb. 25.1 Untersuchungsmodell der Studie 1

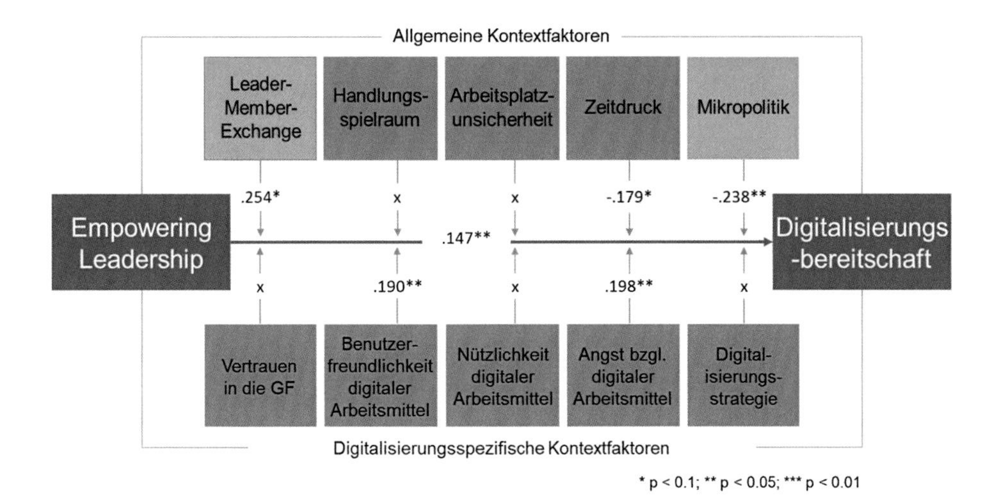

Abb. 25.2 Untersuchungsmodell der Studien 2 und 3

Kontextfaktoren untersucht. Die Ergebnisse der beiden Studien zeigen, dass Empowering Leadership einen signifikanten direkten Einfluss auf die Digitalisierungsbereitschaft von Mitarbeitern hat. Zudem zeigen die Analyseergebnisse, dass der Zusammenhang zwischen Empowering Leadership und der Digitalisierungsbereitschaft maßgeblich durch Leader-Member-Exchange und Mikropolitik moderiert wird. Aber auch Zeitdruck, die Benutzerfreundlichkeit von digitalen Arbeitsmitteln und die Angst vor digitalen Arbeitsmitteln weisen signifikante Effekte auf die Digitalisierungsbereitschaft auf (Abb. 25.2).

Die zentralen Ergebnisse der drei Studien zeigen, dass insbesondere die Steigerung der Selbstwirksamkeitserwartung und der Lern- und Entwicklungsorientierung von Beschäftigten relevant für die Förderung der Digitalisierungsbereitschaft ist. Mitarbeiter, die davon überzeugt sind, die Herausforderungen der Digitalisierung bewältigen zu können und eine hohe Bereitschaft haben, sich fort- und weiterzubilden, sind gegenüber der Digitalisierung tendenziell positiv eingestellt. Zudem ist eine wertschätzende und transparente Unternehmenskultur ein wichtiger Faktor, um die Digitalisierungsbereitschaft zu stärken. Besteht zwischen Führungskräften und Mitarbeitern ein starkes Vertrauensverhältnis und sind Entscheidungsprozesse im Unternehmen für Mitarbeiter nachvollziehbar, fördert dies den Einfluss von Führungskräften auf ihre Mitarbeiter. Dieser Einfluss zeigt sich auch hinsichtlich digitaler Arbeitsmittel. Mit der Bereitstellung intuitiv nutzbarer digitaler Arbeitsmittel und den entsprechenden Schulungen kann die unterstützende Rolle von Führungskräften im Rahmen der Digitalisierung unterstützt werden. Dass sich Empowering Leadership positiv auf die Digitalisierungsbereitschaft von Mitarbeitern auswirkt, ist ein weiterer zentraler empirischer Befund der beiden Studien. Fördern Führungskräfte die Selbstführungsfähigkeiten ihrer Mitarbeiter, können sich diese in den Digitalisierungsprozess einbringen, was sich wiederum positiv auf die Digitalisierungsbereitschaft auswirkt.

Die auf wissenschaftlicher Basis gewonnenen Erkenntnisse wurden bei den Stadtwerken Heidelberg in praktische Maßnahmen zur Führungskräfteentwicklung transferiert. Bei der Konzeption und Umsetzung organisierter Lernprozesse wurde eine multiinvasive Vorgehensweise gewählt. Diese fokussiert auf die zwei zentralen Ziele, das Vertrauen in die kooperative Zusammenarbeit zwischen Teammitgliedern und Führungskräften zu stärken sowie die eigenen (Selbstorganisations-) Fähigkeiten aller Beteiligten zu entwickeln. Um entsprechende Lernprozesse zu ermöglichen, hat es sich als nützlich erwiesen, den Austausch der Beteiligten im Rahmen von Führungswerkstätten untereinander zu fördern, auch über die rein fachliche Auseinandersetzung hinaus. Vor allem stand hier die eigenständige Vernetzung im Fokus, aus der bei Bedarf kurzfristig Anregungen, Lösungsansätze und Motivation gezogen werden konnten. Darüber hinaus wurde ein 2-tägiges Trainingsseminar für Führungskräfte entwickelt, welches bei den Stadtwerken Heidelberg pilotiert und wissenschaftlich evaluiert wurde. Hauptbestandteile dieses Seminars sind die Auseinandersetzung mit den zukünftigen Herausforderungen der digitalen Arbeitswelt, die Reflexion und praktische Umsetzung von stärkerer Selbstführung, deren Förderung eine wichtige Aufgabe von Führungskräften zur Stärkung der Digitalisierungsbereitschaft im Sinne von Empowering Leadership ist. Eine besondere Bedeutung kommt dabei der Änderung des Mindsets zu. Diesbezüglich wurde über die Vermittlung agiler Methoden, die Schaffung von Austauschformaten und die Unterstützung dienlicher Rollen ein Setting kreiert, das Führungskräften die Mitgestaltung an digitalen Transformationsprozessen aus einer förderlichen Haltung heraus ermöglicht.

25.3 Forschungslücken und Ausblick auf fortlaufende Forschungsarbeiten

25.3.1 Digitalisierung von Arbeitsprozessen

Mit den in den kommunalen Unternehmen vorliegenden Ergebnissen zeigt sich weiterer Forschungs- und Entwicklungsbedarf u. a. im Hinblick darauf, ob spezifische Prozesse, wie bspw. Innovationsprozesse digitalisiert werden können. Weiterhin besteht Forschungsbedarf in Bezug auf eine genauere Definition und Beschreibung von System- und Prozessgrenzen, hinsichtlich der Unterschiede zwischen internen und kundenbezogenen Prozessen sowie weiterer Datenpunkte und der Virtualisierung von Prozessen als digitaler Zwilling.

25.3.2 Digitale Arbeitsmodelle

Nach Ende der Experimentierphase wurden alle Modelle erneut auf ihre Vereinbarkeit mit tarifvertraglichen Regelungen geprüft. Zudem wurde zum Beispiel der Rahmen der Arbeitszeit an die tatsächlichen Bedürfnisse der Beschäftigten und den tatsächlich genutzten Arbeitszeitrahmen angepasst. Gemeinsam mit ihrem Betriebsrat verabschiedeten die Stadtwerke Heidelberg eine Betriebsvereinbarung, die nun als Grundlage für die Übertragung der innovativen Arbeitsmodelle auf weitere Abteilungen der Stadtwerke Heidelberg dient. Partizipativer Prozess und Modelle sollen nach Ende des Forschungs- und Entwicklungsprojektes AKTIV-kommunal im April 2020 ausgerollt werden, um möglichst vielen Beschäftigten orts- und zeitflexibles Arbeiten zu ermöglichen.

25.3.3 Digital Leadership

Aufgrund der durchgeführten Querschnittsuntersuchungen sollten die erarbeiteten Modellansätze in weiteren Forschungsarbeiten zukünftig auch im Rahmen von Längsschnittdatenerhebungen überprüft werden. Insbesondere interessant ist dabei der Zusammenhang zwischen der Digitalisierungsbereitschaft und dem tatsächlichen Adaptionsverhalten. Zusätzlich ist es zukünftig sinnvoll zu prüfen, ob und inwieweit der Aufbau von Ressourcen im Zeitablauf zu einer tatsächlichen Erhöhung der Digitalisierungsbereitschaft in der Praxis führt. Mit Blick auf die praktische Anwendung ist insbesondere der Effekt organisationaler Maßnahmen durch ein quasi-experimentelles Design zu ermitteln. So sollte der Effekt der entwickelten Führungskräftetrainings auf die Ausprägungen von Digital Leadership und in der Folge auf die Digitalisierungsbereitschaft evaluiert werden. Hinsichtlich interner Kontextfaktoren sollten zudem vermehrt Faktoren im Rahmen der erarbeiteten Modellstruktur überprüft werden, welche mit der kontinuierlichen Veränderungsfähigkeit von Unternehmen assoziiert sind, wie bspw. die Ausprägung einer organisationalen Lernkultur oder aber ein organisches Organisationsdesign. Darüber hinaus gilt es, im Rahmen der praktischen Umsetzung weitere Module für das Training von Führungskräften zu entwickeln, mit denen ein „Blended Learning" im Sinne einer Kombination von digitalen Selbstlernmodulen und von Präsenzphasen realisiert wird. Aktuell wird am Lehrstuhl für Personal und Unternehmensführung der Universität Duisburg-Essen diesbezüglich weiter geforscht.

25.4 Hinweis auf Transfermaterialien

Die Vorgehensweise bei der Durchführung des Projekts AKTIV-kommunal hat Modellcharakter und lässt sich auf weitere (kommunale) Unternehmen übertragen. Alle Werkzeuge, Instrumente und Ergebnisse werden deshalb in einer integrierten Toolbox bereitgestellt.

Die integrierte Toolbox ermöglicht es anderen Unternehmen, in den drei Themenfeldern von AKTIV-kommunal (Digitalisierung von Arbeitsprozessen, digitale Arbeitsmodelle und Digital Leadership) gemeinsam mit Beschäftigten, Führungskräften und Betriebsräten unternehmensspezifische Lösungsansätze zu entwickeln und umzusetzen.

Über die Projektwebseite https://www.aktiv-kommunal.de/steht diese Toolbox nunmehr für alle Unternehmen – auch außerhalb der Branche – zum freien Download zur Verfügung.

Zudem sind die zentralen Ergebnisse des Verbundvorhabens im Leitbild „Arbeitswelten der kommunalen Energieversorger 2025" verarbeitet worden. Dieses Leitbild wurde ebenfalls auf der Projekthomepage veröffentlicht: https://www.aktiv-kommunal.de/.

Projektpartner und Aufgaben

- **Lehrstuhl für Personal und Unternehmensführung der Universität Duisburg-Essen**
  Ansatz zu Digital Leadership unter kommunalen Bedingungen
- **Stadtwerke Heidelberg**
  Betriebliche Lösungen zur Transformation von Führung und Arbeitsmodellen
- **Stadtwerke Konstanz**
  Gestaltungsansätze zur Digitalisierung interner Abläufe und Informationsflüsse in der Kommunalwirtschaft
- **badenova**
  Mensch-Technik-Interaktion in digital vernetzten Strukturen
- **INPUT Consulting**
  Entwicklung der Grundlagen neuer digitaler Arbeitsmodelle in der Kommunalwirtschaft
- **Fraunhofer-Institut Arbeitswirtschaft und Organisation IAO**
  Ansatz zur Digitalisierung von Arbeitsprozessen unter Bedingungen gesellschaftlich notwendiger Dienstleistungen

BY

Digitalisierung der Arbeitssicherheit auf Baustellen

26

Jochen Teizer, Markus König, Thomas Herrmann, Markus Jelonek, Stephan Embers, Caner Kazanci, Samed Bükrü, Olga Golovina, Ian Quirke, Edgar Glasner, Oliver Daum, Jens Richter, Jochen Hanff, Eleni Kikidi, Daniel Hecker, Raimo Vollstädt und Wolfgang Bücken

26.1 Vorstellung der mitwirkenden Projektpartner

DigiRAB ist ein Forschungs- und Entwicklungsprojekt der Verbundpartner Ruhr-Universität Bochum, Ed. Züblin AG, Selectronic Funk- und Sicherheitstechnik GmbH, thinkproject Deutschland GmbH, Topcon Deutschland Positioning GmbH. Als Assoziierte Partner nehmen die Berufsgenossenschaft Bau und die Hilti AG teil. DigiRAB wurde im Rahmen des Programms „Innovationen für die Produktion, Dienstleistung und Arbeit"/„Zukunft der Arbeit" vom Bundesministerium für Bildung und Forschung (BMBF) und dem Europäischen Sozialfonds (ESF) gefördert und vom Projektträger Karlsruhe (PTKA) betreut.

J. Teizer (✉) · M. König · S. Embers · C. Kazanci · S. Bükrü · O. Golovina
Ruhr-Universität Bochum, Informatik im Bauwesen, Bochum, Deutschland

T. Herrmann · M. Jelonek
Ruhr-Universität Bochum, Informations- und Technikmanagement, Bochum, Deutschland

I. Quirke · E. Glasner · O. Daum
Ed. Züblin AG – Dirketion Mitte, Frankfurt, Deutschland

J. Richter
Selectronic Funk- und Sicherheitstechnik GmbH, Hünstetten, Deutschland

J. Hanff · E. Kikidi · D. Hecker
thinkproject GmbH, Essen, Deutschland

R. Vollstädt · W. Bücken
Topcon Deutschland Positioning GmbH, Hamburg, Deutschland

W. Bauer et al. (Hrsg.), *Arbeit in der digitalisierten Welt*,
https://doi.org/10.1007/978-3-662-62215-5_26

26.2 Zielsetzung

Arbeitnehmer und Arbeitnehmerinnen auf Baustellen sind höheren Gefahren ausgesetzt als in vielen anderen Industrien. Zu den schwerwiegendsten Unfallursachen gehören das Abstürzen aus Höhen, das Arbeiten im Umfeld von Baumaschinen und der unsachgemäße Umgang mit handgeführten Geräten. Für die Bauunternehmen führen Arbeitsunfälle und Berufskrankheiten infolge von Bauverzögerungen und Schadensersatzansprüchen zu deutlichen Mehrkosten. Erschwerend hinzu kommen eine zunehmende Komplexität der Bauprojekte und neue technische und ökonomische Herausforderungen. In immer kürzerer Zeit soll eine hohe Bauqualität gewährleistet werden [24].

Die Digitalisierung im Bauwesen hat in den letzten Jahren zu neuen Arbeitsweisen geführt. Für die Planung und Umsetzung des Arbeitsschutzes in Bauprojekten werden die digitalen Möglichkeiten aktuell noch nicht konsequent genutzt. Im Verbundprojekt „DigiRAB – Sicheres Arbeiten auf der digitalisierten Baustelle" wurden daher sowohl smarte Prozesse als auch Technologien für das sichere Arbeiten auf Baustellen entwickelt und getestet.

Der „Projektdemonstrator DigiRAB" ist ein virtuelles Bauprojekt, das als Vehikel genutzt wird, um nachvollziehbar und baustellennah die Ergebnisse des Projektes DigiRAB zu beschreiben. Der entwickelte Projektdemonstrator stellt ein zusammenhängendes Szenario dar, das die Handlungsbereiche (HB) „Sicher Planen" (HB 1), „Proaktiv Warnen" (HB 2) und „Personalisiert Lernen und Schulen" (HB 3) erläutert und miteinander verbindet (Abb. 26.1). Als verbindendes Element zwischen den Handlungsbereichen 1 und 2 dient die BIM Management Software DESITE MD vom Projektpartner thinkproject Deutschland GmbH. BIM Modelle aus HB 1 und 2 können

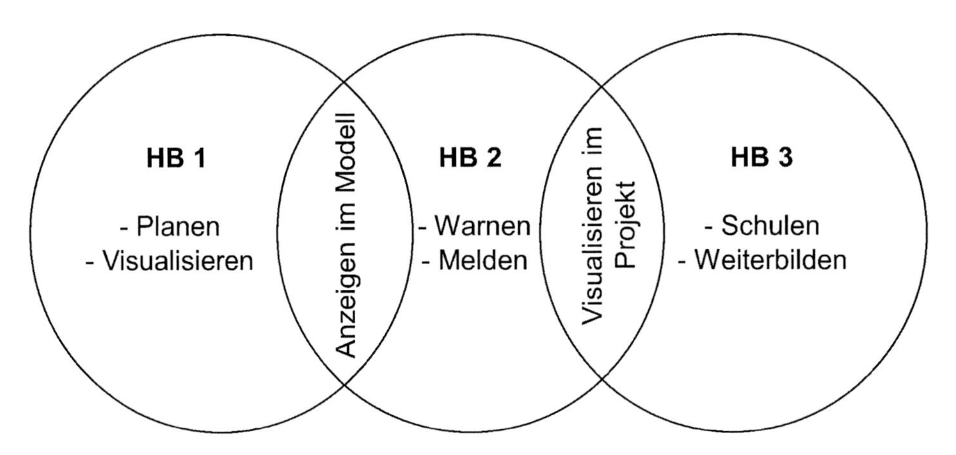

Abb. 26.1 Darstellung der Handlungsbereiche und deren Zusammenhänge. (Quelle: Eigene Abbildung)

zu Schulungszwecke in HB 3 – mit und ohne konkreten Projektbezug – verwendet werden.

26.3 Digitale Planung und Präventive Unfallvermeidung (HB1)

26.3.1 Ausgangslage

Vor Baubeginn gilt es, mit den ausführenden Unternehmen den anstehenden Bauprozess zu analysieren und dessen Gefährdungen zu beurteilen. Hierfür werden in der Gefährdungsbeurteilung auch einzusetzende Schutzmaßnahmen geplant. Unter projektspezifischen Randbedingungen ist die räumliche und zeitliche Organisation des Arbeitsschutzes gewerkeübergreifend in einem Sicherheits- und Gesundheitsschutzplan (SiGe Plan) festzuhalten. Der Planungsprozess der Arbeitssicherheit erfolgt derzeit weitestgehend ohne digitale Prozessunterstützung und ist oft von baubetrieblichen Belangen entkoppelt. Bei dieser Vorgehensweise entstehen deshalb z. T. unabgestimmte Handlungsanweisungen. Oftmals sind der genaue Zeitpunkt, die Menge und die Art der notwendigen Schutzeinrichtung oder -maßnahme nicht klar definiert.

26.3.2 Motivation und Zielsetzung

Das Hauptziel im HB1 des Forschungsprojektes DigiRAB war die Untersuchung inwieweit digitale Werkzeuge und alternative Arbeitsmethoden den Arbeitsschutzplanenden eine Unterstützung dabei bieten, den Arbeitsschutz bei komplexen schlüsselfertigen Bauprojekten detaillierter und adaptiver gestalten zu können. Dabei sollen die bestehenden Prozesse der Gefährdungsbeurteilung so unterstützt werden, dass umfangreiche arbeitsschutztechnische Handlungsanweisungen mit niedrigem Zeitaufwand an das Baustellenpersonal gestellt werden können. Darüber hinaus sollten die „Bausteine“ (technische Lösungen und Sicherheitshinweise zur Vermeidung von Unfällen und Gesundheitsgefahren) der Berufsgenossenschaft Bau (BG Bau) Verwendung finden.

26.3.3 Digitale Planung

Das Bauwesen in Deutschland befindet sich seit einigen Jahren im Umbruch, vor allen Dingen bei Veränderungen in den baustellennahen Prozessen. Die zunehmende Verbreitung von Lean Construction und Building Information Modeling (BIM) bietet eine Chance bestehende Prozesse besser aufeinander abzustimmen sowie den dynamischen Bauprozess vorausschauender und flexibler zu gestalten [1]. Mit Hilfe von Lean Construction werden alle Bauprozesse vorausschauend und möglichst mit allen Prozessbeteiligten vor allem hinsichtlich Ressourcenschonung (Mensch, Material und Zeit) analysiert. Hierbei steht zu Beginn (in der Regel bauvorbereitend) die Prozessplanung im Vordergrund, während des Bauablaufs spielt die Prozesssteuerung die zentrale Rolle.

Die konsequente Anwendung der BIM Methodik erlaubt die Transformation der „klassischen" Architektenzeichnungen in dreidimensionale digitale Bauwerksmodelle, in dem sämtliche relevanten Informationen aller Projektbeteiligten zur gemeinschaftlichen Nutzung zentral zusammengeführt werden – von den zeitlichen Abläufen (4D) bis hin zu benötigten Materialien, Bestellmengen und Betreiberdaten (5D). Der Projektpartner Ed. Züblin AG strebt mit BIM 5D® eine Umsetzung dieser Entwicklung an. Die Koppelung der Vorgehensweise von Lean Construction mit BIM findet zunehmend statt. HB 1 ist auf diesen Grundlagen konzipiert. Das bedeutet, dass alle Planungsschritte in der Angebots- und Bauvorbereitungsphase eines Bauprojektes auf der Grundlage von BIM erfolgen und allen Baubeteiligten zur Verfügung gestellt werden können.

26.3.4 Vorgehensweise

Der Fokus wurde auf die Phase der Bauvorbereitung gelegt, in der bereits konkrete Schritte für die Abwicklung des Bauprojektes unternommen werden. Ein BIM Modell – also das digitale Abbild des Bauvorhabens – besitzt in dieser Projektphase vor allem planerische Inhalte zum Bausoll und wenige Inhalte zur Bauvorbereitung und -abwicklung. Das im DigiRAB-Projekt verwendete BIM Modell wurde mit den mit Lean Construction Methoden entwickelten Terminplan zu einem 4D Modell verknüpft und bildet den Ausgangspunkt für die digitale Planung des Arbeitsschutzes. In diesem Zusammenhang wurden in HB 1 Werkzeuge entwickelt, um teilautomatisch BIM Inhalte für eine sichere Bauabwicklung zu erzeugen und als Entscheidungsgrundlage für die Baubeteiligten zu liefern. Mittels einer detaillierten Analyse des allgemeinen Bauprozesses wurden die relevanten Aktivitäten zur Gewährleistung von Sicherheit identifiziert, wie zum Beispiel Optimierung der Logistik, Aktualisierung von SiGe-Plänen, Unterweisung und Schulung, Begehung und Identifizierung kritischer Stellen. Für identifizierte Aktivitäten ergibt sich die Anforderung, sie weitgehend durch BIM zu unterstützen, indem etwa Gefahrenpunkte sensorgestützt erkannt und im Modell markiert werden.

26.3.5 Ergebnisse

Das erste Ergebnis ist ein digitales Werkzeug, ein sogenannter „Rule-Checking"-Algorithmus [2–4] (weiterentwickelt durch den Projektpartner Ruhr-Universität Bochum), das bestehende BIM Modelle analysiert und dem Anwender regelbasiert Vorschläge für verschiedene Arbeitssicherheitsmaßnahmen unterbreitet. Diese Vorschläge können z. B.

Abb. 26.2 Digitale Arbeitsvorbereitung und Anzeigen auf Baustellen [4]

Absturzsicherungen sein (Abb. 26.2). Ist ein Terminplan mit dem Modell verknüpft (4D), so haben die Vorschläge eine Zeitkomponente für verschiedene Bauphasen. Auf dieser Grundlage können verlässliche Pläne für Ein- und Umbau der Absturzsicherung erstellt werden und so auch eine digitale Kontrolle des Soll-Zustands erfolgen.

In einer Erweiterung des Rule-Checking wurde auch untersucht, ob Schwenkbereiche von Lasten unter Baukräne sowie Lastausbreitung unter Maschinenaufstandsflächen abgebildet werden können, um Gefahrenbereiche schneller zu erkennen und diese bei der Planung der Baustelleneinrichtung zu berücksichtigen. Das Rule-Checking wurde in der BIM Management Software DESITE MD implementiert. In DESITE MD wurde auch das zweite Ergebnis von HB 1 entwickelt, die teilautomatische Erstellung eines sogenannten „4D-SiGe-Plans" inklusive digitaler Gefährdungsbeurteilung. Hierzu können in der Software zunächst Dokumente zu Gefährdungspotenzialen unter Einbindung der Bausteine des BG BAU hinterlegt werden. Diese können dann mit sog. Prozessbausteinen, die als Vorlage in der Software hinterlegt werden, verknüpft werden. Die Prozessbausteine legen fest, welche Aktivitäten für die Erstellung eines Bauteils durchzuführen sind und definieren somit die einzelnen Arbeitsinhalte. Auf Basis der Prozessbausteine kann in Verbindung mit der Gebäudestruktur ein erster Entwurf der Terminplanung automatisch berechnet werden. Hierbei werden die Dokumente zu den Gefährdungspotenzialen automatisiert mit den Vorgängen des Terminplans verknüpft. Für jeden Vorgang können anschließend die relevanten Gefährdungspotenziale angezeigt werden.

Alternativ können die Dokumente zu Gefährdungspotenzialen mit den Vorgängen eines vorhandenen 4D-Terminplans händisch verknüpft werden. In beiden Fällen liegt als Arbeitsergebnis eine Gefährdungsbeurteilung in einem zeitlichen Rahmen, also ein 4D-SiGe-Plan vor [22, 23]. Als weiteres Ergebnis von HB 1 wurde eine sichere Planung der Baustelleneinrichtung nach Lean Prinzipien weiterentwickelt: Unter Einbeziehung des Rule-Checking und des 4D-SiGe-Plans können die Baustelleneinrichtungspläne auch in ihrer notwendigen zeitlichen Fortentwicklung einfacher erstellt und den Anwendern mithilfe des BIM Modells schneller vermittelt werden.

26.4 Proaktiv Warnen, Melden und Auswerten von Daten (HB 2)

26.4.1 Ausgangslage

Die Zahl der jährlich tödlich verunglückten Personen auf Baustellen weltweit wird auf mindestens 60.000 geschätzt [5]. Auch in Deutschland ist die Anzahl der meldepflichtigen Arbeitsunfälle im Baubereich in den letzten Jahren leicht gestiegen. Damit sind Todesfälle und Verletzungen in der Bauindustrie im Vergleich zu anderen Branchen immer noch überdurchschnittlich hoch. Rund ein Viertel aller tödlichen Unfälle haben direkten Bezug zu Arbeiten mit oder in der Nähe von Baumaschinen [6]. Dabei können die Ursachen vielfältig sein: Eingeschränktes Sichtfeld, Rückwärtsfahren, schlechte Umgebungsbedingungen (Wetter, Sicht, usw.) und ein sich stetig veränderndes Baufeld [7].

26.4.2 Motivation und Zielsetzung

Aktuell bestehende Systeme zur Umfelderkennung bei Baumaschinen beschränken sich auf die Erkennung und Warnung im Gefahrenfall. Eine Aufzeichnung – geschweige denn Auswertung der Häufigkeit – sowohl zeitlich als auch lokal – besteht bisher nicht [8]. Daher können auch keinerlei Rückschlüsse auf vorhandene Gefahrenpotenziale geschlossen werden, die in vorausschauenden und vorbeugenden Maßnahmen Anwendung finden könnten.

Der Ansatz des Projektes DigiRAB ist, Gefahrenpotenziale durch das Erkennen und Melden potenzieller Gefährdungssituationen frühzeitig zu erkennen, um rechtzeitig Präventionsmaßnahmen einleiten zu können. Daher strebt DigiRAB eine Echtzeitübermittlung und -visualisierung der erfolgten Beinaheunfälle, sowohl zwischen Baumaschinen untereinander als auch zwischen Baumaschinen und Personal am Boden an. Dabei soll ein Erkennungssystem zum Einsatz kommen, welches nicht auf optischer Sensorik beruht. Hiermit sollen Unwägbarkeiten wie tote Winkel, nicht einsehbare Bereiche wie beispielsweise Gebäudeecken, Mauern und Baumaterial ausgeschlossen werden. Die erhobenen Informationen sollen in Echtzeit über einen Webservice auf einen Datenserver übertragen werden. Mittels der BIM Management Software DESITE MD können die Daten vom Server abgerufen und im BIM Modell dokumentiert, visualisiert und analysiert werden, um weisungsbefugten Entscheidungsträgern auf der Baustelle (Bauleiter, Fachkraft für Arbeitssicherheit und weitere) verlässliche Informationen an die Hand zu geben, wo Gefahrenpotenziale in der Praxis bestehen, wo diese sich häufen, und wie diese ggfs. abzustellen sind [9].

26.4.3 Stand der Technik

Derzeitige Systeme zur Umgebungserkennung von Baumaschinen basieren heute vornehmlich auf optischen Sensoren: Kameras, Stereokameras, Laserscannern oder eine Kombination aus diesen [9, 10]. Eine zweifelsfreie und unter den verschiedenen Umgebungs- und Wetterbedingungen zuverlässige Erkennung von Personen in der Umgebung von Baumaschinen, Baumaschinen untereinander oder sonstigen baustellenbedingten Hindernissen im Umgebungsbereich der Baumaschine ist mit diesen Technologien nicht gewährleistet.

Somit ist eine durchgängige Betriebssicherheit der Maschinen nicht gegeben. Kombiniert mit den seit einigen Jahren obligatorischen Rückfahrkameras befindet sich auf den Maschinen nicht nur eine Vielzahl von Sensoren an den Außenseiten der Maschine; auch in der Kabine sind weitere Bildschirme notwendig. Diese schränken wiederum die Sicht des Bedieners auf sein Umfeld ein, nicht zu sprechen davon, ob die Person überhaupt in der Lage ist, bei den notwendigen kurzen Reaktionszeiten alle relevanten Informationen zu erfassen und zu verarbeiten – um letztlich adäquat und der Situation angemessen zu reagieren.

Diese Unsicherheit verhindert zudem eine weitere Automation und Autonomisierung der Arbeitsprozesse. Technisch wäre es bereits heute möglich, fahrende Baumaschinen, wie zum Beispiel Raupen, Gräder, Fertiger, Walzen, Fräsen und andere, vollautonom nach zuvor definierten Ablaufschemata bestimmte Arbeiten verrichten zu lassen. Diese können durchaus dynamisch aufgebaut sein. Aufgrund des vorhandenen Fachkräftemangels – der sich demographisch weiter ausweiten wird – ein Hemmnis, welches es durch sichere Assistenzsysteme zu durchbrechen gilt. Ebenfalls ein Problem ist die fehlende Rechtssicherheit beim Einsatz von Systemen zur Umgebungserkennung.

26.4.4 Vorgehensweise und erste Ergebnisse

Für das Projekt DigiRAB wurde das mobile Person Detection System (PDS) aus dem Bergbauprogramm der Firma Selectronic Funk- und Sicherheitstechnik GmbH ausgewählt. Es hat die Vorteile, dass nur ein Sensor pro Maschine benötigt wird und dieser mit geringem Aufwand nachrüstbar ist. Die Vermessung der eingeschränkten Sichtfelder ist vorteilhaft, bevor es zu einer Installation des Systems kommt. Dies ist besonders an Bestandsfahrzeugen zu empfehlen, zu denen es evtl. keine 3D-Daten mehr gibt oder auch weil sie während der Nutzungsphase oftmals den Arbeitsbedingungen entsprechend modifiziert wurden. Im Verlauf von DigiRAB wurden mehrere Baumaschinentypen (u. a., große und kleine Radlader, Bagger, Kompaktlader, LKWs) unter Baustellenbedingungen anhand neuester Normen durch Laser Scanning vermessen.

Das PDS basiert auf Radio Frequency Detection (RFID). Es erzeugt über die Antenneneinheit ein Feld mit einem codiertem 12 Bit Signal bei 7–9 kHz von maximal ca. 30 m Durchmesser. Somit hat es nach vorne und nach hinten ein Detektionsfeld von ca. 15 m. Da sich das Feld aufgrund der Physik nicht als Kreis abbildet, entsteht an den Seiten ein Feld von ca. 11 m Entfernung (Verhältnis von ca. 1:1,35). Dieses Feld wird von der PDS-Software in drei Zonen unterteilt (frei konfigurierbar), und sobald der Personen-Sender in einer Zone detektiert wird, sendet er via UHF-Frequenz (ISM-Band) ein Datenprotokoll an die Fahrzeugeinheit zurück. Diese löst dann die entsprechende Reaktion am Fahrzeug aus.

Im Rahmen von DigiRAB wurde ein neues TFT Display von Grund auf entwickelt (Hardware/Software). Es wurde ein 4,3 Zoll Display verwendet, das auch unter Tageslicht gut lesbar ist. Bei der Entwicklung wurden alle für das Projekt erforderlichen Schnittstellen und ein interner Speicher berücksichtigt. Über diese Schnittstellen können die generierten Daten, die beim Eintreten einer Person in den Gefahrenbereich erzeugt werden, in Echtzeit weitergeleitet und/oder im internen Speicher abgelegt werden. Alle Daten können vollständig anonymisiert und frei von persönlichen Informationen gesammelt werden.

Die im Speicher abgelegten Daten, können einerseits über eine USB-Schnittstelle ausgelesen werden. Die Echtzeitdatenübertragung wird anhand einer Schnittstelle der Firma Topcon Deutschland Positioning GmbH realisiert, wo die Daten um die Geoposition per Global Navigation Satellite System (GNSS) ergänzt und zur Weiterleitung komprimiert werden. Ein solcher Datenstring besteht aus den folgenden Informationen: Personentag-ID (keine persönlichen Daten), Fahrzeug-ID, Zeitstempel, Detektionszone und Geoposition. Zur weiteren Verarbeitung werden die Datenstrings an einen Webservice von thinkproject übertragen.

Der Personen-Sender ist in einem robusten Gehäuse eingebaut. Die Akkuladung erfolgt über eine berührungslose QI-Technik (Induktion). Bei einer Detektion des Bausteins im Gefahrenbereich bekommt der Träger eine optische sowie eine akustische Warnung (optional ergänzt durch eine LED-Warnweste). Gleichzeitig wird auch der Maschinenführer optisch sowie akustisch über einen Buzzer oder Stimme gewarnt. Es wurden drei verschiedene Näherungszonen am Fahrzeug per Software-Konfiguration eingestellt, die je nach Bedarf auch unterschiedliche Reaktionen des Displays und der Baumaschine hervorrufen können. Denkbar ist hier ein Eingriff über das Bussystem der Baumaschine, um die Maschine proaktiv bei Gefahr zu verlangsamen oder gar zu stoppen. Dies wird bereits bei der momentanen Anwendung des Systems im Untertage-Bergbau praktiziert. Die Baumaschinenindustrie ist aufgefordert, dies auch bei Erd- und Straßenbaumaschinen zu ermöglichen.

Parallel zu dem oben beschriebenen System wurde ein zweites System auf 2,4 GHz Basis entwickelt und getestet. Der Hintergrund ist, dass jeder Funkwellenbereich sowohl Vor- als auch Nachteile besitzt. Das RFID System ist auf ca. 15 m für vorn und hinten beschränkt, wobei man im GHz-Bereich Reichweiten bis ca. 80 m realisieren kann. Dies bedeutet natürlich mehr Flexibilität für die Zonen. Ein Nachteil des zweiten Systems ist aber, dass es im Nahbereich (aufgrund von Reflexionen) unter 10 m keine genaue Detektion des Personen-Senders zulässt. Beide Funksysteme (kHz und GHz) wurden erfolgreich getestet (Abb. 26.3 links).

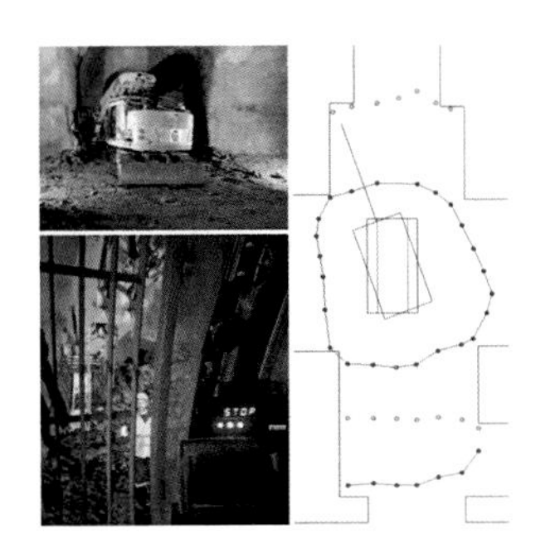

Abb. 26.3 Visualisierung der Warnzonen in einer Tunnelbaustelle (links und Mitte) [11–13] und anhand Hazard Cubes im georeferenzierten Modell der Demonstrator-Baustelle (rechts)

Um die von der entwickelten Technologie erzeugten Daten erfassen und auswerten zu können, hat thinkproject im Rahmen von DigiRAB einen Webservice entwickelt, in dem alle eingehenden Daten gesendet und gespeichert werden. Beim Auftreten eines Ereignisses (engl. close call event) werden die erzeugten Datenstrings an den Webservice übermittelt. Die Software DESITE MD verbindet sich über die Schnittstelle „Formulare" mit dem Webservice. Der Benutzer hat in DESITE MD dann die Möglichkeit, einen Zeitraum auszuwählen, um die entsprechenden Gefahrenereignisse digital als Würfel (sogenannte „Hazard Cubes") in DESITE MD zu visualisieren (Abb. 26.3 rechts). Jeder Würfel trägt die Informationen, welche über den Server von den Sensoren auf der Baustelle übermittelt wurden. Alle gefährdungsrelevanten Ereignisse der Bauphase können auf diese Weise dokumentiert und ausgewertet werden, um in Zukunft solche Gefahrensituationen vermeiden zu können.

Wenn der Benutzer sich in die Datenbank von DESITE eingeloggt ist (hierbei wird eine Kontrolle der Zugriffsberechtigung ausgeführt), greift der Algorithmus über die HTML-Datei von DESITE zuerst auf die Events von dem Webservice zu, die zu dem ausgewählten Zeitraum gehören. Die Daten werden im JSON-Format durch CURL oder REST API übertragen. Bevor die Events im DESITE-Projekt abgebildet werden, werden zwei wichtige Kontrollen ausgeführt. Zuerst wird überprüft, ob die eindeutige ID des Events im Projekt bereits vorhanden ist. Wurden die Events bereits in einer früheren Abfrage übermittelt, verhindert der Algorithmus, dass diese Events erneut erzeugt werden. Als Zweites wird überprüft, ob die GNSS-Koordinaten der übermittelten Events zu den Projektkoordinaten passen. Events, die außerhalb des Projektbereichs liegen, werden dementsprechend nicht übertragen. Diese Kontrolle ist insbesondere im Zusammenhang mit der Nutzung einer mobilen Anwendung (z. B. auf einem Tablet oder Smartphone) von Interesse, um zu verhindern, dass ein Benutzer mittels eines mobilen Endgerätes Daten zu einem falschen Projekt senden kann.

Wenn beide Kontrollen durchgeführt wurden, werden die Events in Form von Würfeln (Hazard Cubes) im digitalen Modell abgebildet. Die gespeicherten GNSS-Koordinaten werden mithilfe der DESITE APIs von GPS (WGS84) in lokale Modellkoordinaten umgewandelt. Bei den X, Y und Z-Koordinaten handelt es sich um den Ursprungspunkt des Würfels, der in DESITE MD in der 3D-Ansicht als "unit cube" erzeugt wird. Alle gefährdungsrelevanten Ereignisse der Bauphase können dokumentiert und ausgewertet werden, um in Zukunft solche Gefahrensituationen vermeiden zu können.

26.5 Personalisiertes Lernen und Schulen (HB 3)

26.5.1 Ausgangslage

Tausende Auszubildende von Baufirmen (in der Regel von kleinen und mittleren Unternehmen, KMU) beginnen jährlich eine mehrjährige Ausbildung in einem der angebotenen Bauberufe. Neben der Unterweisung in den Tätigkeiten im Umgang mit Baumaschinen (z. B. Anschlagen von Lasten an Krane), Werkzeugen (z. B. sachgemäßes Nutzen von Handgeräten), temporären Materialien (z. B. Auf- und Abbau von Gerüsten) und Baustoffen (z. B. Deklaration möglicher Gefahren), erfolgen auch Schulungen in den Bereichen des Arbeitsschutzes, insbesondere der Arbeitssicherheit und dem Gesundheitsschutz (z. B. Einhaltung von Gesetzen und Richtlinien).

26.5.2 Motivation

Zurzeit werden in den Ausbildungsstätten die Lehrmodule hauptsächlich in theoretischer Form anhand von (selbst) erstellten Schulungsunterlangen, gemäß den Ausbildungsrichtlinien geschult. Optional werden auch klassischer Frontalunterricht und Selbststudium kombiniert. Als Lernunterlagen stehen Bücher, digitale Dokumente und einfache 2D-Animationen zur Verfügung. Wegen des erheblichen finanziellen Aufwandes und des wenigen Lehrpersonals erfolgen in vielen Lehrmodulen nur selten Praxisschulungen. Die praktische Ausbildung erfolgt an speziellen Trainingsanlagen oder unter gesicherter Anleitung in produktiver Umgebung. In der produktiven Umgebung, besonders für den Bau komplexer Anlagen, können nur wenige Arbeitsschritte erprobt werden, da eine Fehlbedienung vermieden werden muss. Konsequenzen einer Fehlbedienung, können somit nur unzureichend praktisch vermittelt werden. Die wenigen Trainingsanlagen, die in zentralen oder internen Ausbildungsstätten verfügbar sind, ermöglichen nur die Erprobung von vorgegebenen Arbeitsschritten und sind mit erheblichen Einrichtungs- und Betriebskosten verbunden.

26.5.3 Mixed Reality Anwendungen

Klassische 3D-Anwendungen werden über Interaktion mit realen Elementen (z. B. Tastatur, Maus, Touchdisplay) gesteuert. In einer Virtual-Reality (VR)-Umgebung taucht der Nutzer vollständig in die Virtualität ein und steuert virtuelle Elemente über spezielle Controller. Augmented Virtuality (AV) bezeichnet die Art von Anwendungen, bei der reale Objekte in die Virtualität eingebracht werden. Dies kann in Form von Betriebsdaten sein oder durch Einbringung von weiteren haptischen Komponenten bis hin zur Aufnahme von realen Gegenständen über Kameras, die in die virtuelle Umgebung eingefügt werden. Die Bandbreite an Einbindungsmöglichkeiten umfasst dabei reale Interaktion mit virtueller Reaktion, virtuelle Interaktion mit realer Reaktion, sowie die virtuelle Abbildung realer Inhalte.

Mixed Reality (MR) Anwendungen [14] können genutzt werden, um die heutigen Probleme in Bezug auf den Mangel an realitätsnahen Trainingsumgebungen und die Simulation von kritischen Arbeitsaufgaben zu lösen. MR zielt in Anlehnung auf das konstruktivistische Lernparadigma darauf ab, eine möglichst realitätsnahe aktive Auseinandersetzung mit dem Lerngegenstand zu ermöglichen [15]. Wichtig für eine effektive und effiziente Anwendung von MR in der Aus- und Weiterbildung ist die Analyse bestehender Lernprozesse, das genaue Verständnis des Bedarfs einsatzfähiger Methoden inkl. technischer Lösungen, die zielgerichtete Entwicklung und die Erfassung des Mehrwerts. Im Folgenden werden diese erklärt und mögliche Anwendungsszenarien anhand von praktischen Beispielen vorgestellt.

26.5.4 Vorgehensweise

Im Rahmen von DigiRAB wurden von der Ruhr-Universität Bochum eigene VR- und AV-Simulationen entwickelt. Diese vermittelten den Anwendern arbeitssicherheitsspezifische Aspekte auf Baustellen, insbesondere das erfolgreiche Erlernen des sicheren Umgangs mit Baumaschinen und handgeführten Geräten (u. a. Winkelschleifern). Für die Evaluation der VR-Simulationen wurde ein Evaluationskonzept entwickelt und geprüft. Das Konzept bezieht dabei sowohl die formative Evaluation während des Entwicklungsprozesses von Simulationen mit ein als auch abschließende Evaluationen mit dem potenziellen Endnutzerkreis. Besondere Aufmerksamkeit der formativen Evaluation galt den technischen sowie inhaltlichen Aspekten der Simulation. Zum einen wurden iterative Tests in Zusammenarbeit mit der Hilti AG sowohl mit Experten des Systems als auch mit unerfahrenen Nutzern durchgeführt, damit möglichst breit gefächerte Rückmeldungen erzeugt werden konnten. Die Ergebnisse als auch die gemachten Beobachtungen im Umgang mit der Technik wurden als Änderungshinweise dokumentiert und im Nachgang umgesetzt. Dabei ging es im Wesentlichen darum, dass der Realitätsgehalt der VR-basierten Lernumgebung stimmig ist und keine irritierenden Abweichungen von der üblichen Erfahrungswelt auf Baustellen beinhaltet. Als herausfordernd hat sich hierbei vor allem herausgestellt, die notwendigen technischen Änderungen mit der erzählten Story innerhalb der Simulation konsistent zu halten, da kleine Änderungen im Ablauf einzelner Erzählbausteine direkte Konsequenzen auf die logischen Abläufe innerhalb der Simulation haben konnten. Erst wenn nach ein paar Iterationen ein Stand der Simulation erzeugt wurde, der sowohl inhaltlich auch technisch den gewünschten Kriterien entspricht, konnte ein Testlauf der abschließenden Evaluation zum Lernerfolg mit realen Probanden durchgeführt werden.

Im Mittelpunkt der abschließenden Evaluation stand vor allem die Prüfung des Einsatzes von VR-Simulationen als Ergänzung zu vorhandenem Schulungsmaterial und Schulungssystemen. Um zentrale Gütekriterien in der Evaluation zu erfüllen, wurden insbesondere Standardinstrumente der Gebrauchstauglichkeitsprüfung (Usability) sowie des Nutzerempfindens (User Experience) verwendet [16]. Eingesetzte Instrumente der Evaluation sollten sein: Fragebogen zur Erfahrung mit Arbeitssicherheit auf Baustellen, zur Arbeit auf Baustellen und zu den in der Simulation dargestellten Lerninhalten abfragt; semi-strukturierten Interviews sowie Beobachtung.

26.5.5 Ergebnisse

In den entwickelten virtuellen Lernumgebungen werden authentische Lernsituationen mit Hilfe von Ansätzen des situierten Lernens unter Verwendung von VR und AV-Simulationen [17] dargestellt (Abb. 26.4). Anhand realistischer Anwendungen im Hochbau werden mögliche Gefahren und Risiken wirklichkeitsnah veranschaulicht (u. a.: Kranlasten, Baustellenverkehr, zu enge Arbeitsbereiche). Um diesen Effekt zu verstärken, werden die Simulationen über echte handgeführte Geräte gesteuert.

Das Evaluationskonzept wurde in einer exemplarischen Studie zum sicheren Umgang mit Baumaschinen und Winkelschleifern erprobt. Die Ergebnisse der durchgeführten Studie zeigen eine durch die Teilnehmer gute bis sehr gut bewertete Usability sowie einen positiven Lerneffekt bei den Teilnehmern [20]. Der beobachtete Lerneffekt ohne weiteres Fremdeinwirken kann hier potenziell als eine Grundlage zur Weiterbildung für migriertes Fachpersonal dienen, da digitale Lehrinhalte lediglich einmal übersetzt werden müssten und im Gegensatz zu „learning off the job"-Weiterbildungsangeboten

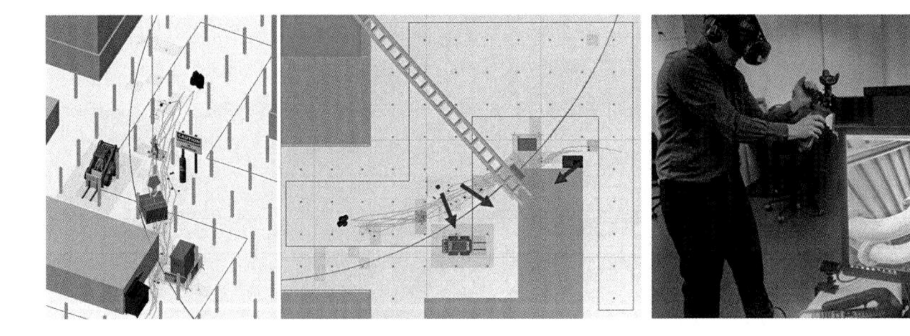

Abb. 26.4 Echtzeit-Datenanalyse von Beinahe-Unfällen zwischen Bauarbeitern und Baumaschinen und anderen vorab definierten Gefahrenstellen während einer Schulung in VR (links) [18] und Einsatz von handgeführten Maschinen in VR anhand realer Bauszenarien (rechts) [19]

mit Lehrkräften nicht an Personal gebunden sind. Innerhalb der Studien hat sich zudem gezeigt, dass die Teilnehmer während der Interviews wiederholt ihre Entscheidungen in der Simulation reflektiert und gewisse Aspekte auch auf reale Erlebnisse aus ihrem bisherigen Berufsleben bezogen haben. Die Möglichkeit, das erlebte Szenario in den Simulationen noch einmal zu besprechen, hat somit reflektive Lernprozesse ausgelöst. Reflektives Lernen zeichnet sich dadurch aus, dass neu erlebte Geschehnisse gedanklich mit vergangenen Erfahrungen verglichen und bewertet werden und sich aus diesem Prozess wiederum neue Entscheidungen, Verhaltensweisen oder Wissen ergeben können. Dem Einsatz der Simulationen ohne Lehrpersonal kann ein entsprechend durch Lehrkräfte unterstützter Einsatz gegenübergestellt werden. Dabei können die Anwender der VR-Simulationen das erlebte Szenario gemeinsam mit den Lehrkräften besprechen und es werden lernförderliche Reflexionsprozesse angestoßen [21].

Eine Auswahl der wichtigsten Ergebnisse zur exemplarischen Erprobung der VR-Simulation mit Baumaschinen und Winkelschleifern:

- Die Simulationen boten sichere Lernumgebungen an, wobei 2 von 14 Teilnehmern an Motion Sickness (Schwindelgefühl) litten.
- Es wird deutlich, dass sowohl die entwickelte Simulation als auch die eingesetzte Hardware zur Steuerung innerhalb der Simulation leicht bedienbar waren und das System insgesamt mit einer guten bis sehr guten Usability bewertet wurde. Selbst ohne Vorerfahrungen konnte das System problemlos verwendet und die Aufgaben in der Simulation gelöst werden.
- Es sind mit dem Simulationsspiel verbundene Lerneffekte zur Arbeitssicherheit anhand der statistischen Analyse der Ergebnisse des Fragebogens erkennbar. Die Interviews zeigen, dass sich die meisten Teilnehmer nach der Simulation als sicherer im Umgang mit Winkelschleifern einschätzen und die dabei relevanten Hintergründe zur Arbeitssicherheit verstehen.
- Die User Experience wurde wie auch die Realitätsnähe der Darstellungen in der Simulation von den meisten Teilnehmern äußerst positiv bewertet. Außerdem äußerten mehrere Teilnehmer den Wunsch nach weiteren Szenarien.

Eine wesentliche weitere Erkenntnis ist, dass nachhaltiger Lernerfolg anhand von Verhaltensänderungen in der Realität gemessen werden muss. Daraus lassen sich in Zukunft interessante Lernkonzepte des kontinuierlichen Lernens und Fortbildens mittels der Virtuellen Realitäten entwickeln. So sollen Anwenderinnen und Anwender die besonders riskanten Stellen und Situationen auf Baustellen kennenlernen, um damit Unfällen vorzubeugen. Und zwar auf genau der Baustelle, auf der sie später arbeiten oder für die sie als Arbeitsschutzplaner verantwortlich sind. Nach dem Baukastenprinzip dienen BIM Modelle als Grundlage für die Repräsentation der Baustelle in der virtuellen Realität. Damit die computergenerierte Baustelle einigermaßen naturgetreu aussieht, müssen sie Oberflächentexturen, Schatten und Umgebungsinformationen wie Häuser, Straßen und Bäume beinhalten. Auch die fahrenden Baumaschinen mit typischen oder realen Bewegungsabläufen dürfen nicht fehlen. Durch Geräusche wird das virtuelle Szenario noch realistischer. Die Bauarbeiter werden virtuell (in einer sicheren Umgebung, die Fehler zulässt) geschult, jeweils nach den individuellen Bedürfnissen oder Arbeiten, die auf der Baustelle zu erledigen sind. Planer können damit Gefahrenquellen vorab lokalisieren und eliminieren (s. HB1). Nach dem TOP-Prinzip können weitere erforderliche Maßnahmen erfolgen und getestet werden, z. B. die Installation zusätzlicher Absperrungen, um getrennte Laufwege von Personal am Boden nahe an Baumaschinen vorzugeben.

26.6 Zusammenfassung

Das Forschungs- und Entwicklungsprojekt DigiRAB entwickelte smarte Prozesse und Technologien für das sichere Arbeiten auf Baustellen. Im Verlauf des Projekts hat es sich im Wesentlichen auf mehrere Anwendungsszenarien in der Digitalisierung des Arbeitsschutzes fokussiert: (1) Digitales Planen zur Prävention von Gefahrenstellen, (2) Proaktives Warnen, Melden und Auswerten und (3) Personalisiertes Lernen und Schulen. Wesentliche Innovationen, die erfolgreich erprobt wurden sind:

- Automatisiertes regelbasiertes Prüfen von Sicherheitsregeln anhand von Building Information Modeling (BIM) zur präventiven Planung von Baustellensicherheitseinrichtungen
- Proaktives Erkennen, Warnen, Melden, und Visualisieren von Beinahe-Unfällen (Mensch-Maschine-Interaktion) in Echtzeit
- Personalisiertes Schulen und Lernen in der Gefahrenerkennung durch Erweiterte und Virtuelle Realitäten

Projektpartner und Aufgaben

- **Ruhr-Universität Bochum – Lehrstuhl für Informatik im Bauwesen, Lehrstuhl für Informations- und Technikmanagement**
  Individuelle Schulungskonzepte auf Basis digitaler Modelle und smarter Technologien
- **Ed. Züblin AG – Direktion Mitte**
  Digitale Planung des Arbeitsschutzes auf Baustellen
- **Topcon Deutschland Positioning GmbH**
  Smarte Arbeitsmittel für das sichere Arbeiten auf Baustellen
- **ceapoint aec technologies GmbH**
  Präventive Warnungen in der vernetzten Baustelle
- **Selectronic Funk- und Sicherheitstechnik GmbH**
  Proaktive Warnsysteme und Analyse von sicherheitsrelevanten Informationen

Literatur

1. Teizer J, Melzner J (2019) “Neue Wege zur Integration von BIM, IoT und Lean Construction in der Bauingenieurausbildung”, Bauingenieur, Springer, S 19–25
2. Zhang S, Teizer J, Lee J-K, Eastman C, Venugopal M (2013) Building information modeling (bim) and safety: automatic safety checking of construction models and schedules. Autom Constr, Elsevier 29:183–195
3. Teizer J, Melzner J, Wolf M, Golovina O, König M (2017) Automatisierte 4D-Bauablaufvisualisierung und Ist-Datenerfassung zur Planung und Steuerung von Bauprozessen. Springer, Bauingenieur, S 129–135
4. Schwabe K, Teizer J, König M (2019) Applying rule-based model-checking to construction site layout planning tasks. Autom Constr, Elsevier 97:205–219
5. Lingard H (2013) Occupational health and safety in the construction industry. Constr Manage Econ 31(6):505–514
6. Hinze JW, Teizer J (2011) Visibility-related fatalities related to construction equipment. J Saf Sci, Elsevier 49(5):709–718
7. Golovina O, Perschewski M, Teizer J, König M (2019) Algorithm for quantitative analysis of close call events and personalized feedback in construction safety. Autom Constr, Elsevier 99:206–222
8. Teizer J (2015) Safety 360: surround-view sensing to comply with changes to the ISO 5006 earth-moving machinery test method and performance criteria, 32nd ISARC, Oulu, Finland
9. Golovina O, Perschewski M, Teizer J, König M (2018) Predictive analytics for close calls in construction safety, 35th ISARC, Berlin, Germany
10. Netzwerk Baumaschinen (2019) Personen-/Objekterkennung, Warnung in Gefahrenbereichen. http://www.netzwerk-baumaschinen.de/material/download/nwBMA_Personen-Objekterkennung.pdf. Zugegriffen: 01. Dez 2019
11. Teizer J (2015) Magnetic field worker proximity detection and alert technology for safe heavy construction equipment operation, 32nd ISARC, Oulu, Finland
12. Golovina O, Teizer J, Rauth F, König M (2018) Proaktive Magnetfeldtechnologie zur Unfallvermeidung an Baumaschinen. Springer, Bauingenieur, S 52–67
13. Rauth F, Golovina O, Teizer J, König M (2019) “Erhöhung der Arbeitssicherheit im Tunnelbau durch proaktive Kollisionsvermeidung”, Taschenbuch für den Tunnelbau 2019. Wiley, Berlin, S 175–220
14. Teizer J, Wolf M, König M (2018) Mixed Reality Anwendungen und ihr Einsatz in der Aus- und Weiterbildung kapitalintensiver Industrien. Springer, Bauingenieur, S 73–82
15. Piaget J (1954) The construction of reality in the child. Basic Books, New York, US
16. Brooke J (1996) SUS: a „quick and dirty“ usability scale, Usability evaluation in industry. Taylor and Francis, London
17. Wolf M, Teizer J, Ruse JH (2019) Case study on mobile virtual reality construction training, 36th ISARC. Banff, Canada
18. Golovina O, Kazanci C, Teizer J, König M (2019) Using serious games in virtual reality for automated close call and contact collision analysis in construction safety, 36th ISARC. Banff, Canada
19. Wolf M, Bükrü S, Golovina O, Teizer J (2020) Using field of view and eye tracking for feedback generation in a virtual power facility safety training. Construction Research Congress, Tempe, Arizona, USA
20. Bükrü S, Wolf M, Böhm B, König M, Teizer J (2020) „Augmented Virtuality in Construction Safety Education and Training.“ European Group for Intelligent Computing in Engineering Conference (EG-ICE), Berlin, Germany, July 1-4, 2020, S. 115–124

21. Solberg A., Hognestad JK, Golovina O, Teizer J (2020) „Active Personalized Training of Construction Safety Using Run Time Data Collection in Virtual Reality.“ 20th Intl. Conference on Construction Application of Virtual Reality (CONVR), Middlesbrough, UK, S 19–30
22. Li B, Schultz C, Melzner J, Golovina O, Teizer J (2020) „Safe and Lean Location-based Construction Scheduling“. 37th International Symposium on Automation and Robotics in Construction, Kitakyushu, Japan, October 27–28, 2020. https://doi.org/10.22260/ISARC2020/0195.
23. Schultz C, Li B, Teizer J (2020) „Towards a Unifying Domain Model of Construction Safety: SafeConDM.“ European Group for Intelligent Computing in Engineering Conference (EG-ICE), Berlin, Germany, July 1–4, 2020, S. 363–372
24. Neve HH, Wandahl S, Lindhard S, Teizer J, Lerche J (2020) „Determining the relationship between direct work and construction labor productivity in North America: Four decades of insights.“ J Constr Eng Manag 146(9):04020110. https://doi.org/10.1061/(ASCE)CO.1943-7862.0001887

27 DigiTraIn 4.0: Ein Beratungskonzept für die Transformation in eine digitale Arbeitswelt

Stephan Kaiser, Arjan Kozica, Bianca Littig, Madlen Müller, Ricarda Rauch und Daniel Thiemann

Zielsetzung und Vorgehen

Digitale Technologien und Innovationen verändern die Arbeitswelt in starkem Maße. Zukunftsfähige Unternehmen sind durch digitale Kommunikation und Vernetzung geprägt. Mitarbeitende und Führungskräfte entscheiden zunehmend auf Basis der Analyse großer Datenbestände. Institutionelles und individuelle Wissen wird in digitalen Informationsräumen geteilt und mobile Technologien erleichtern mehr und mehr ortsunabhängiges, flexibles Arbeiten. Basierend auf diesen vielfältigen Entwicklungen fragen sich viele Entscheider derzeit, was die digitale Transformation der Arbeitswelt für sie konkret bedeutet und wie sie diese im eigenen Unternehmen aktiv gestalten können.

Die Antworten auf diese Fragen werden durch die Komplexität der Transformation von Arbeitswelten erschwert [4]. Die Komplexität ergibt sich aus der Multidimensionalität der digitalen Transformation der Arbeitswelt. Vielfältige Aspekte wie die betroffenen Akteure, deren Arbeitsumfeld samt Strukturen, Abläufen, Ausstattung, aber auch konkretes Verhalten in den Bereichen Kommunikation und Führung sowie unternehmenskulturelle Aspekte sind hier zu nennen. Wissenschaftlich fundierte Erkenntnisse

Autoren gelistet in alphabetischer Reihenfolge.

S. Kaiser (✉) · B. Littig · R. Rauch
Universität der Bundeswehr München, Professur für Personalmanagement und Organisation, Neubiberg, Deutschland

A. Kozica · M. Müller · D. Thiemann
Hochschule Reutlingen, Professur Organisation und Leadership, Reutlingen, Deutschland

W. Bauer et al. (Hrsg.), *Arbeit in der digitalisierten Welt*,
https://doi.org/10.1007/978-3-662-62215-5_27

darüber, wie einzelne Dimensionen der Arbeitswelt von der digitalen Transformation beeinflusst werden, können diese Komplexität für Unternehmen in einem ersten Schritt verständlich und greifbar machen. Zusätzlich benötigen Praktiker einen zielführenden Prozess und anwendungsorientierte Instrumente, um die Transformation in die digitale Arbeitswelt gestalten zu können.

Das vom Bundesministerium für Bildung und Forschung (BMBF) und dem Sozialfonds der Europäischen Union im Rahmen des Programms Zukunft der Arbeit geförderte Projekt DigiTraIn 4.0 adressiert diese Herausforderungen. Auf Basis eines systematischen und wissenschaftlich fundierten Vorgehens entwickelten, erprobten und evaluierten die Mitarbeitenden des Projekts vier anwendungsorientierte Instrumente, mit denen Unternehmen die Transformation in die digitale Arbeitswelt erfolgreich gestalten können:

- Der *Digitalisierungsatlas* stellt als Bezugsrahmen für Unternehmen die wichtigsten, sich durch die digitale Transformation verändernden Dimensionen strukturiert vor und verweist auf Zusammenhänge zwischen den Dimensionen.
- Mit dem *Digitalisierungsindex* können Unternehmen den momentanen Ist-Zustand ihrer Arbeitswelt bezüglich aller Dimensionen der Digitalisierung ermitteln.
- Als drittes Instrument ermöglicht der *Digitalisierungskompass* Unternehmen, den für sie individuell sinnvollen Soll-Zustand festzulegen und zu erörtern, inwieweit eine Digitalisierung für bestimmte Dimensionen der Arbeitswelt angestrebt wird.
- Die *Transformationsagenda* bietet Unternehmen schließlich Orientierung darüber, wie sie den angestrebten Zielzustand durch aktives Veränderungsmanagement erreichen.

Im Folgenden werden die entwickelten Instrumente anhand von Anwendungsbeispielen näher beschrieben sowie ein Ausblick auf die weitere Forschungsarbeit gegeben.

27.1 DigiTraIn 4.0: Beratungsprozess und integrierte Instrumente

27.1.1 Ein Beratungskonzept zur Transformation in die Arbeit 4.0

Übergeordnetes Ziel des Beratungsprozesses von DigiTraIn 4.0 ist, Unternehmen darin zu befähigen, ihre Arbeitswelt eigenständig und nachhaltig auf die Möglichkeiten und Herausforderungen der Digitalisierung ausrichten zu können. Das vierstufige Beratungskonzept orientiert sich an prozessualen Veränderungsmodellen des Change-Managements (z. B. [2]). Im ersten Schritt gilt es, die Entwicklungen durch die Digitalisierung und die daraus resultierende Veränderungsnotwendigkeit zu erkennen. Hieran schließt sich eine genauere Untersuchung des aktuellen Digitalisierungsgrades an, welche auf Veränderungsbedarfe in der Arbeitswelt hinweist. Im dritten Schritt werden Veränderungsmaßnahmen entwickelt, deren Implementierung im letzten Schritt vorbereitet wird.

Die anwendungsorientierten Instrumente des Projekts DigiTraIn 4.0 begleiten Unternehmen durch diese vier Phasen. Im *Beratungsverständnis* nimmt das Projekt die Grundidee der Prozessberatung [6] auf. Hierbei ist und bleibt der Klient (die Mitarbeitenden eines Unternehmens) der Experte im Unternehmen und entscheidet somit selbst darüber, wie er seine Arbeitswelt inhaltlich ausgestalten möchte. Der Berater dahingegen ist der Experte im Prozess zur Erarbeitung der digitalen Arbeitswelt. Er unterstützt den Klienten darin, Veränderungspotenziale und -risiken wahrzunehmen, zu verstehen und wirksame Handlungsmaßnahmen herzuleiten. Hierfür vereint das Beratungskonzept unterschiedliche Methoden, die interaktiv (z. B. in einem Workshop) bearbeitet werden können. Nachfolgend werden die vier Beratungsschritte von DigiTraIn 4.0 und die darin angewendeten Instrumente vorgestellt.

27.1.2 Die Notwendigkeit zur Veränderung erkennen mit dem Digitalisierungsatlas

Der *Digitalisierungsatlas* ist das erste Instrument im DigiTraIn 4.0-Beratungsprozess. Er dient dazu, die Veränderungen in der Arbeitswelt der Unternehmen, die durch die Digitalisierung entstehen, greifbar und beschreibbar zu machen. Somit stellt er einen Bezugsrahmen dar, um die Veränderungen der Arbeitswelt zu strukturieren und relevante Zusammenhänge zu erkennen. Dadurch bietet er den Unternehmen Orientierung für den Veränderungsprozess.

Erarbeitet wurde der Digitalisierungsatlas auf Basis einer systematischen Literaturanalyse sowie eigener empirischer Analysen. Im Rahmen dessen wurden zudem die Risiken und Chancen der digitalen Arbeitswelt analysiert [3]. Dabei wurden zehn relevante Dimensionen identifiziert, in denen Veränderungen der Arbeitswelt stattfinden, und in weitere Subdimensionen und Aspekte aufgeteilt (vgl. [7]). Diese zehn Dimensionen lassen sich auf drei Ebenen, Organisation, Interaktion und Individuum, aggregieren. Auf der organisationalen Ebene finden sich Dimensionen der Arbeitswelt, die das gesamte Unternehmen betreffen. Auf der individuellen Ebene liegt der Fokus dagegen auf Dimensionen, die (primär) den einzelnen Mitarbeitenden betreffen. Die Dimensionen auf der interaktionalen Ebene wiederum betreffen den Austausch und die Zusammenarbeit zwischen den Mitarbeitenden eines Unternehmens. So spannt der Atlas ein vollständiges Bild der Veränderungen in der Arbeitswelt der Unternehmen auf.

Der Fokus auf der *organisationalen Ebene* liegt auf vier Dimensionen, die dem Arbeitskontext im Unternehmen zuzurechnen sind. Diese Dimensionen umfassen neben Strukturen und Prozessen auch die digitale Infrastruktur und Koordination der Arbeit sowie die Unternehmensstrategie und -kultur. So wird beispielsweise die Spezifikation der Aufbau- und Ablauforganisation in einer digitalen Arbeitswelt ebenso betrachtet wie die strategische und die kulturelle Ausrichtung des Unternehmens auf eine digitale

Arbeitswelt. Außerdem gehören beispielsweise die Ausgestaltung und Nutzung der digitalen Infrastruktur sowie datengestützte Entscheidungsprozesse und Kontrolle von Arbeit zur organisationalen Ebene des Digitalisierungsatlas.

Auf der *interaktionalen Ebene* können die Dimensionen Führung und Zusammenarbeit angesiedelt werden. Dabei umfasst die Dimension der Zusammenarbeit nicht nur die Subdimensionen interne und externe Zusammenarbeit, sondern auch die Kommunikation über digitale Tools sowie den Bereich der Mensch-Maschine-Interaktion. In der Dimension der Führung werden sowohl die operative Führung und Zusammenarbeit zwischen Mitarbeitenden und Führungskräften als auch die strategische Führung des Top-Managements betrachtet.

Die *individuelle Ebene* umfasst schließlich alle Dimensionen der Arbeitswelt, die sich primär auf die Mitarbeitenden als Individuen beziehen. Dazu gehören neben den Kompetenzen der Mitarbeitenden in der digitalen Arbeitswelt auch veränderte Arbeitsaufgaben und Rollen. Zudem sind die Motivation für diese Veränderungen im Rahmen der digitalen Transformation sowie die physische und psychische Gesundheit der Mitarbeitenden wichtige Dimensionen auf der individuellen Ebene.

Dabei sind die Ebenen und Dimensionen des Digitalisierungsatlas nicht als separate Elemente zu verstehen, sondern es bestehen vielfältige Wechselwirkungen zwischen den Ebenen und den einzelnen Dimensionen. Hier dient der konfigurationstheoretische Ansatz [5] als theoretische Grundlage, aus dessen Perspektive die unterschiedlichen Dimensionen von Unternehmen integrativ berücksichtigt sowie Wechselwirkungen explizit betrachtet werden können.

Der Digitalisierungsatlas bietet somit Entscheidern in Unternehmen Orientierungshilfen, um die digitale Transformation der Arbeitswelt zielgerichtet vorantreiben zu können. Dabei liefert er Antworten auf die grundlegende Frage „Welche Dimensionen der Arbeitswelt betrifft die Digitalisierung und welche Wechselwirkungen bestehen zwischen den Dimensionen?" und stellt somit die Ausgangsbasis und konzeptionelle Grundlage der weiteren DigiTraIn 4.0-Instrumente dar.

27.1.3 Veränderungsbedarfe und -potenziale ableiten mit dem Digitalisierungsindex

Der Digitalisierungsindex hat zum Ziel, den digitalen Reifegrad einer Arbeitswelt zu erfassen. Er unterstützt Unternehmen dabei, sich in der Digitalisierung zu verorten und relevante Veränderungsbedarfe zu identifizieren. Der Digitalisierungsindex formt somit eine belastbare Basis für die Entwicklung konkreter Veränderungsmaßnahmen im Digitalisierungskompass.

Das Instrument besteht aus einem quantitativen Fragebogen, der die organisationalen, interaktionalen und individuellen Dimensionen des Digitalisierungsatlas misst. Der Index wurde in einer Lang- und Kurzversion entwickelt.

Die *Langversion* des Digitalisierungsindex umfasst einen Multi-Item-Fragebogen mit 88 Fragen und wurde für die Anwendung im Rahmen des Beratungskonzeptes entworfen. Hierbei wird beabsichtigt, möglichst viele Beschäftigte eines Unternehmens aus administrativen und kreativ-dispositiven Tätigkeitsbereichen einzubeziehen. Die Fragen sind so konzipiert, dass sie die Einschätzungen der Mitarbeitenden zu einzelnen Aspekten ihrer Arbeitswelt erfragen. Das Ergebnis umfasst dann einen digitalen Reifegrad je Arbeitsweltdimension. Somit kann ein Unternehmen zum einen erkennen, wie stark die Arbeitswelt insgesamt bereits digital ausgerichtet ist, zum anderen wird aufgeschlüsselt, welche Dimensionen noch Entwicklungspotenzial aufweisen.

In einem *Anwendungsbeispiel* wurde die Langversion des Digitalisierungsindex in einem Unternehmen der Gesundheitsbranche durchgeführt. Hierbei erhielten insgesamt 2.702 Mitarbeitende eine Einladung per Mail, den Digitalisierungsindex online auszufüllen. Die mittlere Bearbeitungszeit lag bei 22 min. Über einen Befragungszeitraum von vier Wochen nahmen 810 Personen an der Befragung teil.

Der Digitalisierungsindex stellte sich als ein geeignetes Instrument dar, um die im Digitalisierungsatlas entwickelten Dimensionen, Subdimensionen und Aspekte zu indizieren bzw. messbar zu machen. Abb. 27.1 zeigt anhand fiktiver Zahlen für die Dimension „Digitale Infrastruktur“ auf der organisationalen Ebene die Mittelwerte für die einzelnen Subdimensionen und Aspekte auf. Die dargestellten Mittelwerte können Werte von 1 bis 5 annehmen, wobei 1 auf einen sehr geringen und 5 einen äußerst hohen Digitalisierungsgrad hinweist.

Bei dem untersuchten Unternehmen aus der Gesundheitsbranche offenbarten die Index-Werte ein gemischtes Bild. So war insgesamt ein überdurchschnittlich hoher Digitalisierungsgrad zu verzeichnen, jedoch zeigten einige Indizes der Aspekte auf deutlichen Entwicklungsbedarf hin. Hierzu gehörte beispielsweise der Aspekt der physischen Gesundheit von Mitarbeitenden. Ebenso wurde festgestellt, dass Mitarbeitende die digitale Reife des Unternehmens auf organisationaler Ebene besser bewerteten als die Führungskräfte. Auf individueller Ebene war es genau umgekehrt: Hier bewerten die Führungskräfte die digitale Reife höher als die Mitarbeitenden.

Die *Kurzversion* des Digitalisierungsatlas wurde entwickelt, um Personen eine erste Einschätzung über den Digitalisierungsgrad ihrer Arbeitswelt zu geben. Er ist online innerhalb von fünf Minuten durchführbar und präsentiert dem Teilnehmenden am Ende eine automatisierte Ergebnisseite über die Reifegrade seiner digitalen Arbeitswelt.

Der Kurzindex wurde branchenübergreifend bei 23 überwiegend kleinen und mittleren Unternehmen durchgeführt. Diese Umfrage zeigte, dass der Großteil dieser Unternehmen die Arbeitswelt bereits mittelmäßig bis sehr digital ausrichtet. Die Gesamtbetrachtung der Reifegrade zeigte, dass die digitale Infrastruktur, Strukturen, Prozesse, Kultur, Zusammenarbeit und Kommunikation, Führung und Gesundheit in diesen Unternehmen bereits mittelmäßig bis stark digital ausgerichtet waren. Die größten Entwicklungspotenziale wiesen diese Unternehmen in den Dimensionen Motivation, Arbeitsaufgaben und -rollen, Kompetenzen, Strategie und Koordination der Arbeit auf, welche zum damaligen Zeitpunkt wenig bis mittelmäßig digital ausgerichtet waren.

Dimensionen	Mittelwert	Subdimensionen	Mittelwert	Aspekte	Mittelwert
Digitale Infrastruktur	*3.59*	*Güte der technologischen Ausstattung*	*3.46*	Hard- & Softwarequalität	3.59
				Servicequalität & Wissen (IT-Personal)	3.32
		Integrationsgrad und Nutzbarkeit der digitalen Technologien	*3.16*	Interne, unternehmensweite IT-Integration	3.63
				Effizienz der Datafizierung	3.30
				Externe IT-Integration	2.54
		Güte von Datenschutz und -sicherheit	*4.17*	Datenschutz & -sicherheit allgemein	4.48
				Sicherheit der Mitarbeiterdaten	3.86

Abb. 27.1 Auszug aus einer Beispielauswertung des Digitalisierungsindex („Übersicht Mittelwerte“ in DigiTraIn 4.0, [1])

27.1.4 Eine stimmige digitale Arbeitswelt planen mit dem Digitalisierungskompass

Über die Kenntnis des Status quo hinaus, ist es für Entscheider von hoher Bedeutung, eine Vorstellung des angestrebten Zielzustands der unternehmensspezifischen digitalen Arbeitswelt zu haben. Daher unterstützt der Digitalisierungskompass Unternehmen dabei, ihre Zielgrößen der digitalen Transformation der Arbeitswelt festzulegen. Das Instrument stellt ein auf wissenschaftlicher und empirischer Basis konzipiertes Workshopformat dar. Es ist vor allem für kleine und mittlere Unternehmen geeignet, die in ihrem Unternehmen Digitalisierungsmaßnahmen der Arbeitswelt strategisch planen und umsetzen wollen. Das Workshopformat beinhaltet verschiedene Module, die je nach Bedarf von den Unternehmen bearbeitet werden können. Die wichtigsten Themenfelder des Workshops sind:

1. *Identifikation von relevanten internen und externen Faktoren, die die Digitalisierung der Arbeitswelt betreffen:* Das erste Modul basiert auf dem Digitalisierungsatlas und ermöglicht es Unternehmen, ein umfassendes Verständnis über verschiedene Dimensionen der digitalen Arbeitswelt und deren Zusammenhänge zu gewinnen. Dazu wird ein eigens entwickeltes Brettspiel eingesetzt, das die Dimensionen des Digitalisierungsatlas und deren Zusammenhänge auf interaktive Weise für Mitarbeitende und Führungskräfte greifbar macht. Als optionalen nächsten Schritt sieht der Digitalisierungskompass vor, unternehmensspezifische externe Faktoren zu identifizieren, die die digitale Transformation der Arbeitswelt beeinflussen. Im Fokus stehen dabei politische, wirtschaftliche, soziokulturelle, technologische, ökologisch-geographische und rechtliche Einflussfaktoren.
2. *Entwicklung einer Vision der digitalen Arbeitswelt:* Mittels angeleiteter Brainstorming-Techniken und systematischer Moderation entwickeln die Workshopteilnehmenden die Grundzüge einer unternehmensspezifischen Vision der zukünftigen digitalen Arbeitswelt. Diese bildet die Basis, um firmenintern die Vision der Arbeitswelt genauer auszuarbeiten und eine visionäre Vorstellung über die Zukunft der Arbeit im Unternehmen zu entwickeln.
3. *Bewertung des Ist-Zustandes im Unternehmen auf Basis der Index-Ergebnisse:* In diesem Modul werden die unternehmensspezifischen Ergebnisse des Digitalisierungsindex aufgegriffen. Die Teilnehmenden stellen sowohl Stärken als auch Entwicklungspotenziale des Unternehmens anhand der Indexergebnisse dar und bewerten diese hinsichtlich ihrer Relevanz für die eigene Arbeitswelt.
4. *Entwicklung eines konkreten Zielzustandes:* Ausgehend von der zuvor entwickelten Vision werden im nächsten Modul unternehmensspezifische Digitalisierungsziele erarbeitet. Dies geschieht anhand vorgefertigter Leitfragen entlang der Dimensionen des Digitalisierungsatlas. Dadurch wird die Vision der Arbeitswelt auf konkrete Dimensionen bezogen und handhabbar gemacht.
5. *Identifikation von unternehmensspezifischen Handlungsbedarfen und kritischen Variablen:* Die definierten Zielzustände für die einzelnen Dimensionen werden mit

dem Status quo des Unternehmens abgeglichen. Durch den Soll-Ist-Vergleich kann konkret ermittelt werden, in welchen Dimensionen Handlungsbedarf besteht und wie diese zu priorisieren sind. Anschließend werden die Wechselwirkungen zwischen den einzelnen Dimensionen genauer betrachtet. Für die wichtigsten Dimensionen wird dabei ermittelt, wie stark sie die anderen Dimensionen beeinflussen und inwiefern sie selbst von diesen beeinflusst werden. Dadurch kann identifiziert werden, welche Dimensionen am einflussreichsten sind und erfolgskritische Treiber darstellen. Abschließend werden erste konkrete Handlungsbedarfe ausgearbeitet und priorisiert, um die aktive Transformationsphase vorzubereiten.

Als Teilnehmende des Workshops sollten diejenigen Personen einbezogen werden, deren Perspektiven für die Erarbeitung von Zielgrößen der digitalen Transformation der Arbeitswelt entscheidend sind (z. B. Führungskräfte, Mitarbeitende, Betriebsrat).

Zur Anwendung des Workshopformats benötigen die Unternehmen einen Moderator, der die einzelnen Module methodisch anleitet. Der Moderator kann sowohl extern als auch intern aus dem Unternehmen sein und sollte bereits erfahren darin sein, Workshops durchzuführen und zu gestalten. Der Moderator sollte den „Baukasten“ des Digitalisierungskompasses bei Bedarf methodisch und inhaltlich auf das jeweilige Unternehmen anpassen.

Der Digitalisierungskompass beansprucht in einer einfachen Ausführung einen halben bis ganzen Tag, abhängig davon, welche Module an einem Tag durchgeführt werden. Die einzelnen Elemente lassen sich aber zeitlich auch auseinanderziehen – je nach Diskussions- und Klärungsbedarf in den spezifischen Firmen.

Somit ermöglicht es der Digitalisierungskompass Unternehmen, wesentliche Ansatzpunkte systematisch zu identifizieren und zu priorisieren, ohne dabei das Gesamtbild aus den Augen zu verlieren. Auf Basis dessen können Unternehmen im folgenden Schritt mit der „Transformationsagenda“ in die Transformationsphase übergehen.

27.1.5 Veränderungsmaßnahmen implementieren mit der Transformationsagenda

Mithilfe der Transformationsagenda können Unternehmen konkrete Handlungsmaßnahmen für die im Digitalisierungskompass entwickelten Ziele planen. Um dies zu erreichen, unterstützt ein generisches Modell zunächst dabei, eine Change-Taktik zu entwickeln. Anschließend werden unternehmensspezifische Maßnahmen konkret in einen Handlungsplan überführt.

Um eine angemessene Change-Taktik zu entwickeln, arbeitet in einem ersten Schritt der/die Berater/in gemeinsam mit dem zu beratenden Unternehmen ein generisches Modell durch. Hierzu wurde im Projekt DigiTraIn 4.0 eine mehrdimensionale Matrix entwickelt, welche relevante Aspekte einer Change-Taktik umfasst. Für die Erarbeitung dieser Matrix wurden bisherige theoretische, konzeptionelle und empirische Studien recherchiert und analysiert. Mithilfe des generischen Modells der Transformationsagenda werden die Anwender durch vier Ebenen geführt:

1. Die organisationale Durchdringung (beispielsweise Reichweite und Umfang der Veränderung)
2. Den Modus (beispielsweise Dauer, Startpunkt und Ziel der Veränderung)
3. Die organisationale Einbindung (beispielsweise Antriebskräfte und Narrativ)
4. Den organisationalen Kontext (beispielsweise Erfahrungswissen im Bereich Digitalisierung und Veränderungsbereitschaft)

Im Vorfeld einer Transformation sollten Unternehmen die genannten Aspekte der Ebenen reflektieren und eine geeignete Ausprägung für das Unternehmen und Veränderungsvorhaben wählen. Die Change-Taktik setzt sich somit aus der individuellen Kombination der Ausprägungen zusammen und dient als Ausgangspunkt dafür, im nächsten Schritt Maßnahmen zu planen und durchzuführen.

Als zweiter Bestandteil der Transformationsagenda erarbeiten und planen die Unternehmen basierend auf den im Kompass identifizierten Zielen und Handlungsnotwendigkeiten anhand einer strukturierten Maßnahmentabelle ihre Handlungsschritte für die einzelnen Dimensionen. Hierbei werden sowohl der Zeitpunkt als auch die Dauer der in den jeweiligen Dimensionen stattfindenden Maßnahmen reflektiert und festgelegt. Weiterhin werden die Maßnahmen dadurch aufeinander abgestimmt und ihre Abhängigkeiten berücksichtigt.

Als Orientierungshilfe dienen den Teilnehmenden drei beispielhafte Transformationspfade für die digitale Arbeitswelt. Diese wurden durch das Projekt DigiTraIn 4.0 auf Basis einer Literaturrecherche und durch ein Experiment ermittelt. Inhaltlich wurden dazu drei Wandelanlässe ausgewählt, und zwar ein Wandelpfad für die Implementierung neuer Technologien, ein Wandelpfad zur Einführung flexiblen Arbeitens und ein Wandelpfad zur Ausrichtung auf eine Digitalstrategie im Unternehmen. Verschiedene Experten und Expertinnen haben zu diesen Wandelanlässen Lösungsprozesse entwickelt. Die Erkenntnisse aus dem Experiment wurden in zwei Fokusgruppen mit Führungskräften, Mitarbeitervertretungen sowie Change-Experten gespiegelt. Abschließend wurden die drei Wandelpfade beschrieben. In der Transformationsagenda gliedern sich die Transformationspfade in die wichtigsten Erkenntnisse zum jeweiligen Transformationspfad sowie die detaillierte Maßnahmen-Tabelle für die Dimensionen. Die Transformationspfade geben den Unternehmen somit anhand konkreter Beispiele Hilfestellung für die Entwicklung einer detaillierten Maßnahmenplanung für das eigene Transformationsvorhaben.

Mithilfe der unternehmensspezifischen Change-Taktik und der individuellen Maßnahmenplanung können Unternehmen nun durch die Transformationsagenda ihr Veränderungsvorhaben auf strukturierte Art und Weise umsetzen. Die Transformationsagenda rundet somit die Instrumente zur Unterstützung der digitalen Transformation der Arbeitswelt ab.

27.2 Ausblick

In der letzten Phase des Projekts begleitet DigiTraIn 4.0 sechs Unternehmen auf ihrem Weg in die digitale Arbeitswelt. In dieser Phase durchlaufen die Unternehmenspartner schrittweise die im Projekt entwickelten Instrumente.

Im Anschluss an den Beratungsprozess werden die Instrumente und Maßnahmen evaluiert und auf dieser Basis weiterentwickelt. Außerdem entstehen im Zuge der Anwendung der Instrumente weitere Workshop-Leitfäden für die einzelnen Instrumente, die zusätzlich auf der DigiTraIn-Homepage veröffentlicht werden. So stehen interessierten Unternehmen, die ihre Arbeitswelt digitalisieren wollen, zahlreiche Hilfestellungen zur Anwendung der Instrumente zur Verfügung. Damit führt DigiTraIn 4.0 den bisher beschrittenen Weg fort, die wissenschaftlich fundierten Instrumente in die Unternehmensrealität zu bringen und für die Praxis (besonders für kleine und mittlere Unternehmen) anwendungsfreundlich zu gestalten.

Zudem werden die Beratungsprozesse bei den Unternehmenspartnern als Fallstudien dokumentiert und ausgearbeitet. So können interessante Erkenntnisse, wie beispielsweise typische Stolpersteine für Unternehmen, gesammelt und als Anwendungsbeispiele für andere Unternehmen veröffentlicht werden.

Projektpartner und Aufgaben

- **Universität der Bundeswehr München**
  Analyse, Entwicklung und Erprobung von Instrumenten für die Transformation der organisationalen Dimension der Digitalisierung
- **Hochschule Reutlingen**
  Analyse, Entwicklung und Erprobung von Instrumenten für die Transformation der individuellen und interaktionalen Dimension der Digitalisierung
- **AOK Baden-Württemberg**
  Entwicklung und Erprobung eines integrativen Best- Practice-Modells der Digitalisierung und der digitalen Transformation
- **RKW Bayern e. V.**
  Analyse, Entwicklung und Erprobung von Beratungsansätzen für die KMU-spezifische Digitalisierung

Literatur

1. DigiTraIn 4.0 (Hrsg.). (2020). Materialien Anwendungsleitfaden. Übersicht Mittelwerte. Zugriff am 08. Juni 2020. Verfügbar unter https://digitrain40.de/
2. Hayes J (2018) The theory and practice of change management, 5. Aufl. Palgrave Macmillan, Basingstoke, Hampshire

3. Jager, A., Rauch, R. Thiemann, D., & Kaiser, S. (2019). Die sechs Gefahren der digitalen Arbeitswelt – und was Sie dagegen tun können. Personalmagazin (Haufe), 01/2019, S 48–52
4. Kaiser S, Kozica A, Wittmann P (2017) Führung und Arbeit in einer digitalisierten und datengetriebenen Welt: Ein konfigurationstheoretischer Zugang. In: Krause S, Pellens B (Hrsg) Betriebswirtschaftliche Implikationen der digitalen Transformation. ZfbF-Sonderheft, vol 72/17. Springer Gabler, Wiesbaden, S 65–80
5. Meyer AD, Tsui AS, Hinings CR (1993) Configurational approaches to organizational analysis. Acad Manag J 36(6):1175–1195
6. Schein EH (1987) Process consultation (Addison-Wesley series on organization development, Reprinted with corrections). Addison-Wesley, Reading, Mass.
7. Thiemann D, Kozica A, Rauch R, Kaiser S (2019) Die Digitalisierung der Arbeitswelt verstehen und gestalten: Der Digitalisierungsatlas als mehrdimensionaler Bezugsrahmen. Zeitschrift für Führung und Organisation (ZfO). 02/2019, S 114–121

Game of Roster – GamOR 28

Spielifizierte kollaborative Dienste-Plattform für Pflegeberufe

Annette Blaudszun-Lahm, Vanessa Kubek, Harald Meyer auf'm Hofe, Nadine Schlicker, Sebastian Velten und Alarith Uhde

28.1 Zielsetzung

In vielen Regionen Deutschlands besteht in der Pflege ein enormer Mangel an Fachkräften. Zur Begründung wird häufig auf die mangelnde Attraktivität des Pflegeberufes verwiesen, wobei die Attraktivität durch unterschiedliche Faktoren eingeschränkt wird. Zum einen sind dies die körperliche und psychische Beanspruchung der Tätigkeit, die häufig unter hohem Zeitdruck zu erbringen ist und vergleichsweise schlecht vergütet wird. Zum anderen wird durch die Arbeit im Schichtdienst die Vereinbarkeit von Berufs- und Privatleben signifikant beeinträchtigt (vgl. [9]).

Vor dem Hintergrund der betrieblichen Notwendigkeit von Schichtarbeit in bestimmten Branchen, beschäftigt sich die Arbeitswissenschaft daher seit vielen Jahren mit der Gestaltung von vorbeugenden Maßnahmen gegen ungünstige Auswirkungen dieser Arbeit. Die Ausgestaltung des Schichtmodells spielt dabei eine entscheidende

A. Blaudszun-Lahm (✉) · V. Kubek
Institut für Technologie und Arbeit e. V., Kaiserslautern, Deutschland

H. Meyer auf'm Hofe
SIEDA GmbH, Kaiserslautern, Deutschland

N. Schlicker
Ergosign GmbH, Saarbrücken, Deutschland

S. Velten (✉)
Fraunhofer-Institut für Techno- und Wirtschaftsmathematik ITWM, Abteilung Optimierung, Kaiserslautern, Deutschland

A. Uhde
Universität Siegen Wirtschaftsinformatik, Ubiquitous Design | Erlebnis & Interaktion, Siegen, Deutschland

W. Bauer et al. (Hrsg.), *Arbeit in der digitalisierten Welt*,
https://doi.org/10.1007/978-3-662-62215-5_28

Rolle. Hornberger [7] und Knauth [8] betonen, dass die Planbarkeit der Freizeit für Schichtarbeitende sowie die Akzeptanz von Schichtplänen von hoher Bedeutung sind. Darüber hinaus kommt der Einbindung der Mitarbeitenden eine hohe Bedeutung zu. Dies greift arbeits- bzw. motivationspsychologische Erkenntnisse auf, die darauf verweisen, dass sowohl Leistungsverhalten als auch psychische Gesundheit durch die Erzeugung intrinsischer Arbeitsmotivation gefördert werden. So zeigten Deci und Ryan [1], dass neben Kompetenzerleben und sozialer Eingebundenheit Autonomieerleben eine maßgebliche Rolle spielt. Sie konnten außerdem darlegen, dass Vorgaben, die durch andere getätigt werden, am ehesten akzeptiert werden, wenn Wahlalternativen angeboten werden und im Falle einer fehlenden Wahlfreiheit dies begründet wird.

Im Projekt GamOR („Game of Roster") werden diese Erkenntnisse aufgegriffen und durch eine explizite Beteiligung der Mitarbeitenden an der Dienstplangestaltung adressiert. Das zentrale Ziel des Projekts ist die Erhöhung der Mitarbeiterzufriedenheit durch die Gestaltung, Erprobung und Evaluation eines kollaborativen Dienstplanungsprozesses, welcher das Autonomieerleben der Beschäftigten stärkt und durch die Verwendung digitaler Assistenten realisiert wird.

Im Rahmen des kollaborativen Prozesses werden die Wünsche und Präferenzen der Mitarbeitenden in höherem Maße als bisher berücksichtigt. Weiterhin werden die Mitarbeitenden aktiv in die Planung einbezogen und dabei unterstützt, auftretende Konflikte im Team zu lösen. Dadurch wird die Komplexität der ohnehin schon sehr anspruchsvollen Planungsaufgabe deutlich erhöht. Aus diesem Grund wurden digitale Assistenten zur Unterstützung des Prozesses entwickelt und prototypisch implementiert.

Der Erfolg des neuen, kollaborativen Dienstplanungsprozesses hängt entscheidend von der Beteiligung der Mitarbeitenden ab. Daher ist eine nachhaltige Motivation zur Teilnahme am Prozess ein wichtiger Aspekt, der in GamOR durch einen wohlbefindensorientierten Gestaltungsansatz verfolgt wurde.

Im Folgenden wird das Vorgehen im Projekt genauer beschrieben. Dabei werden neben der Beschreibung der arbeitswissenschaftlichen Begleitung (Anforderungserhebung, Messung der Arbeitszufriedenheit) und der Erläuterung des wohlbefindensorientierten Ansatzes die Grundlagen der digitalen Assistenz zusammengefasst. Danach werden die prototypische Dienste-Plattform skizziert und die Ergebnisse der in verschiedenen Pflegeeinrichtungen durchgeführten Pilotierung und Evaluation zusammengefasst.

28.2 Vorgehen

28.2.1 Anforderungserhebung und Messung der Mitarbeiterzufriedenheit

Zu Beginn des Projektes wurde, basierend auf Erkenntnissen aus einschlägigen arbeits- und sozialwissenschaftlichen Forschungen, eine umfassende Anforderungsanalyse durchgeführt, in die alle relevanten Personengruppen des Praxispartners einbezogen wurden. Dazu wurde auf einen Methodenmix aus halbstrukturierten Einzelinterviews, teilnehmender Beobachtung, Fokusgruppeninterviews und schriftlicher Befragung zurückgegriffen. Dies schaffte die Grundlage dafür, Kriterien für Zufriedenheit mit der Dienstplanung zu identifizieren und für die Konzeption des kollaborativen Prozesses optimal zu nutzen.

Die Ausgangslage zeigte dabei eine hohe Unzufriedenheit sowohl aufseiten des Pflegepersonals als auch aufseiten der für die Planung verantwortlichen Personen (Wohnbereichs, Pflegedienst- und Einrichtungsleitung). Während die Personen mit Planungsverantwortung vorrangig den hohen Zeitaufwand für die Erstellung der Monatspläne sowie für Organisation und Umsetzung von Planänderungen bemängelten, dominierte beim Pflegepersonal durchgängig der Wunsch nach Planungssicherheit, Fairness und der Berücksichtigung individueller Wünsche.

Sollen alle gesetzlichen und ökonomischen Vorgaben, ergonomische Erkenntnisse und individuelle Wünsche bei der Dienstplanung berücksichtigt werden, sehen sich die Planverantwortlichen mit mehreren Zielkonflikten konfrontiert. Um gesundheitliche Belastungen zu vermeiden, sollten zum einen lange tägliche Arbeitszeiten, lange Schichtfolgen ohne freie Tage, kurze Ruhezeiten zwischen Diensten oder Dienste gegen die „innere Uhr" vermieden werden. Zum anderen entstehen soziale Belastungen besonders dann, wenn sich die betrieblichen Anforderungen nicht mit den privaten Zeitansprüchen vereinbaren lassen. Darüber hinaus führen ökonomische Vorgaben, Schichten nur mit einer Mindestbesetzung zu planen, häufig zu kurzfristigen Planänderungen oder Mehrarbeit.

Um die Ausgangssituation genauer zu untersuchen, wurden in einer schriftlichen Befragung zur Zufriedenheit mit der Dienstplanung zwei unterschiedliche Instrumente eingesetzt: Eine Befragung richtete sich an das Pflegepersonal („Verplante" oder „verplantes" Pflegepersonal; Rücklauf: 73 %), eine zweite an die Personen in Planungsverantwortung („Planer"; Rücklauf: 67 %).

Gefragt nach der Priorisierung ausgewählter Eigenschaften, die einen Dienstplan „besonders gut machen", wurden von beiden Gruppen „Regelmäßige freie Wochenenden alle 14 Tage" auf Rang 1 (von insgesamt 9 Rängen) und „Nicht zu viele Arbeitstage am Stück" auf Rang 2 genannt. Während für das verplante Pflegepersonal „Wunschfrei wird eingehalten" Platz 3 erreichte, wurde bei den Planern dieser Rangplatz mit einer gleichen Anzahl Nennungen zweimal vergeben: „Dienste zusammen mit Kolleginnen/Kollegen, die Sie mögen" und „Kontinuität der Dienste". Hierbei zeigen sich zwei interessante Aspekte: Während Planer davon ausgingen, gemeinsame Dienste von Personen, die sich mögen, seien besonders wichtig, erreichte diese Frage bei den Verplanten nur Rang 8. Mit der Kontinuität der Dienste wird eine einrichtungsinterne Vereinbarung und für die Qualität der Betreuung relevante Frage aufgegriffen, die einen Zielkonflikt mit den Interessen der Verplanten nahelegen könnte; stattdessen bewerten sie diese Frage mit Rang 4 aber relativ hoch. Dagegen liegen die Einhaltung individuell vereinbarter Konditionen und die Berücksichtigung des eigenen Alters und/oder der Belastbarkeit für Verplante auf den Rängen 4 und 5, bei den Planern erhalten diese Fragen die letzten Rangplätze.

Bisher hatte das Pflegepersonal die Möglichkeit, individuelle Wünsche bis zu einem bestimmten Stichtag zu dokumentieren. Auch wenn dieses Vorgehen scheinbar ohne Probleme umgesetzt wurde (alle Befragten waren hiermit sehr zufrieden oder zufrieden), gaben dennoch nur 30 % an, Einfluss auf die Gestaltung des Dienstplans nehmen zu können. Konnten in einem Dienstplan Wünsche nicht berücksichtigt werden, gab nur ein Viertel der Planer an, immer bzw. fast immer darüber zu informieren, warum dies so war. In der Wahrnehmung der Verplanten erfolgte eine solche Rückmeldung deutlich seltener (unter 10 %).

Mussten durch Erkrankungen oder andere Situationen kurzfristige Änderungen vorgenommen werden, waren Mitarbeitende besonders dann bereit einzuspringen, wenn sie dadurch mehr zusammenhängende Tage frei bekommen konnten, aber auch, wenn die Wohnbereichsleitung mit gutem Beispiel voranging, man an den Tagen zuvor nicht so viel gearbeitet hatte oder Personen fragten, die man mochte. Als am stärksten belastend wurde erlebt, wenn Absprachen nicht eingehalten wurden oder kurzfristig Nachtdienste organisiert werden mussten. Nur die Hälfte des verplanten Pflegepersonals war mit der Verlässlichkeit des Dienstplans zufrieden.

Diese hohe Unzufriedenheit lässt sich u. a. dadurch erklären, dass die Dienstpläne nach Erstellung durch die Wohnbereichsleitungen im Sinne eines Controllings durch verschiedene Hierarchieebenen bewertet und angepasst wurden, wodurch zuvor berücksichtigte Wünsche oder Vereinbarungen wieder entfallen konnten.

Welche Wünsche der Mitarbeitenden sowie der Leitungskräfte ließen sich aus der Anforderungsanalyse zusammenfassen? Gesetzliche, einrichtungs- und pflegerelevante sowie andere zu berücksichtigende Vorgaben sollen im System hinterlegt werden. Außer der Wohnbereichs- und Pflegedienstleitung sollen keine weiteren Instanzen involviert werden. Verstöße gegen hinterlegte Vorgaben sollen der planenden Person angezeigt und erläutert werden. Das Planungswerkzeug soll Partizipation bei der Gestaltung des Dienstplans in einem hohen Maß unterstützen, ohne aber eine Beteiligung zu erzwingen. Daher soll ein Rahmendienstplan hinterlegt werden, der eine individuelle Planung nicht zwingend vorsieht. Das System soll nachvollziehbar abbilden, warum unter Umständen Dienstplanwünsche nicht umgesetzt werden können. Entstehen Konflikte, sollen Lösungsoptionen angezeigt werden.

Sowohl die Funktion des bisherigen Wunschbuchs, einmalig auftretende Dienstplanwünsche für den Folgemonat zu hinterlegen, als auch die Möglichkeit, aus gesundheitlichen oder privaten Gründen individuelle Vereinbarungen als Präferenzen anzugeben, soll erhalten bleiben.

28.2.2 Nachhaltige Motivation durch wohlbefindensorientierte Gestaltung

Aus den Erkenntnissen der Recherche und Analyse leiteten wir unser Designziel ab: ein kollaboratives Schichtplanungssystem für Pflegekräfte, das nachhaltig zur Beteiligung motiviert. Das System sollte allen Pflegekräften ermöglichen ihre Wünsche einzubringen, Konflikte eigenständig zu lösen und ihre Schichtarbeit besser mit ihrem Lebensalltag zu vereinbaren. Die so entstehende Planungssicherheit und -autonomie soll nicht nur die Arbeitszufriedenheit, sondern auch das allgemeine Wohlbefinden der Pflegekräfte in ihrem angespannten Arbeitsfeld erhöhen.

Nachhaltige Motivation kann nur entstehen, wenn die Dienstplanung als fair wahrgenommen wird. Darum war es notwendig, eine genaue Vorstellung davon zu bekommen, was Fairness in der Dienstplanung bedeutet. Es zeigte sich, dass Pflegekräfte generell eine Gleichbehandlung in der Planung bevorzugen. Im konkreten Problemfall sollen jedoch individuelle Bedürfnisse als Entscheidungsgrundlage dienen [11, 13]. Unter Berücksichtigung dieser Ergebnisse entwickelten wir mithilfe des wohlbefindensorientierten Ansatz zur Gestaltung von Technik [4, 5] und Methoden aus dem kollaborativen UX Design [12] eine Vision davon, wie Dienstplanung den Anforderungen von Arbeits- und Privatleben stärker gerecht werden kann. Diese Vision stellten wir in einem illustrierten Kurzfilm den Mitarbeitenden vor. Das Feedback floss direkt in das Design und die Entwicklung mit ein. In einem iterativen Prozess unter Beteiligung der Pflege- und Führungskräfte entwickelten wir das Konzept der GamOR-App stetig weiter. Als Resultat bietet GamOR eine Anwendung, die sowohl Anforderungen an die Dienstplanung als auch individuelle Wünsche und Präferenzen berücksichtigt (Abb. 28.1).

Wird ein Dienstplan erstellt, so berücksichtigen die in GamOR entwickelten Verfahren zunächst alle Schichtwünsche gleichermaßen. Durch die Berechnung von *Minimalkonflikten* (Abschn. 28.3.3.2) werden Wünsche, die nicht gleichzeitig erfüllt werden können, extrahiert. Diese Minimalkonflikte werden dazu genutzt, mögliche

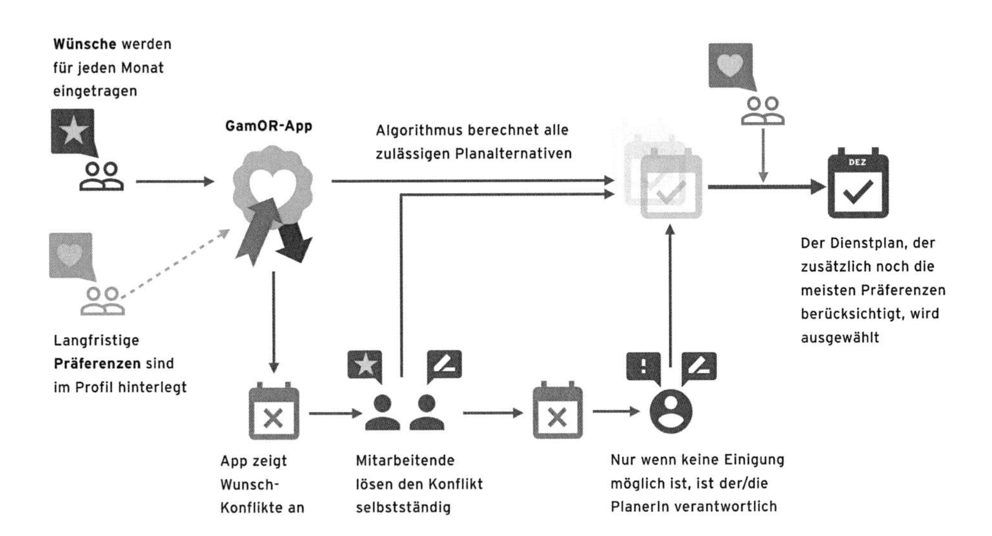

Abb. 28.1 Schematische Darstellung der GamOR-Anwendung

Lösungen abzuleiten, die dann Mitarbeitenden angezeigt werden. GamOR verhält sich hierbei neutral und schlägt keine präferierte Lösung vor. Involvierte Mitarbeitende sind dafür verantwortlich, gemeinsam eine Lösung zu finden. Durch die persönliche und eigenverantwortliche Absprache entsteht im Team mehr Raum für die individuellen Bedürfnisse der einzelnen Pflegekräfte. Außerdem können durch die gemeinsame und eigenständige Konfliktlösung auch die Mitbestimmung und das Autonomieerleben gestärkt werden. Die dezentrale Planung verlagert die Dienstplanung und Konfliktlösung, die vorher auf den Schultern der Schichtplaner lagen, direkt ins Team. Zusätzlich können Mitarbeitende auch allgemeine Präferenzen hinterlegen. Präferenzen sind lang andauernde Schichtvorlieben, wie z. B. „montags lieber früh frei". Zudem können Mitarbeitende angeben, wie viele Nachtschichten sie im Monat übernehmen wollen. Diese Angaben nutzen die Algorithmen, um Pläne zu erstellen, die neben Wünschen und Vorgaben auch möglichst viele Präferenzen berücksichtigen.

Im visuellen Design bilden wir ab, dass Dienstplanung in der Pflege ein ständiges Geben und Nehmen ist und die kollaborative Dienstplanung sehr eng mit Absprachen und Kompromissen innerhalb des Teams verbunden ist. Unter dem Motto „Ich und die Anderen, die Anderen und ich" setzten wir auf spielerische Elemente, die die nachhaltige Motivation fördern und den Gemeinschaftsgedanken im Design stärken sollen. Ausgangspunkt der Gestaltung war es, die Planung als Spiel anzusehen, das zum Ziel die gemeinschaftliche Erstellung eines Dienstplans hat. Es sollte dargestellt werden, dass alle einen persönlichen Anteil daran haben ein gemeinsames (Team-)Ziel zu verfolgen. Um dieser Anforderung gerecht zu werden, wählten wir als „Bildschirmschoner" eine Kachel-Darstellung, die alle Mitarbeitenden auf jeweils einer Kachel zeigt (Abb. 28.2). Die Kacheln können verschiedene Zustände annehmen, die anzeigen, wie der individuelle Status der Planung ist und ob es Handlungsbedarfe gibt. Im „neutralen" Zustand ist lediglich das Bild des Mitarbeitenden zu sehen. Im Zustand „Wünsche eingetragen" verändert sich die Kachel und offenbart teiltransparent einen Teil eines größeren Bildes (ähnlich einem Puzzleteil). Im „Konfliktfall" zeigt die Kachel wieder das Profilbild an – nun mit einem zusätzlichen Hinweis auf den Konflikt. Wird ein Konflikt durch ein Teammitglied „gelöst", so wird wiederum ein semitransparenter Teil des Bildes aufgedeckt und zudem erscheint neben dem Namen ein Icon, das den geleisteten Beitrag widerspiegelt. Dieses Icon ist ein Indikator dafür, dass sich die Person prosozial in der Planung eingebracht hat. Pflegekräfte, die davon profitieren, soll dies ermuntern, dem/der „Konfliktlösenden" persönlich ihre Wertschätzung auszudrücken.

Wenige Tage vor Ablauf der Planungsfrist werden Mitarbeitende daran erinnert, zumindest einen Wunsch einzutragen. Hat eine Pflegekraft keinen Wunsch eingetragen, wird dies am Profilbild visualisiert. Diese Darstellung soll die Pflegekräfte dazu animieren, proaktiv und selbstbestimmter ihre Freizeit zu planen. Die spielerische Darstellung symbolisiert ein ideales Team, in dem individuelle Interessen und Gruppeninteressen ausgeglichen berücksichtigt werden. Liegen am Ende des Planungszeitraums die Eintragungen aller Teammitglieder vor und es sind keine Konflikte mehr offen, so ändert sich die Kachelansicht in eine Vollbildanzeige des für diesen Monat zu „ent-

Abb. 28.2 Spielerisches Design im Screensaver. Der Status der Kacheln gibt an, ob Mitarbeitende ihre Wünsche noch eintragen können (gelb) oder ihre wunschfreien Termine in Konflikt mit anderen Wünschen stehen (rot). Haben alle ihre Wünsche eingetragen und es bestehen keine Konflikte mehr, enthüllt sich das gesamte Bild (rechts in der Abbildung)

deckenden" Bildes. Dies spiegelt die Kompetenz des Teams zur eigenständigen Planung von Diensten und Auflösung von Konflikten wider. Zur Stärkung der sozialen Bezogenheit ist vorgesehen, dass Mitarbeitende diese Monatsbilder eigenständig hochladen und mit einem persönlichen Titel versehen können.

28.2.3 Grundlagen digitaler Assistenz: Modelle und Algorithmen

Die in GamOR entwickelten digitalen Assistenten zur Unterstützung des kollaborativen Planungsprozesses beruhen auf *constraint*-basierten Modellen und Algorithmen. Zur Modellierung werden Entscheidungsvariablen definiert, deren Wertebereiche (Domänen) die möglichen Entscheidungen abbilden. In der Regel sind dies Zahlenwerte, die jeweils für eine bestimmte Entscheidung stehen. Auf Basis der Variablen können sowohl formale (Zulässigkeits-) Kriterien als auch Bewertungen informeller Vorstellungen durch *Constraints* modelliert werden. Formal umfasst ein *Constraint* eine Menge von Entscheidungsvariablen und beschreibt, welche Wertekombinationen für diese Variablen zulässig sind (siehe z. B.[10]).

Constraints müssen nicht durch mathematische Formeln darstellbar sein. Alternativ kann die Zulässigkeit durch Filteralgorithmen (Propagatoren) definiert werden, welche Werte aus den Domänen der Entscheidungsvariablen entfernen. Die so ausgefilterten Belegungen werden bei der Suche nach einer Kombination zulässiger Werte ignoriert.

Suchalgorithmen erzeugen durch Belegung von Entscheidungsvariablen Hypothesen für eine Lösung. Die Propagatoren werden angewandt, um die Konsequenzen dieser Hypothesen für die Belegung der noch freien Variablen festzustellen. Dieser Prozess wird iterativ fortgesetzt, bis entweder alle Variablen belegt sind und eine Lösung des Gesamtproblems gefunden wurde, oder für eine Variable alle Möglichkeiten einer konsistenten Belegung ausgeschlossen wurden. Im zweiten Fall sorgt eine systematische Rücknahme von Hypothesen dafür, dass das Verfahren fortgesetzt werden kann.

Constraints implementieren Forderungen an das Ergebnis eines Entscheidungsproblems, die auch in sprachlichen Beschreibungen dieses Problems auftreten. *Constraints* stellen damit Komponenten formal definierter, aber deklarativer Modelle für Entscheidungsprobleme dar. Als Formalismus für Planungsprozesse können diese Komponenten zur Assistenz in verschiedenen Anwendungsfällen kombiniert werden. Die Anwendungsfälle in GamOR sind: Erkennung von Wunschkonflikten und Planvervollständigung.

28.2.3.1 Modellkomponenten

Im Folgenden wird die Komponente *Schichtzuweisung* erläutert. Neben der Schichtzuweisung wurden Komponenten zur Abbildung von *Mindest- und Maximalbesetzungen, Mindestruhezeiten, Ausgleich von Wochenendarbeit, Abwesenheiten* (z. B. Urlaub, Krankheit) sowie *Wünschen* entwickelt. Weiterhin wurden Komponenten zum Monitoring der Planungsziele *ausgeglichenes Stundenkonto, abwechselnde Wochenendarbeit* und *Länge von Schichtsequenzen* (absolut und mit gleicher Schichtdefinition) entwickelt. Eine detaillierte Beschreibung aller Komponenten kann [6] entnommen werden.

Das Modell für die *Schichtzuweisung* basiert auf Intervall-Variablen. Eine Intervall-Variable I besteht aus drei ganzzahligen Variablen, welche den Start σ_I, das Ende ε_I und die Dauer δ_I des Intervalls beschreiben, sowie einer booleschen Variablen π_I, deren Wert entscheidet, ob I ein Bestandteil der Lösung ist oder nicht (optionale Intervalle). Wenn I nicht zur Lösung gehört, werden I und alle Komponenten von I in allen *Constraints* ignoriert oder durch festgelegte Werte ersetzt.

Zur Modellierung der Schichtzuweisung definieren wir für jede Pflegekraft e und jeden Tag d eine Intervall-Variable I_e^d. I_e^d beschreibt die Arbeitsperiode von e am Tag d. Weiterhin betrachten wir die Menge $S(e, d)$ aller Schichtdefinitionen, die Pflegekraft e an Tag d zugewiesen werden können. Für alle $s \in S(e, d)$ definieren wir optionale Intervalle $I_{e,s}^d$, die die Zuweisung von Schichtdefinition s zu Pflegekraft e an Tag d modellieren.

Für die Intervall-Variablen I_e^d und $I_{e,s}^d$ muss sichergestellt sein, dass I_e^d genau dann in der Lösung ist, wenn Pflegekraft e an Tag d arbeitet und somit genau eine Variable I_{e,s^*}^d ($s^* \in S(e, d)$) ebenfalls in der Lösung ist. Darüber hinaus müssen die Start- und Endwerte der beiden Intervall-Variablen I_e^d und I_{e,s^*}^d gleich sein. Diese Anforderungen werden durch entsprechende *Constraints* erreicht. Dabei wurden generischen Constraints der *Google's OR Tools CP Library* [2] verwendet. Diese Bibliothek bildet die Grundlage für die Implementierung der Modellkomponenten und Lösungsverfahren.

28.2.3.2 Konflikterkennung

Eine Menge von Planungswünschen bezeichnen wir als Konflikt, wenn bei Gewährung aller Wünsche dieser Menge kein zulässiger Dienstplan existiert. Ein Minimalkonflikt ist ein Konflikt, der durch die Nichtgewährung eines beliebigen Wunsches der Konfliktmenge aufgelöst werden kann. Die Verwendung von Minimalkonflikten hat große Vorteile. So sind die Möglichkeiten zur Auflösung des Konflikts klar: einer der Wünsche muss zurückgezogen werden. Andererseits sind Minimalkonflikte unabhängig von weiteren Wünschen und müssen auf jeden Fall gelöst werden. Somit können sie den Pflegekräften frühzeitig kommuniziert werden.

Generische Algorithmen zur Bestimmung aller Minimalkonflikte basieren auf einer iterativen Untersuchung von Teilmengen, wobei in der Literatur (z. B.[3]) sowohl Top-Down (sukzessive Aufteilung konfliktärer Teilmengen) als auch Bottom-Up (sukzessive Erweiterung zulässiger Teilmengen) Ansätze beschrieben werden. Die Effizienz dieser Verfahren hängt dabei stark vom konkreten Kontext ab. In GamOR wurde eine Kombination aus Top-Down und Bottom-Up implementiert (siehe [6]). Zunächst werden größere Konfliktmengen (alle Wünsche, alle Wünsche an einem Tag) untersucht. Falls ein Konflikt gefunden wird, werden die enthaltenen Minimalkonflikte Bottom-Up ermittelt. Dabei werden bei der iterativen Erweiterung der Wunschmengen insbesondere Qualifikation und Datum berücksichtigt.

28.2.3.3 Planvervollständigung

Zur Vervollständigung des Dienstplans wurde eine konstruktive Heuristik entwickelt, mit der zulässige Pläne erstellt werden können, die die angestrebten Ziele möglichst gut erfüllen (siehe [6]).

Im ersten Schritt werden alle Minimalkonflikte, die bisher nicht behoben wurden, durch explizite Nicht-Gewährung einzelner Wünsche so gelöst, dass die Anzahl der gewährten Wünsche maximiert wird. Danach werden Arbeitswochenenden festgelegt. Dabei wird die Anzahl der aufeinanderfolgenden Arbeitswochenenden minimiert.

Der zentrale Schritt des Verfahrens ist die Zuweisung von Pflegekräften und Schichtdefinitionen zu Besetzungsanforderungen. Dabei werden Sequenzen von Besetzungsanforderungen gebildet und nacheinander erfüllt. Bei der Festlegung dieser Sequenzen werden Anforderungen, für die eine höhere Qualifikation notwendig ist, grundsätzlich bevorzugt. Besetzungsanforderungen mit gleicher Qualifikation werden zufällig angeordnet. Somit können verschiedene Sequenzen gebildet und genutzt werden, um unzulässige Entscheidungen zu korrigieren und alternative Lösungen zu bestimmen.

Zur Erfüllung einer konkreten Besetzungsanforderung muss sowohl eine Pflegekraft als auch eine passende Schichtdefinition ausgewählt werden. Zunächst werden aus den Pflegekräften, die für eine Besetzung infrage kommen, diejenigen ausgewählt, deren Stundenkonto einen negativen oder den geringsten Saldo aufweist. Für diese werden dann alle möglichen Schichtdefinitionen anhand der Schichtsequenzlänge evaluiert und die beste Kombination Pflegekraft/Schichtdefinition anhand eines lexikographischen Kriteriums ausgewählt.

28.3 Prototypische Dienste-Plattform

Die technischen Assistenten wurden den Anwendungspartnern über eine Dienste-Plattform zur Verfügung gestellt. Diese umfasst zum einen eine Webanwendung, mit deren Hilfe die Pflege der planungsrelevanten Daten und die Planvervollständigung durchgeführt werden kann. Zum anderen können die Pflegekräfte über eine App Einfluss auf die Dienstplangestaltung nehmen. Sie enthält ein digitales Wunschbuch und eine Möglichkeit, generelle Präferenzen anzugeben. Im Folgenden werden die Komponenten anhand eines Beispiels beschrieben.

Wir betrachten eine Planungseinheit mit sieben Pflegekräften, die in einem 2-Schicht-System arbeiten. Die Pflegekräfte wurden mit ihrer Qualifikation (vier Fachkräfte, drei Helfer) sowie den vertraglich vereinbarten Wochenstunden im System angelegt. Darüber hinaus wurden fünf Schichtdefinitionen gepflegt: **Früh-Leitung (FL)**, **Früh (F)**, **Spät-Leitung (SL)**, **Spät (S)** und **Fortbildung (FB)**. In Abb. 28.3 ist diese Ausgangssituation in der Webanwendung abgebildet.

Weiterhin wurden folgende Mindest- und Maximalbesetzungen **hinterlegt** (min, max):

- Werktage: Fachkraft: **FL** (1,1), **SL** (1,1); Helfer: **F** (1,2), **S** (1,2)
- Sams- und Sonntage: Fachkraft: **FL** (1,1), **SL** (1,1); Helfer: **F** (1,2)

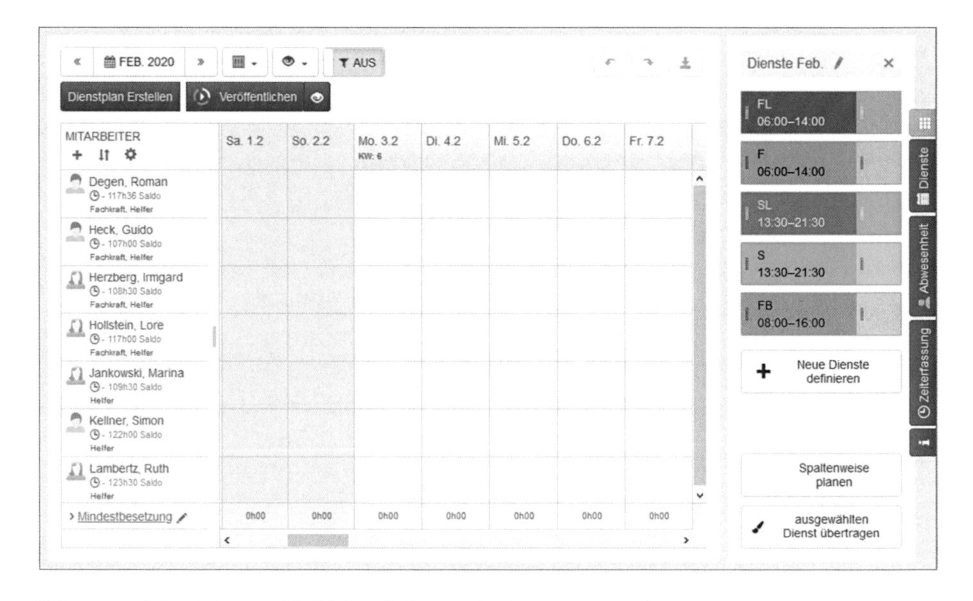

Abb. 28.3 Mitarbeiter und Schichtdefinitionen in der Webanwendung

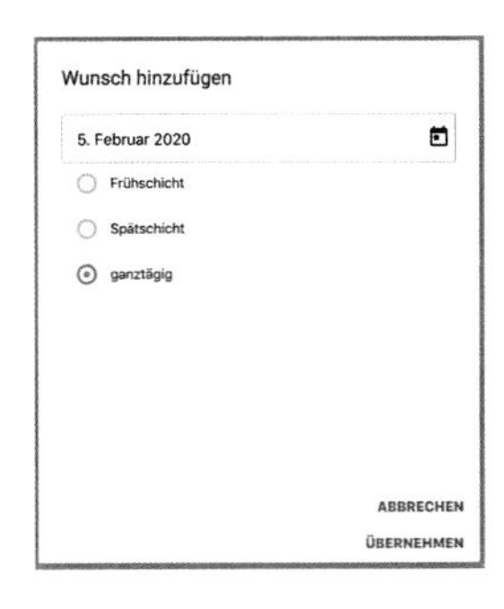

Abb. 28.4 Digitales Wunschbuch (links), Dialog: Abgabe eine Wunsches (rechts)

Diese Daten sind die Grundlage für die kollaborative Planerstellung. Zur Vorbereitung der Planung einer konkreten Planungsperiode kann die Führungskraft Dienstplaneinträge, die bereits feststehen (Urlaube, Fortbildungen), in der Anwendung hinterlegen. Wenn dies frühzeitig geschieht, werden die Einträge bei der Konflikterkennung berücksichtigt.

Über die App können Wünsche im digitalen Wunschbuch vermerkt werden. In Abb. 28.4 (links) ist die Monatsansicht für die Pflegekraft *Roman Degen* dargestellt. Diese Ansicht zeigt ihm, wo bereits Wünsche hinterlegt sind (aktuell am 5.2.) und wie viele Wünsche er noch abgeben kann (Kreise in der linken oberen Ecke). Wenn *Roman* einen ganztägigen Freizeitwunsch für den 5.2. abgeben möchte, kann er dies über den entsprechenden Dialog (Abb. 28.4, rechts) tun.

Im Laufe der Zeit ist ein weiterer ganztätiger Wunsch für den 5.2. hinzugekommen. Dieser steht im Konflikt mit den anderen Wünschen, da alle von Fachkräften sind und an jedem Tag mindestens zwei Fachkräfte benötigt werden. Der Konflikt wird den betroffenen Pflegekräften angezeigt (Abb. 28.5, links) und diese können versuchen, eine Lösung zu finden. Falls eine der Pflegekräfte bereit ist, ihren Wunsch zurückzuziehen, kann dies ebenfalls über die App gemacht werden (Abb. 28.5, rechts).

Bei der finalen Planerstellung kann die Führungskraft einen Planvorschlag generieren (Abb. 28.6). Falls keine Konflikte (mehr) bestehen, erfüllt dieser Vorschlag alle im Wunschbuch hinterlegten Wünsche. Weiterhin wird der Dienstplan der Vorperiode passend fortgesetzt und feststehende Einträge werden beibehalten. Generelle Präferenzen werden so gut wie möglich berücksichtigt, wenn alle anderen Kriterien eingehalten sind.

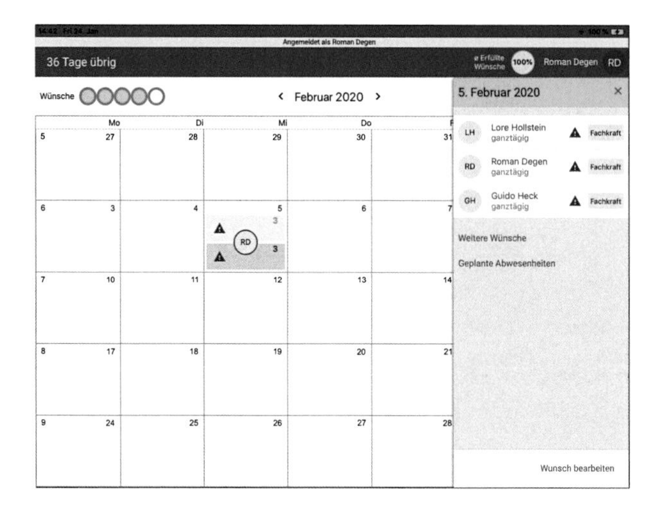

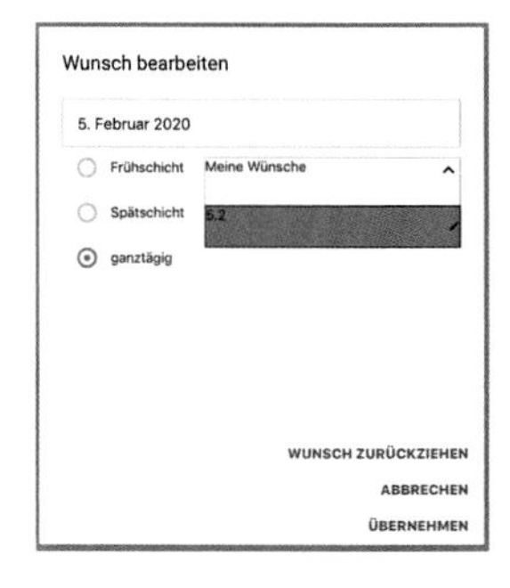

Abb. 28.5 Minimalkonflikt (links); Dialog: Rücknahme eines Wunsches (rechts)

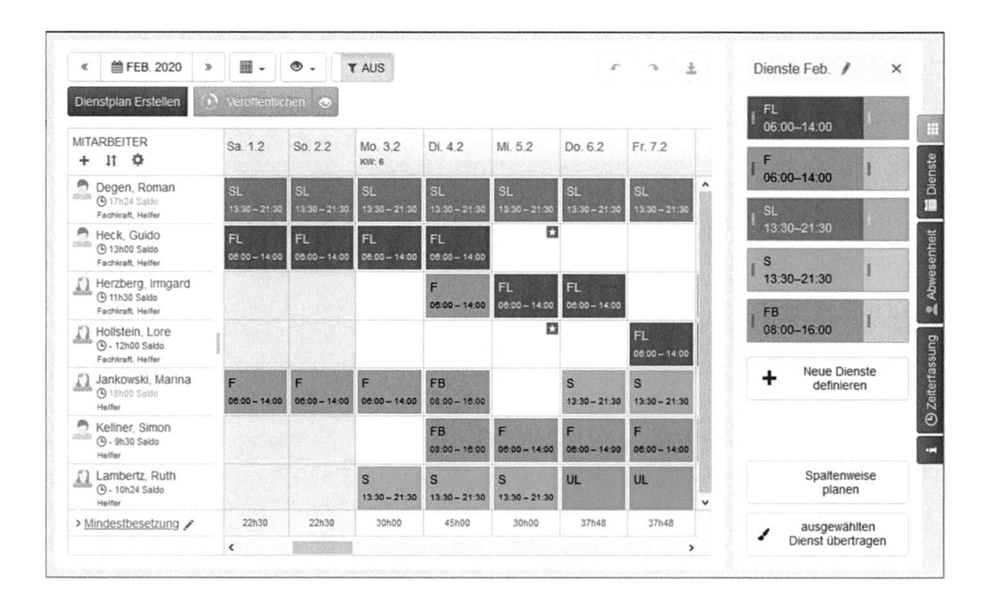

Abb. 28.6 Dienstplanvorschlag in der Webanwendung

28.4 Pilotierung und Evaluation

Neben der Konzeption der Dienste-Plattform wurde auch die Pilotierung sehr stark partizipativ umgesetzt. Alle Mitarbeitenden wurden über die Funktionalitäten informiert und in der Anwendung geschult. In einer ersten Phase umfasste die App das Wunschbuch, in einer Weiterentwicklung wurde die Möglichkeit, das individuelle Profil mit Präferenzen zu versehen, ergänzt. Auf zwei Wohnbereichen wurde der Prototyp erprobt. Darüber hinaus wurden externe Partner zur Überprüfung der Eignung der Plattform in die Erprobung mit eingebunden.

Die Pilotierung wurde technisch eng begleitet. Über ein Ticketsystem konnten Probleme jederzeit gemeldet und somit zeitnah behoben werden. Gleichzeitig wurde die Pilotierung durch einen formativen Evaluationsansatz begleitet. Im Rahmen von Reflexionsrunden wurde die Eignung, Funktionalität und Usability überprüft sowie Veränderungswünsche identifiziert.

Abschließend wurde die Erprobung bzw. die Plattform einer summativen Evaluation unterzogen. Im Rahmen dieser Evaluation fanden eine Gruppendiskussion mit Einrichtungsleitung, Pflegedienstleitung, Geschäftsführung und IT sowie eine Gruppendiskussion mit Wohnbereichsleitungen und Pflegekräften statt. Diese wurden ergänzt durch Einzelinterviews (u. a. zur Evaluation der positiven Planungspraktiken) und Gruppengesprächen zum Thema „Gerechtigkeitsempfinden zwischen kinderlosen und kinderhabenden Mitarbeitern" sowie zur Smartphone-Nutzung mit technikaffinen und nicht-affinen Mitarbeitenden. Darüber hinaus wurden in den Transfereinrichtungen Evaluationsgespräche geführt. Die Erkenntnisse lassen sich wie folgt zusammenfassen:

- Das Projekt hat maßgeblich dazu beigetragen, sowohl intern als auch in der Außenkommunikation zu vermitteln, dass die Protestantische Altenhilfe Westpfalz gute Arbeitsbedingungen bieten und Mitarbeiterzufriedenheit erhöhen möchte.
- Insgesamt ist die Zufriedenheit der Mitarbeitenden im Zeitraum der Projektlaufzeit deutlich gestiegen und die Fluktuation der Mitarbeitenden substanziell zurückgegangen. Das Projekt und weitere begleitenden Aktivitäten haben dazu einen wichtigen Beitrag geleistet.
- In der Projektlaufzeit ist es gelungen, dass die Pflegeeinrichtung als Gesamtheit spürbar zusammengewachsen ist. Mittlerweile wird wohnbereichsübergreifend gedacht und gehandelt.
- Durch das Projekt wurde die Autonomie auf Teamebene deutlich gestärkt. Konflikte werden im Team geklärt. Eingriffe von Leitungskräften sind nur in Ausnahmefällen erforderlich.
- Die Dienstplanung erfolgt mittlerweile nahezu komplett ohne „übergeordnete" Eingriffe, z. B. seitens des Controllings.
- Die Dienste-Plattform entspricht allen Anforderungen, die seitens der Pflege- und Leitungskräfte zu Projektbeginn formuliert wurden.
- Gleichzeitig kritisieren sowohl Pflege- als auch Leitungskräfte, dass man sich zum Projektende hin ein „funktionsfähiges Produkt" und nicht nur einen Prototyp gewünscht hätte.
- Der im Projekt verfolgte partizipative Ansatz wurde von allen Beteiligten als sehr geeignet bewertet.

Insgesamt haben alle Beteiligten den Wunsch geäußert, dass der Prototyp zu einem funktionsfähigen Produkt weiterentwickelt wird und Prozesse zum Ausfallmanagement integriert werden.

Projektpartner und Aufgaben

- **Fraunhofer Institut für Techno- und Wirtschaftsmathematik ITWM, Kaiserslautern**
  Entwicklung digitaler Planungsassistenten für kollaborative Entscheidungssituationen
- **Institut für Technologie und Arbeit e. V. (ITA), Kaiserslautern**
  Sozio-technologische Gestaltung des kollaborativen Dienstplanungsprozesses
- **Universität Siegen, Professur für Ubiquitous Design/Experience and Interaction**
  Motivation und Bedürfniszentrierung in der Dienstplanung
- **SIEDA GmbH, Kaiserslautern**
  Server-basierte Implementierung von Prozessen der kollaborativen Dienstplanung
- **Ergosign GmbH, Saarbrücken**
  Gestaltung und Implementierung der Mobile User Experience der kollaborativen Dienstplanung
- **Protestantische Altenhilfe Westpfalz gGmbH (PAW), Enkenbach-Alsenborn**
  Praxisgerechte kollaborative Dienstplanung und Pilotierung der Dienste-Plattform

Literatur

1. Deci EL, Ryan RM (2002) Handbook of self-determination research. University of Rochester Press, Rochester, New York
2. Google. Google's or-tools. https://developers.google.com/optimization. Zugegriffen 05. Febr 2020
3. Han B, Lee SJ (1999) Deriving minimal conflict sets by CS-trees with mark set in diagnosis from first principles. IEEE Trans Syst Man Cybern Part B (Cybernetics), 29(2):281–286
4. Hassenzahl M, Diefenbach S (2017) Erlebnis- und wohlbefindensorientiertes Gestalten: Ein Arbeitsmodell. In Diefenbach S, Hassenzahl M (Eds) Psychologie in der nutzerzentrierten Produktgestaltung: Mensch-Technik-Interaktion-Erlebnis. Springer, Berlin, Heidelberg, S 89–119
5. Hassenzahl M, Eckoldt K, Diefenbach S, Laschke M, Len E, Kim J (2013) Designing moments of meaning and pleasure. Experience design and happiness. Int J Des 7:21–31
6. Heydrich S, Schroeder R, Velten S (2020) Collaborative Duty Rostering in Health Care Professions. Operations Research for Health Care, 27

7. Hornberger S (2006) Individualisierung in der Arbeitswelt aus arbeitswissenschaftlicher Sicht. Peter Lang GmbH, Frankfurt a. M.
8. Knauth P (2007) Schichtarbeit, in: Letzel, S. et al. (Hrsg.): Handbuch der Arbeitsmedizin. Arbeitsphysiologie, Arbeitspsychologie, klinische Arbeitsmedizin, Prävention und Gesundheitsförderung, Landsberg: ecomed Medizin, S 1–30
9. Kubek V, Blaudszun-Lahm A, Velten S, Schroeder R, Schlicker N, Uhde A, Dörler U (2019) Stärkung von Selbstorganisation und Autonomie der Beschäftigten in der Pflege durch eine digitalisierte und kollaborative Dienstplanung. In: Bosse C, Zink KJ (Hrsg) Arbeit 4.0 im Mittelstand. Chancen und Herausforderungen des digitalen Wandels für KMU, Springer Gabler, S 337–357
10. Rossi F, Walsh T, van Beek P (2006) Handbook of Constraint Programming, Elsevier
11. Schlicker NF (2020) What to expect from opening "Black Boxes"? Comparing Perceptions of justice and trustworthiness between human and automated agents. Unpublished master's thesis, Saarland University, Saarbrücken
12. Steimle T, Wallach D (2018) *Collaborative UX Design*, Heidelberg: dpunkt.verlag
13. Uhde A, Schlicker N, Wallach D, Hassenzahl M (2020) Fairness and decision-making in collaborative shift scheduling systems. arXiv:2001.09755 [cs]

Digitalisierung der Arbeit in der ambulanten Pflege

29

Gestaltung eines sozio-technischen Veränderungsprojekts im Verbundprojekt KoLeGe

Peter Bleses, Jens Breuer, Britta Busse, Andreas Friemer, Kristin Jahns, Rebecca Kludig und Stephanie Raudies

29.1 Hintergrund, Zielsetzung und methodisches Vorgehen

29.1.1 Hintergrund und Zielsetzung

Die Digitalisierung der Arbeit macht auch vor der ambulanten Pflege nicht halt. In den Pflegezentralen ist die digital gestützte Arbeitsorganisation und Leistungsabrechnung mittlerweile Standard. Die Digitalisierung dringt zunehmend auch in die Arbeit der Pflegekräfte vor. Dabei handelt es sich vor allem um die Einführung sogenannter

Dieser Beitrag beruht auf den Ergebnissen des vom BMBF und ESF geförderten Verbundprojekts KoLeGe („Interagieren, Koordinieren und Lernen – Chancen und Herausforderungen der Digitalisierung in der ambulanten Pflege", Laufzeit: 01.09.2016 – 31.12.2019, FKZ: 02L15A010-02L15A014).

P. Bleses (✉) · B. Busse · A. Friemer
Institut Arbeit und Wirtschaft der Universität und Arbeitnehmerkammer Bremen, Bremen, Deutschland

J. Breuer
Qualitus GmbH, Köln, Deutschland

K. Jahns
Bremer Pflegedienst GmbH, Bremen, Deutschland

R. Kludig
Wirtschafts- und Sozialakademie der Arbeitnehmerkammer Bremen gGmbH, Bremen, Deutschland

S. Raudies
Johanniter-Unfall-Hilfe e. V., Landesverband Niedersachen/Bremen, Fachbereich Forschung & Entwicklung, Elsfleth, Deutschland

W. Bauer et al. (Hrsg.), *Arbeit in der digitalisierten Welt*,
https://doi.org/10.1007/978-3-662-62215-5_29

digitaler Tourenbegleiter (MDA = Mobile Digital Assistant), die Pflegekräfte auf ihren Touren mitführen. Auf den meisten MDA läuft die mobile Variante einer Branchensoftware, die auch in der jeweiligen Pflegezentrale genutzt wird. So können die MDA an die Kernprozesse in der jeweiligen Pflegezentrale angekoppelt werden. Die marktgängigen Branchensoftware-Angebote unterscheiden sich zwar in ihren Funktionalitäten, umfassen im Kern aber alle die Tourenplanung, Leistungsdokumentation, Arbeitszeiterfassung und Basisinformationen zu Patient*innen. Hinzu kommen in manchen Angeboten als Erweiterungen jüngst z. B. die mobile Pflegedokumentation, ein Übergabehandbuch und verbesserte Kommunikationsmöglichkeiten.

Die MDA betreffen zwar zunächst vor allem die Pflegeorganisation sowie die Kommunikation über die Pflegeprozesse und noch weniger die eigentliche Pflegearbeit, also die Arbeit am und mit gepflegten Menschen. Aber auch hier hat der MDA-Einsatz Folgewirkungen (z. B. Nutzung bei Patient*innen, vgl. [10]). Allerdings dringt die Digitalisierung weiter in die Pflegearbeit vor, etwa im Rahmen von ‚Tele-Care' (z. B. Fernkontrolle von Vitalparametern) und in viele weitere digitale Anwendungsszenarien in der ambulanten Pflege. Unterstützt werden diese Trends politisch und rechtlich durch die Förderung der Digitalisierung der Arbeitsorganisation und die überbetriebliche Vernetzung der Pflege (Pflegepersonal-Stärkungsgesetz 2019 – PpSG, Digitale-Versorgung-Gesetz 2019 – DVG).

Indem die Digitalisierung der ambulanten Pflege verstärkt auch die Pflegekräfte und die Pflegearbeit tangiert, dehnt sie sich nicht nur quantitativ aus, sie zieht auch qualitativ andere Anforderungen nach sich. Denn während die Digitalisierung der Verwaltungsprozesse vorwiegend die Arbeit der Verwaltungs- und Führungskräfte anbetraf, deren Arbeit mit digitalisierten Mitteln inzwischen ‚Normalfall' ist, betreffen die aktuellen Entwicklungen die Pflegekräfte als eine Gruppe, die mit digital gestützter Arbeit zuvor noch wenig Berührung hatte. Aber der mutmaßlich geringere Kontakt zu digitalen Arbeitsmitteln ist nicht einmal die entscheidende Variable. Bedeutender ist vielmehr, dass Pflegearbeit als Arbeit am und mit Menschen eine berufskulturelle Prägung kennzeichnet, deren Kern in der persönlichen Interaktionsbeziehung liegt. Das muss nicht zwingend mit Technikablehnung einhergehen, stellt Technikeinsatz aber unter Vorbehalte! Zentral ist dabei die Integrationsfähigkeit von Technik in die Pflegearbeit aus Perspektive der Pflegekräfte: Technik sollte Pflegearbeit unterstützen, darf sie aber nicht stören, ersetzen oder mit Zielen belegen, die mit guter Pflege nicht vereinbar sind. Hierzu kann z. B. eine einseitige Orientierung auf Effizienz zählen, die häufig das Motiv der Technikeinführung bildet. Hinzu dürften Sorgen treten, dass digitale Kompetenzanforderungen neben die eigentlichen berufsfachlichen Anforderungen treten – mit der Konsequenz quantitativer und qualitativer Erweiterungen der Anforderungen: Erstens leiden Pflegekräfte aufgrund des immer dramatischer werdenden Personalmangels sowieso schon unter Arbeitsüberlastung. Digitale Unterstützung der Arbeit kann auf lange Sicht vielleicht helfen, stellt aber zunächst einmal einen qualifikatorischen und zeitlichen Zusatzaufwand dar. Zweitens ist für viele Pflegekräfte ohne Erfahrungen mit digitalen Arbeitsmitteln auch ungewiss, ob sie den Anforderungen des individuell kaum beeinflussbaren digitalen Wandels zukünftig genügen können. All das lässt erst einmal nichts Gutes für die Perspektiven der Pflegekräfte auf die Entwicklung ihrer Arbeitsqualität erwarten.

Die Berücksichtigung der Arbeitsqualität von Pflegekräften ist also ein wesentlicher Faktor für die erfolgreiche Bewältigung des digitalen Wandels der Pflegearbeit. Dabei geraten die Fragen in den Fokus, welche generellen Bedarfe Pflegekräfte in der ambulanten Pflege und in anderen Pflegebereichen bezüglich ihrer Arbeit haben, wo sie Nutzen in der digitalen Unterstützung der Pflegearbeit für sich sehen und wie sie sich eine gute Einführung und Praxis der digitalen Geräte vorstellen. Es geht dabei um ein Ausloten der Praxisbedarfe mit einem besonderen Augenmerk auf die Verbesserung der Arbeitsqualität mittels digitaler Unterstützung.

Eine solche Perspektive fokussierte das Verbundprojekt KoLeGe am Beispiel der Einführung von MDA in die ambulante Pflege mit folgenden expliziten Aspekten:

- Arbeitsqualität von Pflegekräften im digitalen Wandel der Pflegearbeit,
- Praxisnutzen digitaler Unterstützung der Pflegearbeit und des arbeitsbezogenen Lernens sowie
- Beteiligung von Pflegekräften an der Einführung der MDA und deren arbeitsorganisatorischer Einbindung.

Diese Aspekte wurden bislang in der Analyse und Gestaltung des digitalen Wandels in der Arbeit der Langzeitpflege eher weniger berücksichtigt. Weder wurde die Arbeitsqualität der Pflegekräfte bei der Einführung digitaler Technik gleichermaßen beachtet, noch wurde die Pflegekraftperspektive und deren Expertise systematisch einbezogen. Eine Beteiligung der Pflegekräfte am technischen Entwicklungsprozess ist allerdings obligatorisch, wenn man die Digitalisierung in der Pflege (ebenso wie in anderen Branchen) als einen sozio-technischen Prozess begreift. Darunter ist nicht nur zu verstehen, dass Technikentwicklung in Arbeitsorganisationen kein rein technik-rationaler Prozess ist, sondern dass dieser sozial eingebettet ist. Aus sozio-technischer Perspektive geht es zudem um eine wechselseitige Optimierung und Abstimmung von Technik und Arbeitsorganisation: Technische Innovationen dienen der Organisationsentwicklung, die wiederum Anlässe für weitere technische Innovationen schafft (vgl. [17, 18])

Dabei sollte sich der Blick auch auf die organisationalen Anwendungsbedingungen der Technik im Hinblick auf ihre Sinnhaftigkeit, Versteh- und Handhabbarkeit (im Sinne des Kohärenzgefühls [1]) richten, um diejenigen, die mit der Technik umgehen müssen, nicht zu überfordern.

Im Folgenden schildern wir die Ergebnisse des KoLeGe-Projekts bezüglich der Ziele

- Pflegekräfte bei der Einführung von MDA (und darauf installierter Software) einzubeziehen und ihre Interessen gleichwertig neben denen der Organisation zu berücksichtigen,
- die Arbeitsqualität durch digitale Unterstützung praxis- und nutzer*innengerecht zu verbessern,

- bedarfsgerechte Technikentwicklung am Beispiel eines Software-Prototyps (KoLeGe-App) in und für die Praxis zu betreiben sowie
- digital gestützte Lernkonzepte und (beispielhaft) Lerninhalte für praxisintegriertes Lernen mittels Mobilgeräten sowie stationäres Lernen am PC zu entwickeln.

29.1.2 Methodisches Vorgehen

Das Projekt KoLeGe verwendete den methodischen Ansatz der praxisorientierten Handlungsforschung ([3]; zum Überblick ausführlicher [5]). Hier wird zum einen ein Dialog zwischen und innerhalb verschiedener Gruppen eines Unternehmens (z. B. Geschäftsführung, Pflegedienstleitung, Verwaltungskräfte, Pflegekräfte) hergestellt, in dem über Ziele, Bedarfe und Ressourcenlagen ein konsensorientierter Austausch entsteht. Zum anderen erfolgt auch ein direkter Austausch zwischen Wissenschaft und den im Projekt beteiligten Praxis- und Entwicklungspartnern.

Für die Analyse, Entwicklung, Erprobung und Evaluation wurden vorwiegend qualitative Instrumente eingesetzt: Steuerungskreise, Workshops, Expert*inneninterviews, Tourenbegleitungen, Bürohospitationen. Alle Beteiligten orientierten sich dabei an methodischen Grundsätzen, die zum Teil im Projekt weiterentwickelt wurden:

- Iteratives Vorgehen: Im Anschluss an eine Analysephase wurden die Entwicklungsvorhaben ‚kleingearbeitet', um einzelne Schritte der Technik-, Lernkonzept- und Organisationskonzeptentwicklung schneller umsetzen zu können. Die Praxis sollte nicht so lange auf Ergebnisse warten müssen. Hierzu wurden die Einzelmaßnahmen priorisiert und zeitlich gestaffelt. Die Umsetzung, Evaluation und ggf. Neuentwicklung erfolgten auf jeden Entwicklungsschritt bezogen, im weiteren Vorgehen auf die sich aufbauenden Entwicklungsschritte.
- Beteiligungsorientierung: Organisatorisch und/oder technisch ausgelöste Veränderungen von Arbeitsprozessen können sinnvoll nur von denjenigen beurteilt werden, die sie auch operativ umsetzen müssen (hier: Pflege-, Verwaltungs- und operativ tätige Führungskräfte). Sie sind daher in die Gestaltung einzubeziehen (siehe grundlegend [4, 6]).
- Praxis- und Nutzenorientierung: Technik wird nicht um der Technik Willen eingesetzt, sondern muss sich auf konkrete Praxisbedarfe der Pflege-, Verwaltungs- und Führungskräfte beziehen.
- Nutzer*innenorientierung: Pflegekräfte müssen mit unterschiedlichen Voraussetzungen (Alter, Sprache, Fachlichkeit, Technikerfahrung) mit der gleichen Software gut arbeiten können. Barrierearmut und gezielte Förderung der Kompetenzbildung helfen dabei.
- Ressourcenorientierung: Um Überforderungen zu vermeiden, sind die finanziellen und personellen Kapazitäten des Unternehmens sowie die qualifikatorischen Ressourcen und Arbeitsbelastungen der Beschäftigten zu berücksichtigen.

29.2 Forschungsergebnisse

29.2.1 Analyseergebnisse

Die Berufskultur der Pflege als „Ethos fürsorglicher Praxis“ [16] orientiert die Pflegekräfte in ihrem Arbeitsanspruch und ihrem Erleben von Arbeitsqualität darauf, ‚gute Pflege‘ im Sinne der pflegefachlichen Ansprüche zu leisten. Dabei wird die Pflegearbeit als Arbeit an und mit Menschen als Kernbereich von „Interaktionsarbeit“ [8] bezeichnet, die vor allem die Arbeit in der Langzeitpflege stark prägt (vgl. [2, 19]). Hierzu gehört ganz wesentlich, dass es sich um die aktive Herstellung einer guten Kooperationsbeziehung zwischen Pflegekraft und gepflegtem Menschen (Kooperationsarbeit) handelt, wozu die Pflegekräfte verschiedene Mittel einsetzen müssen (Emotionsarbeit, Gefühlsarbeit, subjektivierendes Arbeitshandeln).

Vor diesem Hintergrund sind die spezifischen Ausprägungen und Anforderungen der ambulanten Pflegearbeit (vgl. [5], grundlegend [7]) zu sehen:

- Vorherrschende Alleinarbeit im Zuhause räumlich verteilter Patient*innen mit hohen Anforderungen an alleinverantwortliches Handeln
- Hohe Kommunikations- und Informationsanforderungen auf vielen, zum Teil wenig verlässlichen Kommunikationswegen
- Zum Teil schwierige Kommunikationssituationen in den Pflegezentralen z. B. bei der Übergabe (viele Übergaben gleichzeitig, keine persönliche Übergabe außerhalb der Bürozeiten)
- Pflegekräfte für gleiche Patient*innen sehen sich nicht zur Übergabe, daher Übergabe der Pflegeinformationen über ‚Bande‘ (Pflegezentrale)
- Häufiges Einspringen für ausfallende Kolleg*innen auf den Pflegetouren
- Bedienung von Technik (PC und Smartphone) seitens der Pflegekräfte zum Teil ohne Vorkenntnisse
- Anforderungsreiches Fortbildungsmanagement aufgrund geringer Zeitbudgets der Organisation und der Pflegekräfte
- Schwierige Lernsituation für die Pflegekräfte in Fortbildungen (60–90 min) in der Pflegezentrale, meist am Mittag vor oder nach einer Pflegetour
- Hohe Diversität durch unterschiedliche Qualifikationsgruppen mit unterschiedlichen Einsatzmöglichkeiten, Fachkenntnissen und Kommunikationskompetenzen

Aus diesen Herausforderungen der Arbeit in der ambulanten Pflege sind in gemeinsamen Entwicklungsworkshops drei zentrale Handlungsfelder für die Unterstützung der Pflegekräfte durch MDA abgeleitet worden:

(1) Kommunikationsstrukturen
In der ambulanten Pflege werden diverse Kommunikationskanäle genutzt:

- Persönliche Übergabe (Face-to-Face) nach dem Frühdienst
- Übergabeformulare
- Übergabe per Telefon
- Pflegedokumentation
- Übergabebuch
- Zettel in Fächer der Pflege- oder Verwaltungskräfte
- Gespräche zwischen Pflegekräften während der Tourenvorbereitung (v. a. beim Frühdienst)
- Tourenplan in der Branchensoftware (wenn bereits ein damit ausgerüstetes MDA mitgeführt wird), in der seitens der Pflegezentrale auch aktuelle Informationen zu Patient*innen vermerkt sein können

Pflegekräfte legen viel Wert auf den persönlichen Austausch mit dem Team in der Pflegezentrale und mit Kolleg*innen über Patient*innen. Sie erkennen jedoch auch mögliche Vorteile in der digital gestützten Kommunikation, v. a.:

- direkt und schnell auf gesicherten Wegen (Datenschutz) mit der Pflegezentrale oder anderen Pflegekräften zu kommunizieren (z. B. per Mitteilungen) sowie
- Übergabeinformationen unterwegs zur Vorbereitung auf Patient*innen möglichst immer verfügbar zu haben (gerade wenn sie bei ihnen bislang unbekannten Patient*innen einspringen müssen).

(2) Informationshilfen für unterwegs
Pflegekräfte würden unterwegs gerne ohne lange Zugriffs- oder Verständniszeiten einige grundlegende Informationshilfen verfügbar haben, z. B.:

- Notfall-Standards (etwa für Verkehrsunfälle) oder Nachbereitung von Notfällen bei Patient*innen,
- ein Lexikon medizinischer Grundbegriffe,
- Standards aus dem betrieblichen Qualitätsmanagement und die Pflegeleistungskomplexe.

(3) Digital gestütztes Lernen
Präsenzveranstaltungen sind für Pflegekräfte auch weiterhin ein wichtiges Weiterbildungsformat, weil Vieles nur im kollegialen Austausch erlernbar ist. Aufgrund ihrer Erfahrungen mit den schwierigen Lernsituationen im Betrieb (v. a. Zeit) stehen sie aber auch dem digital gestützten Lernen positiv gegenüber. E-Learning sollte allerdings nicht zur alleinigen Lernform werden, sondern in einen Methodenmix aus digitalen Lernmodulen und Präsenzphasen in der Lerngruppe eingebunden werden – in ein sogenanntes *Blended Learning* (vgl. ausführlich [12]).

29.2.2 Entwicklungsergebnisse

29.2.2.1 Technik

Auf Basis der Analysen wurde mit den Pflegekräften (abgestimmt mit Verwaltungs- und Führungskräften) die sog. KoLeGe-App entwickelt (vgl. eingehend [9]). Diese App wurde als beispielhafte nutzerorientierte Anwendung konzipiert und verfolgte zwei übergeordnete Ziele: Erstens sollte sie die analysierten Praxisbedarfe aufnehmen und damit zeigen, wie eine beteiligungsorientierte und an der Verbesserung der Arbeitsqualität ausgerichtete Technikentwicklung gestaltet sein kann. Zweitens sollte sie als Beispiel dafür dienen, wie digitale Technik möglichst so in die Praxis eingeführt werden kann, dass alle Beteiligten (unabhängig von ihren technischen, sprachlichen und kulturellen Qualifikationen und Kompetenzen) sie gut und gerne nutzen können. Die App kann entweder parallel zu einer Branchensoftware oder als alleinige Anwendung genutzt werden. Die Software bietet fünf Funktionsbereiche und ist für den Einsatz auf Smartphones und PC in einem einheitlichen Design gestaltet (siehe Abb. 29.1).

Abb. 29.1 Startbildschirm der KoLeGe-App (Screenshot Projekt KoLeGe)

- Die Funktionen Mitteilungen, Übergabe und Aktuelles bilden dabei den Kommunikationsbereich. *Mitteilungen* besitzen die gleichen Funktionalitäten wie ein E-Mail-System. Es kann nur organisationsintern zwischen den angemeldeten Teilnehmer*innen genutzt werden. Nachrichten werden in einem persönlichen Postfach gespeichert und können nur von den jeweiligen Adressat*innen eingesehen werden. Die *Übergabe-Funktion* kann – je nach Einrichtung – entweder das analoge ‚Übergabebuch', das in der Pflegezentrale liegt, ersetzen. Dann sind die eingetragenen Übergaben von allen berechtigten Personen zu sehen, um unterwegs im Bedarfsfall (z. B. beim Einspringen bei fremden Patient*innen) darauf zugreifen zu können. Oder es ist als ‚persönliche Übergabe' zwischen einer Pflegekraft und der Pflegezentrale konzipiert. Dann können nur die Führungs- und Verwaltungskräfte und die Pflegekraft darauf zugreifen, die diese Übergabe verfasst hat. Die Funktion *Aktuelles* ermöglicht es Führungskräften, Informationen automatisiert an alle Pflegekräfte zu senden (z. B. dienstliche Anweisungen).
- Die Funktionen *Weiterlernen* und *Nachschlagen* dienen dem Wissensaufbau und als Wissensbasis mit schneller Zugriffsmöglichkeit für unterwegs. Der Bereich *Weiterlernen* kann als digital gestützte Wissensplattform für das betriebliche Lernmanagement genutzt werden, der einen zeit- und lernortübergreifenden Zugriff auf tiefengestaffelte, multimediale und damit individuell bearbeitbare Lernmaterialien ermöglicht (vgl. [12, 11]).

29.2.2.2 Lernen

Ein digital gestütztes Lernsystem kann die herausfordernde Lernsituation in der ambulanten Pflege entlasten und das Lernen attraktiver gestalten (vgl. zum Folgenden ausführlicher [12, 11]. Es realisiert eine ständige Verfügbarkeit des anwendbaren Wissens (z. B. auf mobilen Geräten wie MDA), Interaktionsmöglichkeiten im jeweiligen Lernprozess über digitale Vernetzung sowie eine schnelle Aktualisierbarkeit von Inhalten und Medienformaten (z. B. Audio-Text, Video-Anleitungen) in den Lernmodulen.

Konzepte des Blended Learnings stellen dafür einen hybriden Methodenmix aus traditionellen Formen des Präsenslernens und virtuellen E-Learning-Phasen zur Verfügung. Der didaktische Mehrwert von Blended Learning ist die gleichzeitige Vermittlung von fachlicher und Förderung überfachlicher Kompetenz wie z. B. Medien- und Kommunikationskompetenzen, die wiederum maßgeblich sind für die Bildung von Selbstlernkompetenz als wesentliche Grundlage für die Umsetzung des Anspruchs eines *lebenslangen Lernens* [11].

Nach Einschätzung von Expert*innen (vgl. [13]: S. 84, [14]: S. 145 f.) ist neben der Bereitstellung von adäquaten technischen und organisatorischen Rahmenbedingungen die Bereitschaft der Beschäftigten zentral, diese Lernform am Arbeitsplatz nutzen zu wollen. Um Akzeptanz zu erreichen, muss das digitale Lernangebot daher die personalen Voraussetzungen der Pflegekräfte adressieren (Lernverhalten, Medienkompetenz etc.), was sich in Bezug auf die heterogenen Lerntypen als besondere Herausforderung darstellt – Lernende sind oft entweder über- oder unterfordert. Um sie ‚dort abzuholen, wo sie stehen', ist es notwendig, im Vorfeld die konkreten Bedarfe in Bezug auf die Lernziele und -inhalte bei den Zielgruppen zu ermitteln.

Die Einbindung des digitalen Lernarrangements in die Fortbildungsstrukturen der ambulanten Pflegedienste orientierte sich im KoLeGe-Projekt an den Handlungsfeldern der potenziellen Lernorte ,Pflegezentrale, Pflegetour (Fahrzeug, Wohnung der Patient*innen) und Privatumgebung der Pflegekräfte' und deren systematischer Verknüpfung.

Gemeinsam mit den Pflegekräften wurden beispielhaft zwei digitale Lernmodule zu den Themen ,Sturz' und ,Demenz' mit Bezug zu ihren realen Arbeitsfeldern entwickelt, umgesetzt und erprobt.

Die digitalen Lerninhalte sind modular strukturiert und in unterschiedlichen Formaten (Grundlagenmodule, Lernszenarien, Lernerfolgskontrollen etc.) aufbereitet, um eine hohe Flexibilität und Variabilität für eine bedarfsbezogene (vgl. [15]) Nutzung durch die Pflegekräfte zu gewährleisten. Das didaktische Konzept orientiert sich an den Kategorien von Bereitstellung, Zugänglichkeit und Unterstützung, um die heterogenen Lerngewohnheiten, -erfahrungen und -bedarfe der Pflegekräfte aufzunehmen und die unterschiedlichen kognitiven Charakteristika (Lerndauer, Tiefenstaffelung der Inhalte, Selbststeuerung) möglichst adäquat berücksichtigen zu können.

Integrierte Übungen dienen zur individuellen Reflexion der Lernstände und Abschlusstests zur Dokumentation der Fortbildungsteilnahme.

Die Lernplattform, die über die KoLeGe-Software auf mobilen und stationären Endgeräten an allen Lernorten zugänglich ist, basiert auf einer internetbasierten Open-Source-Lösung und wird auf einem geschützten Web-Server administriert.

29.2.2.3 Organisation

Die Entwicklung und Umsetzung der KoLeGe-App, des Lernkonzepts und der beispielhaft erarbeiteten Lerninhalte wurde im Projekt von Entwicklungsaufgaben begleitet, die auf die organisatorische Einbettung der neuen digitalen Technik abzielten (siehe ausführlicher [20]). Dabei ging es um folgende *Herausforderungen:*

- *Akzeptanz* aller Beteiligten: Häufig reagieren Pflegekräfte aus Angst, keine Gelegenheit mehr zu haben, persönlich mit ihren Kolleg*innen zu sprechen, mit Ablehnung gegenüber digital gestützter Kommunikation. Sie möchten explizit nicht, dass alles, was digital kommuniziert werden kann, digital kommuniziert werden sollte. Persönlicher Austausch muss also erhalten bleiben.
- *Kontrollängste:* In einer Branche, die mit minutengenauen Nachweisen arbeitet, werden beim Einsatz digitaler Arbeitsmittel auch Ängste erweiterter Kontrollmöglichkeiten (z. B. durch Live-Tracking) hervorgerufen.
- *Abgrenzungsfragen:* Digitale Technik ermöglicht grenzübergreifende Kommunikation. Hier besteht die Gefahr, dass Erwerbsarbeit in das Privatleben hineinregiert, dass gesetzliche Ruhezeiten nicht eingehalten und Arbeitszeiten daheim nicht angerechnet werden.

- *Strukturfragen:* Durch das Hinzutreten der digitalen Technik wird die Kommunikationsstruktur ohne organisationale Regelungen noch komplexer und unübersichtlicher als zuvor. Im Sinne sozio-technischer Systemgestaltung geht es erst um Organisierung und dann um Technisierung bzw. um die wechselseitige Optimierung von Organisation und dazu passender Technik (vgl. [17, 20]).
- *Kompetenzfragen:* Kompetenzen bilden gerade in der Pflege eine zentrale Herausforderung, weil der Umgang mit digitalen Medien derzeit weder zur Ausbildung noch zum Berufsbild von Pflegekräften gehört. Dies betrifft fachliche ebenso wie überfachliche Kompetenzen, die sich in Lern- und Veränderungsbereitschaft sowie einem sicheren und reflektierten Umgang mit digital gestützter Technik zeigen [11].
- *Datenschutzfragen* (Beschäftigte und Patient*innen): Diese sind nicht allein rechtlicher Natur, sondern sie begegnen vielmehr den Beschäftigten als Anforderungen, mit der sie ohne organisationale Hilfen kaum umgehen können oder die sie nicht einschätzen können.

Diese Herausforderungen lassen sich insbesondere mit *formellen Nutzungsregeln* bearbeiten, um die organisationale Einbettung technisch gestützten Arbeitens in der ambulanten Pflege transparent zu strukturieren. Diese etablieren insbesondere (neue) Arbeits- und Organisationsroutinen, die die Verbindlichkeit der neuen Strukturen sichern sollen. Sie setzen aber zu ihrer Befolgung Akzeptanz voraus. Aus diesem Grunde sollten sie gemeinsam mit den Beschäftigten entwickelt, erprobt und evaluiert werden. Nutzungsregeln sollten so einfach wie möglich und verständlich gestaltet werden, um nicht zu einer Überforderung zu führen. Inhaltlich bedeutet das:

- *Verschlankung* und *Verlässlichkeit:* Es werden nur die obligatorischen Kommunikationswege geregelt, bei deren Nutzung auch tatsächlich alles gesehen und weitergegeben werden kann.
- *Klarheit:* Die Zuordnung der Kommunikationszwecke und -inhalte zu eindeutigen Wegen führt dazu, dass alle wissen, welche Dinge wo zu finden sind.
- *Abstimmung* zwischen digital gestützten und analogen Kommunikationswegen: Welcher analoge Kommunikationsweg wird durch digitale Kommunikation ersetzt? Wann ist persönliche Kommunikation (z. B. im Rahmen der persönlichen Übergabe nach dem Frühdienst) erwünscht oder verpflichtend?
- *Verbindlichkeit:* Nur die vorgeschriebenen Kommunikationswege dürfen genutzt werden, um die Struktur zu stärken und Unsicherheiten zu vermeiden.
- *Schnelligkeit* und *Ortsunabhängigkeit:* Alles, was möglichst sofort und egal wo zur Kenntnis genommen oder gegeben werden soll, sollte digital gestützt kommuniziert werden.
- *Barrierearmut:* Digital gestützte Kommunikationsmittel ermöglichen eine bessere Lesbarkeit als handschriftliche Notizen. Digital gestützte Kommunikation erfordert aber auch Schreibfähigkeiten und basale technische Fertigkeiten, die von der Organisation gefördert werden müssen, bevor sie vorausgesetzt werden können.

- *Datenschutz* und *Datensicherheit:* Digitale betriebliche Kommunikationsplattformen stellen ein geschlossenes System dar, das in Hinblick auf Sicherheit anderen Alternativen (einsehbare Notizen, mitzuhörende Telefonate, ungeschützte Messenger) überlegen sein kann, wenn die Sicherheitsvorschriften beachtet werden. Handlungssicherheit ergibt sich nur durch eindeutige, leicht verständliche und praktizierbare Datenschutzregelungen.
- *Vertrauliche Kommunikation:* Neben öffentlicher Kommunikation müssen persönliche Kommunikationsmöglichkeiten vorgehalten werden, die privat bleiben und nur für adressierte Personen verfügbar sind.
- *Beschäftigtendatenschutz:* Unternehmen legen im Rahmen von *Selbstverpflichtungen* oder *Betriebsvereinbarungen* fest, wie sie mit Fragen der digitalen Kontrolle von Beschäftigten (z. B. mobile Zeit- und Ortserfassung) umgehen. Dies betrifft die Sammlung, Vorhaltung und Auswertung der entsprechenden Daten. Transparenz schafft hier Vertrauen und Akzeptanz.

29.3 Fazit und Ausblick

Digitalisierungsprozesse bedeuten tiefgehende Eingriffe in organisationale Strukturen mit weitreichenden, nicht immer im Vorfeld erkennbaren Folgen. Das gilt gerade in der stationären wie ambulanten Langzeitpflege als Interaktionsarbeit mit besonderer Berufskultur und -ethik. Unserem Eindruck nach bedeutet die Digitalisierung der Arbeit selbst dann, wenn diese – wie bei den MDA – in der Hauptsache den pflegeorganisatorischen Rahmen betrifft und noch nicht die Pflegearbeit selbst in ihrem Kern, für viele Pflegekräfte eine Herausforderung. Diese Herausforderung wird umso größer werden, je weiter die Digitalisierung in den Kernbereich pflegerischer Arbeit am und mit dem Menschen vorstößt und das Pflegeverhältnis und die Pflegehandlungen selbst noch stärker betrifft als bislang.

Unseres Erachtens bildet die Akzeptanz dieser ‚Landnahme' des Digitalen im Pflegerischen eher einen Prozess, der seitens der Organisation – und seitens der Bildungsträger, Berufsverbände, Interessenvertretungen usw. – aktiv gestaltet und begleitet werden muss. Vieles wird über Erfahrungen der Pflegekräfte mit der Art und Weise des Technikeinsatzes und dessen organisatorischer Rahmung vermittelt werden. Fehler und Versäumnisse, die hier gemacht werden, können ggf. lange nachwirken, weil sie auch einen unter anderen Umständen als sinnvoll erachteten Technikeinsatz ‚verbrannt' hätten. Wie bei der Vertrauensbildung gilt auch hier: Akzeptanz aufzubauen, dauert lange – Akzeptanz zerstören, geht schnell.

Je weiter digitale Technik in die eigentliche Pflegearbeit vordringt, desto mehr gilt:

- Sie muss den Pflegekräften nutzen, sonst wird sie nicht (gut) eingesetzt und die Akzeptanz weiterer Digitalisierungsschritte leidet,

- sie muss beteiligungsorientiert eingeführt (am besten sogar entwickelt) werden, damit sie zu etwas ‚Eigenem' wird und von den Pflegekräften als Expert*innen ihrer Arbeit anerkannt wird,
- sie muss nachvollziehbar und handhabbar sein, damit sie nicht zusätzlich Arbeit und Unsicherheit erzeugt, und
- sie benötigt einen verlässlichen und vertrauensschaffenden organisatorischen Rahmen.

Es empfiehlt sich sehr, nicht alle von oben als sinnvoll und durchführbar eingeschätzten Digitalisierungsschritte auf einmal umzusetzen, sondern *schrittweise* vorzugehen. Dieses Vorgehen – so hat das KoLeGe-Projekt gezeigt – gibt den Beschäftigten einen gewissen Spielraum, sich an die neuen Anforderungen zu gewöhnen. Es bedeutet auch, dass die Beschäftigten Vertrauen in die Gestaltung des Veränderungsprojekts gewinnen können, das so gestaltet wurde, um sie nicht zu überfordern.

Im Vorfeld und während der Umsetzung der neuen Technik sollten Schulungen mit unterschiedlichen Schwerpunkten angeboten werden, um die Kompetenzen mit dem Umgang digitaler Arbeitsmittel zu stärken (vgl. [11]). Aber in der Praxis zeigt sich, dass Gelegenheiten zum Ausprobieren und zum kollegialen Austausch über die Technik und vor allem die Software und ihr Einsatz in der Praxis fast noch mehr zur Entwicklung technischen Verständnisses beitragen als jede Schulung.

Insgesamt muss die Einführung von digitaler Technik in der ambulanten Pflege damit rechnen, dass die ‚digitalen Kompetenzen' der Pflegekräfte sehr unterschiedlich sind. Das hat Folgen nicht nur für die Einführung (die einen sind mit der Technik überfordert, die anderen sind gelangweilt), sondern auch für die Akzeptanz der Technik im Einsatz: Während die einen kämpfen, weil sie mit der Technik im Pflegealltag zurechtkommen müssen, der für sie ohne Technik auch funktioniert hat, sind die anderen unzufrieden, dass sie mit der Technik nicht all das tun können, was sie gerne damit tun würden. Über- wie Unterforderung bedürfen der Moderation und des kollegialen Austauschs, um die eingesetzte Technik für alle akzeptierbar zu machen.

Projektpartner und Aufgaben

- **Bremer Pflegedienst GmbH**
  Entwicklung und Erprobung eines Gestaltungskonzepts bei Ersteinführung eines Tablet-Pools in einem privaten Pflegedienst
- **Institut Arbeit und Wirtschaft (iaw) der Universität und Arbeitnehmerkammer Bremen**
  Entwicklung und Erprobung eines Rahmenkonzepts zur Gestaltung sozialer Innovationen beim Einsatz digitaler Technik in sozialen Dienstleistungen/Verbundkoordination
- **Johanniter-Unfall-Hilfe e. V.**
  Entwicklung und Erprobung eines Gestaltungskonzeptes beim Einsatz persönlicher Smartphones in der freien Wohlfahrtspflege

- **Qualitus GmbH, Köln**
  Entwicklung und Erprobung einer Kommunikations-, Informations- und Lernsoftware für die digitale Tourenbegleitung
- **Wirtschafts- und Sozialakademie der Arbeitnehmerkammer Bremen gGmbH (wisoak)**
  Entwicklung und Erprobung arbeitsintegrierter E-Learningkonzepte bei digitaler Tourenbegleitung

Literatur

1. Antonovsky A (1997) Salutogenese. Zur Entmystifizierung der Gesundheit. Tübingen: dgvt-Verlag
2. Becke G, Bleses P (2016) Pflegepolitik ohne Arbeitspolitik? Jahrbuch christliche Sozialwissenschaften 57:105–126
3. Becke G, Senghaas-Knobloch E (2011) Dialogorientierte Praxisforschung in organisatorischen Veränderungsprozessen. In: Meyn C, Peter G, Dechmann U, Georg G, Katenkamp O (Hrsg) Arbeitssituationsanalyse. Band 2: Praxistaugliche Beispiele und Methoden. Springer VS, Wiesbaden, S 383–405
4. Bleses, P. (2013): Die direkte Beteiligung von Beschäftigten als Innovation vor der Innovation. In: Klinke, S., Rohn, H. (Hrsg.): Ressourcenkultur. Vertrauenskulturen und Innovationen für Ressourceneffizienz im Spannungsfeld normativer Orientierung und betrieblicher Praxis. Baden-Baden: Nomos, S. 325–341.
5. Bleses P, Busse B, Friemer A, Kludig R, Schnäpp M, Bidmon-Berezinski J, Breuer J, Philippi L (2018) Zwischenbericht des Verbundprojekts KoLeGe. Ergebnisse der Analysephase. Schriftenreihe Institut Arbeit und Wirtschaft 24, Juni 2018, zweite erweiterte Fassung des Berichts. Universität Bremen. https://kolegeprojekt.uni-bremen.de/wp-content/uploads/2018/07/2018_05_31_ZBW_KoLeGe_Schriftenreihe_final.pdf (eingesehen: 10. Febr 2020)
6. Bleses P, Friemer A, Busse B (2020) Beteiligungsorientierte Digitalisierung der Pflegearbeit: Das Beispiel „digitaler Tourenbegleiter". In: Kubek V, Velten S, Eierdanz F, Blaudszun-Lahm A (Hrsg) Digitalisierung in der Pflege zur Unterstützung einer besseren Arbeitsorganisation – Potentiale für höhere Arbeitszufriedenheit? Erfahrungen aus Wissenschaft und Praxis. Springer, Wiesbaden
7. Bleses P, Jahns K (2016) Neugestaltung der Koordination und Interaktion in organisatorischen Handlungskontexten sozialer Dienstleistungen. In: Becke G, Bleses P (Hrsg) Interaktion und Koordination. Das Feld sozialer Dienstleistungen. Springer VS, Wiesbaden, S 53–70
8. Böhle F, Stöger U, Weihrich M (2015) Interaktionsarbeit gestalten: Vorschläge und Perspektiven für humane Dienstleistungsarbeit. edition sigma, Berlin
9. Breuer J, Bleses P, Philippi L (2020) Praxisorientierung und Partizipation – Schlüssel für Technikgestaltung in Veränderungsprojekten. In: Bleses P, Busse B, Friemer A (Hrsg) Veränderungsprojekt Digitalisierung der Arbeit in der Langzeitpflege. Springer, Heidelberg
10. Daxberger S (2018) Neue Technologien in der ambulanten Pflege. Wie Smartphones die Pflegepraxis (mit)gestalten. Mabuse, Frankfurt a.M.
11. Friemer A (2020) Digitale Technik droht? Bedroht? Wirklich nur? Kompetenzentwicklung in Veränderungsprojekten. In: Bleses P, Busse B, Friemer A (Hrsg) Veränderungsprojekt Digitalisierung der Arbeit in der Langzeitpflege. Springer, Heidelberg

12. Kludig R, Friemer A (2020) Blended Learning in der ambulanten Pflege: Partizipative Gestaltung unter Berücksichtigung der Diversität von Pflegekräften. In: Bleses P, Busse B, Friemer A (Hrsg) Veränderungsprojekt Digitalisierung der Arbeit in der Langzeitpflege. Springer, Heidelberg
13. Michel LP (2006) MMB Institut für Medien- und Kompetenzforschung (Hrsg.): Digitales Lernen. Forschung – Praxis – Märkte. Ein Reader zum E-Learning. Essen, Berlin
14. Poppe H (2006) Strategische Überlegungen und Anwenderhinweise für die berufliche Bildung und Weiterbildung. In: Henning PA, Hoyer H (Hrsg) eLearning in Deutschland, Berlin
15. Reglin T (2003) Instrumente selbstorganisierten Lernens – Was neue Medien leisten können. In: Loebe H, Severing E (Hrsg) eLearning für die betriebliche Praxis (Wirtschaft und Weiterbildung: Bd. 30). Bertelsmann, Bielefeld, S 143–157
16. Senghaas-Knobloch E (2008) Care-Arbeit und das Ethos fürsorglicher Praxis unter neuen Marktbedingungen am Beispiel der Pflegepraxis. Berliner J für Soziologie 18:221–243
17. Sträter O (2019) Wandel der Arbeitsgestaltung durch Digitalisierung, in: Zeitschrift für Arbeitswissenschaft (73): 252–260
18. Ulich E (2001) Arbeitspsychologie, 5. Aufl. Schaeffer-Poeschel , Stuttgart
19. Weihrich M, Dunkel W, Rieder K, Kühnert I, Birken T, Herms I (2015) Interaktive Arbeit in der Altenpflege: zwischen Arbeitswelt und Lebenswelt. In: Dunkel W, Weihrich M (Hrsg) Interaktive Arbeit. Theorie, Praxis und Gestaltung von Dienstleistungsbeziehungen. Springer-VS, Wiesbaden, S 181–217

Transfermaterialien

20. Bleses P, Busse B, Friemer A (Hrsg) (2020) Veränderungsprojekt Digitalisierung der Arbeit in der Langzeitpflege. Springer. Heidelberg
21. Bleses P, Busse B, Friemer A, Behling U, Kludig R, Breuer J, Philippi L (2019) Digitalisierung personenbezogener sozialer Dienstleistungen. Handlungsleitfäden für die Praxis. Universität Bremen, Institut Arbeit und Wirtschaft (iaw) (https://kolegeprojekt.uni-bremen.de/infothek)

30 Digitalisierung und Logistik

Ergebnisse aus dem BMBF-Verbundprojekt „Gesundheitsförderliche Arbeitsgestaltung für digitalisierte Dispositions- und Dokumentationsaufgaben in der Logistik" (Pro-DigiLog)

Alexandra Schmitz, Fuyin Wei, Hans Uske und Bernd Noche

30.1 Darstellung Vorgehen

Das BMBF-geförderte Verbundprojekt „Gesundheitsförderliche Arbeitsgestaltung für digitalisierte Dispositions- und Dokumentationsaufgaben in der Logistik" (Pro-DigiLog) betrachtete die Digitalisierung der Arbeit in der Logistikbranche und deren Auswirkungen auf die Beschäftigten und Unternehmen.

In diesem Beitrag sollen die Ergebnisse des Forschungsprojektes knapp zusammengefasst werden, indem die ingenieurwissenschaftlichen Entwicklungen sowie eine Diskussion im Projekt vorgestellt werden. Dabei wird zunächst die Frage aufgeworfen, was Digitalisierung in der Logistik bedeutet und welche Technik dahintersteht. Dabei wird aufgezeigt, wie sich Dokumentationsprozesse in der Logistik mit moderner Technik durch ein Verfahren, das im Projekt Pro-DigiLog entwickelt wurde, kostengünstig digitalisieren lassen. Die zweite Hälfte des Beitrags zieht ein Resümee mithilfe von sieben aufgestellten Thesen zur Digitalisierung in der Logistik und den Möglichkeiten gesundheitsförderlicher Arbeitsgestaltung.

A. Schmitz (✉) · H. Uske
Rhein-Ruhr-Institut für Sozialforschung und Politikberatung (RISP), Duisburg, Deutschland

F. Wei · B. Noche
Universität Duisburg-Essen, Transportsysteme und -logistik (TuL), Duisburg, Deutschland

W. Bauer et al. (Hrsg.), *Arbeit in der digitalisierten Welt*,
https://doi.org/10.1007/978-3-662-62215-5_30

30.2 Präsentation Forschungsergebnisse

Im Projekt Pro-DigiLog wurden zwei technische Richtungen zur Optimierung logistischer Prozesse insbesondere für kleine und mittlere Unternehmen untersucht: Zum einen die digitalen Dokumentationsprozesse in Unternehmen und zum anderen Sensortechniken zur Steuerung von Logistikprozessen. In diesem Beitrag wird näher auf die digitalen Dokumentationsprozesse eingegangen.[1]

Um die Bedeutung der Digitalisierung in der Logistik zu erfassen, muss zunächst näher auf den Status quo der Digitalisierung in der Logistik und auf die Logistikbranche im Allgemeinen eingegangen werden. Der Logistiksektor in Deutschland ist geprägt durch den Mittelstand [8]. Annähernd 99 % der Unternehmen im Logistikmarkt sind kleine oder mittlere Unternehmen (KMU) [7]. Die Strukturen dieses Geschäfts sind gezeichnet von geringen Margen, resultierend aus geringen Eintrittsbarrieren in den Markt und dem enormen Wettbewerbsdruck [9]. Ein weiteres Merkmal ist der hohe Anteil der Personalkosten. Sie entstehen auf Basis des hohen Koordinationsaufwandes, der vornehmlich auf Papier abgewickelt wird. Der Trend der Digitalisierung fordert erhöhte Flexibilität und Transparenz in der gesamten Wertschöpfungskette. Wer diese und spezielle Kundenanforderungen nicht erfüllen kann, hat angesichts der großen Konkurrenz auf dem Markt Existenzproblematiken [10, 14].

Die Nutzung neuer Technologien ermöglicht Optimierung von Logistikketten. Daher sind deutschlandweit sowohl Start-Ups als auch etablierte Unternehmen bemüht, die Logistik mithilfe von Technologien zu verändern. Dafür sind Ansätze entwickelt worden, wie z. B. Plattformen zum Teilen von Lagerraum, Auslieferungsroboter für die Paketzustellung oder Module zur Containerüberwachung. Die ersten Angebote sind am Markt angekommen und viele weitere befinden sich in der Entwicklung [11]. Zukünftig und langfristig gesehen sollen durch die Integration neuer Technologien Maschinen, Menschen, Produkte und sogar Produktions- und Lagersysteme in die Lage versetzt werden, kontinuierlich Informationen untereinander auszutauschen.

30.2.1 Digitalisierung und digitale Dokumentationsprozesse

Die unternehmensseitigen Ziele entsprechender Anwendungen sind vielseitig: neben der Verbesserung von Prozessen und Kapazitätsauslastung, spielt auch die raschere Umsetzung individueller Kundenwünsche im Wertschöpfungsprozess eine große Rolle. Die Verflechtung der jeweiligen physischen Gegebenheiten mit einer virtuellen Umgebung zeigt sich oftmals jedoch nur dann aussichtsreich, wenn das betreffende Unternehmen über stabile und ausreichend dokumentierte prozessuale Infrastrukturen

[1] Für die Ergebnisse der untersuchten Sensortechnik verweisen wir auf unseren Sammelband „Logistik und Digitalisierung" [5] veröffentlicht im März 2020.

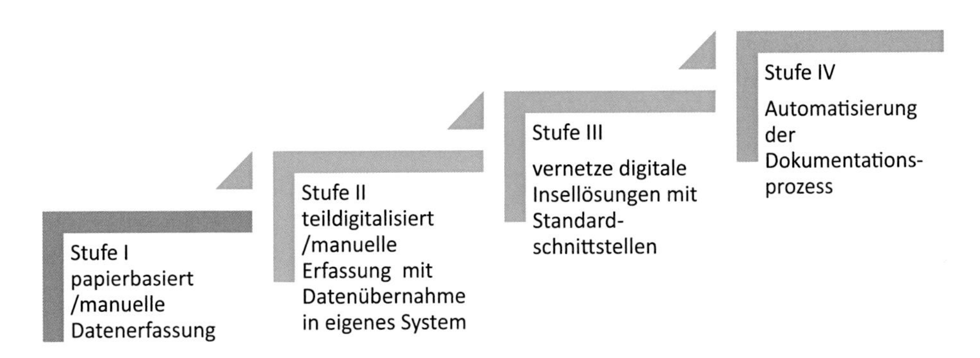

Abb. 30.1 Reifegradmodell des digitalen Dokumentationsprozesses

verfügt. Ziel der Ausarbeitungen im Forschungsprojekt Pro-DigiLog ist es, den Wandel im Zuge der Digitalisierung der logistischen Arbeitswelt von seinen Anfängen bis hin zu heutigen technologischen Möglichkeiten zu beleuchten. Darüber hinaus sollen auch potenzielle Anwenderinnen und Anwender von den beschriebenen Technologien profitieren, indem sie mit diesen konfrontiert und für deren Umgang im Alltag sensibilisiert werden. Auf dieser Grundlage wird anhand verschiedener Stufen der Dokumentationsprozesse (Reifegradmodell) schrittweise dargestellt, wie digitale Infrastrukturen Einzug in eine logistische Prozesslandschaft erhalten können.

Grundlage hierfür bildet eine vollständig papierbasierte Abwicklung (Stufe I) der beschriebenen Abläufe. Diese wird im Rahmen der Forschung um verschiedene technologische Komponenten ergänzt. Darunter fallen die Verwendung rudimentärer Informationstechnologie zur Stabilisierung der Abläufe, beispielsweise teildigitalisiert, manuelle Erfassung mit Datenübernahme in das eigene E-Dokumentenmanagement System (Stufe II) bis hin zum Einsatz einer vernetzten internen digitalen Lösung mit Standardschnittstellen, wie z. B. ein geeignetes Warehouse Management System (Stufe III), welches der Anwenderin/dem Anwender verschiedene Möglichkeiten zur Geschäftsprozesssteuerung und -optimierung bietet. Darauf aufbauend werden Potenziale und Herausforderungen einer Einführung von OCR-Technologie (Texterkennung oder auch optische Zeichenerkennung; Abkürzung von Englisch „Optical Character Recognition“) für die Automatisierung der Dokumentation (Stufe IV) veranschaulicht (Abb. 30.1).

Im Rahmen des Forschungsprojekts Pro-DigiLog haben wir zusammen mit unserem Anwendungspartner in einer Pilotinsel versucht, die Messdaten aus verschiedenen Maschinen automatisch zu dokumentieren.

Wegen des heterogenen Datenstandards und vielfältigen Maschinenschnittstellen von unterschiedlichen Maschinenherstellern, werden heutzutage noch in vielen Unternehmen Messdaten von Mitarbeiterinnen und Mitarbeitern abgelesen und schriftlich auf ein papierbasiertes Formular übertragen. Diese Zettel werden dann in Ordnern archiviert. Das Verfahren ist arbeitsintensiv, fehleranfällig und die Daten können schlecht ausgewertet werden. Neue oder modernere Maschinen können heutzutage schon die

Daten direkt an eine Datenbank senden, allerdings sind diese Maschinen relativ teuer. Alte Maschinen können gar nicht oder nur recht aufwendig nachgerüstet werden. Bei neuen Maschinen ist eine Integration in die aktuellen Prozessabläufe mit anderen schon existierten Maschinen oft nicht vorgesehen.

Insbesondere die kleinen und mittleren Unternehmen brauchen ein neues digitales Dokumentationsverfahren. Es muss einfach, preisgünstig und sicher sein. Aus diesem Grund, haben wir die OCR-Technologie ausgewählt, um die Dokumentationsprozesse bei der heterogenen Maschinenumwelt zu automatisieren und zu verbessern. Analoge Messdaten aus unterschiedlichen Maschinen sollen automatisch in ein digitales Formular übertragen werden. Es sollte besser und fehlerfreier ausgewertet werden. Im Projekt Pro-DigiLog wurde ein automatisches Verfahren der digitalen Dokumentation entwickelt. Für das neue Verfahren sind fünf Schritte nötig:

- Ein Gerät mit einer Kamera, das Aufnahmen mit mehr als 5 Megapixel machen kann.
- Ein/-e Mitarbeiter/-in, der/die die veränderten Arbeitsschritte durchführt.
- Eine Texterkennungssoftware
- Eine Datenbank
- Die Speicherung der Daten mit verschiedenen digitalen Ausgabenformaten.

Im Folgenden werden die Abläufe anhand eines Beispiels dargestellt. Im ersten Schritt geht der Mitarbeiter zu einem Messgerät. Dort fotografiert er die Daten mit einem Smartphone. Damit man weiß, wer die Aufnahme gemacht hat, legt er seinen Ausweis dazu. Dann schickt der Mitarbeiter das Foto per WLAN an einen Computer. Dort landet das Foto in einem digitalen Ordner. Durch den Einsatz einer Texterkennungssoftware werden die Daten auf dem Foto digitalisiert. Mithilfe dieser Software ist es uns gelungen, Daten aus verschiedenen Messgeräten erfolgreich zu digitalisieren. Die Daten können nun in einer Datenbank sicher gespeichert werden. Auch können sie jetzt ausgewertet und weiterverarbeitet werden. Die Ergebnisse sehen so aus: die Dokumente, die bisher per Hand ausgefüllt wurde, können nun automatisch und sauber gelesen und als pdf-Datei gespeichert werden. Die Daten können nun besser archiviert und auch besser ausgewertet werden (Abb. 30.2).

Dieses Verfahren ist relativ kostengünstig und damit auch geeignet für kleine und mittlere Unternehmen. Im Vergleich zu den alten analogen Prozessen ist es sicherer und wenig fehleranfällig. Anhand dieser prototyphaften Entwicklung, konnte gezeigt werden, dass eine wirtschaftliche Nutzung möglich ist. Um die Produkt-Serienreife zu erreichen, muss die Lösung allerdings noch mehrfach in der Praxis getestet werden.

Zwar bauen die einzelnen Stufen der Dokumentationsprozesse aufeinander auf, jedoch sind die einzelnen Betrachtungen darauf ausgelegt, dass sie auch isoliert genutzt werden können. Neben einer grundlegenden Einführung in die betrachtete Thematik werden demnach stets mögliche Anwendungsfälle und Schritte zur Umsetzung der jeweiligen technologischen Komponenten diskutiert. Das abschließende Fazit dieser Arbeit soll daher bewusst kein Resümee aus der einzelnen Stufe ziehen, sondern viel-

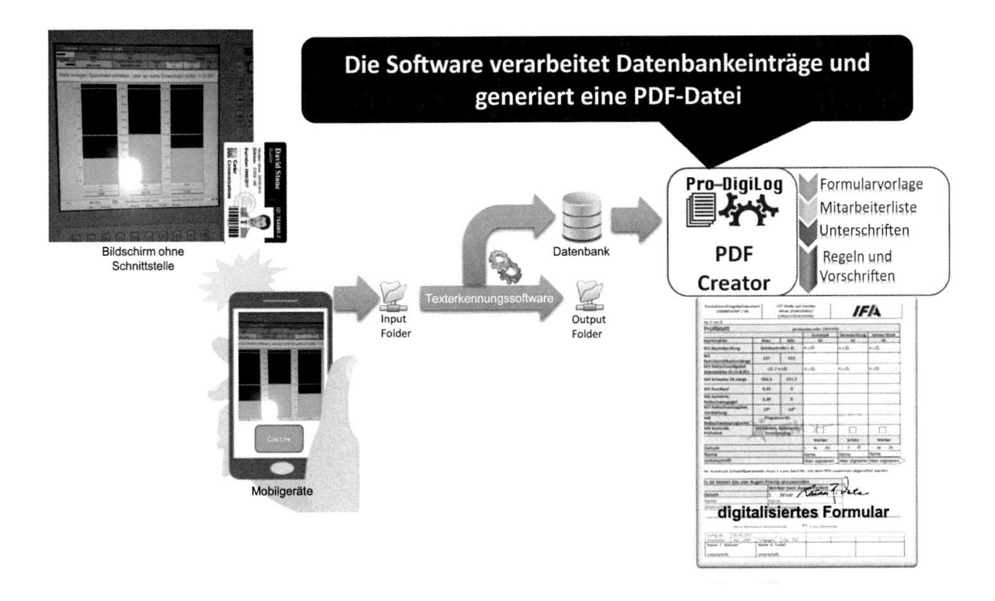

Abb. 30.2 Automatisierung der Übertragung von analogen Daten zum digitalisierten Formular

mehr einen Ausblick auf weiterführende technologische Möglichkeiten der logistischen Prozessabwicklung geben. Dadurch bieten sich erste Denkanstöße zur Weiterentwicklung der hier beschriebenen Digitalisierungsmaßnahmen.

30.2.2 Thesen zur Digitalisierung in der Logistik und den Möglichkeiten gesundheitsförderlicher Arbeitsgestaltung

Über die technische Seite des Projektes Pro-DigiLog hinaus, wird anhand von sieben aufgestellten Thesen die Diskussion um die Digitalisierung in der Logistik abgebildet, die als Resultat des Projekts festgehalten werden kann.

1. Szenarien zur Digitalisierung – Inwieweit prägt die Digitalisierung die Zukunft der Arbeit?

In der Literatur werden aktuell im Wesentlichen vier Szenarien zur Zukunft der Arbeit diskutiert. Im Negativszenario werden viele Tätigkeiten durch digitale Technologien ersetzt. Im Positivszenario werden sie zu höherwertigen Tätigkeiten. Im Polarisierungsszenario entsteht eine Schere zwischen komplexer und einfacher Arbeit, wobei die mittlere Qualifikationsgruppe (Facharbeit) an Bedeutung verliert. Im Entgrenzungsszenario schließlich werden traditionelle Arbeiten durch neue Arbeitsformen ersetzt [2]. Umstritten ist auch das Verhältnis von Digitalisierung und Arbeit. Während in vielen Publikationen der Digitalisierung eine eindeutige Prägekraft auf Arbeit zugeschrieben wird, betonen andere Autoren die Bedeutung von Leitbildern,

Organisationskonzepte und Aushandlungsprozesse bei der Analyse des Zusammenhangs von Technik und Arbeit [1, 4].

Die Analysen und Erfahrung aus dem Projekt ProDigiLog stützen diese These. Digitalisierung verändert die Arbeitsprozesse in der Logistik, determiniert aber nicht die Arbeitsbedingungen und die Möglichkeiten der Arbeitsgestaltung.

2. Digitalisierung in der Logistik hat eine spektakuläre und eine weniger spektakuläre Seite.

Während in der öffentlichen Diskussion von künftig selbstfahrenden LKWs die Rede ist, sucht die Branche händeringend nach LKW-Fahrern. Während schon vor Jahren vorhergesagt wurde, dass fahrerlose Gabelstapler die Zukunft in den Lägern prägen wird, werden weiterhin Gabelstaplerfahrer ausgebildet und gesucht. Und während in Zeitungsartikeln autonom fahrende Binnenschiffe künftig den Rhein-Herne-Kanal befahren, verweisen Praktiker auf die dabei nicht berücksichtigten Schwierigkeiten [6].

Es gibt zwei Formen der Digitalisierung. Die spektakuläre Seite, die die öffentliche Wahrnehmung prägt, findet vor allem in Großbetrieben und in darauf zugeschnittenen Forschungen statt. Was dort an veränderten Arbeitsformen entwickelt oder prognostiziert wird, ist nicht die Zukunft der Arbeit, die mittelfristig gesehen in den meisten Bereichen der KMU-dominierten Logistik stattfinden wird. Das heißt nicht, dass in diesen Betrieben analog weitergearbeitet wird. Digitalisierung findet hier aber in einer anderen Form, auf einem anderen Level, wenig spektakulär und öffentlich selten sichtbar statt. An solchen Formen der Digitalisierung arbeitet das Projekt Pro-DigiLog.

3. Digitalisierung bei Logistik KMU und Großunternehmen: Die Unterschiede vergrößern sich. Das hat Folgen.

Wie sinnvoll es ist, unspektakuläre Formen der Digitalisierung in der Logistik voranzubringen, zeigt eine Studie, die im Projekt Pro-DigiLog erstellte wurde und die auf einer Online-Befragung von Logistikunternehmen sowie 40 Expertinnen- und Experteninterviews beruht [6]. Die Studie kommt zu dem Ergebnis, dass der Grad der Digitalisierung in den kleinen und mittleren Logistikunternehmen noch nicht so ausgebaut ist wie in den größeren. Der überwiegende Teil der befragten Unternehmen sieht sich selbst als wenig oder eher wenig digitalisiert. Dies deckt sich mit Ergebnissen einer größeren Online-Befragung, die das Bundesinstitut für Berufsbildung (BiBB) 2018 bei Logistikunternehmen durchgeführt hat. Zentrales Ergebnis war, dass fortschrittliche Unternehmen heute bereits „4.0"-Tätigkeiten und -Kompetenzen definieren, bei kleinen und mittleren Betrieben sei die Digitalisierung aber noch nicht angekommen.

Zur Zukunft des Berufs Fachkraft für Lagerlogistik gefragt, entwickelt das BiBB zum Beispiel folgendes Szenario: *„Eine Fachkraft für Lagerlogistik ‚4.0' beispielsweise ist nicht mehr der ‚Kistenschubser', sondern befasst sich mit Prozesssteuerung und -optimierung, arbeitet im Leitstand und ist verantwortlich für die Datenpflege und die Qualitätssicherung"* [3]. Wenn aber die Fachkraft für Lagerlogistik in Kleinbetrieben ausgebildet wird, wird sie mit dieser Technik nicht oder nur selten in Berührung kommen.

Und dies gilt nicht nur für die Ausbildung und die damit zusammenhängenden Probleme. Die Lücke zwischen der High-Tech-Logistik in Großbetrieben und analogen oder wenig digitalisierten Techniken in KMU wird größer und damit für letztere zum Problem. Denn einerseits sind sie vernetzt und eingebunden in logistische Ketten mit digital agierenden Akteuren. Andererseits stellt Digitalisierung erhebliche unausgeschöpfte Produktivitätsreserven dar. Es besteht also durchaus ein Handlungsdruck auch für KMU.

4. Durch die Digitalisierung gibt es zunehmend technische Möglichkeiten für KMU, die für gesundheitsförderliche Arbeitsgestaltung einsetzbar sind. Dies bedeutet aber nicht, dass sie auch zur Anwendung kommen.

Im Projekt Pro-DigiLog konnten vor dem Hintergrund verbesserter und preisgünstiger werdender Sensortechnik Verfahren entwickelt werden, die dazu beitragen können, Arbeit effektiver aber auch gesundheitsförderlicher zu gestalten. Die Überlegungen, die beim Projektpartner IFA dazu durchgeführt wurden, haben gezeigt, dass diese Technik Hinweise auf Gesundheitsgefahren liefern, die dann behoben werden könnten.

Besondere Einsatzmöglichkeiten ergeben sich beispielsweise durch die Nutzung von Wearables. Dabei werden die Mitarbeiter mit Sensoren ausgestattet (wie z. B. Schrittzähler, Pulsmesser, Smart Watches (und Brillen) aber auch RFID Chips zur Zugangskontrolle).

Es gibt erhebliche Widerstände beim Einsatz dieser Techniken bei einem Teil der Belegschaft, da bei einzelnen Mitarbeitern ein Gefühl der permanenten Überwachung entsteht. Der Nutzen des Einsatzes dieser Techniken reduziert sich aber auch dadurch, dass die Mitarbeiter gezwungen sind die Systeme ständig zu tragen bzw. anzulegen. Dies kann aber nicht immer gewährleistet werden.

5. Eine automatische und kostengünstige Verwandlung umfangreicher, verschieden erhobener analoger Daten in digitalisierter Form ist möglich.

Einer der zentralen Entwicklungen im Projekt Pro-DigiLog ist die reibungslose Umwandlung von analogen Daten in weiter verarbeitbare digitale Daten. Dazu sind Versuchsanordnungen beim Projektpartner IFA durchgeführt worden, die dann am Lehrstuhl Transportsysteme und -logistik (TUL) der Universität Duisburg-Essen weiterbearbeitet wurden.

In vielen Unternehmen werden heute noch Messdaten von Mitarbeitern abgelesen und schriftlich auf ein Formular übertragen. Die Zettel werden dann in Ordnern archiviert. Eine Alternative wäre, wenn die Maschinen die Daten direkt an eine Datenbank senden. Das ist praktisch, aber auch sehr teuer und daher für viele Unternehmen nicht machbar. Kleine und mittlere Unternehmen brauchen ein Dokumentationsverfahren, das einfach, preisgünstig und sicher ist. Im Projekt Pro-DigiLog wurde ein solches Verfahren entwickelt. In einem Film ist dieses Verfahren dokumentiert. Allerdings ist dies zunächst ein

Prototyp. In der Verwertung wird sich zeigen, ob dieses Verfahren auch allgemein nutzbar gemacht werden kann. Dann erst lässt sich verlässlich sagen, welche Arbeitsprozesse sich dabei verändern und welche Auswirkungen das für die Beschäftigten hat.

6. These zur Digitalisierung bei Logistikdienstleistern.
Die Anwendungen der Digitalisierung konzentrieren sich auf die operative Durchführung der Arbeiten. Dabei kann man grundsätzlich unterscheiden zwischen: Arbeitsumgebung, Arbeitsprozesse, Infrastruktur, Qualitätsinformationen und Hilfsprozesse.

Bei der **Arbeitsumgebung** können die Bedingungen unter denen die Arbeit verrichtet wird überwacht werden. Dazu gehören beispielsweise die Raumtemperatur und die Luftfeuchtigkeit sowie die Zusammensetzung der Luft oder auch die Lichtverhältnisse. Es lassen sich damit Arbeitsbedingungen identifizieren, die zu erhöhten Krankheitsständen und zum Unwohlsein führen.

Auf der **Prozessebene** der können beispielsweise Informationen zur Arbeitsdichte, der Arbeitshaltung, der Handhabungsgewichte, Wartezeiten, der zurückgelegten Wege ermittelt werden. Darauf aufbauend können Strategien zur Vermeidung von temporärer Überlast und zur Balancierung der Arbeiten im Team entwickelt werden.

Auf der Ebene der **Infrastruktur** können Daten erhoben werden, die den Arbeitsfluss charakterisieren. So können beispielsweise Pufferbelegungen, Hindernisse auf den Wegen, Anordnungen von Bereitstellungen, Bestände von Hilfsstoffen und Ausfallzeiten der Energieversorgung dokumentiert werden. Diese Informationen können genutzt werden um Gefahren, Wegezeiten, Suchaufwände und weitere überflüssige Aktionen zu vermeiden, die sich auf Ursachen der Infrastruktur zurückführen lassen.

Auf der **Qualitätsebene** können vielfältige produkt- und prozessbezogene Informationen gewonnen werden die beispielsweise den Zustand der Maschinen oder die Qualität der Produkte definieren gewonnen werden. Damit können Nacharbeiten und Rüstaufwände beeinflusst werden. Dies kann die Motivation der Mitarbeiter erhöhen und die Arbeitsatmosphäre verbessern.

Zu den **Hilfsprozessen** gehören beispielsweise die Instandhaltung, Reinigung von Behältern, Zusammen- und Bereitstellung von Materialien (Kits oder Verpackungsmaterial). Mithilfe der Digitalisierung lassen sich Engpässe frühzeitig ermitteln und ein Verbrauchsmonitoring installieren. Dadurch werden Eilaufträge und Notmaßnahmen sowie Produktionsunterbrechungen vermieden. Es entstehen seltener Stresssituationen und auch Zusatzarbeiten mit Überstunden können reduziert werden.

7. Digitalisierung kann Arbeit erleichtern oder erschweren. Sie kann gesundheitsförderlich gestaltet werden oder die Gesundheit gefährden.
Im Projekt Pro-DigiLog wurde ein **Ausschnitt** der Logistik untersucht. Es wurden mithilfe digitaler Techniken Entwicklungsmöglichkeiten aufgezeigt, die die Arbeit effektiver und gesundheitsförderlicher gestalten können. Dies ist nicht selbstverständlich.

Analysen der Gewerkschaft deuten darauf hin, dass die Mehrheit der Beschäftigten in allen Branchen eine Belastungszunahme durch den Einsatz digitaler Arbeitsmittel wahrnimmt, nur eine Minderheit berichtet über Erleichterungen. Dies gilt auch und gerade für die Logistikbranche [2]. Auf die Frage inwieweit sich die Arbeitsbelastung durch die Digitalisierung verändert habe, antworteten 41 % der Befragten im Bereich Verkehr und Lagerei, sie sei eher größer geworden. Nur 8 % waren der Ansicht, sie sei geringer geworden (ebenda S. 76 [2]).

Wie kompliziert der Zusammenhang zwischen Digitalisierung und Arbeitsgestaltung sein kann zeigt das Beispiel der Paketdienstfahrer, deren Arbeitsbedingungen aktuell in der Öffentlichkeit als besonders belastend beschrieben werden [15]. Verantwortlich sei vor allem die Praxis, Sub-Unternehmen für die Zustellung der Pakete einzusetzen.

Am Beispiel der KEP-Branche (Kurier-, Express-, Paketdienste) zeigt sich in der Tat, dass Digitalisierung gleichzeitig Arbeitsprozesse erleichtert <u>und</u> erschwert. In welcher Form und mit welcher Intensität dies geschieht, ist <u>nicht</u> technisch determiniert, sondern hängt von der Struktur der Arbeitsbeziehungen, Machtfragen, Verhandlungsgeschick und staatlichen Regulierungen ab. Dagmar Wäscher, Kooperationspartnerin im Projekt Pro-DigiLog, langjährige Subunternehmerin und Vorsitzende des Bundesverbandes der Transportunternehmen (BVT) hat diese Zusammenhänge für den Abschlussband des Projektes beschrieben:

Früher haben Subunternehmer und deren Fahrer die Paket-Nummer, den Empfänger und die Adresse handschriftlich auf Rolllisten erfasst. Aufgrund der schnell steigenden Paketmengen war dies nach ein paar Jahren zeitlich nicht mehr möglich und es wurden Handscanner eingeführt. Hierdurch wurde die Paketerfassung wesentlich schneller und die Mehrmengen können bis heute in einer angemessenen Zeit bewältigt werden. Diese Einführung war für Subunternehmer und Fahrer zunächst eine enorme Erleichterung. Heute sind die Fahrer durch die Scanner mit GPS-Anbindung ständig überwacht und haben fast keinen Einfluss mehr auf ihre Routenplanung, weil sie eine bestimmte Route einhalten müssen, damit der Kunde weiß, wann sein Paket kommt. Der Zusteller hat viel an Eigenverantwortung und Freiheit verloren. Konnte er früher seine Route frei planen, muss er heute die vorgeschriebene Route einhalten. Das geht soweit, dass, wenn er aus dem Zeitplan kommt, der Scanner nicht mehr arbeitet und durch einen Mitarbeiter in der Niederlassung wieder freigeschaltet werden muss. Zudem können ihm jederzeit auf den Scanner zusätzliche Aufträge übermittelt werden, von denen der Subunternehmer (Arbeitgeber des Fahrers) nichts weiß und die Arbeitszeitplanung somit zunichtemacht. Damit riskiert der Subunternehmer gesetzliche Vorschriften nicht mehr einhalten zu können, für die er dann haftet [12].

30.3 Fazit

Im Antrag zum Projekt Pro-DigiLog haben wir zwei Szenarien beschrieben, mögliche Entwicklungspfade der Digitalisierung. Im ersten Szenario wird Digitalisierung allein unter dem Gesichtspunkt der betrieblichen Leistungspolitik gestaltet. Dies bedeutet dann: Nochmalige Intensivierung der Arbeit, stärkere Überwachung, Vervollkommnung der tayloristisch geprägten Arbeitsteilung. Für den Arbeits- und Gesundheitsschutz bedeutet das, dass Beschäftigte unabhängig von ihrem Alter und Geschlecht mit zunehmender Belastung konfrontiert werden, bei gleichzeitiger Unmöglichkeit Einfluss nehmen zu können, weder bei der Gestaltung der Technik noch bei der daran gekoppelten Form der Arbeitsorganisation.

Bei Szenario 2 wird bereits bei der Technikentwicklung mitüberlegt, wie die Digitalisierung der Produktion Arbeitsabläufe förderlicher für den Arbeits- und Gesundheitsschutz gestalten kann – ohne die Gesamtleistung zu vermindern! Der Nutzen für das Unternehmen: Weniger Fehlzeiten, niedrigere Krankenstände, motiviertere Mitarbeiterinnen und Mitarbeiter, bessere Rekrutierungschancen auch im Demografischen Wandel mit dem Image „Gesunder Betrieb", geringere Fehlerraten und Bearbeitungszeiten, weniger Korrekturen und Störungen. Das Verbundprojekt will zeigen, dass das Szenario 2 für kleine und mittlere Unternehmen der Logistikbranche machbar, realistisch, nachhaltig und zukunftsweisend ist.

An dieser Aussage halten wir fest auch wenn die Praxis in vielen Branchensegmenten eher zu Szenario 1 tendiert:

- Die von der Universität Duisburg-Essen, Lehrstuhl Transportsysteme und -logistik (TUL) entwickelten Techniken im Projekt Pro-DigiLog erlauben es KMU, Digitalisierung kostengünstig und gesundheitsförderlich zu gestalten.
- Das Teilprojekt der timestudy GmbH hat gezeigt, dass ergonomische Studien für die Unternehmen dazu einen wertvollen Beitrag leisten können.
- Gespräche mit kleinen und mittleren Unternehmen in der Logistik, die vor allem vom Projektpartner VSL (Verband Spedition und Logistik NRW), aber auch von anderen Teilprojekten durchgeführt wurden, haben gezeigt, dass bei vielen Unternehmen durchaus ein Interesse an entsprechenden Lösungskonzepten existiert.
- Dies belegt auch die Studie „Arbeit und Logistik 2025", die federführend vom Projektpartner RISP durchgeführt wurde. Als Fazit der dort geführten Interviews folgert die Studie: „Die Logistikarbeit der Zukunft digital und gesund zu gestalten liegt grundsätzlich im Interesse der Unternehmen, auch um als Arbeitgeber attraktiv für zukünftige Mitarbeiterinnen und Mitarbeiter zu sein".

Projektpartner und Aufgaben

- **Universität Duisburg-Essen (UDE)**
  Entwicklung von Standards für Dispositions- und Dokumentationsaufgaben
- **Rhein-Ruhr-Institut für Sozialforschung und Politikberatung (RISP)**
  Analyse künftiger Arbeitsgestaltung
- **Verband Spedition und Logistik Nordrhein-Westfalen e. V. (VSL)**
  Verbreitungsmöglichkeiten in der Distributionslogistik

- **Time Study GmbH**
  Konzepte für Beraterfirmen in der digitalisierten Logistik
- **IFA GmbH & Co.KG**
  Pilotunternehmen

Literatur

1. Baethge V, Kuhlmann M, Tullius K (2018) Technik und Arbeit in der Arbeitssoziologie – Konzepte für die Analyse des Zusammenhangs von Digitalisierung und Arbeit. Arbeits- und Industriesoziologische Studien 11(2):91–106
2. DGB-Index Gute Arbeit (2017) Verbreitung, Folgen und Gestaltungsaspekte der Digitalisierung in der Arbeitswelt. Auswertungsbericht auf Basis des DGB-Index Gute Arbeit 2016
3. Kaufmann A, Kock A (2018) „Fördernde und hemmende Faktoren für die Gestaltung der Berufsbildung" – Fachtagung Fachkräftequalifikationen und Kompetenzen für die digitalisierte Arbeit von morgen. Ergebnisse und erste Handlungsempfehlungen
4. Kuhlmann M, Schumann M (2015) Digitalisierung fordert Demokratisierung der Arbeitswelt heraus. In: Hoffmann R, Bogedan C (Hrsg) Arbeit der Zukunft. Möglichkeiten nutzen – Grenzen setzen. Campus, Frankfurt, S 122–140
5. Schmitz A, Uske H, Noche B, Wei F (2020) Logistik und Digitalisierung. Ergebnis aus dem BMBF-Verbundprojekt „Gesundheitsförderliche Arbeitsgestaltung für digitalisierte Dispositions- und Dokumentationsaufgaben in der Logistik" (Pro-DigiLog). Duisburg 2020
6. Schmitz A (2018) Arbeit und Logistik 2025, Eine Studie im Rahmen des Verbundprojektes Pro-DigiLog. https://www.risp-duisburg.de/media/studie_arbeit_und_logistik_2025.pdf. Zugegriffen: 03. März 2020
7. Baumgarten H (Hrsg) (2008) Das Beste der Logistik- Innovation, Strategien, Umsetzung. Springer, Berlin
8. Deutscher Speditions- und Logistikverband e.V. (DSLV) (2015) Zahlen Daten Fakten aus Spedition und Logistik. DSLV e.V., Berlin
9. Gronemeier T, Mutzke H (2014) Transport/Logistik- Branchenbericht- corporate sector report. Commerzbank AG, Frankfurt a. M.
10. Gundelfinger C, Naumann V, Pflaum A, Schwemmer M (2017) Transportlogistik 4.0. Erlangen: Fraunhofer- Institut für integrierte Schaltungen (IIS)
11. Maluck J, Nowak G, Pasemann J, Stürmer C (2016) The era of digitized trucking- Transforming the logistics value chain. PricewaterhouseCoopers GmbH, München
12. Wäscher D (2020) Die Entwicklung der Kurier-, Express- und Paketdienste (KEP) und die Rolle der Digitalisierung. In: Schmitz A, Uske H, Noche B, Wei F (Hrsg) Logistik und Digitalisierung. Duisburg 2020
13. Welzel P, Lühring M (2019) Die SUB SUB SUB-Masche. In: publik (2/2019) S 1
14. Wohlers E (2015) HWWI Policy Paper Nr. 92 – Logistik- ein wichtiger Wirtschaftsbereich in Deutschland. Hamburgisches Welt Wirtschaftsinstitut GmbH (HWWI), Hamburg

BY